高职高专系列教材

模具设计与制造

主　编　杨　晶　张丽娜　王国际
副主编　李宏杰　刘乐年　辛婀娜
参　编　杨海燕　刘丽鸿　邢国芬

中国石化出版社

内 容 提 要

《模具设计与制造》结合生产实例，将模具设计以及制造知识与生产实践中模具的应用状况紧密相连，开创性地糅合了模具寿命与失效控制理论，辅以模具设计常用软件简介，运用模块式教学，整合、优化各类资源，力求通俗易懂，图文并茂，形成了独特的教学体系。

全书共分四篇（模具设计篇、模具常用软件篇、模具失效与控制篇、模具制造篇）六个模块，包括冷冲压模、塑料模这两类主要模具的设计知识、常用的模具设计软件、模具寿命与失效控制、模具制造概论等内容。

本书适合大学本科、自学考试、高职、高专的机制、数控、模具、机电、机修等机械类专业人员、学生选用，亦可供近机类相关专业技术人员参考。

图书在版编目(CIP)数据

模具设计与制造 / 杨晶，张丽娜，王国际主编.
—北京：中国石化出版社，2015.9
高职高专系列教材
ISBN 978-7-5114-3599-6

Ⅰ.①模… Ⅱ.①杨… ②张… ③王… Ⅲ.①模具-设计-高等职业教育-教材 ②模具-制造-高等职业教育-教材 Ⅳ.①TG76

中国版本图书馆 CIP 数据核字(2015)第 213132 号

中国石化出版社出版发行

地址：北京市东城区安定门外大街 58 号
邮编：100011　电话：(010)84271850
读者服务部电话：(010)84289974
http://www.sinopec-press.com
E-mail:press@sinopec.com
北京科信印刷有限公司印刷
全国各地新华书店

*

787×1092 毫米 16 开本 22 印张 538 千字
2015 年 9 月第 1 版　2015 年 9 月第 1 次印刷
定价：48.00 元

前　言

本着以就业为导向，以能力为根本，优化理论，增强技能的培养目标，本教材从保证产品质量，提高模具寿命，降低消耗成本出发，结合生产实例，将模具设计与制造知识与生产实践中模具的应用状况紧密相连，开创性地糅合了模具寿命与失效控制理论，辅以模具设计常用软件简介，运用模块式教学，整合、优化各类资源，力求通俗易懂，图文并茂，形成了独特的教学体系。

全书共分四篇(模具设计篇、模具常用软件篇、模具失效与控制篇、模具制造篇)六个模块，包括冷冲压模、塑料模这两类主要模具的设计知识、常用的模具设计软件、模具寿命与失效控制、模具制造概论等内容，适合大学本科、自学考试、高职、高专的机制、数控、模具、机电、机修等机械类专业人员、学生选用，亦可供近机类相关专业技术人员参考。由于各院校专业性质、培养目标不同，讲授时可有所侧重或筛选、取舍。

本教材由天津石油职业技术学院杨晶、张丽娜、王国际担任主编，杨晶搭建全书框架，负责全书统筹、完善、细化工作；张丽娜编撰模块二-塑料模具设计+模具寿命与失效控制篇，同时与杨海燕共同完成模块六-模具制造基本知识；王国际完成模具设计常用软件篇+项目四-拉深模设计；李宏杰编写绪论+项目一-冷冲压模具设计基础+项目二-冲裁模设计；辛婀娜负责项目三-弯曲模设计；刘乐年、刘丽鸿、邢国芬对全书的编写给予了大力支持与帮助，在此一并表示感谢！

本教材是编者集多年教学经验，借鉴相关资料、数据等编撰而成，期间得到天津大学等兄弟院校同行的支持与帮助，在此表示衷心感谢。

由于编者水平有限，书中缺点、疏漏在所难免，恳请批评指正。

目　　录

模具寿命与失效控制篇

模具设计常用软件篇

模具制造篇

绪论

知识要点

- 模具工业现状与发展趋势；
- 模具设计与制造课程主要内容框架与简介。

学习要求

- 了解模具工业现状与发展趋势；
- 明了本课程主体内容，为后续学习打下基础。

一、模具工业的现状

据有关资料统计：利用模具制造的各种零、部件，在飞机、汽车、电器、仪表等领域占60%~70%，家电产品占80%以上，手表、自行车等轻工产品占85%以上。现代工业产品的发展和技术水平的提高，在很大程度上取决于模具工业的发展水平，模具工业的薄弱严重影响工业产品造型的变化和新产品的开发。模具制造水平的高低和模具质量的好坏，对产品的精度、余量、生产率、成本及先进设备的利用率起着决定性的作用。因此模具工业与国民经济和社会的发展密切相关。

模具是用来成型各种工业产品的一种重要工艺装备，是机械制造工业成型毛坯或零件的一种手段，号称“工业之母”。它以其自身的特殊形状通过一定的方式使原材料成型。由于模具生产制品所表现出的高效率、低消耗、高一致性、高精度和高复杂程度，加之实现少、无切削的加工，使得模具是其他任何加工制造方法所不能比拟的，因此得到了非常广泛的应用。

我国模具行业普遍存在标准化程度低、模具品种少、制造精度低、模具寿命短、技术力量落后等问题，亟待改进。

二、模具工业的发展趋势

现代工业产品的发展对模具的要求不断提高，诸如模具需求量更大、种类更多、性能与精度更高、结构和工作条件更复杂、工作温度更高、模具寿命要求更长等。模具生产发展的总趋势集中体现在：

(1) 模具结构日趋大型、复杂化，发展精密、高效、长寿命模具迫在眉睫

市场竞争日益激烈，产品不断更新换代，成型(形)零件的日趋大型化，凡此种种，大量发展多工位、多型腔模具是模具发展的重要趋势，显然长寿命模具对于高效率生产是很必要的；一模多腔高效率生产要求的出现，迫使模具日趋大型化，随着零件微型化和模具结构发展的要求，模具的精度也由原来的5μm提高到2~3μm，今后会逐渐达到1μm以下，如光

纤连接器、大型棱镜、激光盘记录面等，这必将促进超精密加工的发展。

(2) CAD/CAE/CAM 技术在模具设计制造中的广泛应用

实践证明，模具 CAD/CAM/CAE 技术是当今最合理的模具生产方式，既可用于建模、为数控加工提供 NC 程序，亦可针对不同模具类型，以相应的基础理论，通过数值模拟方法达到预测产品成型的目的，从而改善模具结构。其发展趋势是集成化、三维化、智能化和网络化，其核心理念是让用户在统一的环境中实现 CAD/CAE/CAM 协同作业，以便充分发挥各单元的优势和功效。

(3) 快速经济制模技术的发展与推广

与传统的模具技术相比，快速经济制模技术的制模周期短、成本低、可实现快速更换，是综合经济效益显著的模具制造技术。近年来快速模具制造嫁接了先进的 RP 及 NC 技术，有效满足了一些高精度、高寿命模具的生产需求。

(4) 新技术、新型模具材料在模具中的推广应用

如：采用新型热流道技术是塑料模设计制造中的一大变革，可显著提高模具制造的生产效率和质量，并能大幅度节省制件的原材料和节约能源，国外模具企业已有一半用上了该项技术，有的企业甚至已达 80%以上。

我国是世界第一产钢大国，但优质钢推广不足，每年所需 70 万吨模具钢，大量靠进口，开发新型模具材料势在必行。

(5) 发展专业化生产

专业化生产方式是现代工业生产的重要特征之一，高技术密集型产品采用专业化生产，可以采用最先进的制造设备及工艺，获得高精度、高效率、低成本的生产效果。

标准化是实现模具专业化生产的基本前提，是系统地提高整个模具行业生产技术水平和经济效益的重要途径，也是提高社会效益的重要方向。

三、本课程内容

模具的种类很多，按照我国模具工业协会划分，我国模具基本分为十类，诸如：

① 金属板料成型模具，如冲压模具；

② 金属体积成型模具，如锻造模具、粉末冶金模具、压铸模具等；

③ 非金属材料成型模具，如塑料模具、玻璃模具、陶瓷模具等。

其中冷冲压模具和塑料模具这两大类的使用量最大，大约占模具总量的 80%左右。“模具设计与制造”课程所包含的内容更是繁纷复杂、博大精深。为便于初学者入门或是相关专业学生对本课程内容有初步了解，本课程打破原有内容体系，优化整合，结合现场实例，以模具设计篇、常用模具设计软件篇、模具寿命与失效控制篇、模具制造篇的脉络展开，介绍了冷冲模设计、塑料模设计、模具设计软件、模具寿命与失效控制、模具材料、模具制造等六个部分。

1. 冷冲模设计

冷冲压是塑性加工的基本方法之一，主要用于板料零件的加工，亦称板料冲压。冷冲压是通过安装在压力机上的模具对板料施加压力，使之产生塑性变形或分离，从而获得一定尺寸、形状和性能的零件的加工方法。具有应用范围广，实现少或无切屑加工；材料利用率高，互换性好；操作简单，易于实现机械化和自动化，生产效率高的特点。

安装在冲压设备上使被加工零件成型的工艺装备即为冷冲模。根据冷冲压工序性质不同，可将其分为冲裁模、弯曲模、拉深模、冷挤模和成形模等。本课程把冲裁、弯曲、拉深3个重要的冷冲压工序所使用的模具作为冷冲模设计部分的重点。分析这些工序的特征、要求，了解各工序模具设计程序和要点，以及该工序模具的结构、主要零件的设计计算等，并通过现场实例阐明其选用原则与方法。

2. 塑料模设计

塑料工业发展历史很短，但发展速度很快。塑料制品品种很多，应用也极其广泛。塑料的成型方法主要有注射成型、吹塑成型、压塑成型、挤压成型等。

一般把在封闭型腔中成形的塑料制品称为塑件，注射成型得到的塑件称为注塑件。由于注射模塑成型在坦料模塑成型中占有重要地位，因此，本课程塑料模设计内容以塑料注射模塑工艺和注射模具设计为主要内容，结合实例阐述了注塑成型工艺的设计、注塑模的设计程序与要点。

3. 模具设计软件

模具设计软件是模具设计成功的关键，随着模具计算机辅助设计和制造(CAD/CAM)技术的发展和应用日新月异，一些模具 CAD/CAM 软件，比如 UG、Pro/E、SOLIDWORK、MASTERCAM、CAXA 等在很多行业和企业中得到了广泛应用。本课程对模具设计常用软件 Pro/Engineer、UG 的特点、软件界面及设计思路等做了简单介绍，以利于初学者获得入门软件知识，为实现模具设计、制造信息化与智能化打下基础。

4. 模具寿命与失效控制

模具寿命的高低是衡量模具质量的重要指标之一。它不仅影响产品质量，而且还影响生产率和成本。随着工业的发展，在机械、仪表、电子、轻工和国防工业中，国内、外不断涌现出高速、高效及高精度的塑性加工工艺，因而对模具寿命提出了更高的要求。无论是模具的大型化、复杂化还是高精度、高效率，都依赖于模具寿命的提高，提高模具的寿命其实就是延缓模具的失效。通过多学科交叉分析，找到失效的原因和解决的措施，达到提高模具寿命的目的就是这部分内容阐述的要点。

近代材料科学与工程、工程力学和疲劳学科等对断裂、腐蚀和磨损的深入研究，积累了相当丰富的具有创新意义的观点、见解和物理模型，它们是失效分析的理论基础；现代检测仪器、仪表科学的迅猛发展，检测技术的不断提高，特别是断口、裂纹和痕迹分析等技术体系的建立、发展和完善是失效分析的技术基础；数理统计学科的完善，模糊数学的突起，可靠性工程的发展与应用以及电子计算机的广泛普及是失效分析的方法基础。因此，失效分析学科的发展依赖于上述三者的融会贯通，得以逐步建立、发展和完善。将其理论、技术和方法用于对模具失效的科学分析，可以达到防止类似失效在模具设计寿命范围内再次发生的目的。

引起模具失效的因素是复杂的，任何模具的失效都是在材料的强度、韧性与应力因素和环境条件不相适应的条件下发生的。失效模具的残骸上必然会保留有失效过程的信息。通过对模具失效残骸的研究，可查明失效的机理和过程，并对失效的原因做出判断，从而可有针对性地采取改进和预防措施，达到改进模具质量、延长使用寿命、提高服役安全性和可靠性的目的。本节内容阐述了表面损伤、过量变形、断裂等常见失效形式与控制措施，并通过实例说明了冷冲压模和塑料模的工作条件与失效控制。

5. 模具材料

为了适应飞速发展的现代化工业生产的需要，在模具生产中越来越多地采用了许多新材料、新工艺和新设备，不仅提高了模具的使用寿命，改善了模具的加工质量，而且提高了模具制造的机械化、自动化程度。

本节阐述了不同模具材料(包括新型模具材料)对模具失效的影响，以及热处理工艺的选用对提高模具寿命的重要性。

6. 模具制造

模具工业是国民经济的基础工业。模具设计与制造技术水平，特别是精密、复杂、大型、长寿命模具的制造，更是衡量一个国家机械制造水平的重要标志之一。模具的最终成型依靠的是机械加工技术，因此提高模具制造水平是获得高质量模具的保证。现代模具加工技术的发展使得模具精度的保证从主要依靠钳工技巧，发展到更多依靠精密加工机床、各种数控机床和加工中心及各种特种加工技术的应用。

从国外工业发达国家的模具技术现状可见，模具制造已逐渐实行标准化、专业化、商品化。模具已经成为一种高技术密集型产品。模具工业已具备大量采用先进的技术和高效自动化设备的条件。

为了适应飞速发展的现代化工业生产的需要，数控铣床、数控电火花加工机床、加工中心等设备已经在模具的实际生产制造中广泛应用。电火花和线切割加工更是冷冲压模具制造过程中淬硬件主要的加工手段。本节内容结合生产实例阐述了典型模具零件的加工及模具生产过程与装配思路。

思考题

1. 说明我国模具工业现状与发展趋势。
2. 简述模具的发展体现在哪些方面。
3. 简述本课程主要内容简介。

模具设计篇

模块一　冷冲压模具设计

项目一　冷冲压模具设计基础知识

知识要点

- 冷冲压基本概念、塑变原理；
- 冷冲压工序、常用设备。

学习要求

- 掌握冷冲压变形规律与工序种类；
- 初步了解冷冲压设备原理及应用。

一、冷冲压概念

冷冲压是建立在金属塑性变形的基础上，在常温下利用冲模和冲压设备对材料施加压力，使其产生塑性变形或分离，从而获得一定形状、尺寸和性能的工件。它是金属压力加工方法之一。这种方法又称为冲压成形或板料冲压。

冷冲模是冲压加工中将材料(金属或非金属)加工成工件或半成品的一种重要的工艺装备。冲压模具设计是实现冷冲压工艺的核心。

冷冲压工艺是利用模具与冲压设备完成加工的过程。一般冲压加工中，一台冲压设备每分钟可生产零件几件至几十件，甚至可达数百上千件，快速、便捷，有着机加工不可比拟的优点，在现代工业生产中得到广泛应用。

与机械加工方法相比，具有以下特点：

① 可以获得其他加工方法不能加工或难以加工的形状复杂的零件，如汽车覆盖件等。

② 通过冲压模具来保证所生产的零件的尺寸精度。加工出的冲压零件质量稳定，一致性好，具有“一模一样”的特性。

③ 材料的利用率高，属于少、无切屑加工。

④ 可以利用金属材料的塑性变形来提高工件的强度。

⑤ 生产率高，易于实现自动化生产。有的模具是一模多腔(如塑封模具已达到一模几百

腔)；在一般的冲压加工汇总，一台冲压设备每分钟可生产零件数目数件到数十件。设备电气化和自动化程度越来越高。

⑥ 模具使用寿命长，生产成本低。

二、冷冲压工序与模具

(一) 冷冲压的工序

一个冲压件往往需要经过多道冲压工序才能完成。不同类型的冷冲压工序要使用不同的模具和坯料。由于冲压件的形状、尺寸精度、生产批量、原材料等的不同，其冲压工序也是多种多样的。一套有实质使用意义的模具，其重要标志之一，就是具有“重复使用性”。按照变形性质，冲压工序可分为分离工序和塑性成形工序两大类。见表 1-1。

表 1-1 冲 压 工 序

类别	组别	工序名称	工 序 简 图	工 序 特 点
分离工序	冲裁	切舌		沿不封闭轮廓将部分板料切开并使其折弯
		切边	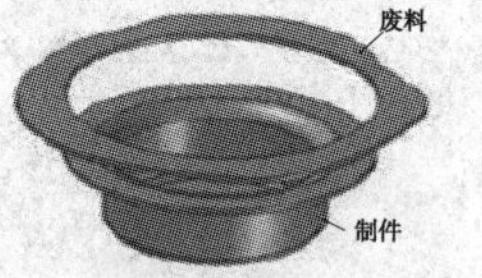	切去成形制件多余的边缘材料
		剖切		沿不封闭轮廓将半成品制件切离为两个或数个制件
成形工序	弯曲	折弯		将毛坯或半成品制件沿弯曲线弯成一定角度和形状
		卷边		把板料端部弯曲成接近封闭的圆筒状
	拉深	拉深		把平板毛坯拉压成空心体，或者把空心体拉压成外形更小的空心体
	成形	起伏		使半成品发生局部塑性变形，按凸模与凹模的形状变成凹凸形状
		翻边		在预先制好的半成品上或未经制孔的板料上冲制出竖立孔边缘的制件
		胀形	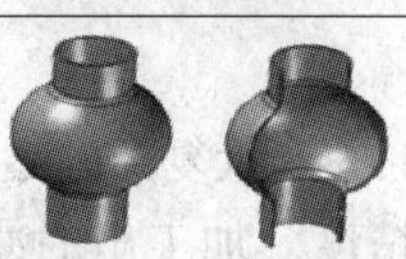	使空心毛坯内部在双向拉应力作用下，产生塑性变形，得到凸肚形制件
		缩口		使空心毛坯或管状毛坯端部的径向尺寸缩小而得到制件

分离工序是使冲压件与板料沿一定的轮廓线相互分离的工序。例如切断、落料、冲孔等。

成形工序是指材料在不破裂的条件下产生塑性变形的工序，即此工序完成后，材料变形部分的应力超过该材料屈服应力 σ_s 的数值，但未达到破坏应力 σ_b，从而使材料产生塑性变形，并且改变了材料原有状态，从而获得一定形状、尺寸和精度要求的零件。例如弯曲、拉深、翻边、胀形、冷挤压等。

复合工序是指将上述两种或两种以上不同工序集中在一副模具中完成，如落料冲孔、落料拉罐、拉深修边等。

装配工序是指在产品的装配过程中采用冷冲压的方法来进行零件或部件的装配，如压配、铆接、弯接、冷塑焊等。

（二）冷冲压模具

1. 冷冲压模具分类

根据模具完成冲压工序的类型、结构等不同，模具的分类方法亦不同。

① 按完成工序特征分可分为：冲裁模、弯曲模、拉深模、成形模等。

② 按模具的导向形式可分为：无导向模具和导向模具。导向模具又包括导板、导柱、导套导向模具，其中，无导向模的冲压精度靠压力机滑块精度保证，导柱模和导板模的导向精度导柱或者导板来保证。

③ 按模具完成的冲压工序内容可分为：单工序模具、组合工序模具。其中组合工序模具又分为复合模和级进模。

具体常用冲压工序及模具见表 1-2。

表 1-2　常用冲压工序分类及所用模具

类别	工序名称	工序简图	工序特征	模具简图
材料的分离工序	落料	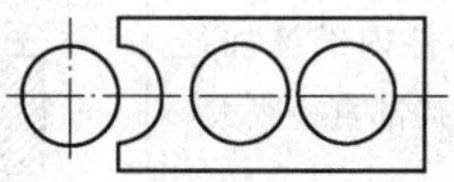	用落料模沿封闭轮廓冲裁板料或条料，冲掉部分是制件	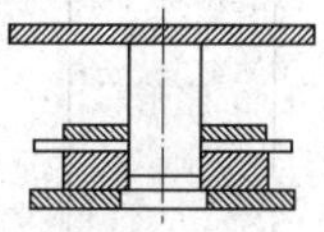
	冲孔	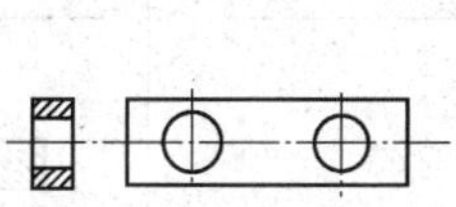	用冲孔模沿封闭轮廓冲裁工件或毛坯，冲掉部分是废料	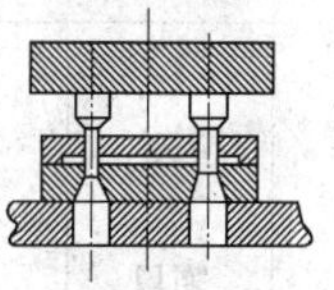
	切口	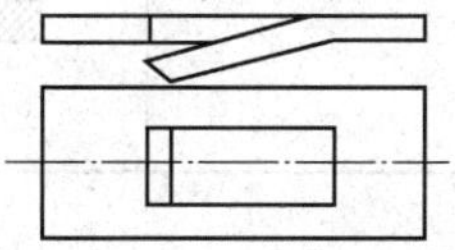	用切口模将部分材料切开，但并不使它完全分离，切开部分材料发生弯曲	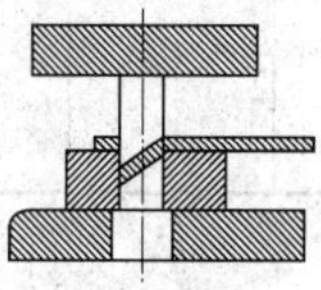
	切边	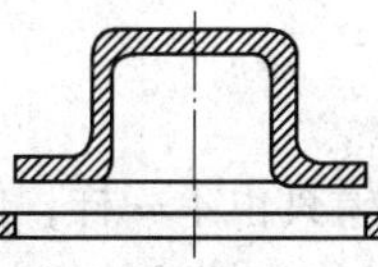	用切边模将坯件边缘的多余材料冲切下来	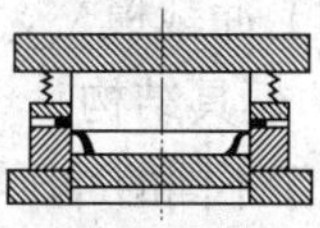

续表

类别	工序名称	工序简图	工序特征	模具简图
材料的塑性变形工序	拉深	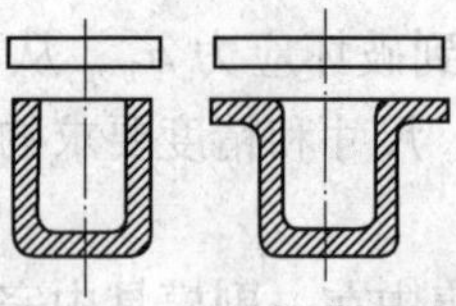	用拉深模将平板毛坯拉深成空心件，或使空心毛坯作进一步变形	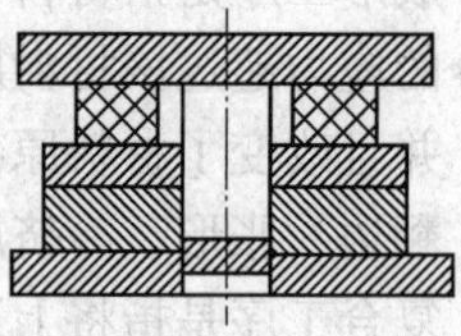
	弯曲	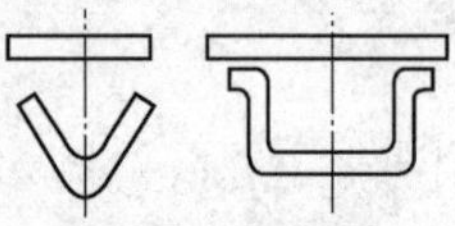	用弯曲模将平板毛坯（或丝料、杆件毛坯）压弯成一定尺寸和角度，或将已弯件作进一步弯曲	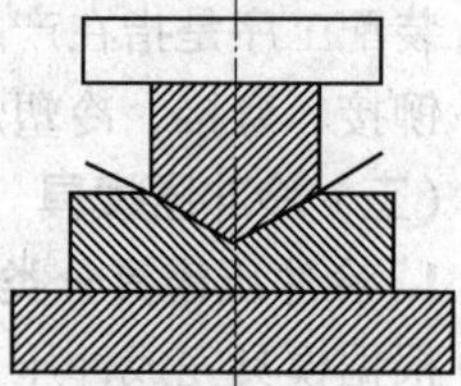
	卷边	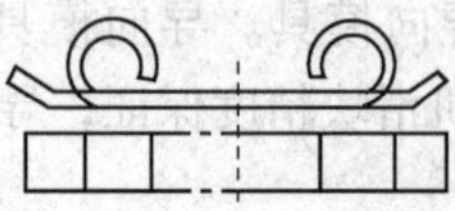	用卷边模将条料端部按一定半径卷成圆形	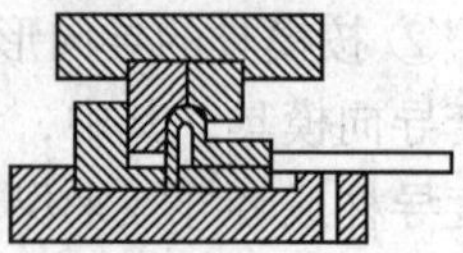
	翻边	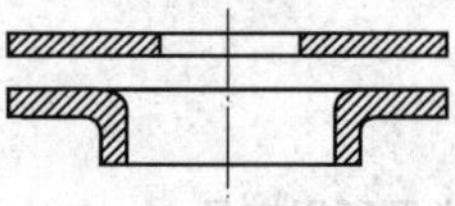	用翻边模在有孔或无孔的板件或空心件上翻出直径更大且成一定角度的直壁	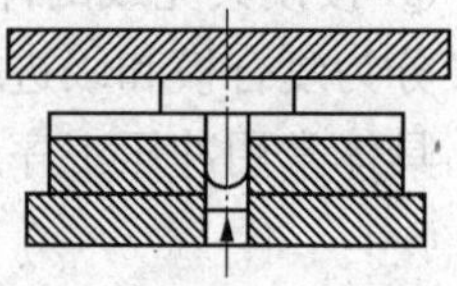
	胀形	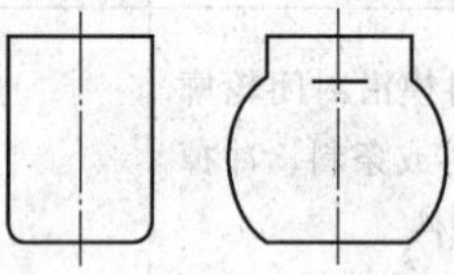	从空心件内部施加径向压力使局部直径胀大	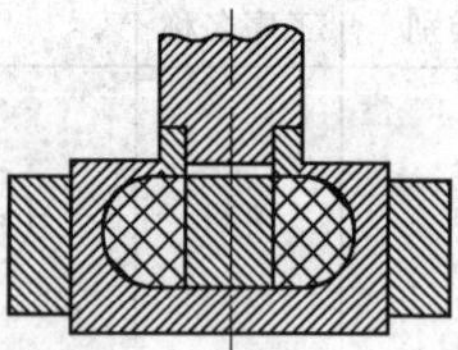
	缩口	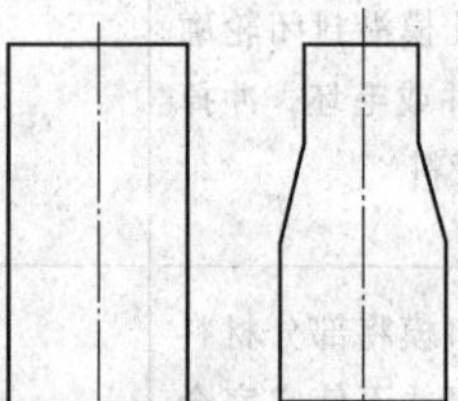	在空心件外部施加压力，使局部直径缩小	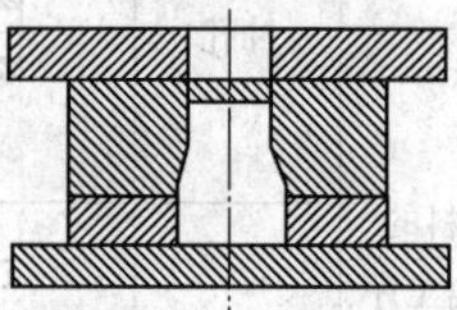

2. 冷冲压模具简介

（1）冲裁模

1）模具结构

由于不同的冲压零件采用不同冲压工序，所使用的模具也不一样，但模具的基本结构组成，按其功能用途大致包括六部分。以典型的导柱导套式冲裁模为例，其基本结构如图 1-1 所示。

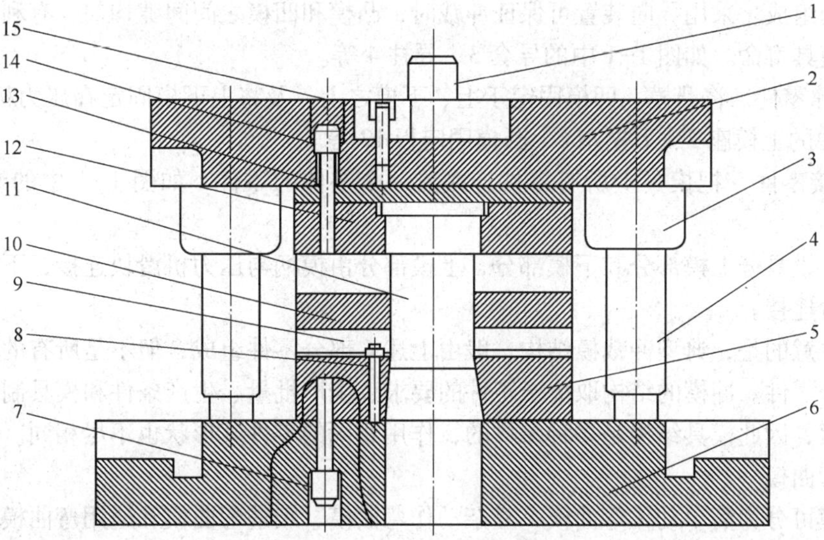

图 1-1 导柱导套式冲裁模

1—模柄；2—上模座；3—导套；4—导柱；5—凹模；6—下模座；7、14、15—螺钉；
8—挡料销；9—导料板；10—固定卸料板；11—凸模；12—凸模固定板；13—垫板

该模具利用导柱 4 和导套 3 实现上、下模精确导向定位。凸、凹模在进行冲裁之前，导柱已经进入导套，从而保证在冲裁过程中凸模和凹模之间的间隙均匀一致。上、下模座和导柱、导套装配组成的部件称为模架。

注意：导柱与模座孔为 H7/r6(或 R7/h6)的过盈配合；导套与上模座孔为 H7/r6 过盈配合。这是为防止工作时导柱从下模座孔中被拔出和导套从上模座中脱落。为使导向准确和运动灵活，导柱与导套的配合采用 H7/h6 的间隙配合。冲模工作时，条料靠导料板 9 和挡料销 8 实现准确定位，以保证冲裁时条料上的搭边值均匀一致。同时，它采用了固定卸料板 10 卸料，冲出的工件在凹模空洞中，由凸模逐个顶出凹模直壁处，实现自然漏料。

由于导柱式冲裁模导向准确可靠，冲制精度高，冲模使用寿命长，安装使用方便，目前使用较为普遍，适合大批量生产。

但是，导柱式冲模还具有冲模外形轮廓尺寸较大，结构较为复杂，制造成本高等缺点，目前，逐渐采用标准模架，大大减少设计时间和制造周期。

2）部件种类与主要功能

① 工作零件 工作零件是指实现冲裁变形，使板料分离，保证冲裁件形状的零件，包括：凸模、凹模、凸凹模，如图 1-1 中的凸模 11、凹模 5。工作零件直接影响冲裁件的质量，并且影响模具寿命、冲裁力和卸料力等。

② 定位零件 确定条料或坯料在冲模中准确位置的零件。如图 1-1 中的挡料销 8、导料板 9 等。

③ 卸料及推件零件 卸料及推件零件是指将冲裁后由于弹性回复而卡在凹模孔口内或紧箍在凸模上的工件或废料脱卸下来的零件。如图 1-1 中的固定卸料板 10 等。

(a) 紧箍在凸模上的工件或废料，用卸料板(刚性卸料或弹性卸料)；

(b) 卡在凹模孔口内的工件或废料，用推件装置或顶件装置。

④ 导向零件 导向零件是指保证上模和下模正确位置和运动导向精度的零件。一般由

导柱和导套组成。采用导向装置可保证冲裁时，凸模和凹模之间间隙均匀，有利于提高冲裁件质量和模具寿命。如图 1-1 中的导套 3、导柱 4 等。

⑤ 支撑零件　将凸模、凹模固定于上、下模之上，及将上下模固定在压力机上的零件。如图 1-1 中的上模座 2、下模座 6、凸模固定板 12 等。

⑥ 连接零件　把模具上所有零件连接成一个整体的零件，如图 1-1 中的螺钉 7、14、15 等。

另外，模具分上模部分和下模部分，上模部分由模柄与压力机滑块连接，下模部分用压板与工作台连接。

应该注意的是，典型冲裁模结构一般由上述 6 部分零件组成，但不是所有的冲裁模都包含这 6 部分零件。冲模的结构取决于工件的要求、生产批量、生产条件和模具制造技术水平等诸多因素，因此模具结构是多种多样的，作用相同的零件其形状也不尽相同。

（2）弯曲模

弯曲模可分为简单动作弯曲模、复杂动作弯曲模、级进弯曲模和通用弯曲模。弯曲模的主要零件是凸模和凹模。结构完善的弯曲模还具有压料装置、定位装置、导向装置等。有时还采用辊轴、摆块和斜楔等机构来实现比较复杂的动作。

图 1-2 为 V 形件弯曲模结构示意图。该模具由凸模 4、凹模 1、定位板 3 以及下模座、要柄、顶件器 2 等零件组成。工作时，将毛坯放在定位板之间，在凸模的作用下，毛坯沿凹模圆角滑动，与此同时，顶件器 2 向下运动，并压缩弹簧，直至毛坯弯曲成形。

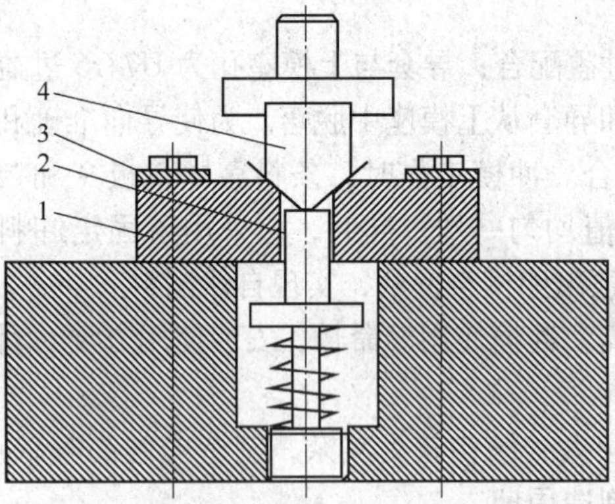

图 1-2　弯曲模

1—凹模；2—顶件器；3—定位板；4—凸模

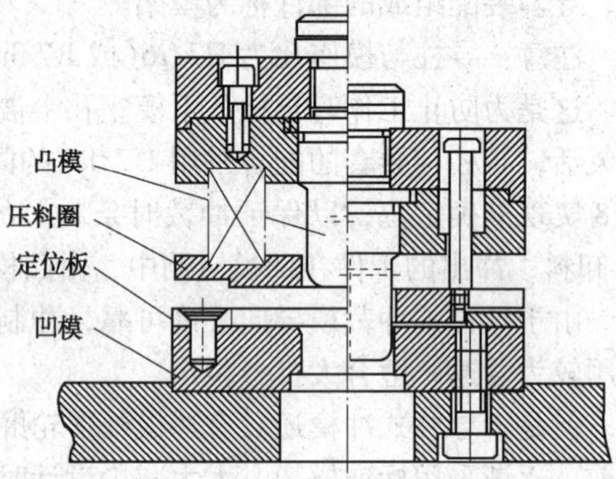

图 1-3　拉深模

（3）拉深模

按照使用的压力机类型不同，拉深模分为单动压力机上用的拉深模和双动压力机上用的拉深模；按拉深顺序可分为首次拉深模和以后各次拉深模；按工序组合情况不同，可分为简单拉深模、复合拉深模、连续拉深模；按有无压料装置，可分为有压料装置拉深模和无压料装置拉深模等。

图 1-3 所示为有压料装置的首次拉深模。该类模具适用于拉深板料较薄及拉深高度大、容易起皱的制件。工作时，凸模下降，压料圈也一同下降，当压料圈与坯料接触后，上模部分继续下降，压料圈压住坯料进行拉深。

三、冷冲压塑性变形基础知识

（一）冷冲压塑性变形概念

1. 塑性

固体材料在外力作用下发生永久变形，而不破坏其完整性的能力。不同材料的塑性不同。即使同一种材料在不同的变形条件下，也会表现出不同的塑性。例如材料的应力状态不同，表现出来的塑性就不一样。

2. 塑性变形

在外载荷的作用下物体发生的永久性的变形。塑性变形有如下特点：

① 塑性变形是不可逆的。

② 一般的材料在塑性变形前及塑性变形的同时，都伴随有弹性变形。去除外载荷后，材料的塑性变形部分被保留下来，而弹性变形则完全消失。

③ 物体发生塑性变形时，其体积基本保持不变。

④ 在塑性变形中，破坏了金属的整体平衡而强制金属流动。当变形物体质点有向各个方向移动的可能时，则变形物体的每个质点总是沿其最小阻力方向移动，称此为最小阻力定律。

影响金属材料塑性的主要因素有：变形时材料的内部因素和变形时的外部条件（如变形温度、变形速度、应力状态等）。

（二）冲压变形的力学特点

一般把冲压成形的力学特点分为两类，伸长类变形和压缩类变形。

1. 伸长类变形

特点是：与最大拉应力相对应的主导强制变形是正应变，其极限变形参数如翻孔系数、扩口系数、胀形系数、最小弯曲半径等都主要取决于板料的塑性，并且可以直接或间接用塑性指标（延伸率和断面收缩率）来表示。这类成形要求板料具有较高的塑性变形稳定性，即有较大的均匀延伸率和较大的硬化指数，而板料的相对厚度对成形的难易程度没有直接的影响。

2. 压缩类变形

特点：与最小压应力相对应的主导强制变形是负应变，其极限变形参数如拉深系数、缩口系数等基本上与板料的塑性指标无关，也不可能用延伸率去衡量，而是主要受到变形区的失稳、起皱和传力区强度的限制，所以板料的相对厚度是衡量这类变形难易程度的主要因素。压缩类成形要求板料具有较低的屈服点，以及较高的强度极限和弹性模量。

（三）变形趋向性及控制

研究各种冲压成形时变形的趋向性及控制的目的是为了确定工艺参数、制订工艺过程、设计冲模、分析和解决冲压过程中出现的质量问题。

1. 变形趋向性

冲压过程中可以把坯料划分为变形区和传力区。冲压变形力通过坯料的传力区而施加于变形区，使其产生塑性变形。在成形过程中，变形区和传力区的范围和尺寸不断变化，而且它们也相互转化。如图 1-4(a) 所示缩口过程开始时，随着凹模的下降，变形区 B 不断扩大，传力区 A 不断减小，金属材料由传力区转移到变形区去；当发展到图 1-4(b) 所示阶段时，变形区的尺寸不再发生变化，从传力区进入变形区的金属体积和从变形区转移出去的相等，从而形成稳定变形的过程。此时，传力区 A 不断减小，已变形区 C 不断增大，变形区 B 的尺寸及其内应力的大小和分布都不变。

变形区和传力区分界面上的内力，其性质与大小完全相同。在同一内力的作用下，在这两个区内产生的变形方式不同，金属的相互尺寸关系也不同，因此必定有一个区所需的变形力较小，并先进入塑性变形状态产生塑性变形。该区是相对的弱区，以便把塑性变形局限于变形区，并排除传力区产生塑性变形的可能，即“变形区为弱区”。

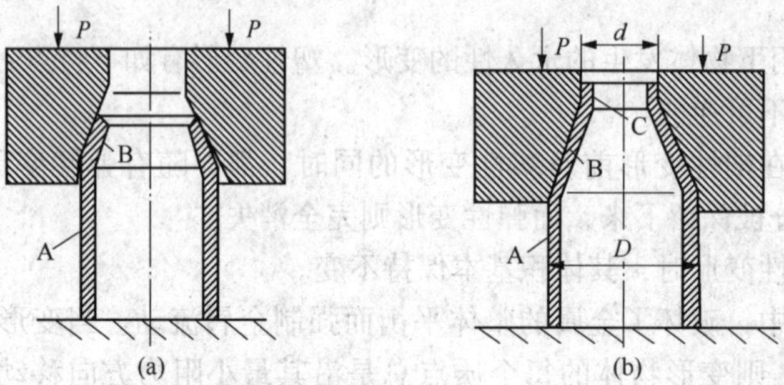

图 1-4　缩口变形的各区划分示意图

A—传力区；B—变形区；C—已变形区

如图 1-4 所示，A 与 B 两个交界面上的应力为 σ，传力区产生塑性变形的方式是镦粗，其变形所需要的压应力为 σ_s，不产生镦粗变形的条件是 $\sigma<\sigma_s$；变形区产生塑性变形的方式为切向收缩的缩口，它所需要的压应力是 σ_{sk}，产生缩口变形的条件是 $\sigma \geqslant \sigma_{sk}$，所以缩口时，传力区不产生塑性变形的条件是 $\sigma_{sk}<\sigma_s$；因为 σ_{sk} 的数值取决于缩口系数 d/D，因此上式就成为确定极限收口系数的依据。

2. 变形趋向性控制

在冲压过程中，变形区和传力区在一定的条件下可以相互转化；改变有关的条件就可以实现对变形趋向性的控制。可以采取以下一些措施：

① 合理确定坯料和半成品的尺寸。如图 1-5 所示坯料，由于尺寸 D_0、d_0 与 d_t 的相对关系不同，具有三种可能的变形趋向，即拉深、翻孔及胀形，进而形成三种形状完全不同的零件。

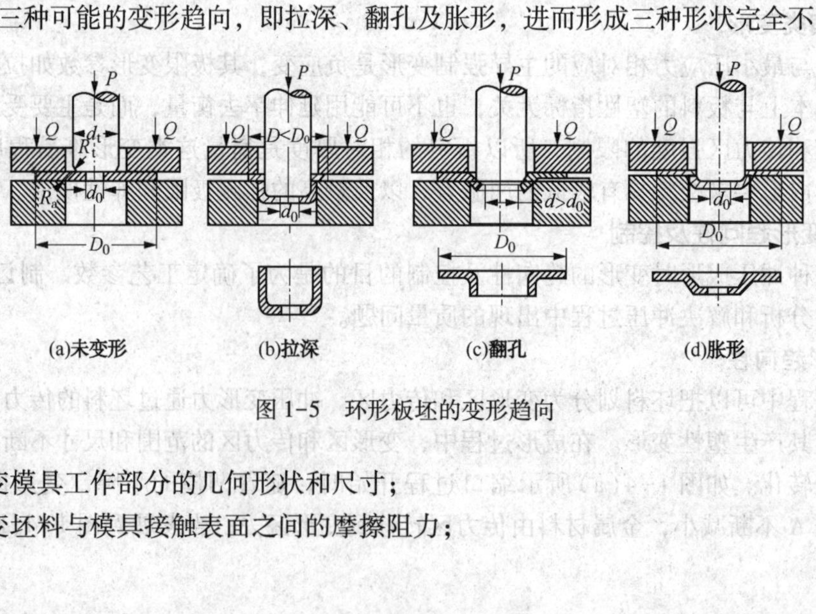

图 1-5　环形板坯的变形趋向

② 改变模具工作部分的几何形状和尺寸；

③ 改变坯料与模具接触表面之间的摩擦阻力；

④ 采用局部加热或局部深冷，降低变形区变形抗力或提高传力区强度。

四、冷冲压设备

（一）冷冲压设备的分类

在冲压生产中，为了适应不同的冲压工作情况，应采用不同类型的冲压设备。这些冲压设备都具有其特有的结构形式及作用特点。根据冲压设备驱动方式和工艺用途的不同，可对冲压设备作如下分类：

1. 按冲压设备的驱动方式分类

（1）机械压力机

机械压力机是利用各种机械传动来传递运动和压力的一类冲压设备，包括曲柄压力机、摩擦压力机等。机械压力机占冲压设备的大部分，机械压力机中又以曲柄压力机应用最为广泛。

（2）液压机

液压机是利用液压（油压或水压）传动来产生运动和压力的一种压力机械。液压机的优点是容易获得较大的压力和工作行程，且压力和速度可在较大范围内进行无级调节，缺点是能量损失较大，生产效率较低。因此，液压机主要用于深拉深、厚板弯曲、成形等。

2. 按冲压设备的工艺用途分类

（1）板料冲压压力机

① 通用曲柄压力机　用于冲裁、弯曲、成形和浅拉深等工艺。

② 拉深压力机　用于拉深工艺。

③ 板冲高速自动机　用于连续级进送料的自动冲压工艺。

④ 板冲多工位自动机　用于连续传送工件的自动冲压工艺。

⑤ 精密冲裁压力机　用于精密冲裁等工艺。

⑥ 数控压力机　用于自动冲压、换模和换料等冲压工作。

⑦ 摩擦压力机　用于弯曲、成形和拉深等工艺。

⑧ 旋压机　用于旋压工艺。

⑨ 板料成形液压机　用于进行深拉深、厚板弯曲、压印和校形等工艺。

（2）体积模压压力机

① 冷挤压机　用于进行冷挤压工艺。

② 精压机　用于进行平面精压、体积精压和表面压印等工艺。

（3）剪切机（剪床）

① 板料剪切机 用于裁剪板料，常用于下料工序，可将尺寸较大的板料或成卷的带料，按排样的要求裁剪成要求宽度的条料或卷料。主要有平刃剪床和斜刃剪床等。

平刃剪床如图 1-6 所示，该平刃剪床是特殊的曲柄压力机。剪床工作时，上、下刀片的整个刀刃同时与板材接触，工作时所需剪切力较大，剪切质量较好。

斜刃剪床如图 1-7 所示，其结构与工作原理与平刃剪床相同，只是上刀刃与下刀刃形成一个夹角 ϕ。工作时上刃口不同时与板材接触，使得板料的分离逐步完成，所需剪切力较小，但是，剪切窄板时会有扭曲现象。

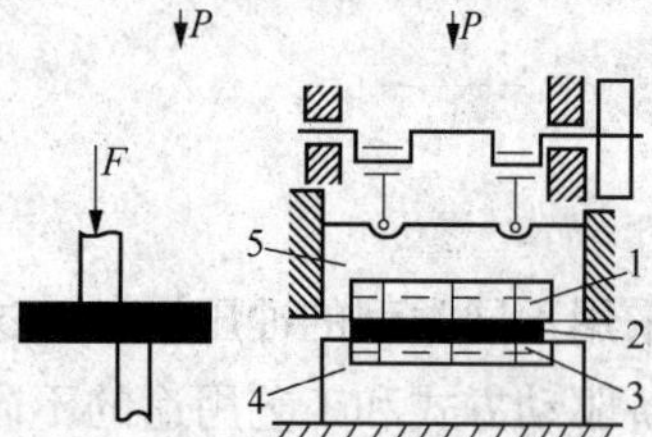

图 1-6　平刃剪床示意图

1—上刀片；2—板材；3—下刀片；4—工作台；5—滑块

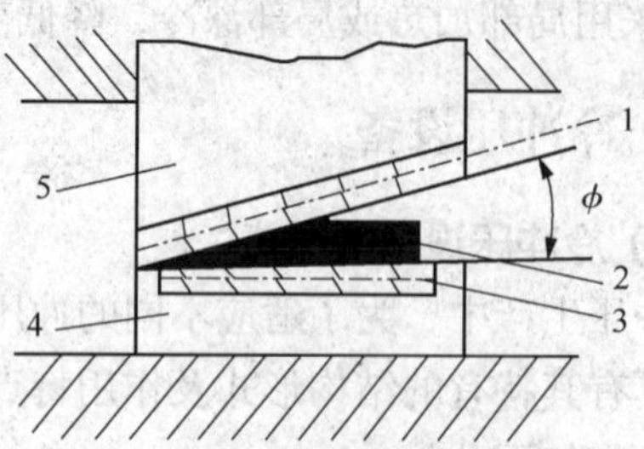

图 1-7　斜刃剪床示意图

1—上刀片；2—板材；3—下刀片；4—工作台；5—滑块

剪床的规格型号一般按照剪床能剪裁的宽度和厚度来表示。例如：Ql1—6×2000 剪板机，表示可剪板材最大尺寸(厚×宽)为 6mm×2000mm。

② 棒料剪切机 用于裁剪棒料。

(二) 压力机的型号

压力机的型号是用汉语拼音字母、英文字母和数字表示。例如 JA23-63B 型号的意义如图 1-8 所示。

机械压力机列别、组别的划分如下：

1 列：单柱偏心压力机。其中，1 列 1 组为单柱固定台式压力机；1 列 2 组为单柱活动台式压力机。

2 列：开式双柱压力机。其中，2 列 3 组为开式双柱可倾式压力机。

3 列：闭式曲柄压力机。其中，3 列 1 组为闭式单点压力机；3 列 6 组为闭式双点压力机；3 列 9 组为闭式四点压力机。

4 列：拉深压力机。其中，4 列 3 组为开式双动拉深压力机；4 列 4 组为底传动双柱拉深压力机；4 列 5 组为闭式上传动双动拉深压力机。

5 列：摩擦压力机。其中，5 列 3 组为双盘摩擦压力机。

1. 曲柄压力机

(1) 曲柄压力机的结构及工作原理

曲柄压力机是冲压生产中应用最广泛的一种机械压力机，习惯称之为冲床。主要分为开式与闭式压力机，图 1-9 为开式固定台压力机结构和工作台形式。

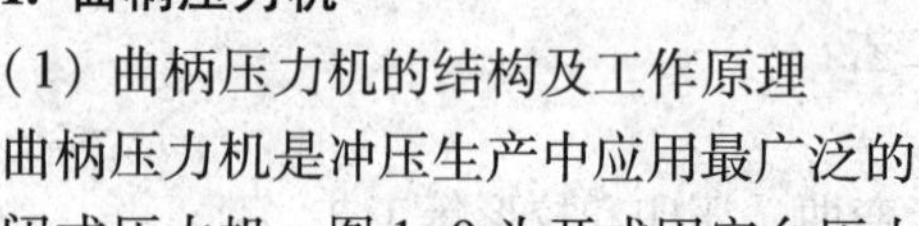

图 1-8　压力机型号示例

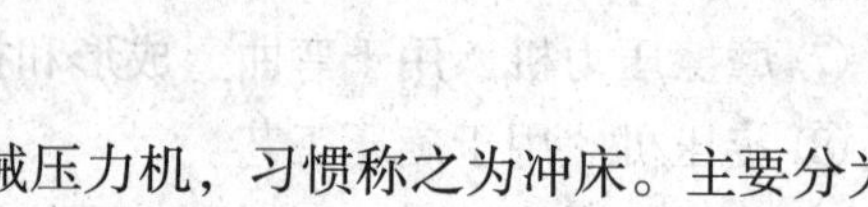

(a) 固定式　(b) 可倾式　(c) 升降台式

图 1-9　开式压力机

图 1-10 所示为曲柄压力机的外形图，图 1-11 为其工作原理图。

电动机 1 通过带轮 2、3 及大小齿轮带动曲轴 7 旋转，曲轴通过连杆带动滑块 10 沿导轨作上下往复运动，从而带动模具实施冲压。模具安装在滑块与工作台之间。

曲柄压力机结构包括工作机构、传动机构、操作机构、支承机构和辅助机构等。

① 工作机构　主要由曲轴 7、连杆 9 和滑块 10 组成。其作用是将电动主轴的旋转运动变为滑块的往复直线运动。滑块底平面中心设有模具安装孔，大型压力机滑块底面还设有 T 形槽，用来安装和压紧模具，滑块中还设有退料装置，用以在滑块回程时将工件或废料从模具退出。

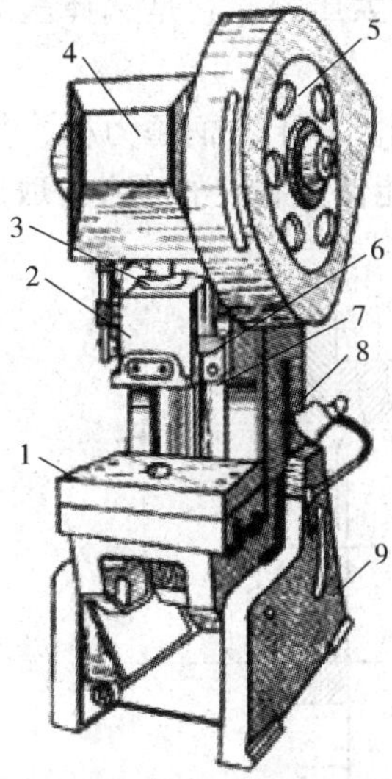

图 1-10　可倾式曲柄压力机

1—工作台；2—滑块；3—连杆；4—传动箱；5—大齿轮；6—横梁；7—导轨；8—床身；9—底座

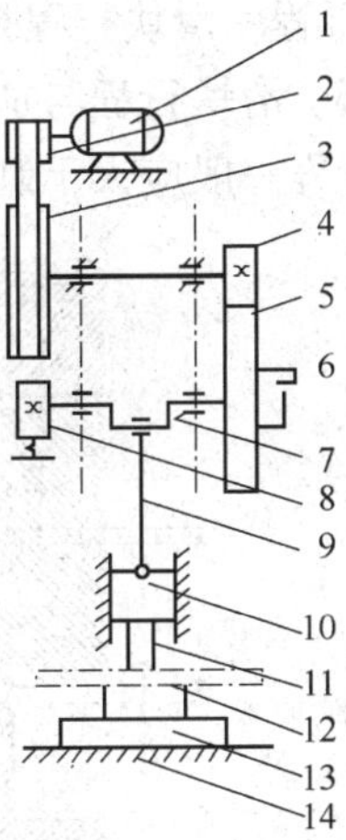

图 1-11　曲柄压力机工作原理

1—电动机；2—小带轮；3—大带轮；4—小齿轮；5—大齿轮；6—离合器；7—曲轴；8—制动器；9—连杆；10—滑块；11—上模；12—下模；13—垫板；14—工作台

② 传动系统　传动系统由电动机 1、小带轮 2、大带轮 3、小齿轮 4 和大齿轮 5 等组成。其作用是将电动机的运动和能量按照一定要求传给曲柄滑块机构。

③ 操作系统　操作系统包括空气分配系统、离合器、制动器、电气控制箱等。离合器是用来接通或断开大齿轮与曲轴间运动传递的机构，即控制滑块是否产生冲压动作，由操作者操纵。制动器可以确保离合器脱开时，滑块比较准确地停止在曲轴运动的上止点位置。

④ 支承机构　支承机构包括机身、工作台、拉紧螺栓等。

⑤ 辅助机构　压力机还具有润滑系统、保护装置、气路、安全保护、气垫及顶料等辅助、附属机构和系统等。为了从下模中顶出制件或为拉深工艺提供压力，在压力机工作台下装有气垫。

曲柄压力机作为冲压设备，具有精度高、生产效率高、操作方便、易于实现机械化和生产自动化等优点。在曲柄压力机上几乎可以完成所有冲压工序。因此，曲柄压力机使用最为广泛。但是，由于曲柄压力机的床身是开放式的，机床刚性较差，故一般适用于标称压力在 1000kN 以下的小型压力机。而 1000～3000kN 的中型压力机和 3000kN 以上的大型压力机，大多采用封闭式压力机。封闭式压力机的操作空间只能从前后方向接近模具，但机床刚度和精度更高。

(2) 曲柄压力机的基本技术参数

曲柄压力机的基本技术参数表示压力机的工艺性能和应用范围，是选用压力机和设计模具的主要依据。压力机的主要技术参数如下：

① 公称压力　是指滑块离下止点前某一位置或曲柄旋转到离下止点前某一角度(一般为25°~30°，即为压力机的压力角)时，滑块上所能承受的最大压力。它是选择压力机的主要依据，应与模具设计所需的总压力相适应。

② 滑块行程　滑块行程是指滑块上、下止点间的距离。对于曲柄压力机，其值等于曲柄长度的两倍。滑块行程与加工制件的最大高度有关，应能保证制件的放入与取出。对于拉深件，滑块行程一般应大于制件高度的 2 倍(图 1-12)。

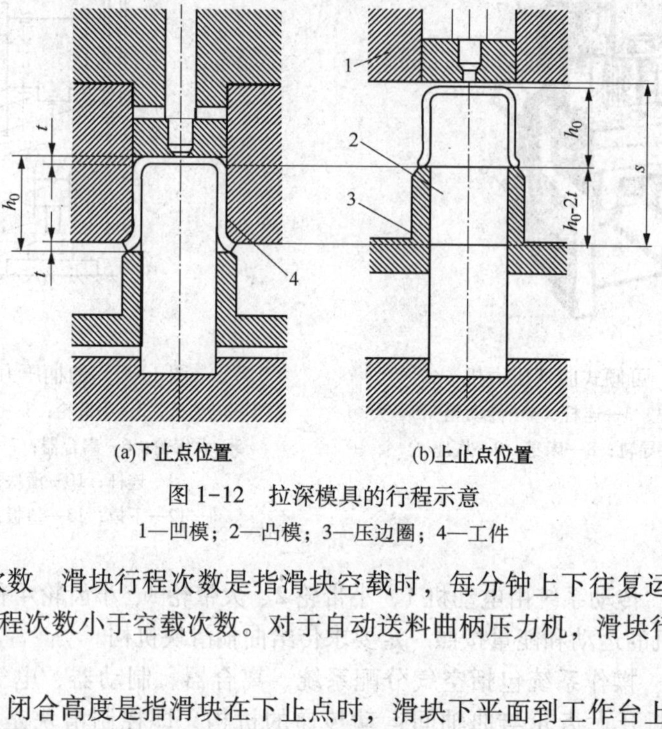

图 1-12　拉深模具的行程示意

1—凹模；2—凸模；3—压边圈；4—工件

③ 滑块行程次数　滑块行程次数是指滑块空载时，每分钟上下往复运动的次数。有负载时，实际滑块行程次数小于空载次数。对于自动送料曲柄压力机，滑块行程越高，生产效率越高。

④ 闭合高度　闭合高度是指滑块在下止点时，滑块下平面到工作台上平面的距离。当闭合高度调节装置将滑块调整到最上位置时，闭合高度最大，称为最大闭合高度；将滑块调整到最下位置时，闭合高度最小，称为最小闭合高度。闭合高度从最大到最小可以调节的范围，称为闭合高度调节量。

⑤ 装模高度　如图 1-13 所示，压力机装模高度是指压力机滑块处于下止点位置时，滑块下表面到工作台上表面的距离。当装模高度调节装置将滑块调整到最上位置时(即当连杆调至最短时)，装模高度达到最大值，称为最大装模高度 H_{max}。反之为最小装模高度 H_{min}。装模高度调节装置所能调节的距离，称为装模高度调节量。模具的闭合高度 h 应在压力机的最小装模高度和最大装模高度之间。

⑥ 工作台尺寸和滑块底面尺寸　压力机工作台面尺寸应大于冲模的相应尺寸 $a_1 \times b_1$。一般情况下，工作台面尺寸应大于下模座尺寸 50~70mm，为固定下模留下足够的空间。上模座的平面尺寸一般不应该超过滑块底面尺寸 $a \times b$。

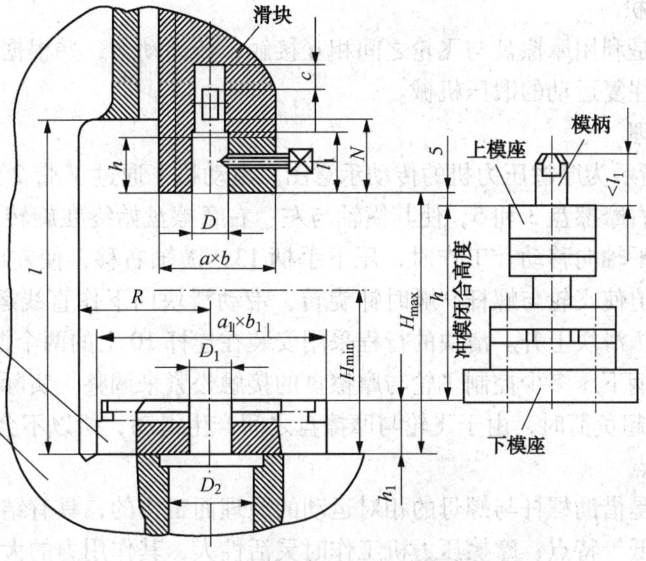

图 1-13　冲模与压力机尺寸关系

⑦ 模柄孔和漏料孔尺寸　图 1-13 中，模柄直径应略小于滑块内模柄安装孔的直径 D，模柄的长度应小于模柄孔的深度 l_1。在自然漏料的模具中，要考虑工作台面上的漏料孔直径 D_1 尺寸能保证漏料。

表 1-3 为开式可倾式曲柄压力机主要技术参数。

表 1-3　开式可倾式曲柄压力机主要技术参数

型号		J23-6.3	J23-16	J23-25	J23-40	J23-63	J23-80	J23-100	J23-125	J23-160
公称压力/kN		63	160	250	400	630	800	1000	1250	1600
达到公称压力时滑块距下止点的距离/mm		3.5	5	6	7	8	9	10	11	12
滑块行程/mm		50	70	80	100	120	130	140	140	160
行程次数/min^{-1}		160	115	100	80	70	60	60	50	40
最大封闭高度/mm		170	220	250	300	360	380	400	430	450
封闭高度调节量/mm		40	60	70	80	90	100	110	120	130
滑块中心到床身距离/mm		110	160	190	220	260	290	320	350	380
工作台尺寸/mm	前后	315	450	560	630	710	800	900	970	1120
	左右	200	300	360	420	480	540	600	650	710
工作台孔尺寸/mm	前后	150	220	260	300	340	380	420	460	530
	左右	70	110	130	150	180	210	230	250	300
	直径	110	160	180	200	230	260	300	340	400
立柱间距离/mm		150	220	260	300	340	380	420	460	530
模柄孔尺寸（直径×深度）/mm×mm		$\phi30\times50$	$\phi50\times70$	$\phi50\times70$	$\phi50\times70$	$\phi50\times70$	$\phi60\times75$	$\phi60\times75$	$\phi70\times80$	$\phi70\times80$
工作台板厚度/mm		40	60	70	80	90	100	110	120	130
倾角/(°)		30	30	30	30	30	25	25	25	25

2. 摩擦压力机

摩擦压力机是利用摩擦盘与飞轮之间相互接触，传递动力，并根据螺杆与螺母相对运动使滑块产生上下往复运动的锻压机械。

（1）工作原理

如图 1-14 所示为摩擦压力机的传动示意图。电动机 1 通过 V 带 2 及大带轮运运动传递给横轴 4 及左、右摩擦盘 3 和 5，使其横轴与左、右摩擦盘始终在旋转，并且横轴可允许在轴内作一定的水平轴向移动。工作时，压下手柄 13，横轴右移，使左摩擦盘 3 与飞轮 6 的轮缘相互压紧，迫使飞轮与螺杆 9 顺时针旋转，带动滑块向下作直线运动，进行冲压加工。反之，手柄向上，滑块上升。滑块的行程采用安装在连杆 10 上的两个挡块 11 来调节。压力的大小可通过手柄下压多少控制飞轮与摩擦盘的接触松紧来调整。实际压力允许超过标称压力 25%~100%。超负荷时，由于飞轮与摩擦盘之间产生滑动，所以不会因过载而损坏机床。

（2）工作特点

摩擦压力机是借助螺杆与螺母的相对运动的原理而工作的，具有结构简单、制造、维修方便、生产成本低等特点；摩擦压力机工作时灵活性大，其作用力的大小可以根据需要，通过操作来加以调节，超负荷时摩擦轮打滑而不会损坏模具及设备，适用弯曲尺寸较大而厚的工件，以及校正、压印、成形和温、热挤压等冲压工序，缺点是飞轮轮缘磨损大，生产效率较低，精度较低，常用于生产螺栓、螺柱等小件。

3. 液压机

图 1-15 所示为常见的 Y 系列万能液压机，它具有典型的三梁四柱机构，其工作原理是：电动机带动液压泵向液压缸输送高压油，推动活塞带动活动横梁作上下往复运动。模具安装在活动横梁和工作台上，能够完成弯曲、拉深、翻边、整形等冲压工序，液压机的工作行程长，并在整个行程上都能承受标称载荷，不会发生超负荷的危险，但工作效率低，主要适用于深拉深、成形、冷挤压等变形工序。如果不采取特殊措施，液压机不能用于冲裁工序。

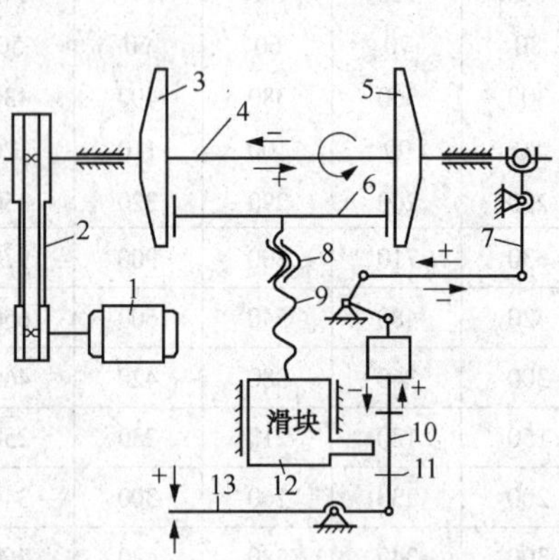

图 1-14　摩擦压力机传动示意图

1—电动机；2—V 带；3、5—摩擦盘；4—轴；6—飞轮；7—杠杆；8—螺母；9—螺杆；10—连杆；11—挡块；12—滑块；13—手柄

图 1-15　Y 系列万能液压机

（三）压力机的选择

压力机的选用主要包括压力机的类型和确定压力机的规格及主要参数。

1. 类型选择

压力机的类型较多，其刚度、精度和用途各不相同，应根据冲压工艺的性质、生产批量、模具大小、制件精度等因素正确选用。

曲柄压力机适用于落料模、冲孔模、弯曲模和拉深模。C 形床身的开式曲柄压力机具有操作方便及容易安装机构化附属设备等优点，适用于中小型冲模。闭式机身的曲柄压力机刚度较好，精度较高，适用于大中型或精度要求较高的冲模。

液压压力机适用于小批生产大型厚板的弯曲模、拉深模、成形模和校平模。它不会因为板料厚度超差而过载，特别对于行程较大的加工，具有明显的优点。

摩擦压力机适用于中小型件的校正模、压印模和成形模。生产率比曲柄压力机低。双动压力机适用于大量生产大型、较复杂拉深件的拉深模。

多工位压力机适用于同时安装落料、冲孔、压花、弯曲、拉深、切边等多副模具，不宜用于连续模。它适用于不宜用连续模生产的大批量成形冲件。

高速压力机适用于连续模。高速压力机是高效率、高精度的自动化设备，一般配有卷料架、校平和送料装置，以及废料切刀等附属设施。

弯曲机适用于小型复杂的弯曲件生产。弯曲机是一种自动化机床，它具有自动送料装置及多滑块，可对带料或丝料进行切边、冲载、弯曲等加工。每一个动作都是利用凸轮、连杆和滑块单独进行驱动，模具各部分成为独立的单一体，从而大大减化了模具结构。

精冲压力机适用于精冲模，能冲载出具有光洁平直剪切面的精密冲裁件，也可以进行冲裁—弯曲、冲裁—成形等连续工序。

数控冲床的步冲次数(数控冲床工作步距和频率简称步冲次数)高、冲压稳定，并配有高效自动编程软件。主要用于带多种尺寸规格孔型的板冲件加工，在大型电气控制柜加工行业有着广泛的市场，也可用于其他大批量板冲件的加工。

2. 规格选择

确定压力机的规格和参数应遵循以下原则：

① 压力机的标称压力必须大于冲压工序所需要的压力。当冲压行程较长时，还应注意在全部工作行程中，压力机许可压力曲线应高于冲压变形力曲线。

② 压力机滑块行程应满足制件在高度上所需的尺寸，并在冲压工序完成后能顺利地从模具上取出。对于拉深件，行程应大于制件高度 2 倍以上。

③ 压力机的行程次数应符合生产率和材料变形速度的要求。

④ 压力机的闭合高度、工作台面尺寸、滑块尺寸、模柄孔尺寸等都满足模具的正确安装要求。工作台尺寸一般应大于模具下模座 50~70mm，以便于安装；垫板孔应大于制件或废料的投影尺寸，以便于材料脱落；模柄尺寸应与模柄孔尺寸相符。

思考题

1. 何谓冲压？它与其他加工方法相比，有什么特点？
2. 冲压工序可分为哪两大类？它们的主要区别和特点是什么？
3. 曲柄压力机的工作原理是什么？曲柄压力机的主要参数主要有哪些？
4. 摩擦压力机原理与曲柄压力机原理的区别是什么？适用于什么场合？

项目二　冲裁模设计(理论单元)

知识要点

- 冲裁变形阶段及冲裁工序特点；
- 冲裁模分类及结构；
- 冲裁件工艺性、排样、冲裁力计算等工艺设计。

学习要求

- 掌握冲裁变形原理、特点和应用；
- 通过冲裁模设计思路初步掌握冲裁工艺规律与冲裁模设计。

一、冲裁变形原理

(一) 冲裁概念

冲裁是利用模具使坯料产生分离的冲压工序，包括落料冲孔切口、切边、切断、剖切、整修、精密冲裁等工序。坯料经过冲裁后可以直接制成零件，也可以作为弯曲、拉深、成形冷挤压等其他工序的毛坯，由此，冲裁是一种重要的冷冲压形式，在冷冲压加工中占有很大的比重。

冲裁所使用的模具称为冲裁模，其中落料工序所使用的模具叫落料模，冲孔工序所使用的模具叫冲孔模。由于冲裁工艺的广泛采用，冲裁模在冷冲模中所占比例很大，熟练掌握冲裁工艺以及冲裁模的设计，不但应用较广，而且可以为其他工序模具的设计打下基础。对于初学者来说掌握落料模和冲孔模的设计程序和基本原理是很有必要的。

(二) 冲裁工序

冲裁工艺是利用装在压力机上的模具使板料沿着一定的轮廓形状产生分离的一种冲压工艺，是冲压加工方法中的基础工序。它可以直接冲出所需形状的零件，也可为其他工序制备毛坯(如弯曲、拉深等工序)。

冲裁工艺分为普通冲裁和精密冲裁两大类。冲裁工序的种类很多，主要可分为冲孔、落料、切边、切口等工序。

落料和冲孔是两种基本的冲裁形式。材料经过冲裁以后，被分离为两部分，一般为冲落部分和带孔部分，落料是坯料经过冲裁以后，冲裁封闭曲线以内的部分为制品；冲孔是坯料经过冲裁以后，冲裁封闭曲线以外的部分为制品。如图 1-16 所示。

如果冲裁的目的是为了获得有一定外形轮廓和尺寸的冲落部分，则称为落料工序，剩余的带孔部分就称为废料；反之，如果冲裁的目的是为了获得一定形状和尺寸的内孔，此时冲落部分称为废料，带孔部分即为工件，则称为冲孔工序。如图 1-17 所示垫片冲裁件。

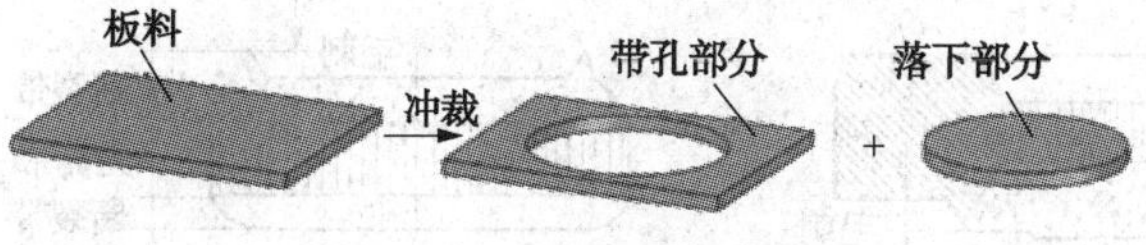

图 1-16　冲裁件示意图

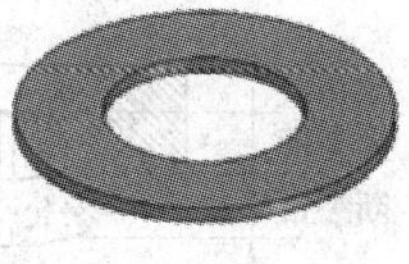

图 1-17　垫片冲裁件

（三）冲裁变形阶段

普通冲裁过程如图 1-18 所示，当冲裁间隙正常时，板料的冲裁变形过程可以分为以下三个阶段，即弹性变形阶段、塑性变形阶段、断裂分离阶段。

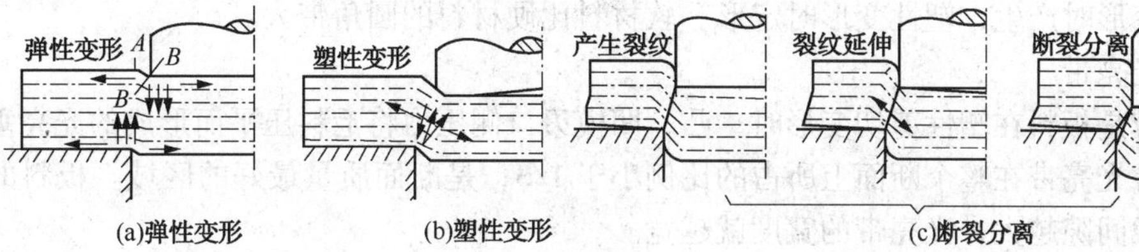

图 1-18　冲裁变形阶段

1. 弹性变形阶段

如图 1-18(a)所示，当凸模开始接触板料并下压时，变形区内产生弹性压缩、拉伸与弯曲等变形，这时凸模和凹模刃口分别略微挤入板料中，当凸模切入深度达到一定程度时，板料内应力达到弹性极限(此时 $P<\sigma_s$)。

现象：凸模下的坯料的一部分相对于另一部分发生错移，但无明显裂纹，凸模下面的板料略有弯曲，凹模上面的板料开始上翘，若卸去凸模压力，板料能够恢复原状，不产生永久变形。这时只达到弹性变形的极限，无塑性变形。

2. 塑性变形阶段

如图 1-18(b)所示，凸模继续下压，板料的内应力达到屈服点，板料在与凸、凹模刃口接触处产生塑性变形，此时凸模切入板料，板料挤入凹模，产生塑性剪切变形，形成光亮的剪切断面。随着塑性变形加大，冷变形硬化加剧，冲裁变形力不断增大，当刃口附近的材料由于拉应力的作用出现微裂纹时，标志着塑性变形阶段结束(此时 $\sigma_s \leqslant P<\tau$)。

现象：凸模和凹模都切入板料，形成光亮的剪切断面。发生塑性剪切变形，形成光亮带，但没有产生分离，没有裂纹，板料还是一个整体。

3. 断裂分离阶段

如图 1-18(c)所示，凸模继续下压，由于应力集中，已形成的微裂纹迅速扩大，当板料的内应力达到强度极限($P \geqslant \tau$)时，在凸模、凹模的刃口接触处，上下裂纹会合，板料产生切断分离。

现象：应力作用下，裂纹不断扩大，当上、下裂纹相交时，板料发生分离；凸模继续下压，将已分离的材料从板料中推出，完成冲裁过程。

4. 冲裁件的断面特征

冲裁件的断面具有明显的区域性特征，在断面上明显地区分为圆角带、光亮带、断裂带和毛刺四个部分。如图 1-19 所示为冲孔件和落料件断面的四个区域。

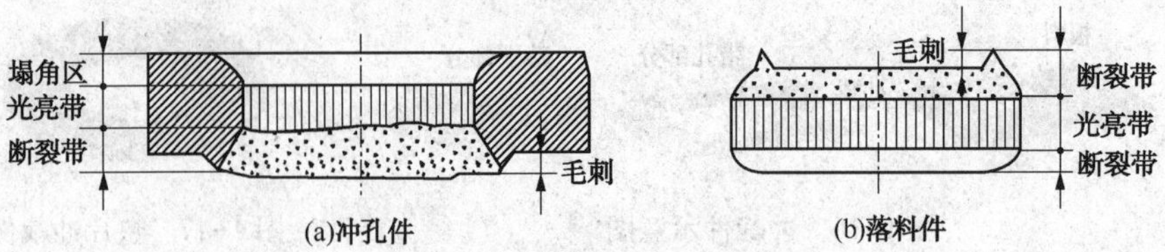

图 1-19　冲裁件断面特征

(1) 圆角带(塌角区)

圆角带是板料在弹性变形时，刃口附近的板料被牵连，产生弯曲和拉深变形而形成的。它在弹性变形时产生，塑性变形时定形。软材料比硬材料的圆角带大。

(2) 光亮带

光亮带是板料在塑性剪切变形时，凸、凹模刃口侧压力将毛料压平而形成的光亮垂直的断面，通常光亮带在整个断面上所占的比例小于1/3，是断面质量最好的区域。板料的塑性越好，冲裁间隙越大，光亮带的宽度就越宽。

(3) 断裂带

断裂带是由刃口处的微裂纹在拉应力作用下不断扩展而形成的撕裂面，在断裂阶段产生的。断裂带是断面质量较差的区域，表面粗糙，且有斜度。塑性越差，冲裁间隙越大，断裂带越宽且斜度越大。

(4) 毛刺(又称环状毛刺)

毛刺是因为微裂纹产生的位置不是正对刃口，而是在刃口附近的侧面上，加之凸、凹模之间的间隙及刃口不锋利等因素，使金属拉断成毛刺而残留在冲裁件上。普通冲裁件的断面毛刺难以避免。凸模刃口磨钝后，在落料件边缘产生较大毛刺；凹模刃口磨钝后，在冲孔件边缘会产生较大毛刺；间隙不均匀，会使冲裁件产生局部毛刺。

圆角带、光亮带、断裂带、毛刺四个部分在整个断面上所占比例不是固定不变的，因为材料的机械性能、凸模和凹模之间的间隙、模具结构等不同而变化。

二、冲裁工艺设计

(一) 冲裁间隙

冲裁间隙是指冲裁模具中凸、凹模刃口部分的尺寸之差，如图 1-20 所示，一般用 Z 表示。

冲裁间隙是冲裁模设计的一个重要参数，它对冲裁过程的影响是多方面的，在冲裁模设计的过程中必须综合考虑，选取合理的冲裁间隙。

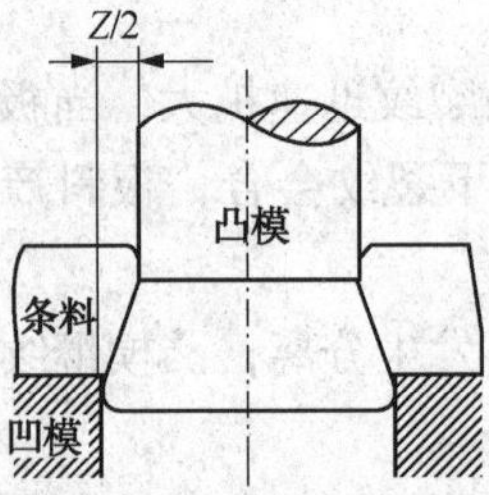

图 1-20　冲裁间隙示意图

1. 冲裁间隙对冲裁件的影响

(1) 冲裁间隙对冲裁件质量的影响

如图 1-21 所示，一般来说，间隙小，冲裁件的断面质量就高(光亮带增加)；间隙大，则断面塌角大，光亮带减小，毛刺大。但是，间隙过小，则断面易产生“二次剪切”现象，有潜伏裂纹。

较高质量的冲裁件断面应该具备：光亮带较宽，约占整个断面的 1/3 以上，塌角、毛刺和锥度都很小，整个冲裁件平面无穹弯现象。冲裁件质量与材料本身厚度、刃口间隙、模具结构、冲裁速度、刃口锋利程度等密切相关，其中影响最大的是冲裁间隙。

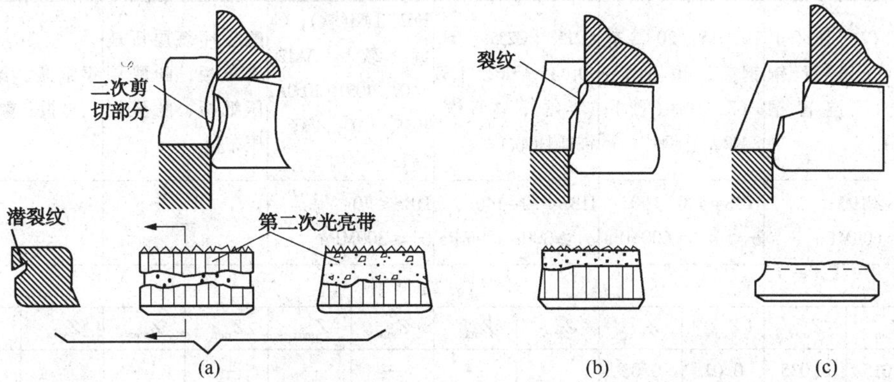

图 1-21 冲裁间隙对冲裁质量的影响

（2）冲裁间隙对冲裁力的影响

冲裁间隙小，所需的冲裁力大（材料不容易分离）；冲裁间隙大，材料容易分离，所需的冲裁力就小。

（3）冲裁间隙对冲裁模具寿命的影响

冲裁间隙大，有利于减小模具磨损，避免凹模刃口胀裂，可以提高冲裁模具的寿命。

2. 合理冲裁间隙的确定

根据对冲裁过程的分析，冲裁间隙过大、过小都不合理，只有选取适中的冲裁间隙，才能进行正常的冲裁生产。同时考虑到冲裁模具的磨损，在冲裁生产过程中，凸模磨损后尺寸减小，凹模磨损后尺寸增大，这样冲裁间隙就随着冲裁模具的磨损而增大。

所谓合适的冲裁间隙，是指采用这一间隙进行冲裁时，能够得到令人满意的冲裁件断面，提高尺寸精度和减小冲裁力，延长模具使用寿命。为保证冲裁模的使用寿命，设计时的初始间隙就必须选用适中间隙范围内的最小冲裁间隙 Z_{min}。一般冲裁件尺寸精度要求不高时采用较大的间隙值，反之，选择较小的间隙值。合理的最小冲裁间隙的确定通常有两种方法。

（1）经验确定法

一般可按下列经验公式计算最小合理冲裁间隙值：

$$Z_{min}=(2\sim5)ct \tag{1-1}$$

式中 Z_{min}——最小冲裁间隙，mm；

c——系数（当 t<3mm 时，c=6%~12%；当 t>3mm 时，c=15%~25%。材料软时取小值；材料硬时取大值。目的是减小冲裁力）；

t——板料厚度，mm。

（2）查表法

表 1-4 所提供的经验数据为落料、冲孔模具的初始值，可用于一般条件下的冲裁。表中初始间隙的最小值 Z_{min} 为最小合理间隙值，而初始间隙的最大值 Z_{max} 是考虑到凸模和凹模

的制造误差，在 Z_{min} 的基础上增加一个数值。在使用过程中，由于模具零件部分的磨损，间隙将会有所增加，因而使间隙的最大值(最大合理间隙)可能超过表中所列数值。

表 1-4　冲裁模刃口初始值间隙　　mm

材料名称	45；T7，T8（退火）；磷青铜（硬）；铍青铜（硬）		10，15，20 冷轧钢带；30 钢板；H62，H68（硬）；2A12，硅钢片		Q215，Q235；08，10，15；H62，H68（半硬）；磷青铜、铍青铜(软)		H62，H68(软)；纯铜（软）；3A12，5A02，1060，1050A，1035，1200，8A06，2A12		酚醛环氧层压玻璃布板、酚醛层压纸板、酚醛层压布板		钢纸板、绝缘纸板、云母板、橡胶板	
力学性能	HBS≥190 σ_b≥600MPa		HBS＝140～190 σ_b≥400～600MPa		HBS＝70～140 σ_b≥300～400MPa		HBS≤70 σ_b≤300MPa		—		—	
厚度	初始间隙											
	Z_{min}	Z_{max}	Z_{min}	Z_{max}	Z_{min}	Z_{max}	Z_{min}	Z_{max}	Z_{min}	Z_{max}	Z_{min}	Z_{max}
0.1	0.015	0.035	0.01	0.03	—	—	—	—	—	—		
0.2	0.025	0.045	0.015	0.035	0.01	0.03	—	—	—	—		
0.3	0.04	0.06	0.03	0.05	0.02	0.04	0.01	0.03	—	—	—	—
0.5	0.08	0.10	0.06	0.08	0.04	0.06	0.025	0.045	0.01	0.02		
0.8	0.13	0.16	0.10	0.13	0.07	0.10	0.045	0.075	0.015	0.03		
1.0	0.17	0.20	0.13	0.16	0.10	0.13	0.065	0.095	0.025	0.04		
1.2	0.21	0.24	0.16	0.19	0.13	0.16	0.075	0.105	0.035	0.05		
1.5	0.27	0.31	0.21	0.25	0.15	0.19	0.10	0.14	0.04	0.06	0.01～0.03	0.015～0.045
1.8	0.34	0.38	0.27	0.31	0.20	0.24	0.13	0.17	0.05	0.07		
2.0	0.38	0.42	0.30	0.34	0.22	0.26	0.14	0.18	0.06	0.08		
2.5	0.49	0.55	0.39	0.45	0.29	0.35	0.18	0.24	0.07	0.10		
3.0	0.62	0.68	0.49	0.55	0.36	0.42	0.23	0.29	0.10	0.13		
3.5	0.73	0.81	0.58	0.66	0.43	0.51	0.27	0.35	0.12	0.16	0.04	0.06
4.0	0.86	0.94	0.68	0.76	0.50	0.58	0.32	0.40	0.14	0.18		

由于各类间隙值之间没有绝对的界限，还必须根据冲裁件尺寸与形状、模具材料、加工方法、冲压方法、速度等酌情增减。例如：相同条件下，非圆形件比圆形件间隙大，冲孔比落料间隙大；冷冲比热冲间隙大；直壁凹模比锥口凹模间隙大等。

（二）冲裁件的工艺性

1. 冲裁件工艺性原则

冲裁件的工艺性是指该工件在冲裁加工中的难易程度。良好的冲裁工艺性应该保证材料的损耗少、工序数目少、模具结构简单且寿命长、产品质量稳定、操作安全方便等。冲裁工艺性应满足以下几点要求：

（1）形状设计应力求简单、对称，同时应减少排样废料

如图 1-22 所示，如果图 1-22(a)所示零件的外形要求不高，只有三个孔位要求较高，就可改为图 1-22(b)所示形状，冲落件的形状改变以后，既可以节省材料又能保证三个孔的位置精度。

（2）外形和内孔应避免尖角，用圆弧过渡

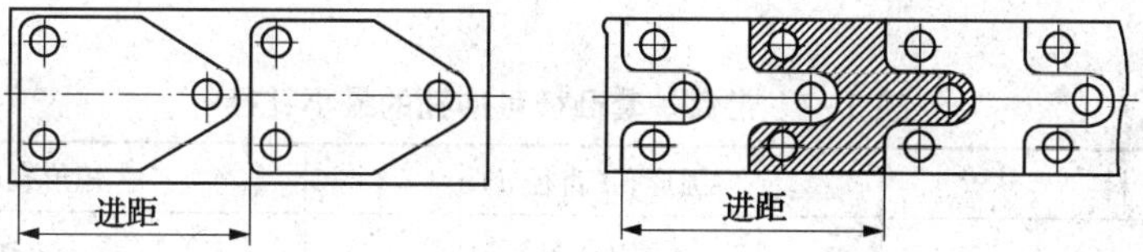

图 1-22　冲裁件的形状对工艺性的影响

这样可便于模具加工，减少热处理变形或冲压时模具工作零件的开裂，减少冲裁时尖角处的崩刃和过快磨损。过渡圆弧的最小圆角半径 r_{min} 见表 1-5。

表 1-5　冲裁件的最小过渡圆角半径 r_{min}

零件种类			黄铜、纯铜、铝	合金钢	软钢	备注
落料	交角	≥90° <90°	0.18t 0.35t	0.35t 0.70t	0.25t 0.50t	≥0.25mm ≤0.50mm
冲孔	交角	≥90° <90°	0.20t 0.40t	0.45t 0.90t	0.30t 0.60t	≥0.30mm ≤6mm

注：t 为材料厚度，当 t<1mm 时，均以 t=1mm 计。

（3）保证冲裁件的强度及凸、凹模的强度

冲裁件尽量避免狭长的槽与过长的悬壁。图 1-23所示的凸起和凹槽的宽度应保证 $b>2t$。若 b 值太小，则相应的凸模很薄，强度不足，甚至无法生产。应保证孔与孔之间的距离 $c'\geq1.5t$，孔与边缘之间的距离 $c\geq t$，否则会严重降低凹模的强度（t 为材料厚度）。

（4）冲孔时，孔径不能太小，以防止凸模折断或弯曲

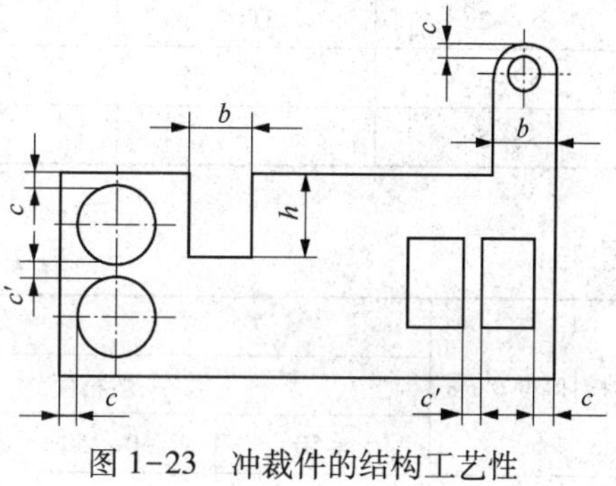

图 1-23　冲裁件的结构工艺性

可冲压的最小的孔径有两种情况：表 1-6 所示为无导向凸模冲孔的最小孔径；表 1-7 所示为带保护套凸模冲孔的最小孔径。

表 1-6　无导向凸模可冲孔的最小孔径

材　料	圆形孔（直径 d）	方形孔（孔宽 b）	长圆形孔（直径 d）	矩形孔（孔宽 b）
钢，τ>700MPa	d≥1.5t	b≥1.35t	d≥1.1t	b≥1.2t
钢，τ=400~700MPa	d≥1.3t	b≥1.2t	d≥0.9t	b≥1.0t
钢 τ<400MPa	d≥1.0t	b≥0.9t	d≥0.7t	b≥0.8t
黄铜、铜	d≥0.9t	b≥0.8t	d≥0.6t	b≥0.7t
铝、锌	d≥0.8t	b≥0.7t	d≥0.5t	b≥0.6t
纸胶板、布胶板	d≥0.7t	b≥0.7t	d≥0.4t	b≥0.5t
纸	d≥0.6t	b≥0.5t	d≥0.3t	b≥0.4t

注：τ 为材料抗剪强度。

表 1-7　带保护套凸模可冲孔的最小孔径

材　料	圆形孔（直径 d）	矩形孔（孔宽 b）
硬钢	$d \geqslant 0.5t$	$b \geqslant 0.4t$
软钢及黄铜	$d \geqslant 0.35t$	$b \geqslant 0.3t$
铝、锌	$d \geqslant 0.3t$	$b \geqslant 0.28t$

2. 冲裁件的尺寸精度及尺寸标注

（1）尺寸精度

金属冲裁件的经济精度不高于 IT11 级。对于经济精度要求高的制件，外形尺寸应低于 IT10 级；内形尺寸应低于 IT9 级。内形尺寸精度取决于凸模刃口尺寸，制造容易一些，尺寸精度可比外形尺寸的精度高一级。冲裁件的尺寸公差、孔中心距的公差及孔对外缘轮廓的偏移公差分别见表 1-8、表 1-9、表 1-10。

非金属冲裁件内、外形的经济精度为 IT14、IT15 级。

表 1-8　冲裁件内外形所能达到的经济精度

材料厚度 t/mm	基本尺寸/mm				
	≤3	3~6	6~10	10~18	18~500
≤1	IT11~IT13			IT11	
>1~2	IT14	IT12~IT13			IT11
>2~3	IT14			IT12~IT13	
>3~5	—	IT14			IT12~IT13

表 1-9　两孔中心距公差

材料厚度 t/mm	孔距基本尺寸/mm					
	一般精度			较高精度		
	≤50	50~150	150~300	≤50	50~150	150~300
≤1	±0.10	±0.15	±0.20	±0.03	±0.05	±0.08
>1~2	±0.12	±0.30	±0.30	±0.04	±0.06	±0.10
>2~4	±0.15	±0.25	±0.35	±0.06	±0.08	±0.12
>4~6	±0.20	±0.30	±0.40	±0.08	±0.10	±0.15

表 1-10　孔中心与边缘距离尺寸公差

材料厚度 t/mm	孔距基本尺寸（孔中心与边缘距离）/mm			
	≤50	50~120	120~220	220~360
≤1	±0.05	±0.05	±0.05	±0.08
>1~2	±0.06	±0.06	±0.06	±0.10
>2~4	±0.08	±0.08	±0.08	±0.12

（2）断面表面粗糙度

冲裁件的断面粗糙度一般为 $R_a = 12.5 \sim 50\mu m$，最高为 $R_a = 50\mu m$，见表 1-11。

表 1-11 一般冲裁件断面的表面粗糙度

材料厚度 t/mm	≤1	1~2	2~3	3~4	4~5
断面表面粗糙度 R_a/μm	3.2	6.3	12.5	25	50

（3）尺寸标注

尺寸标注应符合冲压工艺的要求，如图 1-24 所示。

图 1-24(a)的标注形式不合理，因为两孔位置尺寸会随模具磨损而增大，孔心距误差会随着模具的磨损而增大；图 1-24(b)标注形式，孔心距不受模具磨损的影响，比较合理。

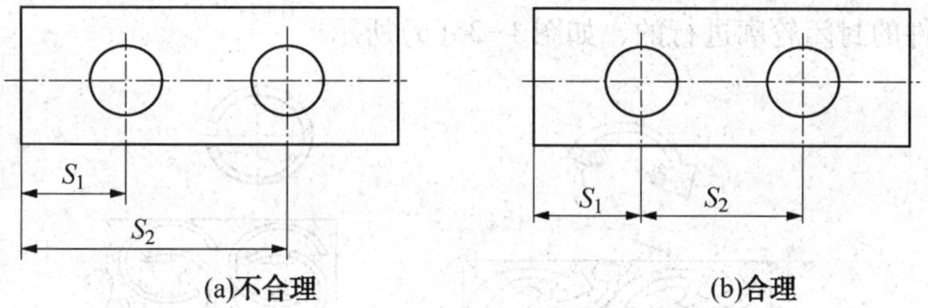

图 1-24 尺寸标注示意图

3. 冲裁工艺尺寸的计算

冲裁工艺计算是冲裁模设计的重要部分之一，包括排样设计与凸、凹模刃口尺寸的计算、冲裁工序力的计算、压力中心的计算等。

（1）排样设计

排样设计是指冲裁件在条料、带料或板料上的布置方式。合理的排样设计是提高材料利用率、降低生产成本、保证工件质量及模具寿命的有效措施。

1）排样设计的原则

① 提高材料的利用率　在不影响零件性能的前提下，尽可能提高材料利用率。

② 改善操作性　要考虑工人操作方便、安全，降低劳动强度，如减少条料的翻动次数。

③ 使模具的结构简单、合理，使用寿命长。

④ 保证冲裁件的质量　如采用合理的搭边值，一般沿封闭的轮廓冲裁而不沿开放式轮廓进行冲裁等措施。

2）排样分类

① 冲裁废料　冲裁废料=板料-制件。

冲裁废料可分为结构废料和工艺废料两种。如图 1-25 所示为冲裁垫片时产生的废料。结构废料是由制件本身的形状决定，一般是固定不变的；工艺废料决定于搭边值、排样形式和冲压方法等。

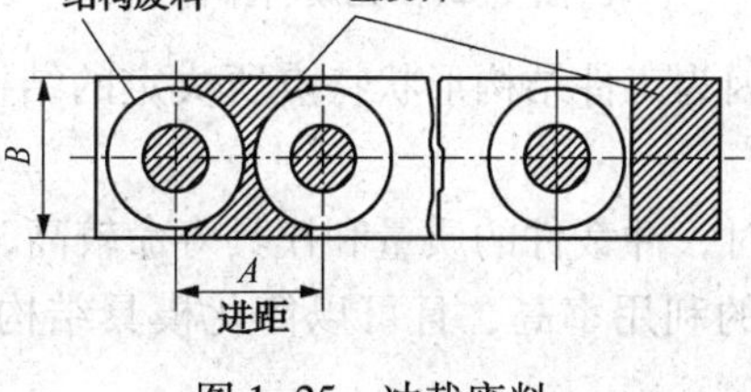

图 1-25 冲裁废料

② 排样的分类　按照材料的利用程度，排样可分为以下三类，见图 1-26。

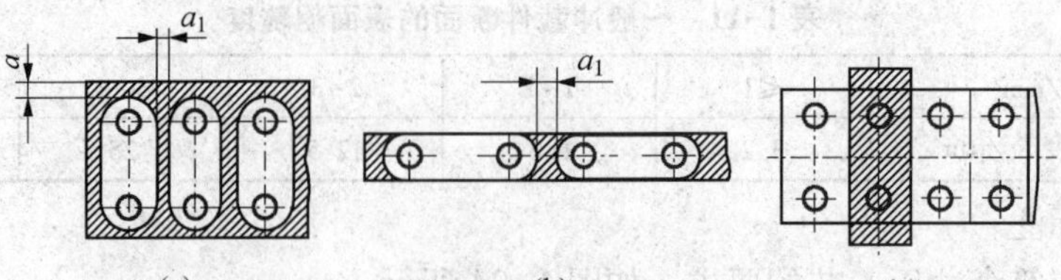

图 1-26　排样方式

（a）有废料排样　是指在冲裁件与冲裁件之间，冲裁件与条料侧边之间均有工艺废料，冲裁是沿冲裁件的封闭轮廓进行的，如图 1-26(a)所示。

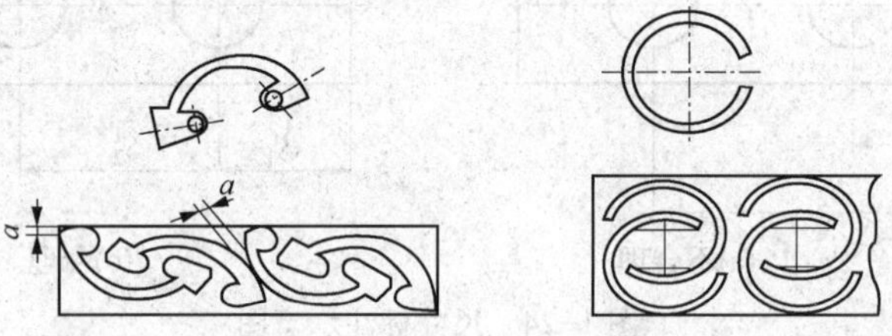

图 1-27　有废料排样

如图 1-27 所示，有废料排样是沿工件周边全部冲裁，此时材料上留有搭边，能保证工件质量，模具寿命较高，但材料利用率低。

（b）少废料排样　是指只在冲裁件之间，或只在冲裁件与条料侧边之间留有搭边值，冲裁只沿冲裁件的部分轮廓进行，如图 1-26(b)所示。

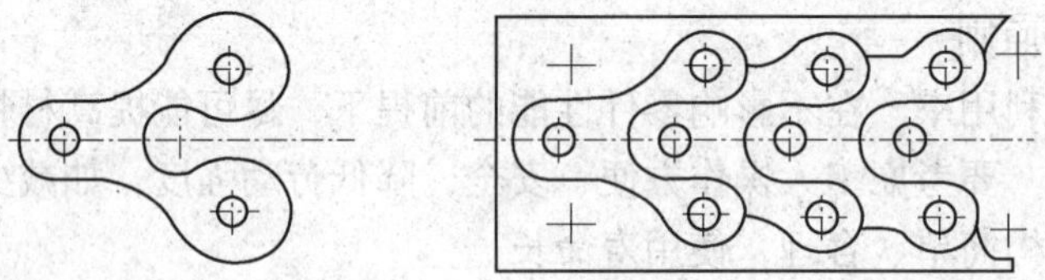

图 1-28　少废料排样

如图 1-28 所示，少废料排样是沿工件部分外形冲裁，仅在条料局部留有搭边或余料。

（c）无废料排样　是指在冲裁件之间、冲裁件与条料侧边之间都无搭边存在，冲裁件实际上是由切断条料获得的，如图 1-26(c)所示。

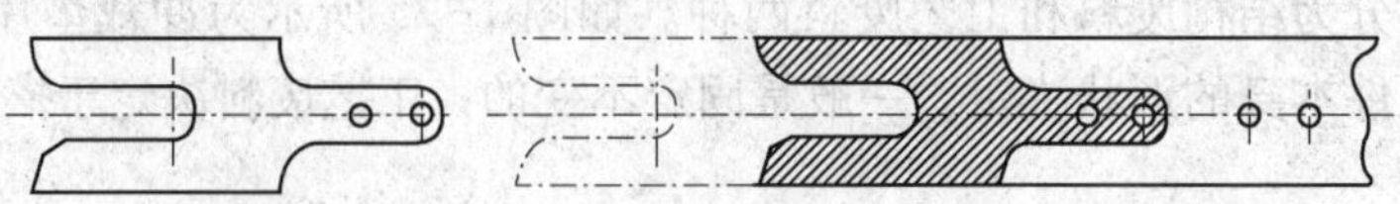

图 1-29　无废料排样

它无搭边和余料，只有因为工件结构形状特点所决定的结构废料，如图 1-29 中孔中的废料。

综上所述，有废料排样时，冲裁件的质量和模具寿命较高，但材料的利用率低；少废料排样和无废料排样时，材料的利用率高，且可以简化模具结构，但制件的尺寸精度不易保证，且制件还必须具备特定的形状。在实际生产中，有废料排样使用的较多。

3）材料利用率

冲压零件的成本中，材料费用约占 60%以上，因此材料的经济利用具有非常重要的意义。衡量排样经济性的指标是材料的利用率，可用下式计算：

$$\eta=\frac{F}{F_0}\times100\%=\frac{F}{AB}\times100\% \tag{1-2}$$

式中　η——材料利用率，%；

F——工件的实际面积，mm^2；

F_0——所用材料面积（包括工件面积与废料面积），mm^2；

A——送料步距，即相邻两个冲压件对应点之间的距离，mm；

B——条料宽度，mm。

从上式可以看出，由于结构废料由工件的形状决定，一般不能改变，所以只有设计合理的排样方案，减少工艺废料，才能有效提高材料的利用率。

4）排样形式

按照制件的形式，排样有直排、单行排、多行排、斜排、对排等多种形式，如表 1-12 所示。

表 1-12　排 样 形 式

排样形式	有废料排样		少废料或无废料排样	
	制件图	排样图	制件图	排样图
直排	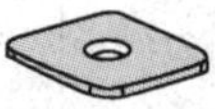	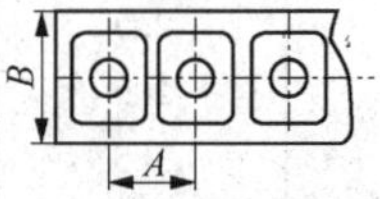		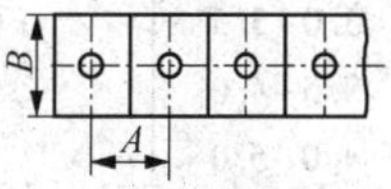
斜排	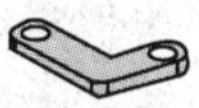	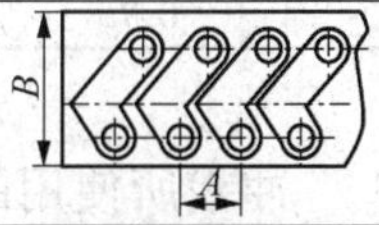		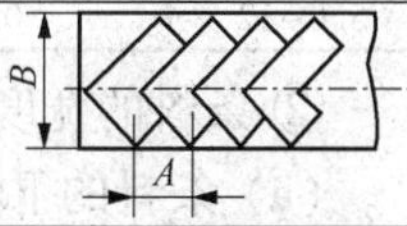
直对排	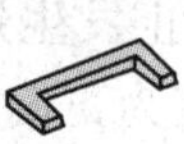	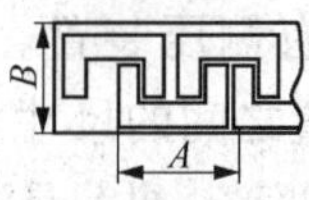		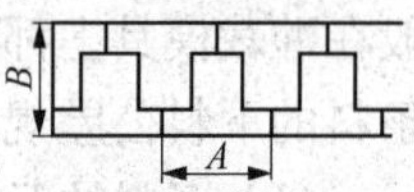
斜对排		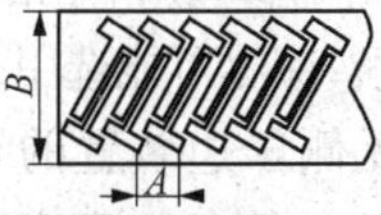		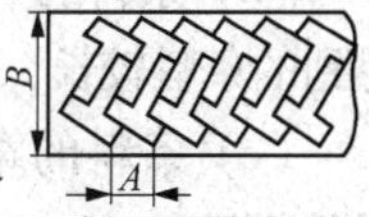
混合排		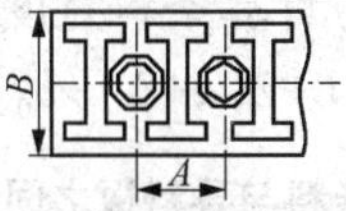		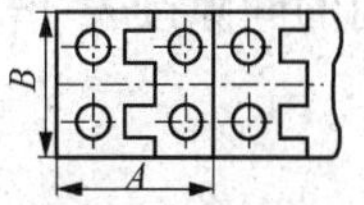
多行排		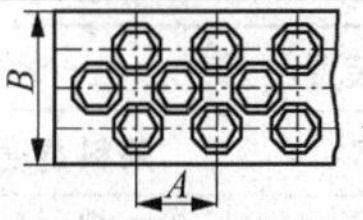		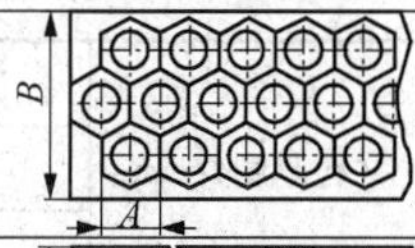
裁搭边		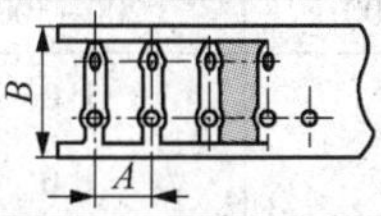		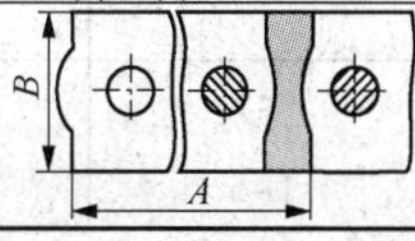

5）排样设计计算

排样设计的计算包括搭边值、送料进距、条料的宽度、排样图等方面的内容。

① 搭边（a、a_1） 冲裁件之间、冲裁件与条料侧边之间的工艺废料称为搭边。如图 1-26 所示的 a 和 a_1 就是搭边值。搭边过大，材料浪费、利用率低；搭边过小，起不到搭边应有的作用，条料易被拉断，降低模具寿命。搭边值的大小，通常由经验确定。低碳钢冲裁时，常用的最小搭边值见表 1-13。

表 1-13 最小工艺搭边值（低碳钢） mm

材料厚度	圆件及 $r>2t$ 的工件		矩形工件边长 $L<50$mm		矩形工件边长 $L>50$mm 或 $r<2t$ 的工件	
	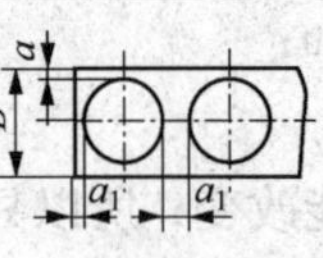	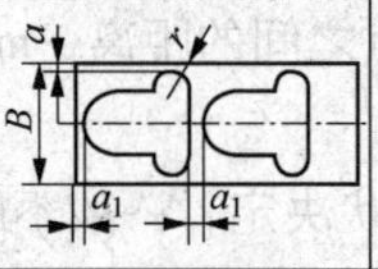	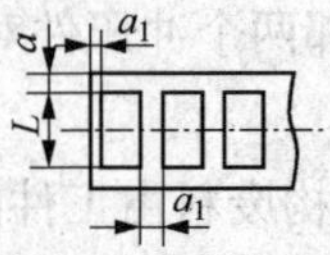		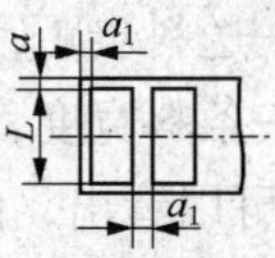	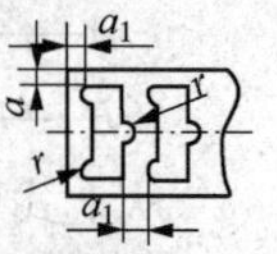
	工件间 a_1	侧边 a	工件间 a_1	侧边 a	工件间 a_1	侧边 a
≤0.25	1.8	2.0	2.2	2.5	2.8	3.0
0.25~0.5	1.2	1.5	1.8	2.0	2.2	2.5
0.5~0.8	1.0	1.2	1.5	1.8	1.8	2.0
0.8~1.2	0.8	1.0	1.2	1.5	1.5	1.8
1.2~1.6	1.0	1.2	1.5	1.8	1.8	2.0
1.6~2.0	1.2	1.5	1.8	2.0	2.0	2.2
2.0~2.5	1.5	1.8	2.0	2.2	2.2	2.5
2.5~3.0	1.8	2.2	2.2	2.5	2.5	2.8
3.0~3.5	2.2	2.5	2.5	2.8	2.8	3.2
3.5~4.0	2.5	2.8	2.5	3.2	3.2	3.5
4.0~5.0	3.0	3.5	3.5	4.0	4.0	4.5
5.0~12	$0.6t$	$0.7t$	$0.7t$	$0.8t$	$0.8t$	$0.9t$

② 条料的宽度（B）：

（a）条料的下料公差规定为负偏差 冲裁所使用的条料是用板料按要求剪切成的，一般在冲裁模具上都有导料装置，有时还有侧压装置。为了防止发生送料时的“卡死”现象，条料的下料公差规定为负偏差，导料装置之间的尺寸公差规定为正偏差。

（b）条料的下料方式分为纵裁、横裁两种 纵裁是沿板料长度方向剪裁下料，这种裁剪方式得到的条料较长，可降低工人的劳动强度，应尽可能选用；横裁是沿板料宽度方向剪裁下料。

（c）条料的宽度计算 当条料在无侧压边装置的导料板之间送料时，条料与导料板之间的间隙按表 1-14 查得，并按式（1-3）计算条料宽度：

$$B=\left[L+2(a+\Delta)+b_0\right]_{-\Delta}^{0} \tag{1-3}$$

表 1-14 条料与导料板之间的间隙 b_0 mm

材料厚度 t/mm	无侧压装置			有侧压装置	
	条料宽度 B/mm				
	≤100	100~200	200~300	≤100	>100
≤1	0.5	0.6	1.0	5.0	8.0
1~5	0.8	1.0	1.0	5.0	8.0

当条料在有侧压装置或要求手动保持条料紧贴单侧导料板送料时，按式(1-4)计算条料度：

$$B=(L+2a+\Delta)_{-\Delta}^{0} \tag{1-4}$$

式中 B——条料宽度，mm；

L——冲裁件与送料方向垂直的最大尺寸，mm；

a——冲裁件与条料侧边之间的搭边，mm；

b_0——条料与导料板之间的间隙，见表1-14；

Δ——条料下料时的下偏差值，见表1-15。

表1-15 条料下料宽度偏差 Δ mm

材料厚度 t/mm	条料宽度 B/mm			
	≤50	50~100	100~200	200~400
≤1	0.5	0.5	0.5	1.0
1~3	0.5	1.0	1.0	1.0
3~4	1.0	1.0	1.0	1.5
4~6	1.0	1.0	1.0	2.0

6）排样图

排样图是排样设计的最终表达形式，是编制冲裁工艺与设计冲裁模具的重要工艺文件。一张完整的冲裁模具装配图，应在其右上角画出冲裁件图形及排样图。在排样图上，应注明条料宽度及偏差、送料进距、搭边值等，其送料方向应和装配图中的送料方向一致。

（2）冲裁工序力的计算

冲裁工序力包括冲裁力、卸料力、推件力、顶件力等。

1）冲裁力

① 冲裁力的计算　冲裁力是指冲裁时所需要的压力，即在凸模和凹模的作用下，使板料在厚度方向分离的剪切力。它与板料的剪切面积有关，一般用 F_c 来表示。冲裁刃口分为平刃和斜刃两种情况，这里只介绍常用的平刃冲裁。平刃冲裁时，冲裁力 F_c 可按下式计算：

$$F_c=KA\tau=KLt\tau \tag{1-5}$$

为了简化计算，也可用材料的抗拉强度 σ_b 按下式进行估算：

$$F_c=Lt\sigma_b \tag{1-6}$$

式中 F_c——冲裁力，N；

K——系数，常数 $K=1.3$；

A——冲裁断面面积，mm^2；

L——冲裁断面周长，mm；

t——冲裁件厚度，mm；

τ——材料抗剪强度，MPa。

② 减小冲裁力的方法　为了降低冲裁力，通常可以采用加热冲裁、阶梯状布置凸模、使用斜刃口模具冲裁等。

（a）加热冲裁。俗称“红冲”，是通过对材料加热，使其抗剪强度显著降低来减小冲裁力。为此，用于热冲裁的模具，需要采用耐热模具钢制造，并要避免模具刃口退火软化。通常冲压温度比加热温度低150~200℃。加热冲裁时冲裁力的计算与平刃冲裁时相同。钢在加热时的抗剪强度如表 1-16 所示。

表 1-16　钢在加热状态下的抗剪强度

钢牌号 \ 加热温度	200℃	500℃	600℃	700℃	800℃	900℃
A1、A2、10、15	360	320	200	110	60	30
A3、A4、20、25	450	450	240	130	90	60
A3、30、35	530	520	330	160	90	70
A4、40、50	600	580	380	190	90	70

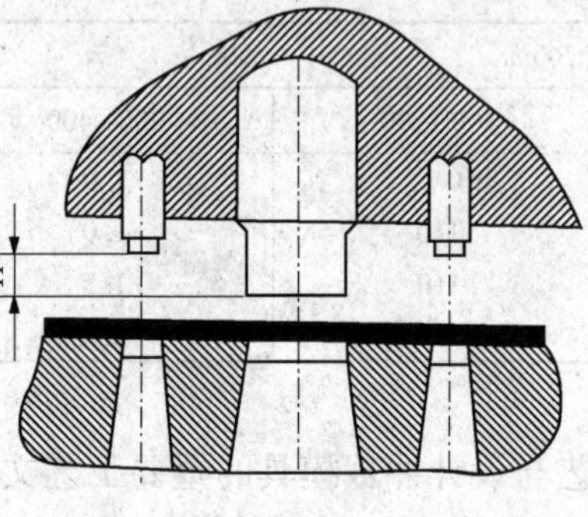

图 1-30　阶梯冲裁

（b）阶梯冲裁。　如图 1-30 所示，在同一副模具上将多个凸模制作成不同的高度，并且布置成阶梯状，可使冲裁时分散全部凸模同时压下时的冲裁力，从而降低冲裁力、减少冲击振动。

（c）斜刃冲裁。　如图 1-31 所示，斜刃冲裁是减小冲裁力的方法之一。为了在生产中得到平整的工件，需要特别注意斜刃的开设方向。冲孔时凸模是斜刃，凹模为平刃；落料时正相反，斜刃开在凹模上，凸模为平刃。同时，斜刃开设时还应保持平衡和对称。

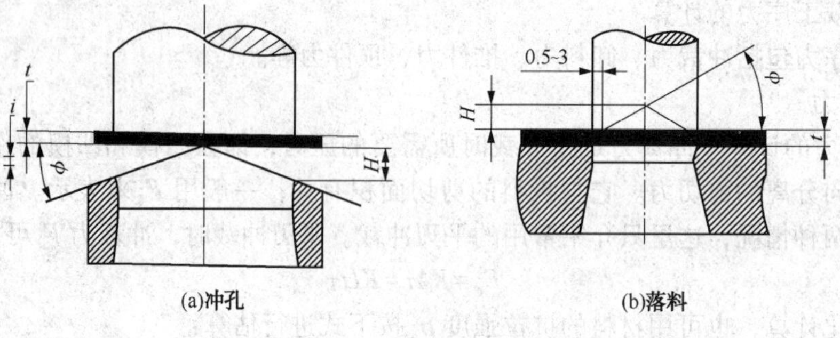

图 1-31　斜刃冲裁

ϕ—斜刃开设方向；t—材料板厚；H—刃与板垂直距离

2）卸料力、推件力、顶件力。

① 卸料力　卸料力冲裁后，从凸模上将零件或废料卸下来所需的力，称为卸料力 F_x，如图 1-32(b)、(c)所示。冲裁后，带孔的板料紧箍在凸模上，为连续生产，需用卸料力 F_x 把带孔板料卸掉。

② 推件力　推件力顺冲裁方向将零件或废料从凹模型腔中推出的力，称为推件力 F_t，如图 1-32(b)所示。

③ 顶件力　逆冲裁方向将零件或废料从凹模型腔中顶出的力，称为顶件力 F_d。如图 1-32(c)所示。

要想准确计算出这些力是很困难的，在生产中常用下式进行估算：

$$F_x = K_x F_c \tag{1-7}$$

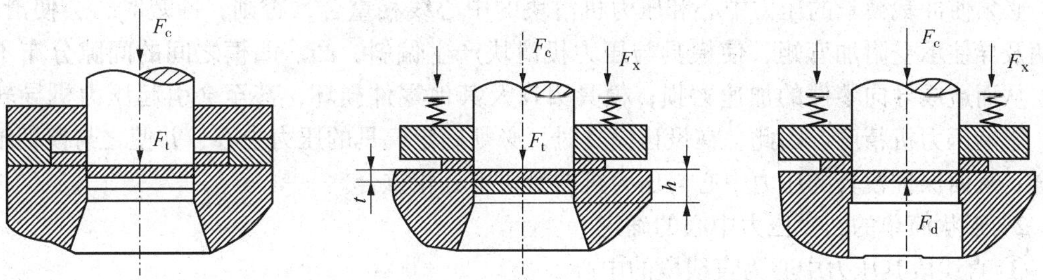

图 1-32 卸料、推件示意图

$$F_t = nK_tF_c \tag{1-8}$$

$$F_d = K_dF_c \tag{1-9}$$

式中 K_x、K_t、K_d——卸料力、推件力、顶件力系数，见表 1-17；

F_c——冲裁力，N；

n——同是卡在凹模内的冲落部分制件或废料数量，$n=h/t$；

h——凹模洞口的直刃壁高度，mm；

t——板料厚度，mm。

表 1-17 卸料力、推件力、顶件力系数

材料厚度 t/mm		K_x	K_t	K_d
钢	≤0.1	0.065~0.075	0.1	0.14
	0.1~0.5	0.045~0.055	0.063	0.08
	0.5~2.5	0.04~0.05	0.055	0.06
	2.5~6.5	0.03~0.04	0.045	0.05
	>6.5	0.02~0.03	0.025	0.03
纯铝、铝合金		0.025~0.08	0.03~0.07	0.03~0.07
纯铜、黄铜		0.02~0.06	0.03~0.09	0.03~0.09

3）冲裁工序力

冲裁工序力的计算应根据冲裁模具的具体结构形式分别考虑。

① 如图 1-32(a)所示，当采用刚性卸料装置和下出件时，F_x 由模具来承担，所以不予考虑。则冲裁工序力为：

$$F = F_c + F_t \tag{1-10}$$

② 如图 1-32(b)所示，当采用弹性卸料装置和下出件时，冲裁工序力为：

$$F = F_c + F_x + F_t \tag{1-11}$$

③ 如图 1-32(c)所示，当采用弹性卸料装置和上出件时，冲裁工序力为：

$$F = F_c + F_x + F_d \tag{1-12}$$

选择压力机时，应根据冲裁工序力 F 来确定。一般所选压力机的标称压力：

$$F_p \geq 1.2F \tag{1-13}$$

(3) 冲裁模压力中心的计算

1）冲裁模压力中心

冲裁模的压力中心就是冲裁力的合力作用点。冲压生产中，为保证压力机和模具正常工作，必须使冲裁模具的压力中心和压力机滑块的中心线相重合，否则，冲裁时，会使滑块、模柄及导柱承受附加弯矩，使模具与压力机滑块产生偏斜，凸、凹模之间的间隙分布不均匀，从而造成导向零件的加速磨损，模具刃口及其他零件损坏，甚至会引起压力机导轨磨损，影响压力机精度。因此，在设计模具时，必须确定模具的压力中心，并使之与模柄轴线重合，从而保证模具的压力中心与压力机的滑块中心相重合。

2）形状简单的凸模压力中心的确定

① 直线段其压力中心为直线段的中心。

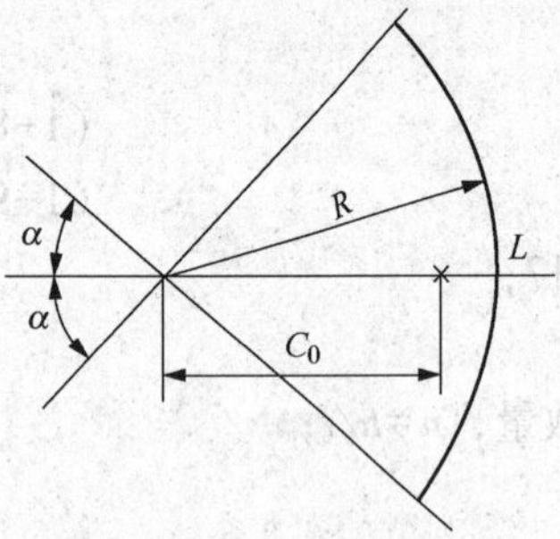

图 1-33　圆弧冲裁压力中心

② 圆弧线段如图 1-33 所示，对于圆心角为 2α 的圆弧线段，其压力中心可按下式计算：

$$C_0=(57.29/\alpha)R\cdot\sin\alpha$$

$$L=2R\alpha/57.29 \tag{1-14}$$

式中　C_0——圆弧线段的压力中心坐标值，mm；

R——圆弧线段的半径，mm；

α——圆弧线段的中心角的一半，(°)；

L——圆弧线段的弧长，mm。

③ 形状对称的零件，其凸模的压力中心位于刃口轮廓的几何中心，如圆形的压力中心在圆心上，而矩形的压力中心在对称中心。

3）形状复杂的凸模压力中心的确定

复杂形状冲裁件压力中心的求解方法有解析法、图解法、合成法等。下面讲解最常用的解析法，具体步骤如下。

① 按比例画出冲裁件的冲裁轮廓，如图 1-34 所示。

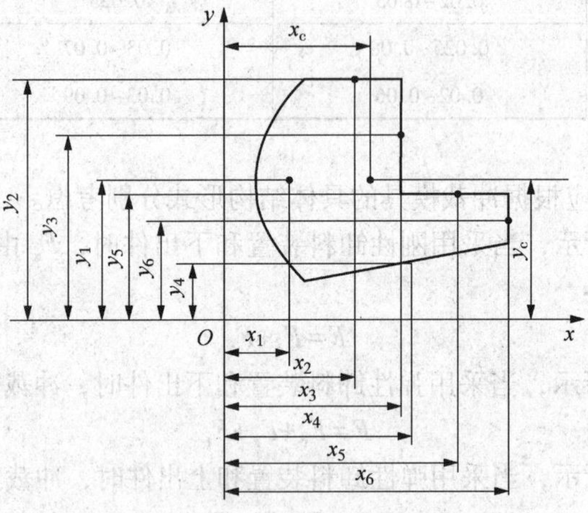

图 1-34　复杂形状冲裁压力中心

② 建立合适的直角坐标系 xOy（应能简化计算）。

③ 将冲裁件的冲裁轮廓分解成若干个直线段或圆弧线段 L_1、L_2、…、L_n 等基本线段。

由于冲裁力 F_c 与轮廓长度 L 成正比关系（$F_c=KLt\tau$），所以可以用线段的长度 L 代替冲裁

力 F_c 进行压力中心计算。

④ 计算各基本线段的长度及压力中心的坐标 (x_1, y_1)、(x_2, y_2)、…、(x_n, y_n)。

⑤ 根据力矩平衡原理，计算压力中心坐标 (x_c, y_c)：

$$x_c = \frac{L_1x_1+L_2x_2+\cdots+L_nx_n}{L_1+L_2+\cdots+L_n} \tag{1-15}$$

$$y_c = \frac{L_1y_1+L_2y_2+\cdots+L_ny_n}{L_1+L_2+\cdots+L_n} \tag{1-16}$$

（4）模具刃口尺寸设计

冲裁时，冲裁件的尺寸精度是靠冲裁模具保证的，而主要是取决于凸、凹模刃口部分的尺寸，并且合理的冲裁间隙也是靠凸、凹模刃口尺寸来保证的。

1）凸、凹模刃口尺寸的计算原则

由于冲裁时凸、凹模之间存在间隙，所以落下的料和冲出的孔的断面都是带有锥度的。落料时工件的大端尺寸近似等于凹模的刃口尺寸；冲孔时，工件的小端尺寸近似等于凸模的刃口尺寸。因此，在计算刃口尺寸时，应按落料、冲孔两种情况分别进行，同时，要考虑磨损后的尺寸变化情况。

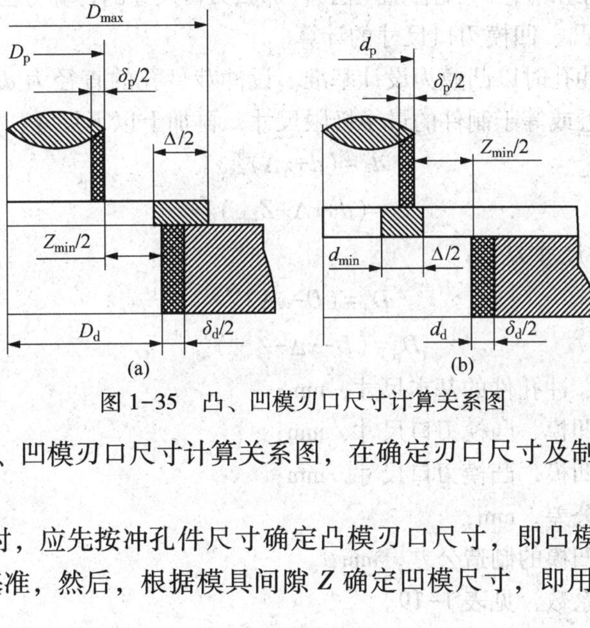

图 1-35　凸、凹模刃口尺寸计算关系图

如图 1-35 为凸、凹模刃口尺寸计算关系图，在确定刃口尺寸及制造公差时，应遵循以下原则：

① 设计冲孔模时，应先按冲孔件尺寸确定凸模刃口尺寸，即凸模刃口尺寸 = 冲孔件尺寸，取凸模作设计基准，然后，根据模具间隙 Z 确定凹模尺寸，即用扩大凹模刃口尺寸来保证间隙值。

② 设计落料模时，应先按落料件尺寸确定凹模刃口尺寸，即凹模刃口尺寸 = 落料件尺寸，取凹模作设计基准，然后，根据模具间隙 Z 确定凸模尺寸，即用缩小凸模刃口尺寸来保证间隙值。

2）磨损问题

凸、凹模刃口尺寸计算应考虑磨损问题。磨损遵照“实体减小”的原则。磨损后，凸模尺寸减小，凹模尺寸增大，因此就会出现“料越落越大”、“孔越冲越小”的现象。为了保证冲裁模架有一定的寿命，分以下几种情况讨论：

① 落料时，为了保证凹模磨损后（尺寸变大）仍能冲出合格零件（料越落越大），凹模刃

口尺寸应取制件公差允许范围内的最小值；

② 冲孔时，为了保证凸模磨损后（尺寸变小）仍能冲出合格零件（孔越冲越小），凸模刃口尺寸应取制件公差允许范围内的最大值。

3）合适的制造公差

凸、凹模刃口的制造精度应比冲裁件的精度要求高 2~3 级，一般圆形件可按 IT6~IT7 级，其他按表 1-18 选取。

表 1-18　模具制造精度与冲裁件精度关系

冲模制造精度	材料厚度 t/mm								
	0.5	0.8	1.0	1.5	2	3	4	5	6~12
IT6~IT7	IT8	IT8	IT9	IT10	IT10				
IT7~IT8		IT9	IT10	IT10	IT12	IT12	IT12		
IT9				IT12	IT12	IT12	IT12	IT12	IT14

4）凸、凹模刃口尺寸的具体计算

在模具制造中，凸、凹模的加工方法有两种，一种是按互换性原则组织生产（分别制造），一种是按配合加工原则组织生产（配合加工法）。那么刃口尺寸的计算方法对应也分两种。

① 互换加工法中凸、凹模刃口尺寸的计算。

根据计算原则，冲孔时以凸模为设计基准。设冲裁件孔的直径为 $d_0^{+\Delta}$，首先确定凸模尺寸，使凸模的尺寸接近或等于制件的最小极限尺寸，再加上以下尺寸：

凸模：
$$d_p=(d+x\Delta)_{-\delta_p}^{0} \tag{1-17}$$

凹模：
$$d_d=(d+x\Delta+Z_{min})_{0}^{+\delta_d} \tag{1-18}$$

落料时（设落料件尺寸 $D_{-\Delta}^{0}$）

凹模：
$$D_d=(D-x\Delta)_{0}^{+\delta_d} \tag{1-19}$$

凸模：
$$D_p=(D-x\Delta-Z_{min})_{-\delta_p}^{0} \tag{1-20}$$

式中　D、d——落料、冲孔件的基本尺寸，mm；

D_d、D_p——落料凹模、凸模刃口尺寸，mm；

D_p、d_d——冲孔凹模、凸模刃口尺寸，mm；

Δ——工件公差，mm；

δ_p、δ_d——凸、凹模的制造公差，mm；

x——磨损系数，见表 1-19。

表 1-19　磨 损 系 数

材料厚度 t/mm	非圆形工件 x 值			圆形工件 x 值	
	1	0.75	0.5	0.75	0.5
	工件公差 Δ/mm				
≤1	<0.16	0.17~0.35	≥0.36	<0.16	≥0.16
1~2	<0.20	0.21~0.41	≥0.42	<0.20	≥0.20
2~4	<0.24	0.25~0.49	≥0.50	<0.24	≥0.24
>4	<0.30	0.31~0.59	≥0.60	<0.30	≥0.30

采用互换加工法进行刃口尺寸计算时，应注意以下三点。

(a) 考虑到工件的形状、厚度不一样，模具的磨损情况也不一样，因此引入一个磨损系数 x。

(b) 为了保证冲裁间隙在合理的范围内，必须保证 $\delta_p+\delta_d \leqslant Z_{max}-Z_{min}$；否则，模具的初始间隙将超出 Z_{max}(模具寿命降低)，如图 1-36 所示。

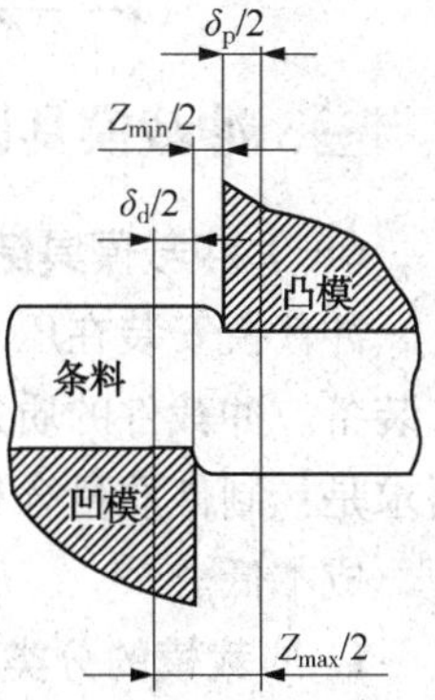

图 1-36　刃口制造公差与冲裁间隙关系

当 $\delta_p+\delta_d>Z_{max}-Z_{min}$ 时，应提高凸、凹模的制造精度，以减小 δ_p、δ_d 值。一般情况下，取：

$$\delta_p=0.4(Z_{max}-Z_{min}) \tag{1-21}$$

$$\delta_d=0.6(Z_{max}-Z_{min}) \tag{1-22}$$

(c) 这种计算方法适合于圆形和形状规则的零件，当模具的形状复杂、工件复杂时不能用此方法。

② 配制加工法中凸、凹模刃口尺寸的计算。

对于形状复杂、薄料、模具复杂的冲裁件，为保证凸、凹模之间的合理间隙，必须使用配合加工法。一般企业大多采用配合加工法。根据计算原则，应先确定基准件。落料时以凹模为基准件，冲孔时以凸模为基准件，配套件按基准件的实际尺寸配制，保证最小冲裁间隙 Z_{min}。

凸模和凹模的磨损结果都是实体缩小，因此基准件(不论是凸模还是凹模)磨损后，都存在着有的尺寸增大、有的尺寸减小、有的尺寸不变这三种情况。为了能正确地对尺寸分类，我们引入磨损图的概念。设磨损增大的尺寸为 A 类尺寸；磨损减小的尺寸为 B 类尺寸；磨损后不变的尺寸为 C 类尺寸。则如图 1-37(a)所示制件，当为落料件时，凹模为基准件，凹模磨损图及尺寸分类如图 1-37(b)所示；当为冲孔件时，凸模为基准件，凸模磨损图及尺寸分类如图 1-37(c)所示。因此，无论对冲孔件还是落料件，其基准件的刃口尺寸均可按下式计算。

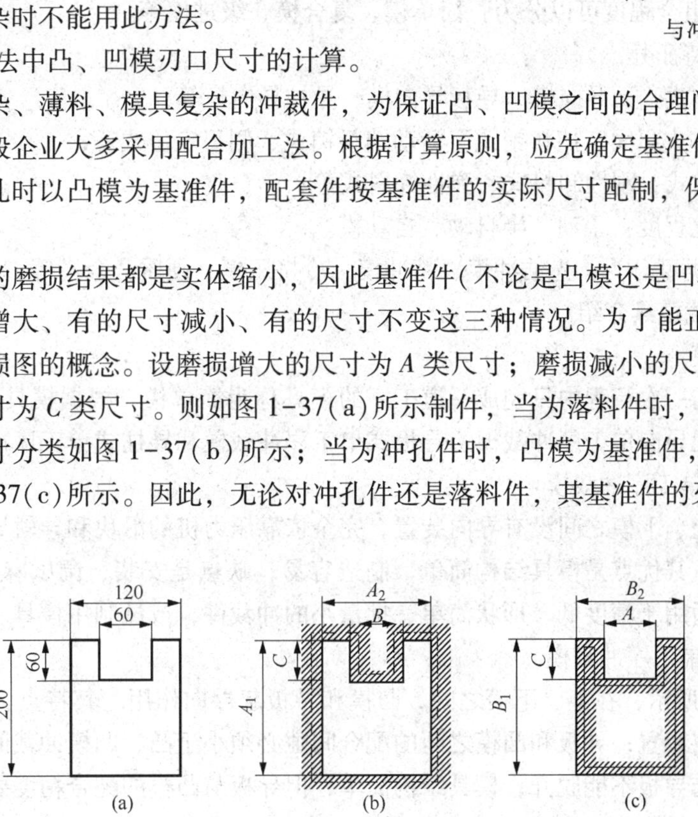

图 1-37　凸、凹模刃口尺寸磨损

A 类尺寸：　$A=(A_{max}-x\Delta)_{0}^{+\delta}$　(1-23)

B 类尺寸：　$B=(B_{min}+x\Delta)_{-\delta}^{0}$　(1-24)

C 类尺寸($C\pm\Delta'$)：　$C=C\pm\Delta'/4$　(1-25)

式中　A、B、C——基准件的基本尺寸，mm；

Δ、Δ'——工件公差，mm；

δ——模具制造公差，一般取 $\delta=\Delta/4$，mm；

x——磨损系数，见表 1-19。

三、冲裁模具设计

(一) 冲裁模具结构

冲裁模安装在压力机上，是用来完成冲裁工序的模具，它是冲压生产中的一种重要的工艺装备。冲裁件的质量很大程度上取决于冲裁模的设计与制造质量。生产中对冲裁模的基本要求是：制件质量合格、能满足批量生产、操纵安全方便、模具使用寿命长、制造维修方便，成本低。

1. 冲裁模的分类

① 按工序性质可以分为：冲孔模、落料模、剖切模、精冲模等。

② 按工序组合程度可以分为：简单模、复合模、级进模等。

③ 按结构特征分：

(a) 导向方式：无导向模、导板导向模、导柱导向模等；

(b) 定位方式：固定挡料销式、活动挡料销式、侧刃定位式等；

(c) 卸料方式：刚性卸料式、弹性卸料式等；

(d) 自动化程度：手动、半自动、自动模。

④ 按特种类型分为：光洁冲模、精冲模、冷挤压模、硬质合金模等。

2. 常用冲裁模具介绍

(1) 简单模

在压力机的一次行程中只完成一道工序的模具称为简单模，根据模具导向装置的不同，可分为三类：无导向单工序冲裁模、导板式单工序冲裁模和导柱式单工序冲裁模。

1) 无导向单工序冲裁模

该类模具上、下模之间没有导向装置，完全依靠压力机的滑块和导轨导向，来保证冲裁间隙的均匀性。其优点是模具结构简单，制造容易；缺点是安装、调试麻烦，制件精度差，操作不安全。适用于精度低、形状简单、批量小的冲裁件，或试制用模具。

2) 导板式单工序冲裁模

如图 1-38 所示，在上、下模之间，凸模和导板起导向作用。其特点为：导板兼起卸料作用，省去卸料装置；导板和凸模之间的配合间隙必须小于凸、凹模冲裁间隙；在冲裁过程中，要求凸模与导板不能脱开；模具结构简单，但导板与凸模的配合精度要求高，特别是当冲裁间隙小时，导板与凸模的配合间隙更小，导板的加工非常困难。主要适用于材料较厚、工件精度要求不太高的场合。

3) 导柱式单工序冲裁模

如图 1-39 所示，是采用导柱 14、导套 13 导向的简单模。该模具采用刚性卸料板 12、固定挡料销 5 装置和导柱、导套结构。由此导向可靠，并且可以保证上下模准确的柏对位置和凸模 8、凹模 12 之间的间隙均匀分布。冲压出来的零件精度较高，模具的使用寿命较长，安装和使用都比较方便。但结构较为复杂。主要适用于制件精度高、模具寿命长等场合，适合大批量生产。大多数冲裁模都采用这种形式。

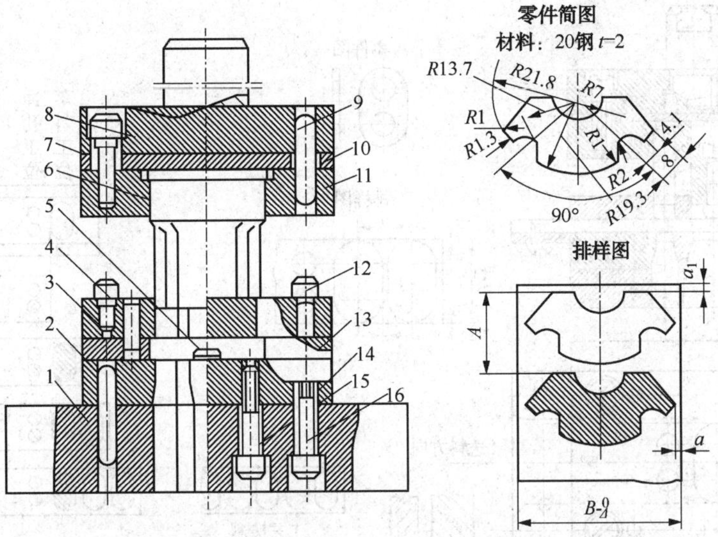

图 1-38　导板式单工序落料模

1—下模座；2、4、9—销；3—导板；5—挡料销；6—凸模；7、12、15、16—螺钉；
8—上模座；10—垫板；11—凸模固定板；13—导料板；14—凹模

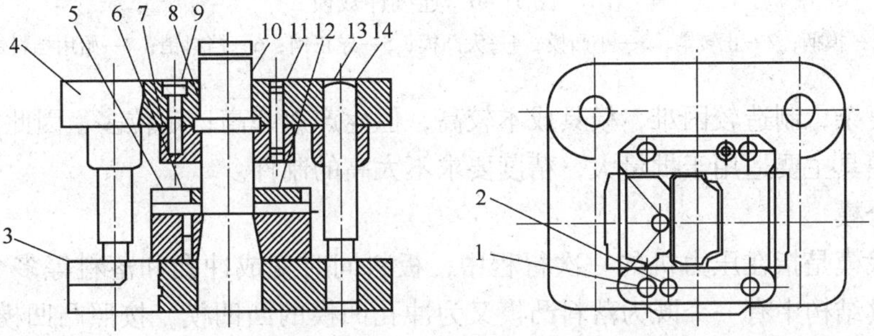

图 1-39　导柱式简单模

1—内六角螺钉；2—柱销；3—下模板；4—上模板；5—定位销；6—卸料板；7—凸模固定板；
8—凸模；9—螺钉；10—模柄；11—柱销；12—凹模；13—导套；14—导柱

（2）连续模

连续冲裁模又称级进模、跳步模等，可按一定的程序（排样设计时规定好），在压力机的一个行程中，在两个或两个以上的工位上完成两道或两道以上的冲裁工序。如图 1-40 所示的工件，若用单工序冲裁模冲裁，需冲孔、落料两套模具才能完成，这时可采用连续冲裁模结构。

在这套模具中共有两个工位，在压力机的一个行程内完成两个工序：冲孔、落料。条料从右向左送进，在第一个工位上完成两个小孔的冲裁，条料继续送进，在第二个工位完成整个制件的冲裁工作，同时在第一个工位上又完成了两个小孔的冲裁，以此类推连续冲裁。

连续模的主要特点：工序分散，不存在最小壁厚问题（与复合冲裁模相比），模具强度高；凸模全部安装在上模，制件和废料（结构废料）均可实现向下的自然落料，易于实现自

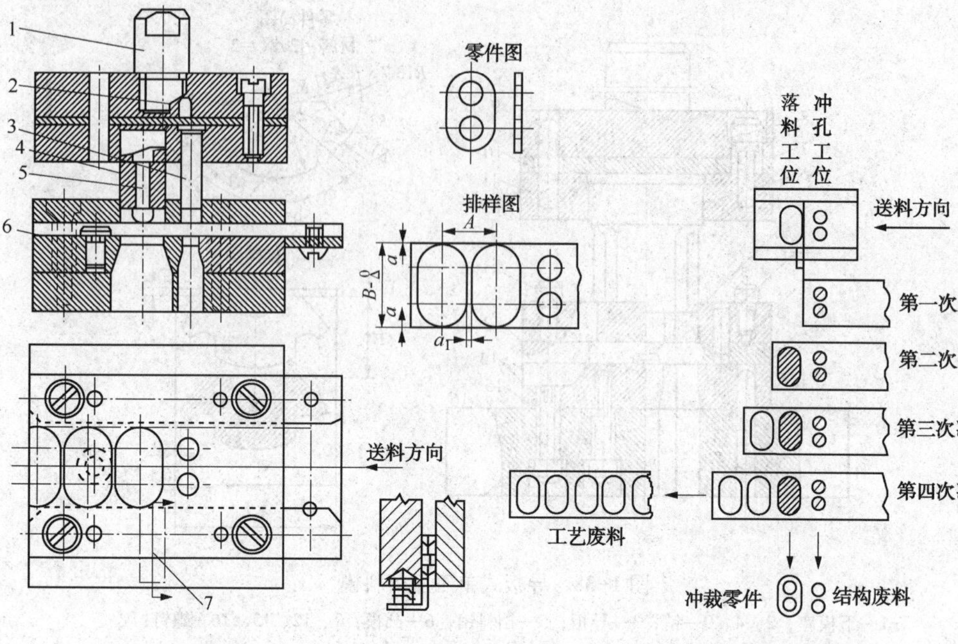

(a)装配简图　　(b)条料冲裁过程

图 1-40　连续冲裁模

1—模柄；2—止转销；3—小凸模；4—大凸模；5—导正销；6—挡料销；7—始用挡料销

动化；结构复杂，制造较困难，模具成本较高，但生产效率高；定位多，因此制件的精度不太高。这类模具主要适用于批量大，精度要求不太高的制件。

（3）复合模

复合冲裁模是指在压力机的一次行程中，板料同时完成冲孔和落料等多个工序的冲裁模。该类模具结构中有一个既为落料凸模又为冲孔凹模的凸凹模，按照凸凹模位置的不同，复合模分为正装式和倒装式两种。

1）正装式复合模

凸凹模安装在上模部分时，称之为正装式复合模，如图 1-41 所示。冲裁时，冲孔凸模 15 和凸凹模 2(作冲孔凹模用)完成冲孔工序；落料凹模 1 和凸凹模 2(作落料凹模用)完成落料工序。制件和冲孔废料落在下模或条料上，需人工清除，操作不安全，故很少采用。

2）倒装式复合模

凸凹模安装在下模部分时，称之为倒装式复合模，如图 1-42 所示。冲裁时，凸模 4 和凸凹模 2(作冲孔凹模用)完成冲孔工序；凹模 3 和凸凹模 2(作落料凹模用)完成落料工序。冲孔废料由凸凹模孔直接漏下，制件被凸凹模顶入落料凹模内，再由推件块 12 推出。

复合模的主要特点：由于工序是在一个工位上完成的，且条料和制件都在压紧状态下完成冲裁，因此冲裁的制件平直，精度可高达 IT10～IT11 级，形位误差小；该类模具结构紧凑，体积较小，生产效率高，但结构复杂，模具零件的精度要求高，成本高，制造周期长。凸凹模的内、外形之间的壁厚不能太薄，否则其强度不够会造成胀裂而损坏；适用于冲裁批量大、精度要求高的制件。一般情况下，以板料厚度不大于 3mm 为宜，主要是保护凸凹模

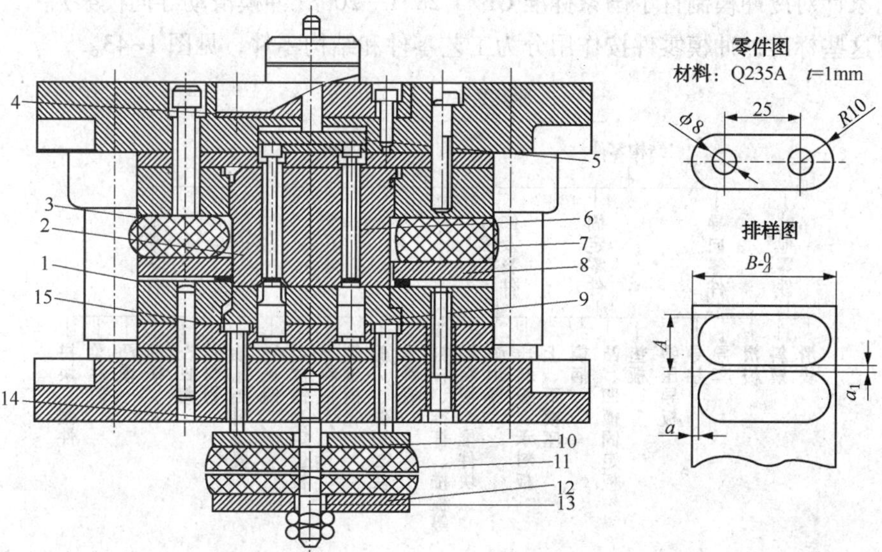

图 1-41　正装式复合模

1—落料凹模；2—凸凹模；3、7、8—弹性卸料装置；4—打料杆；5—推板；6—推杆；9、10、11、12、13、14—弹顶装置；15—冲孔凸模

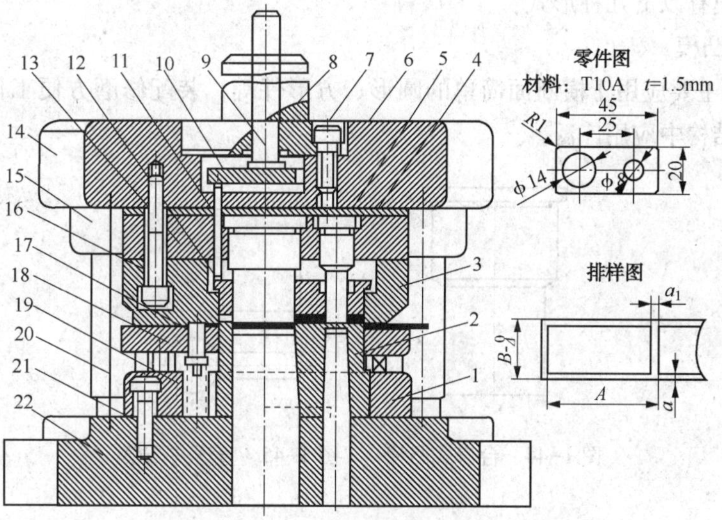

图 1-42　倒装式复合模

1—凸凹模固定板；2—凸凹模；3—凹模；4、6、13—凸模；5—垫板；7、16、21—螺钉；8—模柄；9—打料杆；10—推板；11—连接推杆；12—推件块；14—上模座；15—导套；17—活动挡料销；18—卸料板；19—弹簧；20—导柱；22—下模座

的强度。

（二）冲裁模具设计

为简化模具设计与制造工作，提高模具质量和寿命，降低模具制造成本，提高模具的生

产率，国家针对冷冲模制订了国家标准 GB/T 2851—2008《冲模滑动导向模架》。

根据这些标准，冲模零件按作用分为工艺零件和结构零件，见图 1-43。

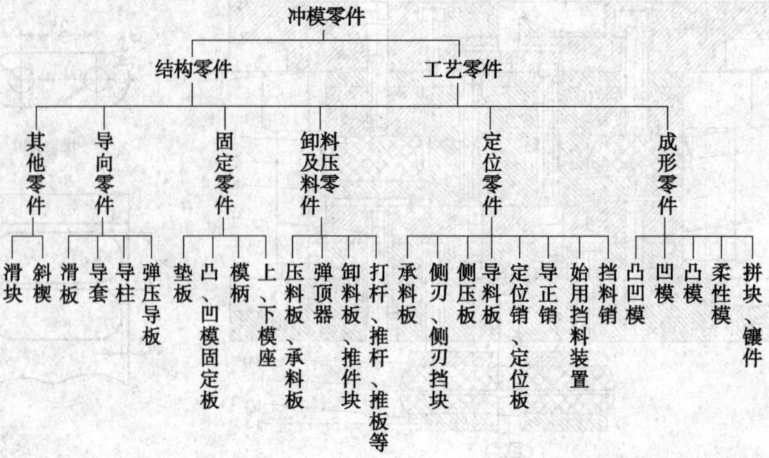

图 1-43　冷冲模零件分类

1. 凸模的设计

（1）凸模结构形式

通常，凸模有以下几种形式：

1）台肩式凸模

如图 1-44 主要应用于横断面简单的圆形、方形件等，装配修磨方便工作稳定性、固定性好，在模具结构中应用广泛。

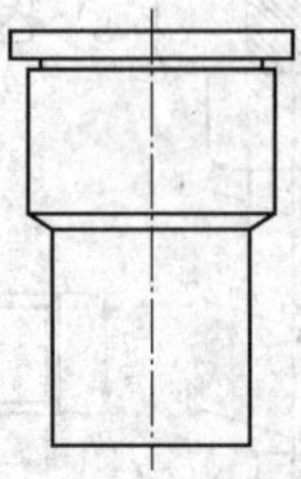

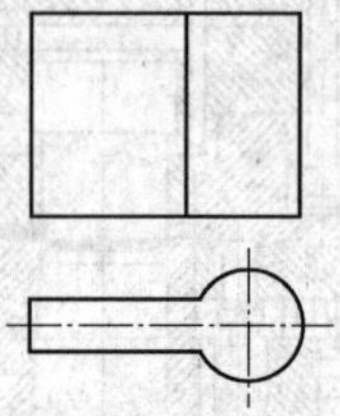

图 1-44　台肩式凸模　　图 1-45　直通式凸模

2）直通式凸模

如图 1-45 所示，凸模沿轴线方向横断面尺寸相同，对于冲制非圆形制件非常实用，可通过数控线切割机床加工或成形磨削完成。

3）常用圆形凸模

如图 1-46 所示，图(a)适用于 $d=1\sim8$mm，图(b)适用于 $d=1\sim15$mm，为了增加强度和刚度而做成圆弧过渡的阶梯形；图(c)是冲裁中型圆孔的凸模，适用于 $d=8\sim30$mm。

4）冲小孔凸模

当冲裁孔径与料厚相近的小孔时，常采用带护套的结构以保护凸模，以免工作时凸模折

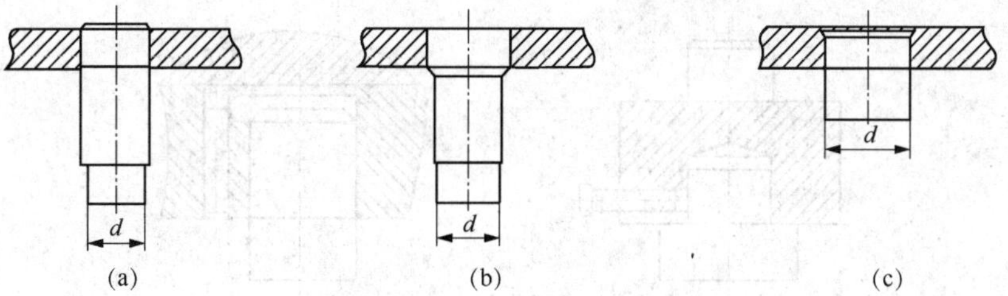

图 1-46　圆形凸模结构形式

断，如图 1-47 所示。

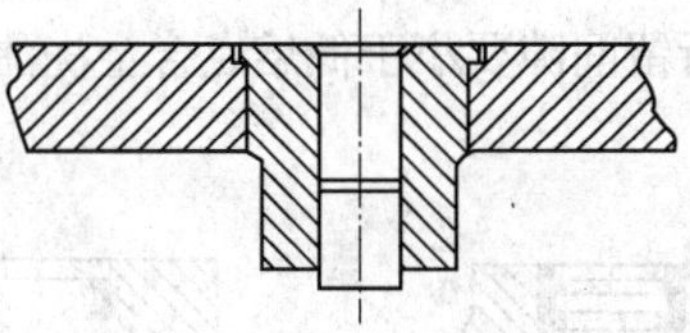

图 1-47　小孔护套式凸模结构

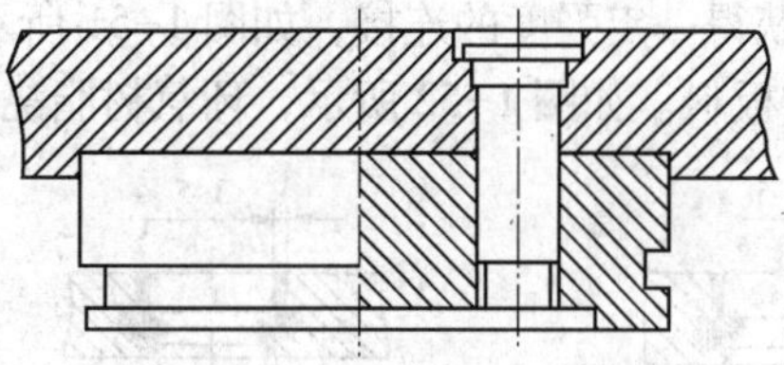

图 1-48　装配式凸模结构

5）冲大直径凸模

如图 1-48 所示。

6）非圆形复杂工件用凸模

常采用如图 1-49 所示的形式。工件形状为圆形时，将凸模的固定部分做成圆形；工件形状为长方形时，将凸模的固定部分做成长方形，以改善凸模和固定板的配合。为了防止圆形凸模转动，可以在凸模和固定板之间安装一骑缝销。

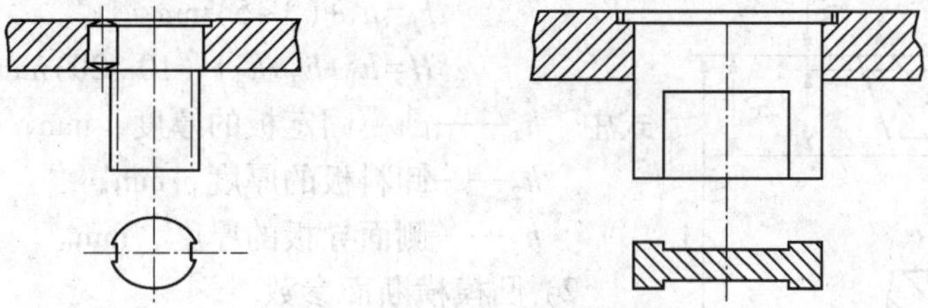

图 1-49　非圆形凸模结构

（2）凸模固定方式

主要有台肩固定式和铆接式固定、螺钉吊装、横销固定等，示例如下：

① 使用凸模固定板固定，两者之间采用 H7/h6 配合，用螺钉将固定板和上模座连接起来，并用定位销定位，如图 1-46、图 1-47、图 1-49 所示。

② 与上模板直接连接，常用于较大零件，如图 1-48 所示。

③ 可更换式结构，更换凸模时不必拆开整个上模，特别适用于凸模容易磨损需要经常予以更换的情况，如图 1-50 所示。

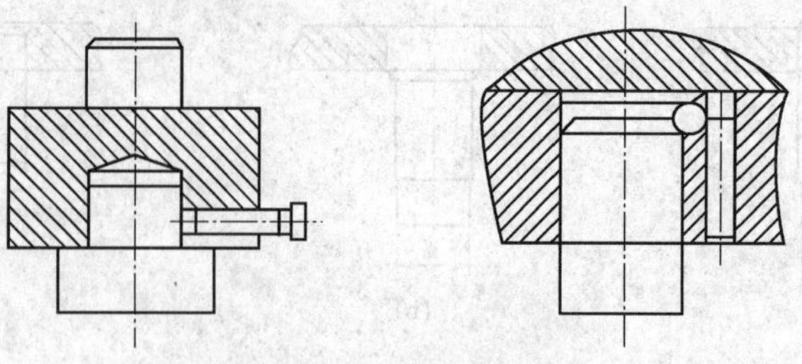

图 1-50　可更换固定形式

④ 低熔点合金或环氧树脂浇注固定。

低熔点合金浇注固定是利用低熔点合金冷却膨胀的特性，经定位浇注后，使凸模与凸模固定板之间获得一定强度的连接，如图 1-51 所示。低熔点合金的强度不高，适用于冲裁厚度小于 2mm 的板料。如图 1-52 所示，环氧树脂浇注固定所留间隙要小于低熔点合金浇注固定。

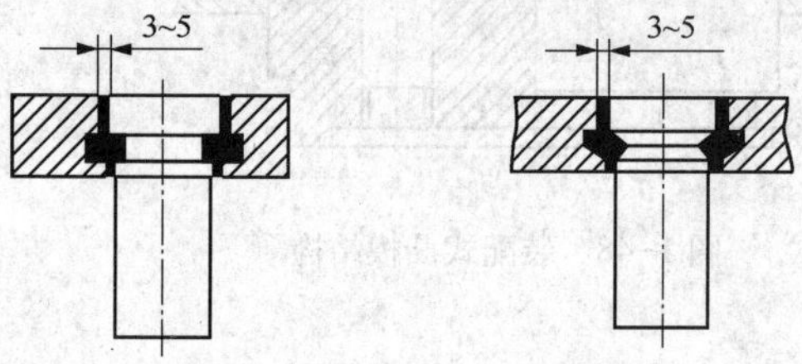

图 1-51　低熔点合金固定

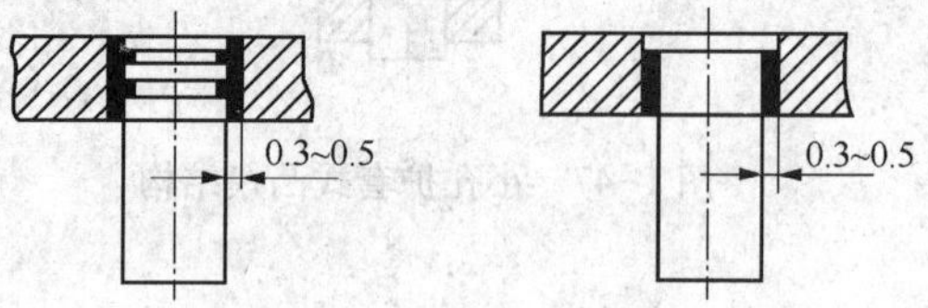

图 1-52　环氧树脂浇注固定

（3）凸模的基本参数

1）凸模轴向参数

如图 1-53 所示，凸模的轴向参数，可根据模具结构的要求来确定，同时还要考虑修磨量；选用标准典型组合时，可以按标准长度来选取，无标准时可按下式来确定：

$$H_1=3\sim5\text{mm}$$

$$H_2=h_1+(3\sim5)\text{mm}$$

$$H=h_1+h_2+h_3+(10\sim20)\text{mm} \tag{1-26}$$

式中　h_1——凸模固定板的厚度，mm；

h_2——卸料板的厚度，mm；

h_3——侧面导板的厚度，mm。

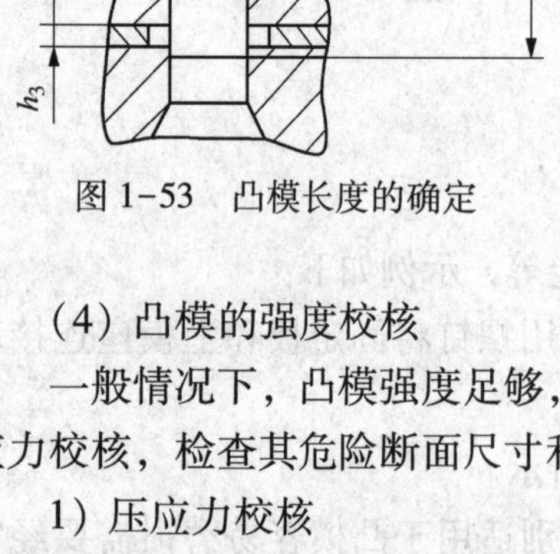

图 1-53　凸模长度的确定

2）凸模横断面参数

按公式计算值：

$$D_1=d+(3\sim5)\text{mm}$$

$$D_2=D_1+(3\sim5)\text{mm}$$

式中　d——刃口尺寸，mm。

（4）凸模的强度校核

一般情况下，凸模强度足够，不需校核，但对于特别细长的凸模，应进行压应力和弯曲应力校核，检查其危险断面尺寸和自由长度是否满足强度要求。

1）压应力校核

圆形凸模按下式进行：

$$d_{\min}\geqslant 4t\tau/[\sigma_{压}] \tag{1-27}$$

其他断面凸模按下式进行:

$$f_{\min} \geqslant P/[\sigma_{压}] \tag{1-28}$$

式中 $d_{\min}$——凸模的最小直径，mm;

t——材料厚度，mm;

τ——材料抗剪强度，MPa;

$f_{\min}$——凸模最小横断面的面积，mm^2;

P——冲裁力，N;

$[\sigma_{压}]$——凸模材料许用压应力，MPa。

2）弯曲应力校核

圆形凸模:

$$L_{\min} \leqslant k_0 \times \frac{d_2}{\sqrt{P}} \tag{1-29}$$

其他断面凸模:

$$L_{\min} \leqslant k \times \sqrt{\frac{I}{P}} \tag{1-30}$$

式中 $L_{\max}$——凸模的最大允许自由长度，mm;

d——凸模最小直径，mm;

P——冲裁力，N;

I——凸模最小断面的轴惯性矩，mm^4;

k_0——系数，凸模无导向时 $k_0=30$，凸模有导向时 $k_0=85$;

k——系数，凸模无导向时 $k=135$，凸模有导向时 $k=380$。

2. 凹模的设计

(1) 凹模结构形式

凹模常用结构如图 1-54 所示。

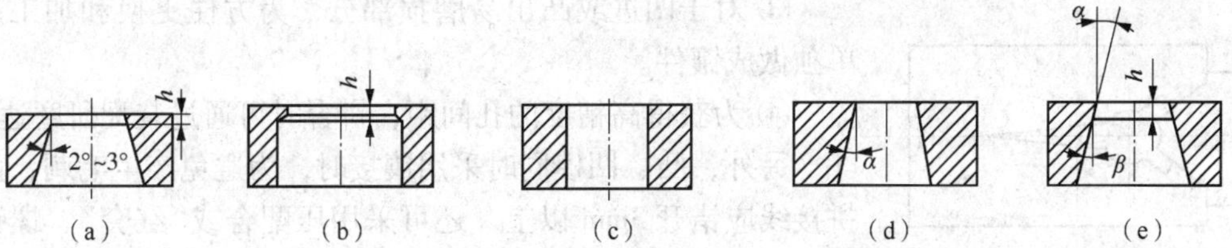

图 1-54 凹模结构形式

1）圆柱形凹模孔口

如图 1-54(a)所示，刃口强度较高，刃磨后工作部分尺寸不变，主要用于冲制形状复杂的较厚件。

2）具有过渡圆柱形孔口

如图 1-54(b)所示，制造方便，生产中常用。

3）锥形孔口

如图 1-54(c)所示，工作刃口刃磨后尺寸变大，主要应用于冲制精度较低的、形状简单件。

（2）镶拼式凹模

凹模结构除了采用整体式结构外，在生产中也常常采用镶拼式结构。镶拼式结构一般适用于大型冲压件；当零件小且形状复杂，有突起、尖角等或在本单位无法加工时，也可采用镶拼式凹模。

采用镶拼结构，可将形状复杂的凸、凹模分解为简单的拼块，将内形加工转化为外形加工，具有以下特点：

① 凹模制造简单，便于采用成型磨削；

② 可以减少热处理时的变形，特别是尖角处因应力集中而产生裂纹；便于修理与更换，节约模具材料和成本；

③ 对于大型模具，避免锻造大的锻件和热处理的困难。

但也要注意，诸如：

① 对于对称零件，要按轴线分开便于加工；对于近似圆形的刃口部分应尽量按径向线分割，如图 1-55 所示。

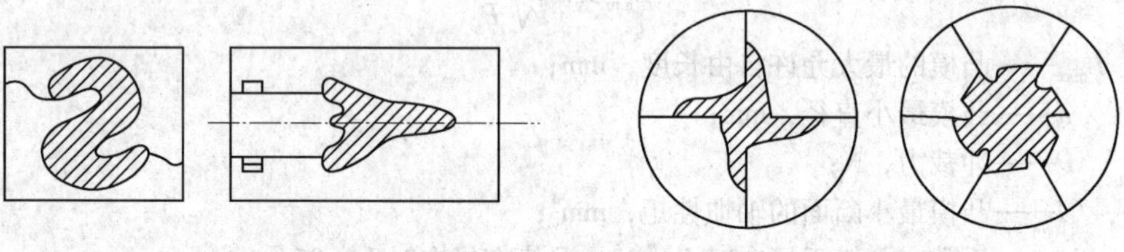

（a）　　　　（b）

图 1-55　沿对称线和径向线分割

② 因为尖角加工困难、淬火易裂，在刃口尖角处镶接时，拼块的角度应大于或等于 90°，如图 1-56 所示。

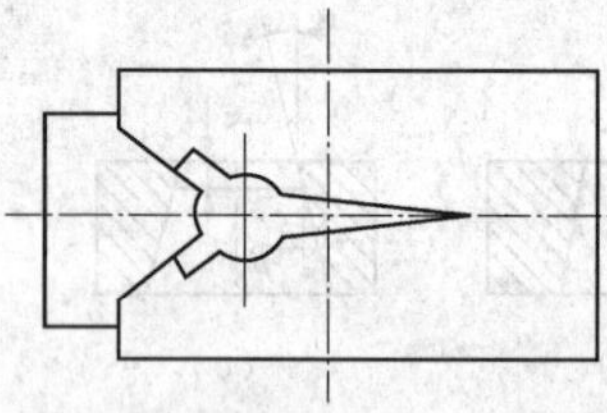

图 1-56　尖角处拼接

③ 对于凹进或凸出易磨损部分，为方便更换和加工，应单独做成镶件。

④ 为获得高精度的孔间距，拼合时可通过装配研磨达到。另外，凸、凹模同时采用镶接时，为避免产生毛刺，两者拼接线应错开 3mm 以上。还可采用压配合或“红套”、螺钉或销钉及压板紧固、低熔点合金或环氧树脂浇注来固定镶块。

（3）凹模尺寸确定

1）凹模厚度

凹模厚度主要取决于强度，一般先按经验公式进行计算，再选择等于或大于计算值的标准凹模厚度。

$$H=kB_1 \tag{1-31}$$

式中　H——凹模厚度，mm；

k——凹模厚度系数，见表 1-20；

B_1——垂直于送料方向凹模洞口壁间的最大距离，mm。

表 1-20 凹模厚度系数 k

B_1/mm	材料厚度 t/mm		
	≤1	>1~3	>3~6
≤50	0.30~0.40	0.35~0.45	0.45~0.60
>50~100	0.20~0.30	0.22~0.35	0.30~0.45
>100~200	0.15~0.20	0.18~0.22	0.22~0.30
>200	0.10~0.15	0.12~0.18	0.15~0.22

2）凹模宽度

凹模宽度可按下式计算：

$$B=B_1+(2\sim4)H \tag{1-32}$$

按上式计算后选择等于或大于该数值的标准凹模宽度，同时要考虑有紧固螺钉及销钉的位置。

3）凹模的长度。可按下式计算：

$$L=L_1+2L_2 \tag{1-33}$$

然后再选择等于或大于该计算值的标准凹模长度。

式中 L——凹模长度(沿送料方向的凹模外轮廓尺寸)；

L_1——沿送料方向凹模洞口壁间最大距离；

L_2——沿送料方向凹模洞口到边缘的最大距离，见表 1-21。

表 1-21 凹模洞口到边缘的距离 L_2 mm

材料宽度 B/mm	L_2/mm 材料厚度 t			
	<0.8	0.8~1.5	1.5~3.0	3.0~5.0
≤40	22	24	28	32
>40~50	24	27	31	35
>50~70	30	33	36	40
>70~90	36	39	42	46
>90~120	40	45	48	52
>120~150	44	48	52	55

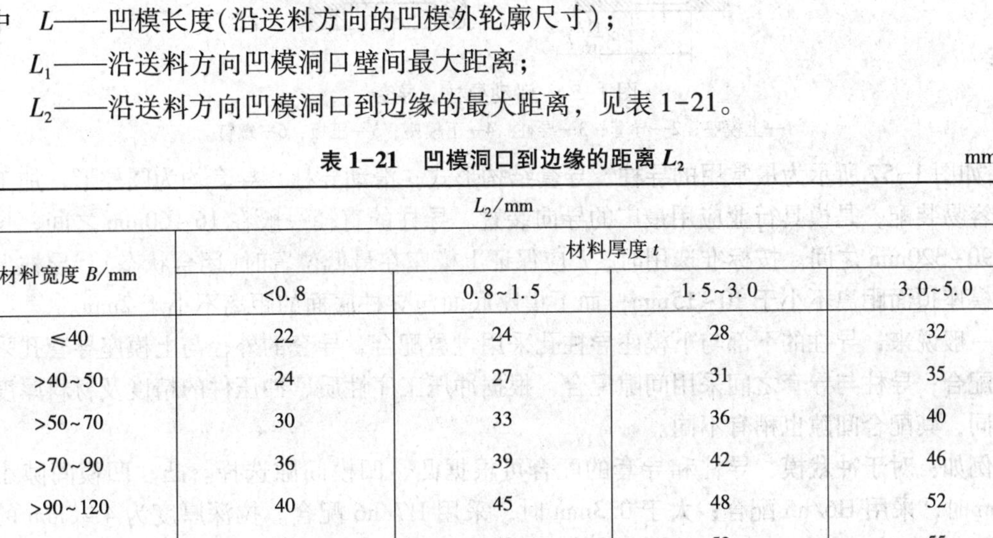

3. 其他零部件设计

(1) 导向及支撑零件设计

1）导柱、导套

对于生产批量大、要求模具寿命长、工件精度要求较高的冲模，一般采用导柱、导套来保证上、下模的精确导向。导柱、导套的结构形式有滑动和滚动导柱、导套两种，下面主要介绍滑动导柱、导套。

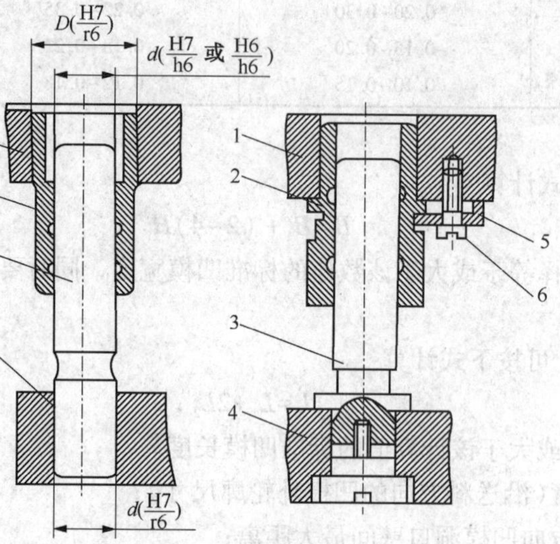

图 1-57　滑动导柱、导套

1—上模座；2—导套；3—导柱　4—下模座；5—压板；6—螺钉

如图 1-57 所示为最常用的导柱、导套结构形式，滑动导柱、导套均为圆柱形，加工方便，容易装配，是模具行业应用最广的导向装置。导柱的直径一般在 16~60mm 之间，长度 L 在 90~320mm 之间。按标准选用时，L 应保证上模座在最低位置时（闭合状态），导柱上端与上模座顶面距离不小于 10~15mm，而下模座底面与导柱底面的距离不小于 2mm。

一般说来，导柱的下部与下模座导柱孔采用过盈配合，导套的外径与上模座导套孔采用过盈配合；导柱与导套之间采用间隙配合，根据冲压工序性质、冲压件的精度及材料厚度等的不同，其配合间隙也稍有不同。

例如：对于冲裁模，导柱和导套的配合可根据凸、凹模间隙选择。凸、凹模间隙小于 0.3mm时，采用 H6/h5 配合；大于 0.3mm 时，采用 H7/h6 配合。拉深厚度为 4~8mm 的金属板时，采用 H7/f7 配合。

2）模架

模架一般由标准件组成，包括上、下模座等，主要有带导柱和不带导柱两种，根据生产规模、产品要求进行选择，如图 1-58 所示。

其中，图 1-58(a)后侧导柱模架适用于冲压中等精度的、较小尺寸冲压件的模具；图 1-58(b)对角导柱模架适用于冲压一般精度的冲压件的模具；图 1-58(c)中间导柱模架适用于纵向送料和由单个毛坯冲制的较精密冲压件；图 1-58(d)为四导柱模架，图 1-58(e)为后导柱窄形模架，图 1-58(f)为三导柱模架，适用于大尺寸冲压件。

3）模柄

中小型模具通过模柄与压力机的滑块相连接，因此模柄尺寸应与压力机滑块上模柄孔的配合尺寸相适应。图 1-59 所示为模柄的常用类型。

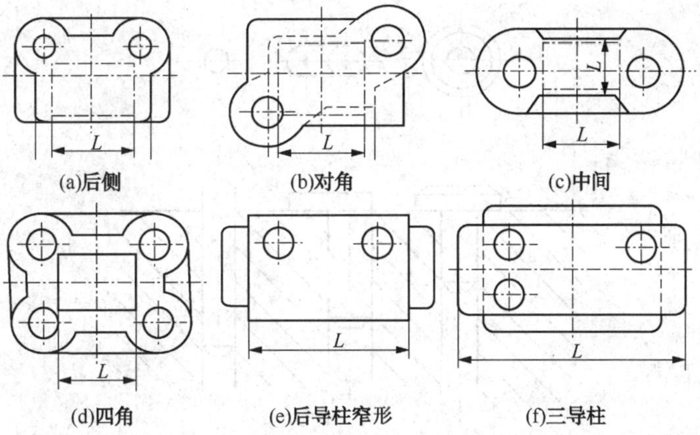

图 1-58　带导柱模架基本形式

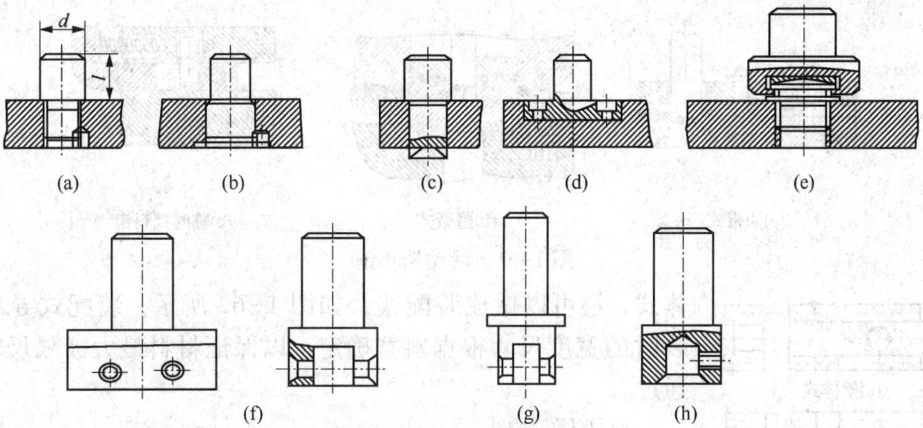

图 1-59　模柄的常用类型

图 1-59(a)为带螺纹的旋入式模柄，用于小型模具；图 1-59(b)为带台阶的压入式模柄，它与模座安装孔用 H7/n6 配合，可以保证较高的精度，适用于各种中小型模具；图 1-59(c)为反铆式模柄，适用于各种中小型模具；图 1-59(d)为有凸缘模柄，适于较大型模具；图 1-59(e)为浮动式模柄。后几种为整体式模柄，图 1-59(f)适于矩形凸模，图 1-59(g)、(h)适于圆形模具。

(2) 定位零件设计

为保证冲裁出符合技术要求、外形完整的零件，毛坯在模具中应该有正确的定位，主要有：挡料销、定位板、导料板、侧压装置等。

1) 挡料销

控制送料近距定位，称为挡料、采用挡料销等，挡料销分为固定挡料销和活动挡料销两种，如图 1-60、图 1-61 所示。

2) 导料板

与送料垂直方向上的定位称为导料，通常采用导料板等完成，它可以与凹模做成整

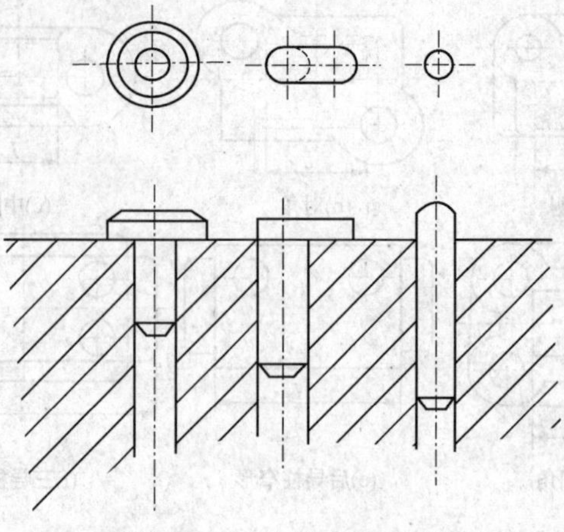

(a)圆柱头　(b)钩形　(c)圆头

图 1-60　固定挡料销

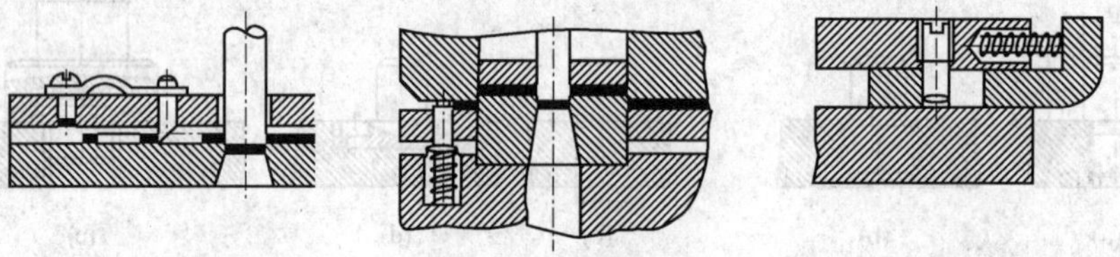

(a)回带式　(b)隐蔽式　(c)临时挡料销

图 1-61　活动挡料销

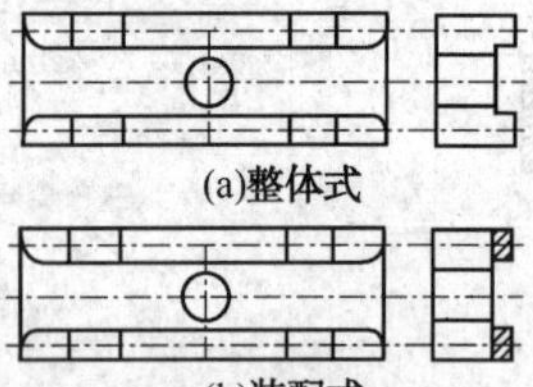

(a)整体式

(b)装配式

图 1-62　导料板结构

体式，还可以做成装配式，如图 1-62 所示，装配式导料板安装时的宽度尺寸根据料宽确定，以保证材料最大极限尺寸顺利通过。

3）侧压装置

冲压过程中，保证材料送进时，紧靠一侧送进，从而实现高的送料精度，如图 1-63 所示，其中，弹簧片压块式常用于≤1mm的薄件；弹簧压块式常用于冲裁厚件。

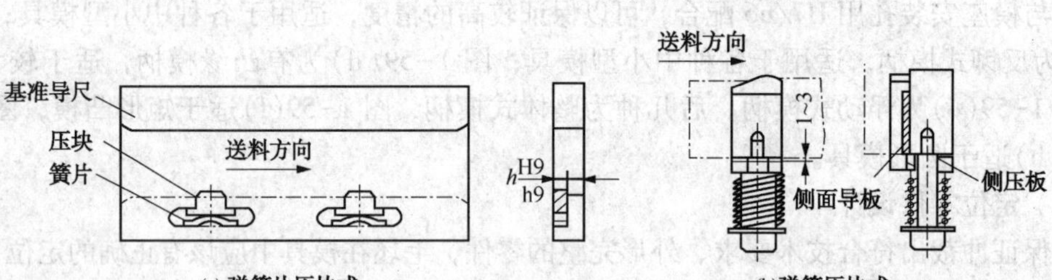

(a) 弹簧片压块式　(b)弹簧压块式

图 1-63　侧压形式

（3）卸料与推、顶件装置设计

1）卸料装置

一般分为刚性和弹性卸料装置，如图 1-64、图 1-65 所示。前者卸料力大，工作可靠，常用于板料较厚情况。弹性卸料装置是利用弹簧或橡皮压缩产生的弹力进行卸料。冲压时，既可以卸料又可以压料，特别适合在薄料或制件要求平整的复合模上使用。

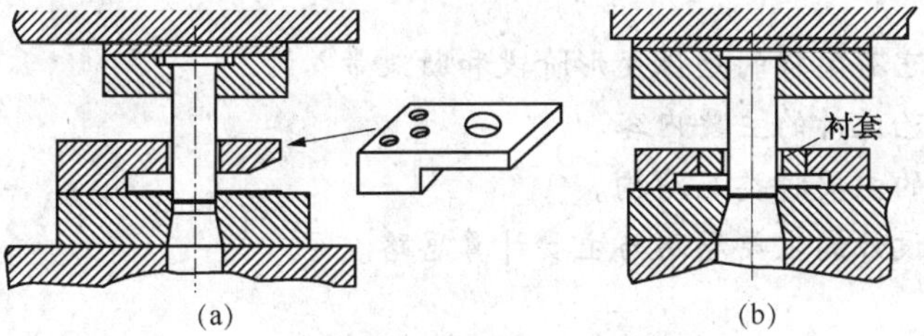

图 1-64　刚性卸料装置

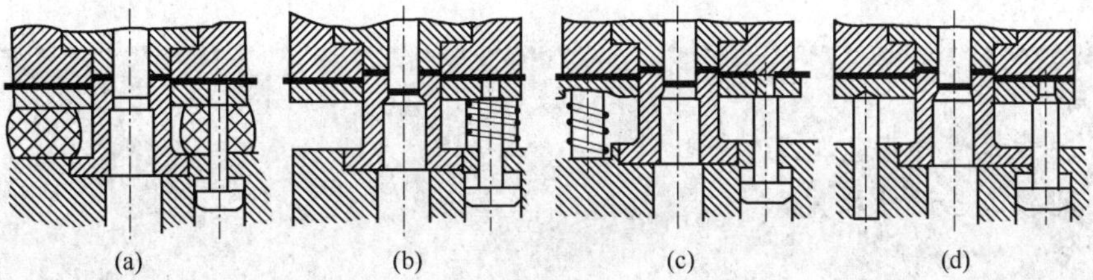

图 1-65　弹性卸料装置

2）推件装置

如图 1-66 所示为两种推件装置。其中图 1-66(a)为刚性推件装置，推件力大，推件可靠，但不具有压料作用：图 1-66(b)为弹性推件装置，冲压时能压住工件，冲出的工件质量较高，但弹性元件的压力有限，当需较大推件力时其结构庞大。

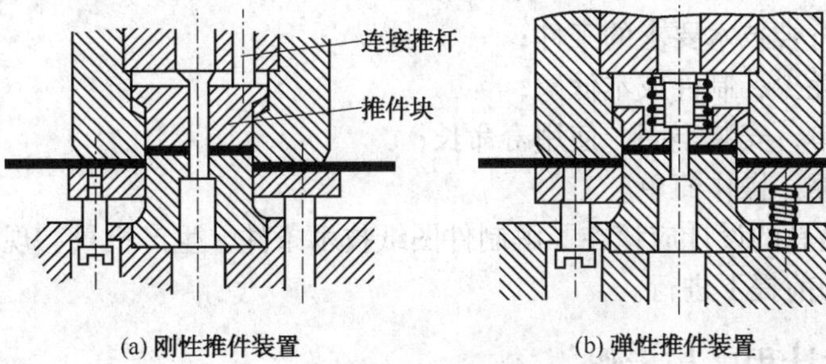

图 1-66　推件装置

3）顶件装置

如图 1-67 所示，经常安装在下模，其顶件力随上模上升，受压缩橡皮或压力机上安装的受压缩气垫，通过顶杆传给顶件块。主要用于冲裁薄而大的制件。

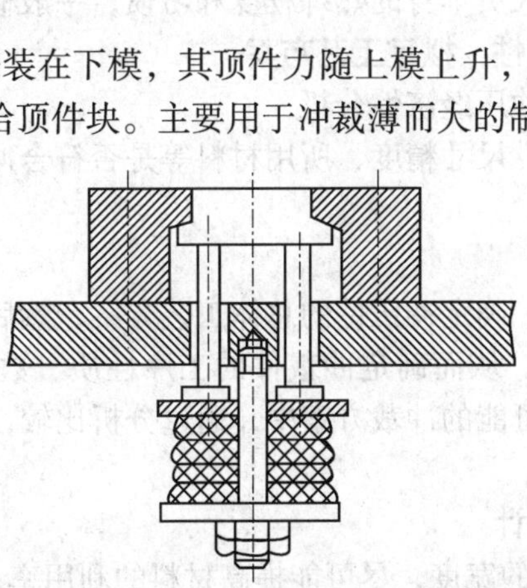
图 1-67　弹性顶件装置

思考题

1. 何谓冲裁？它有怎样的塑性变形阶段和断裂带？
2. 说明冲压工艺设计的主要内容。
3. 简述冲裁模的主要种类及结构。
4. 说明冲裁模设计的主要思路与主要计算思路。

项目二　冲裁模设计（实践单元）

知识要点

- 冲裁模设计步骤与思路；
- 冲裁工艺设计计算。

学习要求

- 掌握冲裁模设计规律与基本步骤；
- 通过冲裁模实例初步掌握冲裁工艺规律与设计思路。

一、冲裁模设计原则及要求

冲模设计时，应力求保证所设计的模具满足以下要求：

① 保证冲裁出符合技术要求的工件；

② 力求材料消耗少，制件成本低廉；

③ 模具结构简单，安装牢固，使用寿命长；

④ 工作安全可靠，操作简单。

要强调的是，模具的设计应该在了解制件图纸技术条件、生产批量、现有设备规格及本单位模具制造能力的前提下进行。

二、冲裁模设计程序与步骤

模具设计程序根据设计人员本身的熟练程度和习惯，一般概述如下：

（一）分析制件结构工艺性，拟定工艺方案

（1）冲裁件结构工艺及冲压经济性分析

分析冲裁件的结构形状、尺寸精度、所用材料等是否符合冲裁的工艺要求，从而确定进行冲裁的可能性。

（2）确定冲裁工艺方案

在分析工艺性的基础上，确定冲压件的总体工艺方案，然后确定冲压加工工艺方案。它是制定冲压工艺过程的核心。从而确定冲裁件的工序性质、数量、工序组合，以及先后顺序、模具的形式等。在几种可能的冲裁方案中，通过分析比较，选取其中比较符合生产实际并且成本最低的一种方案。

（二）冲压工艺计算及设计

① 合理排样，确定条料的宽度，尽可能提高材料的利用率；

② 计算凸、凹模的刃口尺寸与公差；

③ 确定合理间隙值；

④ 冲压力、压力中心的计算及冲压设备的初步选择。

(a) 一般情况下，模具的压力中心应与压力机滑块的轴线重合。

(b) 模具的闭合高度应与冲床的闭合高度相适应；既要便于安装，也要便于试模及生产中通过改变连杆的长短进行调节。

(c) 根据计算出的冲压力选择合适的压力机吨位。

(三) 模具结构设计

根据确定的冲裁工艺方案，设计各工序的冲裁模。在设计时，必须确定合理的排样和进行必要的工艺计算。在考虑结构时还应尽量选取标准的典型组合、模架、定位装置、卸料装置等。

① 确定凹模尺寸　在计算出凹模刃口尺寸的基础上，再计算出凹模壁厚；

② 据凹模的外轮廓尺寸及冲压要求，从冲模标准中选出合适的模架类型，获得相应标准，画出模架零件。

(四) 绘制冲裁模结构总装图

一般右上角布置零件工序图或排样图，右下角为标题栏和明细栏，中间绘制装配图，左下角标注技术要求。尽可能采用 1∶1 的比例绘图，这样可以真实反映模具零件的装配关系，暴露设计中可能存在的错误。

(五) 绘制冲模零件图

绘制非标准零件图，零件图上应包括有零件材料、尺寸、精度、粗糙度以及其他技术要求。对于标准件也要在明细栏中注明标准号及规格、数量。

(六) 完成冲模设计说明书

三、冲裁模设计实例

1. 任务描述

根据托板零件图，进行工艺设计、分析及冲裁模尺寸设计计算。

2. 任务实施

如图 1-68 所示托板零件。零件：托板；生产批量：大批量；材料：08F，$t=2$mm。

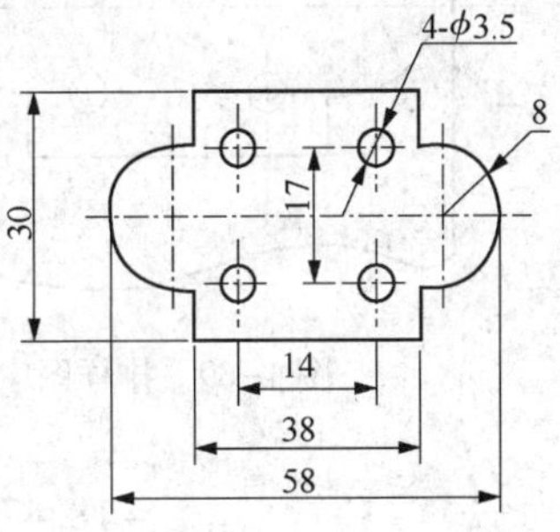

图 1-68　托板零件图

(1) 冲裁件工艺分析

① 材料　08F 钢板是优质碳素结构钢，具有良好的可冲压性能。

② 工件结构形状　冲裁件内、外形应尽量避免有尖锐清角，为提高模具寿命，建议将所有 90°清角改为 $R1$ 的圆角。

③ 尺寸精度　零件图上所有尺寸均未标注公差，属自由尺寸，可按 IT14 级确定工件尺寸的公差。经查公差表，各尺寸公差为：

$58_{-0.74}$、$38_{-0.62}$、$30_{-0.52}$、$16_{-0.44}$、14 ± 0.22、17 ± 0.22、$\phi3.5_{+0.3}$

结论：可以冲裁。

(2) 确定工艺方案及模具结构形式

经分析，工件尺寸精度要求不高，形状不大，但工件产量较大，根据材料较厚（2mm）

的特点，为保证孔位精度，冲模有较高的生产率，通过比较，决定实行工序集中的工艺方案，采取利用导正钉进行定位、刚性卸料装置、自然漏料方式的连续冲裁模结构形式。

（3）模具设计计算

1）排样

计算条料宽度及确定步距。

首先查有关表确定搭边值。根据零件形状，两工件间按矩形取搭边值 $b=2$，侧边按圆形取搭边值 $a=2$。

连续模进料步距为 32mm。

条料宽度按相应的公式计算：

$$B=(D+2a+\Delta)_{-\Delta} \tag{1-34}$$

查条料宽度公差表，$\Delta=0.6$。

$$B=(58+2\times2+0.6)_{-0.6}$$
$$=62.6_{-0.6}$$

画出排样图 1-69。

2）计算总冲压力

由于冲模采用刚性卸装置和自然漏料方式，故总的冲压力为：

$$P_0=P+P_t，P=P_1+P_2$$

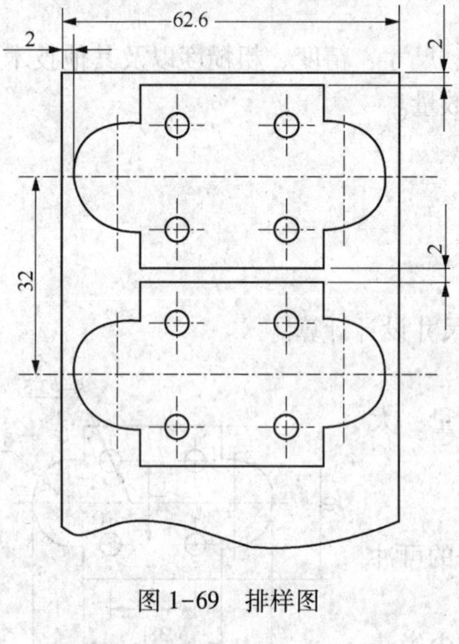

图 1-69　排样图

式中　P_1——落料时的冲裁力；

P_2——冲孔时的冲裁力。

按推料力公式计算冲裁力：

$$P_1=KLt\tau \qquad 查\ \tau=300\text{MPa}$$

$$P_1=2.2[2(58-16)+2(30-16)+16\pi]\times2\times300/10000$$
$$=12.6(t)$$

$$P_2=2.2\times4\pi\times3.5\times2\times300/10000$$
$$=3.4(t)$$

按推料力公式计算推料力 P_0：

$P_t=nK_tP$　取 $n=3$，查表得 $K_t=0.055$

$P_t=3\times0.055(12.6+304)=2.475(t)$

计算总冲压力 P_z：

$$P_z=P_1+P_2+P_t \tag{1-35}$$
$$=12.6+3.4+2.475$$
$$=18.475(t)$$

3）确定压力中心

根据图 1-70 分析，因为工件图形对称，故落料时 P_1 的压力中心在 o_1 上；冲孔时 P_2 的压力中心在 o_2 上。

设冲模压力中心离 o_1 点的距离为 X，根据力矩平衡原理得：

$P_1X=(32-X)P_2$，由此算得 $X=7$mm。

4）冲模刃口尺寸及公差的计算

刃口尺寸计算方法及演算过程不再赘述，仅将计算结果列于表 1-22 中。在冲模刃口尺寸计算时需要注意：在计算工件外形落料时，应以凹模为基准，凸模尺寸按相应的凹模实际尺寸配置，保证双面间隙为 0.25～0.36mm。为保证 R_8 与尺寸为 16 的轮廓线相切，取 16 的凹模尺寸的一半，公差也取一半。

在计算冲孔模刃口尺寸时，应以凸模为基准，凹模尺寸按相应的凸模实际尺寸配置，保证双面间隙为 0.25～0.36mm。

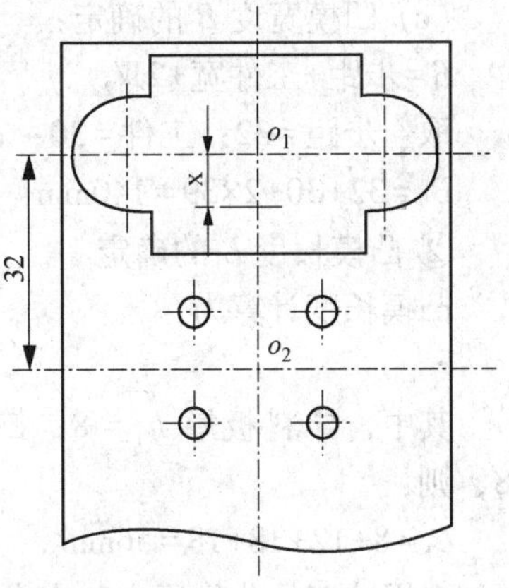

图 1-70 压力中心

刃口尺寸计算过程：

冲孔：

$$3.5^{+0.5}：(3.5+0.5\times0.3)_{-\frac{0.32}{4}}=3.65_{-0.08}$$

落料：

$$58_{-0.74}：(58-0.5\times0.74)^{+\frac{0.74}{4}}=57.6^{+0.18}$$

$$38_{-0.62}：(38-0.5\times0.62)^{+\frac{0.62}{4}}=37.7^{+0.16}$$

$$30_{-0.52}：(30-0.5\times0.52)^{+\frac{0.52}{4}}=29.7^{+0.13}$$

$$16_{-0.44}：(16-0.5\times0.44)^{+\frac{0.44}{4}}=15.8^{+0.11}$$

$$R8：(8-0.5\times0.22)^{+\frac{0.22}{4}}=7.9^{+0.06}$$

表 1-22 冲模刃口尺寸

冲裁性质	工作尺寸	计算公式	凹模尺寸标注法	凸模尺寸标注法
落料	$58_{-0.74}$ $38_{-0.62}$ $30_{-0.52}$ $16_{-0.44}$ R_8	略	$57.6^{+0.18}$ $37.7^{+0.16}$ $29.7^{+0.13}$ $15.8^{+0.11}$ $R7.9^{+0.06}$	凸模尺寸按实际尺寸配置，保证双边间隙：0.25～0.36mm
冲孔	$\phi3.5^{+0.3}$	略	凹模尺寸按实际尺寸配置，保证双边间隙：0.25～0.36mm	$\phi3.65_{-0.08}$

计算模具中心距尺寸时，制造偏差值取工件公差的 1/8。据此，冲孔凹模和凸模固定板孔中心距的制造尺寸为：

$$L_{14}=14\pm0.44/8=14\pm0.055$$

$$L_{17}=17\pm0.44/8=17\pm0.055$$

5）确定各主要零件结构尺寸

① 凹模外形尺寸的确定

（a）凸模厚度 H 的确定：

$H=\sqrt[3]{0.1P}$　P 取总压力＝184750N

$H=\sqrt[3]{0.1\times184750}=26\text{mm}$

（b）凹模长度 L 的确定：

$W_1=2.1H=31$；工件 $b=58$

$L=b+2W_1=58+2\times31=120\text{mm}$

（c）凹模宽度 B 的确定：

B=步距+工件宽+$2W_2$

取：步距=32；工件=30；$W_2=1.5H$

$B_2=32+30+2\times39=140\text{mm}$

② 凸模长度 L_1 的确定

凸模长度计算为：

$$L_1=h_1+h_2+h_3+Y$$

其中，导料板厚 $h_1=8$；卸料板厚 $h_2=12$；凸模固定板厚 $h_3=18$；凸模修磨量 $Y=18$，则：

$L_1=8+12+18+18=56\text{mm}$

选用冲床的公称压力，应大于计算出的总压力 $P_o=18.475\text{t}$；最大闭合高度应大于冲模闭合高度+5mm；工作台台面尺寸应能满足模具的正确安装。

按上述要求，结合工厂实际，可选用 J23-25 开式双柱可倾压力机。并需在工作台面上配备垫块，垫块实际尺寸可配制。

（4）设计并绘制总图及选取标准件

按已确定的模具形式及参数，从冷冲模标准中选取标准模架。

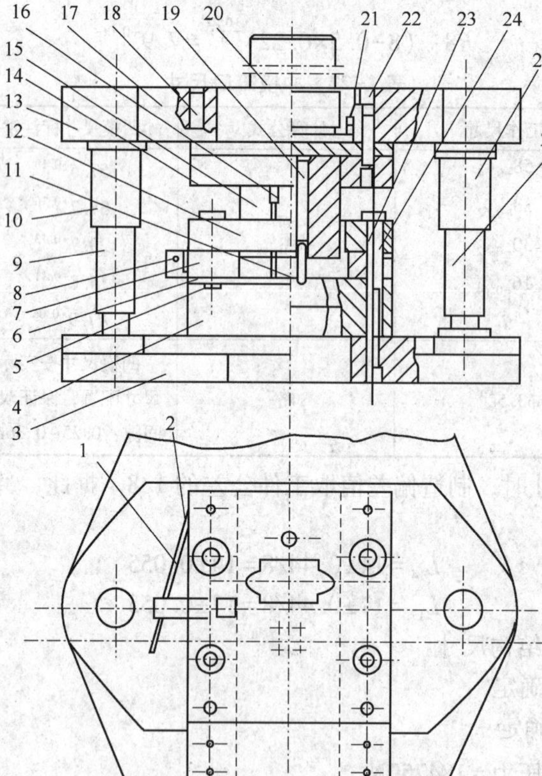

图 1-71　单排冲孔落料连续模

1—簧片；2—螺钉；3—下模座；4—凹模；5—螺钉；6—承导料；7—导料板；8—始用挡料销；9、26—导柱；10、25—导套；11—挡料钉；12—卸料板；13—上模座；14—凸模固定板；15—落料凸模；16—冲孔凸模；17—垫板；18—圆柱销；19—导正销；20—模柄；21—防转销；22—内六角螺钉；23—圆柱销；24—螺钉

绘制模具总装图，如图 1-71 所示。

按模具标准，选取所需的标准件，查清标准件代号及标记，写在总图明细表内，见表 1-23。并将各零件标出统一代号。

表 1-23　零件明细表

序号	名称	数量	材料	热处理	标准件代号	备注	页次
1	簧片	1	65Mn				
2	螺钉	1	45	HRC40~45			
3	下模座	1	1	HT200			
4	凹模	1	T10A	HRC58~62			
5	螺钉	4	45	HRC40~45			
6	承导料	1	45				
7	导料板	2	45	HRC40~45			
8	始用挡料销	1	45				
9	导柱	2	20	渗碳 HRC56~60			
10	导套	2	20	渗碳 HRC5862			
11	挡料钉	1	45				
12	卸料板	1	Q235(A3)				
13	上模座	1	HT200				
14	凸模固定板	1	45				
15	落料凸模	1	T8A	HRC56~60			
16	冲孔凸模	1	T8A	HRC56~60			
17	垫板	1	45	HRC40~45			
18	定位销	1	45	HRC40~45			
19	导正销	1	45	HRC40~45			
20	模柄	1	Q235(A5)				
21	防转销	1	45	HRC40~45			
22	内六角螺钉 M12×70	10	45	HRC40~45			
23	圆柱销 12n6×100	6	45	HRC40~45			
24	内六角螺钉 M12×70	1	45	HRC40~45			

（5）绘制非标准零件

本实例仅绘制四个零件图供参考，如图 1-72~图 1-75 所示。

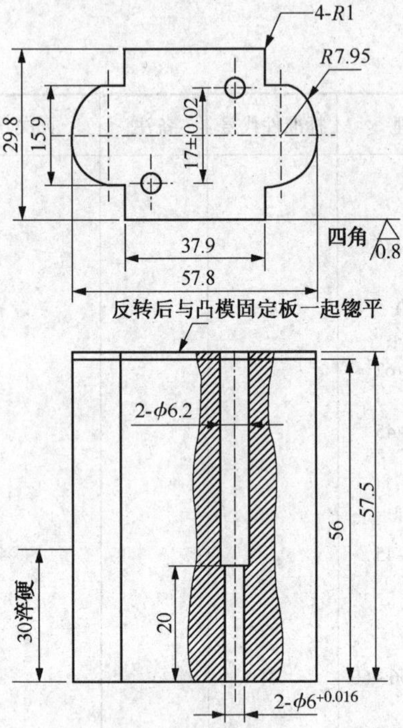

图 1-72　凸凹模

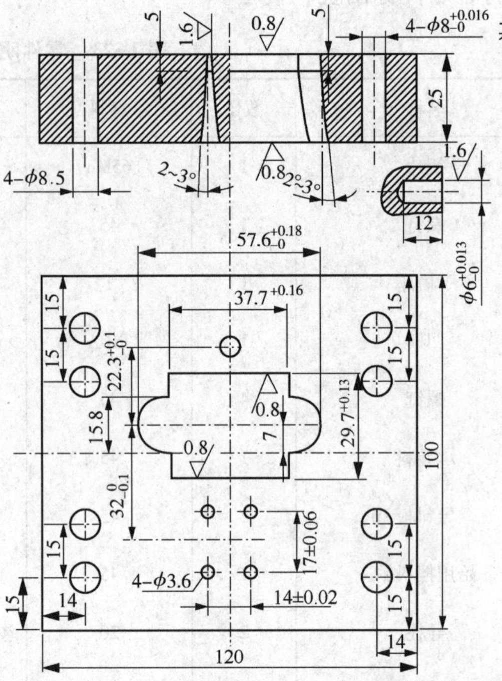

图 1-73　落料凹模

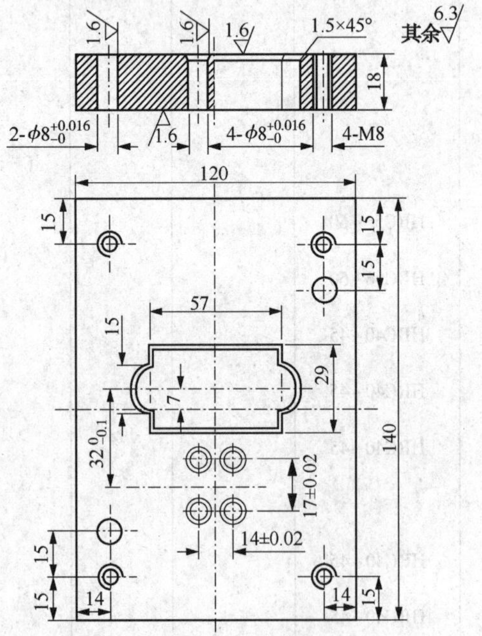

图 1-74　固定板

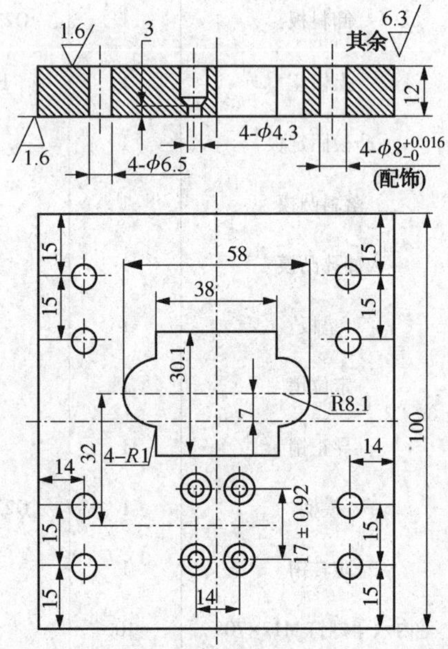

图 1-75　卸料板

（6）模具主要零件加工工艺规程的制订（略）

思考题

1. 说明冲裁模设计思路与步骤。
2. 试以工业产品实例进行冲裁模的设计与计算。

项目三 弯曲模设计(理论单元)

知识要点

- 弯曲变形过程及特点；
- 弯曲模分类及结构；
- 弯曲件工艺性、弯曲力计算。

学习要求

- 掌握弯曲变形原理和应用；
- 初步掌握弯曲工艺规律与及模具设计思路。

一、弯曲变形原理

(一) 弯曲概念与分类

弯曲是将金属板料毛坯、型材、棒材或管材等按照设计要求的曲率或角度成形为所需形状零件的冲压工序。弯曲所使用的冲压模具称为弯曲模。弯曲工序在生产中应用相当普遍。零件的种类很多，如汽车的纵梁、自行车车把、各种电器零件的支架、门窗铰链等，图 1-76 为常见的弯曲零件。

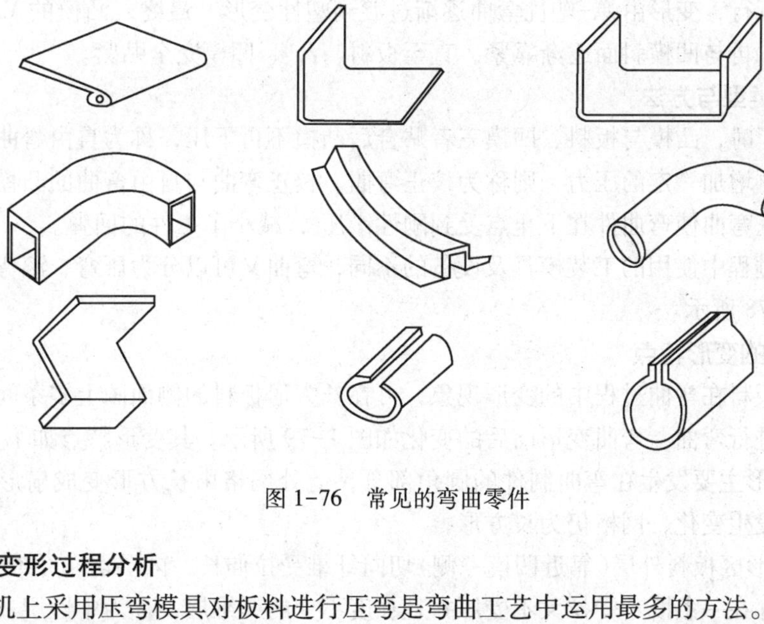

图 1-76 常见的弯曲零件

1. 弯曲变形过程分析

在压力机上采用压弯模具对板料进行压弯是弯曲工艺中运用最多的方法。弯曲变形的过程一般经历弹性弯曲变形、弹-塑性弯曲变形、塑性弯曲变形三个阶段。现以常见的 V 形件弯曲为例，说明弯曲变形过程。

(1) 弹性弯曲变形阶段[即自由弯曲阶段——图 1-77(a)]

弯曲开始时，模具的凸、凹模分别与板料接触，使板料产生弯曲。在弯曲的开始阶段，弯曲圆角半径 r_0很大，弯曲力矩很小，仅引起材料的弹性弯曲变形。

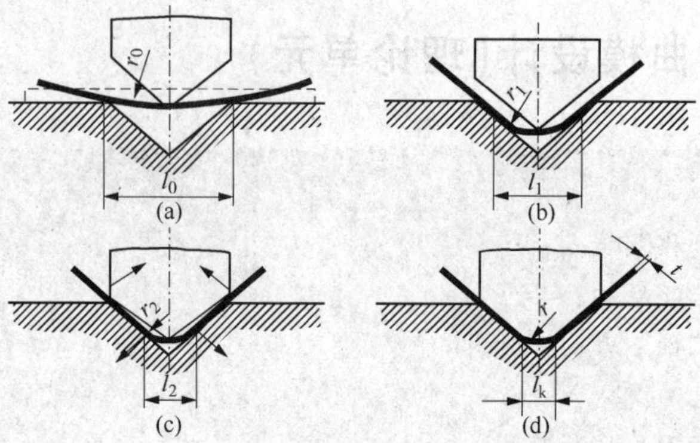

图 1-77　弯曲变形过程

(2) 弹、塑性弯曲变形阶段[即过渡阶段——图 1-77(b)、(c)]

随着凸模进入凹模深度的增大，弯曲圆角半径 r 亦逐渐减小，即 $r_3<r_2<r_1<r_0$，板料的弯曲变形程度进一步加大，弯曲变形程度可以用相对弯曲半径 r/t 表示，t 为 板 料的厚度。r/t 越小，表明弯曲变形程度越大。一般认为当相对弯曲半径 $r/t>200$ 时，弯曲区材料即开始进入弹-塑性弯曲阶段，坯料变形区内(弯曲半径发生变化的部分)料厚的内外表面首先开始出现塑性变形，随后塑性变形向坯料内部扩展。

(3) 塑性弯曲变形阶段[即过渡阶段——图 1-77(d)]

凸模继续下行，变形由弹-塑性弯曲逐渐过渡到塑性变形。最终，凸模的 V 形斜面接触后被反向弯曲，再与凹模斜面逐渐靠紧，直至板料与凸 、凹模完全贴紧。

2. 弯曲的类型与方法

若弯曲终了时，凸模与板料、凹模三者贴合后凸模不再下压，称为自由弯曲。若凸模再下压，对板料再增加一定的压力，则称为校正弯曲。校正弯曲与自由弯曲的凸模下止点位置是不同的，校正弯曲使弯曲件在下止点受到刚性镦压 ，减小了工件的回弹。

根据弯曲过程中使用的工装模具及设备的不同，弯曲又可以分为压弯、滚弯、折弯、拉弯等，如图 1-78 所示。

(二) 弯曲的变形特点

为了说明板料在弯曲过程中的变形现象，可在长方形板料的侧面画上多条间距相等的网状线条，然后进行弯曲，弯曲变形前后的变化如图 1-79 所示。其变形特点如下：

① 弯曲变形主要发生在弯曲制件的圆角部分，此处网格由长方形变成扇形；而直边部分基本上没有发生变化，网格仍为长方形；

② 弯曲变形区板料外层(靠近凹模一侧)切向纤维受拉伸长，内层切向纤维受压而缩短；内外两层之间存在一条既不受拉又不受压并且长度不变的纤维层，称为中性层；

③ 弯曲变形区板料厚度有变薄现象存在；

④ 板料的宽窄对弯曲变形状况有影响。

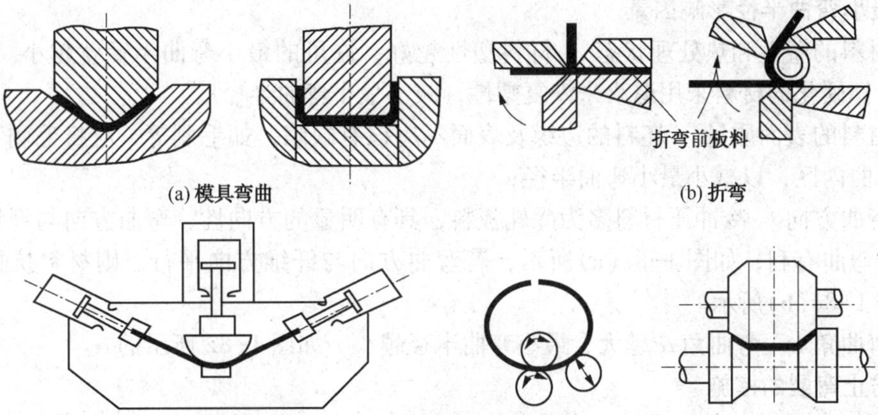

图 1-78　弯曲方法

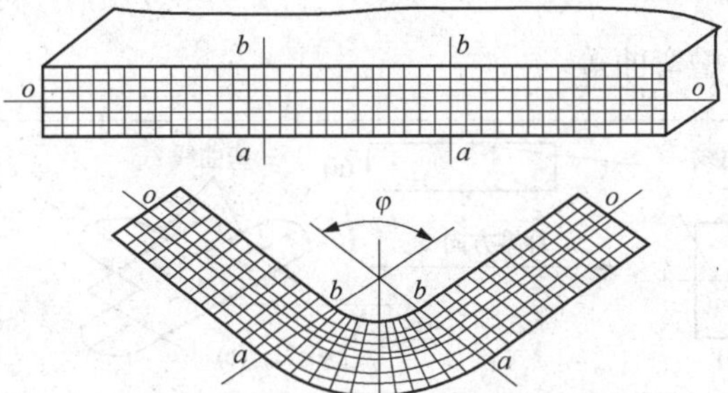

图 1-79　弯曲变形分析

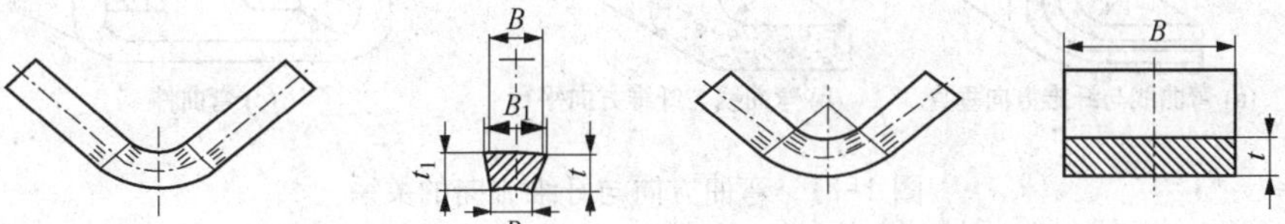

图 1-80　宽、窄板料弯曲变形情况

窄板($B<2t$)弯曲时，横断面上产生较大的变形，弯曲区厚度由 t 减小到 t_1，内边变宽到 B_1，外边变窄到 B_2，内外两侧成曲线，整个形状呈扇形；宽板($B>2t$)弯曲时，厚度方向略有变薄，但不明显，断面形状几乎不变，因为宽度方向阻力大，金属纤维不易收缩，如图 1-80所示。

(三) 弯曲件的主要质量问题

1. 最小相对弯曲半径

在自由弯曲保证坯料最外层纤维不发生破裂的前提下，所能获得的弯曲件内表面最小圆角半径与弯曲材料厚度的比值，称为最小相对弯曲半径(R_{min})。

2. 最小弯曲半径影响因素

① 材料的塑性和热处理状态　材料塑性越好，许可的最小弯曲半径就越小。生产中，通常对冷作硬化的材料采用退火来恢复塑性，减小最小弯曲半径；

② 材料的表面质量　坯料的边缘及表面不应该有缺陷，如毛刺等，应将毛刺和其他缺陷置于弯曲内区，以减小最小弯曲半径；

③ 弯曲方向　冷冲压材料多为冷轧板料，具有明显的方向性，弯曲方向与纤维方向垂直时，对弯曲有利，如图 1-81(a)所示，若弯曲方向与纤维方向平行，则材料抗拉强度较差，如图 1-81(b)所示。

④ 弯曲角 α　弯曲角 α 越大，最小弯曲半径越小。如图 1-82 所示的 α。

3. 防止弯裂的措施

① 退火、加热弯曲　通过退火加热，使材料恢复塑性，减小最小弯曲半径；

② 消除冲裁毛刺；

③ 多次弯曲　如加大弯曲半径，退火后再按工件要求的小半径进行弯曲；

④ 校正弯曲；

⑤ 对较厚材料的开槽弯曲等。

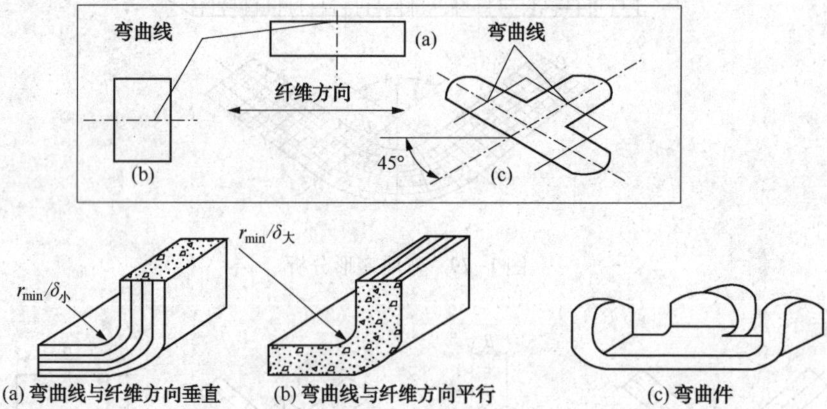

(a) 弯曲线与纤维方向垂直　(b) 弯曲线与纤维方向平行　(c) 弯曲件

图 1-81　弯曲方向与纤维方向的关系

(四) 弯曲件的回弹与弯曲时的偏移

弯曲成形过程中出现的主要工艺问题是回弹和偏移。

1. 弯曲件的回弹

(1) 回弹的概念

弯曲结束后，凸模与凹模分开，工件不受外力作用时，由于弹性回复的存在，使弯曲件弯曲部分的曲率半径和弯曲角度在弯曲外力撤去后发生变化的现象称回弹，如图 1-83 所示。回弹角可用回弹前后弯曲角的差值来表示，如式(1-36)。

$$\Delta\alpha=\alpha-\alpha_0 \tag{1-36}$$

式中，$\Delta\alpha$ 为正称为正回弹，$\Delta\alpha$ 为负称为负回弹。

(2) 影响回弹的因素

1) 材料的力学性能

回弹与材料的屈服点、弹性模量及加工硬化程度密切相关。屈服点越大，弹性模量越小，回弹值越大。即回弹值与屈服点 σ_s 成正比，与弹性模量 E 成反比。

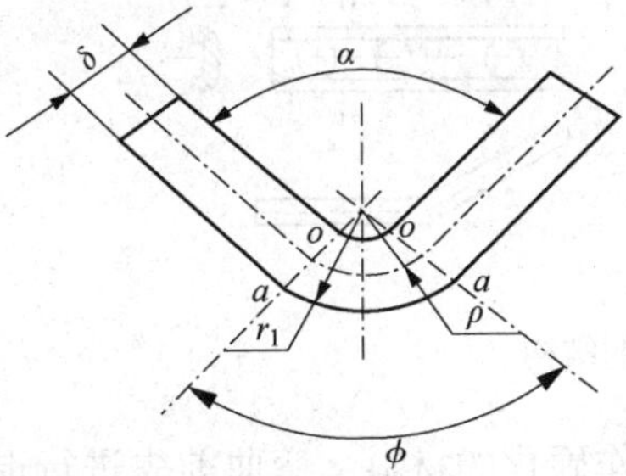

图 1-82　弯曲角

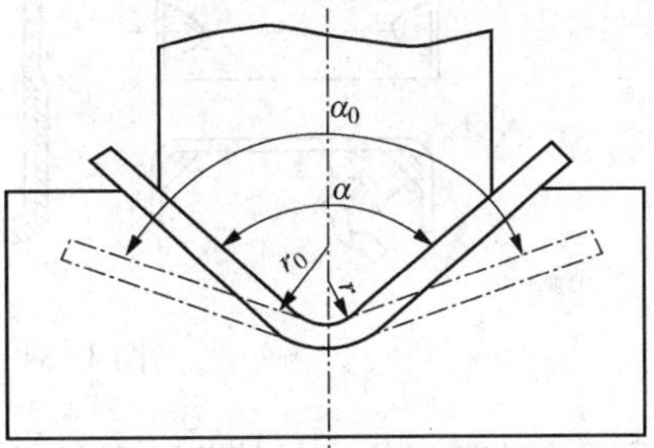

图 1-83　弯曲件的回弹

2）相对弯曲半径 R/t

在其他条件相同时，板料相对弯曲半径值越小，弯曲时毛坯外表面上的总切向变形程度大，虽然弹性变形数值也随之增大，但在总变形中的比例却减少，因此，回弹角与弯曲角的比值($\Delta\alpha/\alpha$)和曲率回弹值随着相对弯曲半径的减小而减小。当 $R/t<0.2\sim0.3$ 时，回弹角可能为零，或者为负值。

3）弯曲角 α

弯曲角 α 越大，弯曲变形区的长度也越大，回弹角也就越大。但弯曲角对曲率半径的回弹没有影响。

4）弯曲方式及模具结构

弯曲方式及模具结构对弯曲过程受力状态及变形均有较大的影响。校正弯曲比自由弯曲回弹量小。除此以外，弯曲件的形状也对回弹影响很大，如 U 形件回弹量比 V 形件回弹量小。

5）弯曲力

弯曲时压力逐渐增大，当超过弯曲所需变形力时，就改变了弯曲变形区的应力状态和应变性质，从而减少了回弹值。

6）模具间隙

对 U 形件来说，凸模与凹模的间隙值越大，回弹值越大。

除了上述几点以外，还有毛坯与模具之间的摩擦、板料厚度误差等，均对回弹值有影响，设计与制造时应多加考虑。

(3) 减小回弹的措施

弯曲回弹一般不可能完全消除，但可以通过采取合理的弯曲制件结构、弯曲工艺、模具结构等措施减少或补偿回弹产生的误差。

1）改进零件结构设计

如图 1-84 所示，在制件转角处设计加强筋或成形边翼，不仅能减小回弹，还可增加弯曲件的刚性和成型边翼的变形程度。

2）选择合适的材料

选用弹性模量大、屈服极限小、机械性能稳定的材料，可减小弯曲件的回弹量。

3）采取恰当的工艺措施

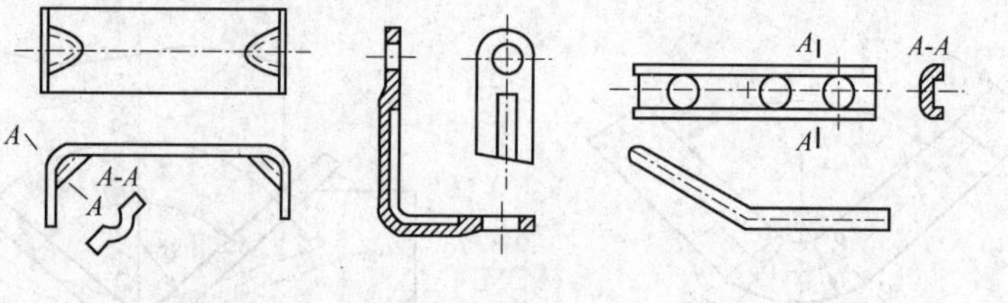

图 1-84　减小回弹的结构

① 采用热处理工艺　对某些硬质材料和已经冷作硬化的材料，弯曲前先进行退火处理，降低其硬度以减少弯曲时的回弹，待弯曲后再淬硬。在条件允许的情况下，甚至可使用加热弯曲。

② 增加校正工序　采用校正弯曲工序代替自由弯曲，增加弯曲力，对弯曲件施加较大的校正压力，可以改变其变形区的应力应变状态，以减少回弹量。如图 1-85 所示。

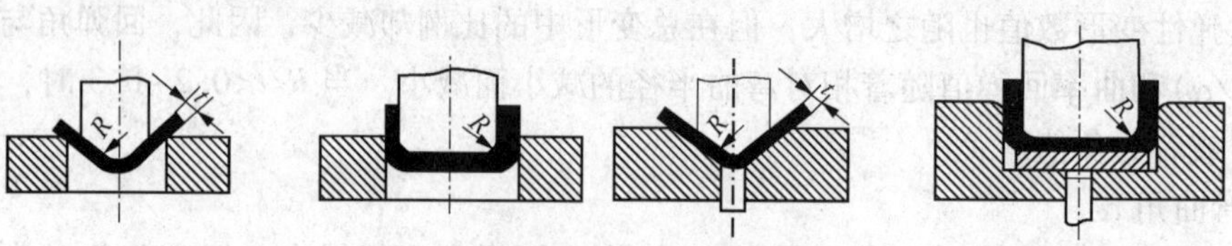

(a) 自由弯曲　(b) 自由弯曲　(c) 校正弯曲　(d) 校正弯曲

图 1-85　校正弯曲、自由弯曲示意图

③ 采用拉弯工艺　对于相对弯曲半径很大的弯曲件，由于变形区大部分处于弹性变形状态，弯曲回弹量很大。这时可以采用拉弯工艺（图 1-86）。

④ 改善模具结构：

（a）补偿法。V 形弯曲可在凸模上减去一个回弹角；U 形弯曲可将凸模壁作出等于回弹角的倾斜角[图 1-87(a)]，或将凸模顶面做成弧面[图 1-87(b)]，以补偿两边的回弹。

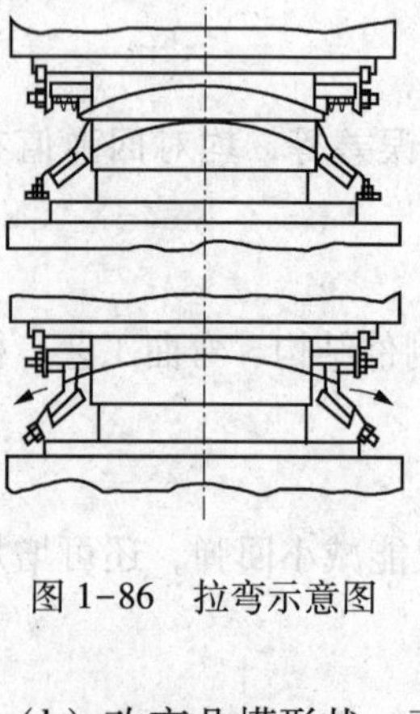

图 1-86　拉弯示意图

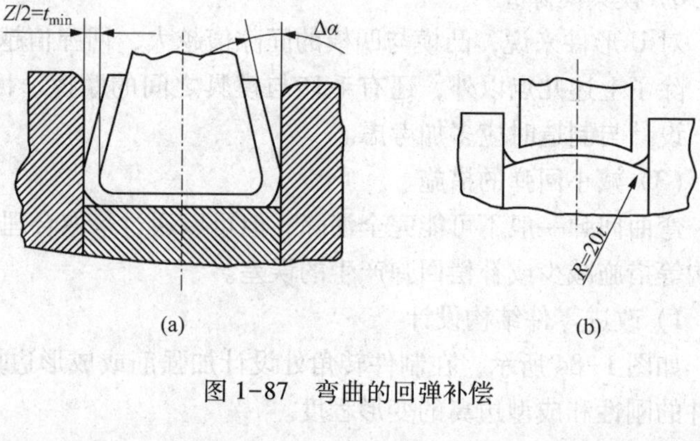

(a)　(b)

图 1-87　弯曲的回弹补偿

（b）改变凸模形状。可将凸模做成如图 1-88 所示的形状，使压力集中在角部，可以减小凸模与工件的接触区，从而加大变形区的变形程度以减小回弹。

（c）加压法。如图 1-89 所示，对于一般材料的弯曲件，可增加压料力或减小凸、凹模之间的间隙，减小回弹。

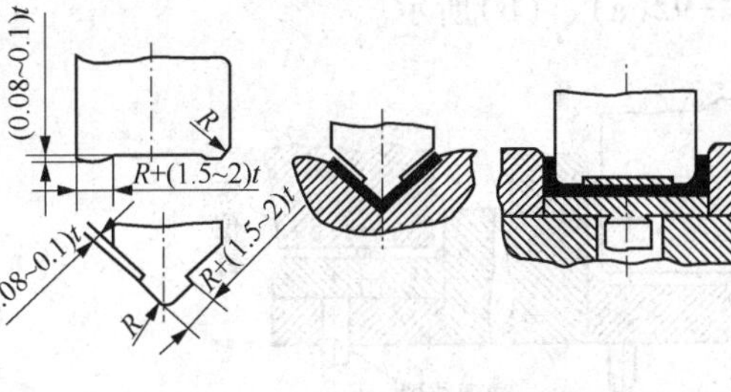

图 1-88　改变凸模形状减小回弹

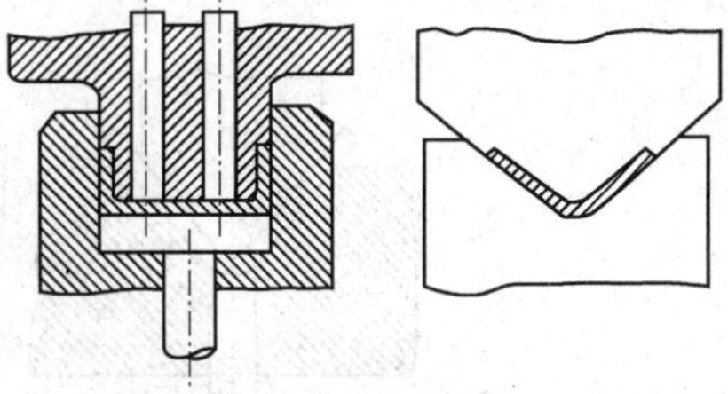

图 1-89　端部加压减小回弹

（d）反弯法。对于回弹较大的材料，当弯曲半径 $R>t$ 时，可将凹模的顶件器做成圆弧面，获得制件底部局部反弯，制件取出时，反弯部分因回弹伸直，从而造成两侧负回弹，继而抵消两侧壁的正回弹，如图 1-90 所示。

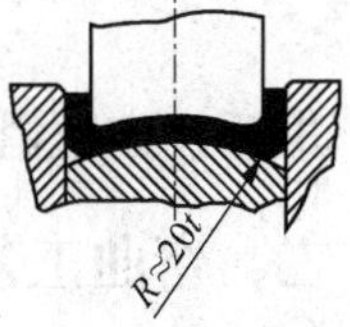

图 1-90　利用局部反弯

2. 弯曲时的偏移

由于坯料与模具之间磨擦的存在，当摩擦力不平衡时造成坯料的移位，使弯曲件的尺寸达不到要求，这种现象称作偏移。

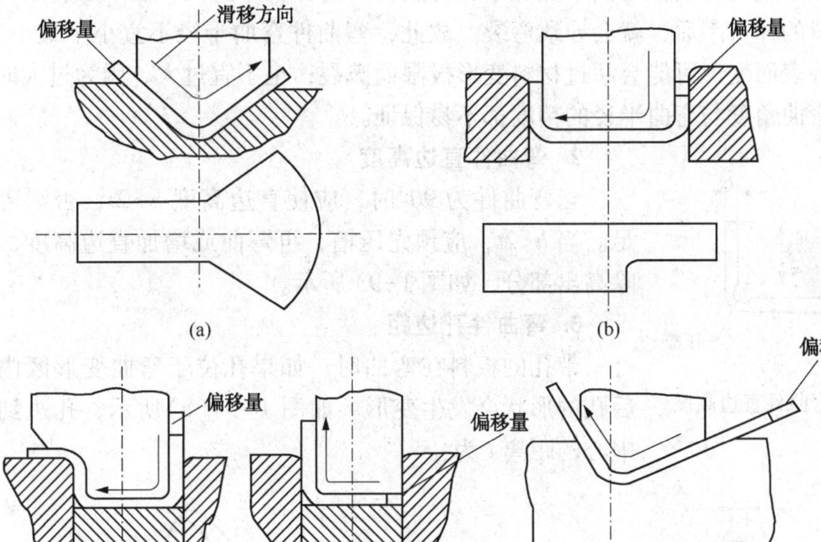

图 1-91　弯曲时的偏移

产生偏移的原因很多：坯料形状不对称，如图 1-91（a）、（b）所示；零件结构不对称如：两边与凹模接触面不相等，两边折弯的个数不一样，如图 1-91（c）所示；模具结构不合理，如图 1-91（d）、（e）所示。另外，凹模两边的边缘圆角半径不相等，间隙不相等，润滑情况不一样等，都会导致弯曲时产生偏移现象。

防止偏移的主要措施：

① 尽可能采用对称凹模，边缘圆角相等，间隙均匀。

② 采用弹性顶件装置的模具结构，如图 1-92(a)、(b)所示。

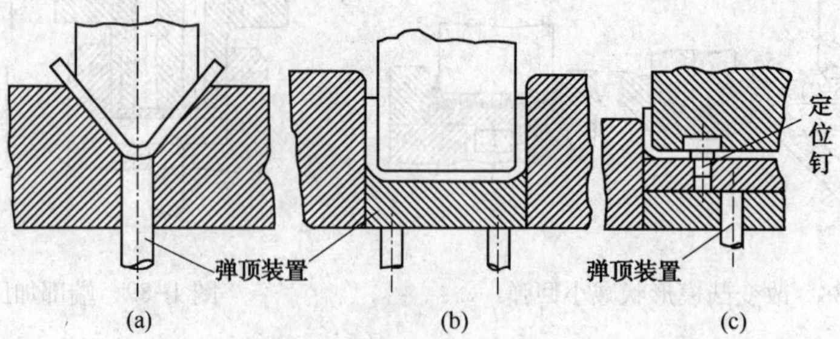

图 1-92　从模具结构上克服偏移

③ 采用定位销的模具结构，使坯料无法移动，如图 1-92(c)所示。

二、弯曲工艺设计

(一) 弯曲件的工艺性

1. 最小弯曲半径

对于一定厚度的材料，弯曲半径越小，外层材料的伸长率越大，当外缘材料的伸长率达到并超过材料的伸长率后，就会导致弯裂。故此，弯曲件弯曲半径不宜小于最小弯曲半径，否则，坯料外表面变形可能会超过材料变形极限而破裂；也不宜过大，因为过大时，受到回弹的影响，弯曲角度与弯曲半径的精度都不易保证。

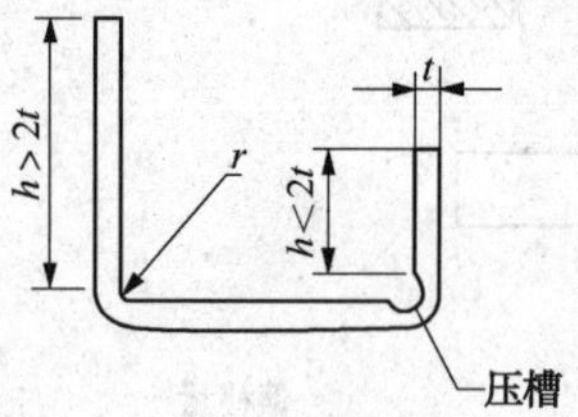

图 1-93　弯曲件直边高度

2. 弯曲件直边高度

当弯曲件为 90°时，应使直边高度 $h>2t$，否则弯曲力臂不足。当 $h<2t$，应预先压槽，再弯曲或增加直边高度，弯曲后切除高出部分，如图 1-93 所示。

3. 弯曲件孔边距

带孔的板料在弯曲时，如果孔位于弯曲变形区内，则弯曲后孔的形状会发生变形。如图 1-94(a)所示，孔边到弯曲半径中心的距离 l 为：

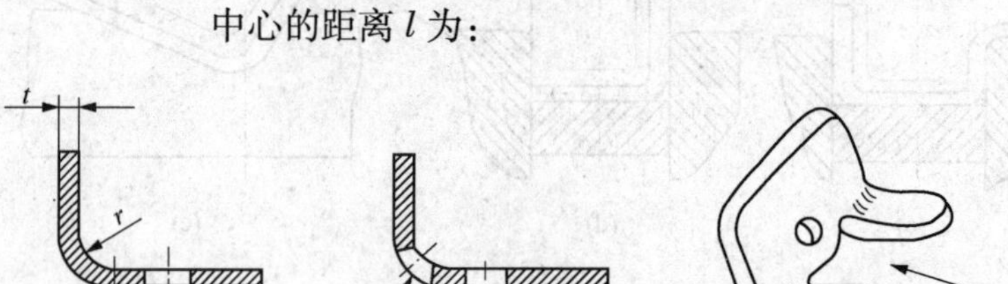

图 1-94　弯曲件孔边距

当 $t \geqslant 2$mm 时，$l \geqslant 2t$

当 $t<2$mm 时，$l \geqslant t$

如果不能满足上述条件，可以采取冲凸缘缺口或月牙槽的措施，或在弯曲变形区冲出工艺孔，防止孔在弯曲时变形，如图 1-94(b)、(c)所示。

4. 增设工艺孔、槽、切口等

板料边缘需局部弯曲时，为了避免角部畸变与形成裂纹，应预先切槽或冲工艺孔，如图 1-95 所示。

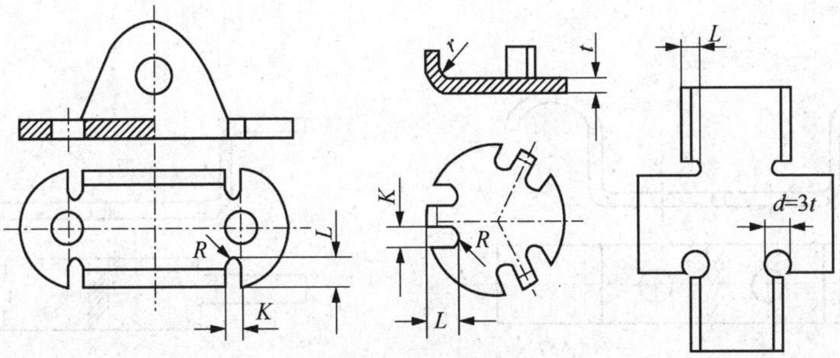

图 1-95　预冲工艺槽、孔的弯曲

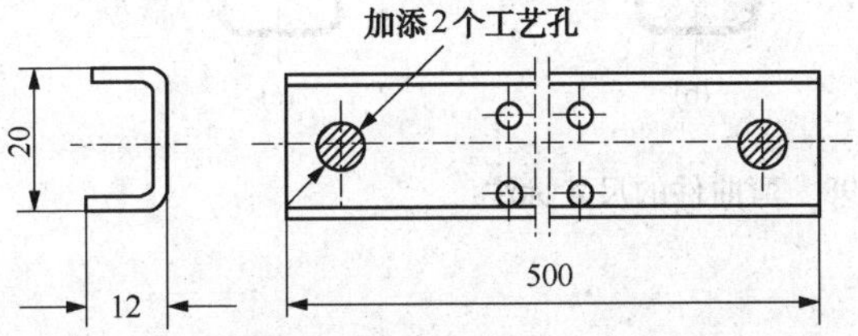

(a)

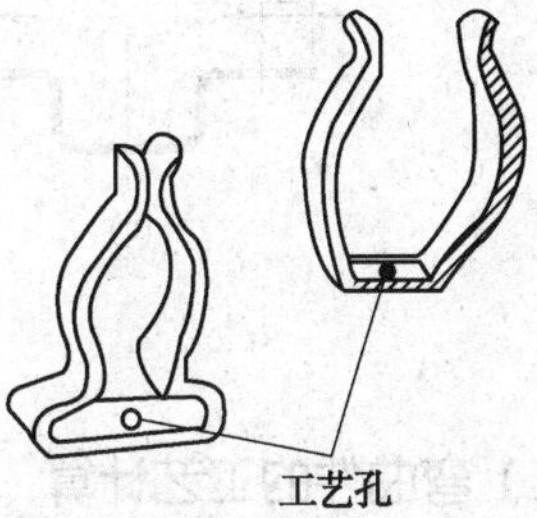

(b)

图 1-96　定位工艺孔

为保证毛坯在弯曲模内准确定位，防止弯曲时偏移，可以在工件上预先加工出定位的工艺孔，如图 1-96 所示。

5. 对称弯曲

加工形状对称的制件时，弯曲半径左右应一致，以保证弯曲时板料与模具表面的摩擦力平衡，防止产生偏移；弯曲不对称制件时，主要应防止板料滑动偏移，在模具结构设计上可考虑增设压料板、定位销等定位和压紧装置，也可以成双弯曲后再切断，如图 1-97 所示。

6. 弯曲件的尺寸标注

弯曲件的尺寸标注有三种方法，如图 1-98 所示。图 1-98(a)可以采用先落料冲孔，然后弯曲成形。而图 1-98(b)、(c)为了保证尺寸，只能先弯曲后冲孔，增加了工序。

7. 弯曲件的尺寸精度

弯曲件的尺寸精度以不高于 IT13 级，最好在 IT7 级以下为宜，角度公差应不大于±15′。若对尺寸精度有较高要求，在结构设计上应设置定位工艺孔；对角度公差有较高要求时，应在弯曲工艺方面增加整形工序等。

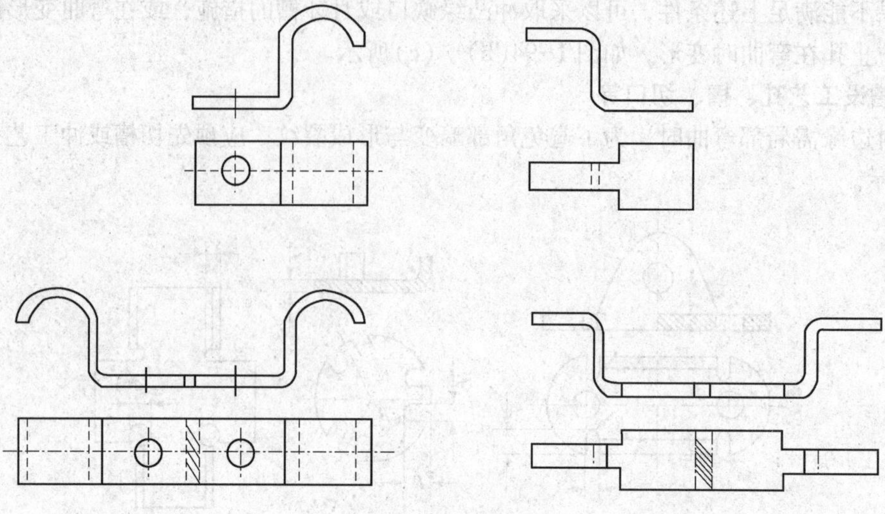

图 1-97　对称弯曲成形

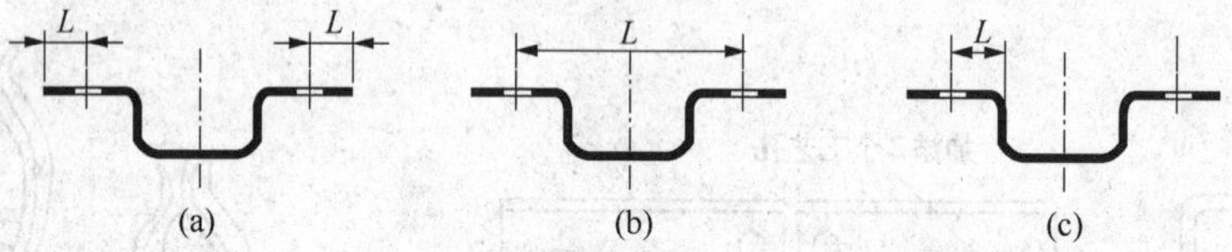

图 1-98　弯曲件的尺寸标注

（二）弯曲件的工艺计算

1. 毛坯尺寸的计算

拟定弯曲件工艺时，要计算弯曲件的展开长度，即毛坯尺寸。毛坯尺寸计算正确与否，不仅会影响弯曲制件精度，增加修正工序，浪费材料，甚至会造成废品。对于形状复杂、精度要求高的弯曲制件，毛坯尺寸计算结果仅作为模具设计时参考之用，准确的下料尺寸还需要通过试模后才能确定。

（1）中性层位置的确定

在计算弯曲件坯料的尺寸时，首先要确定中性层位置，中性层的长度在弯曲过程中保持不变，因此应变中性层的展开长度就是弯曲件的展开长度。当弯曲变形很小（$R/t \geqslant 10$）时，板料厚度变化很小，应变中性层可近似认为在板料厚度的中间，即中性层的曲率半径等于$R+(t/2)$。

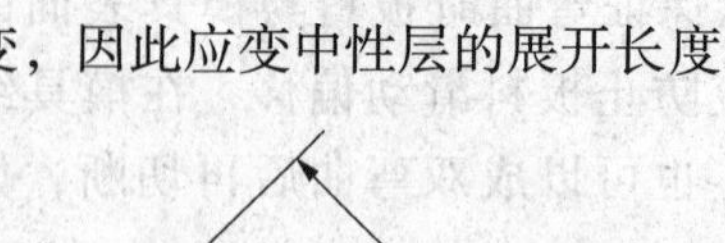

图 1-99　中性层的位置

当弯曲变形很大时，板料厚度变薄，应变中性层内移，如图 1-99 所示。弯曲制件变形程度越大，即相对弯曲半径越小，变薄越严重，因此应变中性层内移也越多。

生产中，中性层的位置一般以曲率半径 ρ 来表示：

$$\rho = R + Xt \tag{1-37}$$

式中　X——中性层位移系数，其值见表 1-24。

表 1-24 中性层系数 X 的值

r/t	0.1	0.2	0.3	0.4	0.5	0.6	0.7	0.8	1.0	1.2
X	0.21	0.22	0.23	0.23	0.25	0.26	0.28	0.30	0.32	0.33
r/t	1.3	1.5	2.0	2.5	3.0	4.0	5.0	6.0	7.0	≥8.0
X	0.34	0.36	0.38	0.39	0.40	0.42	0.44	0.46	0.48	0.50

(2) 毛坯尺寸的确定

1) 圆角半径 $R>0.5t$ 的弯曲件展开尺寸

$R>0.5t$ 的弯曲件即称有圆角半径的弯曲件(图 1-100)。由于弯曲部分变薄不严重及断面畸变较小，所以可按中性层展开长度等于坯料长度的原则，坯料长度等于弯曲件直线部分长度和圆弧部分长度的总和，见式(1-38)。

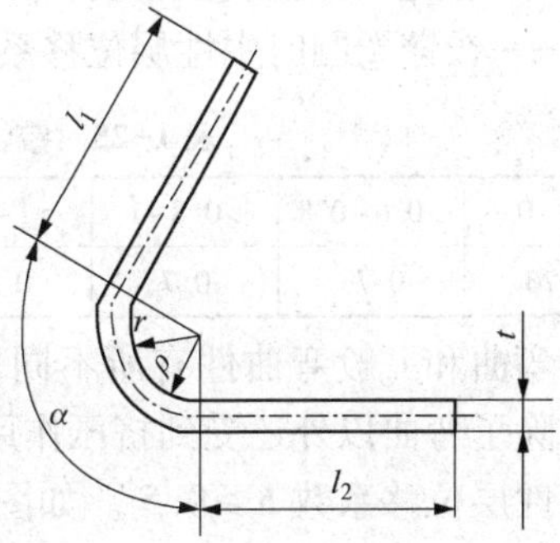

$$L=\sum l_{直线}+\sum l_{圆弧} \quad (1-38)$$

式中 L——弯曲件坯料展开长度；

$l_{直线}$——直线部分各段长度；

$l_{圆弧}$——圆弧部分各段长度。

如图 1-100，弯曲件的展开尺寸为：

$$L=l_1+l_2+\frac{\pi\alpha}{180}\rho= l_1+l_2+\frac{\pi\alpha}{180}(R+Xt) \quad (1-39)$$

2) 圆角半径 $R<0.5t$ 的弯曲件展开尺寸

这类弯曲件按变形前后体积不变原则确定坯料长度，如图 1-101 所示。

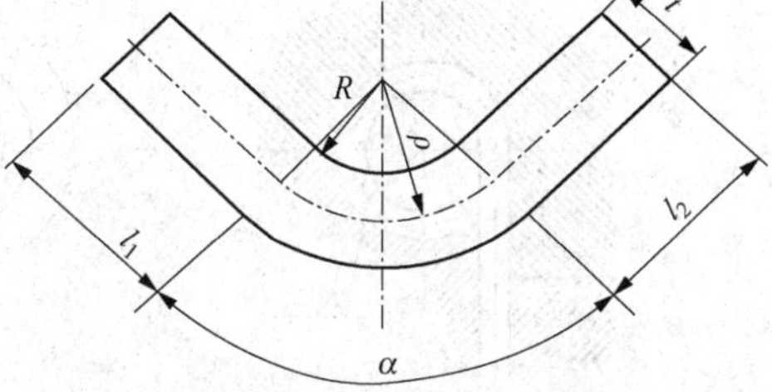

图 1-100 $R>0.5t$ 的弯曲件

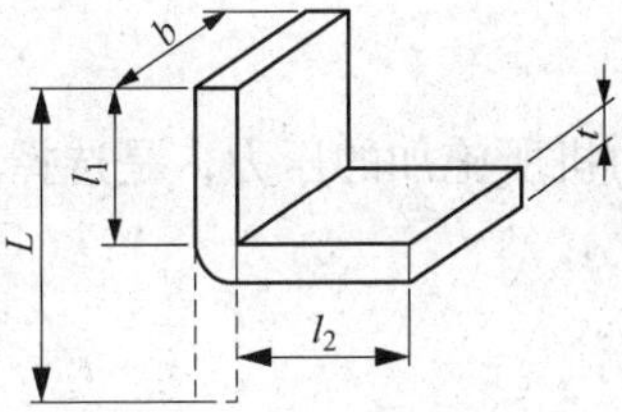

图 1-101 $R<0.5t$ 的弯曲件

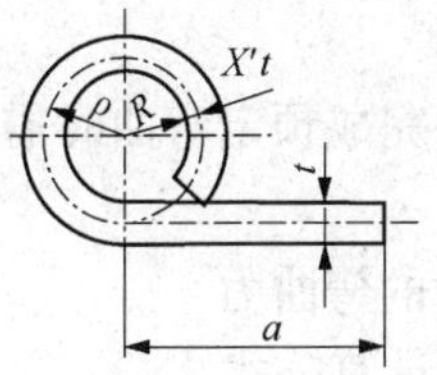

图 1-102 铰链卷圆

弯曲前的体积：$V=Lbt$

弯曲后的体积：$V'=(l_1+l_2)bt+\frac{\pi t^2}{4}b$

$V=V'$则有：$L=l_1+l_2+0.785t$

由于弯曲变形时，不仅在坯料的圆角变形区产生变薄，而且与其相邻的两直边部分也相应地有些变薄，因此对上述公式作如下修正：

$$L=l_1+l_2+X't \quad (1-40)$$

式中 x'——系数，一般取 $x'=0.4\sim0.6$。

对于形状比较复杂或精度要求高的弯曲件，在利用上述公式初步计算坯料长度后，还需反复试弯不断修正，才能最后确定坯料的形状及尺寸。

(3) 铰链卷圆尺寸计算

如图 1-102 所示，对于 $R=(0.6\sim0.8)t$ 的铰链卷圆型的弯曲制件，在卷圆过程中材料增厚，应变中性层外移，毛坯长度可以按下式近似进行计算：

$$L=\alpha+5.7R+4.7X_1t \tag{1-41}$$

式中 α——铰链制件直线段长度；

X_1——铰链卷圆时中性层位移系数，如表 1-25 所示。

表 1-25 铰链卷圆时中性层位移系数 X_1 的值

R/t	>0.5~0.6	>0.6~0.8	>0.8~1	>1~1.2	>1.2~1.5	>1.5~1.8	>1.8~2	>2~2.2	>2.2
X_1	0.76	0.73	0.7	0.67	0.64	0.61	0.58	0.54	0.5

铰链弯曲和一般弯曲件有所不同，铰链弯曲常用推卷的方法成形。在弯曲卷圆的过程中，材料除了弯曲以外还受到挤压作用，板料不是变薄而是增厚了，中性层将向外侧移动，因此其中性层位移系数 $K\geqslant0.5$ 。如图 1-103 为铰链中性层位置，图 1-104 为常见的铰链弯曲件。

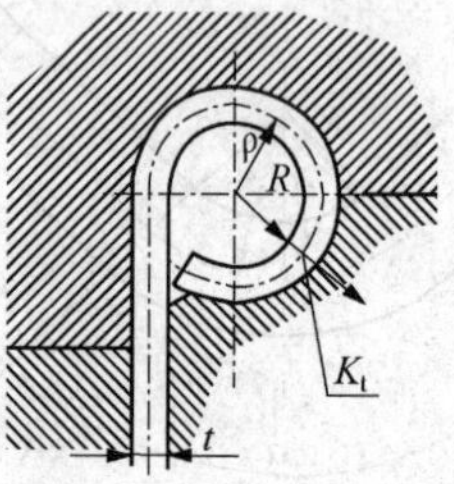

图 1-103 铰链中性层位置

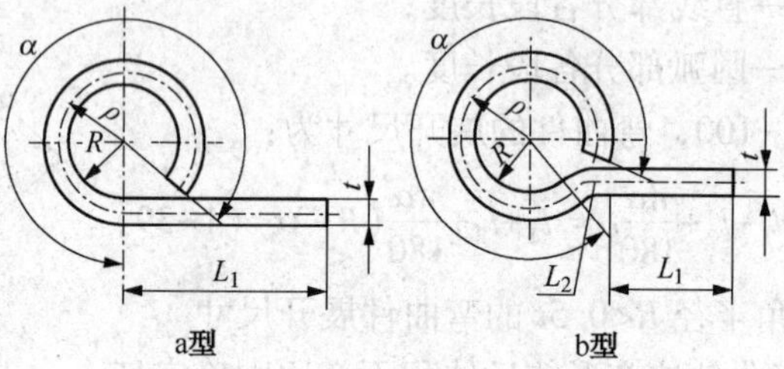

图 1-104 常见的铰链弯曲件

2. 弯曲力的计算

弯曲力是指工件完成预定弯曲时需要压力机所施加的压力，是选择压力机和设计模具的重要依据之一。

(1) 自由弯曲时的弯曲力

V 形件弯曲力的计算公式：

$$F_{自}=\frac{0.6KBt^2\sigma_b}{R+t} \tag{1-42}$$

U 形件弯曲力的计算公式：

$$F_{自}=\frac{0.7KBt^2\sigma_b}{R+t} \tag{1-43}$$

式中 $F_{自}$—自由弯曲在冲压行程结束时的弯曲力，N；

B——弯曲件的宽度，mm；

t——弯曲材料的厚度，mm；

R——弯曲件的弯曲半径，mm；

σ_b——材料的强度极限，MPa；

K——安全系数，一般取 $K=1.3$。

(2) 校正弯曲时的弯曲力

校正弯曲时的弯曲力计算公式：

$$F_{校}=A\times p \tag{1-44}$$

式中 $F_{校}$——校正弯曲力，N；

A——校正部分投影面积，mm^2；

p——单位面积上的校正力，MPa，其值见表 1-26。

表 1-26 单位面积上的校正力 p MPa

材 料	材料厚度 t/mm		材 料		材料厚度 t/mm	
	≤3	>3~10			≤3	>3~10
铝	30~40	50~60	25~35 钢		100~200	120~150
黄铜	60~80	80~100	钛合金	BT_1	160~180	180~210
10~20 钢	80~100	100~120		BT_3	160~200	200~260

(3) 顶件力或压料力

若弯曲模设有顶件装置或压料装置，其顶件力(或压料力 F_D)可近似取自由弯曲力的 30%~80%。即：

$$F_D=(0.3\sim0.5)F_{自} \tag{1-45}$$

(4) 压力机公称压力的确定

自由弯曲时压力机的压力必须大于自由弯曲力；校正弯曲时压力机的压力必须大于自由弯曲力和校正弯曲力之和。但有时校正弯曲力比自由弯曲力大得多，故自由弯曲力可忽略不计。

三、弯曲模设计

(一) 弯曲模工序设计

安排确定弯曲件的工序时应综合考虑制件形状的复杂程度、技术条件、生产批量的大小和材料的力学性能等因素。合理的工序安排可以减少工序数量，简化模具的设计和制造，进而提高制件的质量和产量。

对于形状简单的 V 形、U 形、Z 形弯曲件，可以采取一道工序利用一次弯曲成形，如图 1-105 所示。

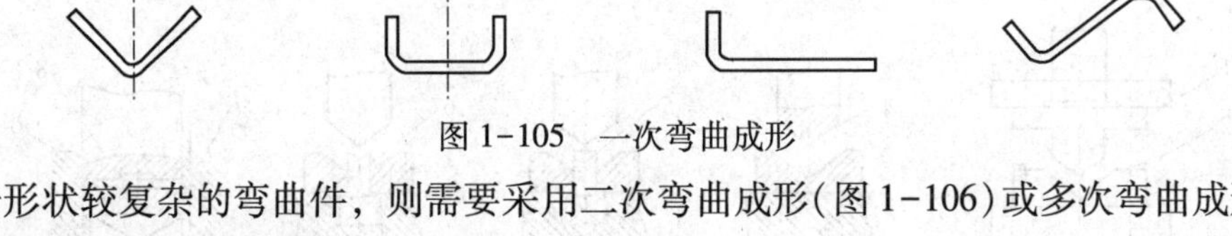

图 1-105 一次弯曲成形

对于形状较复杂的弯曲件，则需要采用二次弯曲成形(图 1-106)或多次弯曲成形，如图 1-107 所示为三次弯曲成形。

对于批量大尺寸较小的弯曲件，为了提高生产率，可以采取多工序连续成形，如图 1-108 所示。

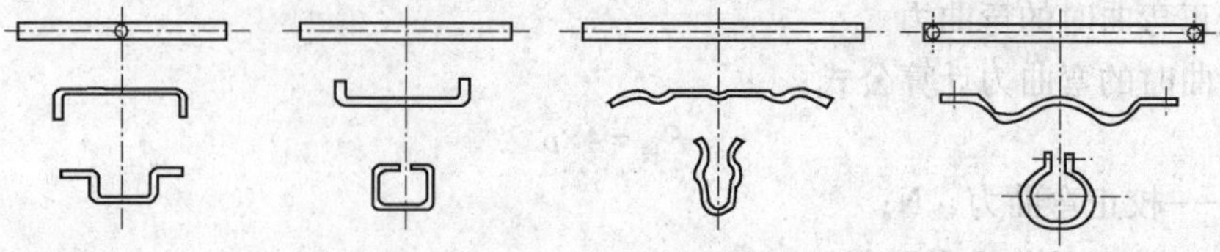

图 1-106　二次弯曲成形

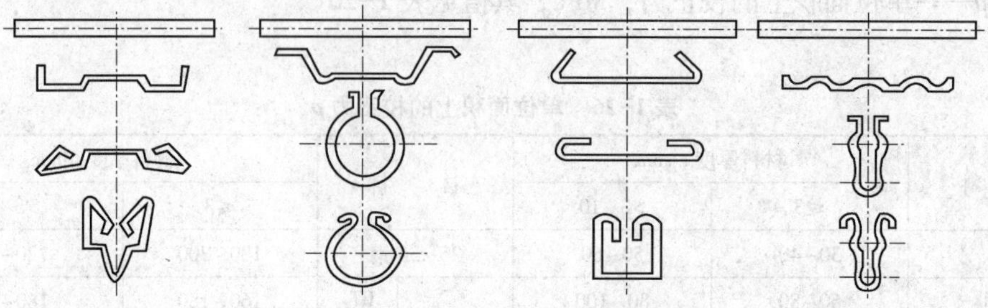

图 1-107　三次弯曲成形

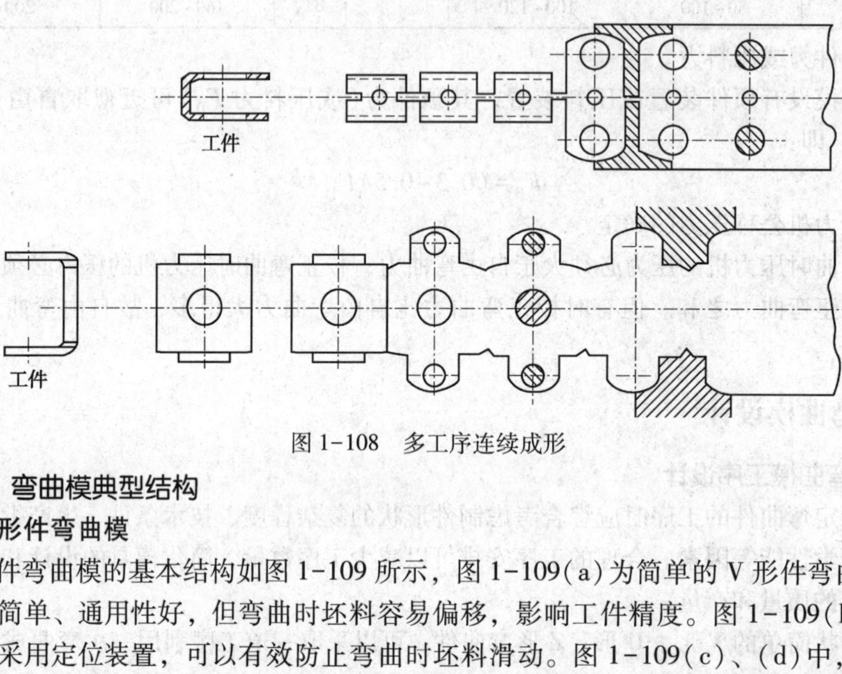

图 1-108　多工序连续成形

（二）弯曲模典型结构

1. V 形件弯曲模

V 形件弯曲模的基本结构如图 1-109 所示，图 1-109(a)为简单的 V 形件弯曲模，其特点是结构简单、通用性好，但弯曲时坯料容易偏移，影响工件精度。图 1-109(b)、(e)的模具结构采用定位装置，可以有效防止弯曲时坯料滑动。图 1-109(c)、(d)中，弹簧顶杆 5、6 是为了防止压弯时板料偏移而采用的压料装置。除了压料作用以外，它还起到了弯曲后顶出工件的作用。这种模具结构简单，对材料厚度公差的要求不高，在压力机上安装调试也较方便。而且工件在弯曲冲程终端得到校正，因此回弹较小，工件的平面度较好。

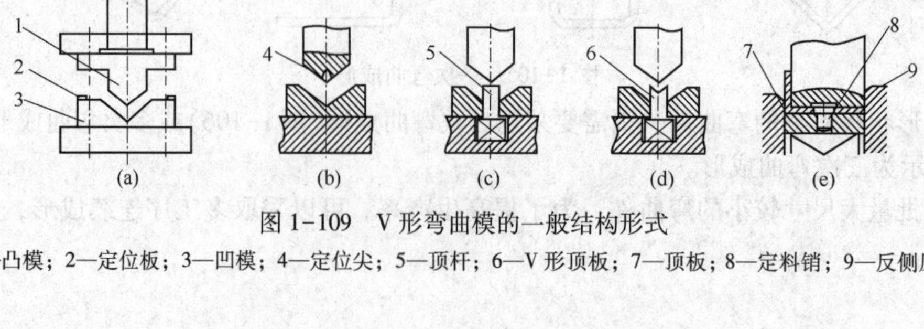

图 1-109　V 形弯曲模的一般结构形式

1—凸模；2—定位板；3—凹模；4—定位尖；5—顶杆；6—V 形顶板；7—顶板；8—定料销；9—反侧压块

V 形件弯曲模的装配总图如图 1-110 所示。

2. U 形件弯曲模

根据弯曲件的要求，常用的 U 形件弯曲模有图 1-111 几种结构形式：

图 1-111(a)所示为开底凹模，用于底部不要求平整的工件；

图 1-111(b)用于底部要求平整的弯曲件；

图 1-111(c)用于料厚公差较大而外侧尺寸要求较高的弯曲件，其凸模为活动结构，可随料厚自动调整凸模横向尺寸；

图 1-111(d)用于料厚公差较大而内侧尺寸要求较高的弯曲件，凹模两侧为活动结构，可随料厚自动调整；

图 1-111(e)所示为精弯模，两侧的凹模活动镶块用转轴分别与顶板铰接。弯曲前顶杆将顶板顶出凹模面，弯曲时工序件与凹模活动镶块一起运动，保证了两侧孔的同轴；

图 1-111(f)所示为弯曲件两侧壁厚变薄的弯曲模。

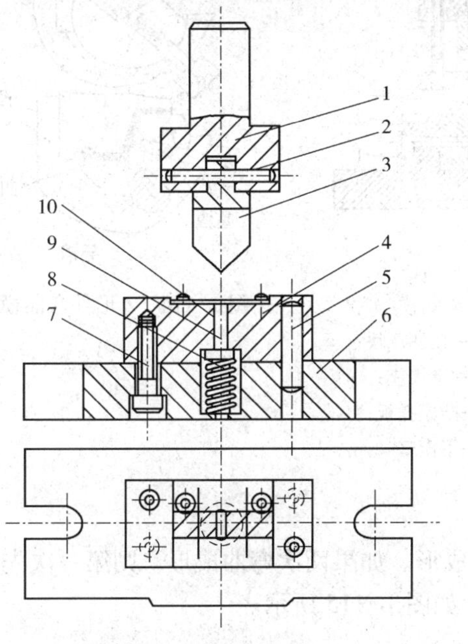

图 1-110　V 形件弯曲模

1—模柄；2—横销；3—弯曲凸模；4—弯曲凹模；5—销钉；6—下模座；7—螺钉；8—弹簧；9—顶杆；10—定位钉

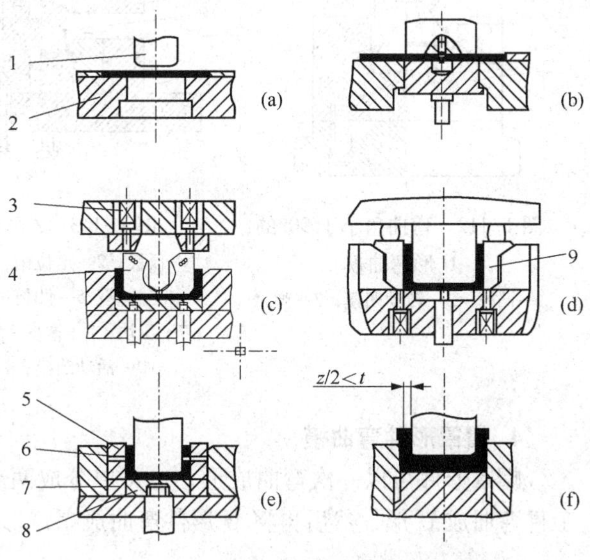

图 1-111　U 形件弯曲模

1—凸模；2—凹模；3—弹簧；4—凸模活动镶块；5—凹模活动镶块；6—定位销；7—转轴；8—顶板

图 1-112 是弯曲角小于 90°的 U 形弯曲模。压弯时凸模首先将坯料弯曲成 U 形，当凸模继续下压时，两侧的转动凹模使坯料最后压弯成弯曲角小于 90°的 U 形件。凸模上升，弹簧使转动凹模复位，工件则由垂直图面方向从凸模上卸下。

3. Z 形件弯曲模

Z 形件一次弯曲即可成形。图 1-113(a)结构简单，但由于没有压料装置，压弯时坯料容易滑动，只适用于要求不高的零件。

图 1-113(b)为有顶板和定位销的 Z 形件弯曲模，能有效防止坯料的偏移。反侧压块的作用是克服上、下模之间水平方向的错移力，同时也为顶板导向，防止其窜动。

图 1-113(c)所示的 Z 形件弯曲模，在冲压前活动凸模 10 在橡皮 8 的作用下与凸模 4 端面齐平。冲压时活动凸模与顶板 1 将坯料压紧，由于橡皮 8 产生的弹压力大于顶板 1 下方缓冲器所产生的弹顶力，推动顶板下移使坯料左端弯曲。当顶板接触下模座 11 后，橡皮 8 压缩，则凸模 4 相对于活动凸模 10 下移将坯料右端弯曲成形。当压块 7 与上模座 6 相碰时，整个工件得到校正。

如图 1-114 所示，采用转动凹模机构，毛坯由一边定位，凸模下压时凹模转动将毛坯转动成形。转动凹模靠重锤翻转复位，凹模转动导向依靠插入底座槽中的导正销来实现。

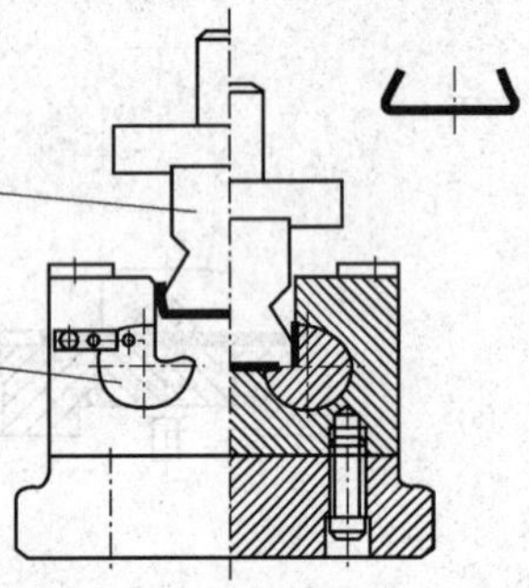

图 1-112　弯曲角小于 90°的 U 形弯曲模

1—凸模；2—转动凹模；3—弹簧

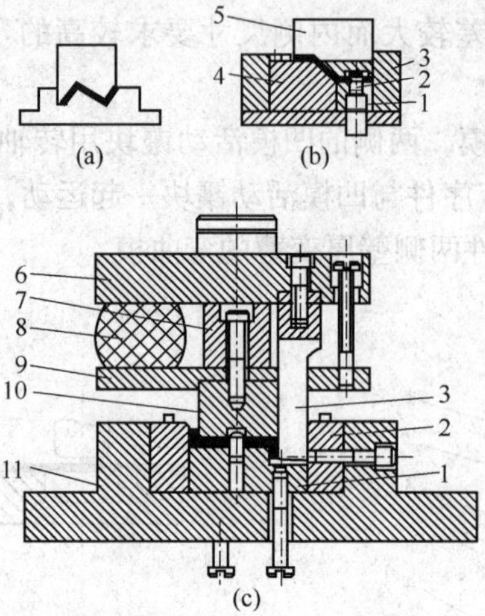

图 1-113　Z 形件弯曲模

1—顶板；2—定位销；3—反侧压块；4—凸模；5—凹模；6—上模座；7—压块；8—橡皮；9—凸模托板；10—活动凸模；11—下模座

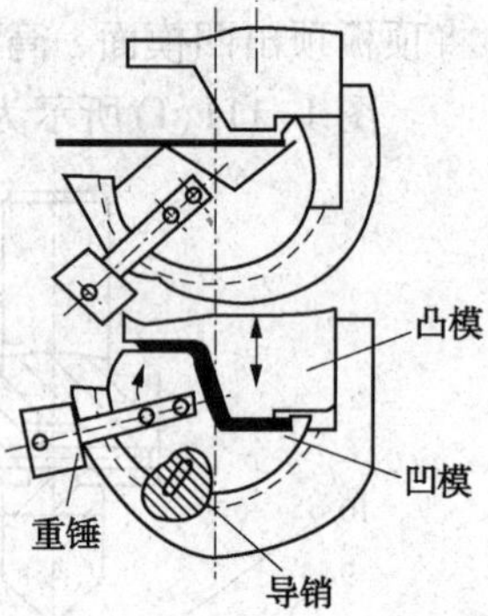

图 1-114　Z 形件弯曲模

4. 帽罩形件弯曲模

帽罩形件可以一次弯曲成形，也可以分成两次成形。如果两次弯曲成形，则第一次先将工件弯曲成 U 形，然后再将 U 形件弯曲成帽罩形，如图 1-115 所示。

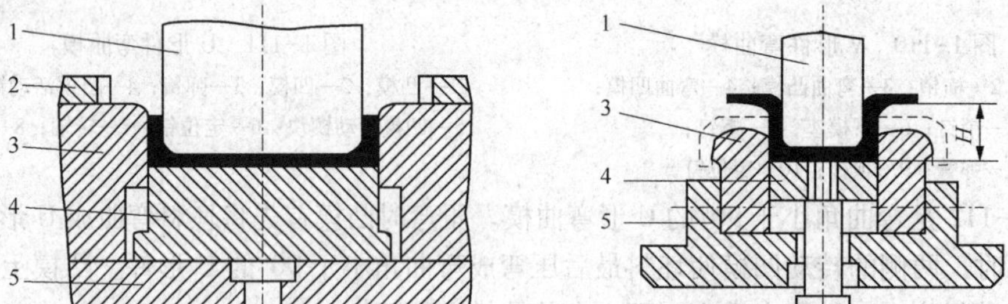

(a)第一次弯曲　　(b)第二次弯曲

图 1-115　帽罩形件二次弯曲成形模

1—凸模；2—定位板；3—凹模；4—顶板；5—下模形

帽罩形件一次弯曲成形模如图 1-116 所示，在弯曲过程中，由于外角的弯曲线的位置在弯曲过程中是变化的，因此材料在弯曲时有拉长现象，零件脱模后，其外角形状不准确，竖直边有变薄的现象。该模具只适用于工件弯曲高度不太高的场合。

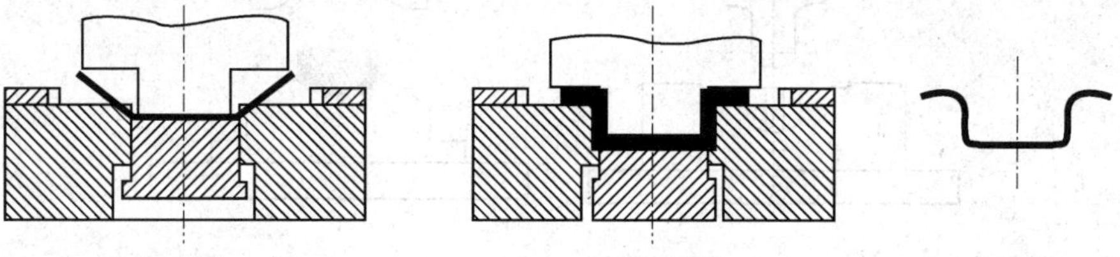

(a) 模具　　(b) 工作过程　　(c) 制件

图 1-116　低帽罩形件一次弯曲成形模

5. 圆形件弯曲模

圆形件的尺寸大小不同，其弯曲方法也不同，一般按直径分小圆和大圆两种。

(1) 直径 $d \geqslant 20$mm 的大圆形件

对于直径 $d \geqslant 20$mm 的大圆，用两道工序弯曲大圆的方法，先将坯料弯成波浪形，如图 1-117(a)所示，然后再用第二套模具弯成圆形，弯曲完毕后，工件顺凸模轴线方向取出工件，如图 1-117(b)所示。此外也可以用一道工序弯曲成形。

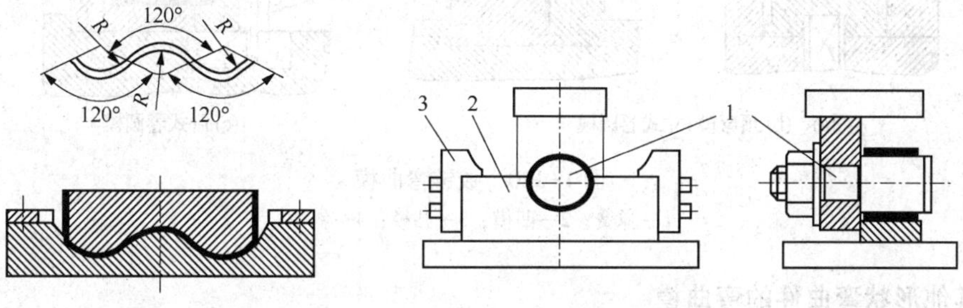

(a)　　(b)

图 1-117　大圆两次弯曲模

1—凸模；2—凹模；3—定位板

图 1-118 是带摆动凹模的一次弯曲成形模，凸模下行先将坯料压成 U 形，凸模继续下行，摆动凹模将 U 形弯成圆形，弯曲成形后，工件顺凸模轴线方向推开支撑取下。这种模具生产率较高，缺点是弯曲件上部得不到校正，回弹较大。

(2) 直径 $d \leqslant 5$mm 的小圆形件

对于直径 $d \leqslant 5$mm 的小圆形件，一般先将坯料弯成 U 形，然后再弯成圆形。图 1-119 所示为用两套简单模弯圆的方法。由于工件小，分两次弯曲操作不便，可将两道工序合并。

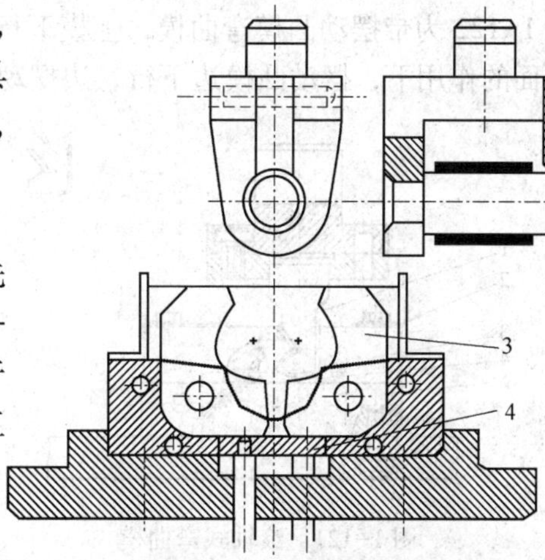

图 1-118　大圆一次弯曲成形模

1—支撑；2—凸模；3—摆动凹模；4—顶板

6. 铰链弯曲

铰链成形时通常需要先将毛坯头部预弯然后再卷圆。其中预弯模如图 1-120(a)所示，卷

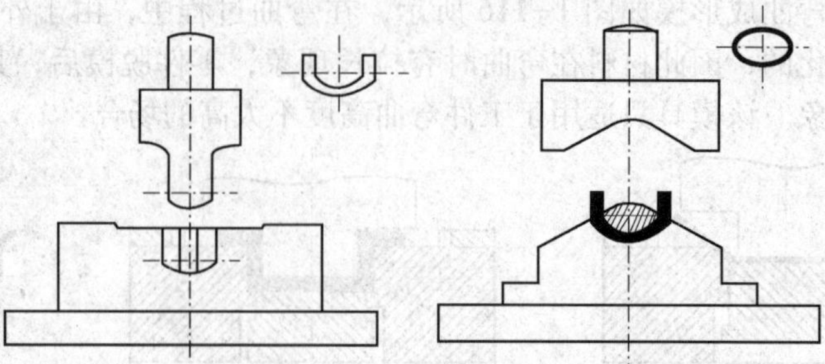

图 1-119　小圆弯曲模

圆模如图 1-120(b)、(c)所示。图 1-120(b)结构简单，模具制造容易；图 1-120(c)利用斜楔对凹模作用，在水平方向进行卷圆，有压料装置，其结构较为复杂，但制件质量较好。

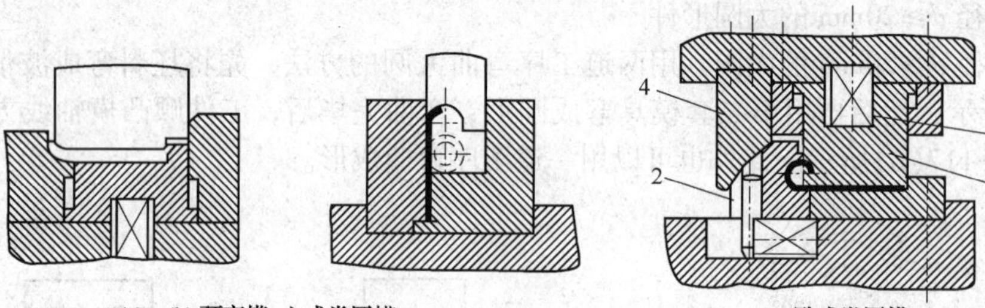

(a)、(b) 预弯模+立式卷圆模　　(c) 卧式卷圆模

图 1-120　铰链弯曲模

1—弹簧；2—凹模；3—凸模；4—斜楔

7. 其他形状弯曲件的弯曲模

对于其他形状弯曲件，由于产品形状不同，其工序安排和模具设计只能根据弯曲件的形状等特点以及尺寸、精度要求，材料的性能以及生产批量等来考虑。

图 1-121 为滚轴式弯曲模，上模下行，先将工件弯曲成 U 形件，上模继续下行，当工件接触到滚轴以后，滚轴旋转，在与上模共同作用下，将工件弯曲成形。

图 1-122 为带摆动凸模弯曲模，上模下行时压料装置 2 将坯料压紧，上模继续下行，在凹模斜面的作用下，摆动凸模边下行，边摆动角度，最后将工件弯曲成形。

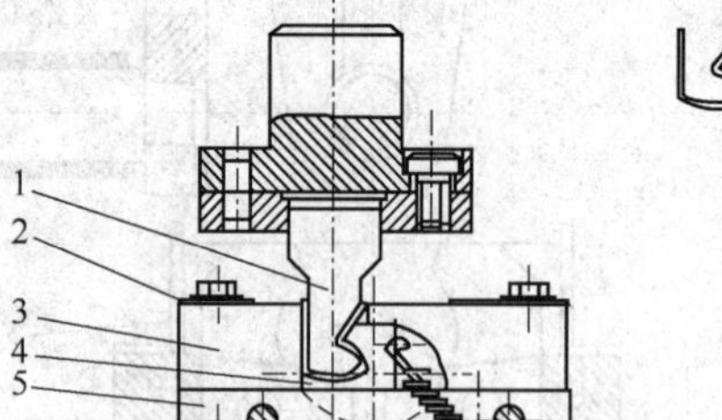

图 1-121　滚轴式弯曲模

1—凸模；2—定位板；3—凹模；4—滚轴；5—挡板

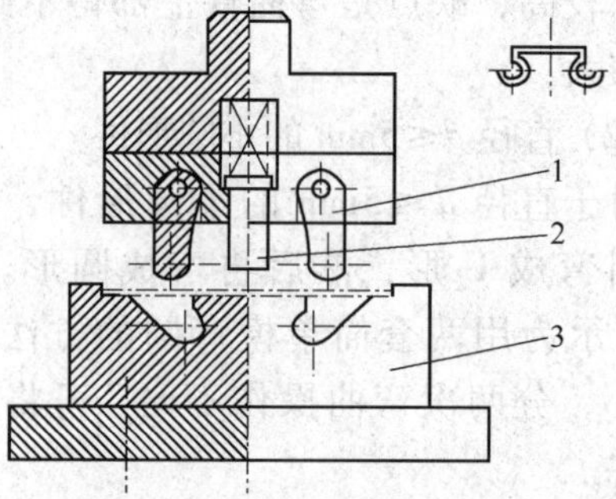

图 1-122　带摆动凸模弯曲模

1—摆动凸模；2—压料装置；3—凹模

8. 通用弯曲模

如果产品的产量较小或在产品开发阶段验证产品，通常是采用简易模或通用弯曲模，依次来降低生产成本或产品开发成本。简易模或通用弯曲模适应性强，成本低，具有较大的灵活性，不仅可以制造一般的 V 形、U 形零件，还可以制造精度要求不高的复杂形状的零件，常见的通用弯曲模如图 1-123 所示。

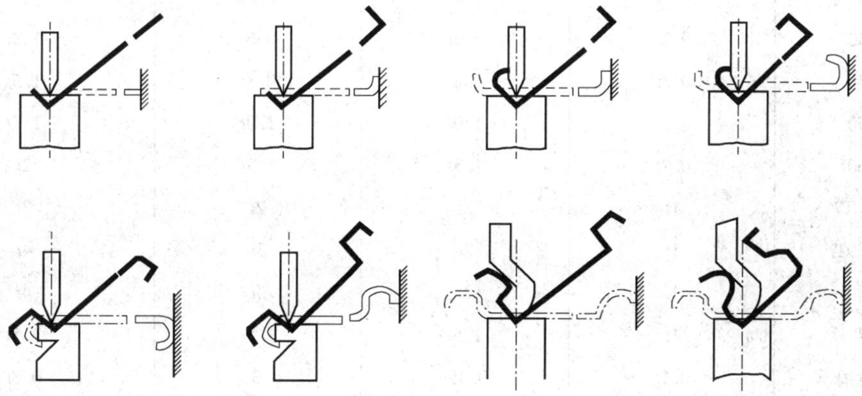

图 1-123 多次 V 形弯曲模

9. 复合弯曲模

复合模即在压力机的一个行程内，能完成两种或两种以上不同工序的模具。图 1-124 所示为冲孔、切断、弯曲连续模，用来成形侧壁带孔的双角弯曲件。条料以导尺导料并从卸料板下面送至挡块右侧定位。上模下压，条料首先被剪断并将被剪断的毛坯弯曲成型，与此同时冲孔凸模在条料上冲出一个孔；上模回程时，卸料板卸下条料，顶件销在弹簧的作用下推出工件。

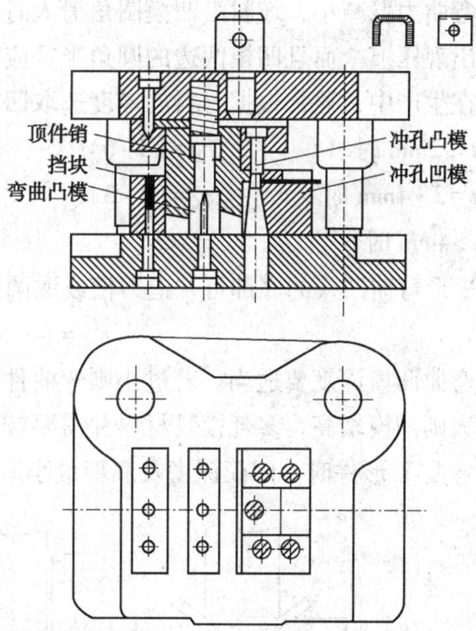

图 1-124 冲孔、切断、弯曲连续模

（三）弯曲模工作部分尺寸的设计与计算

1. 凸模圆角半径

当工件的相对弯曲半径 R/t 较小时，凸模圆角半径等于工件的弯曲半径 R，但不应小于表 1-27 所列的最小弯曲半径值 R_{min}。若 R/t 小于最小相对弯曲半径，则可以先弯成较大的圆角半径，然后再采用整形工序进行整形。

当弯曲件的相对弯曲半径 R/t 较大时（$R/t>10$），则凸模圆角半径应根据回弹加以修正。

表 1-27　板料最小弯曲半径

材料	退火或正火		冷作硬化	
	弯曲线位置			
	垂直于纤维	平行于纤维	垂直于纤维	平行于纤维
08、10	$0.1t$	$0.4t$	$0.4t$	$0.8t$
15、20	$0.1t$	$0.5t$	$0.5t$	$1t$
25、30	$0.2t$	$0.6t$	$0.6t$	$1.2t$
35、40	$0.3t$	$0.8t$	$0.8t$	$1.5t$
45、50	$0.5t$	$1.0t$	$1.0t$	$1.7t$
55、60	$0.7t$	$1.3t$	$1.3t$	$2t$
65Mn、T7	$1t$	$2t$	$2t$	$3t$
1Cr18Ni9Ti	$1t$	$2t$	$3t$	$4t$
软铝	$1t$	$2t$	$3t$	$4t$
硬铝	$1t$	$1.5t$	$1.5t$	$2.5t$
半硬黄铜	$0.1t$	$0.35t$	$0.35t$	$0.8t$
软黄铜	$0.1t$	$0.35t$	$1t$	$2t$
紫铜	$0.1t$	$0.35t$	$1t$	$2t$

2. 凹模圆角半径及凹模深度

凹模圆角半径的大小对弯曲力以及弯曲件的质量均有影响，过小的凹模圆角半径会使弯矩的弯曲力臂减小，坯料沿凹模圆角滑入时的阻力增大，弯曲力增加，并易使工件表面擦伤甚至出现压痕。而且凹模两边的圆角半径应一致，否则在弯曲时坯料会发生偏移。

在生产中，通常根据材料的厚度选取凹模圆角半径：

$t \leqslant 2$mm 时　　$r_A=(3\sim6)t$

$t=2\sim4$mm 时　　$r_A=(2\sim3)t$

$t>4$mm 时　　$r_A=2t$

V 形弯曲凹模的底部可开退刀槽或取圆角半径 r'_A：

$$r'_A=(0.6\sim0.8)(r_T+t) \tag{1-46}$$

弯曲凹模深度要适当。若过小则弯曲件两端自由部分太长，工件回弹大，不平直；若深度过大则凹模增高，多耗模具材料并需要较大的压力机工作行程。

弯曲 V 形件时，凹模深度及底部最小厚度如图 1-125(a)所示，可查表 1-28。

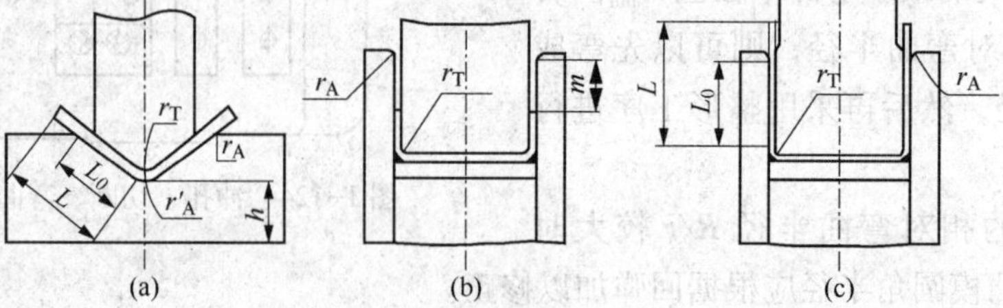

图 1-125　弯曲模的结构尺寸

表 1-28 弯曲 V 形件的凹模深度 L_0 及底部最小厚度值 mm

弯曲件边长 L/mm	材料厚度 t/mm					
	≤2		2~4		>4	
	h	L_0	h	L_0	h	L_0
>10~25	20	10~15	22	15	—	—
>25~50	22	15~20	27	25	32	30
>50~75	27	20~25	32	30	37	35
>75~100	32	25~30	37	35	42	40
>100~150	37	30~35	42	40	47	50

弯曲 U 形件时，若弯边高度不大，或要求两边平直，则凹模深度应大于零件高度，如图 1-125(b)所示，图中 m 值见表 1-29。而对平直度要求不高时，可采用图 1-125(c)所示凹模形式。凹模深度 L_0 值见表 1-30。

表 1-29 弯曲 U 形件凹模的 m 值 mm

材料厚度 t/mm	≤1	1~2	2~3	3~4	4~5	5~6	6~7	7~8	8~10
m	3	4	5	6	8	10	15	20	25

表 1-30 弯曲 U 形件的凹模深度 L_0 mm

弯曲件边长 L/mm	材料厚度 t/mm				
	<1	>1~2	>2~4	>4~6	>6~10
≥50	15	20	25	30	35
>50~75	20	25	30	35	40
>75~100	25	30	35	40	45
>1001~50	30	35	40	45	50
>150~200	40	45	55	65	65

3. 凸、凹模间隙

V 形弯曲模的凸、凹模间隙是靠调整压机的闭合高度来控制的，设计时可以不考虑。

对于 U 形件的弯曲，则必须选择适当的间隙，间隙的大小对零件的质量和弯曲力都有很大的影响。间隙越小，则弯曲力越大；间隙过小，会使零件边部壁厚减薄，降低模具寿命。间隙过大，则回弹大，降低工件的精度。U 形件弯曲模的凸、凹模单边间隙一般可按下式计算：

$$Z/2=t_{max}+Ct=t+\Delta+Ct \tag{1-47}$$

式中 $Z/2$——弯曲模凸、凹模单边间隙；

t——工件材料厚度；

Δ——材料厚度正偏差；

C——间隙系数，可查表 1-31。

当工件精度要求较高时，其间隙值应适当缩小，取 $Z/2=t$。

表 1-31　U 形件弯曲模凸、凹模的间隙系数 C 值

弯曲件高度 H/mm	弯曲件宽度 $b\leqslant 2H$				弯曲件宽度 $b>2H$			
	材料厚度 t/mm							
	<0.5	0.6~2	2.1~4	4.1~5	<0.5	0.6~2	2.1~4	4.1~7.5
10	0.05	0.05	0.04	—	0.10	0.10	0.08	—
20	0.05	0.05	0.04	0.03	0.10	0.10	0.08	0.06
35	0.07	0.05	0.04	0.03	0.15	0.10	0.08	0.06
50	0.10	0.07	0.05	0.04	0.20	0.15	0.10	0.06
70	0.10	0.07	0.05	0.05	0.20	0.15	0.10	0.10
100	—	0.07	0.05	0.05	—	0.15	0.10	0.10
150	—	0.10	0.07	0.05	—	0.20	0.15	0.10
200	—	0.10	0.07	0.07	—	0.20	0.15	0.15

4. 凸模和凹模的宽度尺寸计算

弯曲模凸、凹模宽度尺寸的计算与工件尺寸的标注有关。

① 工件标注外形尺寸时，应以凹模为基准件，间隙取在凸模上。见图 1-126(e)。工件为双向偏差[图 1-126(a)]，凹模尺寸：

$$L_A=(L_{max}-0.5\Delta)_{0}^{+\delta_A} \tag{1-48}$$

工件为单向偏差[图 1-126(b)]，凹模尺寸：

$$L_A=(L_{max}-0.75\Delta)_{0}^{+\delta_A} \tag{1-49}$$

凸模尺寸：

$$L_T=(L_A-Z)_{\delta_T}^{0} \tag{1-50}$$

② 工件标注内形尺寸时，应以凸模为基准件，间隙取在凹模上。

工件为双向偏差[图 1-126(c)]，凸模尺寸：

$$L_T=(L_{min}+0.5\Delta)_{-\delta_T}^{0} \tag{1-51}$$

工件为单向偏差[图 1-126(d)]，凸模尺寸：

$$L_T=(L_{min}+0.75\Delta)_{-\delta_T}^{0} \tag{1-52}$$

凹模尺寸：

$$L_A=(L_T+Z)_{0}^{+\delta_A} \tag{1-53}$$

式中　L_A、L_A——凸、凹模的宽度尺寸；

L_{max}——弯曲件宽度的最大尺寸；

L_{min}——弯曲件宽度的最小尺寸；

Δ——弯曲件宽度的尺寸公差；

δ_T、δ_A——凸、凹模的制造公差，可采用 IT7~IT9 级精度，一般取凸模的精度比凹模精度高一级。

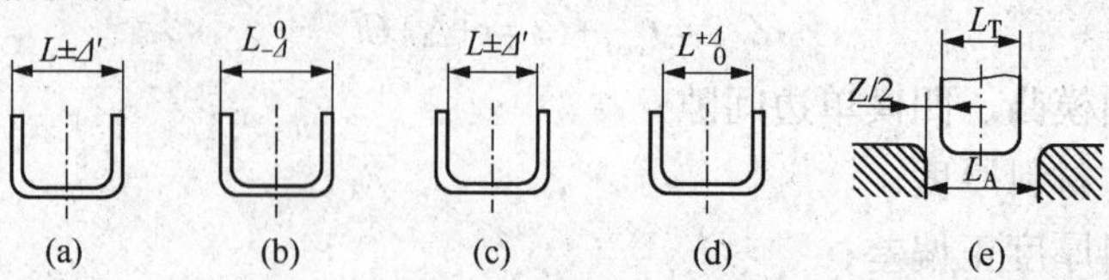

图 1-126　弯曲件的标注及模具尺寸

思考题

1. 说明弯曲的变形特点。
2. 何谓弯曲回弹？说明其产生原因并指出预防与减轻措施。
3. 简述影响弯曲件工艺性的因素及考虑措施。
4. 说明常见弯曲模结构及设计思路。

项目三 弯曲模设计(实践单元)

知识要点

- 弯曲模设计要点；
- 弯曲模设计程序与步骤；
- 弯曲件设计实例。

学习要求

- 通过弯曲模实例初步掌握弯曲工艺规律与设计思路。

一、弯曲模设计要点

弯曲模与一般冲裁模的结构基本相似，它由凸模、凹模、定位元件、卸料件、导向件以及紧固件等组成，但其结构上有特殊之处：如凸、凹模工作部分一般都有圆角，凸、凹模有时需要有摆动或转动动作等。所以，弯曲模的结构设计应在确定了弯曲件的工艺安排的基础上进行，并且应保证达到弯曲件的技术要求，具体应考虑如下要点：

① 模具结构应保证毛坯在弯曲的过程中不发生偏移及滑动，可以采取以下措施：

(a) 弯曲前坯料应有一部分处于弹性压紧状态，然后再弯曲；

(b) 尽量采用毛坯上的孔定位等。

如图 1-127(a)所示是利用制件外形初定位，然后利用导正销进行精确定位。

图 1-127(b)所示是利用制件外形定位困难或板料太薄，因此将定位销装在顶料板上，此时模具从结构上应保证凹模与定位板不会有左右以及上下方向的移动。

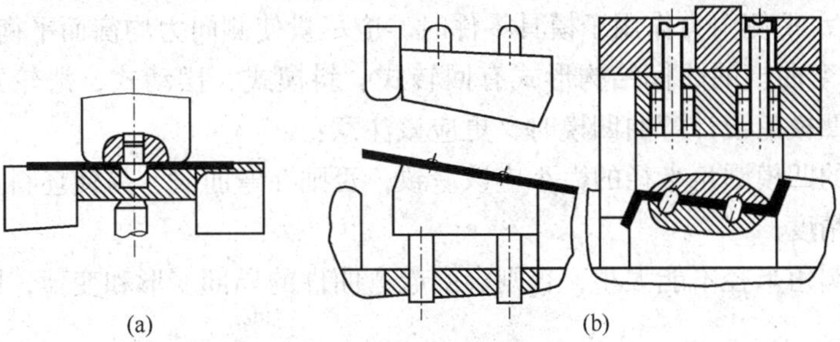

图 1-127 弯曲件定位

还可以采用如图 1-128 所示的压料装置。其中压料装置既可以顶件又可以压紧坯料，因此制件的尺寸较为准确并且边缘及底部均可以保持平整。

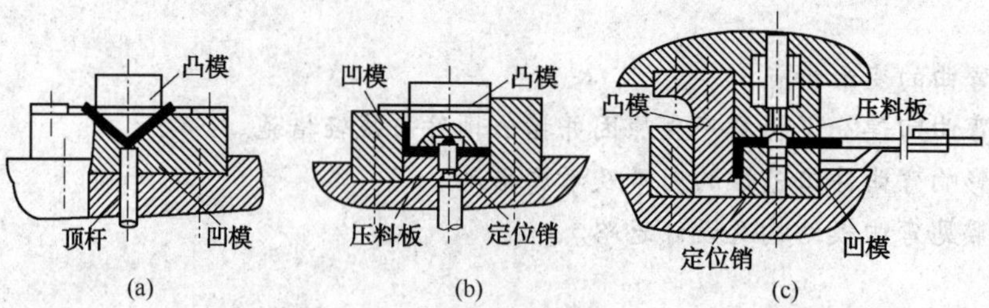

图 1-128　压料装置

② 模具结构应不妨碍或阻止毛坯在和模具工作过程中的转动或移动，但应保证制件仅在零件确定的弯曲线位置上进行弯曲。如图 1-129 所示对坯料进行的四角弯曲模，在合模时内角 A 在确定的弯曲线位置上弯曲，但外角的弯曲线位置并不固定，先是在 B 点，最后到 C 点，因此制件的外角形状不准；并且由于直壁部分在弯曲过程中受拉伸，因此直壁部分会有变薄现象产生。

图 1-130 所示模具结构可以保证内外角弯曲折线的位置在弯曲过程中不变，因而能满足制件的技术要求。

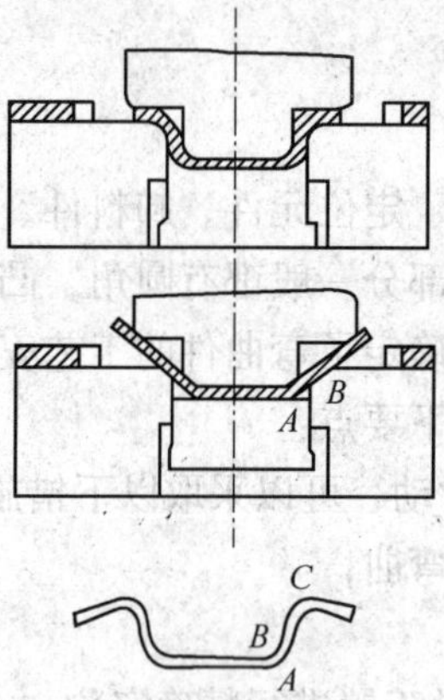

图 1-129　不合理的四角弯曲模

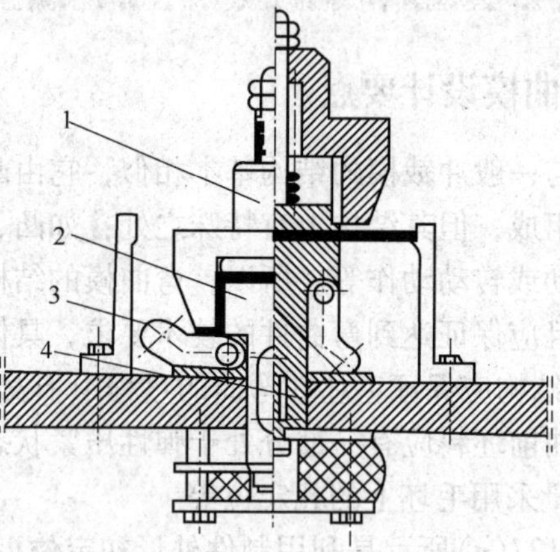

图 1-130　带摆动装置的四角弯曲模

1—凹模；2—凸模；3—摆块；4—垫板

③ 有较大的水平侧向力作用于模具零件时，应尽量使侧向力均衡而平衡掉。

④ 由于常用弯曲模的凹模结构形式有回转式、斜楔式、摆动式、滑轮式、可换式、折板式等六种弯曲凹模，设计弯曲凹模时，更应该注意：

（a）弯曲模的凹模圆角半径的大小应该一致，否则在弯曲时容易使坯料产生滑动，从而影响工件的尺寸精度；

（b）凹模的圆角半径不能太小，否则会引起弯曲件的局部变形和变薄，影响工件的表面质量。

⑤ 注意防止弯曲过程中工件变形，如：

（a）多角弯曲时，模具设计要尽量使各个弯角的变形不在同时进行；

（b）模具设计时，应能保证模具弯曲到下死点时，能对坯料有校正的作用，即实现校正弯曲；

(c) 模具结构设计应充分考虑到消除回弹的影响。

⑥ 对于形状复杂的弯曲件需要多方向进行弯曲时，应把弯曲动作分解，并选择合适的机构来实现分解的弯曲动作。

⑦ 尽量使弯曲件弯曲后取件安全、方便。

⑧ 模具应该有足够的刚性，并以合理的模具结构保证工件变形，是提高模具耐用度的重要环节。

二、弯曲模设计程序与步骤

① 弯曲模的结构形式选择及材料分析　如果弯曲件的材料具有足够的塑性，屈强比小，屈服点和弹性模量的比值小，则有利于弯曲成形和工件质量的提高，所以要进行必要的材料分析。

弯曲模和冲裁模不同，弯曲模应根据弯曲模的弯曲形状确定其结构形式，主要有水平、竖直方向弯曲模和螺旋方向弯曲模三种结构形式，在设计时，应根据弯曲件的形状和尺寸精度及质量要求来决定采用哪种弯曲模结构形式合适，必要时要通过结构草图进行比较和分析，最后选用一种比较合理的结构形式。

② 坯料制备及工序安排　在设计弯曲模时，首先考虑到弯曲模批件应是弯曲工序的弯曲线与材料纤维方向垂直或成一定的夹角。并且弯曲时应使坯料的冲裁断裂带处于弯曲件的内侧。在安排工序时，一般先弯外端弯角，后弯曲内角，且前次弯曲必须为后此弯曲有合适的定位基准，后次弯曲不应损伤前次弯曲的精度。

③ 弯曲件的尺寸计算　根据上述要求，要对弯曲件进行计算，确定坯料的形状尺寸，以便进行落料模设计，进行弯曲坯料准备。

④ 弯曲模主要工作零件设计　设计凸、凹模，凸模和凹模时弯曲模的主要工作零件，因此，应对其形状、尺寸及间隙进行合理准确的计算和确定。

⑤ 选准定位形状，设计定位零件。

⑥ 确定取件及卸件装置。

⑦ 计算弯曲力，选择压力机的吨位。

⑧ 画出装配图，并核对零部件图的合理性等。

三、弯曲模设计实例

(一) 托架弯曲模设计(主要是工艺计算)

1. 任务描述

根据图 1-131 所示工件托架零件图，进行工艺设计、分析及弯曲模尺寸设计计算。

2. 任务实施

生产批量：2 万件/年；

材料：08F 冷轧钢板；

板厚：$t=1.5$mm。

(1) 零件工艺设计

1) 零件工艺分析

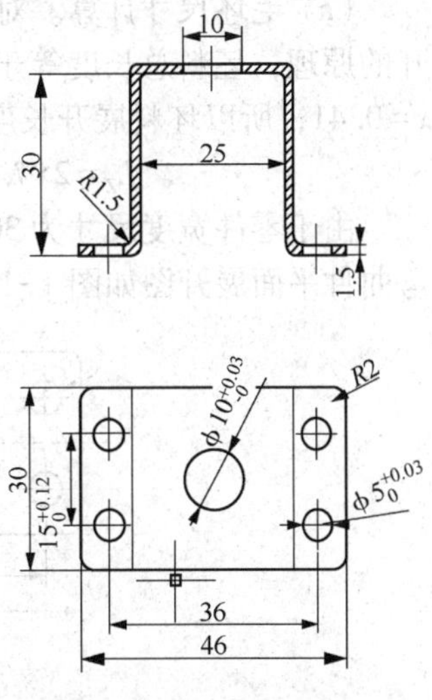

图 1-131　托架尺寸

其工艺分析内容如下：

① 材料分析　08 冷轧钢含碳量低，强度低，塑性好，具有良好的冲压弯曲成型性能。

② 结构分析　零件结构简单，左右对称，对弯曲成性较为有利。可查得此材料所允许的最小弯曲半径 $r_{min}=0.4t=0.6mm$，而零件弯曲半径 $r=1.5mm>0.6mm$，故不会弯裂。另外，零件上的孔位于变形区之外和弯曲件中心区域，所以弯曲时孔不会变形，所以可以先冲孔后弯曲。计算零件相对弯曲半径 $r/t=1.5/1.5=1<1.5$，卸载后弯曲件圆角半径的变化可以不予考虑，而弯曲中心角发生了变化，采用较正弯曲来控制角度回弹。

③ 精度分析　零件上有 3 个尺寸公差要求，由公差表差得其公差等级要求属于 IT9，其余为未标注公差尺寸也均按 IT14 选取。所以普通弯曲和冲裁即可满足零件的精度要求。

④ 由以上分析可知，该零件冲压工艺性良好，可以冲裁和弯曲。

2）工艺方案的确定

零件为 U 形四直角弯曲件，该零件的生产包括冲孔、落料和弯曲三个基本工序，可有以下三种工艺方案：

方案一：先落料，后冲孔，再弯曲，然后再冲孔，采用四套单工序模生产。

此方案模具结构简单，需要四道工序、四套模具，生产效率较低。

方案二：先落料-冲孔复合冲压，后弯曲，再冲孔，采用复合模和单工序弯曲模生产，简单冲孔模。

此方案需三副模具，采用复合模生产只冲裁中心 $\phi10$ 孔，弯曲后再冲裁 $4\times\phi5$ 孔，并且用复合模生产的冲压件形位精度和尺寸精度易保证，生产效率较高。宜采用复合冲压工序。

方案三：先冲孔-落料连续冲压，后弯曲，再冲孔，采用级进模和单工序弯曲模生产。

此方案需两副模具，生产效率高，但零件的冲压精度稍差。其模具制造、安装较复合模略复杂。但弯曲时由于孔边与直壁的距离不满足 $L\geqslant R+0.5t$，所以零件受冲孔凸模水平推力会折断。

通过以上述三种方案的综合分析比较，该件的冲压生产采用方案二为佳。

3）零件工艺计算

① 弯曲工艺计算：

（a）毛坯尺寸计算。对于 $r>0.4t$ 有圆角半径的弯曲件，由于变薄不严重，按中性层展开的原理，坯料总长度等于弯曲件直线部分和圆弧部分长度之和，可查得中性层位移系数 $x=0.41$，所以坯料展开长度为：

$$L_Z=2\times7.5+2\times25.5+22+2\pi(1.5+0.41\times1.5)\approx101.4mm$$

由于零件宽度尺寸为 30mm，故毛坯尺寸应为 101.4mm×30mm，两孔中心距为 91.4mm。弯曲件平面展开图如图 1-132 所示。

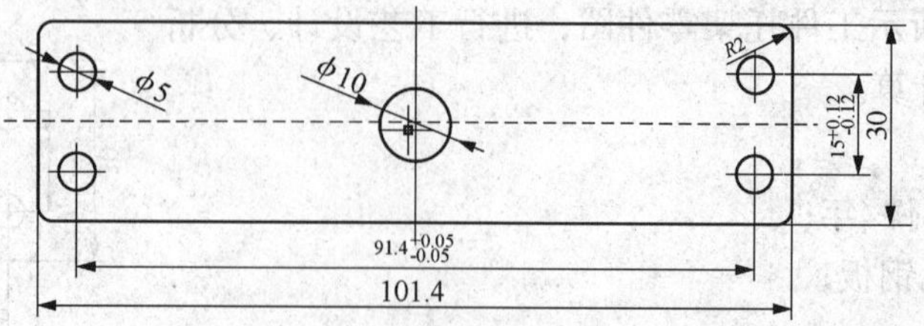

图 1-132　弯曲件平面展开图

(b) 弯曲力计算。弯曲力是设计弯曲模和选择压力机的重要依据。该零件是校正弯曲，校正弯曲时的弯曲力 $F_{校}$ 和顶件力 F_D 为：

$$F_{校}=Ap=28\times30\times80\text{N}\approx67.2\text{kN}$$

$$F_D=(0.3\sim0.8)F_{自}=0.5\times(0.7\times Kbt^2\sigma_b)/(r+t)$$

$$=0.5\times(0.7\times1.33\times1.5^2\times400)/(1.5+1.5)\approx4.1\text{kN}$$

$F_{自}$——冲压行程结束时的自由弯曲力。

对于校正弯曲，由于校正弯曲力比顶件力大得多，故一般 F_D 可以忽略，即：

$$F_{压力机}\geqslant F_{校}$$

生产中为安全起见，取

$$F_{压力机}\geqslant1.8F_{校}=1.8\times67.2\text{kN}=120.96\text{kN}\approx121\text{kN},$$

根据压弯力大小，初选设备为 JH23-16。

② 冲孔落料连续模工艺计算：

(a) 刃口尺寸计算　该零件属于一般冲孔-落料件。根据零件形状特点，冲裁模的凸、凹模采用分开加工方法制造。尺寸 30mm、R2mm，101.4mm 由落料获得，$\phi10_0^{+0.03}$mm、4×$\phi5_0^{+0.03}$mm、$15_0^{+0.12}$mm、36mm 由冲孔同时获得。

查出凸、凹模最小间隙 $Z_{min}=0.132$mm，最大间隙 $Z_{max}=0.240$mm。所以 $Z_{max}-Z_{min}=(0.240-0132)\text{mm}=0.108\text{mm}$。

ⓐ落料件尺寸的基本计算公式为

$$D_A=(D_{max}-X\Delta)_0^{+\delta A}$$

$$D_T=(D_A-Z_{min})_{-\delta T}^{0}$$

凸模制造公差 $\delta T=0.0432$mm，凹模制造公差 $\delta A=0.0648$mm。将以上各值代入 $\delta T-\delta A\leqslant Z_{max}-Z_{min}$。检验不等式成立，其中磨损系数取 1。

$30\sim30_{-0084}^{0}$　　$D_{A1}=(30-1\times0.084)_0^{+0.036}\text{mm}\approx29.916_0^{+0.036}\text{mm}$

$D_{T1}=(29.916-0.17)_{-0.024}^{0}\text{mm}\approx29.746_{-0.024}^{0}\text{mm}$

$R2\sim R2_{-0.04}^{0}$　　$D_{A2}=(2-1\times0.04)_0^{+0.036}\text{mm}\approx1.96_0^{+0.036}\text{mm}$

$D_{T2}=(1.96-0.17)_{-0.024}^{0}\text{mm}\approx1.76_{-0.024}^{0}\text{mm}$

$101.4\sim101.4_{-0.14}^{0}$　　$D_{A31}=(101.4-1\times0.14)_0^{+0.036}\text{mm}\approx101.26_0^{+0.036}\text{mm}$

$D_{T3}=(101.26-0.17)_{-0.024}^{0}\text{mm}\approx101.09_{-0.024}^{0}\text{mm}$

ⓑ 冲孔基本计算公式为

$$d_T=(d_{min}+X\Delta)_{-\delta T}^{0}$$

$$d_A=(d_T+Z_{min})_0^{+\delta A}$$

凸模制造公差 $\delta T=0.0432$mm，凹模制造公差 $\delta A=0.0648$mm。

将以上各值代入 $\delta T-\delta A\leqslant Z_{max}-Z_{min}$。检验不等式成立，磨损系数取 1。

$\phi10_0^{+0.03}$　　$d_{T1}=(10+1\times0.03)_{-0.024}^{0}\text{mm}\approx10.03_{-0.024}^{0}\text{mm}$

$d_{A1}=(10.03+0.17)_0^{+0.036}\text{mm}\approx10.2_0^{+0.036}\text{mm}$

$4\times\phi5_0^{+0.03}$　　$d_{T2}=(5+1\times0.03)_{-0.024}^{0}\text{mm}\approx5.03_{-0.024}^{0}\text{mm}$

$d_{A2}=(5.03+0.17)_0^{+0.036}\text{mm}\approx5.22_0^{+0.036}\text{mm}$

ⓒ 孔心距计算公式为

$$L'_A = L \pm \Delta/8$$

(15 ± 0.12) mm、(36 ± 0.18) mm、(91.4 ± 0.435) mm。因为四个孔两两对称并且同时冲出，所以凹模型孔中心距为

$L_1 = (15\pm0.12/4)\,\text{mm} = (15\pm0.03)\,\text{mm}$

$L_2 = (36\pm0.18/4)\,\text{mm} = (36\pm0.045)\,\text{mm}$

$L_3 = (91.4\pm0.435/8)\,\text{mm} = (91.4\pm0.054)\,\text{mm}$

4）排样方式

分析零件形状应采用单直排的排样方式，零件可能的排样方式有如图所示两种。

① 横排　横排方式如图 1-133 所示。经查的零件之间的搭边值 $a_1 = 1.5$mm，零件与条料侧边之间的搭边值 $a = 1.8$mm。

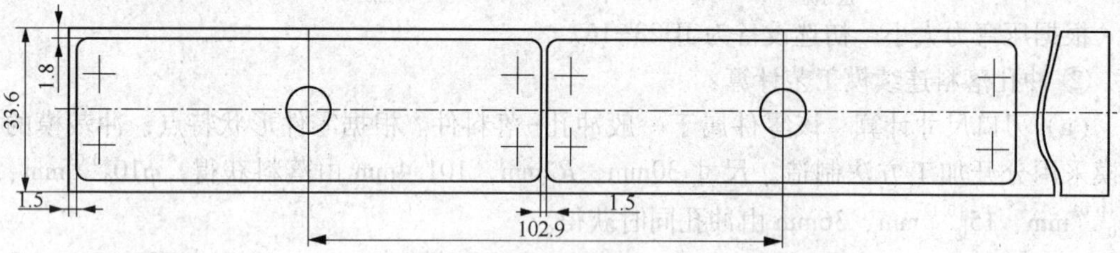

图 1-133　横排排样方式

② 纵排　纵排方式如图 1-134 所示。经查得零件之间的搭边值 $a_1 = 1.8$mm，零件与条料侧边之间的搭边值 $a = 2$mm。

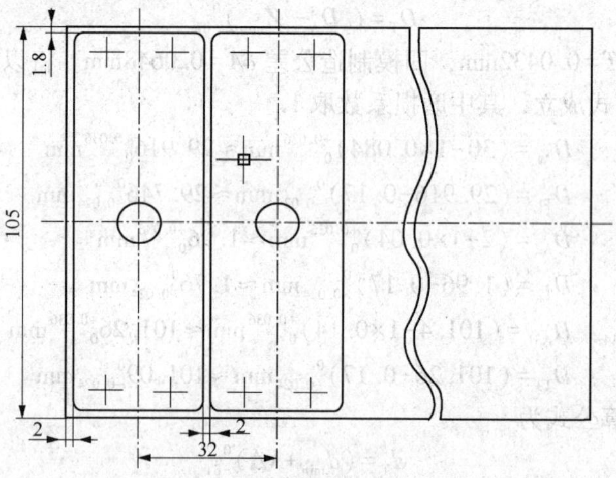

图 1-134　纵排排样方式

比较两种方案如图 1-133 横排方案是少废料排样，显然材料利用率高但条料宽度过窄，剪板时易造成条料变形和卷曲，影响条料的定位误差，工件精度不易保证。所以应采用图 1-134纵排方案。现选用规格为 1.5mm×1000mm×1500mm 的钢板，则需计算采用不同的裁剪方式时，每张板料能出的零件总个数。

b_1：裁成宽 105mm，长 1500mm 的条料，则一张板料能出的零件总个数为

$$(1000/105)\times(1500/32)\approx 9\times 46 = 414$$

b_2：裁成宽105mm，长1000mm的条料，则一张板料能出的零件总个数为

$$(1500/105)\times(1000/32)\approx 14\times 31=434$$

比较以上两种方法，应采用b_2的裁剪方案，可以得到更多的零件个数。最后排样图如图1-135所示。

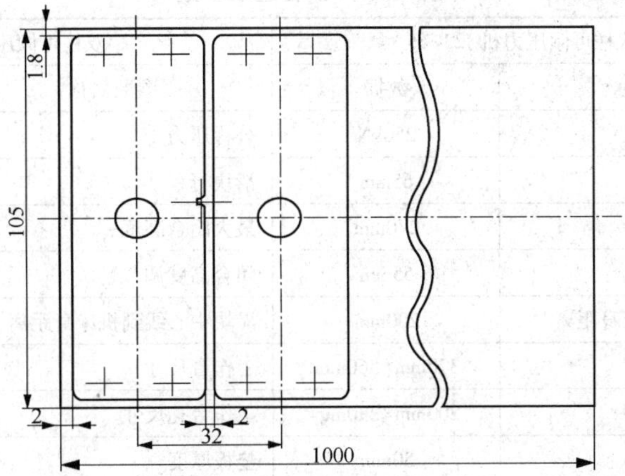

图1-135 排样图

计算每个零件的面积：

$$A=(101.4-2)\times(30-4)+2[2(101.4-4)+2(30-4)]+\pi\times 2^2-4\pi\times 2.5^2-\pi\times 5^2$$
$$\approx 2881.56\text{mm}^2$$

则材料利用率为：

$$\eta=(n\times A)/(L_b\times B_b)\times 100\%=(2881.56\times 434)/(1000\times 1500)\times 100\%$$
$$\approx 83.37\%$$

5）冲压力计算

零件的落料周长为259.36mm，冲孔周长为31.4mm，材料厚度为1.5mm，08冷轧钢的抗剪强度取300MPa，冲裁力基本公式$F=KLt\tau$。

则冲裁零件所需落料力：

$$F_{落}=1.3\times 259.36\times 1.5\times 300\approx 151.73K_N$$

冲孔力计算如下：

$$F_{冲}=1.3\times 31.4\times 1.5\times 300\approx 18.37K_N$$

模具结构采用刚性卸料和下出件方式，所以所需推件力F_T为：

$$F_T=NK_T(F_{落}+F_{冲})=4\times 0.05\times(151.73+18.37)\approx 34K_N$$

计算所需总冲压力：

$$F_{总}=F_{落}+F_{冲}+F_T$$
$$=151.73+18.37+34=205K_N$$

初选设备为J23-25。

6）压力中心计算

零件外形为对称，中间为圆孔所以该零件的压力中心可认为就是该零件的外形中心线的交点。

7）冲压设备的选用

① 落料-冲孔复合模设备的选用　根据冲压力的大小，选取开式双柱可倾压力机 J23-35，其主要技术参数见表 1-32。

表 1-32　设备选取参数

序号	开式双柱可倾压力机 J23-35		双柱可倾压力机 J23-16	
1	参数名称	数据	参数名称	数据
2	公称压力	250kN	公称压力	160kN
3	滑块行程	65mm	滑块行程	55mm
4	最大闭合高度	270mm	最大闭合高度	220mm
5	闭合高度调节量	55mm	闭合高度调节量	45mm
6	滑块中心线到机床身距离	200mm	滑块中心线到机床身距离	160mm
7	工作台尺寸	370mm×560mm	工作台尺寸	300mm×450mm
8	工作台孔尺寸	200mm×290mm	工作台孔尺寸	160mm×240mm
9	垫板厚度	50mm	垫板厚度	40mm

② 弯曲设备的选用　根据弯曲力的大小，选取开始双柱可倾压力机 J23-16，其主要技术参数见表 1-33。

（2）模具零部件结构的确定

1）冲孔落料连续模零部件设计

① 标准模架的选用　标准模架选用的依据为凹模的外形尺寸，所以应首先计算周界的大小。由凹模高度和壁厚的计算公式得：

凹模高度

$$H = K\times K_2\times 3\sqrt{P/10}$$
$$= 1.3\times 1.37\times 3\sqrt{205000/10}$$
$$\approx 46\text{mm}$$

凹模壁厚

$$C = (1.5\sim 2)H = (1.5\sim 2)\times 54$$
$$= 1.8\times 46 = 82.8\text{mm}$$

所以，凹模的总长：

$L = (101.4+2\times 82.8) = 267\text{mm}$，凹模的宽度 $B = (30+2\times 82.8) = 195.6\text{mm}$。

模具采用后侧导柱模架，根据以上计算结果，查得模架规格为：

上模座 315mm×200mm×50mm，

下模座 315mm×200mm×65mm，

导柱 35mm×150mm，

导套 35mm×125mm×48mm。

② 其他零部件结构　凸模固定板与凸模采用过渡配合关系，厚度取凹模厚度的 0.6~0.8 倍，即 37mm，平面尺寸与凹模外形尺寸相同。

卸料板厚度与卸料力大小、模具结构等因素有关，取其值 20mm。

垫板一般取 4~12mm，取 8mm。

凸凹模固定板等于凹模厚为 45mm。

导料板高度查表取 6mm，挡料销高度取 4mm。

模具采用压入式模柄，根据设备的模柄孔尺寸，应选用规格为 A50×100mm 的模柄。

2）弯曲模主要零部件设计

根据工件的材料形状和精度要求等，弯曲模采用非标准模架。下模座的轮廓尺寸 255mm×110mm。

① 工作部分结构尺寸设计：

（a）凸模的圆角半径　在保证保证最小弯曲半径值的前提下，同时满足该模具的设计技术要求，零件的相对圆角半径 r/t 较小时，凸模圆角半径等于零件的弯曲半径，即：$r_T = r = 1.5$mm。

（b）凹模的圆角半径　凹模圆角半径不应过小，以免擦伤零件表面，影响冲模的寿命，凹模两边的圆角半径应一致，否则在弯曲时胚料会发生偏移。根据材料厚度取：

$$r=(2\sim3)t=3\text{mm}\sim4.5\text{mm}，取\ r=4\text{mm}。$$

（c）凹模深度　对于 V 形件而言，因为其目的是为了减小零件的弯曲回弹，提高零件精度，所以对模具弯曲深度要求不高，其弯曲角度为 120°和 90°，底座最小厚度取 22mm；对于第二次弯曲而言，即为 U 形件最终成型部分就应该考虑凹模深度，凹模深度过小，则坯料两端未受压部分太多，零件回弹大且不平直，影响其质量；深度过大，则浪费模具钢材，且需压力机有较大的工作行程。该零件 U 形部分为第二次弯曲，凹模零件深度应大于零件的高度，且高出值为 $h=4$mm。

（d）凸凹模的间隙　在第一次弯曲时，因为是 V 形件，所以凸、凹模间的间隙即为板料厚度，即 1.5mm，在第二次弯曲成形时，根据 U 形件弯曲凸、凹模单边间隙的计算公式得：

$$Z=t_{max}+ct=1.5+0.11+0.05\times1.7=1.7\text{mm}。$$

（e）托架的凸凹模横向尺寸及公差　零件标注内形尺寸时，应以凸模为基准，间隙取在凹模上。而凸、凹模的横向尺寸及公差则应根据零件的尺寸、公差、回弹情况以及模具磨损规律而定。因此，凸、凹模的横向尺寸为：

$$L_T=(L_{min}+0.75\Delta)^{0}_{-6T}=(24.48+0.75\times0.52)^{0}_{-0.06}=24.87^{0}_{-0.06}$$

$$L_A=(L_T+2Z)^{6A}_{0}=(24.87+2\times1.7)^{+0.084}_{0}=28.27^{+0.084}_{0}。$$

② 弹性装置中弹性元件的计算　由于该零件在成型过程中需压料和顶件，所以模具模具采用弹性顶件装置，弹性元件选用橡胶，其尺寸计算主要有橡胶垫的自由高度计算、橡胶垫的横截面积计算等（略）。

③ 确定橡胶垫的平面尺寸　根据零件的形状特点，橡胶电应为圆筒形，中间开有圆孔以避让螺杆。结合零件的具体尺寸，橡胶垫中间的避让孔尺寸为 17mm，则其直径 D 为：

对于 V 形件可以计算出 133mm

对于 U 形件可以计算出 133mm

④ 校核橡胶垫的自由高度 H：

对于 V 形件 $H_0=H_0/D=120/133=0.9$；

对于 U 形件 $H_0=H_0/D=140/133=1.1$。

橡胶垫的高径比在 0.5~1.5 之间，所以橡胶垫选用的规格合理。橡胶的装模高度分别

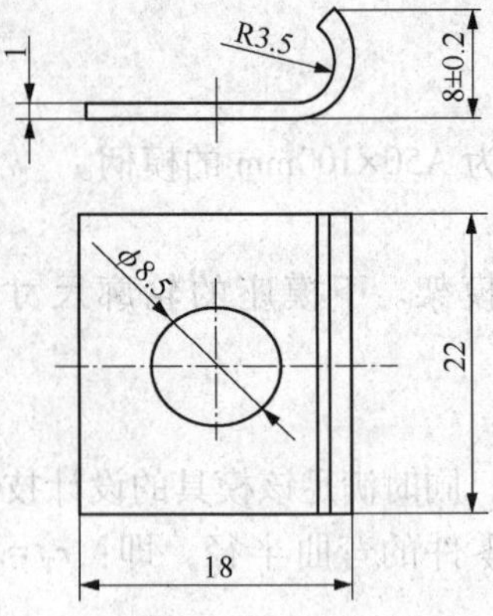

图 1-136　压板零件图

为 0.85×120=102mm。

（3）绘制弯曲模装配图与零件图（略）

（二）压板弯曲模设计（主要是模具计算与选择）

1. 任务描述

根据压板零件图，进行工艺设计、分析及弯曲模尺寸设计计算。

2. 任务实施

零件：压板，如图 1-136 所示。

材料：10 钢；

厚度：$t=1$mm；

产量：中批量生产。

（1）零件工艺设计

根据工件的结构形状和中等批量要求，可采用先落料、冲孔复合冲裁制得弯曲坯料，再弯曲成型两道冲压工序获得该零件，这里只讨论弯曲工序。

根据零件的结构、尺寸、精度、材料及料厚均符合弯曲工艺性要求，相对弯曲半径 $r/t=3.5<5$，回弹量不大。但零件形状不对称，弯曲时主要解决好坯料的偏移问题。零件的弯曲部位是 $R3.5$mm 的圆弧，图中所注高度尺寸 8mm 有公差，其余均为自由公差，可计算出圆心角变化范围是 135°~147°，取中间值 141°进行模具设计。

（2）弯曲模具结构方案的确定

本模具采用的是楔块弯曲模，模具结构如图 1-137 所示。弯曲前，顶件块 7 与滑块 8（兼作凹模）的上表面平齐，坯料以 $\phi8.5$ 的孔套在定位销上定位。上模下行时，凸模 4 与顶件块将坯料压紧。继续下行，坯料在凸模与滑块的作用下开始弯曲，当凸模在弹簧 2 的作用下到达下止点时，完成圆弧的预弯曲。此时，滑块在斜楔 5 的作用下向左运动，当上模继续下行到达下止点时，滑块使零件弯曲成型，并产生校正力。上模回程时，凸模受弹簧 2 的作用先不动，滑块在弹簧 9 的作用下随斜楔 5 的上升向右移动复位，继而凸模上升，顶件块将零件顶出。该模具中，坯料受定位销的限制和顶件块的压紧作用，避免了弯曲时的偏移。同时，将凸模做成活动式，

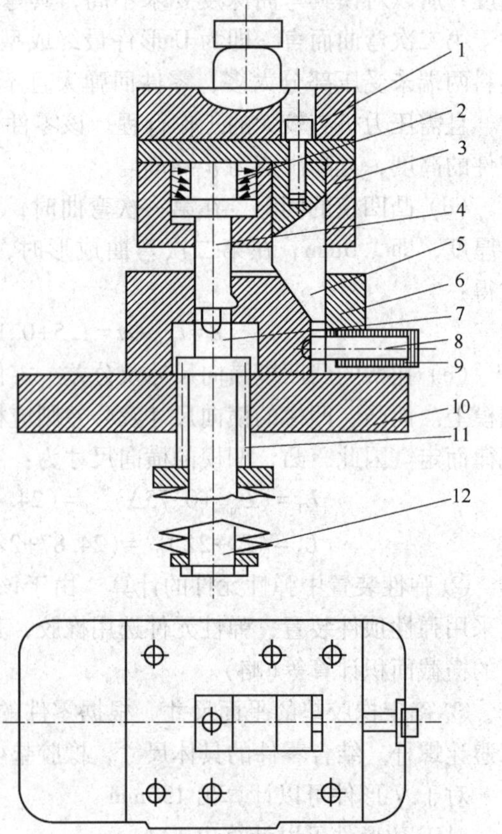

图 1-137　压板弯曲模结构总图

1—上模座；2—凸模被压弹簧；3—凸模固定板；4—凸模；5—斜楔；6—下固定板；7—顶件块；8—滑块；9—复位弹簧；10—下模座；11—顶杆；12—弹顶器

实现了用同一滑块既进行预弯又进行弯曲的先后动作，并避免了凸模回程时与滑块相碰而产生的干涉。

（3）有关工艺设计计算

1）坯料展开长度的确定

弯曲件由直边和圆弧两部分组成，圆弧部分中性层位移系数由 $r/t=3.5$ 查表得 $x=0.41$。圆弧中心角 $\alpha=141°$，直线部分长度 $l=18-4.5=13.5\text{mm}$，故坯料的展开长度为：

$$L=l+\frac{\pi\alpha}{180}(r+xt)=13.5\text{mm}+\frac{3.14\times141}{180}\times(3.5+0.14\times1)\text{mm}=23.1\text{mm}$$

2）弯曲力

弯曲过程有两步，第一步是凸模向下运动的弯曲，第二步是通过滑块向左推压圆弧的弯曲，并施加校正力。

第一步弯曲的弯曲力按自由弯曲计算，取 $\sigma_b=400\text{MPa}$，得：

$$F_1=\frac{0.6\text{K}bt^2\sigma_b}{\text{r+t}}=\frac{0.6\times1.3\times22\times1^2\times400}{3.5+1}=1525\text{N}$$

第二步弯曲的弯曲力按校正弯曲计算，取 $p=30\text{MPa}$，得：

$$F_2=pA=30\times22\times8=5280\text{N}$$

校正力是通过斜楔传递给滑块的，取斜楔的角度为45°，故总弯曲力为：

$$F=F_1+F_2=1525+5280=6850\text{N}$$

3）弹簧

① 凸模背压弹簧　对凸模背压弹簧的基本要求是：

（a）弹簧的预压力必须大于初始弯曲力1525N，以便实现由弹簧的弹力完成对坯料的预弯曲；

（b）凸模达到下止点时才开始与凸模固定板有相对运动，此时斜楔才开始推动滑块向左运动2.5mm，由凸、凹模间隙及工作部位尺寸关系确定，如图1-138所示。

因斜楔的角度为45°，故凸模在固定板中的行程也是2.5mm，也就是弹簧预压后进一步的压缩量为2.5mm。

由于需要弹簧产生的弹力较大，而弹簧尺寸又受安装空间的限制，因此只宜采用弹力较大的碟形弹簧。可通过初步计算并对照有关碟形弹簧标准选取。具体选用8片外径50mm、料厚2mm的碟形弹簧组成弹簧组。

② 弹顶器弹簧　弹顶器弹簧的预压力同样也要大于1525N。同时，根据弯曲件尺寸要求并考虑凹模强度，凸模从接触坯料到弯曲成型需要下行14mm，也就是弹顶器的工作行程为14mm。考虑到弹顶器弹簧行程大的特点，具体采用40片碟形弹簧并与凸模背压弹簧规格相同的弹簧组。

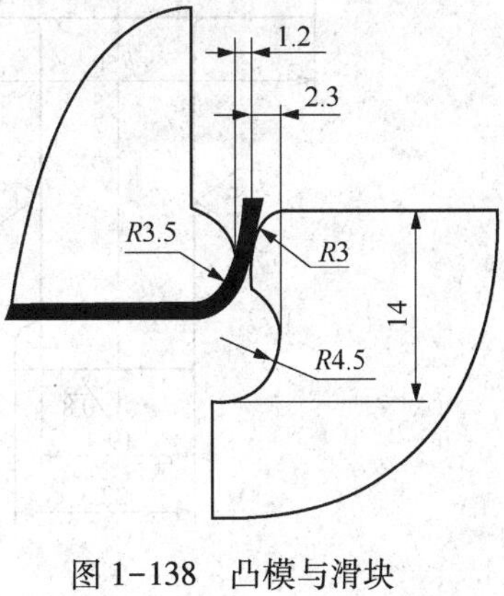

图1-138　凸模与滑块工作部分尺寸关系

③ 滑块复位弹簧　滑块复位弹簧只要求在上模回程时能使滑块可靠复位，可采用一般圆柱螺旋压缩弹簧。查有关标准，选用弹簧1.6×15×22（GB/T 2089—2009），弹簧的极限压缩量为15.2mm，极限工作压力为79.6N。

4）弯曲回弹

因圆弧部分的相对弯曲半径 $r/t=3.5<5$，故半径的回弹值可以忽略。凸模工作部分设计成半圆形，补偿角度的回弹量也足够，因此也不计算。为了保证其形状，施加校正力以保证弯曲件的质量。

5）凸模与滑块(凹模)工作部位尺寸确定

滑块(凹模)在初始位置要配合凸模完成第一次弯曲，然后滑块在斜楔的作用下向左移动，完成圆弧部位的弯曲成型，由表查得系数 $C=0.10$，则凸模与凹模的间隙计算：

$$Z=t_{max}+ct=1.1\times1=1.2\text{mm}$$

因弯曲半径的回弹值可以忽略，故凸模圆角半径 $r_T=r=3.5$mm。凹模的圆角取 $r_A=3t=3$mm。凸模与滑块(凹模)工作部位尺寸关系，由图 1-133 可以看出，当滑块移动行程为 2.5mm 时，就可使滑块的 R4.5mm 的圆心与凸模 R3.5mm 的圆心重合，因此滑块的行程即为 2.5mm。

（4）主要模具零件的设计

1）凸模

凸模上部的圆柱是碟形弹簧的导向杆，至下止点时，凸模的上顶面与垫板接触，对工件施加压力。凸模上部圆柱的直径稍小于弹簧内径(25.4mm)，取 24mm。圆柱的高度是弹簧压缩变形后的高度，每片弹簧高度是 3.4mm，工作时的总压缩量是 0.7mm，故圆柱的高度为$(3.4-0.7)\times8=21.6$mm。凸模的中间部位是圆柱形台肩，直径取 50mm，下部为工作部分具体结构尺寸(图 1-139)。

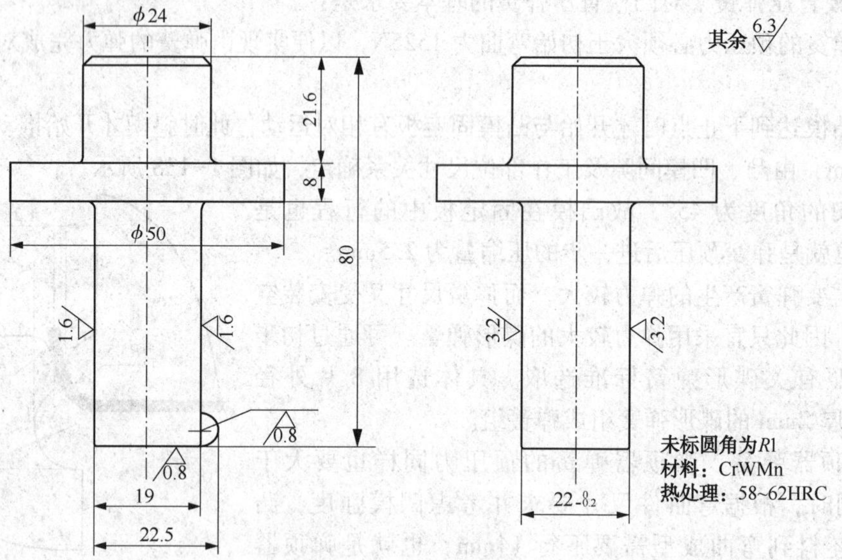

图 1-139　弯曲模凸模

2）滑块

滑块的斜面、底面和台阶面是滑动工作面，表面要求光滑。滑块的上面是坯料定位面，左侧圆弧部位是弯曲凹模的工作部分，具体结构如图 1-140 所示。滑块的右侧有螺纹孔，通过安装螺栓和弹簧，用于滑块的复位。

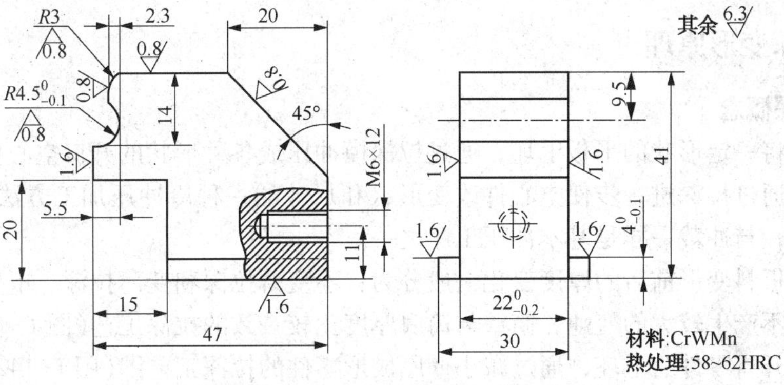

图 1-140　滑块

3）斜楔

斜楔的横截面为矩形，其宽度可比滑块的宽度略小，取 21mm，为防止与固定板干涉，长度取 24mm。斜楔的斜面及与斜面相对的侧面是滑动工作面，斜楔与凸模固定板采用 H7/k6 配合，并用 M10 的螺栓将斜楔固定在垫板上。为了便于调整圆弧部位的间隙，并控制校正力的大小，斜楔与固定板之间可设置调整垫片。

4）顶件块

顶件块在弹顶器的作用下，与凸模形成足够的压紧力而完成第一次弯曲，并对坯料起定位作用。顶件块上部为矩形，其宽度与坯料相等，并设有定位销，弯曲前，ϕ8.5 孔套在定位销上定位。顶件块下部为圆柱形，外径可与碟形弹簧外径相等，底面通过 4 个顶杆与弹顶器相接触。当模具处于开启状态时，顶件块在弹顶器的作用下，其上表面与滑块等高，以便于坯料的定位。

思考题

1. 弯曲模的设计要点是什么？
2. 弯曲模设计程序与步骤是什么？

项目四　拉深模设计(理论单元)

知识要点

- 拉深变形规律及拉深变形程度的表示；
- 影响拉深件质量的因素；
- 拉深工艺性分析；
- 拉深件工艺性、拉深力计算；

学习要求

- 掌握拉深变形原理、特点和应用；
- 通过拉深模实例初步掌握拉深工艺规律与设计思路。

一、拉深变形原理

（一）拉深概念

拉深是指将一定形状的平板毛坯，通过拉深模冲压成各种形状的开口空心件，或以开口空心件为毛坯通过拉深进一步使空心件改变形状和尺寸的一种冷冲压加工方法。旧称引伸、拉延、压延等，与冲裁一样是基本冲压工序之一。

拉深按照板料变形前后的厚度变化一般分为：不变薄拉深和变薄拉深。不变薄拉深是指在拉深过程中不产生较大的变薄，筒壁与筒底厚度比较一致的拉深工艺(图 1-141)；而变薄拉深是以空心开口零件为毛坯，通过减小壁厚成形零件的拉深工艺图(图 1-142)。本书主要介绍不变薄拉深。

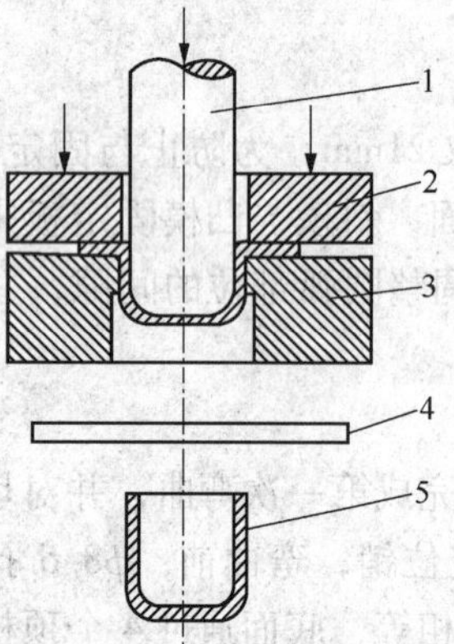

图 1-141　不变薄拉深

1—凸模；2—压边圈；3—凹模；4—毛坯；5—制件

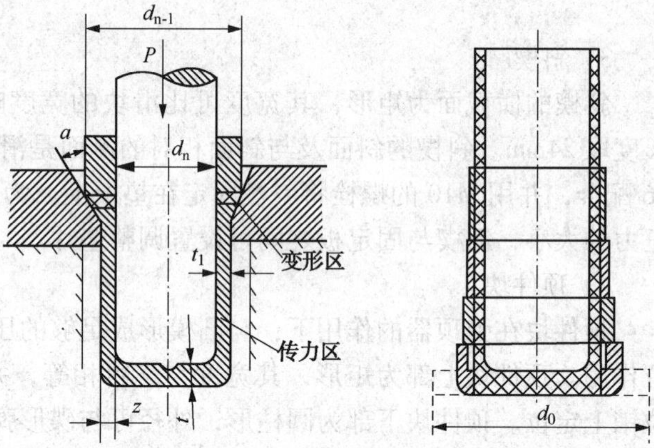

图 1-142　变薄拉深

拉深工艺可以在普通的单动压力机上进行，也可在专用的双动、三动拉深压力机或液压机上进行。

拉深件的种类很多，按变形力学特点可以分为四种基本类型，如图 1-143 所示。

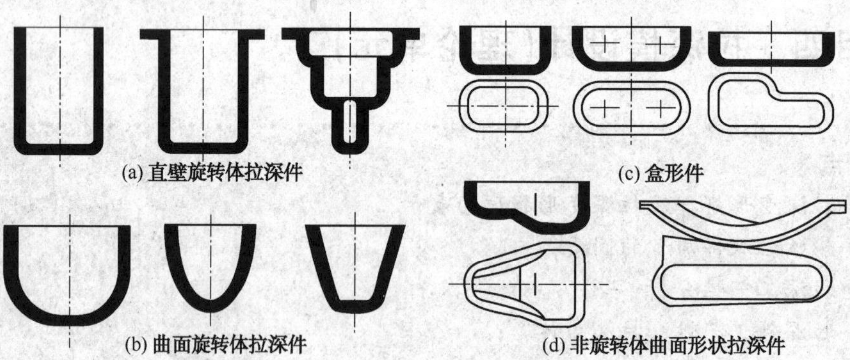

图 1-143　拉深件示意图

（二）拉深变形过程分析

图 1-144 所示为圆筒形件的拉深过程。直径为 D、厚度为 t 的圆形毛坯经过拉深模拉深，得到具有外径为 d、高度为 H 的开口圆筒形工件。

在拉深过程中，坯料的中心部分成为筒形件的底部，基本不变形，是不变形区，坯料的凸缘部分(即 $D-d$ 的环形部分)是主要变形区。拉深过程实质上就是将坯料的凸缘部分材料逐渐转移到筒壁的过程。拉深时，凸缘部分材料由于拉深力的作用，径向产生拉应力 σ_1，切向产生压应力 σ_3。在 σ_1 和 σ_3 的共同作用下，凸缘部分金属材料产生塑性变形，其“多余的三角形”材料沿径向伸长，切向压缩，且不断被拉入凹模中变为筒壁，成为圆筒形开口空心件。

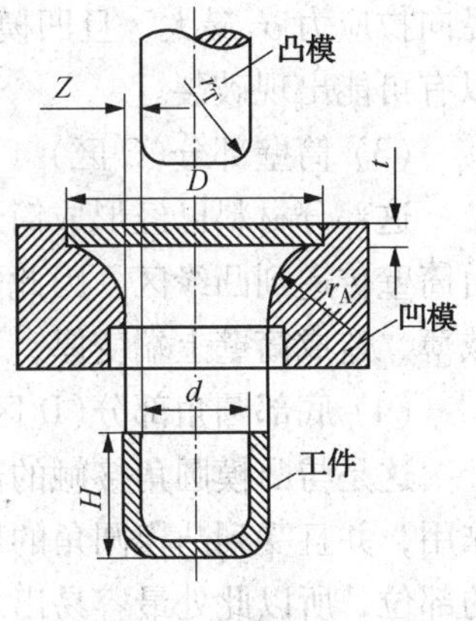

图 1-144　圆筒形件的拉深

1. 拉深过程中坯料内的应力与应变状态

拉深过程是一个复杂的塑性变形过程，其变形区比较大，金属流动大，拉深过程中容易发生凸缘变形区的起皱和传力区的拉裂而使工件报废。因此，分析拉深时的应力、应变状态，找出产生起皱、拉裂的根本原因，以便在设计模具和制订冲压工艺时引起注意，从而提高拉深件的质量。

如图 1-145 所示，根据应力应变的状态不同，可将拉深坯料划分为凸缘平面区、凸缘圆角区、筒壁区、筒底圆角区、筒底区等五个区域。

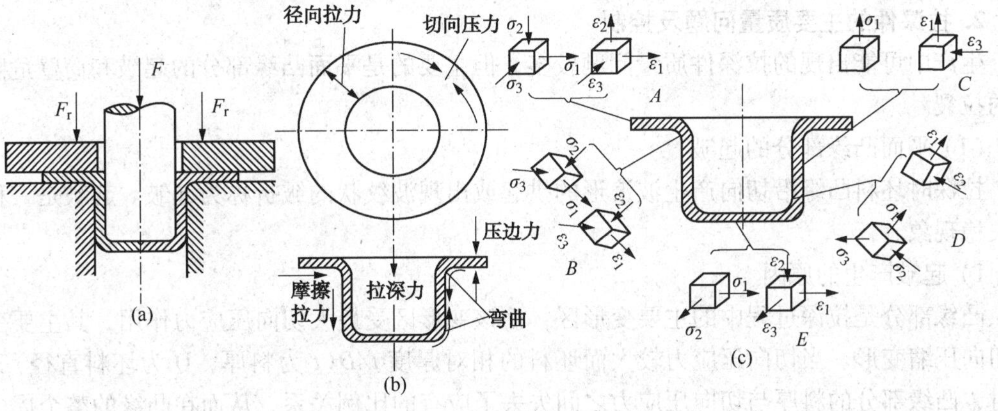

图 1-145　拉深过程的应力与应变状态

(1) 凸缘平面部分(A 区)

如图 1-145 所示 A 区，这是拉深的主要变形区，材料在径向拉应力 σ_1 和切向压应力 σ_3 的共同作用下产生切向压缩与径向伸长变形而被逐渐拉入凹模。在厚度方向，由于压料圈的作用，产生了压应力 σ_2，但通常 σ_1 和 σ_3 的绝对值比 σ_2 大得多。厚度方向的变形决定于径向拉应力 σ_1 和切向压应力 σ_3 之间的比例关系，一般板料厚度有所增厚，越接近外缘，增厚越多。如果不压料($\sigma_2=0$)，或压料力较小(σ_2 小)，这时板料增厚比较大。当拉深变形程度较大，板料又比较薄时，则在坯料的凸缘部分，特别是外缘部分，在切向压应力 σ_3 作用下可能失稳而拱起，形成所谓起皱。

(2) 凸缘圆角部分(B 区)

这是位于凹模圆角部分的材料，径向受拉应力 σ_1 而伸长，切向受压应力 σ_3 而压缩，厚度方向受到凹模圆角的压力和弯曲作用产生压应力 σ_2。由于这里切向压应力值 σ_3 不大，而

径向拉应力 σ_1 最大，且凹模圆角越小，由弯曲引起的拉应力越大，板料厚度有所减薄，所以有可能出现破裂。

(3) 筒壁部分(C 区)

这部分材料已经形成筒形，材料不再发生大的变形。坯料在拉深时，凸模的拉深力要经由筒壁传递到凸缘区，因此它承受单向拉应力 σ_1 的作用，发生少量的纵向伸长变形和厚度减薄，造成筒壁上端变厚，下段变薄。

(4) 底部圆角部分(D 区)

这是与凸模圆角接触的部分，它从拉深开始一直承受径向拉应力 σ_1 和切向拉应力 σ_3 的作用，并且受到凸模圆角的压力和弯曲作用，因而这部分材料变薄最严重，尤其与侧壁相切的部位，所以此处最容易出现拉裂，是拉深的“危险断面”。

(5) 筒底部分(E 区)

筒底区在拉深开始时即被拉入凹模，并在拉深的整个过程中保持其平面形状。它受切向和径向的双向拉应力作用，产生双向拉深变形。由于底部区域材料受到与凸模接触面的摩擦阻力约束，基本上不产生塑性变形或者只产生不大的塑性变形，材料变薄很小。

上述筒壁区、底部圆角区和筒底区这三个部分的主要作用是传递拉深力，即把凸模的作用力传递到变形区凸缘部分，使之产生足以引起拉深变形的经向拉应力 σ_1，因而又叫传力区。

2. 拉深件的主要质量问题及控制

生产中可能出现的拉深件质量问题较多，但主要的是平面凸缘部分的起皱和筒壁危险断面的拉裂。

(1) 平面凸缘部分的起皱

拉深时坯料凸缘沿切向产生波浪形的拱起或出现波纹状的皱折称为起皱。起皱是一种受压失稳现象。

1) 起皱产生的原因

凸缘部分是拉深过程中的主要变形区，而该变形区受最大切向压应力作用，其主要变形是切向压缩变形。当切向压应力较大而坯料的相对厚度 t/D(t 为料厚，D 为坯料直径)又较小时，凸缘部分的料厚与切向压应力之间失去了应有的比例关系，从而在凸缘的整个周围产生波浪形的连续弯曲，如图 1-146(a)所示，这就是拉深时的起皱现象。通常起皱首先从凸缘外缘发生，因为这里的切向压应力绝对值最大。出现轻微起皱时，凸缘区板料仍有可能全部拉入凹模内，但起皱部位的波峰在凸模与凹模之间受到强烈挤压，从而在拉深件侧壁靠上部位将出现条状的挤光痕迹和明显的波纹，影响工件的外观质量与尺寸精度，如图 1-146(b)所示。起皱严重时，拉深便无法顺利进行，这时起皱部位相当于板厚增加了许多，因而不能在凸模与凹模之间顺利通过，并使径向拉应力急剧增大，继续拉深时将会在危险断面处拉破，如图 1-146(c)所示。

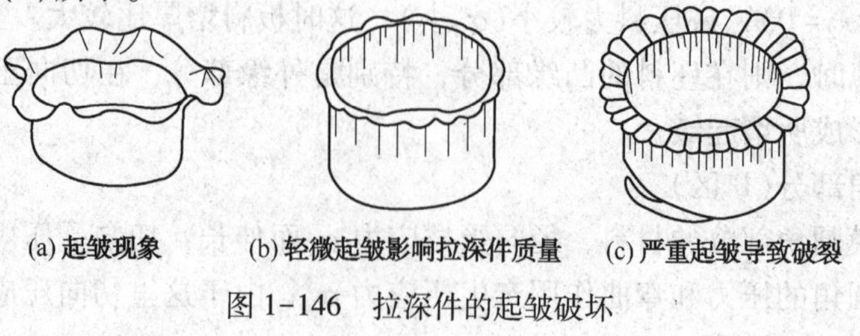

(a) 起皱现象　(b) 轻微起皱影响拉深件质量　(c) 严重起皱导致破裂

图 1-146　拉深件的起皱破坏

2）影响起皱的主要因素

① 坯料的相对厚度 t/D　坯料的相对厚度越小，拉深变形区抵抗失稳的能力越差，因而就越容易起皱。相反，坯料相对厚度越大，越不容易起皱。

② 拉深系数 m　圆筒形件拉深的变形程度，通常以筒形件直径 d 与坯料直径 D 的比值来表示，即：

$$m=d/D \tag{1-54}$$

其中 m 称为拉深系数，m 越小，拉深变形程度越大；拉深变形区内金属的硬化程度也越高，因而切向压应力相应增大。另一方面，拉深系数越小，凸缘变形区的宽度相对越大，其抵抗失稳的能力就越小，因而越容易起皱。

有时，虽然坯料的相对厚度较小，但当拉深系数较大时，拉深时也不会起皱。例如，拉深高度很小的浅拉深件时，即属于这一种情况。这说明，在上述两个主要影响因素中，拉深系数的影响显得更为重要。

③ 拉深模工作部分的几何形状与参数　凸模和凹模圆角及凸、凹模之间的间隙过大时，则坯料容易起皱。用锥形凹模拉深的坯料与用普通平端面凹模拉深的坯料相比，前者不容易起皱，如图 1-147 所示。其原因是用锥形凹模拉深时，坯料形成的曲面过渡形状［图 1-147(b)］比平面形状［图 1-147(a)］具有更大的抗压失稳能力。而且，凹模圆角处对坯料造成的摩擦阻力和弯曲变形的阻力都减到了最低限度，凹模锥面对坯料变形区的作用力也有助于使它产生切向压缩变形，因此，其拉深力比平端面凸模要小得多，拉深系数可以大为减小。

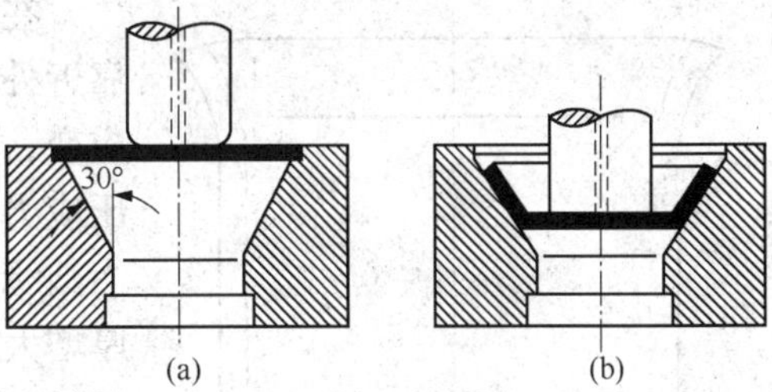

图 1-147　锥形凹模的拉深

3）控制起皱的措施

为了防止起皱，最常用的方法是在拉深模具上设置压料装置，即压边圈，使坯料凸缘区夹在凹模平面与压料圈之间通过，如图 1-148 所示，通过压边圈压边力的作用，使毛坯不易拱起而达到防皱目的。图 1-149 为弹性压边装置，图 1-150 为刚性压边装置。

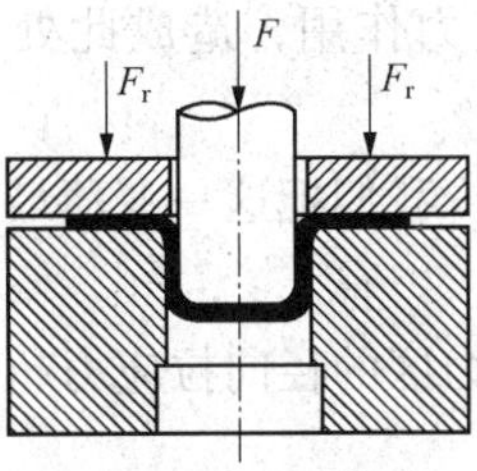

图 1-148　带压边圈的模具结构

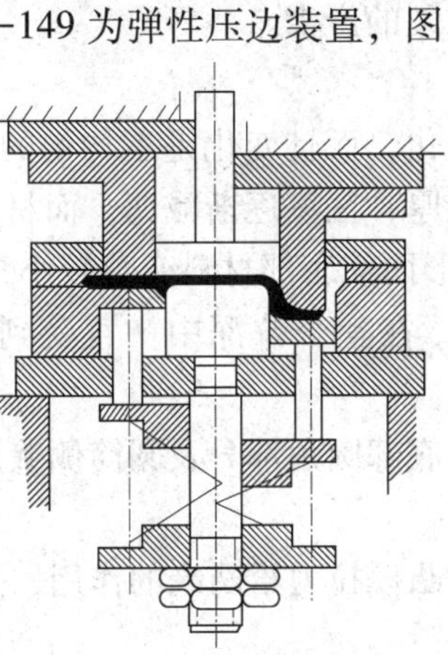

图 1-149　弹性压边装置

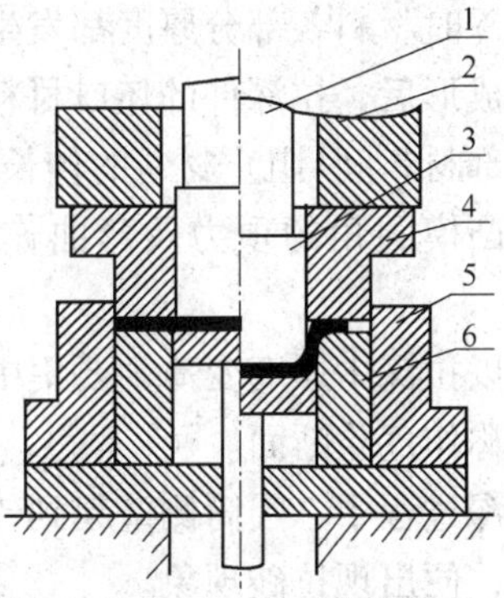

图 1-150　双边冲床用的刚性压边装置

1—内滑块；2—外滑块；3—拉深凸模；4—落料凸模兼压边圈；5—落料凹模；6—拉深凹模

当然并不是任何情况下都会发生起皱现象，当变形程度较小、坯料相对厚度较大时，一般不会起皱，这时就可不必采用压料装置。判断是否要采用压料装置一般可按表 1-33 来判断和确定。

表 1-33　采用或不采用压料装置的条件

拉深方法	第一次拉深		以后各次拉深	
	$(t/D)\times100$	m_1	$(t/d_{n-1})\times100$	m
用压料装置	<1.5	<0.6	<1	<0.8
可用可不用	1.5~2.0	0.6	1~0.5	0.8
不用压料装置	>2.0	>0.6	>1.5	>0.8

（2）筒壁危险断面的拉裂

1）拉裂产生的原因

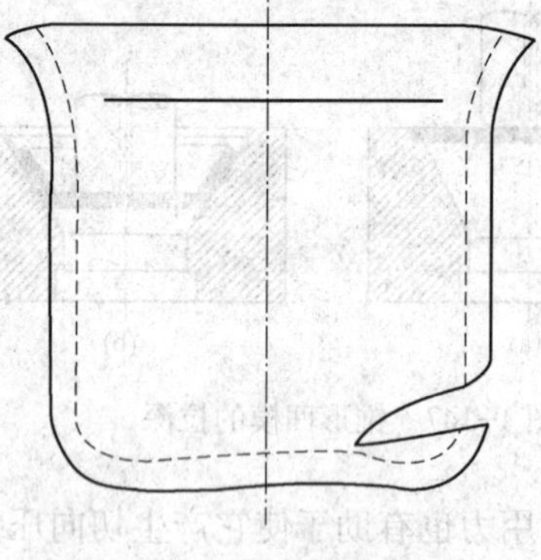

图 1-151　拉深件的拉裂破坏

在拉深过程中，由于凸缘变形区应力应变很不均匀，靠近外边缘的坯料压应力大于拉应力，其压应变为最大主应变，坯料有所增厚；而靠近凹模孔口的坯料拉应力大于压应力，其拉应变为最大主应变，坯料有所变薄。因而，当凸缘区转化为筒壁后，拉深件的壁厚就不均匀，口部壁厚增大，底部壁厚减小，壁部与底部圆角相切处变薄最严重(图 1-146)。变薄最严重的部位成为拉深时的危险断面，当筒壁的最大拉应力超过了该危险断面材料的抗拉强度时，便会产生拉裂，如图 1-151 所示。另外，当凸缘区起皱时，坯料难以或不能通过凸、凹模间隙，使得筒壁拉应力急剧增大，也会导致拉裂[图 1-146(c)]。

2）控制拉裂的措施

生产实际中常用适当加大凸、凹模圆角半径、降低拉深力、增加拉深次数、在压料圈底部和凹模上涂润滑剂等方法来避免拉裂的产生。

（3）变形的不均匀

拉深时材料各部分厚度都发生变化，而且变化是不均匀的。外边缘材料厚度变化最大，拉深件成形后，拉深件的坯口材料最厚，往里逐渐减薄，而材料底部由于磨擦作用(拉深凸模与底部材料间)阻止材料的伸长变形而使底部材料变薄较小，而底部圆角部分材料拉深中始终受凸模圆角的顶力及弯曲作用，在整个拉深中一直受到拉应力作用，造成此处变薄最大。

所以拉深中厚度变薄主要集中于底部圆角部分及圆筒侧壁部分，我们把这一变薄最严重的部位称作危险断面。

拉深过程中，圆筒侧壁起到传递凸模拉力给凸缘的作用，当传力区的径向拉应力超出材料极限，便出现拉破现象。

（4）材料硬化不均匀

拉深后材料发生塑性变形，引起材料的冷作硬化。由于各部分变形程度不一样，冷作硬化的程度亦不一样，其中口部最大，往下硬化程度降低，拉近底部时，由于切向压缩变形较小，冷作硬化最小，材料的屈服极限和强度都较低，此处最易产生拉裂现象。

二、拉深的工艺设计

(一) 拉深件的形状尺寸及精度

1. 拉深件的形状与尺寸

① 拉深件应尽量简单、对称，并能一次拉深成形。

② 拉深件壁厚公差或变薄量要求一般不应超出拉深工艺壁厚变化规律。根据统计，不变薄拉深工艺的筒壁最大增厚量约为(0.2~0.3)t(t 为板料厚度)，最大变薄量约为(0.1~0.18)t。

③ 当零件一次拉深的变形程度过大时，为避免拉裂，需采用多次拉深，这时在保证必要的表面质量前提下，应允许内、外表面存在拉深过程中可能产生的痕迹。

④ 在保证装配要求的前提下，应允许拉深件侧壁有一定的斜度。

⑤ 拉深件的底部或凸缘上有孔时，孔边到侧壁的距离应满足 $a \geqslant R+0.5t$(或 $r+0.5t$)，如图 1-152(a)所示。

⑥ 拉深件的底与壁、凸缘与壁、矩形件的四角等处的圆角半径应满足：$r \geqslant t$，$R \geqslant 2t$，$r_g \geqslant 3t$，如图 1-152(b)所示。否则，应增加整形工序。一次整形的，圆角半径可取 $r \geqslant (0.1\sim0.3)t$，$R \geqslant (0.1\sim0.3)t$。

⑦ 拉深件的径向尺寸应只标注外形尺寸或内形尺寸，而不能同时标注内、外形尺寸。带台阶的拉深件，其高度方向的尺寸标注一般应以拉深件底部为基准，如图 1-153(a)所示。若以上部为基准[图 1-153(b)]，高度尺寸不易保证。

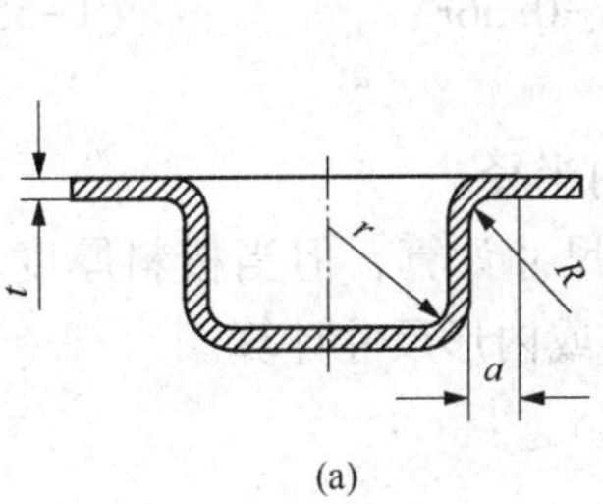

图 1-152 拉深件的孔边距及圆角半径

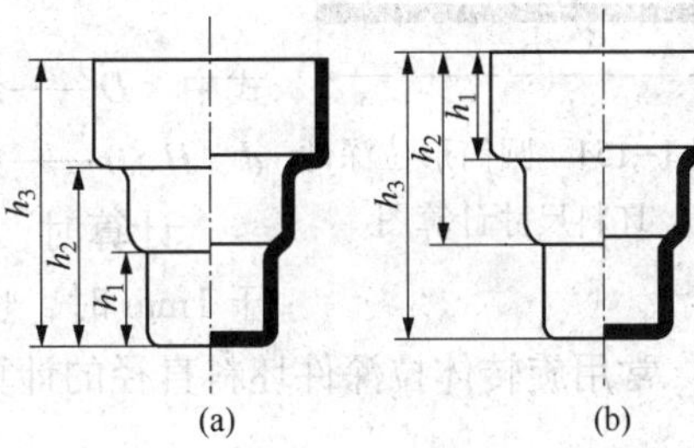

图 1-153 带台阶拉深件的尺寸标注

2. 拉深件的精度

一般情况下，拉深件的尺寸精度应在 IT13 级以下，不宜高于 IT11 级。对于精度要求高的拉深件，应在拉深后增加整形工序，以提高其精度。由于材料各向异性的影响，拉深件的口部或凸缘外缘一般是不整齐的，出现“凸耳”现象，需要增加切边工序。

(二) 拉深件坯料尺寸的确定

1. 拉深件坯料尺寸的确定原则

(1) 形状相似性原则

拉深件的坯料形状一般与拉深件的截面轮廓形状近似相同，即当拉深件的截面轮廓是圆形、方形或矩形时，相应坯料的形状应分别为圆形、近似方形或近似矩形。另外，坯料周边应光滑过渡，以使拉深后得到等高侧壁(如果零件要求等高时)或等宽凸缘。

（2）表面积相等原则

对于不变薄拉深，虽然在拉深过程中板料的厚度有增厚也有变薄，但实践证明，拉深件的平均厚度与坯料厚度相差不大。由于塑性变形前后体积不变，因此，可以按坯料面积等于拉深件表面积的原则确定坯料尺寸。

应该指出，用理论计算方法确定坯料尺寸不是绝对准确的，而是近似的，尤其是变形复杂的复杂拉深件。实际生产中，对于形状复杂的拉深件，通常是先做好拉深模，并以理论计算方法初步确定的坯料进行反复试模修正，直至得到的工件符合要求时，再将符合实际的坯料形状和尺寸作为制造落料模的依据。

2. 旋转体拉深件坯料尺寸的确定

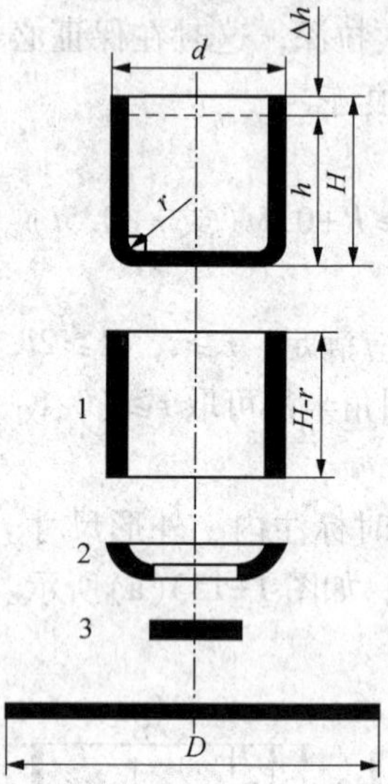

图 1-154　圆筒形拉深件坯料尺寸计算图

旋转体拉深件坯料的形状是圆形，所以坯料尺寸的计算主要是确定坯料直径。对于简单旋转体拉深件，可首先将拉深件划分为若干个简单而又便于计算的几何体，并分别求出各简单几何体的表面积，再把各简单几何体的表面积相加即为拉深件的总表面积，然后根据表面积相等原则，即可求出坯料直径。

例如，图 1-154 所示的圆筒形拉深件，可分解为无底圆筒 1、1/4 凹圆环 2 和圆形板 3 三部分，每一部分的表面积分别为：

$$A_1=\pi d(H-r)\quad A_2=\pi[2\pi r(d-2r)+8r^2]/4 A_3=\pi(d-2r)^2/4$$

设坯料直径为 D，则按坯料表面积与拉深件表面积相等原则有：

$$\pi D^2/4=A_1+A_2+A_3$$

分别将 A_1、A_2、A_3 代入上式并简化后得：

$$D=\sqrt{d^2+4dH-1.72dr-0.56r^2} \tag{1-55}$$

式中　D——坯料直径；

d、H、r——拉深件的直径、高度、圆角半径。

计算时，拉深件尺寸均按厚度中线尺寸计算，但当板料厚度小于 1mm 时，也可以按零件图标注的外形或内形尺寸计算。

常用旋转体拉深件坯料直径的计算公式可查表 1-34。

表 1-34　常用旋转体拉深件坯料直径的计算公式

序号	零件形状	坯料直径 D
1	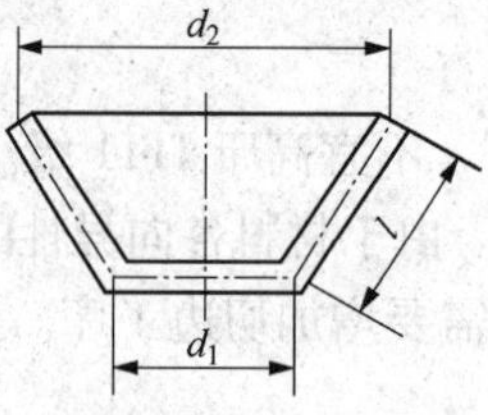	$\sqrt{d_1^2+2l(d_1+d_2)}$
2	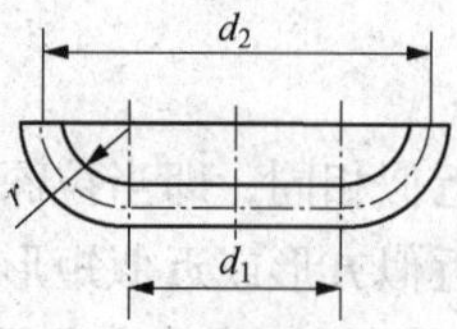	$\sqrt{d_1^2+2r(\pi d_1+4r)}$

续表

序号	零件形状	坯料直径 D
3	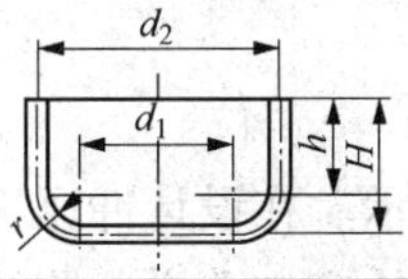	$\sqrt{d_1^2+4d_2h+6.28rd_1+8r^2}$ 或 $\sqrt{d_2^2+2d_2H-1.72rd_2-0.56r^2}$
4	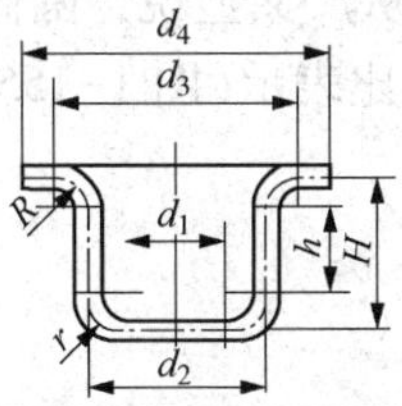	当 $r\neq R$ 时 $\sqrt{d_1^2+6.28rd_1+8r^2+4d_2h+6.28Rd_2+4.56R^2+d_4^2-d_2^2}$ 当 $r=R$ 时 $\sqrt{d_4^2+4d_2H-3.44rd_2}$
5	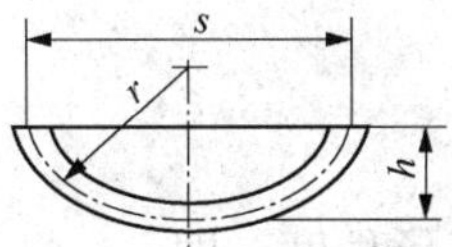	$\sqrt{8rh}$ 或 $\sqrt{s^2+4h^2}$
6	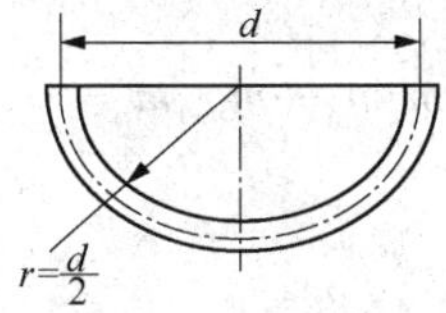	$\sqrt{2d^2}=1.414d$
7	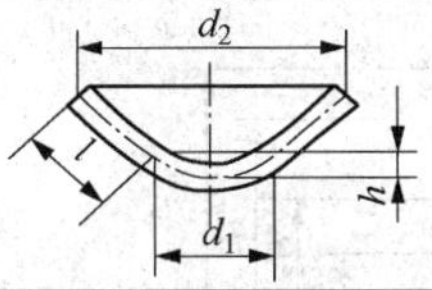	$\sqrt{d_1^2+4h^2+2l(d_1+d_2)}$
8	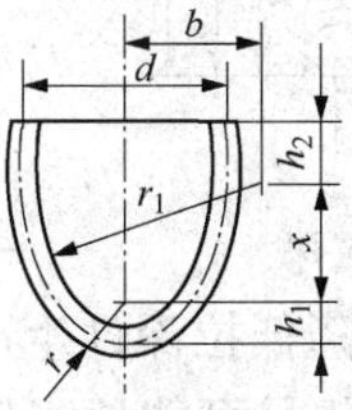	$\sqrt{8r_1\left[x-b\left(\arcsin\frac{x}{r_1}\right)\right]+4d_2+8rh_1}$
9	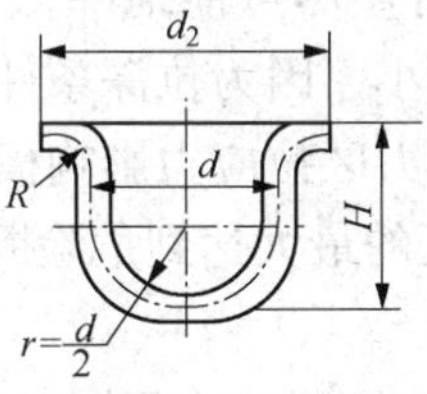	$D=\sqrt{8r^2+4dH-4dr-1.72dR+0.56R^2+d_4^2-d^2}$
10	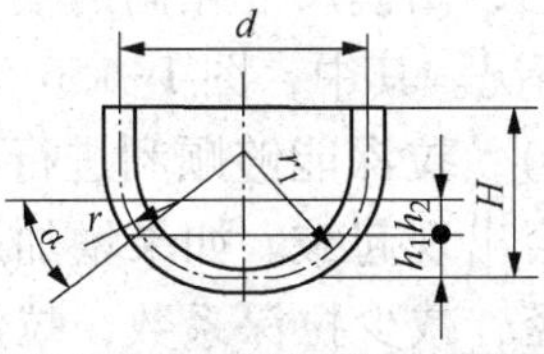	$D=\sqrt{4dh_1(2r_1-d)+(d-2r)(0.0696ra-4h_2)+4dH}$ $\sin\alpha=\sqrt{\frac{r_1^2-r(2r_1-d)-0.25d^2}{r_1-r}}$ $h_1=r_1(1-\sin\alpha)$ $h_1=r\sin\alpha$

注：(1) 尺寸按工件材料厚度中心层尺寸计算。

(2) 对厚度小于 1mm 的拉深件，可不按工件材料厚度中心层尺寸计算，而根据工件外壁尺寸计算。

(3) 对于部分未考虑工件圆角半径的计算公式，在计算有圆角半径的工件时计算结果要偏大，故在此情形下，可不考虑或少考虑修边余量。

(三) 拉深件的工艺计算

1. 无凸缘圆筒形件的拉深工艺计算

(1) 拉深系数的计算

1) 极限拉深系数[m]

如前所述，圆筒形件的拉深变形程度用拉深系数表示。在设计冲压工艺过程与确定拉深工序的数目时，通常也是用拉深系数作为计算的依据。从广义上说，圆筒形件的拉深系数 m 是以每次拉深后的直径与拉深前的坯料(工序件)直径之比表示(图 1-155)，即

第一次拉深系数 $$m_1=\frac{d_1}{D}$$

第二次拉深系数 $$m_2=\frac{d_2}{d_1}$$

第 n 次拉深系数 $$m_n=\frac{d_n}{d_{n-1}}$$

总拉深系数 $m_{总}$ 表示从坯料直径 D 拉深至 d_n 的总变形程度，即

$$m_{总}=\frac{d_n}{D}=\frac{d_1}{D}\frac{d_2}{d_1}\frac{d_3}{d_2}\cdots\frac{d_{n-1}}{d_{n-2}}\frac{d_n}{d_{n-1}}=m_1m_2m_3\cdots m_{n-1}m_n$$

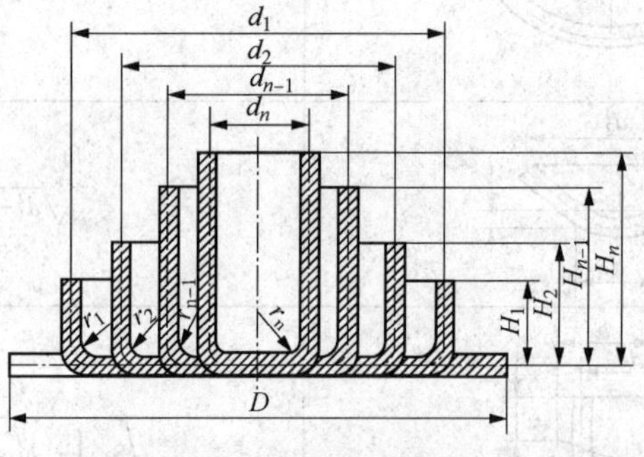

图 1-155 圆筒形件的多次拉深

拉深系数 m 的数值越小，则拉深变形程度越大。从降低拉深件生产成本、提高经济效益出发，制订拉深工艺时，拉深次数越少越好，这就希望尽可能地降低每次拉深的拉深系数。但是，对每次拉深而言，拉深系数不能无限制地缩小，因为拉深条件一定时，拉深变形程度对凸缘区的径向拉应力和切向压应力以及对筒壁传力区拉应力影响极大，m 值越小，变形程度越大，当 m 值减小到一定程度，将使筒壁传力区的最大达到危险断面的抗拉强度 σ_b，从而导致危险断面拉裂。

图 1-156 为用同一材料、同一厚度的坯料，在凸、凹模尺寸相同的模具上用逐步加大坯料直径(即逐步减小拉深系数)的办法进行试验的情况。其中，图 1-156(a)表示在无压料装置情况下，当坯料尺寸较小时(即拉深系数较大时)，拉深能够顺利进行；当坯料直径加大，使拉深系数减小到一定数值(如 $m=0.75$)时，会出现起皱。如果增加压料装置[图 1-156(b)]，则能防止起皱，此时进一步加大坯料直径、减少拉深系数，拉深还可以顺利进行。但当坯料直径加大到一定数值、拉深系数减少到一定数值(如 $m=0.50$)后，筒壁出现拉裂现象，拉深过程被迫中断。

因此，为了保证拉深工艺的顺利进行，就必须使拉深系数大于一定数值，这个一定的数

值即为某种材料在拉深时危险断面濒于拉裂这种极限条件所对应的拉深系数称为这种材料的极限拉深系数，用符号“[m]”表示。小于这个数值，就会使拉深件起皱、拉裂或严重变薄而超差。另外，在多次拉深过程中，由于材料的加工硬化，使得变形抗力不断增大，所以，以后各次极限拉深系数必须逐次递增，即$[m_1]<[m_2]<[m_3]<\cdots<[m_n]$。

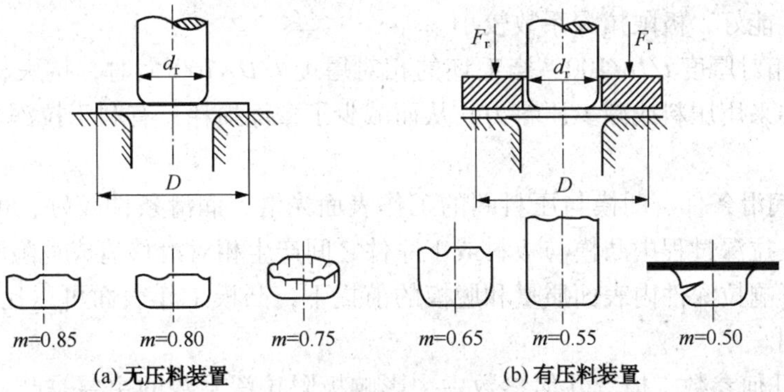

图1-156　拉深试验

表1-35及表1-36为无凸缘圆筒形件的极限拉深系数采用压料圈和不采用压料圈的极限拉深系数。

表1-35　圆筒形件的极限拉深系数(带压料圈)

拉深系数	坯料相对厚度(t/D)×100					
	2.0~1.5	1.5~1.0	1.0~0.6	0.6~0.3	0.3~0.15	0.15~0.08
m	0.48~0.50	0.50~0.53	0.53~0.55	0.55~0.58	0.58~0.60	0.60~0.63
m	0.73~0.75	0.75~0.76	0.76~0.78	0.78~0.79	0.79~0.80	0.80~0.82
m	0.76~0.78	0.78~0.79	0.79~0.80	0.80~0.81	0.81~0.82	0.82~0.84
m	0.78~0.80	0.80~0.81	0.81~0.82	0.82~0.83	0.83~0.85	0.85~0.86
m	0.80~0.82	0.82~0.84	0.84~0.85	0.85~0.86	0.86~0.87	0.87~0.88

注：(1) 表中拉深数据适用于08钢、10钢和15Mn钢等普通拉深碳钢及黄铜H62。对拉深性能较差的材料，如20钢、25钢、Q215钢、Q235钢、硬铝等应比表中数值大1.5%~2.0%；而对塑性较好的材料，如05钢、08钢、10钢及软铝等应比表中数值小1.5%~2.0%。

(2) 表中数据适用于未经中间退火的拉深。若采用中间退火工序时，则取值应比表中数值小2%~3%。

(3) 表中较小值适用于大的凹模圆角半径[$r_A=(8\sim15)t$]，较大值适用于小的凹模圆角半径[$r_A=(4\sim8)t$]。

表1-36　圆筒形件的极限拉深系数(不带压料圈)

拉深系数	坯料的相对厚度(t/D)×100				
	1.5	2.0	2.5	3.0	>3
m	0.65	0.60	0.55	0.53	0.50
m	0.80	0.75	0.75	0.75	0.70
m	0.84	0.80	0.80	0.80	0.75
m	0.87	0.84	0.84	0.84	0.78
m	0.90	0.87	0.87	0.87	0.82
m	—	0.90	0.90	0.90	0.85

注：此表适用于08钢、10钢及15Mn钢等材料。

2）影响极限拉深系数的因素

影响极限拉深系数的因素很多，主要有：

① 材料的组织与力学性能　一般来说，材料组织均匀、晶粒大小适当、屈强比 σ_s/σ_b 小、塑性好、硬化指数 n 大的板料，变形抗力小，筒壁传力区不容易产生局部严重变薄和拉裂，因而拉深性能好，极限拉深系数较小。

② 毛坯的相对厚度 $t/D\times100$　当毛坯的相对厚度 $t/D\times100$ 大时，抗失稳能力较强，不易起皱，可以不采用压料或减少压料力，从而减少了摩擦损耗，有利于拉深，故极限拉深系数较小。

③ 摩擦与润滑条件　凹模与压料圈的工作表面光滑、润滑条件较好，可以减小拉深系数。但为避免在拉深过程中凸模与板料或工序件之间产生相对滑移造成危险断面的过度变薄或拉裂，在不影响拉深件内表面质量和脱模的前提下，凸模工作表面可以比凹模粗糙一些，并避免涂润滑剂。

④ 模具的几何参数　模具几何参数中，影响极限拉深系数的主要是凸、凹模圆角半径及间隙。凸模圆角半径 r_T 太小，板料绕凸模弯曲的拉应力增加，易造成局部变薄严重，降低危险断面的强度，因而会降低极限变形程度；凹模圆角半径 r_A 太小，板料在拉深过程中通过凹模圆角半径时弯曲阻力增加，增加了筒壁传力区的拉应力，也会降低极限变形程度；凸、凹模间隙太小，板料会受到太大的挤压作用和摩擦阻力，增大了拉深力，使极限变形程度减小。

因此，为了减小极限拉深系数，凸、凹模圆角半径及间隙应适当取较大值。但是，凸、凹模圆角半径和间隙也不宜取得过大，过大的圆角半径会减小板料与凸模和凹模端面的接触面积及压料圈的压料面积，板料悬空面积增大，容易产生失稳起皱；过大的凸、凹模间隙会影响拉深件的精度，拉深件的锥度和回弹较大。

除此以外，影响极限拉深系数的因素还有拉深方法、拉深次数、拉深速度、拉深件形状等。由于影响因素很多，实际生产中，极限拉深系数的数值一般是在一定的拉深条件下用试验方法得出的，可查表确定。

需要指出的是，在实际生产中，并不是所有情况下都采用极限拉深系数。为了提高工艺稳定性，提高零件质量，必须采用稍大于极限值的拉深系数。

3）拉深件修边余量的计算

由于金属板料具有板平面方向性和模具几何形状等因素的影响，会造成拉深件口部或凸缘周边不整齐，因此在多数情况下采取增大制件高度或凸缘直径，增加的部分即为修边余量，拉深后再经过切边工序以保证零件质量。因而，毛坯尺寸的计算必须将加上修边余量后的制件尺寸作为计算依据。修边余量可参考表 1-37 和表 1-38。

当零件的相对高度 H/d 很小，并且高度尺寸要求不高时，也可以不用切边工序。

（2）拉深次数与工序尺寸的计算

① 拉深次数的确定　拉深次数通常只能进行概略估计，最后还须工艺计算确定。

当 $m_{总}>[m]$ 时，拉深件可以一次拉成，否则需多次拉深。其拉深次数的确定主要有查表法、计算法、推算法及查图法等，简要介绍如下：

（a）查表法　根据工件的相对高度即高度 H 与直径 d 之比值，从表 1-39 中查得该工件拉深次数。

表 1-37 无凸缘圆筒形拉深件修边余量 Δh

工件高度 h	工件的相对高度 h/d				附图
	>0.5~0.8	>0.8~1.6	>1.6~2.5	>2.5~4	
≤10	1.0	1.2	1.5	2	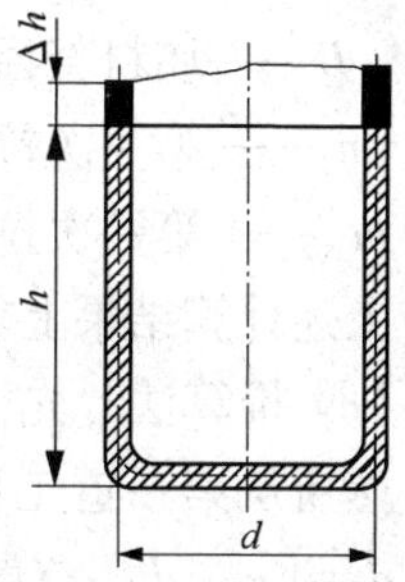
>10~20	1.2	1.6	2	2.5	
>20~50	2	2.5	3.3	4	
>50~100	3	3.8	5	6	
>100~150	4	5	6.5	8	
>150~200	5	6.3	8	10	
>200~250	6	7.5	9	11	
>250	7	8.5	10	12	

表 1-38 有凸缘圆筒形拉深件修边余量 ΔR

凸缘直径 d_t	凸缘的相对直径 d_t/d				附图
	1.5 以下	>1.5~2	>2~2.5	>2.5~3	
≤25	1.6	1.4	1.2	1.0	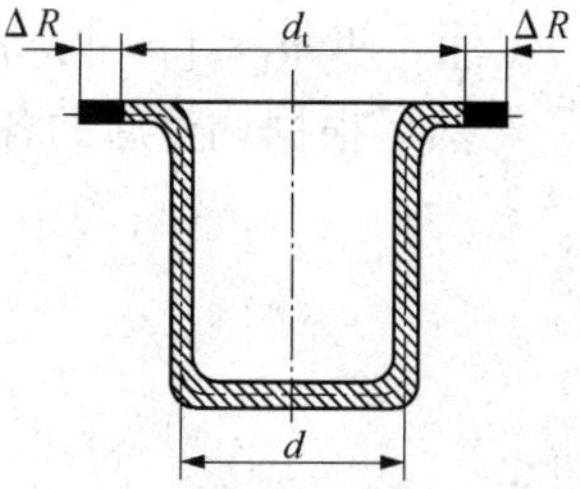
>25~50	2.5	2.0	1.8	1.6	
>50~100	3.5	3.0	2.5	2.2	
>100~150	4.3	3.6	3.0	2.5	
>150~200	5.0	4.2	3.5	2.7	
>200~250	5.5	4.6	3.8	2.8	
>250	6	5	4	3	

表 1-39 拉深相对高度 H/d 与拉深次数的关系(无凸缘圆筒形件)

拉深系数	坯料的相对厚度$(t/D)\times100$					
	2~1.5	1.5~1.0	1.0~1.6	0.6~0.3	0.3~0.15	0.15~0.08
1	0.94~0.77	0.84~0.65	0.71~0.57	0.62~0.5	0.52~0.45	0.46~0.38
2	1.88~1.54	1.60~1.32	1.36~1.1	1.13~0.94	0.96~0.83	0.9~0.7
3	3.5~2.7	2.8~2.2	2.3~1.8	1.9~1.5	1.6~1.3	1.3~1.1
4	5.6~4.3	4.3~3.5	3.6~2.9	2.9~2.4	2.4~2.0	2.0~1.5
5	8.9~6.6	6.6~5.1	5.2~4.1	4.1~3.3	3.3~2.7	2.7~2.0

注：(1) 大的 H/d 值适用于第一道工序的大凹模圆角，$r_A=(8\sim15)t$。

(2) 小的 H/d 值适用于第一道工序的小凹模圆角，$r_A=(4\sim8)t$。

(3) 表中数据适用材料为 08F 钢、10F 钢。

$d_1=m_1$；$d_2=m_{2;}d_3$；…；$d_n=m_nd_{n-1}$；直到 $d_n\leqslant d_0$。即当计算所得 $d_n\leqslant d_0$时，计算的次数即为拉深次数。

(b) 计算法　计算公式如下：

$$n=1+\frac{\lg d-\lg m_1 D}{\lg m_{均}} \tag{1-56}$$

式中　d——冲件直径；

D——坯料直径；

m_1——第一次拉深系数；

$m_{均}$——第一次拉深后各次平均拉深系数。

上述计算结果上靠取整即得拉深次数。

(c) 推算法　先根据 t/D 和是否符合压料条件查表确定，并查出 $[m_1]$、$[m_2]$、$[m_3]$、…，然后从第一道工序开始依次算出各次拉深工序件直径，即 $d_1=[m_1]D$、$d_2=[m_2]d_1$、…、$d_n=[m_n]d_{n-1}$，直到 $d_n \leqslant d$。即当计算所得直径 d_n 稍小于或等于拉深件所要求的直径 d 时，计算的次数即为拉深的次数。

② 各次拉深工序尺寸的计算　当圆筒形件需多次拉深时，就必须计算各次拉深的工序件尺寸，以作为设计模具及选择压力机的依据。

(a) 各次工序件的直径　当拉深次数确定之后，先从表中查出各次拉深的极限拉深系数，并加以调整后确定各次拉深实际采用的拉深系数。调整的原则是：

ⅰ. 保证 $m_1 m_2 \cdots m_n = d/D$；

ⅱ. 使 $m_1 \leqslant [m_1]$，$m_2 \leqslant [m_2]$，…，$m_n \leqslant [m_n]$，且 $m_1<m_2<\cdots<m_n$。

然后根据调整后的各次拉深系数计算各次工序件直径：

$$\begin{gathered} d_1=m_1 D \\ d_2=m_2 d_1 \\ \vdots \\ d_n=m_n d_{n-1}=d \end{gathered}$$

(b) 各次工序件的圆角半径　工序件的圆角半径 r 等于相应拉深凸模的圆角半径 r_T，即 $r=r_T$。但当料厚 $t \geqslant 1$ 时，应按中线尺寸计算，这时 $r=r_T+t/2$。

(c) 各次工序件的高度　在各工序件的直径与圆角半径确定之后，可根据圆筒形件坯料尺寸计算公式推导出各次工序件高度的计算公式为：

$$\begin{aligned} H_1 &= 0.25\left(\frac{D^2}{d_1}-d_1\right)+0.43\,\frac{r_1}{d_1}(d_1+0.32r_1) \\ H_1 &= 0.25\left(\frac{D^2}{d_2}-d_2\right)+0.43\,\frac{r_2}{d_2}(d_2+0.32r_2) \\ H_n &= 0.25\left(\frac{D^2}{d_n}-d_n\right)+0.43\,\frac{r_n}{d_n}(d_n+0.32r_n) \end{aligned} \tag{1-57}$$

式中　H_1、H_2、…、H_n——各次工序件的高度；

d_1、d_2、…、d_n——各次工序件的直径；

r_1、r_2、…、r_n——各次工序件的底部圆角半径；

D——坯料直径。

示例见本章实践单元。

2. 带凸缘圆筒形件的拉深工艺计算

图 1-157 所示为带凸缘圆筒形件及其坯料。通常，当 $d_t/d=1.1\sim1.4$ 时，称为窄凸缘圆筒形件；当 $d_t/d>1.4$ 时，称为宽凸缘圆筒形件。

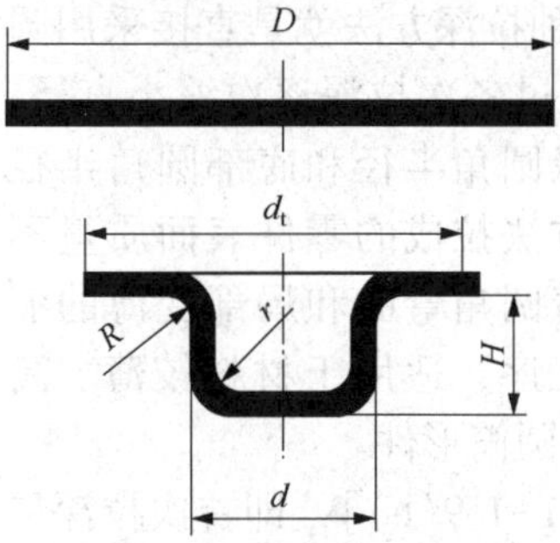

图 1-157 带凸缘圆筒形件及其坯料

有凸缘圆筒形件的拉深过程，其变形区的应力状态和变形特点与无凸缘圆筒形件是相同的。但有凸缘圆筒形件拉深时，坯料凸缘部分不是全部进入凹模口部，当拉深进行到凸缘外径等于零件凸缘直径(包括切边量)时，拉深工作就停止。因此，拉深成形过程和工艺计算与无凸缘圆筒形件的差别主要在首次拉深。

带凸缘圆筒形件的拉深看上去很简单，好像是拉深无凸缘圆筒形件的中间状态。但当其各部分尺寸关系不同时，拉深中要解决的问题是不同的，拉深方法也不相同。当拉深件凸缘为非圆形时，在拉深过程中仍需拉出圆形的凸缘，最后再用切边或其他冲压加工方法完成工件所需的形状。

(1) 拉深方法

1) 窄凸缘圆筒形件的拉深

窄凸缘圆筒形件是凸缘宽度很小的拉深件，这类零件需多次拉深时，由于凸缘很窄，可先按无凸缘圆筒形件进行拉深，再在最后一次工序用整形的方法压成所要求的窄凸缘形状。为了使凸缘容易成形，在拉深的最后两道工序可采用锥形凹模和锥形压料圈进行拉深，留出锥形凸缘，这样整形时可减小凸缘区切向的拉深变形，对防止外缘开裂有利。例如图 1-158 所示的窄凸缘圆筒形件，共需三次拉深成形，第一次拉成无凸缘圆筒形工序件，在后两次拉深时留出锥形凸缘，最后整形达到要求。

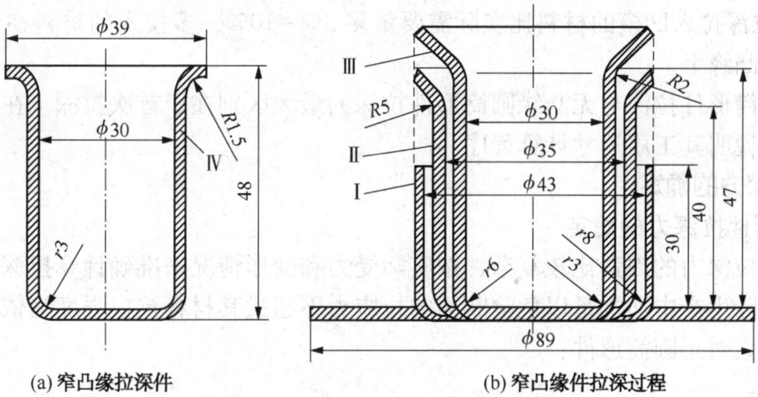

图 1-158 窄凸缘圆筒形件的拉深

Ⅰ—第一次拉深；Ⅱ—第二次拉深；Ⅲ—第三次拉深；Ⅳ—成品

2) 宽凸缘圆筒形件的拉深

宽凸缘圆筒形件需多次拉深时，拉深的原则是：第一次拉深就必须使凸缘尺寸等于拉深件的凸缘尺寸(加切边余量)，以后各次拉深时凸缘尺寸保持不变，仅仅依靠筒形部分的材料转移来达到拉深件尺寸。因为在以后的拉深工序中，即使凸缘部分产生很小的变形，也会使筒壁传力区产生很大的拉应力，从而使底部危险断面拉裂。

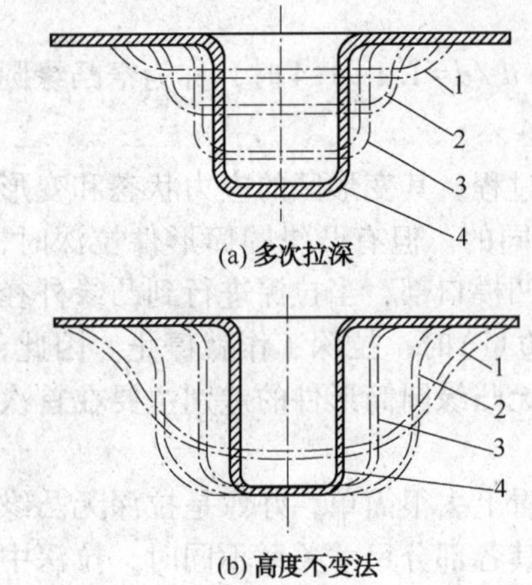

(b) 高度不变法

图 1-159　宽凸缘圆筒形件的拉深方法
1、2、3、4—拉深次序

生产实际中，宽凸缘圆筒形件需多次拉深时的拉深方法有两种(图 1-159)：

① 通过多次拉深，逐渐缩小筒形部分直径和增加其高度[图 1-159(a)]　这种拉深方法就是直接采用圆筒形件的多次拉深方法，通过各次拉深逐次缩小直径，增加高度，各次拉深的凸缘圆角半径和底部圆角半径不变或逐次减小。用这种方法拉成的零件表面质量不高，其直壁和凸缘上保留着圆角弯曲和局部变薄的痕迹，需要在最后增加整形工序，适用于材料较薄、高度大于直径的中小型带凸缘圆筒形件。

② 采用高度不变法[图 1-159(b)]　即首次拉深尽可能取较大的凸缘圆角半径和底部圆角半径，高度基本拉到零件要求的尺寸，以后各次拉深时仅减小圆角半径和筒形部分直径，而高度基本不变。这种方法由于拉深过程中变形区材料所受到的折弯较轻，所以拉成的零件表面较光滑，没有折痕。但它只适用于坯料相对厚度较大、采用大圆角过渡不易起皱的情况。

(2) 拉深特点

与无凸缘圆筒形件相比，带凸缘圆筒形件的拉深变形具有如下特点：

① 凸缘直径应在首次拉深时确定，以后各次拉深只是将首次拉深拉入凹模的材料做重新分配；

② 带凸缘拉深件首次拉深的变形程度比拉深系数相同的无凸缘件的拉深小，因而允许取更小的拉深系数；

③ 首次拉深拉入凹模的材料比实际需要量多 5%~10%，多拉入的材料在以后各次拉深中逐次返回到凸缘上。

带凸缘圆筒形件拉深与无凸缘圆筒形件拉深的最大区别在于首次拉深，在本节实践单元中将结合实例说明其工序尺寸计算程序。

(四) 拉深力的确定

1. 圆筒形件拉深力的确定

由于影响拉深力的因素比较复杂，按实际受力和变形情况来准确计算拉深力是比较困难的，所以，实际生产中通常是以危险断面的拉应力不超过其材料抗拉强度为依据，采用经验公式进行计算。对于圆筒形件：

首次拉深：

$$F=K_1\pi d_1 t\sigma_b \tag{1-58}$$

以后各次拉深：

$$F=K_2\pi d_i t\sigma_b \qquad (i=2、3、\cdots、n) \tag{1-59}$$

式中　F——拉深力

d_1、d_2、…、d_n——各次拉深工序件直径，mm；

t——板料厚度，mm；

σ_b——拉深件材料的抗拉强度，MPa；

K_1、K_2——修正系数，与拉深系数有关，见表 1-40。

表 1-40　修正系数 K_1、K_2 之值

K_1	0.55	0.57	0.60	0.62	0.65	0.67	0.70	0.72	0.75	0.77	0.80	—	—	—
K_1	1.0	0.93	0.86	0.79	0.72	0.66	0.60	0.55	0.5	0.45	0.40	—	—	—
m_2、m_3、…、m_n	—	—	—	—	—	—	0.70	0.72	0.75	0.77	0.80	0.85	0.90	0.95
K_2	—	—	—	—	—	—	1.0	0.95	0.90	0.85	0.80	0.70	0.60	0.50

2. 圆筒形件压料力的确定

（1）压料力作用及计算

压料力的作用是防止拉深过程中坯料的起皱。压料力的大小应适当，压料力过小，防皱效果不好；压料力过大，则会增大传力区危险断面上的拉应力，从而引起严重变薄甚至拉裂。因此，在保证坯料变形区不起皱的前提下，应尽量选用较小的压料力，压料力的大小应允许在一定范围内调节。一般来说，随着拉深系数的减小，压料力许可调节范围减小，理想的压料力是随起皱可能性变化而变化，但压料装置很难达到这样的要求，这对拉深很不利，因为压料力稍大些时就会产生破裂，压料力稍小些时会产生起皱，即拉深的工艺稳定性不好。相反，拉深系数较大时，压料力可调节范围增大，工艺稳定性较好。通常，模具设计时，压料力可按下列经验公式计算：

任何形状的拉深件：

$$F_Y = Ap \tag{1-60}$$

圆筒形件首次拉深：

$$F_Y = \pi[D^2-(d_1+2r_{An})^2]p/4 \tag{1-61}$$

圆筒形件以后各次拉深：

$$F_Y = \pi({d_{i-1}}^2-{d_i}^2)p/4 \qquad (i=2、3、\cdots) \tag{1-62}$$

式中　F_Y——压料力，N；

A——压料圈下坯料的投影面积，mm^2；

p——单位面积压料力，MPa，可查表 1-41；

D——坯料直径，mm；

d_1、d_2、…、d_n——各次拉深工序件的直径，mm；

r_{A1}、r_{A2}、…、r_{An}——各次拉深凹模的圆角半径，mm。

表 1-41　单位面积压料力

材料名称		p/MPa
铝		0.8~1.2
纯铜、硬铝（已退火的）		1.2~1.8
黄铜		1.5~2.0
软钢	t<0.5mm	2.5~3.0
	t>0.5mm	2.0~2.5
镀锡钢板		2.5~3.0
耐热钢（软化状态）		2.8~3.5
高合金钢、高锰钢、不锈钢		3.0~4.5

(2) 压料装置

如前所述，为了解决拉深过程中的起皱问题，生产实际中的主要方法是在模具结构上采用压料装置(即压边圈)。常用的压料装置有刚性压料装置和弹性压料装置两种。

1) 弹性压料装置

在单动压力机上进行拉深加工时，一般都是采用弹性压料装置来产生压料力。根据产生压料力的弹性元件不同，弹性压料装置可分为弹簧式、橡胶式和气垫式三种，如图 1-160 所示。

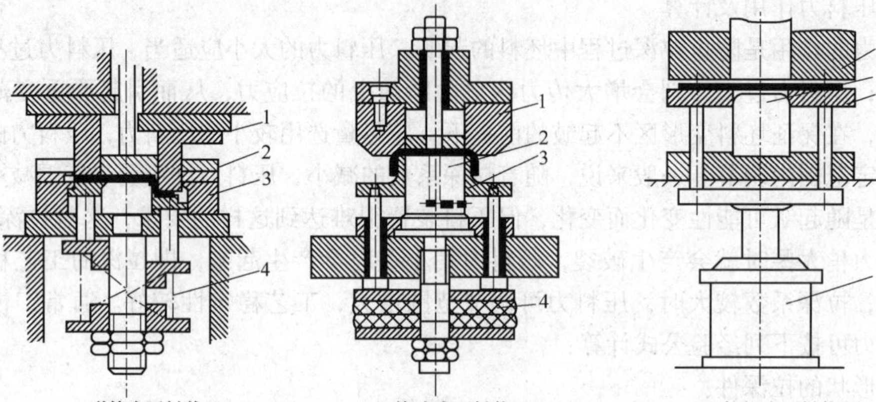

图 1-160　弹性压料装置

1—凹模；2—凸模；3—压料圈；4—弹性元件(弹顶器或气垫)

上述三种压料装置的压料力变化曲线如图 1-161 所示。由图可以看出，弹簧和橡胶压料装置的压料力是随着工作行程(拉深深度)的增加而增大的，尤其是橡胶式压料装置更突出。这样的压料力变化特性会使拉深过程中的拉深力不断增大，从而增大拉裂的危险性。因此，弹簧和橡胶压料装置通常只用于浅拉深。这两种压料装置结构简单，在中小型压力机上使用较为方便。只要正确地选用弹簧的规格和橡胶的牌号及尺寸，并采取适当的限位措施，就能减少它的不利方面。弹簧应选总压缩量大、压力随压缩量增加而缓慢增大的规格。橡胶应选用软橡胶，并保证相对压缩量不过大，建议橡胶总厚度不小于拉深工作行程的 5 倍。

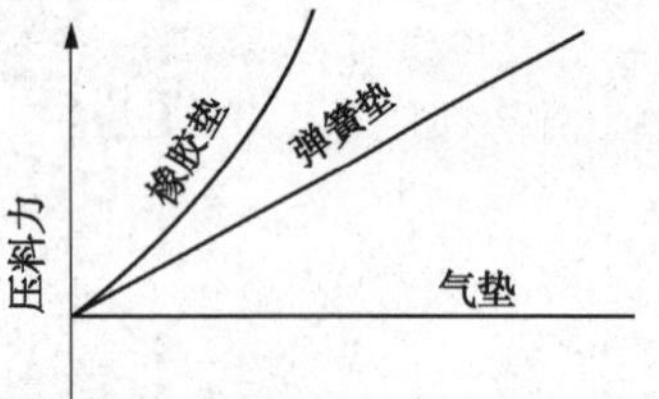

图 1-161　各种弹性压料装置的压料力曲线

气垫式压料装置压料效果好，压料力基本上不随工作行程而变化(压料力的变化可控制在 10%~15%内)，但气垫装置结构复杂。

压料圈(亦称压边圈)是压料装置的关键零件，常见的结构形式有平面形、锥形和弧形，如图 1-162 所示。一般的拉深模采用平面形压料圈[图 1-162(a)]；当坯料相对厚度较小，拉深件凸缘小且圆角半径较大时，则采用带弧形的压料圈[图 1-162(c)]；锥形压料圈[图 1-162(b)]能降低极限拉深系数，其锥角与锥形凹模的锥角相对应，一般取 $\beta=30°\sim40°$，主要用于拉深系数较小的拉深件。

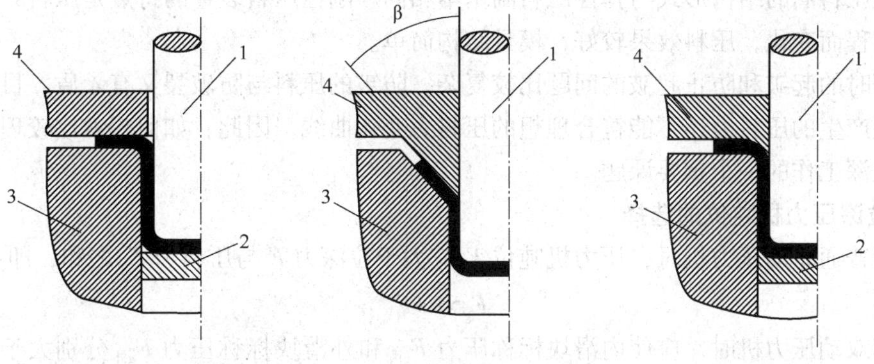

(a) 平面形压料圈　(b) 锥形压料圈　(c) 弧形压料圈

图 1-162　压料圈的结构形式

1—凸模；2—顶板；3—凹模；4—压料圈

为了保持整个拉深过程中压料力均衡和防止将坯料压得过紧，特别是拉深板料较薄且凸缘较宽的拉深件时，可采用带限位装置的压料圈，如图 1-163 所示。限位柱可使压料圈和凹模之间始终保持一定的距离 S。对于带凸缘零件的拉深，$s=t+(0.05\sim0.1)$ mm；铝合金零件的拉深，$s=1.1t$；钢板零件的拉深，$s=1.2t$（t 为板料厚度）。图 1-163（a）可以通过修磨限位钉调整压边力的大小，并使压边力在拉深过程中保持不变；图 1-163（b）采用固定限位柱，图 1-163（c）采用可调限位柱，二者均用于以后各次拉深。

2）刚性压料装置

刚性压料装置一般设置在双动压力机上用的拉深模中。图 1-164 为双动压力机用拉深模，件 4 即为刚性压料圈（又兼作落料凸模），压料圈固定在外滑块之上。在每次冲压行程开始时，外滑块带动压料圈下降压在坯料的凸缘上，并在此停止不动，随后内滑块带动凸模下降，并进行拉深变形。

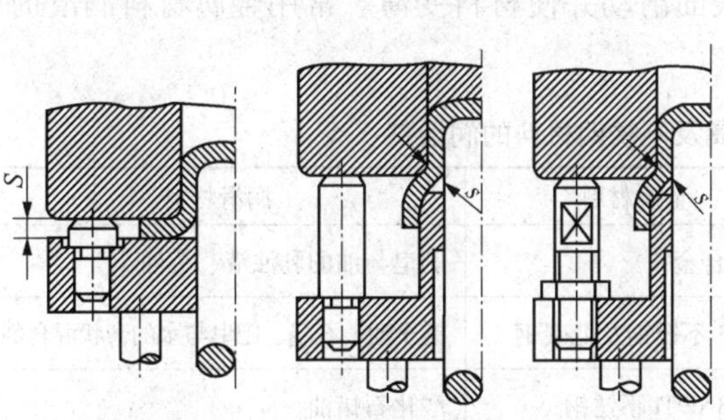

(a) 可修磨限位钉式　(b) 固定限位柱式　(c) 可调限位柱式

图 1-163　带限位装置的压料圈

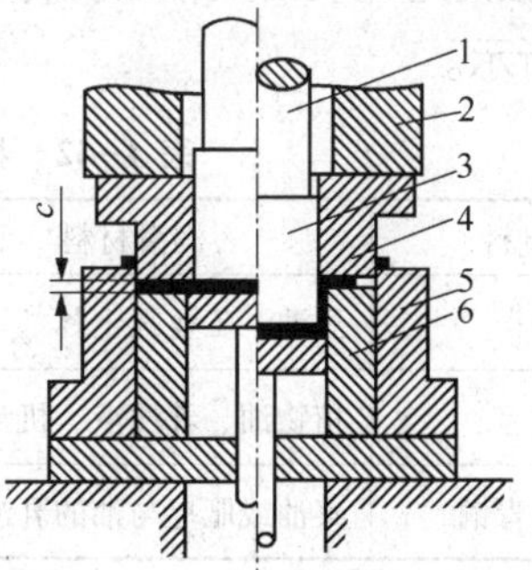

图 1-164　双动压力机用拉深模的刚性压料

1—凸模固定杆；2—外滑块；3—拉深凸模；4—压料圈兼落料凸模；5—落料凹模；6—拉深凹模

刚性压料装置的压料作用是通过调整压料圈与凹模平面之间的间隙 c 获得的，而该间隙则靠调节压力机外滑块得到。考虑到拉深过程中坯料凸缘区有增厚现象，所以这一间隙应略大于板料厚度。

刚性压料圈的结构形式与弹性压料圈基本相同。刚性压料装置的特点是压料力不随拉深的工作行程而变化，压料效果较好，模具结构简单。

拉深时的起皱和防止起皱的问题比较复杂，防皱的压料与防破裂又有矛盾，目前常用的压料装置产生的压料力还不能符合理想的压料力变化曲线。因此，如何探索比较理想的压料装置是拉深工作的一个重要课题。

3. 拉深压力机吨位的选择

选用普通单动压力机时，压力机吨位 F_g 应大于拉深力 F 与压料力 F_Y 之和，即：

$$F_g > F + F_Y \tag{1-63}$$

选用双动压力机时，应使内滑块标称压力 $F_{g内}$ 和外滑块标称压力 $F_{g外}$ 分别大于拉深力 F 和压料力 F_Y，即：

$$F_{g内} > F，F_{g外} > F_Y$$

确定机械式拉深压力机标称压力时必须注意，当拉深工作行程较大，尤其是落料拉深复合时，应使拉深力曲线位于压力机滑块的许用负荷曲线之下，而不能简单地按压力机标称压力大于拉深力或拉深力与压料之和的原则去确定规格。

（五）拉深工艺的辅助工序

为了保证拉深过程的顺利进行或提高拉深件质量和模具寿命，需要安排一些必要的辅助工序，如润滑、热处理和酸洗等。

1. 拉深件的润滑

拉深过程中，不但材料的塑性变形强烈，而且板料与模具的接触面之间要产生相对滑动，因而有摩擦力存在。在拉深时采用润滑剂，不仅可以降低摩擦力，而且可以相对地提高变形程度，还能保护模具工作表面和冲压件表面不被损伤。实践证明：在拉深工序中，采用润滑剂以后，其拉深力可降低30%左右。润滑剂的涂刷部位，在拉深工序中应特别注意。应该将润滑剂涂在凹模圆角和压边面处以及与它们相接触的毛坯表面上，切忌涂在凸模表面或同它接触的毛坯表面上，以防材料沿凸模表面滑动并使材料变薄。常用金属材料润滑剂如表 1-42 所示。

表 1-42　拉深有色金属及不锈钢材料的润滑剂

金属材料	润滑材料	金属材料	润滑材料
铝	豆油、工业凡士林	镍及合金	肥皂与油的乳浊液、机油
铝合金	植物油、乳浊液、机油	2Cr13 不锈钢及低碳钢	锭子油、石墨、肥皂与水的膏状混合剂
紫铜黄铜及青铜	菜油或肥皂与油的乳浊液	1Cr18Ni9Ti 不锈钢	酸化石蜡油

2. 拉深件的热处理

由于板料经过冲裁、拉深后，因塑性变形而产生较大的加工硬化，表面硬度增加、塑性降低，导致拉深过程中的继续变形困难甚至不可能，给下一道拉深造成了困难，为了后续拉深或其他成形工序的顺利进行，或消除工件的内应力，必要时应进行工序间的热处理或最后消除应力的热处理。常用退火工艺如表 1-43 所示。

表 1-43 常用材料退火工艺

材料	退火方式	退火温度/℃	保温时间/min	冷却
钢 08、10、15		高温 760~780 低温 600~650	20~40	空冷
钢 Q195、Q215		900~920	20~40	空冷
钢 20、25、30		700~720	60	
30Cr		650~800	12~18	空冷
黄铜 H68		低温 500~540		空冷
锡青铜	密封	480~500	60	密封缸内空冷
硬铝		380~420	30	从 250℃后空冷

对于普通硬化的金属（如 08 钢、10 钢、15 钢、黄铜和退火过的铝等），若工艺过程制订得正确，模具设计合理，一般可不需要进行中间退火。而对于高度硬化的金属（如不锈钢、耐热钢、退火紫铜等），一般在 1~2 次拉深工序后就要进行中间热处理。

为了消除加工硬化而进行的热处理方法，对于一般金属材料是退火，对于奥氏体不锈钢、耐热钢则是淬火。

不论是工序间热处理还是最后消除应力的热处理，应尽量及时进行，以免由于长期存放造成冲件在内应力作用下生产变形或龟裂，特别对不锈钢、耐热钢及黄铜冲件更是如此。

3. 拉深件的酸洗

经过热处理的工序件，表面有氧化皮，需要清洗后方可继续进行拉深或其他冲压加工。在许多场合，工件表面的油污及其他污物也必须清洗，方可进行喷漆或搪瓷等后续工序。有时在拉深成形前也需要对坯料进行清洗。

在冲压加工中，清洗的方法一般是采用酸洗。酸洗时先用苏打水去油，然后将工件或坯料置于加热的稀酸中浸蚀，接着在冷水中漂洗，后在弱碱溶液中将残留的酸液中和，最后在热水中洗涤并经烘干即可。

三、拉深模的设计

（一）拉深模典型结构

1. 拉深模分类

拉深工序设计具有工艺计算复杂、模具结构简单的特点，根据使用设备与工作情况的不同，拉深模结构也不同。按工序可分为首次拉深和以后各次拉深，二者区别在于压边圈的结构与定位不同；按使用设备，可分为单动压力机用拉深模与双动压力机用拉深模，其区别在于压边装置不同。另外还有，按工序的组合程度，可分为单工序拉深模、复合工序拉深模与级进工序拉深模；按结构形式与使用要求的不同，可分为首次拉深模与以后各次拉深模，有压料装置拉深模与无压料装置拉深模，顺装式拉深模与倒装式拉深模，下出件拉深模与上出件拉深模等等。

2. 拉深模典型结构

(1) 单动压力机上使用的拉深模

1) 首次拉深模

图 1-165 为无压料装置的首次拉深模。此模具结构简单，上模往往是整体式的，当凸模直径过小时，则需要增加一块上模板，为便于从凸模上取下工件，应在凸模上开设一直径为 3mm 以上的排气孔，上下模的导向靠材料和凸、凹模间隙自然形成，一般不需另加导柱、导套。适用于拉深材料厚度较大(>2mm)及拉深高度较小的零件。

图 1-166 为有压料装置的正装式首次拉深模。拉深模的压料装置在上模，由于弹性元件高度受到模具闭合高度的限制，因而这种结构形式的拉深模只适用于拉深高度不大的零件。

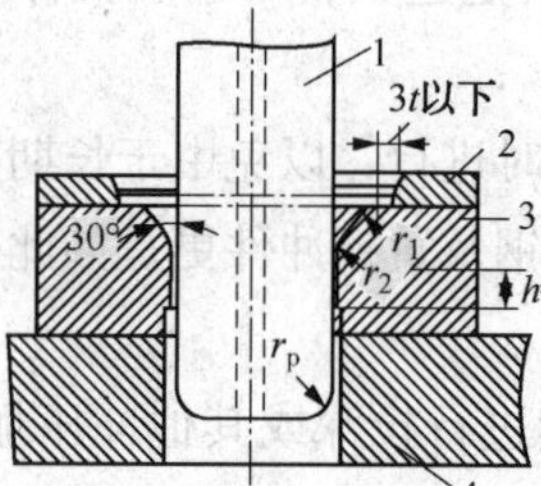

图 1-165 无压边装置的首次拉深模

1—凸模；2—定位板；
3—凹模；4—下模座

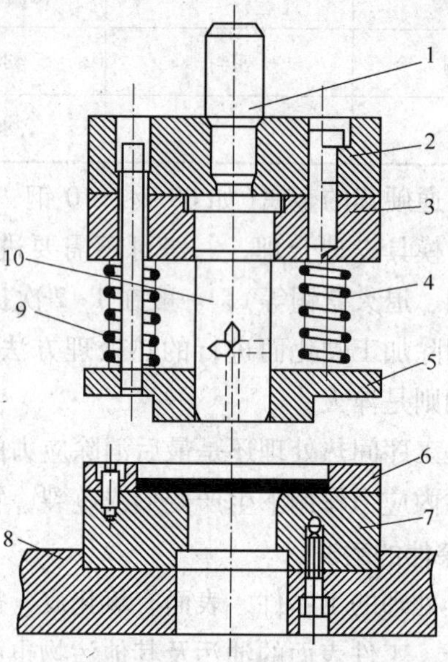

图 1-166 有压料装置的正装式首次拉深模

1—模柄；2—上模座；3—凸模固定板；4—弹簧；5—压边圈；
6—定位板；7—凹模；8—下模座；9—卸料螺钉；10—凸模

图 1-167 为倒装式的具有锥形压料圈的拉深模，压料装置的弹性元件在下模底下，工作行程可以较大，可用于拉深高度较大的零件，应用广泛。

首次拉深模具有以下特点：

① 模具结构简单，使用方便，制造容易；

② 压边圈即起压边作用，又起卸料作用和板料的定位作用；

③ 凸模上开有气孔，以防止拉深件紧吸附于凸模上而造成困难；

④ 模具采用倒装式，以便在下部空间较大的位置安装和调节压边装置。

由此，首次拉深模适用于拉深板料厚度较大而深度不大的拉深件。

2) 以后各次拉深模

图 1-168 所示为无压料装置的以后各次拉深模，前次拉深后的工序件由定位板 6 定位，拉深后工件由凹模孔台阶卸下。为了减小工件与凹模间的摩擦，凹模直边高度 h 取 9~13mm。该模具适用于变形程度不大、拉深件直径和壁厚要求均匀的以后各次拉深。

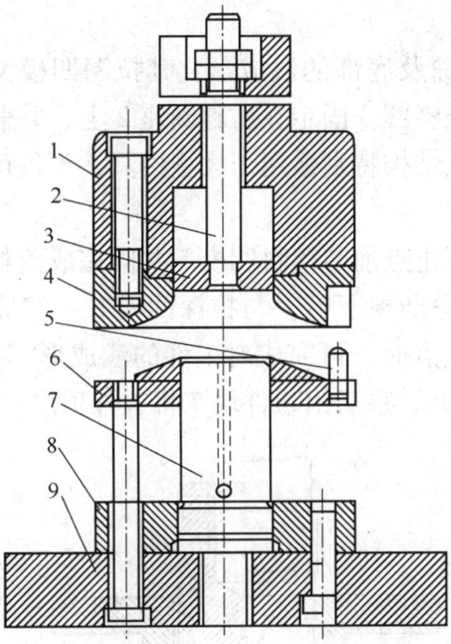

图 1-167　带锥形压边圈的倒装拉深模

1—上模座；2—推杆；3—推件板；
4—锥形凹模；5—限位柱；6—锥形压边圈；
7—拉深凸模；8—固定板；9—下模座

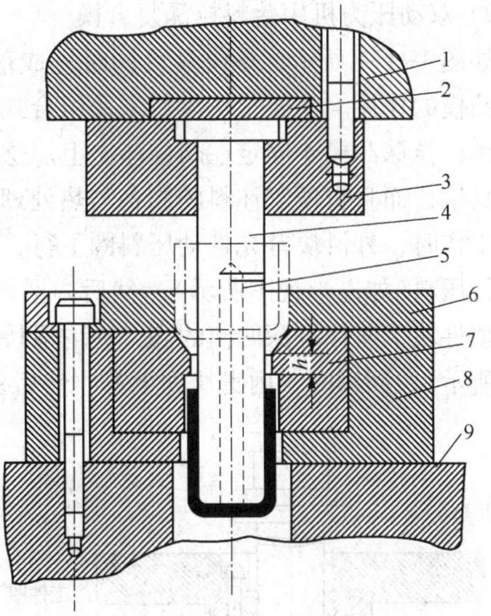

图 1-168　无压边装置的以后工序拉深模

1—上模座；2—垫板；3—凸模固定板；
4—凸模；5—通气孔；6—定位板
7—凹模；8—凹模座；9—下模座

图 1-169 为有压料倒装式以后各次拉深模，压料圈 6 兼作定位用，前次拉深后的工序件套在压料圈上进行定位。压料圈的高度应大于前次工序件的高度，其外径最好按已拉成的前次工序件的内径配作。拉深完的工件在回程时分别由压料圈顶出和推件块 3 推出。可调式限位柱 5 可控制压料圈与凹模之间的间距，以防止拉深后期由于压料力过大造成工件侧壁底角附近过分减薄或拉裂。

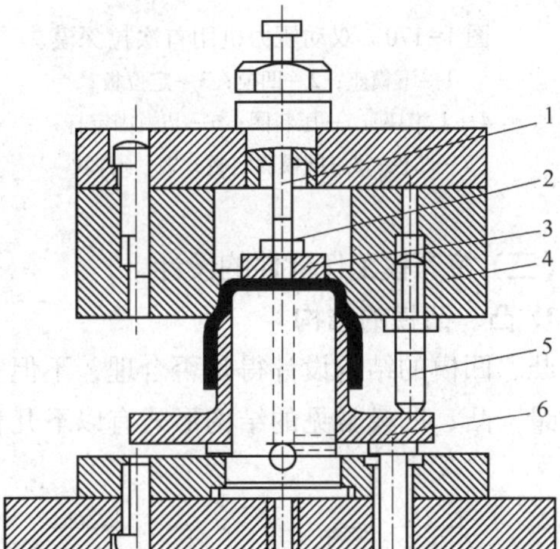

图 1-169　有压料倒装式以后各次拉深模

1—打杆；2—螺母；3—推件块；
4—凹模；5—可调式限位柱；6—压料圈；

综上所述，以后各次拉深模是半成品毛坯套在压力圈上定位，上模下降，下模上的凸模把半成品毛坯拉入凹模中，使半成品直径减少，需要注意的是：以后各次拉深模压边圈与首次拉深的压边圈不同。

（2）双动压力机上使用的拉深模

1）双动压力机用首次拉深模

如图 1-170 所示，下模由凹模 2、定位板 3、凹模固定板 8、顶件块 9 和下模座 1 组成，上模的压料圈 5 通过上模座 4 固定在压力机的外滑块上，凸模 7 通过凸模固定杆 6 固定在内滑块上。工作时，坯料由定位板定位，外滑块先行下降带动压料圈将坯料压紧，接着内滑块下降带动凸模完成对坯料的拉深。回程时，内滑块先带动凸模上升将工件卸下，接着外滑块带动压料圈上升，同时顶件块在弹顶器作用下将工件从凹模内顶出。

2）双动压力机用落料拉深复合模

如图 1-171 所示，该模具可同时完成落料、拉深及底部的浅成形，其拉深凹模又起到落料凸模的作用。主要工作零件采用组合式结构，压料圈 3 固定在压料圈座 2 上，并兼作落料凸模，拉深凸模 4 固定在凸模座 1 上。这种组合式结构特别适用于大型模具，不仅可以节省模具钢，而且也便于坯料的制备与热处理。

工作时，外滑块首先带动压料圈下行，在达到下止点前与落料凹模 5 共同完成落料，接着进行压料(如左半视图所示)。然后内滑块带动拉深凸模下行，与拉深凹模 6 一起完成拉深。顶件块 7 兼作拉深凹模的底，在内滑块到达下止点时，可完成对工件的浅成形(如右半视图所示)。回程时，内滑块先上升，然后外滑块上升，最后由顶件块 7 将工件顶出。

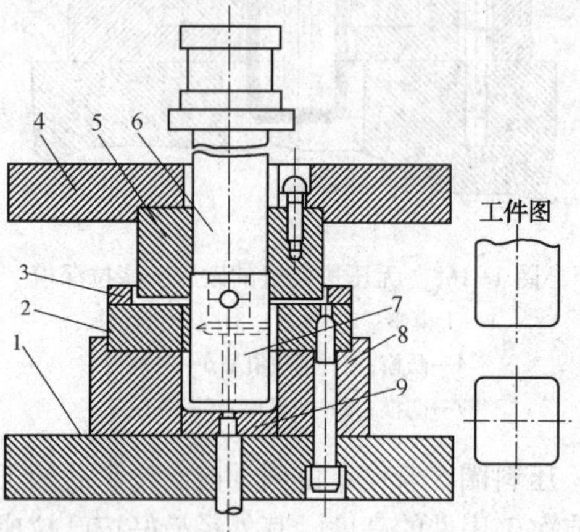

图 1-170　双动压力机用首次拉深模

1—下模座；2—凹模；3—定位板；
4—上模座；5—压料圈；6—凸模固定杆；
7—凸模；8—凹模固定板；9—顶件块

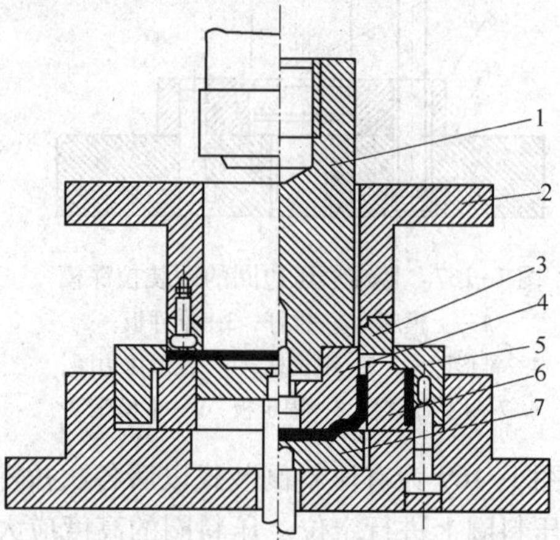

图 1-171　双动压力机用落料拉深复合模

1—凸模座；2—压料圈座；
3—压料圈(兼落料凸模)；4—拉深凸模；
5—落料凹模；6—拉深凹模；7—顶件块

(二) 拉深模工作零件的设计

1. 凸、凹模的结构

凸、凹模的结构设计得是否合理，不但直接影响拉深时的坯料变形，而且还影响拉深件的质量。凸、凹模常见的结构形式有以下几种(图 1-172、图 1-173)。

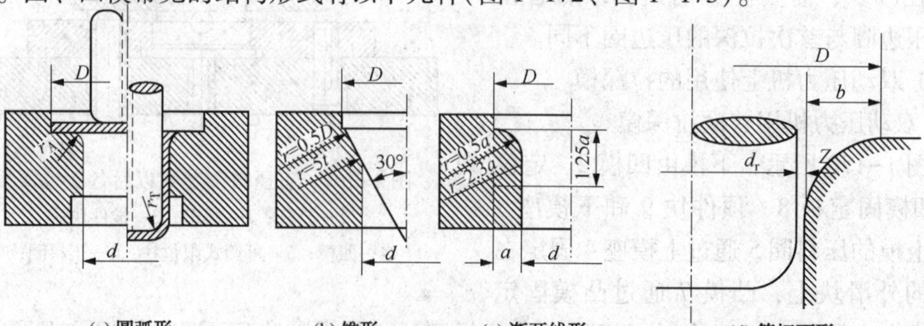

(a) 圆弧形　(b) 锥形　(c) 渐开线形　(d) 等切面形

图 1-172　无压料一次拉深的凸、凹模结构

（1）无压料时的凸、凹模

图 1-172 所示为无压料一次拉深成形时所用的凸、凹模结构，其中圆弧形凹模[（图 1-172(a)]结构简单，加工方便，是常用的拉深凹模结构形式；锥形凹模[（图 1-172(b)]、渐开线形凹模[图 1-172(c)]和等切面形凹模[图 1-172(d)]对抗失稳起皱有利，但加工较复杂，主要用拉深系数较小的拉深件。图 1-173 所示为无压料多次拉深所用的凸、凹模结构。上述凹模结构中，$a=5\sim10$mm，$b=2\sim5$mm，锥形凹模的锥角一般取 30°。

（2）有压料时的凸、凹模

有压料时的凸、凹模结构如图 1-174 所示，其中图 1-174(a)用于直径小于 100mm 的拉深件；图 1-174(b)用于直径大于 100mm 的拉深件，这种结构除了具有锥形凹模的特点外，还可减轻坯料的反复弯曲变形，以提高工件侧壁质量。

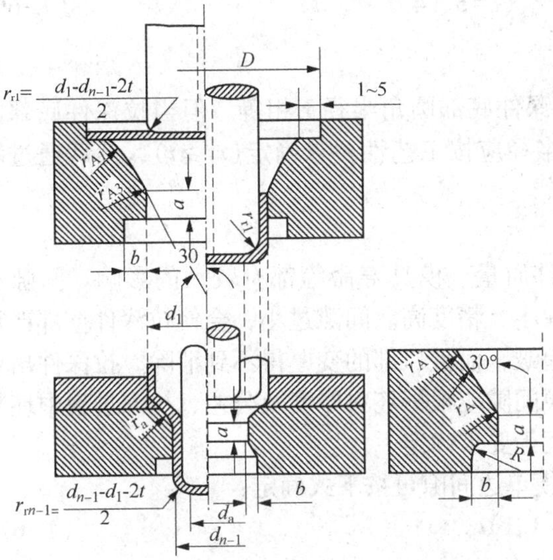

图 1-173 无压料多次拉深的凸、凹模结构

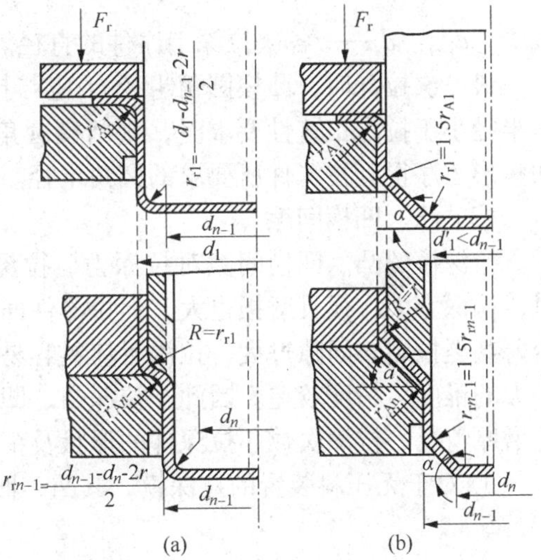

图 1-174 有压料多次拉深的凸、凹模结构

2. 凸、凹模的圆角半径

（1）凹模圆角半径

拉深时，平面凸缘区材料经过凹模圆角流入凸、凹模间隙，若凹模圆角半径 r_A 越大，材料越易进入凹模，但 r_A 过大，材料易起皱。因此，在材料不起皱的前提下，r_A 宜取大一些。

首次拉深的凹模圆角半径可根据材料种类和毛坯相对厚度按表 1-44 选用。

表 1-44 首次拉深凹模圆角半径 r_{A1} mm

拉深方式	毛坯相对厚度（$t/D\times100$）		
	≤2.0~1.0	<1.0~0.3	<0.3~0.1★
无凸缘件拉深	(4~6)t	(6~8)t	(8~12)t
有凸缘件拉深	(6~10)t	(10~15)t	(15~20)t

注：(1)带★者最好用球面压边圈。

(2)对于有色金属取较小值，对于黑色金属取较大值。

以后各次拉深时，凹模圆角半径应逐渐减小，一般可按以下关系确定：

$$r_{Ai}=(0.6\sim0.9)r_{A(i-1)} \quad (i=2、3、\cdots、n) \tag{1-64}$$

以上计算所得凹模圆角半径均应符合 $r_A \geqslant 2t$ 的拉深工艺性要求。对于带凸缘的筒形件，最后一次拉深的凹模圆角半径还应与零件的凸缘圆角半径相等。

(2) 凸模圆角半径

凸模圆角半径 r_T过小，会使坯料拉深时受到过大的弯曲变形，导致危险断面材料局部严重变薄甚至拉裂；r_T过大，拉深时底部材料的承压面积小，容易变薄，同时，会使坯料悬空部分增大，容易产生“内起皱”现象。

一般 $r_T < r_A$，单次拉深或多次拉深的第一次拉深可取：

$$r_{T1} = (0.7 \sim 1.0) r_{A1} \tag{1-65}$$

以后各次拉深的凸模圆角半径可按下式确定：

$$r_{T(i-1)} = \frac{d_{i-1} - d_i - 2t}{2} \quad (i=3、4、\cdots、n) \tag{1-66}$$

式中　d_{i-1}、d_i——各次拉深工序件的直径。

最一次拉深时，凸模圆角半径 r_{Tn}应与拉深件底部圆角半径 r 相等。但当拉深件底部圆角半径小于拉深工艺性要求时，则凸模圆角半径应按工艺性要求确定($r_T \geqslant t$)，然后通过增加整形工序得到拉深件所要求的圆角半径。

(3) 凸、凹模间隙

拉深模的凸、凹模间隙对拉深力、拉深件质量、模具寿命等都有较大的影响。间隙小时，拉深力大，模具磨损也大，但拉深件回弹小，精度高。间隙过小，会使拉深件壁部严重变薄甚至拉裂。间隙过大，拉深时坯料容易起皱，而且口部的变厚得不到消除，拉深件出现较大的锥度，精度较差。因此，拉深凸、凹模间隙应根据坯料厚度及公差、拉深过程中坯料的增厚情况、拉深次数、拉深件的形状及精度等要求确定。

① 对于无压料装置的拉深模，其凸、凹模单边间隙可按下式确定：

$$Z = (1 \sim 1.1) t_{max} \tag{1-67}$$

式中　Z——凸、凹模单边间隙；

t_{max}——材料厚度的最大极限尺寸。

对于系数 1~1.1，小值用于末次拉深或精度要求高的零件拉深，大值用于首次和中间各次拉深或精度要求不高的零件拉深。

② 对于有压料装置的拉深模，其凸、凹模单边间隙可根据材料厚度和拉深次数参考表 1-45确定。

表 1-45　使用压边圈拉深时的凸、凹模单边间隙

总拉深次数											
1	2		3			4			5		
各次拉深的凸、凹模单边间隙/mm											
1	1	2	1	2	3	1、2	3	4	1、2、3	4	5
$(1 \sim 1.1)t$	$1.1t$	$(1 \sim 1.05)t$	$1.2t$	$1.1t$	$(1 \sim 1.05)t$	$1.2t$	$1.1t$	$(1 \sim 1.05)t$	$1.2t$	$1.1t$	$(1 \sim 1.05)t$

3. 拉深模工作部分尺寸计算

确定凸、凹模工作部分尺寸时，应考虑模具的磨损和拉深件的弹复。拉深件尺寸精度主要取决于最后一道工序，其尺寸公差只在最后一道工序考虑，拉深凸、凹模尺寸与中间工序尺寸无关，所以中间工序可直接取工序尺寸作为模具工作部分尺寸，而最后一道工序则要根据工件内(外)形尺寸要求和磨损方向来确定凸、凹模工作尺寸及公差。

最后一道工序凸、凹模工作部分尺寸按拉深件尺寸标注方式不同由表1-46计算：

表1-46 拉深模工作部分尺寸计算公式

尺寸标注方式	凹模尺寸(D_d、d_d)	凸模尺寸(D_p、d_p)
标注外形尺寸 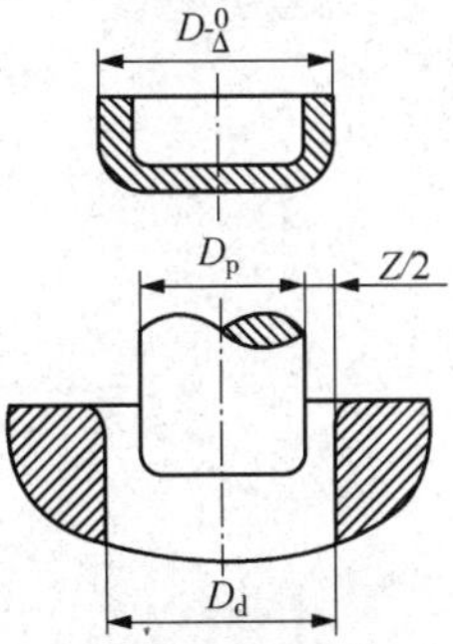	$D_d=(D_{max}-0.75\Delta)^{+\delta_d}_{0}$	$D_p=(D_{max}-0.75\Delta-Z)^{0}_{-\delta_p}$
标注内形尺寸 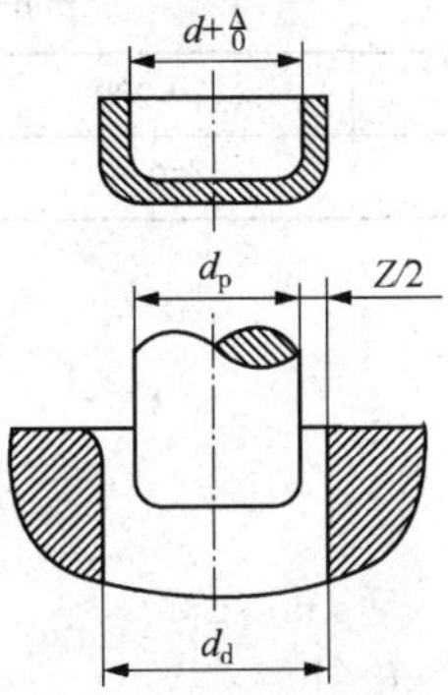	$d_d=(d_{min}+0.4\Delta+Z)^{+\delta_d}_{0}$	$d_p=(d_{min}+0.4\Delta)^{0}_{-\delta_p}$

注：D_d、d_d——凹模基本尺寸，mm；

D_p、d_p——凸模基本尺寸，mm；

D_{max}——拉深件外径最大极限尺寸，mm；

d_{min}——拉深件内径最小极限尺寸，mm；

Δ——拉深件制造公差，mm；

δ_d、δ_p——凹模和凸模的制造公差，根据工件材料厚度和工件直径选定，见表1-47。

Z——拉深模间隙，mm。

表1-47 圆形拉深模凸、凹模的制造公差 mm

材料厚度 t/mm	拉深件直径 d/mm					
	≤10		>10~50		>50~200	
	σ_d	σ_p	σ_d	σ_p	σ_d	σ_p
0.25	0.015	0.010	0.020	0.010	0.030	0.015
0.50	0.030	0.015	0.040	0.030	0.050	0.030
0.80	0.040	0.025	0.060	0.035	0.060	0.040
1.00	0.045	0.030	0.070	0.040	0.080	0.050
1.50	0.065	0.050	0.090	0.060	0.100	0.070
2.50	0.095	0.060	0.130	0.085	0.150	0.100

注：(1)此表数据适用于未精压的薄钢板；

(2)若采用精压钢板，则凸、凹模制造公差取表中数据的20%~25%；

(3)若采用有色金属材料，则凸、凹模制造公差取表中数据的50%。

当凸、凹模间隙较小或者制件较深时，为便于凸模下行时制件封闭的容腔内气体顺利排出，避免制件变形及粘膜拉裂，通常在凸模上开设排气槽，如图 1-175 所示。

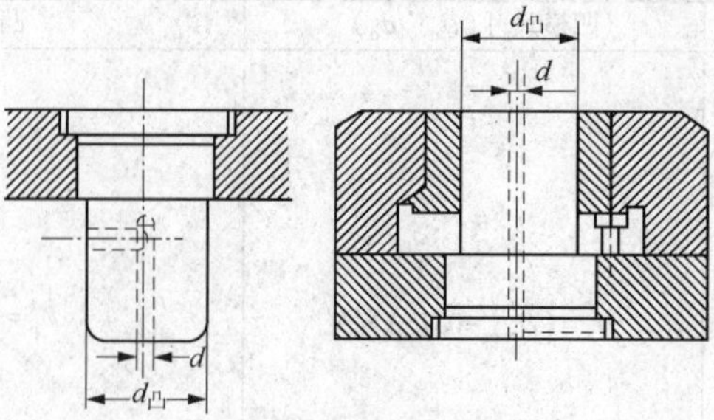

图 1-175　拉深凸模排气孔

凸模排气孔的直径见表 1-48。

表 1-48　凸模排气孔直径　mm

凸模直径	<50	>50~100	>100~200	>200
排气孔直径	5	6.5	8	9.5

思考题

1. 举例说明拉深方法可以制造什么零件？并阐述其特点；
2. 拉深模中压边圈的作用是什么？
3. 说明起皱、拉裂的危害和预防措施；
4. 什么是拉深系数？影响因素是什么？
5. 判断：

1）后次拉深的拉深系数可取得比首次拉深的拉深系数小。(　　)
2）拉深系数越小，说明拉深变形程度越大。(　　)
3）要分多次拉深的圆筒形件，每次拉深系数应该≥图表推荐值。(　　)
4）在拉深过程中，压边力过大或过小均可能造成拉裂。(　　)

项目四　拉深模设计(实践单元)

知识要点

- 拉深模设计流程；
- 拉深模设计要点；
- 设计实例。

学习要求

- 掌握拉深设计流程与要点；
- 通过拉深模设计实例初步掌握拉深工艺及模具设计思路。

一、拉深工艺设计

（一）拉深工艺设计流程

图 1-176 所示为无凸缘圆筒形件拉深工序计算流程，它代表了拉深工序件的一般设计、计算思路。

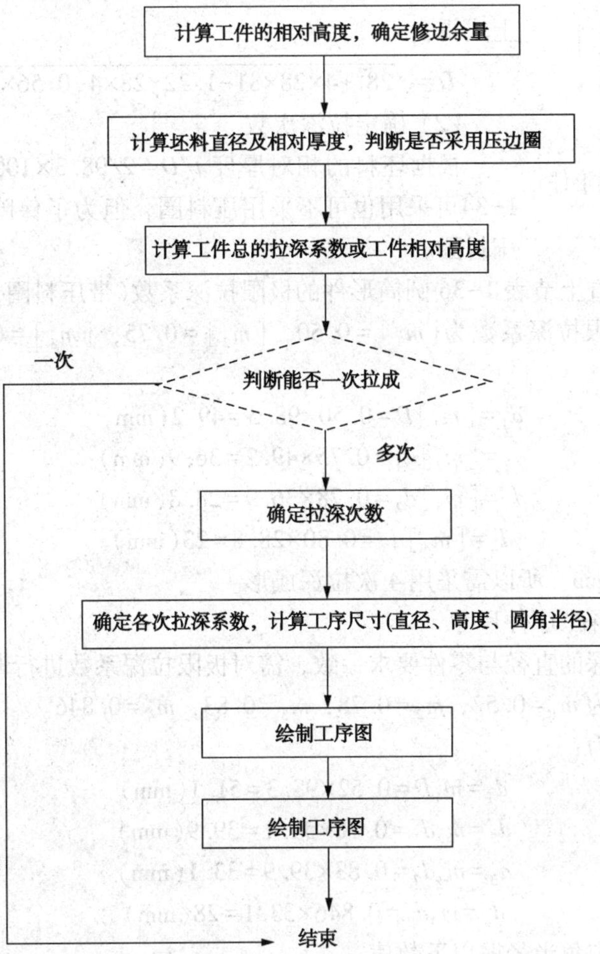

图 1-176　无凸缘圆筒形件拉深工序计算流程

（二）拉深工艺设计实例

1. 无凸缘圆筒形件拉深工序计算

试计算图 1-177 所示的圆筒形件的坯料尺寸、拉深系数及各次拉深工序件尺寸。材料为 10 钢，板料厚度 $t=2$mm。

解：因板料厚度 $t>1$mm，故按板厚中线尺寸计算。

（1）计算坯料直径

根据拉深件尺寸，其相对高度为：

$$h/d=(76-1)/(30-2)\approx 2.7$$

查上节表 1-38 无凸缘圆筒形拉深件修边余量 Δh，获得切边余量 $\Delta h=6$mm。

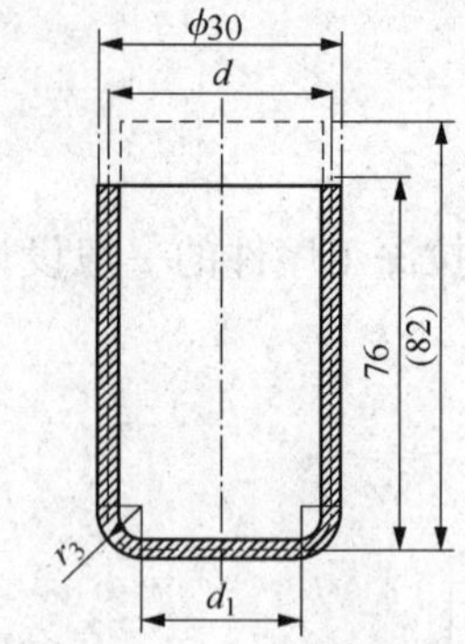

图 1-177　无凸缘圆筒形件

又据上一节表 1-35 常用旋转体拉深件坯料直径的计算公式，查得坯料直径计算公式为：

$$D=\sqrt{d^2+4dH-1.72dr-0.56r^2}$$

根据图 1-177 可知：

$d=30-2=28\text{mm}$，$r=3+1=4\text{mm}$，$H=76-1+6=81\text{mm}$，代入上式得：

$$D=\sqrt{28^2+4\times28\times81-1.72\times28\times4-0.56\times4^2}=98.3(\text{mm})$$

（2）确定拉深次数

根据坯料的相对厚度 $t/D=2/98.3\times100\%=2\%$，按上节表 1-34可采用也可不采用压料圈，但为了保险起见，拉深时采用压料圈。

根据 $t/D=2\%$，查上节表 1-36 圆筒形件的极限拉深系数(带压料圈)

得各次拉深的极限拉深系数为 $[m_1]=0.50$，$[m_2]=0.75$，$[m_3]=0.78$，$[m_4]=0.80$，…。故：

$$d_1=[m_1]D=0.50\times98.3=49.2(\text{mm})$$
$$d_2=[m_2]d_1=0.75\times49.2=36.9(\text{mm})$$
$$d_3=[m_3]d_2=0.78\times36.9=28.8(\text{mm})$$
$$d_4=[m_4]d_3=0.80\times28.8=23(\text{mm})$$

因 $d_4=23\text{mm}<28\text{mm}$，所以需采用 4 次拉深成形。

（3）计算各次拉深工序件尺寸

为了使第四次拉深的直径与零件要求一致，需对极限拉深系数进行调整。调整后取各次拉深的实际拉深系数为 $m_1=0.52$，$m_2=0.78$，$m_3=0.83$，$m_4=0.846$。

各次工序件直径为：

$$d_1=m_1D=0.52\times98.3=51.1(\text{mm})$$
$$d_2=m_2d_1=0.78\times51.1=39.9(\text{mm})$$
$$d_3=m_3d_2=0.83\times39.9=33.1(\text{mm})$$
$$d_4=m_4d_3=0.846\times33.1=28(\text{mm})$$

各次工序件底部圆角半径取以下数值：

$r_1=8\text{mm}$，$r_2=5\text{mm}$，$r_3=r_4=4\text{mm}$

把各次工序件直径和底部圆角半径代入，得各次工序件高度为：

$$H_1=0.25\times\left(\frac{98.3^2}{51.1}-51.1\right)+0.43\times\frac{8}{51.1}\times(51.1+0.32\times8)=38.1(\text{mm})$$

$$H_2=0.25\times\left(\frac{98.3^2}{39.9}-39.9\right)+0.43\times\frac{5}{39.9}\times(39.9+0.32\times5)=52.8(\text{mm})$$

$$H_3=0.25\times\left(\frac{98.3^2}{33.1}-33.1\right)+0.43\times\frac{4}{33.1}\times(33.1+0.32\times4)=66.3(\text{mm})$$

$$H_4=81(\text{mm})$$

以上计算所得工序件尺寸都是中线尺寸，换算成与零件图相同的标注形式后，所得各工序件的尺寸如图 1-178 所示。

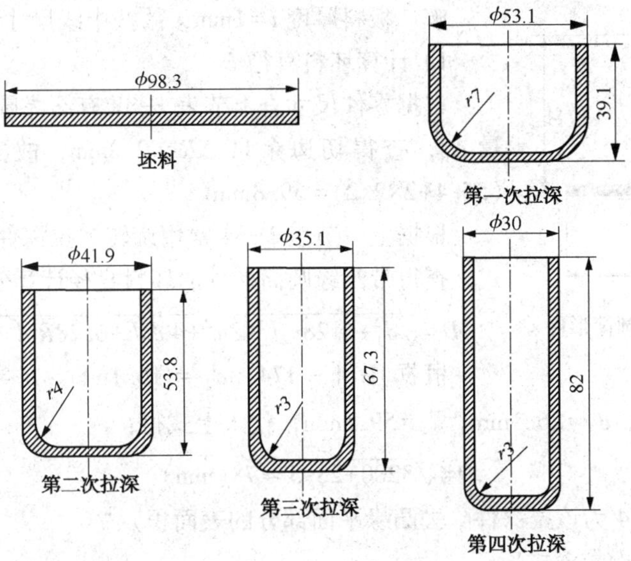

图 1-178 圆筒形件的各次拉深工序件尺寸

2. 有凸缘圆筒形件拉深工序计算

该类零件的拉深过程，其变形区的应力状态和变形特点与无凸缘圆筒形件是相同的。但有凸缘圆筒形件拉深时，坯料凸缘部分不是全部进入凹模口部，当拉深进行到凸缘外径等于零件凸缘直径(包括切边量)时，拉深工作就停止。因此，拉深成形过程和工艺计算与无凸缘圆筒形件的差别主要在首次拉深。

(1) 计算思路

1) 判断能否一次拉深成形

① 利用极限相对高度进行判断(查表 1-51) 如果工件的相对高度 h/d 小于或等于表中对应的极限相对高度[h_1/d_1]值时，则可以一次拉深成形，否则需多次拉深。

② 利用极限拉深系数进行判断(查表 1-50) 如果工件的拉深系数大于或等于表中对应的极限拉深系数[m]值时，则可以一次拉深成形，否则需多次拉深。

2) 具体计算步骤

① 选取修边余量；

② 计算毛坯直径 D；

③ 判断能否一次拉深或多次拉深；

④ 判断是否窄或宽凸缘筒形件，确定拉深方法；

⑤ 计算各工序件的拉深直径；

⑥ 合理选配各次拉深的圆角半径；

⑦ 确定各工序件的拉深高度；

⑧ 画出工序图。

(2) 实例计算

试对图 1-179 所示带凸缘圆筒形件的拉深工序进行计算。零件材料为 08 钢，厚度$t=1$mm。

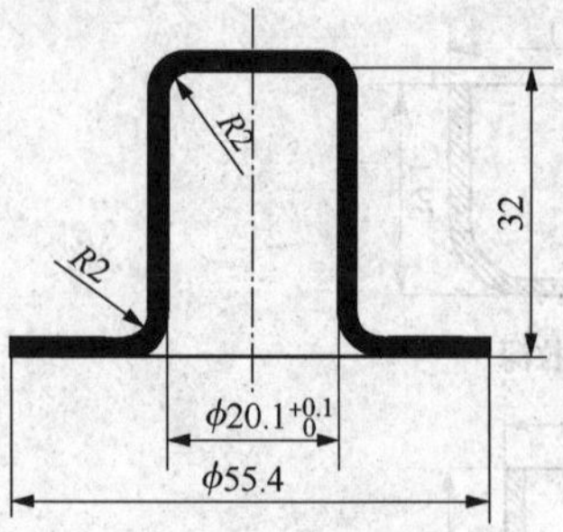

图 1-179　带凸缘圆筒形件

解：板料厚度 $t=1\text{mm}$，故按中线尺寸计算。

1）计算坯料直径 D

根据零件尺寸查上节表 1-38 有凸缘圆筒形拉深件修边余量 Δ_R，查得切边余量 $\Delta R=2.2\text{mm}$，故实际凸缘直径 $d_t=(55.4+2\times2.2)=59.8\text{mm}$。

根据上一节表 1-34 常用旋转体拉深件坯料直径的计算公式，查得带凸缘圆筒形件的坯料直径计算公式为：

$$D=\sqrt{d_1^2+6.28r\,d_1+8\,r^2+4\,d_2h+6.28R\,d^2+4.56\,R^2+d_4^2-d_3^2}$$

根据图 1-174，$d_1=16.1\text{mm}$，$R=r=2.5\text{mm}$，$d_2=21.1\text{mm}$，$h=27\text{mm}$，$d_3=26.1\text{mm}$，$d_4=59.8\text{mm}$，代入上式得：

$$D=\sqrt{3200+2895}\approx78(\text{mm})$$

（其中 3200×π/4 为该拉深件除去凸缘平面部分的表面积）

2）判断可否一次拉深成形

根据：

$$t/D\times100=1/78\times100=1.28$$

$$d_t/d=59.8/21.1=2.83$$

查表 1-49 得首次拉深的极限拉深系数 $[m_1]=0.35$。

则该拉深件的实际拉深系数为：

$$m_t=d/D=21.1/78=0.27$$

所以：$m_t=0.27<[m_1]=0.35$

表 1-49　有凸缘圆筒形件第一次拉深的极限拉深系数

凸缘的相对直径 $\frac{d_t}{d}$	坯料的相对厚度（t/D）×100				
	2~1.5	1.5~1.0	1.0~0.6	0.6~0.3	0.3~0.10
1.1 以下	0.51	0.53	0.55	0.57	0.59
1.3	0.49	0.51	0.53	0.54	0.55
1.5	0.47	0.49	0.50	0.51	0.52
1.8	0.45	0.46	0.47	0.48	0.48
2.0	0.42	0.43	0.44	0.45	0.45
2.2	0.40	0.41	0.42	0.42	0.42
2.5	0.37	0.38	0.38	0.38	0.38
2.8	0.34	0.35	0.35	0.35	0.35
3.0	0.32	0.33	0.33	0.33	0.33

查表 1-50 得到 $[H_1/d_1]=0.21$，

$$H/d=32/21.1=1.52$$

根据上一节内容：当 $m_{总}>[m]$ 时，拉深件可以一次拉成，否则需多次拉深。说明该零件不能一次拉深成形，需要多次拉深。

表 1-50 有凸缘圆筒形件的首次拉深的极限相对高度 h_1/d_1

凸缘的相对直径 $\frac{d_t}{d}$	坯料的相对厚度 $(t/D)\times100$				
	2~1.5	1.5~1.0	1.0~0.6	0.6~0.3	0.3~0.10
1.1 以下	0.90~0.75	0.82~0.65	0.70~0.57	0.62~0.50	0.52~0.45
1.3	0.80~0.65	0.72~0.56	0.60~0.50	0.53~0.45	0.47~0.40
1.5	0.70~0.58	0.63~0.50	0.53~0.45	0.48~0.40	0.42~0.35
1.8	0.58~0.48	0.53~0.42	0.44~0.37	0.39~0.34	0.35~0.29
2.0	0.51~0.42	0.46~0.36	0.38~0.32	0.34~0.29	0.30~0.25
2.2	0.45~0.35	0.40~0.31	0.33~0.27	0.29~0.25	0.26~0.22
2.5	0.35~0.28	0.32~0.25	0.27~0.22	0.23~0.20	0.21~0.17
2.8	0.27~0.22	0.24~0.19	0.21~0.17	0.18~0.15	0.16~0.13
3.0	0.22~0.18	0.20~0.16	0.17~0.14	0.15~0.12	0.13~0.10

注：(1) 表中大值适于大的圆角半径[由 $t/D=2\%\sim1.5\%$ 时的 $R=(10\sim12)t$ 到 $t/D=0.3\%\sim0.15\%$ 时的 $R=(20\sim25)t$]，小值适用于底部及凸缘小的圆角半径，随着凸缘直径的增加及相对拉深深度的减小，其值也跟着减小。

(2) 表中数值适用于 10 钢，对于比 10 钢塑性好的材料取表中的大值；塑性差的材料，取表中小数值。

3）确定首次拉深工序件尺寸

初定 $d_t/d_1=1.3$，查表得$[m_1]=0.51$，取 $m_1=0.52$，则：

$$d_1=m_1\times D=0.52\times78=40.5(\text{mm})$$

取 $r_1=R_1=5.5\text{mm}$。

为了使以后各次拉深时凸缘不再变形，取首次拉入凹模的材料面积比最后一次拉入凹模的材料面积(即零件中除去凸缘平面以外的表面积 3200×π/4)增加 5%，故坯料直径修正为：

$$D=\sqrt{3200\times105\%+2895}\approx79(\text{mm})$$

经计算可得首次拉深高度为：

$$\begin{aligned}H_1&=\frac{0.25}{d_1}(D^2-d_1^2)+0.43(r_1+R_1)+\frac{0.14}{d_1}(r_1^2-R_1^2)\\&=\frac{0.25}{40.5}\times(79^2-59.8^2)+0.43\times(5.5+5.5)\\&=21.2(\text{mm})\end{aligned}$$

验算所取 m_1 是否合理：根据 $t/D=1.28\%$，$d_t/d_1=59.8/40.5=1.48$，查表可知$[H_1/d_1]=0.58$。因 $H_1/d_1=21.2/40.5=0.52<[H_1/d_1]=0.58$，故所取 m_1 是合理的。

4）计算以后各次拉深的工序件尺寸

查表 1-35 圆筒形件的极限拉深系数(带压料圈)得：

$[m_2]=0.75$，$[m_3]=0.78$，

$[m_4]=0.80$，则

$d_2=[m_2]\times d_1=0.75\times40.5=30.4(\text{mm})$

$d_3=[m_3]\times d_2=0.78\times30.4=23.7(\text{mm})$

$d_4=[m_4]\times d_3=0.80\times23.7=19.0(\text{mm})$

因 $d_4=19.0<21.1$，故共需 4 次拉深。

调整以后各次拉深系数，取 $m_2=0.77$，$m_3=0.80$，$m_4=0.844$。

故以后各次拉深工序件直径为：

$d_2 = m_2 \times d_1 = 0.77 \times 40.5 = 31.2(\text{mm})$

$d_3 = m_3 \times d_2 = 0.80 \times 31.2 = 25.0(\text{mm})$

$d_4 = m_4 \times d_3 = 0.844 \times 25.0 = 21.1(\text{mm})$

以后各次拉深工序件的圆角半径取：

$r_2 = R_2 = 4.5\text{mm}$，$r_3 = R_3 = 3.5\text{mm}$，$r_4 = R_4 = 2.5\text{mm}$

设第二次拉深时多拉入3%的材料(其余2%的材料返回到凸缘上)，第三次拉深时多拉入1.5%的材料(其余1.5%的材料返回到凸缘上)，则第二次和第三次拉深的假想坯料直径分别为：

$$D' = \sqrt{3200 \times 103\% + 2895} = 78.7(\text{mm})$$

$$D'' = \sqrt{3200 \times 101.5\% + 2895} = 78.4(\text{mm})$$

以后各次拉深工序件的高度为：

$$H_2 = \frac{0.25}{d_1}(D'^2 - d_1^2) + 0.43(r_1 + R_1) + \frac{0.14}{d_1}(r_1^2 - R_1^2)$$

$$= \frac{0.25}{31.2} \times (78.7^2 - 59.8^2) + 0.43 \times (4.5 + 4.5) = 24.8(\text{mm})$$

$$H_3 = \frac{0.25}{d_1}(D''^2 - d_1^2) + 0.43(r_1 + R_1) + \frac{0.14}{d_1}(r_1^2 - R_1^2)$$

$$= \frac{0.25}{25} \times (78.4^2 - 59.8^2) + 0.43 \times (3.5 + 3.5) = 28.7(\text{mm})$$

最后一次拉深后达到零件的高度 $H_4 = 32\text{mm}$，上工序多拉入的1.5%的材料全部返回到凸缘，拉深工序至此结束。

将上述按中线尺寸计算的工序件尺寸换算成与零件图相同的标注形式后，所得各工序件的尺寸如图1-180所示。

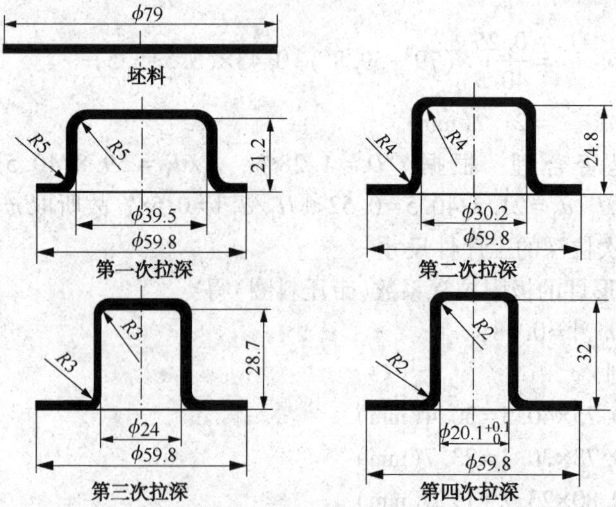

图1-180　带凸缘圆筒形件的各次拉深工序尺寸

二、拉深模设计

(一) 拉深模设计流程

拉深模设计流程如图 1-181 所示。

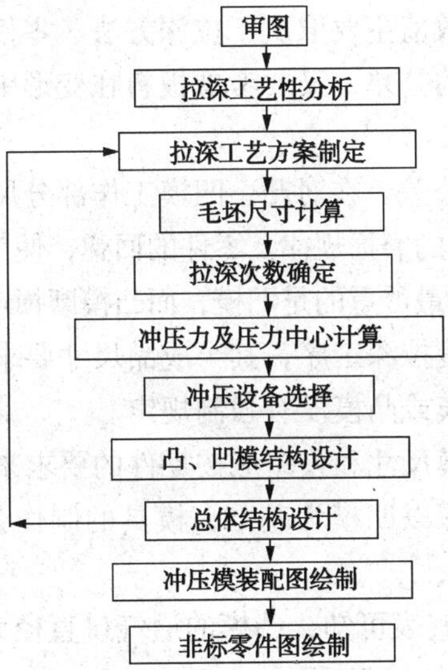

图 1-181　拉深模设计流程

(二) 拉深模设计实例

拉深件结构、尺寸如图 1-182 所示，材料：Q235，试设计对应的模具。

(以下是大致的模具设计思路)

(1) 材料分析

Q235 为优质碳素结构钢，具有良好的拉深成形性能。

(2) 结构分析

零件为一有孔片状半圆弯曲件，结构简单，圆半径为 30mm 和无圆角弯曲，因此零件具有良好的结构工艺性。

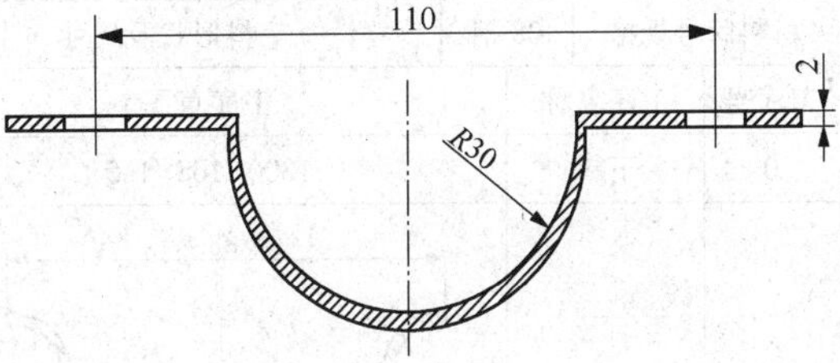

图 1-182　拉深件外形

(3) 精度分析

零件上尺寸均为未注公差尺寸，普通弯曲即可达到零件的精度要求。

(4) 弯曲工艺性计算(略)

(5) 确定工艺方案

第一步落料，然后进行五次拉深。由于本工件采用了上页图示的拉深过程，而且每次拉深都有余料返回凸缘，为了去掉筒壁上的压痕和凸缘是的波纹，须加一次整形工序。最后修边。

(6) 简要计算

① 计算压边力、拉深力；

② 计算凸、凹模圆角半径；

③ 凸、凹模间隙　凸模与凹模之间的间隙对拉深力、制件质量、模具寿命等都有很大的影响。如间隙过大，拉伸件口部小的皱纹得不到挤平而残留在表面，同时零件回弹变形大、有锥度、精度差；间隙过小，摩擦阻力增大、零件变薄严重，甚至拉裂，同时模具磨损加大，寿命低。拉深模的间隙数值主要取决于拉深方法、零件形状及尺寸精度等。确定间隙的原则是：既要考虑板料本身的公差，又要考虑板料在变形中的增厚现象，间隙选择一般都比毛坯厚度略大一些。

④ 凸模与凹模工作尺寸及公差　在对凸、凹模工作部分尺寸及公差设计时应考虑到拉深件的回弹、壁厚的不均匀和模具的磨损规律。零件的回弹，使口部尺寸增大；筒壁上下厚度的差异使零件精度不高；模具磨损最严重的是凹模，而凸模磨损最小，所以计算尺寸的原则是：

对于多次拉深时的中间过渡拉深工序，其半成品尺寸要求不高。模具的尺寸只需取半成品过渡尺寸即可，基准选用凹模或凸模没有强制规定。

最后一道工序的凸模、凹模尺寸和公差应按零件的要求来确定。

依据以上原则，前四次拉深以凹模为基准，模具的制作公差按 IT10 级选取。从而可以依次计算凹、凸模的尺寸。

⑤ 确定凸模通气口　通过查表可知，凸模的通气口直径为 ϕ5mm。

⑥ 填写工艺规程卡片，如表 1-51 所示。

表 1-51　冲压工艺规程卡片

<table>
<tr><td colspan="3" rowspan="2">单位</td><td>产品名称</td><td colspan="2"></td><td>工件名称</td><td></td><td>产量</td><td>第页</td></tr>
<tr><td>产品图号</td><td colspan="2"></td><td>工件图号</td><td></td><td></td><td>共页</td></tr>
<tr><td>材料牌号规格</td><td colspan="2">08 钢</td><td colspan="2">毛料形状及尺寸</td><td colspan="2">选用板料</td><td colspan="3">ϕ130×2</td></tr>
<tr><td>工序号</td><td>工序名称</td><td colspan="3">工序草图</td><td>工装名称</td><td>设备</td><td>检验要求</td><td>工种</td><td>备注</td></tr>
<tr><td>0</td><td>下料</td><td colspan="3">1800×108×1.5</td><td></td><td>剪床</td><td></td><td></td><td></td></tr>
<tr><td>1</td><td>落料拉深</td><td colspan="3">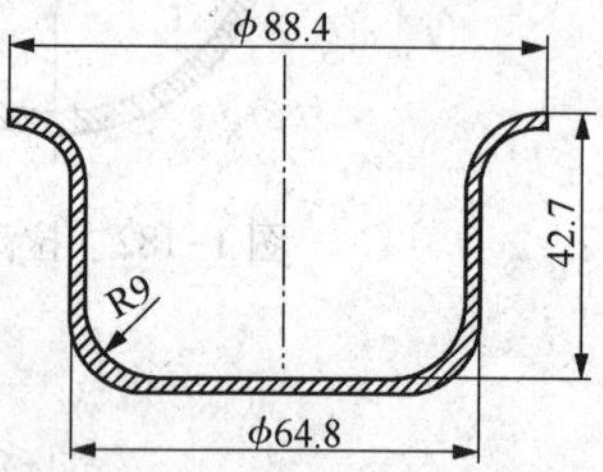
</td><td>落料拉深复合模</td><td>250kN 压力机</td><td>按草图检验</td><td></td><td></td></tr>
<tr><td>2</td><td>二次拉深</td><td colspan="3">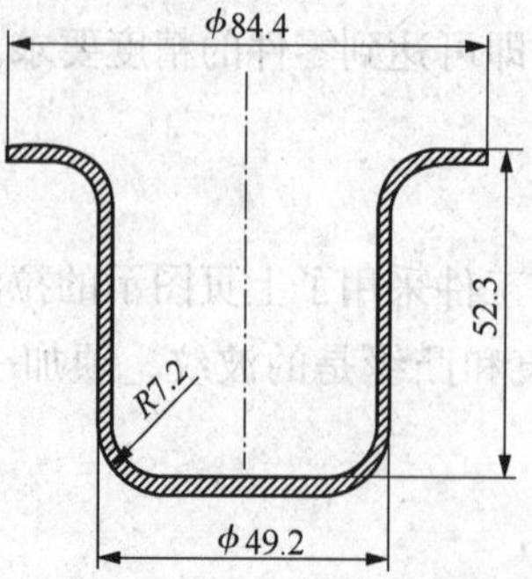
</td><td>拉深模</td><td>160kN 压力机</td><td>按草图检验</td><td></td><td></td></tr>
</table>

续表

单位	产品名称		工件名称		产量		第页
	产品图号		工件图号				共页
材料牌号规格	08 钢	毛料形状及尺寸	选用板料	$\phi130\times2$			
工序号	工序名称	工序草图	工装名称	设备	检验要求	工种	备注
3	三次拉深	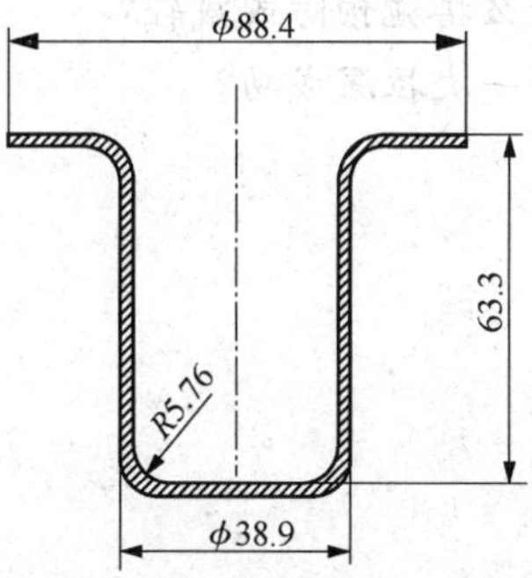	拉深模	160kN 压力机	按草图检验		
4	四次拉深	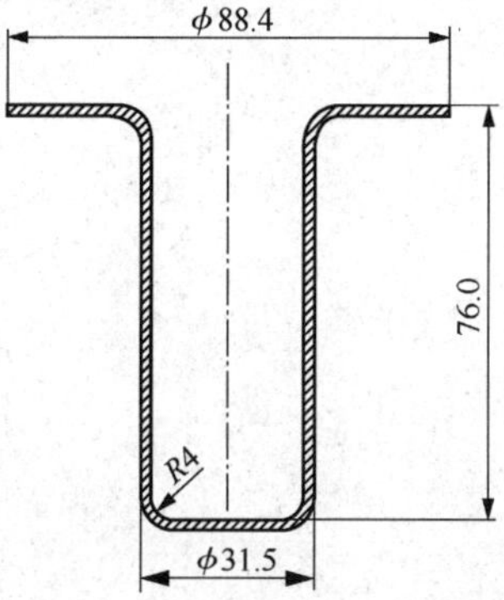	拉深模		按草图检验		
5	五次拉深	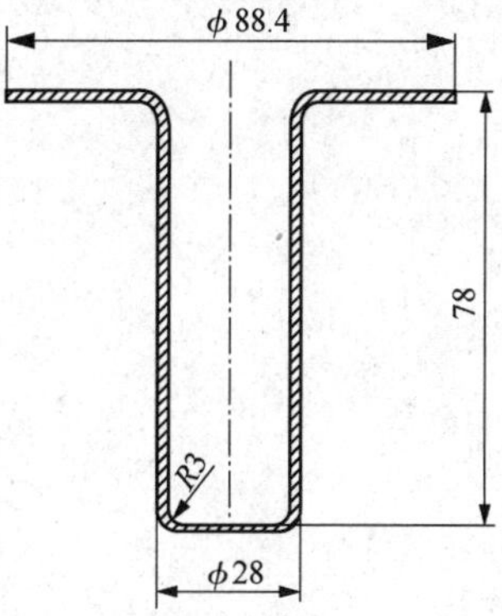	拉深模	160kN 压力机	按图检验		
6	去毛刺			滚筒			
7	检验				按冲压件图检验		

原底图总号		日期		更改标记			编制	校对	核对
				文件号		签名			
底图总号		签字		签名		日期			
				日期					

思考题

1. 说明拉深模的设计思路与步骤。

2. 计算：圆筒件直径为 d，高为 h，若忽略低部圆角半径 r 不计，设拉深中材料厚度不变，极限拉深系数 $[m]=0.5$ 时，求容许的零件最大相对高度 (h/d) 为多少？

3. 为什么有些拉深件要二次或多次拉深才能成形？

4. 拉深件容易出现什么质量问题？采取什么措施预防或减轻？

5. 拉深系数的意义？怎样判断拉深件能否一次拉深成功？

模块二　塑料模具设计

项目一　塑料模具设计基础知识

知识要点

- 塑料的概念、分类及特性；
- 塑件的工艺性；
- 塑料主要成型方法。

学习要求

- 掌握塑料概况及塑料工艺性；
- 初步掌握塑料主要成型方法及原理。

一、常用塑料的材料特性

（一）塑料概论

1. 塑料的概念

塑料是一种以合成树脂为主要成分，加入适量的添加剂制成的高分子有机化合物。在一定的温度和压力条件下，塑料可以用模具成型出具有一定形状和尺寸的制件，并且当外力解除后，在常温下仍能使形状保持不变。

2. 塑料的特性

塑料制品之所以在工业生产中得到广泛应用，特别是在模具制造中得到飞速发展，是由于塑料本身具有很多优点，其制品易着色，可加工成任意形状。表述如下：

① 密度小。一般为$(0.9\sim2.3)\times10^3 kg/m^3$，约为铝的1/2，钢的1/3。能够全面减轻制品自重；

② 化学稳定性高，特别是某些塑料耐蚀性优异，特别适合于制造化工装备中的耐饰零部件；

③ 具有优良的电绝缘性，某些塑料还具有良好的光、电、声、磁性，特别适合于制造电器产品中的绝缘材料；

④ 摩擦系数低，具有良好的自润滑性能，在机械装置中制造轴承和传动零件，能降低磨损与噪声；

⑤ 塑料来源广泛，价格低廉，可以采用高效率的工艺方法加工，提高生产率。

3. 塑料的成分

塑料制品应用的广泛性离不开自身的性质特点。塑料的主要成分是树脂，由于树脂本身加入了多种添加剂，能够获得适应不同环境和场合的塑件，因而在模具设计中，塑料成为首选材料。

（1）树脂

树脂是指受热时通常有转化或熔融范围，转化时受外力作用具有流动性，常温下呈固态或半固态或液态的有机聚合物，它是塑料最基本的，也是最重要的成分。树脂有天然树脂和合成树脂两种。树脂的主要作用是黏合塑料的其他成分，并决定塑料的主要性能，如机械、物理、电、化学性能等。树脂在塑料中的比例一般为40%~65%。

天然树脂是指由自然界中动植物分泌物所得的无定形有机物质，如松香、琥珀、虫胶等。

合成树脂是指由简单有机物经化学合成或某些天然产物经化学反应而得到的树脂产物。

（2）添加剂

添加剂主要包括填充剂、增塑剂、着色剂、稳定剂和润滑剂等等。

① 填充剂　填充剂又称填料，其作用是调整塑料的物理化学性能，提高材料的强度。减少树脂用量，降低塑料成本；还可改善塑料某些性能，扩大塑料的应用范围。

② 增塑剂　有些树脂的可塑性很小，柔软性也很差。为了降低树脂的熔融黏度和熔融温度，改善其成型加工性能，改进塑料的柔韧性、弹性以及其他各种必要的性能，通常加入能与树脂相容的、不易挥发的高沸点有机化合物。这类物质称为增塑剂。

③ 着色剂　着色剂又称色料，主要起美观和装饰作用，满足塑件使用上的美观要求。一般使用有机颜料、无机颜料和染料作为着色剂。

④ 润滑剂　改善塑料熔体的流动性，减少或避免对设备或模具的摩擦和黏附，以及改进塑件的表面粗糙度。

4. 塑料代号

常见塑料代号见表2-1。

表2-1　常见塑料代号

缩写代号	中　文	缩写代号	中　文
CA	乙酸纤维素(醋酸纤维素)	PS	聚苯乙烯
CN	硝酸纤维素	PSF	聚砜
EC	乙基纤维素	PTFE	聚四氟乙烯
PCTFE	聚三氟氯乙烯	PVC	聚氯乙烯
GPS	通用聚苯乙烯	MDPE	中密度聚乙烯
GRP	玻璃纤维增强塑料	PA	聚酰胺(尼龙)
HDPE	高密度聚乙烯	PAA	聚丙烯酸
PC	聚碳酸脂	PP	聚丙烯
PAN	聚丙烯腈	PPC	氯化聚丙烯
FEP	全氟(乙烯-丙烯)共聚物(聚全氟乙丙烯)	PPO	聚苯醚(聚2，6-二甲基-1，4-苯醚)，聚苯撑醚
PE	聚乙烯	PVCC	氯化聚氯乙烯
PEC	氯化聚乙烯	PVDC	聚偏二氯乙烯
PI	聚酰亚胺	PVDF	聚偏二氟乙烯
PMMA	聚甲基丙烯酸甲酯	RP	增强塑料
POM	聚甲醛	S/AN	苯乙烯-丙烯腈共聚物

（二）塑料分类及应用

通常，塑料在室温下都是固体或者弹性体。为了加工和成型，通常需要对塑料进行加热，使塑料成为具有流动性的粘流态，然后进行加工成型。在注塑模具设计中，按照成型性能，可将塑料分为热塑性塑料和热固性塑料两类。

1. 热塑性塑料

（1）热塑性塑料种类

热塑性塑料是指在受热时软化熔融，冷却后固化成型，并可以反复使用的塑料。它经再次加热后，仍然能够达到很好的流动性，并可再次加工成型，具有良好的再加工性和再回收利用性。最常见的热塑性塑料包括 PVC、PE、PP、ABS 等。

1）聚乙烯(PE)

聚乙烯塑料是塑料工业中产量最大的品种之一。这类塑料是由乙烯进行加聚而成的高分子化合物，为白色蜡状半透明材料，柔而韧、稍能伸长，无毒、易燃，燃烧时熔融滴落，发出石蜡燃烧时的气味。聚乙烯的机械性能基本上是由材料的密度和熔融指数决定。

在模具成型过程中，低聚乙烯塑料主要用于制造塑料管、塑料板、塑料绳以及承载力不高的零件(如齿轮、轴承等)；高聚乙烯用于制作塑料薄膜、软管、塑料瓶及电器工业中的绝缘零件和包覆电缆等，

2）聚丙烯(PP)

聚丙烯是一种半结晶性材料。这类塑料比 PE 坚硬，而且熔点较高。因所用催化剂和聚合工艺不同，所得聚合物的性能、用途也不同。PP 有很多有用的性能，但本身缺乏韧性，特别是在低于其玻璃化温度的条件下更是如此。不过通过添加冲击改性剂，可以提高其抗冲击性能。

PP 主要用于制作各种零件，如法兰、接头、泵叶轮、汽车零件和自行车零件；输送水、蒸汽和各种耐酸碱等的管道；化工容器和其他设备的衬里、表面涂层；盖和本体合一的箱壳和各种绝缘零件，并可应用于医药工业。

3）聚氯乙烯(PVC)

聚氯乙烯也是世界上产量最大的塑料品种之一，其价格便宜，应用广泛。PVC 本色为淡黄色半透明状，有光泽。透明度胜于聚乙烯、聚苯烯，差于聚苯乙烯。根据助剂用量的不同，聚氯乙烯分为软、硬聚氯乙烯。软制品柔而韧，手感粘，硬制品的硬度高于低密度聚乙烯，但低于聚丙烯，在曲折处会出现白化现象。

由于 PVC 的化学稳定性高，所以可用于制作防腐管道、管件、输油管、离心泵和鼓风机等。该类塑料的硬板广泛用于制作化学工业中各类贮槽的衬里，并且可以制作各种板材、管材、鞋底、玩具、门窗、电线外皮、文具等。

4）丙烯腈-丁二烯-苯乙烯共聚物(ABS)

ABS 是由丙烯腈、丁二烯和苯乙烯共聚而成，综合了三者的性能。丙烯腈使 ABS 具有良好的耐化学腐蚀性及表面硬度，丁二烯使 ABS 坚韧，苯乙烯使 ABS 具有良好的加工性和染色性能。

在机械工业中，ABS 用于制造齿轮、齿轮泵、轴承、把手、管道、电机外壳、仪表盘、水箱外壳、冷藏箱和冰箱衬里等；在汽车工业领域中，用于制造汽车挡泥板、扶手、热空气调节导管和加热器等，并可用夹层板制作小轿车车身；另外还可制作水表盒、纺织器材、电器零件、玩具、电子琴以及收音机外壳等。

5）聚甲基丙烯酸甲酯(PMMA)

PMMA 又叫有机玻璃。顾名思义，PMMA 具有良好的光学透明性，其透明率可达到92%，优于普通硅玻璃。这类塑料机械强度高、重量轻、耐紫外线和户外老化，而且具有优良的电性能。

PMMA 主要用于制造要求具有一定透明度和强度的防震、防爆和适合观察的零件，如汽车和飞机的窗玻璃、汽车罩盖、油杯、光学镜片、透明管道、车灯灯罩和游标等零件。

6）聚碳酸酯(PC)

PC 是一种性能良好的热塑性工程塑料，密度为 1.2g/cm^3。这类塑料在很大的温度范围内(15~130℃)具有良好的力学性能(高抗冲击性和耐蠕变性)，而且透明度高，尺寸稳定性和电绝缘性良好。

在机械方面，PC 可用于制作各种齿轮、涡轮蜗杆、齿条、凸轮、芯轴、轴承、滑轮、铰链、垫圈、齿轮泵、灯罩、节流阀、润滑油输油管、盖板、容器、各种壳体、冷冻和冷却装置零件等；在电气方面，用于制作电机零件、电话交换器零件、信号继电器、风扇部件、拨号器、仪表盘等。

7）聚酰胺(PA)

PA 通称尼龙，是由二元胺和二元酸通过缩聚反应或通过一种内酰胺的分子加以内聚而成，其命名由二元胺和二元酸的碳原子数目来决定。例如，二元胺与癸二酸反应所得的聚缩物称为尼龙 610，并规定前一个数指二元胺中的碳原子数，后一个数为二元酸中的碳原子数，如通过氨基酸的自聚来制取，则由氨基酸的碳原子来决定。

这类塑料力学性能良好，具有抗拉、抗压和抗磨等优点，而且具有良好的消音效果和自润滑性能，可作为机械零件的制造材料。由于尼龙具有较好的力学性能，因而广泛应用于制作各种机械、化学和电器零件，如轴承、齿轮滚子、滑轮、泵叶轮、风扇叶片、涡轮、阀座、高压密封扣圈、垫片和电池盒等。

8）聚甲醛(POM)

POM 是一种坚韧有弹性的材料，即使在低温下仍有很好的抗蠕变性、几何稳定性和抗冲击性。POM 既有均聚物材料也有共聚物材料，其中均聚物材料具有很好的延展强度、抗疲劳强度。

POM 主要用于制作轴承、凸轮、滚轮、齿轮等耐磨的传动零件，还可用于制造汽车仪表板、汽化器、各种仪器外壳箱体、泵叶轮和鼓风机等零件。

(2) 热塑性塑料成型的工艺特性

塑料的成型工艺特性是指塑料在成型加工过程中表现出来的特有性质。模具设计时必须加以充分考虑。

1）塑料的流动性

塑料在一定的温度、压力作用下充填模具型腔的能力称为塑料的流动性。塑料的流动性差，就不容易充满型腔，易产生缺料或熔接痕等缺陷，因此需要较大的成型压力才能成型。相反，塑料的流动性好，可以用较小的成型压力充满型腔。但流动性太好，会在成型时产生严重的溢边。它通常与以下因素有关：

① 塑料的分子结构与成分　相对分子质量小、表现黏度小及流动比大的塑料，它的流动性能就好，如聚乙烯、聚丙烯及尼龙等。相对分子质量大的塑料黏度较高，其流动性就差一些，如聚砜、聚碳酸酯等。加入增塑剂和润滑剂，则可增加塑料的流动性。

② 注射压力　注射压力增大则熔融塑料受剪切作用大，其流动性也随之增大，特别是聚乙烯、聚甲醛等塑料对压力的反应十分敏感，所以成形时可通过调节注射压力来控制流动性。

③ 温度　塑料温度高则流动性好，温度对流动性的影响大小视不同塑料而异，有的影响大，有的影响小。所以在成形时可通过调节温度来控制流动性。

④ 模具结构　模具浇注系统的形式、尺寸和布置，冷却系统设计的合理性，熔料流动阻力（如型腔表面粗糙度、流道截面厚度、型腔形状和排气系统设计）等因素都直接影响熔料在型腔内的实际流动。凡促使熔料温度降低，流动阻力增加的因素，都会使流动性降低。在模具设计时应根据所用塑料的流动性，选用合理的模具结构。

常用热塑性塑料的流动性情况：

流动性好：尼龙、聚乙烯、聚苯乙烯、聚丙烯、醋酸纤维素。

流动性中等：改性聚苯乙烯（如 ABS、AS）、有机玻璃、聚甲醛、氯化聚醚。

流动性差：聚碳酸酯、硬聚氯乙烯、聚苯醚、聚砜、聚芳砜、氟塑料。

2）塑料的结晶性

热塑性塑料在按其冷凝时有无出现结晶现象可分为结晶性塑料和非结晶性塑料（无定型塑料）两类。

所谓结晶现象就是塑料由熔融态到冷凝过程中，分子由无次序的自由运动状态而逐渐排列成为正规模型倾向的一种现象。

从外观看其透明性，可大体辨别结晶和非结晶类塑料。一般地说，非结晶型塑料多为透明类制品，而结晶型塑料多为不透明或半透明制品。

常用热塑性塑料大体分类如下：

① 结晶性塑料　聚乙烯、聚丙烯、聚甲醛及尼龙类等；

② 非结晶性塑料　聚苯乙烯、聚氯乙烯、AS、ABS、有机玻璃 372、PET 及 PC 等。但也有例外，如聚四甲基戊烯是结晶性塑料，但却有高透明性；ABS 为无定型塑料但却不透明。

结晶性塑料由于分子结构的不同，因此在注射成型过程中应注意：

（a）结晶性塑料的熔点范围窄，应注意控制进料温度；

（b）料温上升到成型温度所需热量大，应选用塑化能力大的设备；

（c）控制和调节模温并应充分冷却；

（d）成型收缩率大，并易发生缩孔气孔。

3）塑料的收缩性

一定量的塑料在熔融状态下的体积总比其固态下的体积大，说明塑料经成形冷却后体积发生了收缩，这种特性称为收缩性。引起塑件收缩的原因有很多，如热胀冷缩、脱模时的弹性恢复、塑性变形、成形工艺条件和塑件残余应力的释放等。

塑件的收缩性可用计算收缩率来表示：

$$S=(a-b)/b\times 100\% \qquad (2\text{-}1)$$

式中　S——计算收缩率；

a——型腔在常温下的实际尺寸；

b——塑件在常温下的实际尺寸。

在实际成形时，不同品种的塑料收缩率各不相同，不同批的同种塑料或同一塑料的不同部位其收缩性也各不相同。收缩率是一个在一定范围内波动的变数或约数，影响塑件收缩率的因素主要有：

① 塑料品种　热塑性塑料成形过程中由于结晶而引起体积变化，塑件内的残余应力大，因此与热固性塑料相比收缩率较大，另外，脱模后收缩和后处理收缩也比热固性塑料大。而结晶性塑料也比非结晶性塑料收缩率大。

② 与塑件形状有关　一般说来，塑件的形状复杂、尺寸小、壁薄、带嵌件，收缩率就小。

③ 与流动方向有关　一般说来与进料方向平行的尺寸比与进料方向垂直的收缩率大，而热塑性增强塑料则表现为沿料流方向的收缩率小，垂直方向收缩率大。浇口截面积大的则收缩率小，距浇口较近的收缩率较小。

④ 成形条件　模具温度高收缩率大，料温高收缩率小，注射压力大的收缩率小，冷却速度快、冷却时间长的收缩率小，保压时间对收缩亦有影响，保压时间长则收缩小。

由于塑料的收缩性，塑料注射成型过程中塑件尺寸小于模具相应的尺寸。所以在模具设计时必须把塑件的收缩量补偿到模具相应的尺寸中去，这样注射成型的塑件才能符合蓝图尺寸的要求。

由于影响收缩率变化的因素很多，而且很复杂，所以收缩率是在一定范围内变化的。在模具设计时，一般根据塑料的平均收缩率，计算模具型腔尺寸，对高精度塑件，在模具设计时应留有修模余量，在试模后逐步修正模具，以达到塑件尺寸精度要求及改善成形条件。常用塑料的成形收缩率见表 2-2。

表 2-2　常用塑料的成形收缩率

		塑料名称	填料（或增强材料）	收缩率/%
热固性塑料		酚醛树脂	木粉、棉纤维	0.4~1.0
		酚醛树脂	玻璃纤维	0.01~0.4
		脲醛树脂	α-纤维素	0.4~0.8
		三聚氰胺树脂	α-纤维素	0.3~0.6
热塑性塑料	结晶型	聚乙烯	—	1.5~3.6
		聚丙烯	—	1.0~2.5
		聚甲醛	—	1.2~3.0
		尼龙 1010	—	0.5~4.0
		尼龙 6	—	0.8~2.5
		尼龙 66	—	1.5~2.2
		尼龙 610	—	1.2~2.0
		尼龙 9	—	1.5~2.5
		尼龙 11	—	1.2~1.5
	非结晶型	聚氯乙烯（硬质）	—	0.6~1.5
		聚碳酸酯	—	0.5~0.8
		聚苯乙烯	—	0.6~0.8
		ABS	—	0.3~0.8
		改性聚甲基丙烯酸甲酯（372）		0.5~0.7

4）塑料的热敏性和水敏性

塑料的热敏性指在加工状态下，受热易引起热分解。具有热敏性的树脂代表为 PVC，除此以外还有 PVDC、PVA、CPE、CPVC 等。为防止热敏性塑料在加工中分解，需在配方中加入热稳定剂。在选用设备和模具设计中，对热敏性塑料应注意如下：

① 尽可能不用点浇口；

② 螺杆压缩比要小。

塑料的水敏性指在加工中，水分含量较大时易引起水解反应。具有水敏性的代表品种为 PVA、PA、PET 等。这类塑料在加工前一定要好好干燥，尽可能降低含水量。

5）硬化特性

硬化是指热固性塑料成形时完成交联反应的过程。硬化速度的快慢对成形工艺过程有非常重要的影响，例如压注或注射成形时，应要求在塑化、填充时化学反应慢，硬化慢，以保持长时间的流动状态，但当充满型腔后，在高温、高压下应快速硬化。硬化速度慢的塑料，会使成形周期变长，生产率降低；硬化速度快的塑料，则不能成形复杂的塑件。

2. 热固性塑料

热固性塑料经过一次加热成型固化以后，其形状因分子链内部进行铰链而达到稳定状态，再次加热也不能达到黏流态，因而无法再次加工成型。也就是说，热固性塑料不具有再加工性和再回收利用性，如环氧树脂、橡胶等。

（1）酚醛塑料(PF)

PF 是一种热固性塑料，以酚醛树脂为基础制成。这类塑料通常由酚类化合物和醛类化合物缩聚而成，与一般的热塑性塑料相比，具有刚性好、变形小、耐磨和耐热性好等优点，可在 150~200℃温度范围内长期使用，并且具有良好的绝缘效果，酚醛塑料主要用于制造层压塑料以及齿轮、轴瓦、导向轮和轴承等零件；其中酚醛纤维状压塑塑料经加热磨压后，可以制成各种复杂的机械零件和电器零件，如接线盒、电动工具外壳、风扇叶子等零件。

（2）环氧树脂(EP)

EP 是含有环氧基的高分子化合物，在未固化前是线型热塑性树脂，只有在加入固化剂之后，才交联成不熔的体型高聚物，具有塑料的实用价值。这类塑料最突出的特点在于黏结能力强，而且耐化学药品、耐热、电气绝缘性能良好、收缩小，比酚醛塑料具有更好的力学性能。

环氧树脂可作为金属和非金属的黏合剂，用于封装各种电子元件。通过配以石英粉等，还可用来浇铸各种模具。

3. 热塑性塑料与热固性塑料的区别

热塑性塑料与热固性塑料的区别见表 2-3。

表 2-3　热塑性塑料与热固性塑料成型方面的区别

区别 种类	成型前塑料中树脂分子结构	使制品固化定型的模具温度条件	成型后塑料中树脂分子结构	成型过程中树脂发生的变化	制品熔化、溶解性能	塑料使用性	常用成型方法
热塑性塑料	线型或支链状线型聚合物分子	冷却	基本与成型前的相同	物理变化(可能有少量分解或交联现象发生)	可熔化、溶解	可反复多次使用(可回收废料)	注塑、挤出、吹塑等
热固性塑料	线型聚合物分子	加热(提供交联反应温度)	转变为体型分子	既有物理变化，又有化学变化，有低分子析出	既不熔化、也不溶解	一次性使用	压缩或压注(有的可注射)

二、塑件的工艺性

塑料制品一般分为塑件、塑料型材及其他塑料制品三类。塑件具有特定的使用功能和结构形状，成型后一般不需加工或少量修饰就能使用，是最常见的塑料制品；塑料型材是指按一定截面形状、尺寸和规格成型加工后供应市场，用户使用时还需切割或其他加工的塑料制品，主要有：实心、管类、异形截面、共挤复合四类型材；除这两种以外的塑料制品，如塑料丝、绳、网、带、袋等，还有玻璃钢等均属于其他塑料制品。

(一) 塑件的形状及质量要求

1. 塑件形状及设计原则

塑件常用注射、压缩、压铸(压注)等方法成型，其结构与技术要求应该满足成型工艺加工的特点。设计塑件应遵循以下基本原则：

① 塑件设计应满足成型工艺的基本要求，有利于塑件成型和脱模；

② 在保证使用性能的前提下，力求塑件设计合理，壁厚均匀，经济实用，满足各项技术指标；

③ 结构简单、紧凑，有可靠的基准面，以便于模具制造；

④ 造型美观、大方，注重手感和使用方便性。

总之，塑件的形状应保持简单、易于制造，同时，应保证足够的强度与刚度，防止顶出时制件产生变形或破裂；塑件在结构上应尽量避免出现与脱模方向垂直的侧壁凹槽或侧孔，从而达到简化结构的目的。

2. 塑件质量要求

塑件质量要求包括尺寸精度和表面质量两方面。

(1) 塑件尺寸精度

塑件的尺寸精度是衡量塑件成型质量的首要指标，但塑件是在热状态下注射成型的，塑件的尺寸精度除受模具的制造误差影响外，主要还是受到塑件收缩的影响，而塑料收缩率受到以下几个因素的影响：

① 不同品牌的塑料其收缩率是各不相同的，而同一品牌的塑料也因生产厂家，生产批量以及所含水分与挥发物等的差异，都会使收缩率有所不同；

② 塑件成型过程中，注射压力、时间及温度等注射成型条件的变化，直接影响其收缩

率，如注射压力高时，塑件的收缩率就小等；

③ 塑件的壁厚、几何形状等也会影响成型收缩率，如壁薄的塑件收缩小等；

④ 模具结构，如浇口尺寸大时收缩小；料流方向平行则收缩大等。

以上诸如此类因素直接影响着塑件的收缩率，继而影响塑件的精度。

(2) 塑件的表面质量

塑件表面质量包括以下几个方面：缺料、斑点、条纹、起泡、凹痕、熔接痕、色泽以及表面光泽性和表面粗糙度等。

塑件的表面光泽性和表面粗糙度与成型零件的表面粗糙度、模具的磨损程度、塑料的品牌与质量以及成型工艺条件有关。塑件外表面的表面粗糙度一般要求较高，这根据塑件的技术要求而定。成型零件的表面粗糙度应比塑件高一级，才能达到塑件要求。要求透明的塑件必须有很高的表面粗糙度，一般应达到 R_a0. 025μm 以上。

（二）脱模斜度

由于塑件在模腔内产生冷却收缩现象，使塑件紧抱模腔中的型芯和型腔中的凸出部分，使塑件取出困难，强行取出会导至塑件表面擦伤、拉毛，为了方便脱模，塑件设计时必须考虑与脱模(及轴芯)方向平行的内、外表面，设计足够的脱模斜度，一般为 1°~1°30′，如图 2-1 所示。

一般型芯斜度要比型腔大，型芯长度及型腔深度越大，则斜度不减小，常见塑料的脱模斜度推荐值见表 2-4，在以下条件下，可以采用较小的脱模斜度：

① 顶出时制品刚度足够；

② 制品与模具钢材表面的摩擦系数较低；

③ 型芯表面的粗糙度值小，抛光方向与制品的脱模方向一致；

④ 制品收缩率小，滑动摩擦率小。

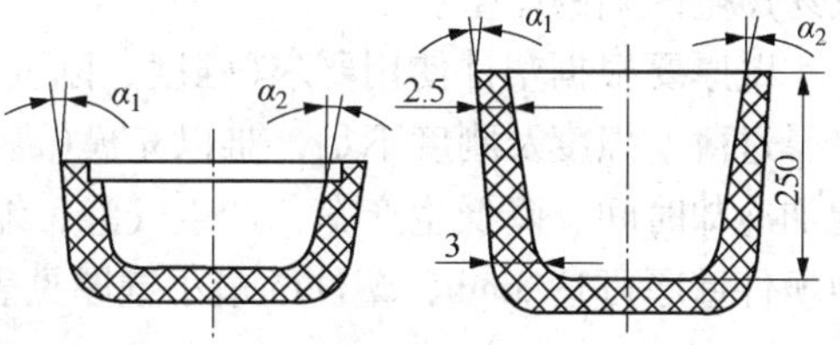

图 2-1 脱模斜度

表 2-4 脱模斜度推荐值

塑料名称	脱模斜度		塑料名称	脱模斜度	
	型芯	型腔		型芯	型腔
聚乙烯	20′~45′	25′~45′	有机玻璃	30′~1°	35′~1°30′
聚丙烯，聚氯乙烯	25′~50′	30′~1°	聚酰胺	20′~40′	25′~40′
硬聚氯乙烯，聚砜	50′~1°45	50′~1°	聚碳酸酯	30′~50′	35′~1°
聚苯乙烯	30′~1°	35′~1°30′	氯化聚醚	20′~40′	25′~45′
ABS	35′~1°	40′~1°20′	聚甲醛	30′~1°	35′~1°30′

（三）制品壁厚及壁厚均匀性

如图 2-2 所示，任何制件都应有合理的壁厚，壁厚的设计对于塑件的质量、使用要求、原料的用量、成型工艺、模具的制造等都有直接影响。

1. 制品壁厚的作用

① 合理的壁厚能使制品具有确定的结构与匹配强度、刚度，以满足制品使用要求；

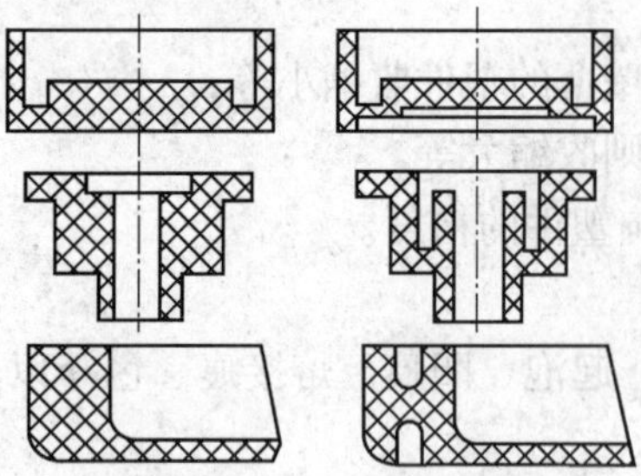

(a) 不合理结构　(b) 合理结构

图 2-2　塑件壁厚的结构

② 合理的壁厚可使制品成型时具有良好的流动性、充填能力，及良好的冷却效果；

③ 合理的壁厚便于制品从模具中顶出；

④ 可满足嵌件固定及零件装配等强度要求；

⑤ 还可以防止制件翘曲变形。

2. 制品壁厚的设计

设计壁厚时应尽量满足以下要求：

① 满足制品结构和使用要求前提下，应尽量减少壁厚。减少壁厚的方法可采用塑件过厚部分挖空或将塑件分解等；

② 尽可能保持壁厚均匀，否则由于冷却和固化速度不一样易产生内应力，引起塑件的变形及开裂；

③ 制品壁厚要能承受顶出装置等的冲击和振动；

④ 制品连接固紧处、嵌件埋入处、塑料熔体在孔窗汇合处应有足够厚度；

⑤ 保证储运过程中强度所需的厚度；

⑥ 保证成型时熔体充模所需厚度，既避免冲料不足或烧焦的薄壁，又要避免熔体破裂或易产生凹陷的厚壁。

壁厚要根据塑件使用要求(强度、刚度)和制品结构特点及模具成型工艺的要求来确定，壁厚过薄，强度及刚度不足，难以充模(需高压注射)；壁厚过厚，塑料填充困难壁厚太大，增加冷却时间，降低生产率，产生气泡，缩孔等 。所以，塑件壁厚常在 1~6mm 范围内，大型塑件壁厚可达 8mm，塑件的最小壁厚见表 2-5 所示。

表 2-5　塑料的最小壁厚及常用壁厚推荐值

塑料材质	最小壁厚	小型制品壁厚	中型制品壁厚	大型制品壁厚
尼龙	0.45	0.76	1.5	2.4~3.2
聚乙烯	0.6	1.25	1.6	2.4~3.2
聚苯乙烯	0.75	1.25	1.6	3.2~5.4
有机玻璃	0.8	1.5	2.2	4.0~6.5
聚碳酸酯	0.95	1.8	2.3	3~4.5
聚甲醛	0.8	1.4	1.6	3.2~5.4
聚砜	0.95	1.8	2.3	3~4.5

(四) 加强筋

加强筋的主要作用是在不增加壁厚的前提下，增强塑件的强度和刚度，避免塑件变形翘曲，合理布置加强筋还可以改善充模状况，减少塑件内应力，避免缩孔、气孔、凹陷等缺陷。加强筋设计原则如下：

① 中间加强筋要低于外壁 0.5mm 以上，使支承面易于平直；

② 加强筋的厚度不能大于壁厚的 50%~80%，并与壁用圆弧过渡；

③ 加强筋之间的间距应取壁厚的 2 倍以上；

④ 加强筋不得阻碍脱模等。

图 2-3 所示为塑件凸台处的加强筋。

（五）支撑面和凸台

设计塑件的支撑面应充分保证其稳定性，一般不宜采用塑件的整个底面为支撑面，否则会因塑件的稍许翘曲与变形导致底面不平，通常要求如下：

① 凸台高度不能太高在约在 0.5~1mm；带孔凸台的高度≤2 倍的孔径，无孔凸台高度不宜超过凸台断面尺寸；

② 脚的高度 $h \geqslant 0.5$mm，或为 $0.5 \leqslant h \leqslant 2t$，如图 2-4 所示。

③位于塑件边缘的凸台应设置在塑件转角部分。

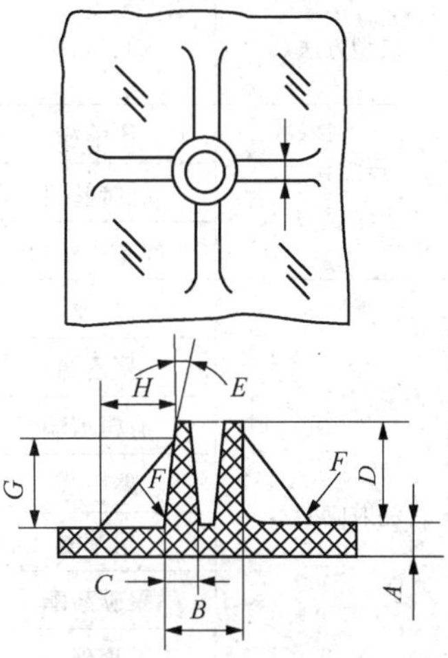

图 2-3　塑件凸台的加强筋

（六）圆角

为减少塑件应力集中，避免受力或冲击振动时发生破裂，塑件除了使用要求需采用的清角外，所有内外表面、转弯处应尽可能采用圆角过渡，如图 2-5 所示，这样处理还可提高塑件强度，成型美观，也有利于塑料在充模时的流动。

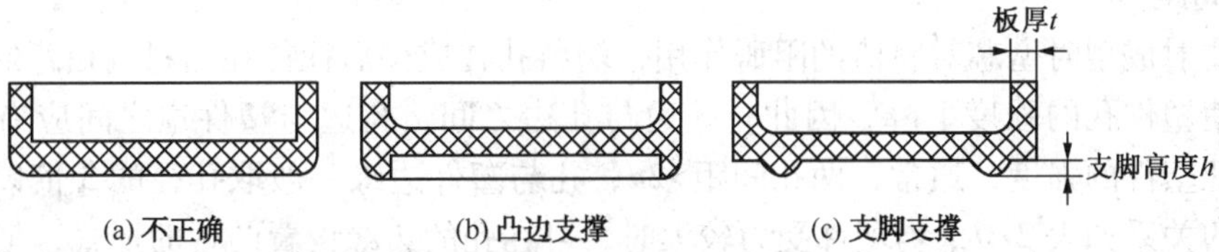

图 2-4　塑件的支撑面

如图 2-6 所示，圆角半径的大小主要取决于塑件壁厚，图上尺寸供设计时参考。

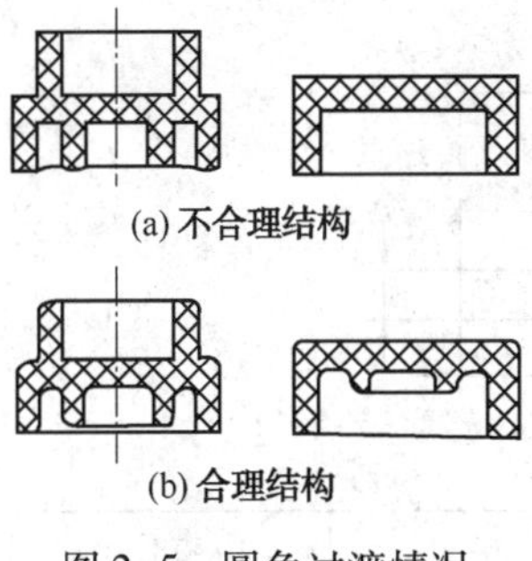

图 2-5　圆角过渡情况

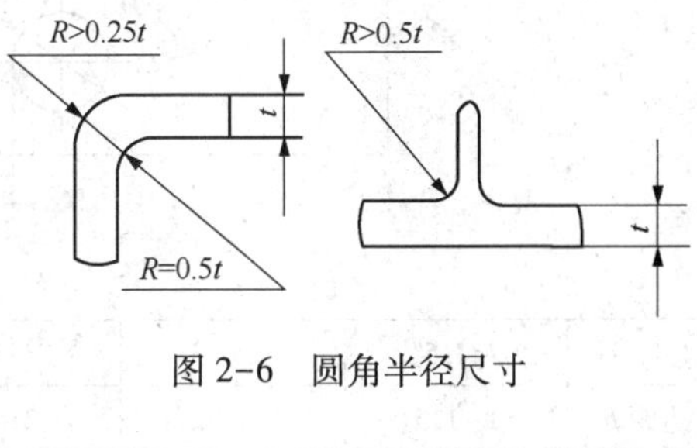

图 2-6　圆角半径尺寸

（七）孔的设计

塑件上各种形式的孔，如通孔、盲孔、螺钉孔以及异形孔等，绝大部分是与塑件一起成型由型芯完成的，由于塑件特性，为防止型芯受力易弯曲变形，设计时应注意以下几点：

1. 孔的极限尺寸

塑件孔注射成型时，型芯受到高压料流的冲击，如果型芯直径太小或太长，则会受到高压冲击而弯曲，所以对孔的直径及孔的深度应加以限制，孔的极限尺寸推荐见表 2-6。

表 2-6　孔的极限尺寸推荐表　　mm

成型方法	塑料名称	孔的最小直径	最大孔深		最小孔边距厚度 b
			不通孔	通孔	
压缩与压注成型	压缩粉	3	压制时：$2d$	压制时：$4d$	$1d$
	纤维塑料	3. 5	铸压时：$4d$	铸压时：$8d$	
	碎布压塑料	4			
注射成型	尼龙	0. 2	$4d$	$10d$	$2d$
	聚乙烯				
	有机玻璃	0. 25			$2.5d$
	聚甲醛	0. 3	$3d$	$8d$	$2d$
	聚苯醚				
	聚碳酸酯	0. 35	$2d$	$6d$	$2.5d$
	聚砜				$2d$
	氯化聚醚	0. 3	$3d$	$8d$	$2d$

注：d 为孔径。

2. 孔间距

由于注射成型时型芯对料流的阻碍作用，塑料孔在成型后往往在与料流相背的部位产生熔接痕，使塑件孔的强度下降，因此，孔边与孔边之间，孔边与塑件边之间应有足够的距离，以保证塑件的强度，通常，两孔间距$>2d$；孔与塑件边缘一般取孔径的 3 倍以上。孔边距与孔径的关系如表 2-7。当塑件受力较大时，可在孔的边缘设置凸台的形式，增加塑件孔的机械强度，对于较深的小孔，可采用设置加强筋的方法。

表 2-7　热固性塑件孔间距、孔边距与孔径关系　　mm

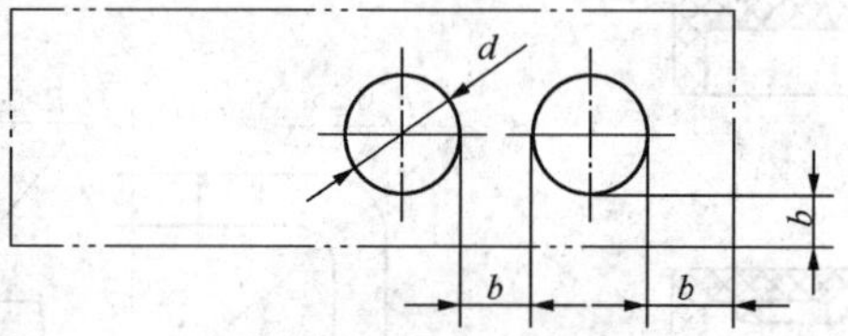

孔径 d	<1. 5	1. 5~3	3~6	6~10	10~18	18~30
孔间距、孔边距 b	1~1. 5	1. 5~2	2~3	3~4	4~5	5~7

3. 通孔

当成型较深的通孔时，可采用型芯分别固定在动、定模两侧。

（八）嵌件设计

为了增加塑件强度与刚度，满足使用的要求和增塑件的美观，常在塑件体内设置金属件、非金属件或已成型的塑件，我们将其均称为嵌件。它还可以满足塑件某些特殊要求，如：导电、导磁、耐磨、增加塑件尺寸稳定性和提高塑件装配连接性能。但嵌件的设置往往使得模具结构复杂化，成型周期延长，增加成本，难以实现自动化生产等。所以，嵌件的设计有以下要求：

① 嵌件应在模具内可靠定位；

② 应保证嵌件与塑料牢固结合；

③ 嵌件外固定应保留足够厚度的塑料。

（九）标记、符号及花纹

由于装潢或某些特殊需要，塑料制品的表面常有文字图案、标记、符号及花纹等。塑件的标记符号有凸形和凹形两种。凹凸纹：如把手、旋钮、手轮制品的固边，以增加摩擦力，凹凸纹要做成直纹，以便于脱模；花纹：有皮革纹、凹凸纹、桔皮纹、纹浪纹、点格纹、菱形纹等；通常采用电火花加工、照像化学磨蚀、雕刻冷挤压等方法加工花纹。

（十）螺纹设计

塑件上的螺纹起到联接和传动作用，可直接用模具成型，也可成型后机械加工获得，对于经常拆卸、受力较大的螺纹，应采用金属螺纹嵌件。塑料螺纹适用于不重要联接、受力小，传动不精密场合；内螺纹用于螺纹型芯成型；外螺纹才采螺纹型环成型；为防止使用过程产生崩扣，无螺纹引导段应为0.2~0.8mm，一般塑件螺纹的螺距不小于0.7mm，塑件螺纹极限尺寸见表2-8。

表2-8 塑件螺纹极限尺寸 mm

塑料名称	最小螺孔直径 d	最小螺杆直径 d_1	最大螺杆深度	最大螺杆长度	
				$d_1 \leq 5$	$d_1 > 5$
聚酰胺	2	3	$3d$	$1.5d_1$	$2d_1$
聚碳酸酯	2	2	$3d$	$2d_1$	$4d_1$
氯化聚醚	2.5	2	$3d$	$2d_1$	$3d_1$
改性聚苯乙烯	2.5	2	$3d$	$2d_1$	$3d_1$
聚甲醛	2.5	2	$3d$	$2d_1$	$3d_1$
聚砜	3	2	$3d$	$2d_1$	$3d_1$

三、塑料主要成型方法简介

塑料成型方法有很多，其模具的种类也有很多，常用的塑料成型方法及塑料模有以下几种：

（一）注射成型及注射模概述

注射成型是指通过注射机的螺杆或柱塞的作用，将熔融塑料射入闭合的模具型腔，经过保压、冷却、硬化定型后，即可得到由模具成形出的塑件。注射成型所使用的模具即为注射模(也称注塑模)。注射模主要用于热塑性塑料的成型，在塑料制件的生产中占有很大的比重。据统计，注射模的产量占塑料成形模具产量的一半以上。具体细节见下章。

注塑成型工艺是成型塑料制品的一种常用方法，其工艺流程如图2-7所示。

从以上工艺流程可以看出，注塑成型是一个循环过程，完成注塑成型需要经过预塑、注塑、冷却定型3个阶段。

（1）预塑阶段

螺杆开始旋转，然后将从料斗输送过来的塑料向螺杆前端输送，塑料在高温和剪切力的作用下塑化均匀并逐步聚集在料筒的前端，随着熔融塑料的聚集，压力越来越大，最后克服螺杆背压将螺杆逐步往后推，当料筒前部的塑料达到所需的注塑量时，螺杆停止后退和转动，预塑阶段结束。

（2）注塑阶段

螺杆在注塑油缸的作用下向前移动，将储存在料筒前部的塑料以多级速度和压力向前推压，经过流道和浇口注入已闭合的模具型腔中。

（3）冷却定型阶段

塑料在模具型腔中经过保压，防止塑料倒流直到塑料固化，型腔中压力消失。一个生产周期中冷却定型时间占的比例最大。

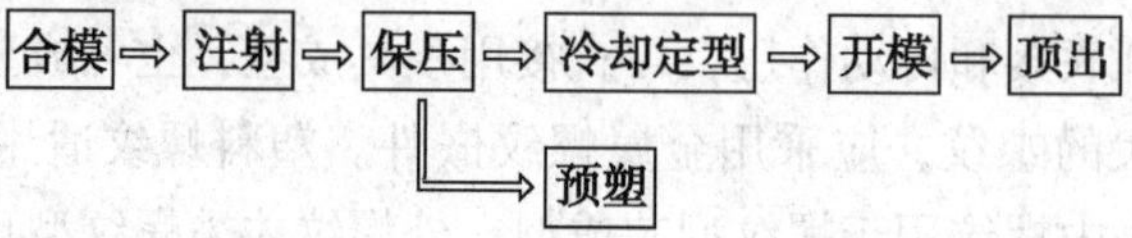

图 2-7　注射成型工艺流程

（二）压缩成型及压缩模概述

压缩成型是将预热过的塑料原料放在经过加热的模具型腔（加料室）内，凸模向下运动，在热和压力的作用下，塑料呈熔融状态并充满型腔，然后固化成形。压缩成形所使用的模具即为压缩模（也称压塑模），压缩成型多用于热固性塑料制件的成形，所使用的设备为液压机。压缩成形是塑料成形中较早采用的一种方法。

压塑成型工艺：预先对塑料原料讲行预压成型和预热处理，然后将经过预制的热固性塑料原料(也可以是热塑性塑料)，直接加入敞开的模具加料室，合模并对模具加热、加压，使塑料原料塑化，在热和压力的作用下，塑料呈熔融流动状态充满型腔，经过排气和保压后，由于塑料分子发生交联反应逐渐硬化成型，脱模取出塑件，然后清理模具和对制件后期处理。

为了使压塑成型顺利进行，应控制好成型温度和压力。在一定范围内，提高温度可以缩短成形周期，减小成型压力；如果温度过高，会加快塑料的硬化影响物料的流动，造成塑件内应力增大，易出现变形、开裂、翘曲等缺陷；温度过低又会造成硬化不足，塑件表面无光，物理、力学性能下降。

压塑成形的主要设备是液压机，它由机架(包括上下横梁、立柱、机座等)、活动横梁、工作液压缸、顶出机构、液压传动和电器控制系统等部分组成，如图 2-8 所示。

压塑成型模具如图 2-9 所示，与注射模不同的是，压塑模没有浇注系统，只有一段加料室，这是型腔的延伸和扩展。注射成形时模具处于闭合状态成形，而压塑模成形是靠凸模对凹模中的原料施加压力，使塑料在型腔内成形。因此，压塑模成形零件的强度要比注射模高。

（三）挤出成型概述

挤出成型也称挤塑成形，是利用挤出机把热塑性塑料连续加工成各种断面形状制品的方法。这种方法主要用于生产塑料板材、管材、棒材、薄膜、丝、型材、涂层制品等。它与金属压力加工中金属型材挤压的原理相同。此外，挤塑方法还可用于某些热固性塑料与其他材料的复合材料，如塑料的混合、塑化造粒、着色、掺合等。挤出成型具有生产率高、用途广、适应性强、设备成本低以及浇口、浇道和毛边等废料损耗少的特点。

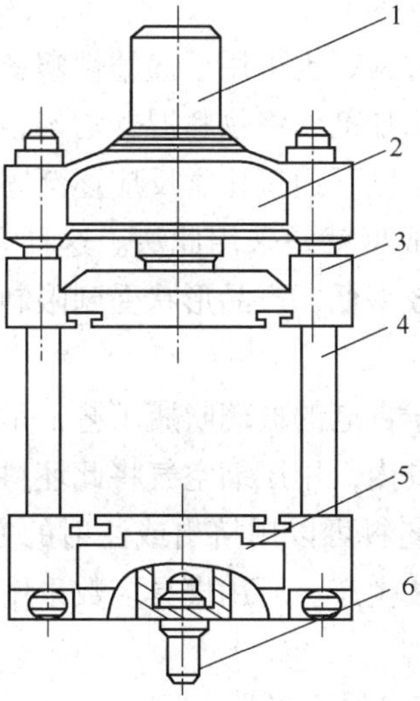

图 2-8　液压机

1—工作液压缸；2—上横梁；3—活动横梁；4—立柱；5—机座；6—推出缸

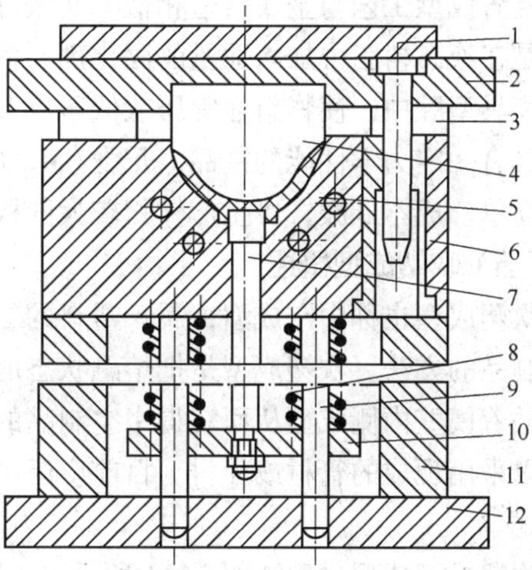

图 2-9　压塑模结构

1—上加热板；2—上模板；3—承压块；4—凸模；5—加热器；6—凹模；7—推杆；8—弹簧；9—导向柱；10—推板；11—支架；12—下模底板

挤出成型的主要设备包括挤出机、机头和口模、定型冷却装置、牵引系统及切割设备等。常用的型(管)材挤出工艺过程如图 2-10 所示。

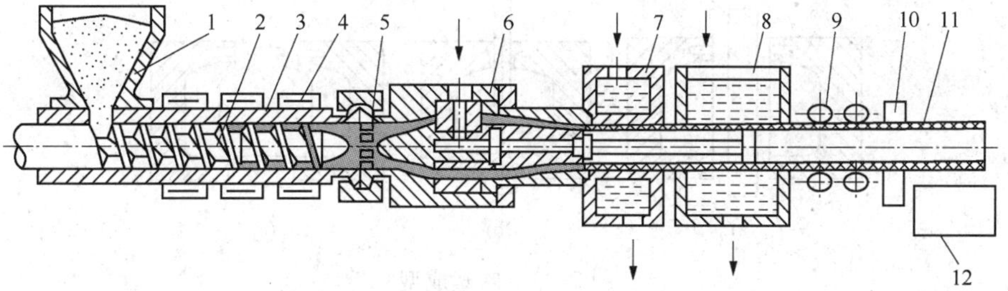

图 2-10　型材挤出成型

1—料斗；2—螺杆；3—料筒；4—电加热器；5—滤网和多孔板；6—挤出模；7—定型装置；8—冷却水槽；9—牵引装置；10—切割装置；11—制件(塑料管)；12—储料装置

挤出成型工艺过程：将塑料颗粒盛于料斗 1 中，借助于螺杆 2 的作用将塑料从料筒 3 的左端推向右端，并且愈压愈紧。通过加热器 4 加热以及螺杆旋转时塑料与料筒及螺杆之间产生的剪切摩擦热，使塑料呈熔融流动状态。经过滤网和多孔板 5 进入挤出模 6。多孔板的作用在于使塑料沿螺杆方向形成压力，并使塑料塑化均匀，同时使塑料由带旋转的流动变成平直流动，有时加上滤网用以增强效果，对流动性差的塑料可以不用滤网。挤出模 6 是决定制品截面形状的模具，当螺杆转动时，则连续地从挤出模挤出制品。挤出的制品经定型冷却装置 7 并由牵引装置 9 牵引和卷曲。牵引装置的速度须与挤出速度匹配，最后按所需长度一段一段地切割。

挤塑成形工艺步骤包括：物料的干燥、成形、制品的定型与冷却、制品的牵引与卷曲（或切割），有时还包括制品的后处理等。

（四）浇铸成型概述

浇铸成型工艺与金属铸造相似。此法可用于热固性塑料，也可用于热塑性塑料。其工艺过程是在液态树脂中加入适量的固化剂、催化剂和其他添加剂，将物料混合均匀，在液态下浇入模具型腔中，使物料在常压或低压以及常温或一定温度下通过化学反应逐渐固化成型而获得具有一定力学性能的制品。尼龙（MC 尼龙）的浇铸成型就是采用此法。这种方法设备、工艺简单、成本低廉，可生产体积较大的构件，但生产效率低，产品形状受到限制。

（五）吹塑成型概述

吹塑成型也称中空成型，属于塑料的二次加工，源于古老的玻璃吹瓶工艺，是制造空心塑料制品的方法。吹塑成型是把熔融状态的塑料置于模具内，用压缩空气将此坯料吹胀，使之紧贴着模壁内侧成型从而获得中空制品的成型方法。坯料可以用挤出或注射的方法获得，也可以采用现成的管材或片材。目前广泛采用挤压吹塑法生产。所用模具多数采用对半分开的形式。

吹塑成型成型过程如图 2-11 所示。先将由挤出机挤出的适当大小的坯料置于分开的模具中，如图 2-11(a)所示；然后闭合模具并通入压缩空气，具有良好塑性的坯料被吹胀而紧贴于模壁，如图 2-11(b)所示；待冷却后打开模具，即得中空制品，如图 2-11(c)所示。吹塑成形一般用以成形中空、薄壁的制品，如瓶、筒、罐、化学品包装容器、轿车油箱、轿车暖风通道及儿童玩具等。

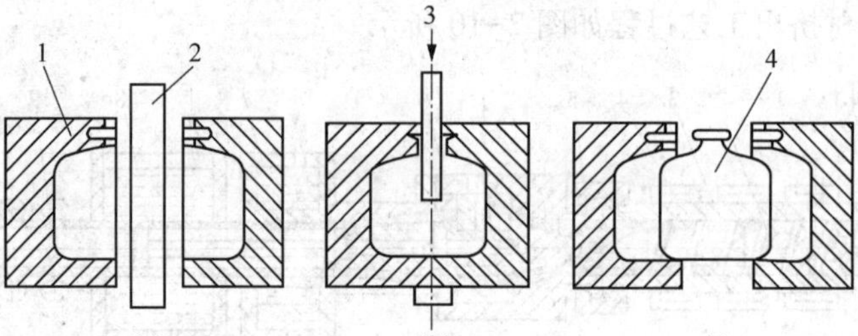

图 2-11　吹塑成型

1—模具；2—型坯；3—压缩空气；4—制品

（六）真空成型概述

真空成型也称吸塑成型。成型时夹持热塑性塑料板材、片材等，固定在模具上，用辐射加热器加热至软化温度时，用真空泵抽去板材和模具之间的空气，在大气压力作用下，板材拉伸变形，贴合到模具表面，冷却后即得所需制品。真空成型法主要用于成型杯、盘、箱壳、盒、罩、盖等薄壁敞口制品，如一次性饭盒药品包装、纽扣电池包装等。较厚的板材还可成形冰箱内胆等大件制品，其工艺过程如图 2-12 所示。真空成型材料常采用聚乙烯、聚氯乙烯、聚丙烯、ABS、聚碳酸酯等。

真空成形的特点是对模具材料和加工要求低，少量生产时可采用硬木、高强度石膏（内含 10%~30%的水泥）和塑料制模，大量生产时多用铝合金制模。缺点是制品厚度不太均匀，

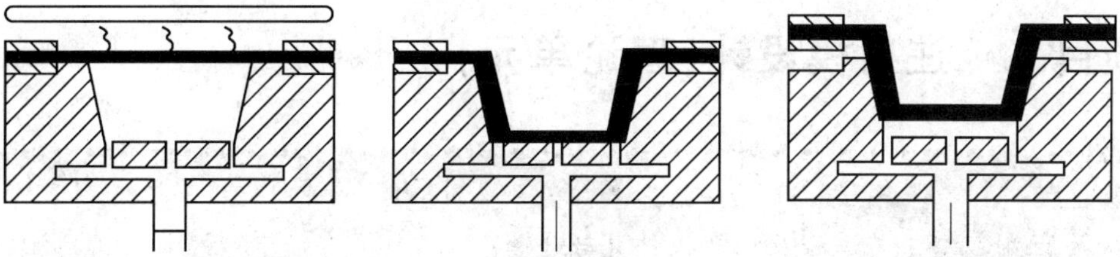

图 2-12　真空成型工艺过程

不能制造形状复杂的制件。

（七）缠绕成型概述

缠绕成型是制造圆筒形、球形、管形、盒形和异形旋转体的纤维增强塑料制品的一种加工方法。它的发展极为迅速，制品种类很多，如大型贮罐、耐腐蚀化工管道、耐压容器以及火箭、导弹的巨大发动机外壳。

缠绕成型是用连续的纤维（或织物）作为增强材料，浸以树脂，在相当于制品形状的可拆式芯模上作规律性的缠绕，然后再对其加热固化，脱模后取得制品的成型方法，是一种机械化的玻璃钢制品成型方法。成型所用树脂大多采用不饱和聚酯树脂、环氧树脂等，纤维多采用玻璃纤维。

除以上成型方法外，塑料的成型工艺还有发泡成型、气动成型、滚塑（包括搪塑）成型、反应注射成型、压延成型以及聚四氟乙烯冷压成型等。塑料的成型方法有注塑、挤压、吹塑、发泡膨胀、压缩、压延、热成型等，其中应用最广泛的是注塑成型、压延、挤压三种。

思考题

1. 说明塑料的分类与代号；
2. 举例说明热塑性塑料的种类与工艺特性；
3. 塑件工艺性包括哪些参数的设计？
4. 说明塑料常见成型方法的原理及应用；
5. 何谓挤出成型？说明其设备与工作原理及应用。

项目二　注射模设计(理论单元)

知识要点

- 注射成型工艺过程及注塑机种类与选择；
- 注塑模的组成及常见典型结构；
- 注塑模成型与结构零件的设计。

学习要求

- 掌握注射成型工艺过程、注塑模结构及注塑机的选择；
- 初步掌握注塑模的设计。

一、注射成型基本原理

(一) 注射成型工艺过程

1. 注射成型工作原理

注射成型又称注塑成型，是热塑性塑料成型的主要方法。所用的模具即为注塑模(也称为注射模)，注塑成型的原理如图 2-13 所示(以螺杆式注射机为例)。首先将颗粒或粉状的塑料加入料斗，然后输送到外侧装有电加热的料筒中塑化。螺杆在料筒前端原地转动，使被加热预塑的塑料在螺杆的转动作用下通过螺旋槽输送至料筒前端的喷嘴附近。螺杆的转动使塑料进一步塑化，料温在剪切摩擦热的作用下进一步提高并得以均匀化。

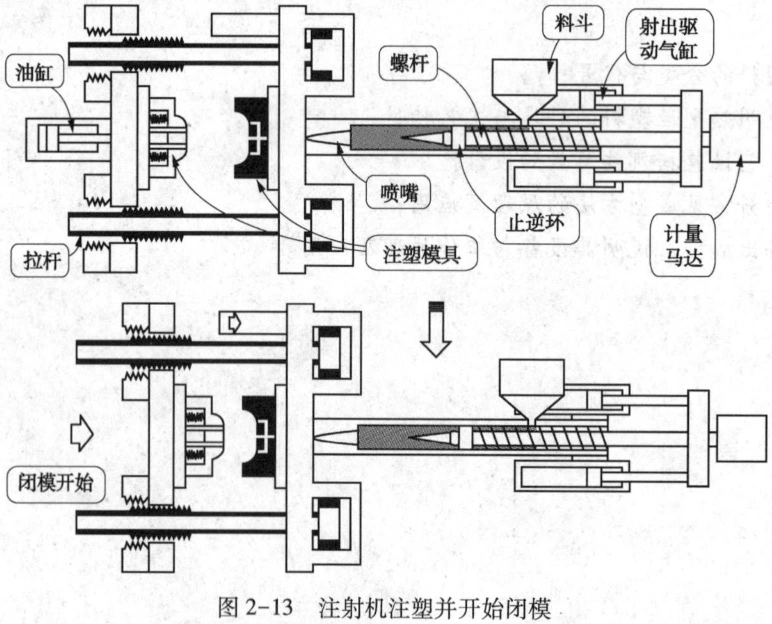

图 2-13　注射机注塑并开始闭模

当料筒前端堆积的熔体对螺杆产生一定的压力时，螺杆将转动后退，直至与调整好的行程开关接触，从而使螺母与螺杆锁紧。具有模具一次注射量的塑料预塑和储料过程结束。

这时，马达带动气缸前进，与液压缸活塞相连接的螺杆以一定的速度和压力将熔料通过料筒前端的喷嘴注入温度较低的闭合模具型腔中，如图 2-14 所示。

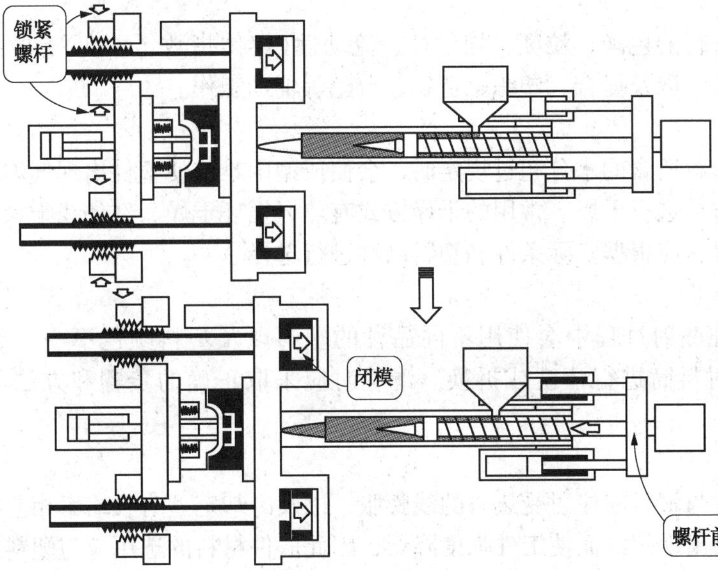

图 2-14　注射机锁紧并注射

熔体通过喷嘴注入闭合模具型腔后，必须经过一定时间的保压，熔融塑料才能冷却固化，保持模具型腔所赋予的形状和尺寸。当合模机构打开时，在推出机构的作用下，即可顶出注塑成型的塑料制品，如图 2-15 所示。

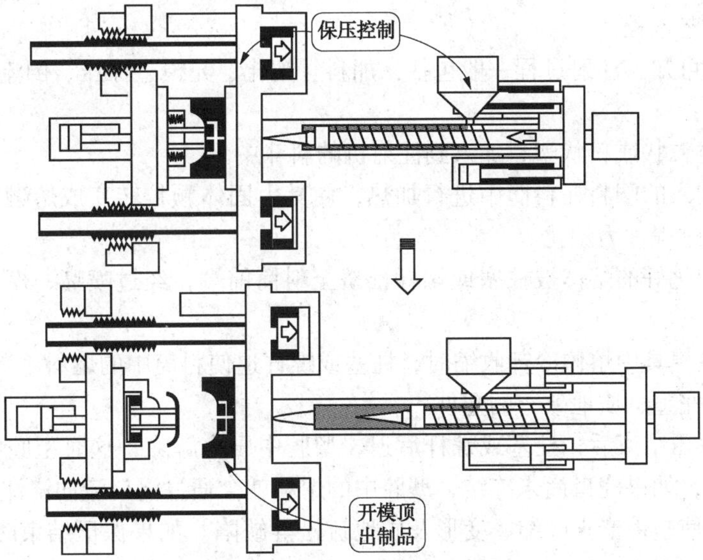

图 2-15　保温后开模顶出制品

2. 注射成形工艺过程

注射成型工艺过程包括成型前期准备、注射过程及塑件的后处理等。

(1) 前期准备

成型前期的准备工作包括：对原料外观的检验及工艺性能的测定、预热和干燥，注射机料筒的清洗，嵌件的预热和脱模困难时脱模剂的选用等。有时还需对模具进行预热。

1) 塑料质检

包括对塑料进行的色泽、粒度、均匀性、流动性(熔体指数、黏度)、收缩性、水分等项内容的质量检验，以及捏合、塑练、造粒、着色等辅助工作。

2) 干燥

吸湿性强的塑料所含的水分超过规定时，会使成型困难或使塑件出现气泡、银丝、斑纹等瑕疵，必须对塑料进行干燥。常用的干燥方式有热风循环干燥、红外线干燥、真空干燥以及负压沸腾干燥等，应根据实际条件和塑料品种进行选择。

3) 料筒清洗

由于注射机在注射过程中会使用不同品种的塑料以及塑料颜色不一、塑料的分解等原因，必须及时对料筒进行清洗或拆换。清洗时应采取正确的步骤和方法。常用的有对空注射法等。

4) 嵌件预热

由于金属嵌件与塑料在注射受热时的线膨胀，以及冷却定型时收缩率相差很大，塑件冷却后在嵌件周围会出现裂纹而使工件强度降低，因此嵌件材料的选用应与塑料的线膨胀系数相差不大，同时也可以对嵌件预热，减小熔料与嵌件的温差。

5) 脱模剂的使用

由于模具表面不够光滑以及塑件容易粘模等因素的影响，造成脱模困难时，可以考虑使用硬脂酸锌、液体石蜡、硅油等脱模剂；具体选择和使用方法应根据各脱模剂的特点进行。

(2) 注射工艺过程

由成型原理可知，注射过程一般包括：加料、塑化、充模、保压、倒流、冷却和脱模等步骤，归纳如下：

① 加料　将粒状或粉状塑料加入到注射机的料斗中。

② 塑化　加入的塑料在料筒中进行加热，使其由固体颗粒转变成熔融状态并具有良好的可塑性，这一过程称为塑化。

③ 充模　塑化好的熔体被柱塞或螺杆推挤至料筒前端，经过喷嘴、模具浇注系统进入并充满型腔。

④ 保压　在模具中熔体冷却收缩时，柱塞或螺杆迫使料筒中的熔料不断补充到模具中，从而成形出形状完整、质地致密的塑件。

⑤ 倒流　保压结束后，柱塞或螺杆后退，型腔中压力解除，这时型腔中的熔料压力将比浇口前方的高，如果浇口尚未冻结，型腔中的熔料就会通过浇口流向浇注系统，这一过程称为倒流。倒流使塑件产生收缩、变形及质地疏松等缺陷。如果保压结束时浇口已经冻结，那就不会存在倒流现象。

⑥ 冷却　塑件在模内的冷却过程是指从浇口处的塑料熔体完全冻结时起到塑件将从模腔内推出为止的全部过程。实际上冷却过程从塑料注入型腔起就开始了，它包括从充模完成、保压开始到脱模前的这一段时间。

⑦ 脱模　塑件冷却到一定温度即可开模，在推出机构的作用下将塑件推出模外。

⑧ 塑件后处理　包括退火和调湿处理。前者是将塑件在定温的加热液体介质（如热水、热的矿物油、甘油、乙二醇等）或热空气循环烘箱中静置一段时间，然后缓慢冷却。其目的是减少塑件内部产生的内应力，这在生产厚壁或带有金属嵌件的塑件时更为重要；调湿处理是指将刚脱模的塑件放在热水中，隔绝空气，防止塑件的氧化，加快吸湿平衡速度。其目的是使塑件的颜色、性能以及尺寸稳定。通常聚酰氨类塑件需进行调湿处理。

3. 注射成型工艺条件

注射成形工艺条件主要是指成型时的温度、压力以及各作用时间。

(1) 温度

注射成型过程需控制的温度有料筒温度、喷嘴温度和模具温度等。

① 料筒温度 它是决定塑料塑化质量的主要依据。料筒温度低，塑化不充分；温度过高，塑料可能会发生分解。料筒温度的选择与塑料的特性有关，温度的分布一般应遵循前高后低的原则，即料筒的后端温度最低，处的前端温度最高。

② 喷嘴温度　应控制在防止塑料发生“流涎”现象，一般略低于料筒最高温度。

③ 模具温度 对塑料熔体的充型能力及塑件的内在性能和外观质量影响很大。模具温度高，塑料熔体的流动性就好，塑件的密度和结晶度就会提高，但塑件的收缩率和塑件脱模后的翘曲变形会增加，塑件的冷却时间会变长，生产率下降。另与塑料结晶性、塑件尺寸、性能以及其他工艺条件(熔料温度、注射速度、压力）等有关。

(2) 压力

注射成型过程中的压力包括塑化压力和注射压力两种，它们直接影响塑料的塑化和塑件质量。

塑化压力又称背压，是指采用螺杆式注射机时，螺杆头部熔料在螺杆转动后退时所受到的压力。一般操作中，塑化压力应在保证塑件质量的前提下越低越好，其具体数值随所用塑料的品种而异，但很少超过 20MPa。

注射压力是指注射机柱塞或螺杆头部对塑料熔体所施加的压力。其大小取决于注射机的类型、模具结构、塑料品种、塑件壁厚等。

(3) 时间(成型周期)

完成一次注射成形过程所需的时间称为成型周期。它包括：注射时间、充模时间（柱塞或螺杆前进时间)、保压时间（柱塞或螺杆停留在前进位置的时间)、模内冷却时间（柱塞后撤或螺杆转动后退的时间均在其中)、其他时间（指开模、脱模、喷涂脱模剂、安放嵌件和合模时间等。

综上所述，注射成型是热塑性塑料成型的一种主要方法。它能一次成型形状复杂、尺寸精确、带有金属或非金属嵌件的塑件。并且成型周期短、生产率高、易实现自动化生产。到目前为止，除氟塑料以外，几乎所有的热塑性塑料都可以采用注射成型的方法成型，一些流动性好的热固性塑料也可用注射方法成型。

注射成型的缺点是所用的注射设备价格较高，注射模具的结构复杂，生产成本高，不适合于单件小批量塑件的生产。

（二）注射机简介

1. 注射机的分类

注射机是注射成型各种热塑性塑件的主要成型设备，近年来在注射成型热固性塑件中也得到应用。可以按照以下几种方式对注射机进行分类：

（1）按塑化方式分

按塑化方式注射机可分为柱塞式和螺杆式。柱塞式注射机结构简单，但塑化不均匀，注射压力损失大，且注射容量极其有限（多在 $60cm^3$ 以下）故只适用于小型模具生产，立式注射机及角式注射机多采用此注射系统。

螺杆式注射机塑化充分、注射量大，适用的塑料品种范围广，因此在注射机中被广泛采用。

（2）按机械传动方式分

按机械传动方式分可分为机械式和液压式注射机。

（3）按注射量分

按注射量分可分为超小型（锁模力≤40t）、小型（锁模力 40～200t，注射量 60～$500cm^3$）、中型（锁模力 300～600t，注射量 500～$2000cm^3$）、大型和超大型（锁模力>800t，注射量≥$2000cm^3$）注射机。

（4）按操纵方式分

按操纵方式分可分为自动、半自动、手动注射机。

（5）按外形结构分

按外形可分为立式、卧式和角式三种，其中应用最多的是卧式注射机。

① 卧式注射机　它是目前市场上使用最广泛的一种机型。如图 2-16 所示，其注射装置与锁模装置的轴线呈一条直线水平排列，即合模部分和注射部分处于同一水平中心线上，模具沿水平方向打开。卧式注射机机身低，便于操作及维修，机器重心低，安装较平稳，制品顶出后可利用重力作用自动落下，易于实现自动化生产。但模具拆装、嵌件安放比较麻烦。常用的型号有：XS-ZY-30、XS-ZY-60、XS-ZY-125、XS-ZY-500、XS-ZY-1000 等。

② 立式注射机　其合模部分和注射部分处于同一垂直中心线上，模具沿垂直方向打开，如图 2-17 所示。其结构特点是注射装置与锁模装置的轴线呈一条直线垂直排列。立式注射机占地面积小，便于拆装模具和安放嵌件，并且塑料流动均匀，但重心较高、不稳定，开模后塑件取出不便，不易实现自动化操作。常采用柱塞结构，多适用于小型多嵌件的塑件成型，如注射量小于 60g 的小型注射机。

③ 角式注射机　其注射方向和模具分界面在同一个面上，结构简单，可利用开模时丝杠转动对有螺纹的塑件实现自动脱卸，特别适合于加工中心部分不允许留有浇口痕迹的平面制品，其特点介于卧式与立式注射机之间，如图 2-18 所示，注射系统亦为柱塞结构，注射量小于 60g，虽然占地面积比卧式注射机小，但放入模具内的嵌件容易倾斜落下，所以适合小型机。

2. 注射机的组成

注射机的组成部分主要有：注射装置、锁模装置、液压传动及电器控制系统、机架等，如图 2-19 所示。

图 2-16　卧式注射机

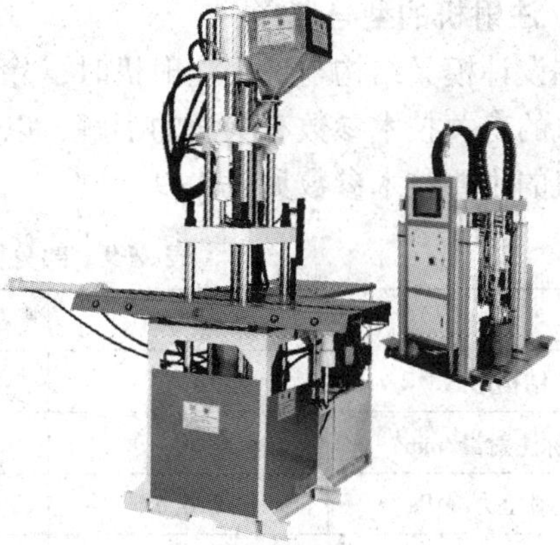

图 2-17　立式注射机

如图 2-19 所示，工作时，注射模具的可移动部分(动模)准确定位后，用压板压紧或用螺钉固定，安装在注射机的动模板 13 上；模具的固定部分(定模)通过定位圈与注射机定模板 11 上定位孔相配合来定位，通过压板压紧或螺钉固定，安装在注射机的定模板 11 上(实际操作中，一般先将模具合模后整体安装、固定，这样便于保证动模和定模之间的相对位置)。整副模具由锁模机构 14 合模并锁紧，由注射装置加热、塑化塑料，通过注射机喷嘴和模具的浇注系统将熔融塑料注入模具型腔；注射机上设有加热及冷却装置，供调节模温用；塑件成型冷却后由锁模机构开模，并由推出机构推出塑件。

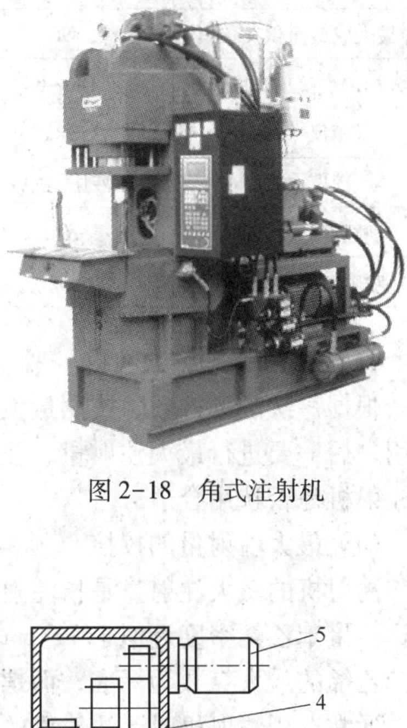

图 2-18　角式注射机

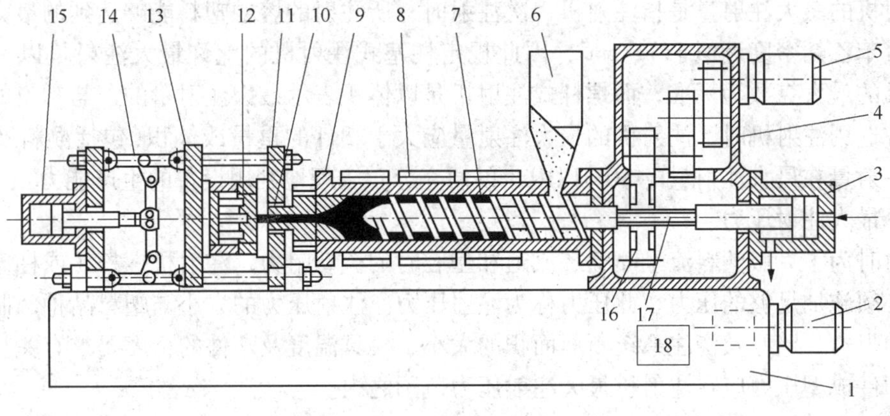

图 2-19　螺杆式注射机

1—机座；2—电动机及油泵；3—注塑油缸；4—齿轮箱；5—齿轮传动电动机；6—料斗；7—螺杆；8—加热器；9—料筒；10—喷嘴；11—定模板；12—模具；13—动模板；14—锁模机构；15—锁模油缸；16—螺杆传动齿轮；17—螺杆花键轴；18—油箱

3. 注射机的型号选择

在设计模具结构与选用注射机时，除了应当掌握注塑成型工艺过程以外，还需要对所选注射机的有关技术参数有全面的了解，以确保设计的模具与使用的注射机相适应。部分国产注射机的主要技术参数见表2-9。

表2-9 部分国产注射机主要技术参数

	XS-Z-30	XS-Z-60	XS-ZY-125	XS-ZY-250
结构形式	卧式	卧式	卧式	卧式
公称注射量/mm^3	30	60	104、125、146	250
注射压力/MPa	116.6	119.6	143、116.6、101.9	127.4
注射行程/mm	130	170	115	160
锁模力/t	25	50	90	180
最大成型面积/cm^2	90	130	320	550
最大、最小模具高度/mm	180~60	200~70	300~200	350~200
模板尺寸/mm	250×280	330×440	428×458	520×598
锁模方式	液压-机械	液压-机械	液压-机械	全液压(增压)
喷嘴球径/mm	$R12$	R12	R12	R18
喷嘴口孔径/mm	$\phi 2$	$\phi 4$	$\phi 4$	$\phi 4$

4. 注射机有关参数校核

根据每次成型件数，按照最大注射量、锁模力、经济性等要求选择适合的注射机。初步选用之后，要进行最大注射量、注射压力、锁模力、最大注塑成型面积等校核，才能最终确定注射机是否选用合适。

(1) 最大注射量的校核

注射机的最大注射量是指注射机一次注射时，所注射的熔融塑料能够达到的最大重量或体积。聚苯乙烯密度近似于$1g/cm^3$，因此规定柱塞式注射机的允许最大注射量以一次注射聚苯乙烯的最大克数为标准，而螺杆式注射机是以体积表示最大注射量的，与塑料的品种无关。通常选用注射机时，注射机的最大注射量应大于塑件的重量或体积(包括凝料及飞边)，取实际注射量在最大注射量的80%以内，以便充分、合理地利用设备的生产能力。

(2) 最大注射压力

注射时为了克服塑料流经喷嘴、流道和型腔时的流动阻力，注射机螺杆（或柱塞）对塑料熔体必须施加足够的压力，此压力称为注射压力。注射压力的大小与塑料品种、制件、塑化、流动阻力、壁厚及浇注系统断面面积的大小、模具温度及塑件的精度要求有关。设计模具时，塑件成型压力应在注射机最大注射压力范围之内。

注射压力的选取很重要，注射压力过低，则塑料不易充满型腔；注射压力过高，塑件容易产生飞边，难以脱模，同时塑件易产生较大的内应力。根据塑件的性能，设计模具时，塑件成型压力最大注射压力应在以下范围之内：

① 其值小于70MPa，用于加工流动性好的塑料，且塑件形状简单，壁厚较大；

② 其值为70~100MPa，用于加工塑料黏度较低，形状、精度要求一般的塑件；

③ 其值为 100~140MPa，用于加工中、高黏度的塑料，塑件的形状、精度要求一般；

④ 其值为 140~180MPa，用于加工较高黏度的塑料，且塑件壁薄或不均匀、流程长、精度要求较高。对于一些精密塑件的注射成形，注射压力可用到 230~250MPa。

(3) 锁模力

注射机工作时，料筒内熔融塑料经过注射机喷嘴和模具浇注系统以后进入型腔，此时进入模具型腔内熔融塑料的压力损失很大，与注射机内柱塞或螺杆的压力相比要小得多。但是，当这些熔融塑料充满模具型腔时，由于仍会有较大的注射压力存在，其在型腔内产生的作用力有使模具动、定模部分沿分型面而分开的趋势，严重时熔融塑料会沿分型面外溢，从而产生飞边。为夹紧模具，保证注射过程顺利进行，注射机合模机构必须有足够的锁模力，且大于涨开力，从而保证模具的动、定模两部分在注射成型过程中始终紧密闭合，防止熔融塑料外溢。对每台注射机而言，都有额定的锁模力。模具在注射充模时，使分型面分开张力的总和不能超过注射机额定锁模力。即：

$$Fq \leqslant P \tag{2-2}$$

式中 F——塑件及浇注系统在分型面上的投影面积；

q——型腔内熔融塑料的单位面积压力，MPa，一般取注射压力的 1/3~2/3；

P——注射机额定锁模力，N。

说明：保证使 $Fq \leqslant$ 注塑机锁模力 P 的 80%，必须使模具内塑料质量(g)约为注塑机注射量的 80%或使模具内塑料体积(cm^3)约为注塑机注射体积(cm^3)的 80%。

(4) 最大注射面积

最大注射面积是指塑件在模具分型面上所允许成型的最大投影面积(cm^2)，模具设计时，布局在模具分型面上的塑件及浇注系统的总投影面积 $S_{塑}$，只能小于这个数据时才能正常可靠的注射。最大成型面积也是选择注射机的重要参数，在实际应用中，这个数值是给定的，在设计模具时必须满足这个条件。

5. 模具与注射机安装尺寸的校核

为保证设计模具能完全满足塑件模塑的工艺参数要求，必须使注塑模具方便、顺利地安装、固定到注射机上，才能保证生产出合格塑件。模具的有关安装尺寸包括：模具的闭合厚度、浇口套尺寸、定位圈尺寸等，简述如下。

(1) 模具的闭合厚度

模具的闭合厚度指的是模具完全闭合时，上模座端面到下模座端面的距离。每台注射机都有一个允许安装的模具闭合厚度范围，如图 2-20 所示，所设计的模具闭合厚度 H_m 必须位于注射机允许安装的模具最大厚度 H_{max} 和最小厚度 H_{min} 之间。模具的外形尺寸不能太大，应使模具安装时，能顺利地从上方吊入注射机 4 根拉杆之间(有的小型注射机只有 2 根拉杆)。模具长度和宽度必须在 4 根拉杆之间，高度可略高于拉杆。

(2) 定位圈(定位孔)尺寸校核

如图 2-21 所示，注射机定模固定模板台面上有一个规定尺寸的孔，称为定位孔。如图 2-22 所示，为保证模具安装到注射机上后，使其主流道中心线与注射机喷嘴中心线同轴。定位圈与定位孔之间选择间隙配合，通常取 H9/f9，要求既有一定的定位配合精度，又能方便安装、拆卸、维修、调整模具；同时，模具定位圈的高度 h 要合适：小型模具为 8~10mm，大型模具为 10~15mm。定位圈高度应小于定位孔深度。

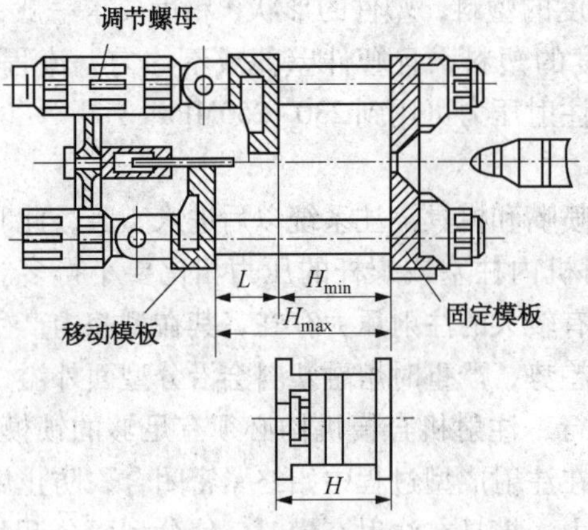

图 2-20　模具闭合厚度与注射机允许模具厚度的关系

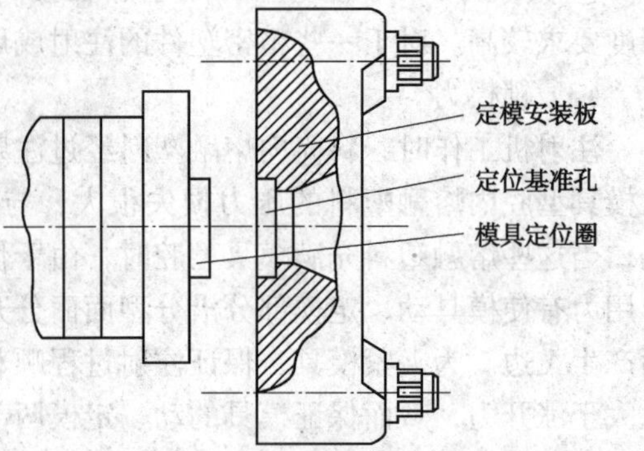

图 2-21　定位圈与定位孔的配合

(3) 模板尺寸和拉杆间距

模具最大外形尺寸不能超过注射机的动、定模板的外形尺寸，同时必须保证模具能通过拉杆间距安装到动、定模板上，此外，模板上还应留有足够的余地用于装夹模具(图 2-23)。

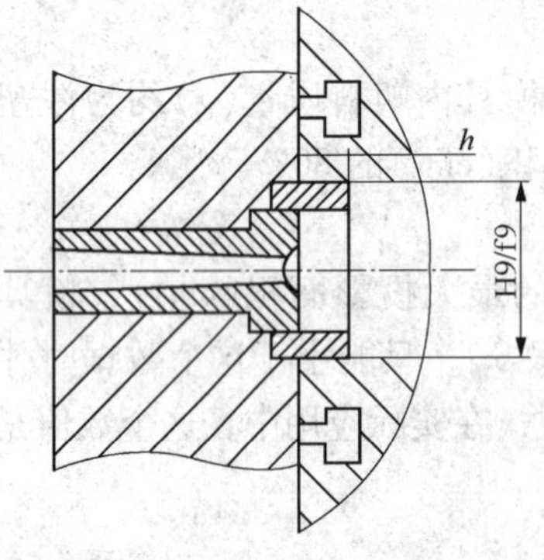

图 2-22　定位圈尺寸校核

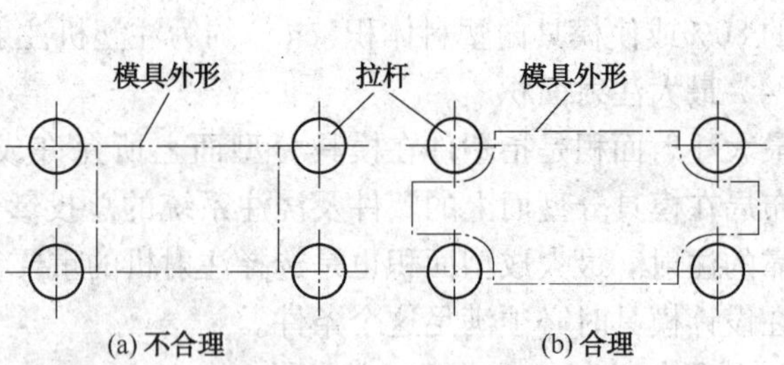

图 2-23　模具模板尺寸与拉杆间距的关系

(4) 开模行程

设计注射模具时，注射机的开模行程必须保证模具开启后能顺利取出塑件，这就要求动、定模必须分开一定的距离，这一距离应该不超过注射机移动模板的后移距离即开模行程，不同结构的模具所需开模行程有一定的差异。开模行程可按下面三种情况校核：

1) 注射机最大开模行程与模具厚度无关

锁模机构为液压—机械联合作用的注射机，其最大开模行程不受模厚影响，而是由连杆机构的最大行程来决定。

① 单分型面注射模如图 2-24 所示，其开模行程按下式校核：

$$S \geqslant H_1 + H_2 + (5 \sim 10)\text{mm} \tag{2-3}$$

式中　S——注射机的开模行程；

H_1、H_2——塑件的推出距离和塑件高度。

② 双分型面注射模如图 2-25 所示，还要考虑取出浇注系统凝料时，定模扳与中间板之间的一段距离。其开模行程按下式校核：

$$S \geqslant H_1 + H_2 + a + (5 \sim 10)\text{mm} \tag{2-4}$$

式中，a 为第一个分型面(A-A)分开的距离。

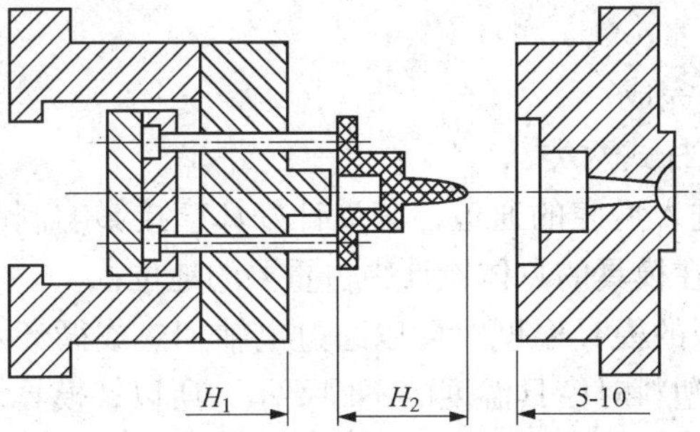

图 2-24　单分型面模具开模行程的校核

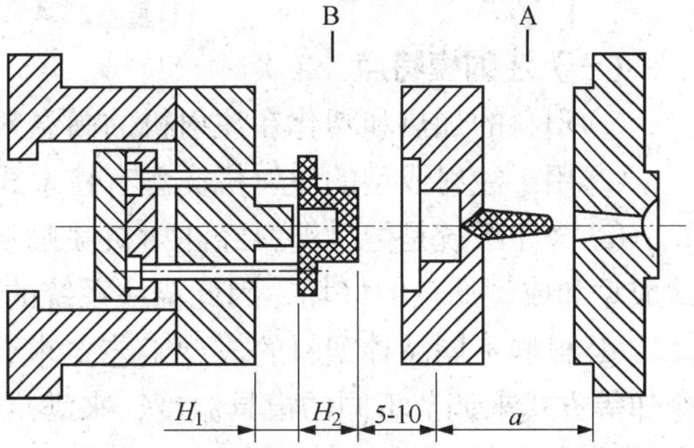

图 2-25　双分型面模具开模行程的校核

2）注射机最大开模行程与模具厚度有关

全液压式锁模机构的卧式注射机和机械锁模机构的角式注射机，注射机最大行程等于其动、定模固定板之间的最大开距 S_k 减去模厚 H_m，如图 2-26 所示。

① 单分型面按下式校核：

$$S_k \geqslant H_m + H_1 + H_2 + (5 \sim 10)\,\text{mm} \tag{2-5}$$

式中　S_k——注射模板间最大开距，mm；

H_m——模具闭合高度，mm。

② 双分型面按下式校核：

$$S_k \geqslant H_m + H_1 + H_2 + a + (5 \sim 10)\,\text{mm} \tag{2-6}$$

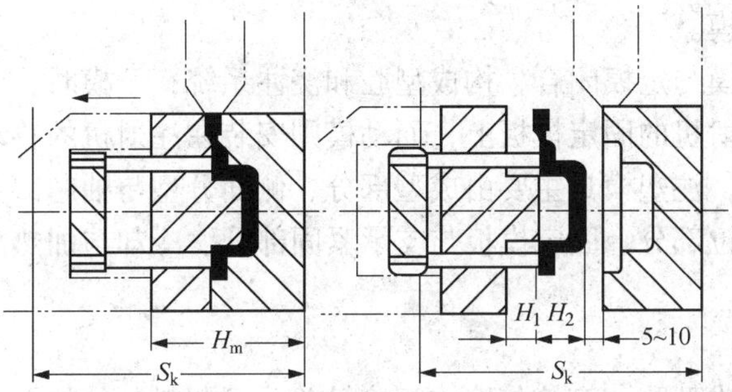

图 2-26　注射机最大开模行程与模具厚度有关时的校核

3）带侧向分型机构的模具的校核

当模具的侧向分型抽芯动作是利用注射机的开模动作完成时，像斜导柱抽芯机构等，必须考虑侧向分型抽芯对开模行程的要求，二者必须同时满足开模要求，如图 2-27 所示。

当 $H_c>H_1+H_2$时，开模行程按下式校核：

$$S \geqslant H_c + (5 \sim 10)\,\text{mm} \tag{2-7}$$

式中　S——注射机的最大开模行程，mm。

当 $H_c<H_1+H_2$ 时，开模行程按式(2-6)校核。

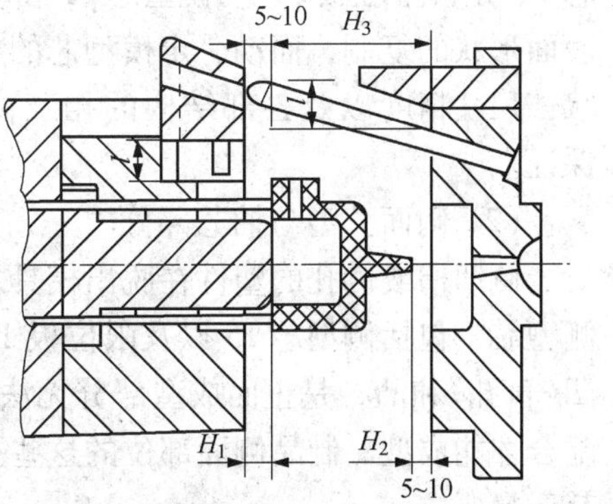

图 2-27　带侧向分型机构模具的开模行程校核

二、注射模概述

（一）注射模特点

① 塑料的加热和塑化在注射机的高温料筒内完成；

② 用于注射成型的注射机类型有柱塞式和螺杆式两类；

③ 浇注系统是熔融塑料经注射机喷嘴快速进入型腔的通道，其设计好坏直接影响制品的成型和成型质量的好坏，因此浇注系统的设计在模具的总体设计中占重要的地位；

④ 根据不同品种塑料的成型工艺要求、不同的模具温度，可以通过电辅加热或循环水冷却等方式来调节不同的模具温度，来满足不同塑料对模具温度的不同要求，所以，模具结构或注射机中一般包含有调节模具温度的加热或冷却装置；

⑤ 注射成型周期(含注射、保压、开模等过程)时间短，生产效率高，易于实现自动化生产；

⑥ 生产适应性强，能够生产各种形状复杂的制品；

⑦ 设备投资较大，模具结构复杂，制造周期较长，成本高，适合大批量生产。

（二）注射模结构

1. 注射模总体结构

如图 2-28 所示，凡是注塑模具，均可分为动模和定模两大部件。一般情况下，定、动模是按分型面来划分的。I-I 分型面的以上部分，由螺钉 30 连接成一个整体，固定在注射机的固定模板上，是固定不动的，故称为定模；而以下部分则由螺杆 29 和定位销 21 连接为另一整体，固定在注射机的移动模板上，随移动模板的前推和后移，与右侧的定模板形成合模或开模状态，称为动模。

注塑充模时，动模与定模闭合，构成型腔和浇注系统；开模时，动模与定模分离并取出制件。定模安装在注射机的固定模板上，而动模则安装在注射机的移动模板上。按照模具上各个零件的功能划分，注塑模具主要由成型部分、侧面分型与抽芯部分、浇注部分、导向与定位部分、推出与复位部分、固定模板与支承紧固部分、冷却与加热部分、排溢部分 8 个部分组成。

（1）成型部分

成型零件是指构成型腔、直接与熔体相接触并分型塑料制件的零件。成型零件通常包括凸模、型芯、成型杆、凹模、成型环、镶件等零件。如图 2-33 所示，成型部分包括定模型芯 7、定模型腔板 8、动模型芯 11 和动模型腔镶套 13。动、定模型腔镶套的成型面是制品外表面形状的复制，而动、定模型芯的成型面则是制品内表面形状的复制。因此，制品结构形状，尺寸精度以及各部结构的相互位置精度、表面质量，完全由上述各成型件来成型和保证。

（2）侧面分型与抽芯部分

侧凹槽或侧孔的塑件在脱出模具之前，必须先进行侧向分型，或者拔出侧向凹模或抽出侧型芯，包括侧型芯 15 以及限位板 18、弹簧 16 等零件。侧型芯用以成型制品侧面的孔或凹(盲孔)和凸，是正面成型部分无法成型的部分，要借助斜销、弹簧等其他结构件的相互配合才能成型。制品侧面部位的这些孔、凹或凸出部分完全由这些侧面的零件来成型和保证其质量要求。

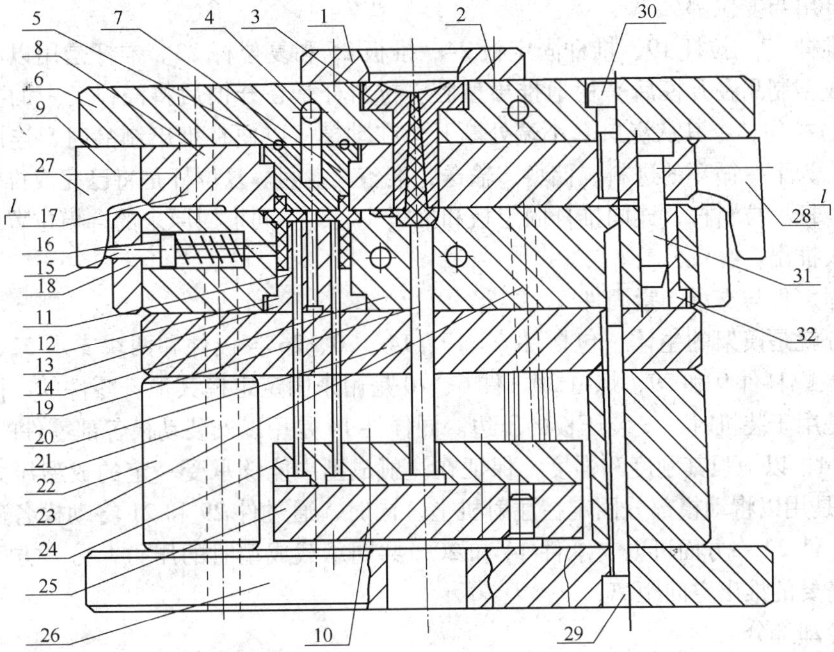

图 2-28　注射模总体结构图

1—定位圈；2、9、10、29、30—螺钉；3—浇口套；4—冷却水道；5—密封圈；6—定模固定板；7—定模型芯；8—定模型腔板；11—动模型芯；12—推杆；13—动模型腔镶套；14—动模型腔板；15—侧型芯；16—弹簧；17、21—销钉；18—限位板；19—拉杆；20—支承板；22—支承柱；23—复位杆；24—推杆固定板；25—推板；26—动模固定板；27—左压板；28—右压板；31—导柱；32—导套

（3）浇注部分

将塑料熔体由注射机喷嘴引向型腔的流道称为浇注系统，通常由主流道、分流道、浇口和冷料井组成。如图 2-33 所示，浇注系统由包括浇口套 3 和动模镶套固定板 14 上的中心冷料井和分流道以及动模型腔镶件 13 上的浇口共同组成，普通的浇注系统将熔融塑料输入型腔并满型腔之后须经冷却，使流道中的塑料固化，利于在制品脱模被推出时一并顺利推出，以利于下一循环中，熔体再次射入时的畅通无阻。而热流道系统为防止浇注系统流道中熔融料的冷却凝固，则需在浇道周围加热，以保持塑料的熔融状态，以便在下一循环中被后射入的塑料压入型腔中，成型制品。

（4）导向及定位部分

为确保动模和定模在闭合时能够准确导向和定位对中，通常需要在动模和定模上分别设置导柱和导套。如果使用的是深腔注塑模，那么还需要在主分型面上设置锥面定位。有时为保证脱模机构的准确运动和复位，还需要设置导向零件。如图 2-33 所示，导向及定位部分主要包括导柱 31 和导套 32，同时也包括定位圈 l、限位板 18 和压板 21。导柱导套是保证动、定模合模后，动、定模的型腔和型芯能够对正，保证其同轴；免于发生错位，造成制品报废。导柱、导套属间隙滑动配合。中小型模具的导柱与导套之间一般有 0. 03 ~ 0. 04mm 的配合间隙，而大尺寸的导柱与导套之间有 0. 06mm 的间隙。但对于精密制品，此间隙在不超过制品精度要求时，可不考虑。若制品有同轴度的高精度要求，仅靠导柱、导套导向，定位就难以达到，则必须考虑设计二次高精度定位结构予以保证。

（5）推出与复位部分

包括推杆 12、拉杆 19、推杆固定板 24、推板 25 和复位杆 23。推杆是用以将冷却固化定型后的成型制品在开模后平稳地推出型腔。拉料杆是在开模后将浇口套中的主流道凝料（俗称料把）拉住，令其从浇口套小端处断开留在动模，以便在推出制品时，连同凝料一起推离模具，为下一循环的进料、储料、输送，准备其空间。复位杆是将已完成推出制品和浇口凝料的推杆、拉料杆、连同推杆固定板和推板一起，一同推回原来的合模位置，以便下一循环的再次推出。

（6）固定板与支承、紧固件

这部分就是模架的主体。包括件 6、10、14、20、26 各板件和两块支承 22、两件支承柱 34、以及螺杆件 9 和 29、螺钉 30。件 6、10 是用来固定定模其他各零件的，同时件 6 的图示部分是用于装机时，安装压板的压边。同样件 14 是用以安装动模各部零件的。件 20 用以支承件 14，以增强其刚度和强度，保证在注射成型中能够承受一定的成型压力不致于变形。件 26 是用以将动模部分固定在注射机上，同时，通过件 29 和 21 将动模各部联结成为牢固整体。件 22 一方面可以支承件 14 和 20，共同承载成型时的压力，另一方面可形成推出制品所需要的推出空间距离；

（7）冷却部分

包括动、定模的冷却水通道，密封圈和进水口，水口的管接头（图中未示）。其主要作用是调节模具温度，保证成型质量，提高制品固化速度、效率。

（8）排溢部分系指排气和溢料

为了在注塑充模过程中将型腔内原有空气排出，通常在分型面处开设排气槽。由于小型腔排气量不大，可直接利用分型面排气，也可以利用模具的顶杆或型芯与配合孔之间的间隙排气，而大型注塑模则需要预先设置专用排气槽。如果有必要，比如注射热固性塑料，则排气、溢料槽多设置在分型面或凸模上。热塑性塑料制品，尤其是中、小型制品一般不需单独设置排溢槽。

2. 注射模的分类

（1）单分型面注射模

如图 2-29 所示为单分型面注射模，又称为两板式注射模。这是塑料注射模中最简单的结构。主要由成形零件、浇注系统、导向机构、推出机构、温度调节系统、排气系统及结构零件组成。由于其适应性强，因而使用广泛。

单分型面注射模只有一个将动、定模分开的主分型面，故称为单分型面注射模，型腔由动模和定模构成，立、卧式模具的主流道均设在定模上，分流道和浇口开设在分型面上。为了便于动模一侧的推出机构推出塑件和凝料，设计上要保证开模后塑件和凝料留在动模一侧。

（2）双分型面注射模

1）双分型面注射模概述

双分型面注射模泛指浇注系统凝料和塑件由不同分型面取出的注射模，也称为三板式注射模，与单分型面注射模相比，双分型面注射模在定模部分增加了一块可以往复移动的中间板，也称为流道板。这种模具常用于点浇口进胶的产品，因此，亦称细水口模具，如图 2-30 所示。

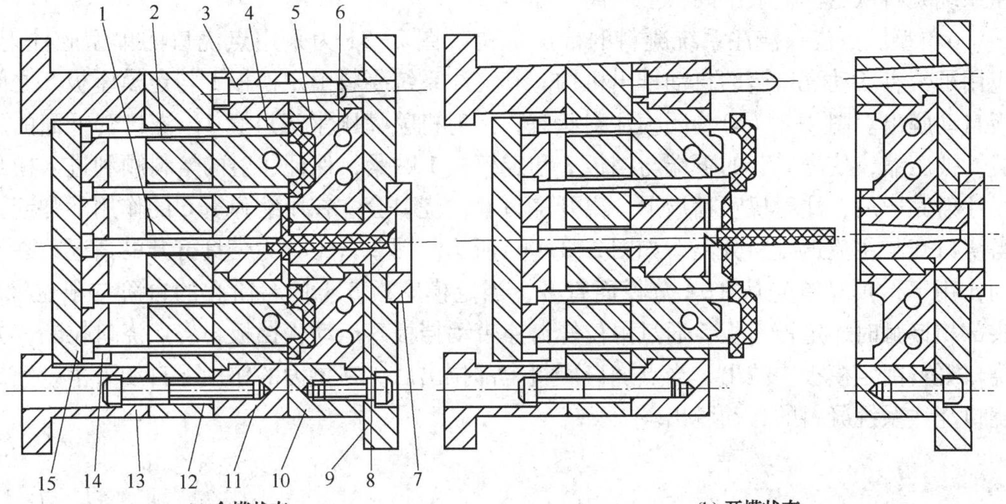

图 2-29 单分型面注射模

1—拉料杆；2—推杆；3—带头导柱；4—型芯；5—凹模；6—冷却通道；7—定位圈；8—主流道衬套；9—定模座板；10—定模板；11—动模板；12—支承板；13—垫块(模脚)；14—推杆固定板；15—推板

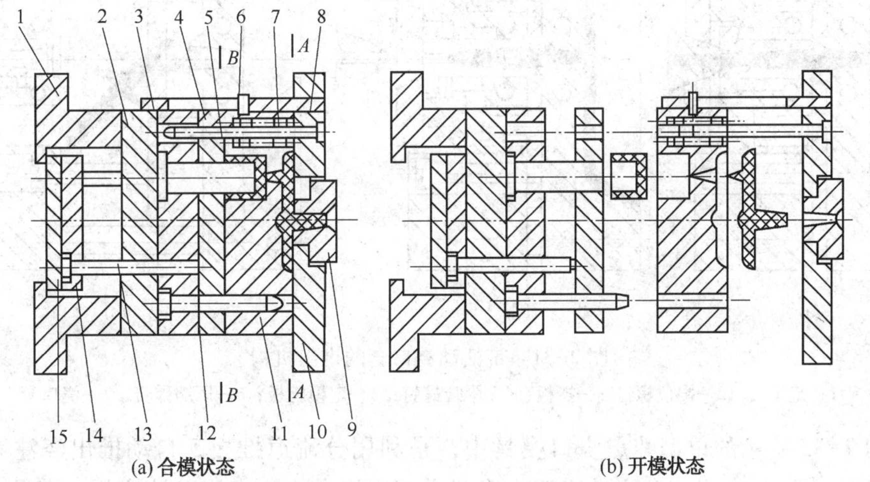

图 2-30 双分型面注射模

1—支架；2—支承板；3—凸模；4—推件板；5—导柱；6—限位钉；7—弹簧；8—定距拉板；9—主流道衬套；10—定模座板；11—中间板(流道板)；12—导柱；13—推杆；14—推杆固定板；15—推板

第一次分型的目的是拉出浇道的凝料，中间板 11 与定模座板 10 在 A-A 处定距分型，分型距离由定距拉板 8 和限位钉 6 联合控制取出两板间浇注系统凝料；第二次分型在 B-B 处，拉断进料口使浇道的凝料与塑件分离，从而顶出的塑件而不需要再进行去除料道凝料的处理。

2）双分型面注射模的应用

双分型面注射模的应用极广，可用在：

① 浇注系统凝料的推出机构　采用点浇口的双分型面注射模可以把塑件和浇注系统凝料在模内分离，为此应该设计浇注系统凝料的推出机构，保证将点浇口拉断，还要可靠地将

浇注系统凝料从定模板或中间板上脱离。如：

(a)单型腔点浇口浇注系统凝料的推出机构　图 2-31 为采用点浇口的单型腔注射模，它应用了带有活动浇口套的自动推出机构。其浇注系统凝料由定模板 1 与定模座板 5 之间的挡板自动脱出。图 2-31(a)为闭模注射状态，注射机喷嘴压紧浇口套 7，浇口套下面的压缩弹簧 6 被压缩，使浇口套的下端与挡板 3 和定模板 1 贴紧，保证注射的熔料顺利进入模具型腔。注射完毕后，注射机喷嘴后退，离开浇口套，浇口套 7 在压缩弹簧 6 的作用下弹起，这使得浇口套与主流道凝料分离，如图 2-31(b)所示。图 2-31(c)为模具打开的情况，在开模力的作用下，模具首先从 *A-A* 分模面打开，当定模座板 5 上的台阶孔的台阶与限位螺钉 4 的头部相接触时，定模座板 5 通过限位螺钉 4 带动挡板 3 运动，挡板 3 将点浇口拉断，并使点浇口凝料由定模板中拉出，当点浇口凝料全部拉出后，在重力的作用下自动下落，完成了点浇口浇注系统凝料的自动脱出。

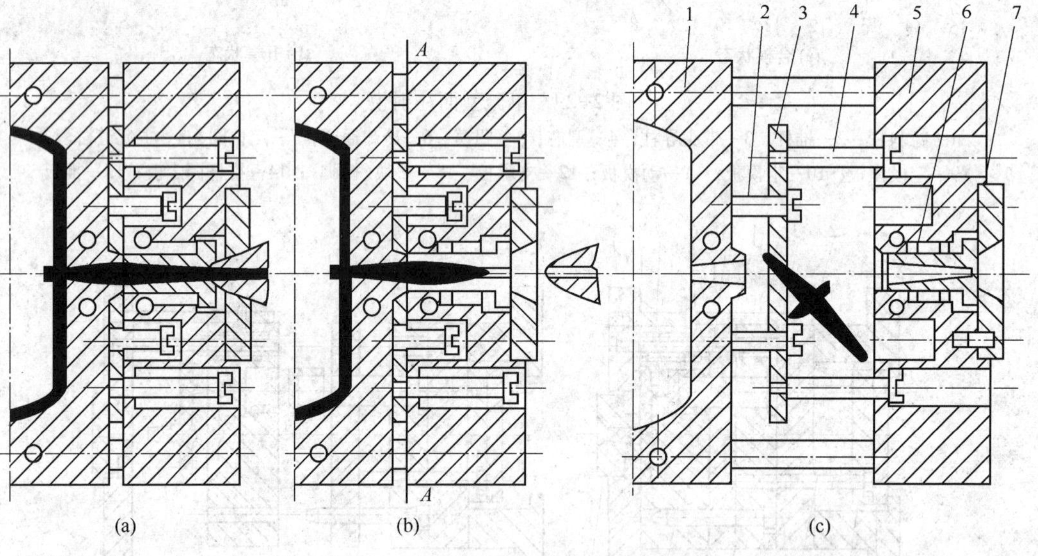

图 2-31　带活动浇口套的推出机构

1—定模板；2—限位螺钉 3—挡板；4—限位螺钉；5—定模座板；6—压缩弹簧；7—浇口套

在图 2-32 所示的单型腔点浇口模具中，是利用分流道推板 5 自动推出浇注系统凝料。模具打开时，由 A-A 分型面首先分型，塑件包紧在型芯上，点浇口被拉断。模具继续打开，链条 3 被拉紧后，型腔板 2 停止运动，与分流道推板 5 分开，点浇口凝料被粘留在主流道孔中。当定距拉杆 4 使分流道推板 5 停止运动时，点浇口凝料被从主流道孔中拉出，靠自重坠落。

(b) 多型腔点浇口浇注系统凝料的推出机构　图 2-33 所示为利用定模推板推出多型腔浇口浇注系统凝料的结构。图 2-33(a)为模具闭合注射状态；图 2-33(b)为模具打开状态；模具打开时，首先定模座板 1 与定模推板 2 分型，浇注系统凝料随动模部分一起移动，从主流道中拉出。当定模推板 2 的运动受到限位钉 3 的限制后停止运动，型腔板 4 继续运动使得点浇口被拉断，并且凝料由型腔板中脱出，随后浇注系统凝料靠自重自动落下。

图 2-34 为利用设置在点浇口处的拉料杆拉断点浇口凝料的结构。

② 顺序分型或定距分型机构　为保证两个分型面的打开顺序和打开距离，要在模具上

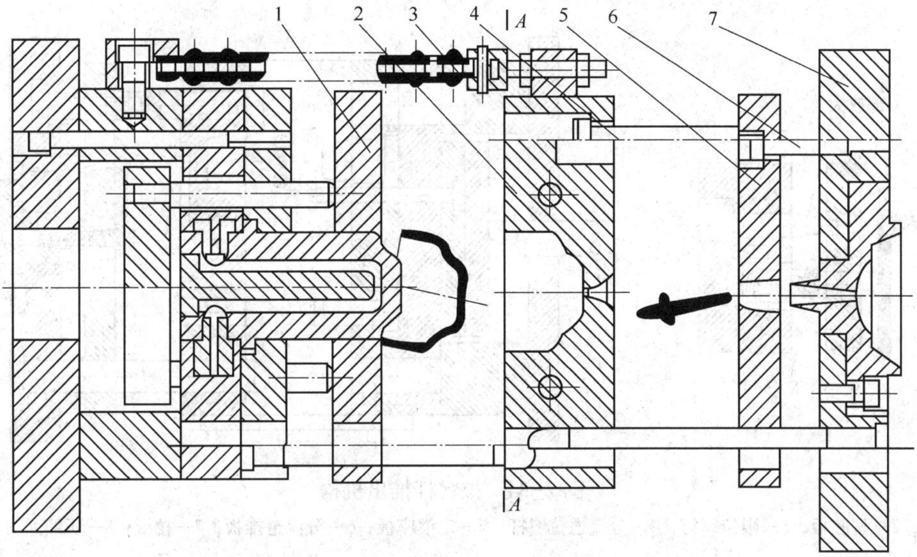

图 2-32 分流道推板推出机构

1—推件板；2—型腔板；3—链条；4—定距拉杆；5—分流道推板；6—限位螺钉；7—定模座板

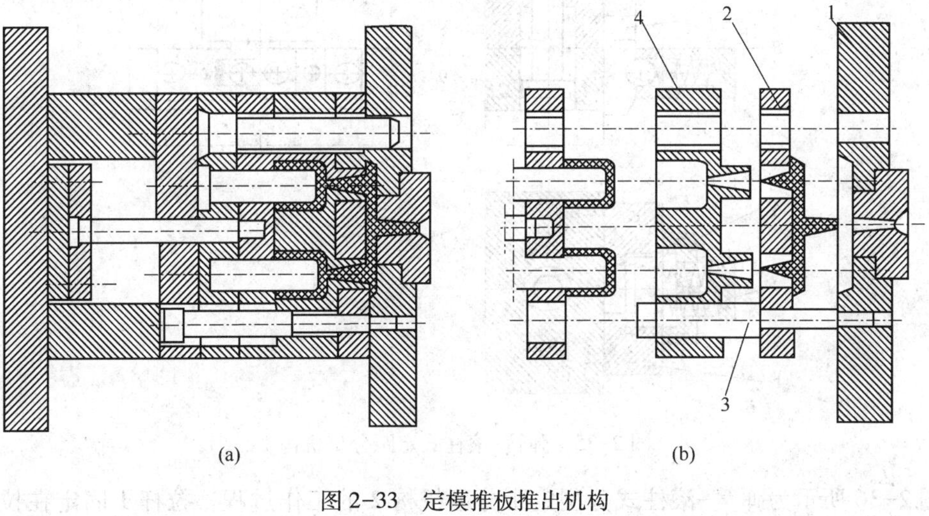

图 2-33 定模推板推出机构

1—定模座板；2—定模推板；3—限位螺钉；4—型腔板

增加必要的特殊机构（即顺序分型或定距分型部分），因此模具结构较复杂。根据特殊机构结构不同，双分型面注射模典型结构有弹簧式双分型面注射模、摆钩式双分型面注射模、滑块式双分型面注射模等多种类型。

（a）弹簧式双分型面注射模　它是利用弹簧机构控制双分型面注射模分型面的打开顺序。

如图 2-35 所示弹簧-滚柱式定距分型机构 1 的工作过程。拉杆 5 插入支座 1 内，弹簧 3 推动滚柱 4 将拉杆 5 卡住。开模时，拉杆 5 在弹簧 3、滚柱 4 的作用下，使 B 分型面暂不分型，A 分型面进行第一次分型。在定距螺钉 8 的作用下，A 分型面分型结束。模具继续打开，在开模力的作用下，拉杆 5 从滚柱 4 中强行脱开，B 分型面开始第二次分型。

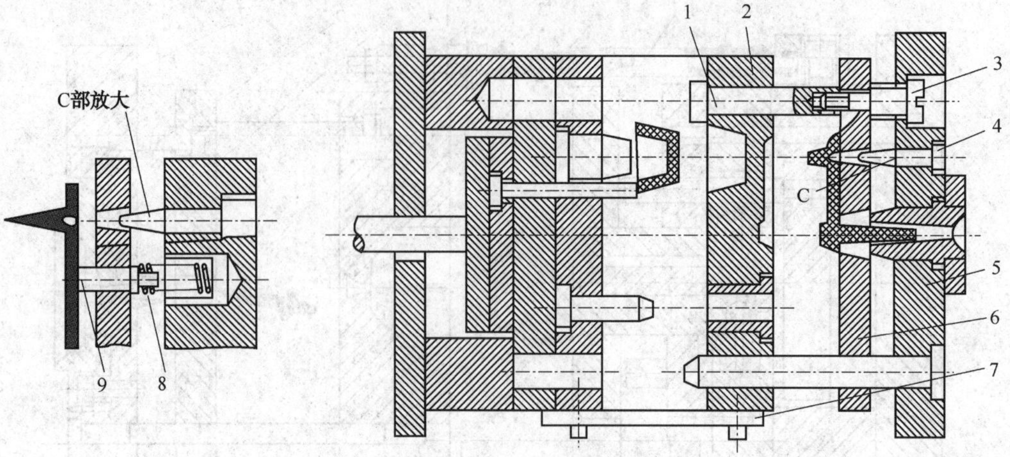

图 2-34　拉料杆推出机构

1—拉杆；2—型腔板；3—限位螺钉；4—分流道拉料杆；5—定模座板；6—分流道推板；7—拉板；8—压缩弹簧；9—顶销

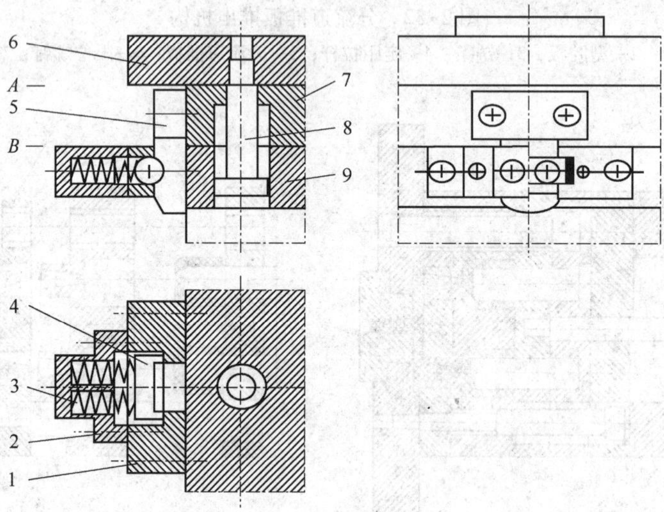

图 2-35　弹簧-滚柱式定距分型机构 1

图 2-36 所示为弹簧-滚柱式分型定距分型机构 2 的工作过程。拉杆 1 固定在拉杆固定座内，插入支座 2 内，弹簧 8 推动滚柱 5 将拉杆 1 卡住。开模时，拉杆 1 在弹簧 8、滚柱 5 的作用下，使 *B* 分型面暂不分型，*A* 分型面进行第一次分型。在定距螺钉 9 的作用下，*A* 分型面分型结束。模具继续打开，在开模力的作用下，拉杆 1 从滚柱 5 中强行脱开，*B* 分型面开始第二次分型。

（b）摆钩式双分型面注射模　摆钩式双分型面注射模是利用摆钩机构控制分型面的打开顺序。

图 2-37 所示为摆钩式定距分型机构的工作过程。二次分型机构由挡块 1、摆钩 2、压块 4、弹簧 5 和限位螺钉 12 等组成。开模时，由于固定在中间板 7 上的摆钩 2 拉住支承板 9 上的挡块 l，模具只能从 *A*—*A* 分型面分型，这时点浇口被拉断，浇注系统凝料脱出。开模到一定距离后，压块 4 与摆钩 2 接触，在压块 4 的作用下摆钩 2 摆动并与挡块 1 脱开，中间板

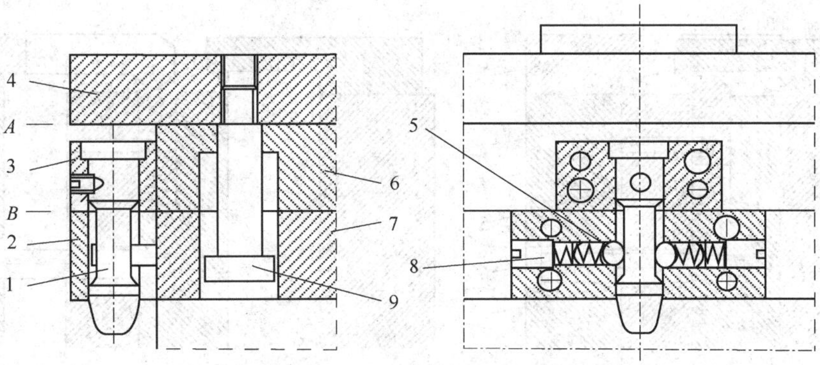

图 2-36 弹簧-滚柱式分型定距分型机构 2

7 在限位螺钉 12 的限制下停止移动，模具由 *B—B* 分型面分型。在模具设计时，注意摆钩和压块要对称布置于模具两侧；摆钩拉住档块的角度应取 1°~3°，在模具安装时，摆钩要水平放置，以保证摆钩在开模过程中的动作可靠。

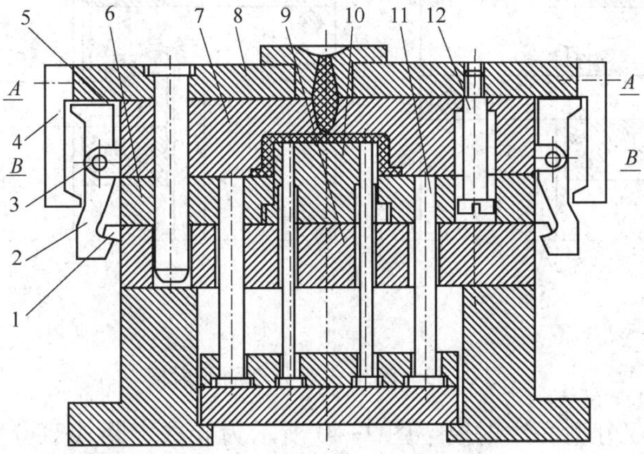

图 2-37 摆钩式定距分型机构

(c) 滑块式双分型面注射模 图 2-38 所示为滑块式定距分型机构的工作过程。模具闭合时滑块 3 在弹簧 8 的作用下伸出模外，被挂钩 2 钩住，分型面 *B—B* 被锁紧。开模时，由于挂钩 2 钩住滑块 3，分型面 *B—B* 被锁紧，首先从 *A—A* 分型面分型，当打开到一定距离后，拨杆 1 与滑块 3 接触，并压迫滑块 3 后退与挂钩 2 脱开，同时由于限位螺钉 6 的作用，使定模板 5 停止运动，继续开模时，*B—B* 分型面开始分型。

(d) 滚轮式双分型面注射模 采用滚轮式二次分型机构如图 2-39 所示，在图 2-39(a) 中模具闭合，锁杆 1 与限制杆 2 使滚轮 3 锁紧。开模时，由于滚轮 3 被锁杆 1 与限制杆 2 夹持，分型面 *B—B* 处于锁紧闭合状态，因此定模板 4 与定模座板 7 首先分型，即 *A—A* 分型面打开[图 2-39(b)]。当限制杆 2 打开移动到对滚轮 3 的限制消除后，*B—B* 分型面打开。

为了使模具闭合时恢复到闭锁状态，必须确保 *B—B* 分型面首先闭合，为此设置了滑块装置。合模开始时，滑块 6 在弹簧 5 作用下，挡住限制杆 2，以便于锁杆 1 进入闭锁位置，*B—B* 分型面闭合。闭合的同时，锁杆 1 推动滑块 6 移动，消除滑块对限制杆 2 的阻挡，限制杆 2 与锁杆 1 夹持滚轮 3，*A—A* 分型面闭合。

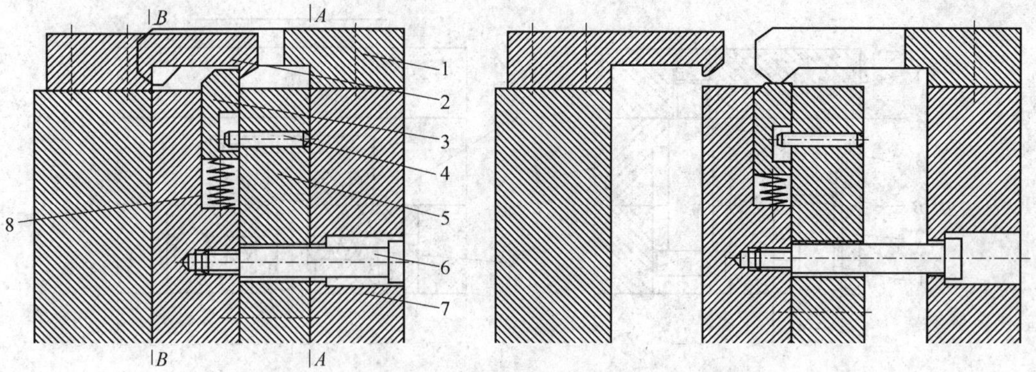

图 2-38　滑块式定距分型机构

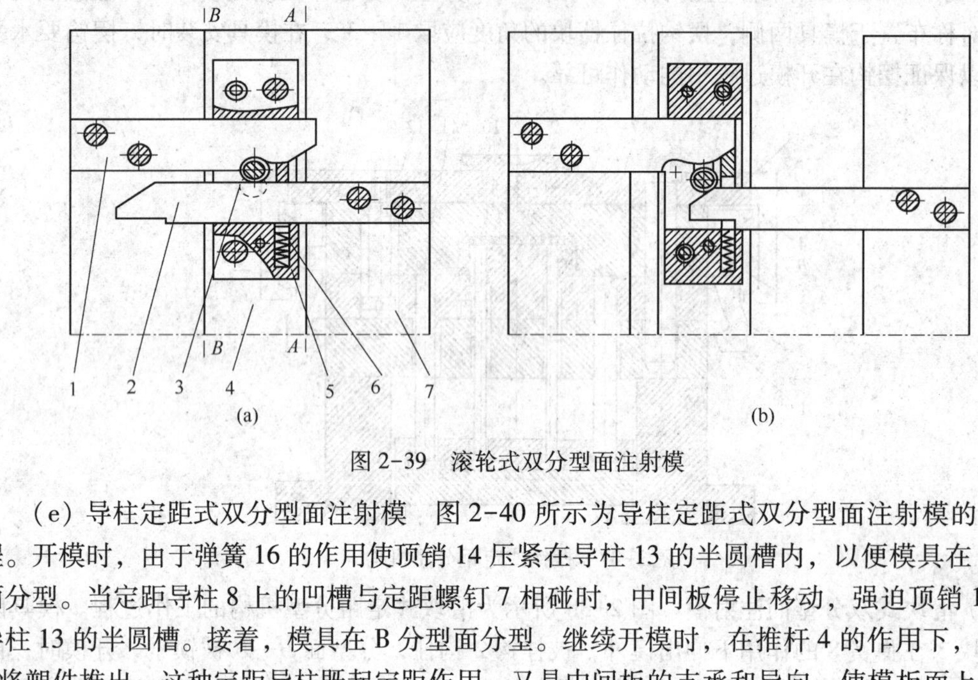

图 2-39　滚轮式双分型面注射模

(e) 导柱定距式双分型面注射模　图 2-40 所示为导柱定距式双分型面注射模的工作过程。开模时，由于弹簧 16 的作用使顶销 14 压紧在导柱 13 的半圆槽内，以便模具在 A 分型面分型。当定距导柱 8 上的凹槽与定距螺钉 7 相碰时，中间板停止移动，强迫顶销 14 退出导柱 13 的半圆槽。接着，模具在 B 分型面分型。继续开模时，在推杆 4 的作用下，推件板 9 将塑件推出。这种定距导柱既起定距作用，又是中间板的支承和导向，使模板面上的杆孔大为减少。对模面比较紧凑的小型模具来说，是经济合理的。

(3) 侧向分型与抽芯注射模

当塑件侧壁有通孔、凹穴、凸台等特征时，其成型零件就必须做成可侧向移动的，带动型芯侧向移动的整个机构称为侧向抽芯机构或横向抽芯机构。侧向抽芯机构种类很多，有斜导柱侧向抽芯、液压抽芯以及气动抽芯等，其中最常见的是斜导柱侧向抽芯机构，如图 2-41 所示。开模时，斜导柱先带动滑块往外移，当侧型芯完全脱出产品时，顶出机构才开始动作，顶出制品。

(4) 带活动镶块的注射模

带活动镶块的注射模如图 2-42 所示，它适用于带有内侧凸、凹槽或螺纹孔等结构类型的塑件。对这些模具的成型零件(型芯和凹模)需要设置活动的型芯或对拼组合式凹模等镶块，这样可避免设计成机动抽芯或机动脱螺纹形式的模具结构，从而有利于简化模具、方便

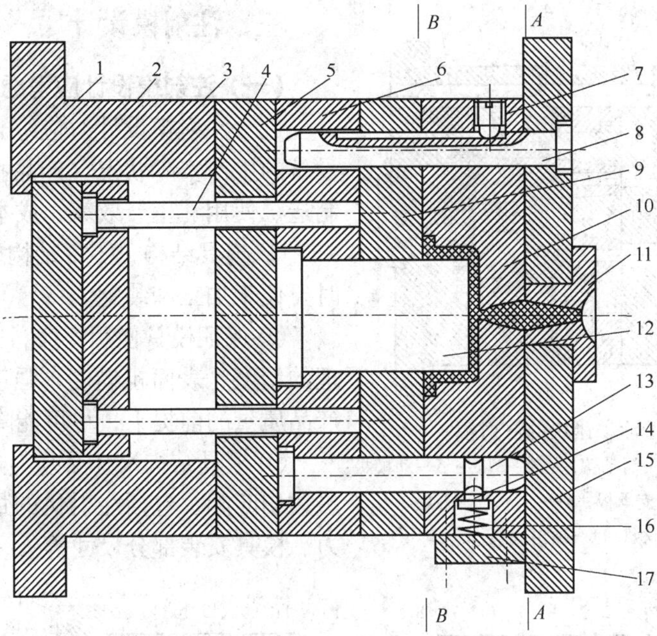

图 2-40 导柱定距式双分型面注射模

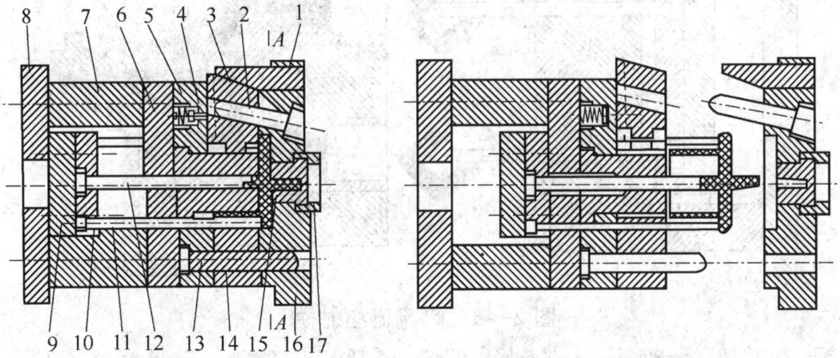

(a) 合模状态 (b) 开模状态

图 2-41 带侧向分型抽芯的注射模

1—楔紧块；2—斜导柱；3—侧型芯；4—型芯；5—固定板；6—支承板；7—支架；8—动模座板；9—推板；10—推杆固定板；11—推杆；12—拉料杆；13—导柱；14—动模板；15—主流道衬套；16—定模板；17—定位环

成型。开模后，这些镶件连同塑件一起从模具中被推出机构推出，在模外用手工或专用工装把镶件和塑件分开。为不耽误生产，常准备多套活动镶件，以便交替使用。

（5）热流道注射模

普通的浇注系统注射模，每次开模取塑件时，均有流道凝料。热流道注射模是在注射成型过程中，利用加热或绝热的办法使浇注系统中的塑料始终保持熔融状态，每次开模时，只需取出塑件而没有浇注系统凝料，既节约了原材料，又省去了切除冷料工序，大大地节约了人力、物力，提高了生产率，实现了无废料加工；同时，减少进料系统压力损失，充分利用注射压力，有利于保证塑件质量，更易实现自动化生产。但热流道注射模结构复杂，温度控制要求严格，模具成本高，故适用于大批量生产。热流道注射模结构如图 2-43 所示。由于快速自动化注射成型工艺的发展，热流道注塑模具正被逐渐推广使用。

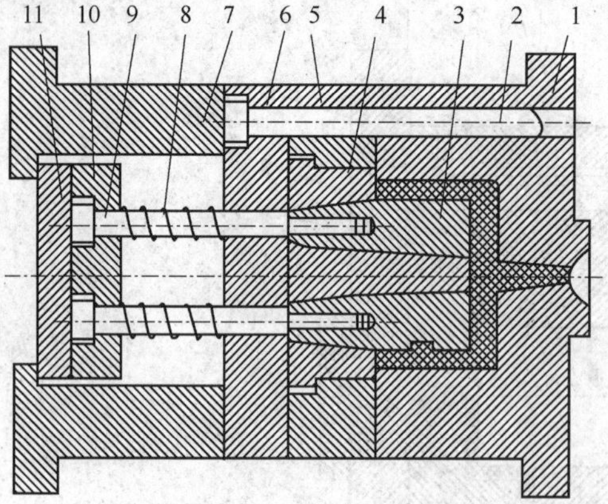

图 2-42　带活动镶块的注射模

1—定模板；2—导柱；3—活动镶件；4—型芯；5—动模板；6—动模垫板；7—支承板；8—弹簧；9—顶杆；10—顶出板；11—顶出底板

三、注射模设计

（一）注射模设计应考虑的要素

进行注射模设计时应综合考虑：现有工艺设备的生产实际状况、产品技术要求、模具的制造、使用、生产效率、成本等。简述如下：

① 模具结构、零件结构应尽可能简便，同时要便于加工和装配。

② 保证模具使用寿命，要求模具应具有合理的精度、表面粗糙度、强度和刚度。在保证产品质量的前提下，尽可能降低模具的精度。

③ 模具结构尺寸必须与选用的注射机有关参数相匹配，包括注射机的最大注射量、锁模力、模具安装部分尺寸等。

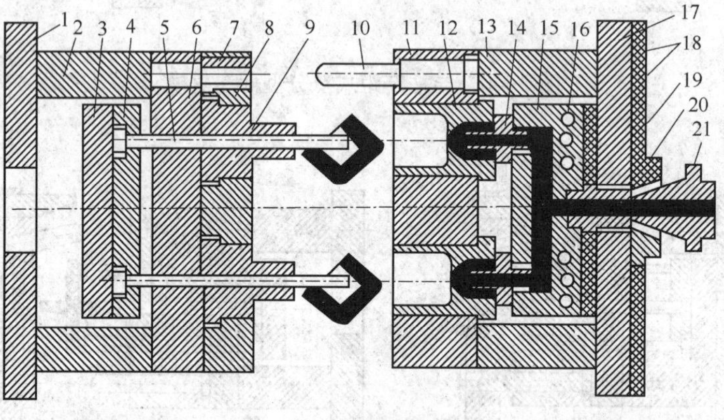

图 2-43　热流道注射模

1—动模座板；2—支架；3—推板；4—推杆固定板；5—推杆；6—支承板；7—导套；8—动模；9—凸模；10—导柱；11—定模板；12—凹模；13—支架；14—喷嘴；15—热流道板；16—加热器孔道；17—定模座板；18—绝热层；19—主流道衬套；20—定位环；21—注射机喷嘴

④ 确保产品质量。根据塑料熔体的流动特性和塑件外形尺寸、外观要求，认真分析熔体在浇注系统及型腔各处的流动状态、熔接部位及型腔内原有气体排除方式等，合理确定模具总体结构、分型面、浇注系统等，以控制熔体充模、结晶、收缩及补缩，改善成型条件，从而获得外形清晰、尺寸稳定、内应力小、无气泡、无缩孔、无凹陷的塑件。亦可采用专用塑模软件模拟塑料充模过程，观察熔融塑料是否能够充满型腔，从而判断模具结构(特别是浇注系统)是否合理。

⑤ 根据塑件的结构特征，正确设计模具抽芯及推出机构等主体结构，亦可采用专用塑模 CAD 软件模拟模具开、合模过程，从而判断模具结构设计的合理性，检查判断有无存在机构间互相干涉的现象。

⑥ 根据模具温度控制的需要，正确设计模具温控系统(加热或冷却装置)。

⑦ 便于安装、操作和维修(如大型模具应设有起吊螺孔等)。

⑧ 模具制造方便、周期短、生产成本低。

（二）塑件在注射模中的成型位置

注射模每一次注射循环所能成型的塑件数量是由模具的型腔数量决定的。型腔数量及排列方式、分型面的位置等决定了塑料制件在模具中的成型位置。

1. 型腔数量与排列方式

塑料制件的设计完成后，首先需要确定型腔的数量。与多型腔模具相比，单型腔模具有如下优点：塑料制件的形状和尺寸始终一致，在生产高精度零件时，通常使用单型腔模具；单型腔模具仅需根据一个塑件调整成型工艺条件，因此工艺参数易于控制；单型腔模具的结构简单紧凑，设计自由度大，其模具的推出机构、冷却系统、分型面设计较方便；单型腔模具还具有制造成本低、制造简单等优点。对于长期、大批量生产来说，多型腔模具更为有益，它可以提高塑件的生产效率，降低塑件的成本，如果注射的塑件非常小，又没有与其相适应的设备，则采用多型腔模具是最佳选择。现代注射成型生产中，大多数小型塑件均采用多型腔。

（1）型腔数目的确定

设计时，首先确定注射机的型号再根据其技术规格及塑件的技术要求，计算型腔数目；也有根据经验先确定型腔数目，然后根据生产条件如注射机的有关技术规格等进行校核计算，考虑要点如下：

① 塑料制件批量与交货周期　如果时间短、批量大的产品，则采用多型腔模具。

② 质量的控制要求　指塑件尺寸、精度、性能及表面粗糙度等。每增加一个型腔，由于各种误差的影响，塑件的尺寸精度降低约4%~8%，因此多型腔模具($n>4$)一般不能生产高精度塑件，高精度的塑件宁可一模一腔，保证质量。

③ 塑料品种及塑件形状、尺寸　这些参数与浇口的位置和形式有关，对分型面和脱模的位置有很大影响，因此，确定型腔数目时必须考虑。

④ 所选用的注射机技术规格　应根据注射机的额定注射量及额定锁模力计算型腔数目。

综上所述，所确定型腔数目，既要保证最佳的生产经济性，又要保证产品的质量，即应保证塑件最佳的技术经济性。

（2）型腔的布局

多型腔模具在一般情况下成型同一尺寸及精度要求的制件。型腔的排布应使每个型腔浇口处有足够压力，以保证塑料熔体同时均匀地充满型腔。使各型腔的塑件内在质量均一稳定，从而要求型腔与主流道之间距离尽可能最短，同时采用平衡的流道和合理的浇口尺寸以及均匀的冷却等。合理的排布可以避免塑件尺寸的差异、应力形成和脱模困难等问题。

2. 分型面的选择

（1）分型面及与型腔的相对位置

为了塑件及浇注系统凝料的脱模和安放嵌件的需要，将模具型腔适当分成两个或更多部分，这些可以分离部分的接触表面，通称为分型面。

在图样上表示分型面的方法是在分剖面的延长面上画出一小段直线表示分型面的位置，并用箭头表示开模方向或模板可移动的方向。如果是多分型面，则用罗马数字(也可用大写字母)表示开模的顺序。分型面的表示方法如图2-44所示。

按塑件在注射模内的成型部位，把分型面与型腔的相对位置分为以下三种形式，如

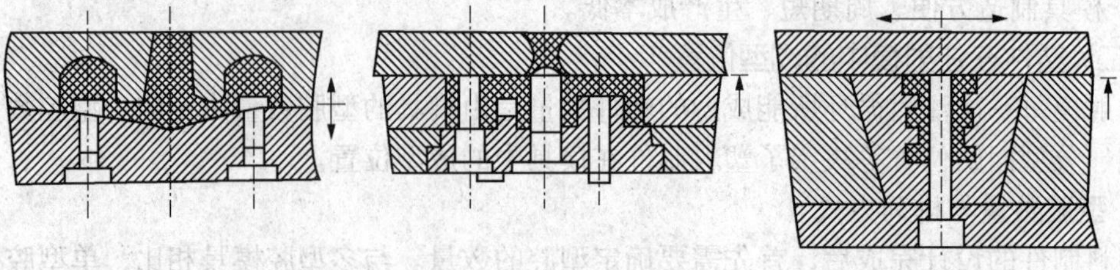

(a) (b) (c)

图 2-44 分型面的表示方法

图 2-45所示。

① 塑件全部留在动模内成型，如图 2-45(a)所示；

② 塑件全部留在定模内成型，如图 2-45(b)所示；

③ 塑件同时在动模和定模内成型，如图 2-45(c)所示。

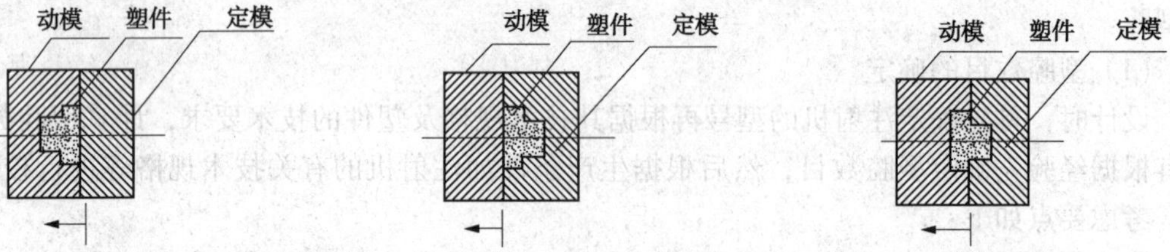

(a) (b) (c)

图 2-45 分型面与型腔的 3 种相对位置

(2)分型面基本形式

图 2-46 所示为常用的分型面形状，主要是平面、斜面、阶梯面和曲面。具体选择时应尽量选择平面形状，这样，分型面的加工较为容易。有时为了适应塑件成型的要和便于塑件脱模，也可以采用斜面、阶梯面和曲面，此时分型面加工虽然较为困难，但型腔的加工却变得较为容易。

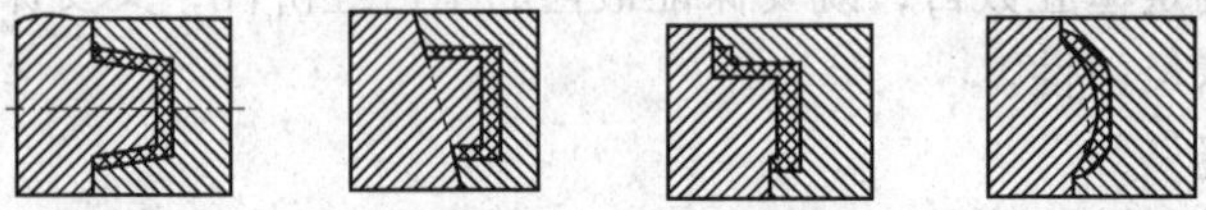

(a) 水平分型面 (b) 斜分型面 (c) 阶梯分型面 (d) 曲面分型面

图 2-46 分型面的形状

(3)分型面选择的原则

1) 便于脱模

应将分型面开设在塑件最大外形尺寸处，尽量让制品留在动模一侧，以便塑件脱模。由于推出机构一般都设在下模或动模，通常情况下，选择分型面时应满足动模(或下模)分离后，塑件尽可能留在动模(或下模)部分，否则会增加脱模的困难，势必使模具的结构复杂化。如图 2-47 中(a)是合理结构。

如图 2-48 所示的塑件外形较简单，但内形有较多的孔或复杂孔，塑件成型收缩后必留于型芯上，这时型腔可设在定模(或上模)内，采用推件板，即可完成脱模，且模具结构简单。

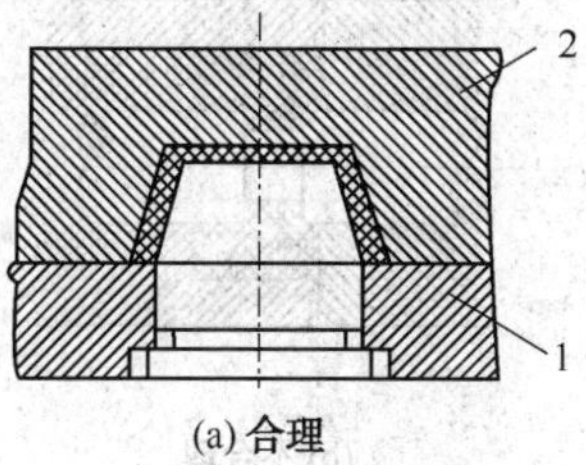

图 2-47 塑件的留模方式

1—动模；2—定模

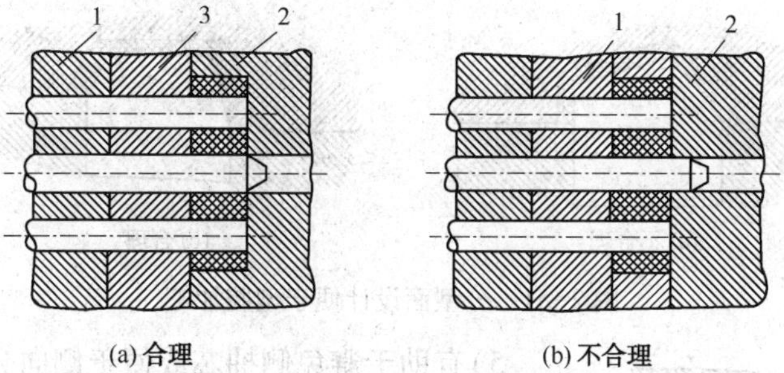

图 2-48 多孔塑件的留模方式

1—动模；2—定模；3—推件板

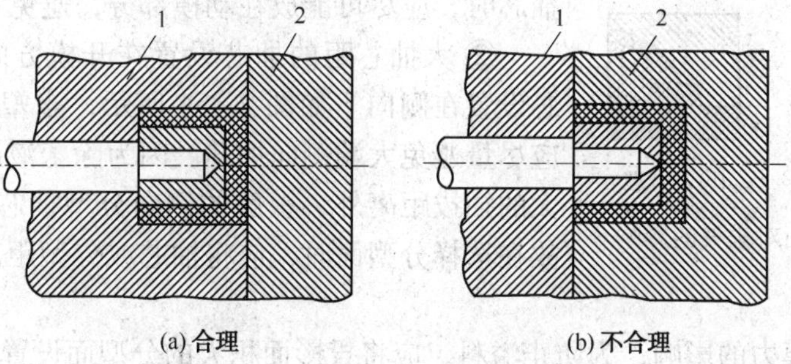

图 2-49 具有嵌件的塑件留模方式

1—动模；2—定模

如图 2-49 所示，当塑件具有金属嵌件时，由于嵌件不会收缩，对型芯无包紧力，结果带嵌件的塑件会留在型腔内，而不会留在型芯上。采用图 2-49(a)图形式脱模比较容易。

当塑件的型芯对称分布时，如果要迫使塑件留在动模(或下模)内，可将型腔和大部分型芯设在动模(或下模)内，可采用推管脱模，图 2-50(a)易于保证同轴度。

2)模具结构简单，零件便于加工

如图 2-51(b)所示方案便于型腔的加工。

3)保证产品技术条件要求

尤其是对表面质量有要求的制件更应如此。

4) 便于浇口进料，利于成型，易于型腔排气

一般分型面应尽可能与熔体末端重合，便于排气，图 2-52(a)为合理结构，图 2-52(b)为不合理结构。

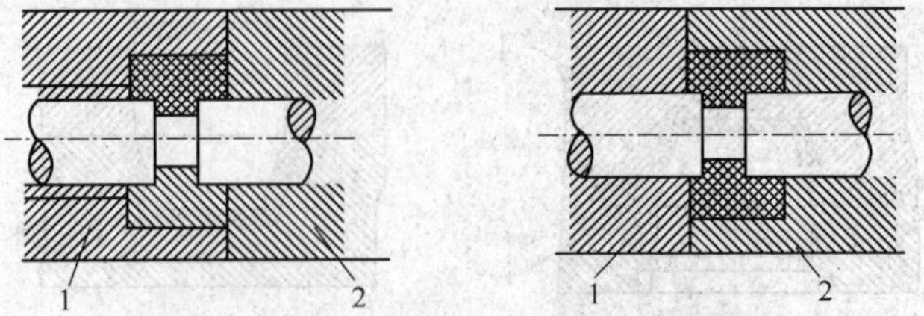

(a) 合理　　(b) 不合理

图 2-50　具有对称型芯塑件的留模方式

1—动模；2—定模

(a) 不合理　　(b) 合理

图 2-51　分型面设计便于型腔加工

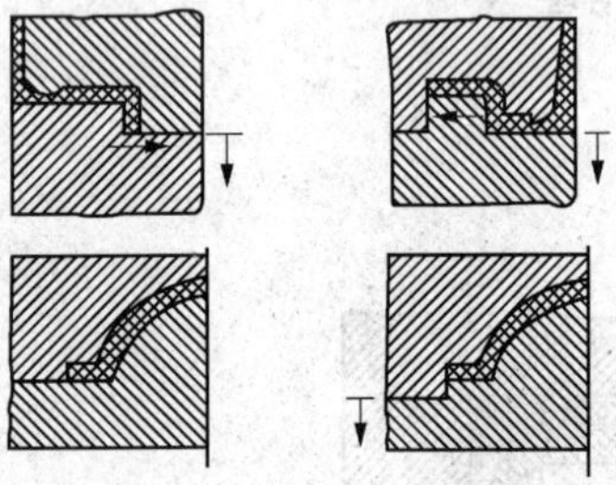

(a) 合理　　(b) 不合理

图 2-52　分型面对排气的影响

5）有助于避免侧抽芯或便于侧向分型和抽芯，方便型芯结构的装卸，保证强度

① 抽芯设在动模部分，如图 2-53 所示，当塑件有侧抽芯时，应尽可能放在动模部分，避免定模抽芯；

② 大抽芯距的抽芯设置在开模方向，小抽芯距的抽芯设置在侧向。如图 2-54 所示，当塑件有多组抽芯时，应尽量避免大端侧向抽芯。因为除了液压抽芯机构能获得大的抽拔距离外，一般的侧向分型抽芯的抽拔距离较小，故在选择分型面时，应将抽芯或分型距离大的放在开模方向上。

③考虑到锁模力的影响，为防止溢料，应将投影面积大的分型面设置在开模方向，而投影面积小的分型面设置在侧向。

如图 2-55 所示，大型线圈骨架塑件的成型，采用拼块形式，当拼块的投影面积较大时，会造成锁模不紧，产生溢边，因此最好将型腔设于动、定模上，在受力小的侧面作抽芯。图 2-55（a）为合理结构。

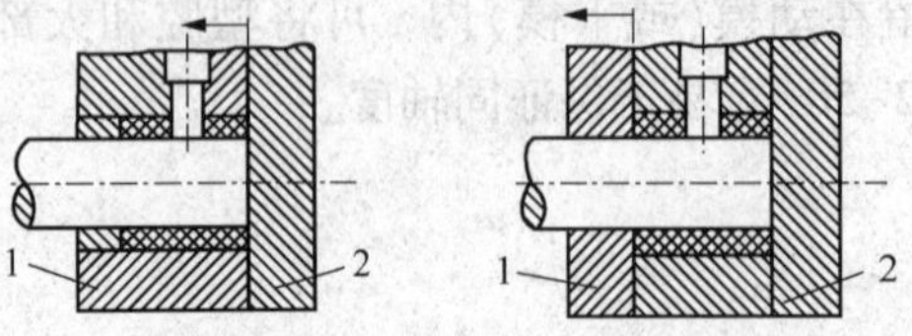

(a) 合理　　(b) 不合理

图 2-53　塑件有侧抽芯时分型面对其的的影响

1—动模；2—定模

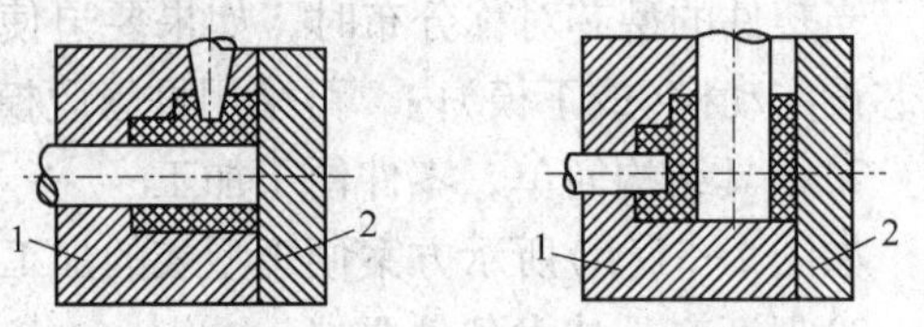

(a) 合理　　(b) 不合理

图 2-54　塑件有多组抽芯时分型面对其的的影响

1—动模；2—定模

6）分型面选择应避免长距离抽芯

如图 2-56 所示，模具的抽芯动作一般须借助抽芯机构来完成，抽芯距离越长，对开模

行程和抽芯机构的要求越复杂。一般应将抽芯距大的抽芯方向布置在分型面的垂直方向，即行程大的抽芯动作应布置在动、定模的开合模方向。图 2-56(b)比图 2-56(a)合理。

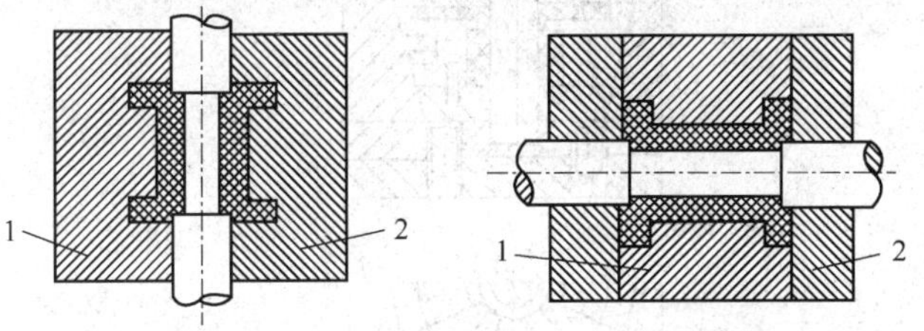

(a) 合理　　(b) 不合理

图 2-55　采用拼块形式时分型面的的影响

1—动模；2—定模

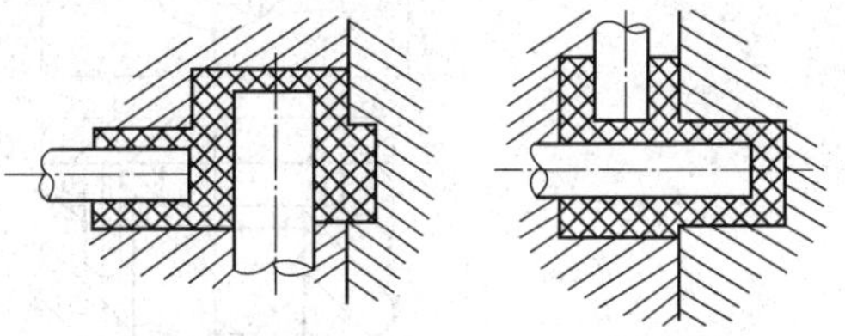

(a) 不合理　　(b) 合理

图 2-56　避免长距离抽芯示例图

(三) 注射模零部件的设计

一副塑料模具通常都是由很多不同的零件组装而成，这些零件按其功用可分为成型零件和结构类零件两大类。

成型零件：在塑料模具中直接确定或成型塑件内、外形状的那些零件称为成型零件，如凹模(型腔)、凸模(型芯)等就是成型零件。

结构零件：模具中那些基础件、联接紧固件、导向件、顶出件、抽芯件、浇注系统组成件等为结构零件。

1. 成型零件的结构设计

(1) 凹模的结构形式

凹模(型腔)是成型塑件外形的主要零件，因此凹模的结构形式是随塑件形状不同而变化的，常见有以下几种结构形式：

① 整体式　整体式型腔是由整块材料加工而成。模具强度和刚度都相对较高，且不易变形。缺点是切削量大，模具成本较高，热处理和表面处理困难。适用于形状较为简单的中、小型模具，但随着工业技术的发展，随着电蚀机床、仿型机床、数控机床的广泛应用，有些形状复杂的大型模具也有采用整体式型腔结构的。整体式凹模如图 2-57 所示。

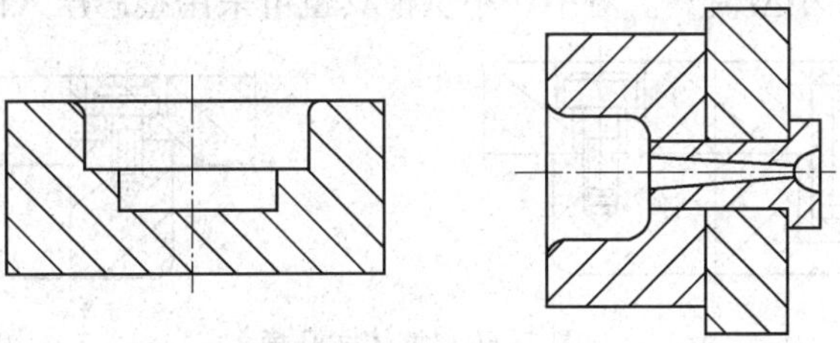

图 2-57　整体式凹模

② 镶拼式　对于整体加工困难或型腔形状复杂不易机械切削加工的凹模，可采用镶拼式结构，如图 2-58 所示。

③组合式　是指型腔由两个以上零件组合而成。组合式型腔优点是加工工艺性好，缺点是装配调整困难，有时塑件表面会留有拼接的痕迹。所以组合式型腔主要用于形状复杂的塑件成形。如：对于塑件形状复杂或型腔加工困难的凹模，可采取由许多拼块组合镶拼而成。图 2-59 为八瓣组合式凹模。

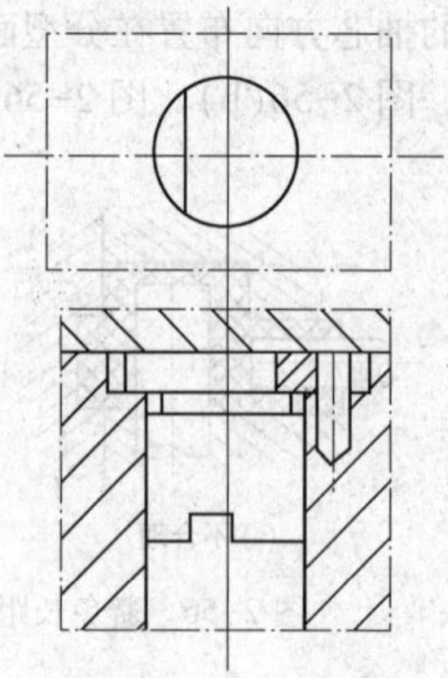

图 2-58　镶拼式凹模

图 2-59　八瓣组合式凹模

设计组合式凹模时，必须遵循下列原则：

① 尽量减少镶块数量，以减少装配工作和塑件上有过多的拼缝痕。

② 拼接缝应与开模方向一致，以免渗入的塑料妨碍塑件脱模。

③ 拼块应无锐角，尽量做成直角或钝角。

④ 拼块之间应尽量采用凹凸嵌接，防止其在成型过程中发生相对的位移。

⑤ 个别凹凸易磨损部分，应制成独立件，便于加工和更换。

⑥ 设计拼块或嵌件时，应尽量将形状复杂的内形加工变为外形加工。

⑦ 应尽量避免镶块痕迹残留在塑件表面。

⑧ 为了便于加工并使拼块接合面正确，应尽量减少配合面长度。

⑨ 镶拼件必须具有足够的强度，并需用模套固紧，防止受压后变形和损坏。

(2) 凸模和型芯的结构形式

凸模是成型塑件内形的成型零件，型芯是成型塑件上孔的成型零件，它们的几何形状是随塑件形状而变化的，一般的结构形式有以下几种：

① 整体式　塑件的内腔形状较简单时，可采用整体式结构，如图 2-60 所示，这种结构便于切削加工，适用于小型模具。对中、小型模具也可采用型芯压入固定板中的凸模形式。

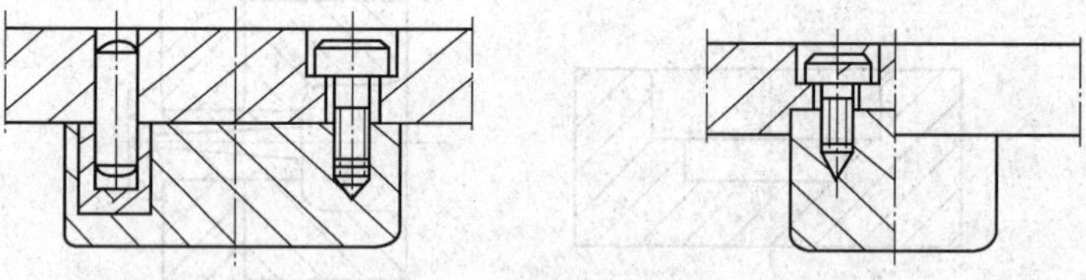

图 2-60　整体式凸模

② 镶拼式　对于塑件内腔或孔型较复杂而整体加工困难的凸模，可以采用图 2-61 所示的镶拼式结构。

③ 型芯　型芯与凸模之间无严格区分，一般凸模是成型制品整体内形的模具零件，而型芯则是成型制品孔、槽的小型芯，所以，有时也把型芯叫做型杆。型芯通常单独制造，再嵌入固定板中。

(3) 成型零件的工作尺寸计算

成型零件工作尺寸是指成型零件上直接用来成型塑件部位的尺寸。在模具设计中，应根据塑件的尺寸、精度来确定模具成型零件的工作尺寸及精度。

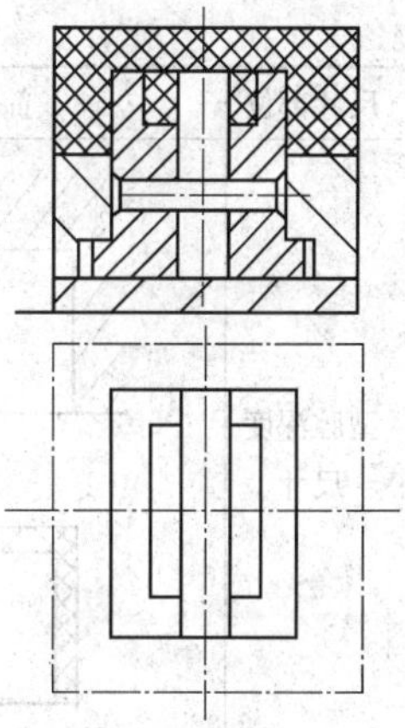

图 2-61 镶拼式凸模

1）影响塑件尺寸精度的因素

① 成型收缩率　塑料成型后收缩率与塑件的原材料、塑件的结构、模具的结构，以及成型的工艺条件等因素有关，在实际工作中，成型收缩率的波动很大，从而引起塑件尺寸的误差很大，塑件尺寸的变化值为：

$$\sigma_s = (S_{max} - S_{min}) L_s \tag{2-8}$$

式中　σ_s——塑料收缩波动而引起的塑件尺寸误差，mm；

L_s——塑件尺寸，mm；

S_{max}——塑件的最大收缩率，%；

S_{min}——塑件的最小收缩率，%。

一般情况下，由成型收缩率波动而引起的塑件尺寸误差要求控制在塑件尺寸公差的三分之一以内。

② 模具成型零件的制造误差　模具成型零件的制造精度是影响塑件尺寸精度的重要因素之一。模具成型零件的制造误差越小，塑件的尺寸精度越高，但是模具零件加工困难，制造成本和加工周期也会加大加长。实践证明，如果模具成型零件的制造误差在 IT7~IT8 级之间，成型零件的制造公差占塑件尺寸公差的 1/3。

③ 模具成型零件的磨损　模具在使用过程中，由于塑料熔体流动的冲刷、脱模时与塑料的摩擦、成型过程中可能产生的腐蚀性气体的锈蚀等，模具成型零件表面精糙度提高而要求重新抛光等，均可造成模具成型零件尺寸的变化。一般凹模或型腔尺寸变大，凸模或型芯尺寸变小。对于中小型塑件，模具的成型零件应取塑件公差的 1/6。而大型塑件，模具成型零件的最大磨损量应取塑件公差的 1/6 以下。

④ 模具安装配合的误差　模具的成型零件由于配合间隙的变化，会引起塑件的尺寸变化，模具的配合间隙误差应不影响模具成型零件的尺寸精度和位置精度。

2）成型零件工作尺寸的计算

模腔工作尺寸计算包括型腔和型芯的径向尺寸、型腔深度及型芯高度尺寸、中心距尺寸等，计算公式如表 2-10 所示。

表 2-10　模腔工作尺寸计算

尺寸部位	简　图	计算公式	说　明
型腔径向尺寸	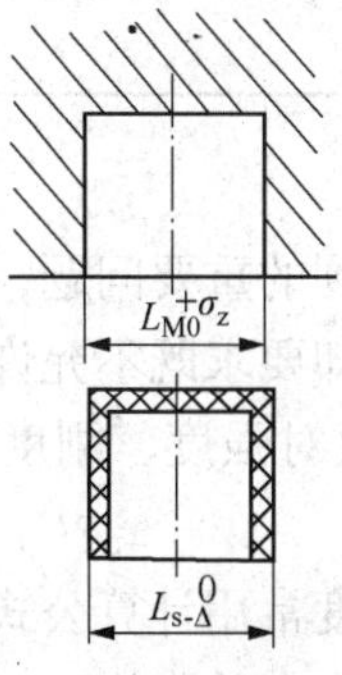	① 平均尺寸法 $L_M = [(1+S_{cp})L_s - 3/4\Delta]_0^{+\delta_z}$ ② 极限尺寸法 （按修模时凹模尺寸修大容易） $L_M = [(1+S_{max})L_s - \Delta]_0^{+\delta_z}$ 校核： $L_M + \delta_z + \delta_c - S_{min} \times L_s \leqslant L_s$	$3/4\Delta$—取 0.5~0.8 之间 L_M—凹模径向公称尺寸，mm L_s—制品径向公称尺寸，mm S_{cp}—塑料平均收缩率，% S_{max}—塑料最大收缩率，% S_{min}—塑料最小收缩率，% Δ—塑件公差值，mm δ_z—模具制造公差，mm δ_c—凹模磨损量，磨损严重取 $1/3\Delta$，轻微取 $1/5\Delta \sim 1/8\Delta$，mm

续表

尺寸部位	简　图	计算公式	说　明
型腔深度尺寸	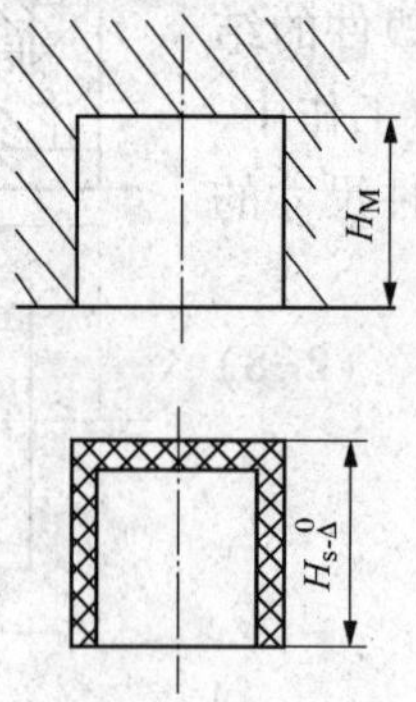	① 平均尺寸法 $H_M=[(1+S_{cp})H_s-2/3\Delta]_0^{+\delta_z}$ ② 极限尺寸法 （按修模时凹模深度加深容易） $H_M=[(1+S_{cp})H_s-\delta_z]_0^{+\delta_z}$ 校核： $H_M-S_{max}\times H_s+\Delta\geqslant H_s$	$2/3\Delta$—约取 0.5 H_M—凹模深度尺寸，mm H_s—制品高度公称尺寸，mm δ_z—凹模深度制造公差，mm δ_c—凹模磨损量，mm
型芯径向尺寸	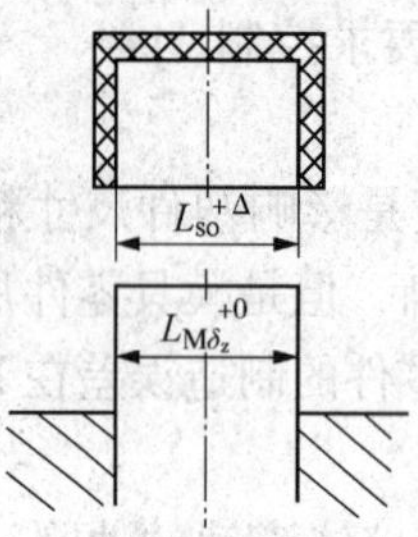	① 平均尺寸法 $L_M=[(1+S_{cp})L_s-3/4\Delta]_{-\delta_z}^{0}$ ② 极限尺寸法 （按修模时型芯尺寸修小容易） $L_M=[(1+S_{min})L_s-\Delta]_{-\delta_z}^{0}$ 校核： $L_M-\delta_z-\delta_c-S_{max}\times L_s\geqslant L_s$	L_M—型芯径向尺寸，mm δ_c—型芯磨损量，mm δ_z—型芯制造公差，mm （取制品相应尺寸公差的 1/3~1/6）
型芯高度尺寸	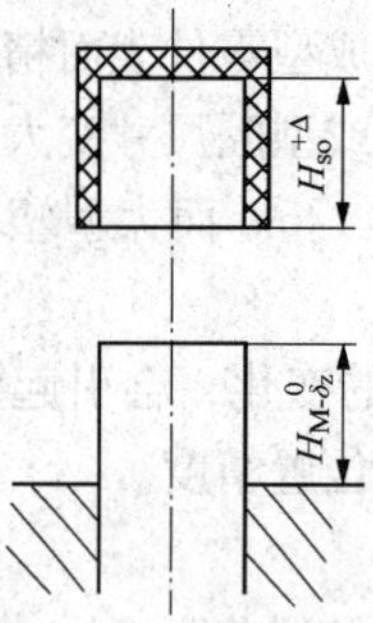	① 平均尺寸法 $H_M=[(1+S_{cp})H_s-2/3\Delta]_{-\delta_z}^{0}$ ② 极限尺寸法 （按修模时型芯高度修短容易） $H_M=[(1+S_{min})H_s+\Delta]_{-\delta_z}^{0}$ 校核：$H_M-\delta_z-S_{max}\times H_s\geqslant H_s$	$2/3\Delta$—约取 0.5 H_M—型芯高度尺寸，mm H_s—塑件孔深度尺寸，mm δ_z—型芯高度制造公差，mm
中心距尺寸	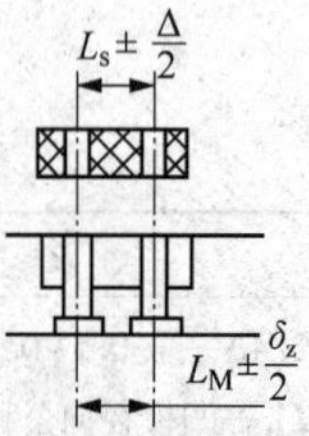	$L_M=[(1+S_{cp})L_s\pm1/2\delta_z$	L_M—中心距，mm L_s—制品中心距，mm δ_z—模具深度制造公差，mm

（4）模具型腔侧壁与底板厚度的设计

塑料模型腔壁厚及底板厚度的计算，是模具设计中经常遇到的重要问题，尤其对大型模具更为突出。目前常按强度和刚度条件计算，但实际的塑料模却要求既不允许强度不足而发生明显变形甚至破坏，也不允许刚度不足而发生过大变形，故对强度、刚度都要进行合理考虑。

一般常用计算法和查表法，圆形和矩形凹模壁厚及底板厚度常用计算公式，型腔壁厚的计算比较复杂且烦琐，为简化模具设计，一般采用经验数据或查有关表格。

型腔的形状和结构有各种不同的形式，在此仅介绍圆形型腔厚度的计算方法，计算公式见表 2-11。

表 2-11 圆形型腔厚度计算公式

种类	计算公式	备注
组合式圆形型腔侧壁厚度刚度计算	$S\geqslant r\left[\sqrt{\dfrac{E[\delta]/rp-\mu+1}{E[\delta]/rp-\mu-1}}-1\right]$	S—圆形型腔侧壁厚度，mm r—型腔半径，即塑件半径，mm p—型腔压力，MPa E—弹性模量，MPa $[\delta]$—型腔允许变形量，mm μ—模具材料泊桑比，碳钢为 2. 5
组合式圆形型腔侧壁厚度强度计算	$S>r\left[\dfrac{[\sigma]}{[\sigma]-2p}-1\right]$	$[\sigma]$—模具材料许用应力，MPa 其他同上
整体式圆形型腔底板厚度刚度计算	$h=\sqrt[3]{\dfrac{0.175pr^4}{E[\delta]}}=0.56r\left(\sqrt[3]{\dfrac{pr}{E[\delta]}}\right)$	p—型腔压力，MPa r—型腔半径，即塑件半径，mm E—弹性模量，MPa h—型腔底板厚度，mm
整体式圆形型腔底板厚度强度计算	$h=\sqrt[r]{\dfrac{0.75p}{[\sigma]}}$	$[\sigma]$—模具材料许用应力，MPa 其他同上

2. 结构零件及装置的设计

（1）合模导向装置

合模导向装置是保证动模与定模或上模与下模合模时正确定位和导向的装置。导柱导向装置的主要零件是导柱和导套。导柱导向装置如图 2-62 所示。

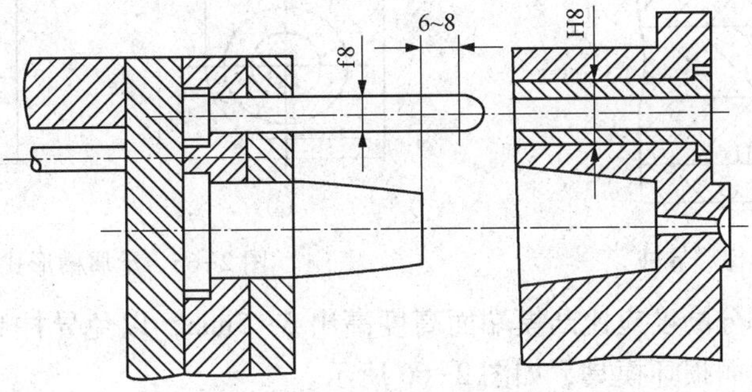

图 2-62 导柱导向装置

1）导向装置的作用

① 导向 上模和下模合模时，首先是导向零件接触，引导上、下模准确合模，避免凸模或型芯先进入型腔，保证不损坏成型零件。

② 定位 避免模具装配时认错方位而损坏模具(尤其是形状不对称的型腔)，对于垂直分型的两瓣对拼凹模，合模销可以保证在合模时定位准确。

③ 承受一定的侧向压力 塑料注入型腔过程中会产生单向侧面压力，或由于成型设备精度的限制，使导柱在工作中承受一定的侧压力。当侧向压力很大时，则不能完全由导柱来承担，需要增设锥面定位装置。

2）导向装置的设计原则

① 导向零件应均匀分布在模具的周围或靠近边缘的部位，其中心至模具边缘应有足够的距离，以保证模具的强度，防止压入导柱和导套时发生变形。如图 2-63 所示。

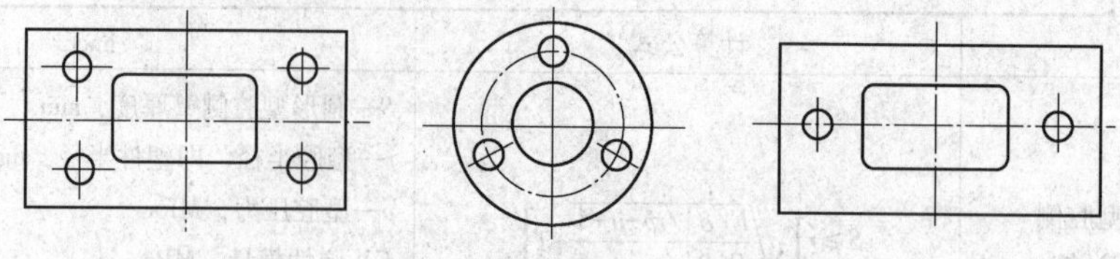

图 2-63　导柱布置形式

②根据模具的形状和大小，一副模具一般需要 2~3 个导柱。对于小型模具，通常只用两个直径相同且对称分布的导柱，如果模具的凸模与凹模合模时有方位要求时，则采用两个直径不同的导柱；对于大中型模具，为简化工艺，可采用三个或四个直径相同但分布不对称的导柱；对于多分型面的模具，最好采用阶梯形导柱(图 2-64)，阶梯数要与分型面数相等。

③ 导柱可设置在定模，也可设置在动模。在不妨碍脱模取件的条件下，导柱通常设置在型芯高出分型面的一侧。

④ 当上模板与下模板采用合模加工工艺时，导柱装配处直径应与导套外径相等。

⑤ 为保证分型面很好地接触，导柱和导套在分型面处应制有承屑槽，一般都是削去一个面[图 2-65(a)]，或在导套的孔口倒角[图 2-65(b)]。

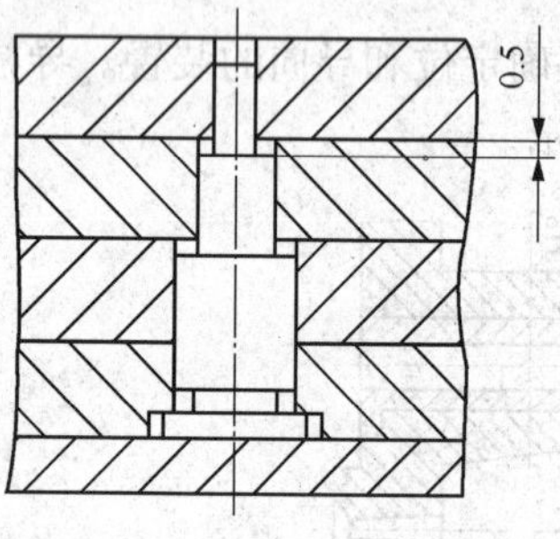

图 2-64　阶梯形导柱

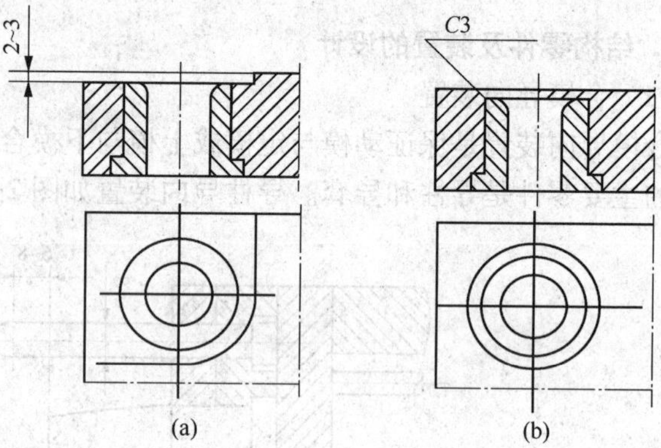

图 2-65　承屑槽形式

导柱直线圆柱部分高度应比凸模端面高度高出 3~5mm，以免导柱尚未导正方向而凸模先进入型腔与之相撞而损坏模具，如图 2-66 所示。

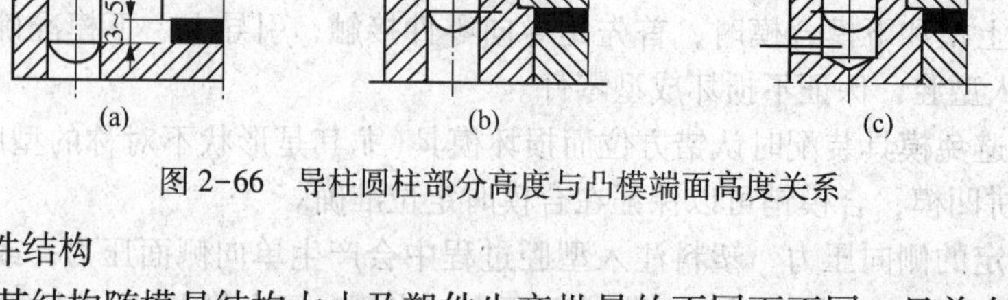

图 2-66　导柱圆柱部分高度与凸模端面高度关系

3）导向零件结构

① 导柱　其结构随模具结构大小及塑件生产批量的不同而不同。目前在生产中常用的导柱结构如图 2-67 所示。

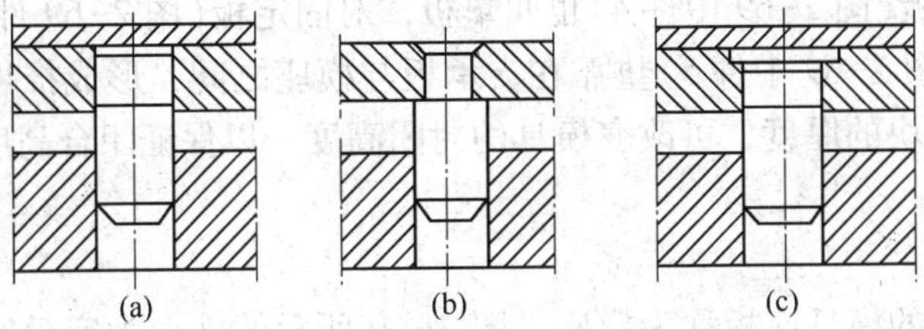

图 2-67 导柱结构及固定形式

图 2-67(a)为导柱，结构简单，加工方便，但开模力过大，导柱容易拔脱。

图 2-67(b)为铆合式导柱，同样结构简单，固定端过渡配合装入固定板将尾部铆开，以免使用时拉出，适用于固定板后面不装垫板的模具。

图 2-67(c)为台阶式导柱，此导柱采用两种配合尺寸：固定部分采用过渡配合，导柱与孔采用间隙配合，拆装方便，便于维修。

图 2-67(d)形式的导柱，其固定端直径做成和导套固定端直径同样尺寸，便于导柱固定孔和导套固定孔一同加工，以保证两孔同轴度要求。

② 导套 是与导柱相配合的一种导向零件，根据塑模尺寸、结构形式的不同，导套的结构形式也不尽相同，常见的导套结构形式如图 2-68 所示。

(2) 支承部件

注射模中的各种固定板、支承座板(垫板)、块(垫块)及模座均称为支承零部件，设计时要求它们必须具有足够的强度和刚度。将它们与合模导向机构、推料脱模机构等组装，便可以构成注射模架，如图 2-69 所示。注射模架的作用是用来安装和固定注射模中的各种功能结构。

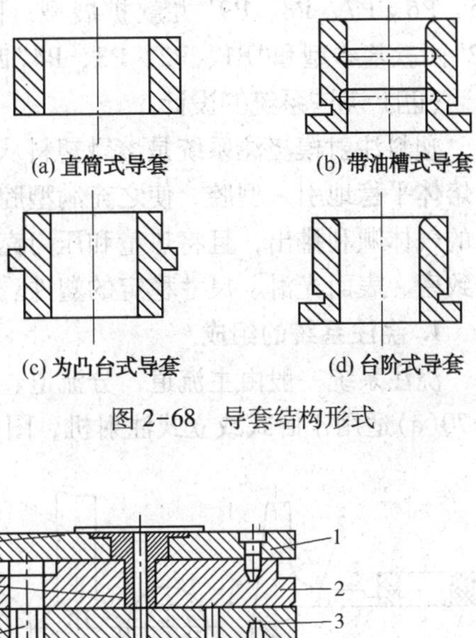

图 2-68 导套结构形式

① 固定板 固定板在模具中起着固定成型零部件、合模导向机构及推出脱模机构等各种功能结构的作用，图 2-69 中的件 2、3、9、10 均可称为固定件。

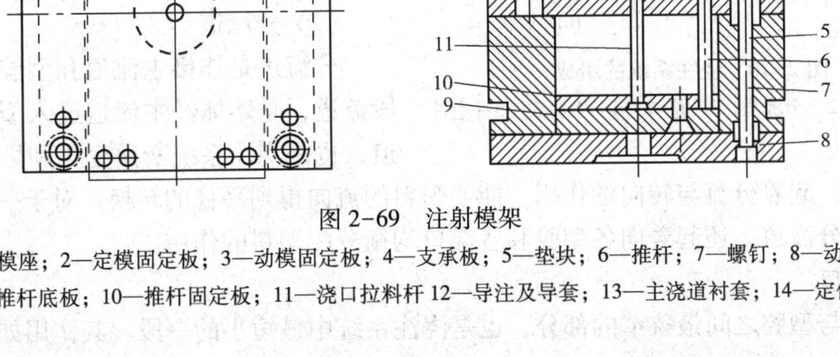

图 2-69 注射模架

1—定模座；2—定模固定板；3—动模固定板；4—支承板；5—垫块；6—推杆；7—螺钉；8—动模座；9—推杆底板；10—推杆固定板；11—浇口拉料杆 12—导注及导套；13—主浇道衬套；14—定位环

② 支承板和垫块　支承板(图 2-69 中件 4)也叫垫板，对固定板(图 2-69 件 3)上模具各零件起着支承作用；垫块(图 2-69 中件 5)垫靠在支承板与模座之间，形成推出脱模机构和运动空间，变更支承板和垫块的厚度，可改变模具的封闭高度，以保证闭合高度和开模行程与注射机规格匹配。

③ 模座与模架：

(a) 模座　与注射机相联的模具底板称为模座，图 2-69 所示的件 1 为定模座，件 8 为动模座。模座是每个注射模中支承所有零部件的底板，在注射成型过程中传递合模力并承受成型力，应具有足够的强度和刚度，因此应有一定的厚度。模座的形状和尺寸与注射机上动、定模座固定板相匹配。模座上开设的安装螺栓孔或压板台阶必须与注射机动、定模固定板上安装螺孔的大小和位置相适应。

(b) 模架　现行中国塑料模架标准共有两种，即 GB/T 12556—2006《塑料注射模模架技术条件》和 GB/T 12555—2006《塑料注射模模架》。两种标准模架的区别主要在于它们的结构形式和适用范围。

中小型标准模架的模板尺寸 $B\times L$(宽×长)≤500mm×900mm；

大型标准模架的模板尺寸 $B\times L$ 为 630mm×630mm～1250mm×2000mm。

GB/T 12556 共有 13 个品种，含“A1、A2、A3、A4”四款基本型和“P1、P2、P3、P4、P5、P6、P7、P8、P9”九款扩展型；国标《塑料注射模大型模架》共有 6 个品种，含 A1、A2”两款基本型和“P1、P2、P3、P4”四款扩展型；加起来共有 19 个品种的模架。

(四) 浇注系统的设计

塑料注射模浇注系统是熔融塑料从喷嘴开始到型腔的流动通道，它的作用在于将熔融塑料熔体平稳地引入型腔，使之充满型腔的各个角落，并在熔体填充和凝固过程中，能将型腔中的气体顺利排出，且将热量和压力充分地传递到型腔的各个部分，以便获得轮廓清晰、组织致密、表面光滑、尺寸稳定的塑件。

1. 浇注系统的组成

浇注系统一般由主流道、分流道、浇口、冷料穴等 4 部分组成，如图 2-70 所示。其图 2-70(a)适用于卧式或立式注射机，图 2-70(b)适于直角式注射机。

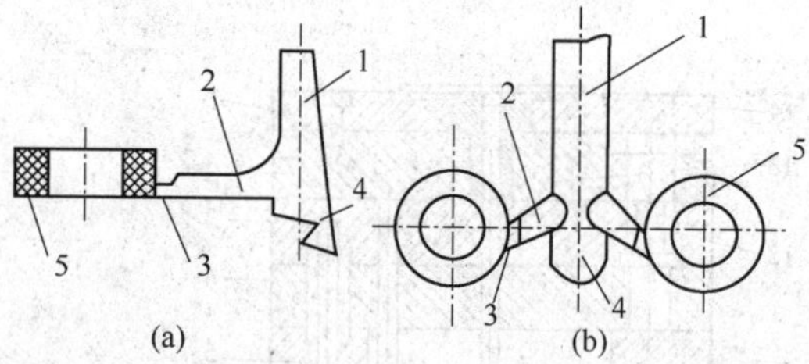

图 2-70　浇注系统的组成

1—主流道；2—分流道；3—浇口；4—冷料穴；5—塑件

(1) 主流道

主流道是连接注射机喷嘴与分流道的一段流道，是熔融塑料进入模具型腔时最先经过的流道主流道的大小直接影响熔体的流动速度和填充时间。

(2) 分流道

分流道是连接主流道和型腔进料口的一段流道，是熔体经主流道进入型腔的引导通道，也是浇注系统断面变化和熔体流动转向的过渡通道，起着分流与转向的作用，能使塑料的流向得到平稳的转换；对于一模多腔和一腔多浇口的分流道，还起着向各型腔和各浇口均衡分配塑料的作用。

(3) 浇口

分流道与型腔之间最狭窄的部分，也是浇注系统中最短小的一段。其作用如下：

① 使分流道流进的熔体在进入型腔时产生加速度，形成理想的流态，便于有序、迅速地充满型腔。

② 熔体在型腔内成型后，进料口处塑料首先冷凝，封闭型腔，防止塑料倒流，避免型腔压力下降过快，从而在塑件上出现缩孔和凹陷。

③ 成型后便于浇注系统凝料与塑件分离，并因痕迹小成型美观。

(4) 冷料穴

每个注射成型周期开始时，最前端熔体接触低温模具降温、硬化称之为冷料，为防止冷料进入型腔或者堵塞进料口，造成塑件熔接不牢或成型不满，影响塑件质量，必须在主流道的末端或较长的分流道的末端设置冷料穴，来储存周期性注射成型时，在间歇期内注射机喷嘴处产生的冷料。

2. 浇注系统设计原则

浇注系统设计是注射模设计的一个重要环节，它直接影响注射成型的效率和时间，一般遵循以下基本原则：

① 掌握塑料的工艺特性　以便于考虑浇注系统尺寸对熔体流动的影响。

② 保证排气良好　浇注系统应能顺利地引导熔体充满型腔，料流快而不紊，并能把型腔的气体顺利排出。图 2-71(b)、图 2-71(c)为合理结构。

③ 防止型芯和塑件翘曲变形　高速熔融塑料进入型腔时，要尽量避免料流直接冲击型芯或嵌件，防止型芯及嵌件变形。

④ 减少熔体流程及塑料耗量　在满足成型和排气良好的前提下，塑料熔体应以最短流程充满型腔，缩短成型周期，提高成型效果，减少塑料用量。

⑤ 去除与整修浇口方便，并保证塑件的外观质量。

⑥ 要求热量及压力损失最小　浇注系统应尽量减少转弯，采用较低的表面粗糙度，尽量缩短流程，合理选用流道断面形状和尺寸等。

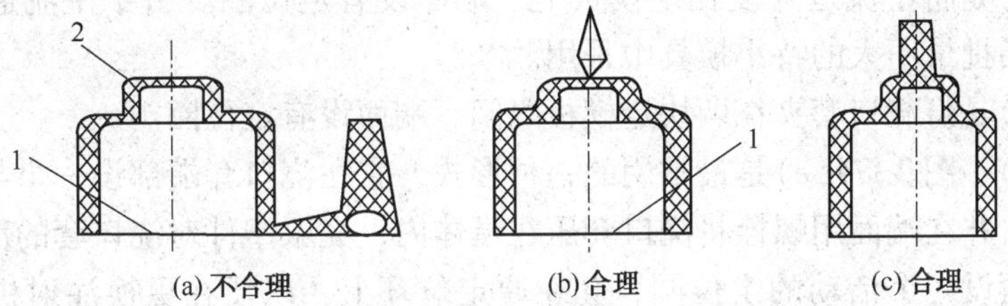

图 2-71　浇注系统与填充的关系

1—分型面；2—气泡

3. 浇注系统设计

(1) 主流道设计

主流道一般位于模具中心线上，结构尺寸如图 2-72 所示。

1) 主流道的结构形式

主流道是熔融塑料由注射机喷嘴喷出时最先经过的部位，与注射机喷嘴轴线重合，便于浇注系统对称配置，主流道截面可为圆形、半圆形、椭圆形和梯形，尤以椭圆形应用最广。主流道的设计要点如下：

① 为便于凝料从直流道中拔出，主流道设计成圆锥形(图 2-72)，锥角 α 一般为 2°~6°。

② 主流道与分流道结合处采用圆角过渡，其半径 R 为 1~3mm，以减小料流转向过渡时的阻力。

③ 在保证塑件成型良好的前提下，主流道的长度 L 应尽可能短，以减小压力损失及废料。

④ 主流道进口端与喷嘴头部应为球面接触（$R_1>R$），如图 2-73（a）所示，以保证注射时，喷嘴与模具紧密接触，防止熔体充入，阻碍凝料顺利拉出。图 2-73（b）所示的结构可用固定圈固定在定模部分，防止型腔中熔体将浇口套顶出。

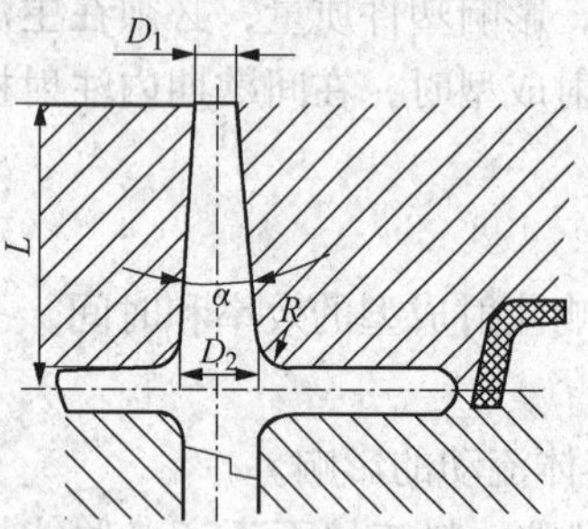

图 2-72　主流道结构与尺寸

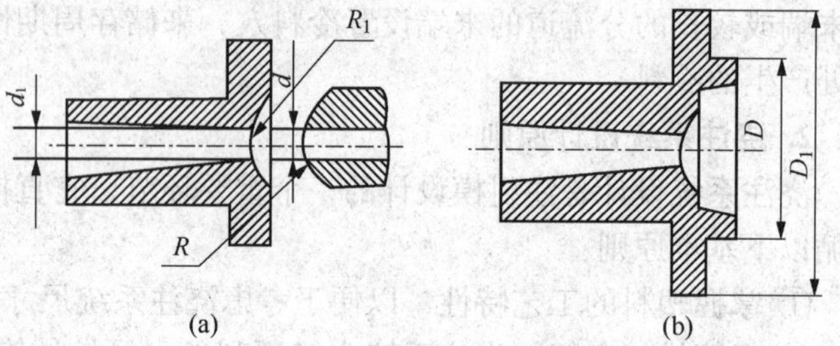

图 2-73　主流道浇口套结构

2）浇口套的结构形式

由于主流道与高温、高压熔融塑料和注射机喷嘴反复接触、碰撞，所以模具的主流道部分通常设计成可拆卸、更换形式的主流道衬套（又称浇口套或浇注套），以便于损坏后的拆卸更换，同时也便于制造时浇口套单独选用优质钢材，单独加工和热处理。浇口套大体上有如图 2-74 所示的几种结构形式：

图 2-74（a）是将与注射机定位孔的配合处与浇口套为一体，将浇口套压入定模板内，由于它没有端面紧固装置，只限于小型模具中采用。

图 2-74（b）是将主流道开设在定模板上，端面设有定位圈。由于主流道不能进行淬硬处理，只在产品批量不大的特小模具中采用。

图 2-74（c）是将浇口套夹在两块定模板之间，端面设有定位圈。

图 2-74（d）、图 2-74（e）是最常用的一种形式，它在浇口套端部设一个与注射机定位孔相配的定位圈，并在端面用螺栓将浇口套压在模体内，克服塑件对浇口套的反座力。在大型模具中，往往再设一个活动的定位圈，套在原定位环上，以便在更换注射机时进行调整和更换。

（2）分流道设计

对于小型塑件单型腔的注射模，通常不设分流道；对于大型塑件采用多点进料或多型腔注射模都需设置分流道。

1）分流道的截面形状及尺寸

便于加工、常用的分流道的截面形状主要有圆形、半圆形、U 形、梯形、正六边形等，如图 2-75 所示。

① 圆形截面　是指周边长相等的分流道。圆形截面能提供最大的通道截面积，即分流道流过相同的塑料流量，其分流道的内表面积最小，这样可以减少注射过程中散热面积，即融料温度降低最小，同时使得摩擦力变小，减少压力损失，有利于物料的流动，效率最高。

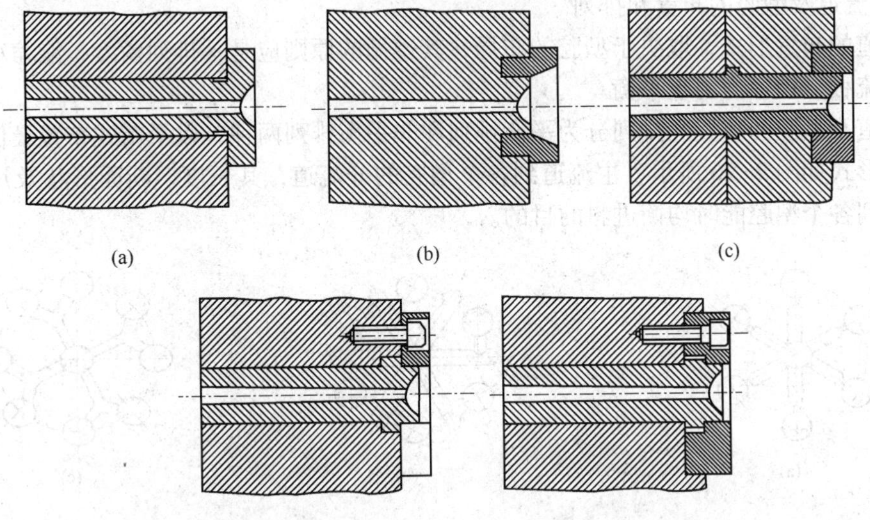

图 2-74　浇口套的结构形式

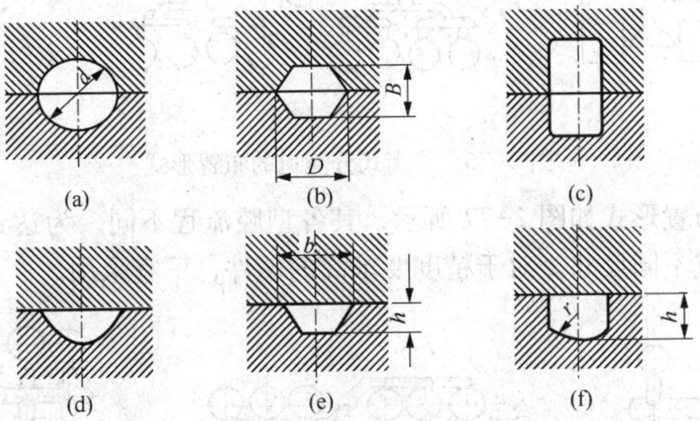

图 2-75　分流道截面形状

圆形断面分流道直径一般在 2～12mm 范围内变动，分流道的长度一般在 8～30mm 之间，一般根据型腔布置适当加长或缩短，但最短不宜小于 8mm。因其必须将分流道设在模板两侧，对合时容易产生错口现象，故制造麻烦。

② 半圆形截面　效率比圆形要差一些，加工起来比圆形截面要简单。

③ 扁形截面　严格地说是一种扁梯形。扁形截面的分流道的流动情况变差，但分流道冷却则比以上形状要好很多，它的宽度和深度根据实际需要来定，两侧面和底面半径则必须像梯形截面一样，取斜度 $\alpha=5°\sim10°$左右，底面半径 $r=1\sim2$mm，以便于取出凝料。

2）分流道的设置

应尽量满足以下要求：

① 满足良好的压力传递，使塑料熔体在流动中热量和压力损失最小；

② 使流道中的塑料量最少；

③ 保证合理的填充时间，使塑料熔体在相同的温度、压力条件下，从各个浇口尽可能同时进入并充满型腔；

④ 从流动性、传热性等因素考虑，分流道的比表面积尽可能小。

3）分流道及型腔的布置和排列

分流道的布置形式，取决于型腔的布局，其遵循的原则应是：排列紧凑，能缩小模板尺寸，减小流程，锁模力力求平衡。

分流道及型腔的布置和排列分为平衡排列和非平衡排列两种，以平衡式布置最佳。平衡式的布置形式如图 2-76 所示，主流道到各个型腔的分流道，其长度、断面形状及尺寸均相等，以达到各个型腔能时均衡进料的目的。

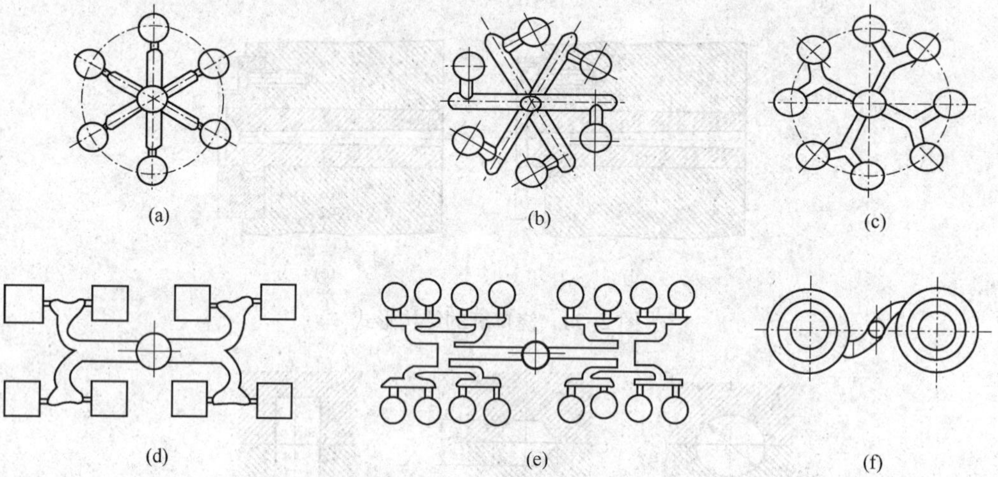

图 2-76　平衡式分流道的布置形式

分流道非平衡布置形式如图 2-77 所示，其各型腔流程不同，为达到各型腔同时均衡进料，须将浇口加工成不同尺寸。对于精度要求高的塑件，不宜采用。

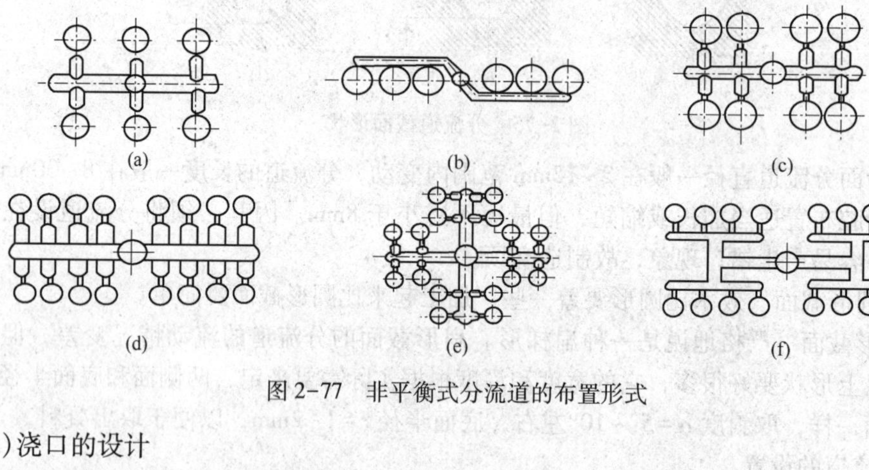

图 2-77　非平衡式分流道的布置形式

(3)浇口的设计

浇口是连接分流道和型腔的桥梁。浇口对塑料熔体流入型腔起到控制作用，对塑件的质量影响很大。

1）浇口的定义和作用

浇口是主流道、分流道和型腔的进料通道，位于浇注系统的终端，也是浇注系统中横截面积最小且长度最短的部分，一般情况下，浇口采用长度很短(0.5～2mm)而截面很窄的小浇口。浇口的作用如下：

① 由于塑料熔体为非牛顿液体，通过浇口时剪切速率增高，同时熔体的内摩擦加剧，使料流的温度升高、黏度降低，从而提高了塑料的流动性，提高充模能力，有利于充型；

② 注射过程中，塑料充型后在浇口处及时凝固，缩短模塑周期，当注射压力撤消后，浇口固化，封锁型腔，防止型腔中尚未冷却固化的熔体倒流；

③ 塑件成形后，便于与整个浇注系统及废料的分离，但浇口的尺寸过小，会使压力损失增大，冷凝加快，补缩困难。

2）浇口的类型及选择

① 按浇口宽度大小分为窄浇口和宽浇口　窄浇口如点浇口、侧浇口、爪形浇口等，主要用于边缘或中心进料的塑件，适用于流动性好的塑料；宽浇口如扇形浇口、环形浇口、盘形浇口等，适用于直接进料塑件、黏度较高（如 ABS、PMMA）及熔体指数较小的聚烯烃塑料、深度不一或厚度不均的大型塑件。

② 按浇口特征分为非限制浇口和限制浇口　限制浇口指分流道和型腔之间采用一段距离很短、断面积很小的浇口相连接，如图 2-78 所示。非限制浇口又称直接浇口、中心浇口或主流道型浇口。

③浇口形式及选择：

(a)按塑料品种选择浇口　一般低黏度塑料宜选择断面积较小的浇口，如侧浇口、点浇口和潜伏式浇口等；高黏度塑料采用大断面浇口（如直接浇口）；

(b)按塑件尺寸选择浇口　普通形状塑件，可以采用侧浇口、点浇口和潜伏式浇口；大尺寸的深腔塑件应采用直接浇口；

(c)按模腔数量选择浇口　只适用于单型腔模的浇口，如直接浇口、盘形浇口、轮辐浇口、爪浇口；只适于多型腔模的浇口，如侧浇口、潜伏浇口等；

(d)按生产要求选择浇口　为了提高生产效率，应尽量选用小断面的浇口。

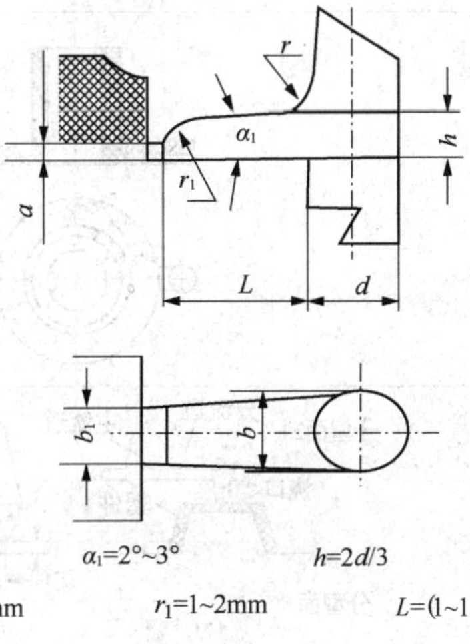

图 2-78　限制浇口的形式

常用浇口的形式如表 2-12 所示。

表 2-12　浇口形式及特点

名称	简　图	尺寸或应用
直接浇口	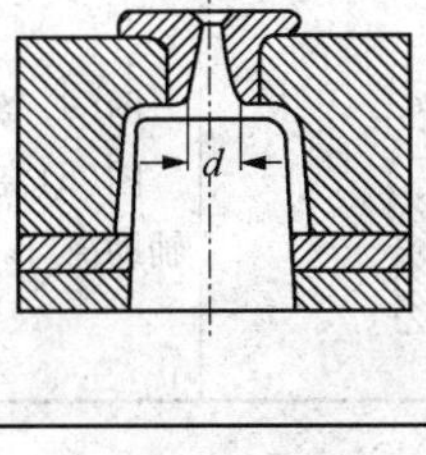	适用于成型深腔的壳形或箱形塑件，不宜成型平薄及易变形塑件

续表

名称	简　图	尺寸或应用
侧浇口	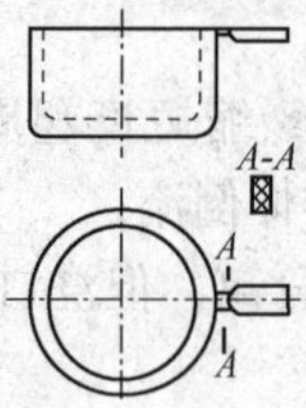	一般宽 1.5~5mm，厚 0.5~2.0mm，长 0.7~2mm
中心浇口	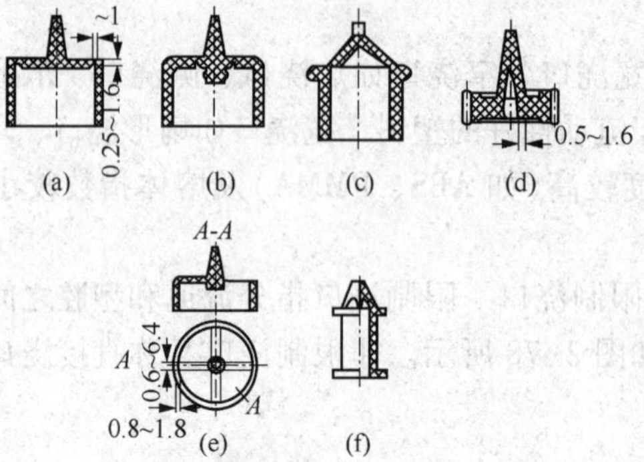	图(e)为轮辐浇口，图(f)为爪形浇口，其余为盘形浇口
环形浇口	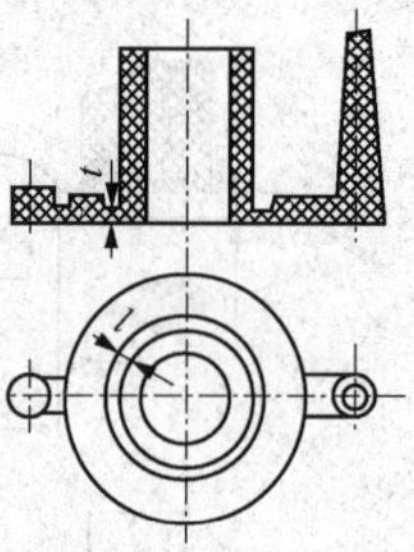	l=0.7~1.2mm t=0.35~1.5mm
点浇口	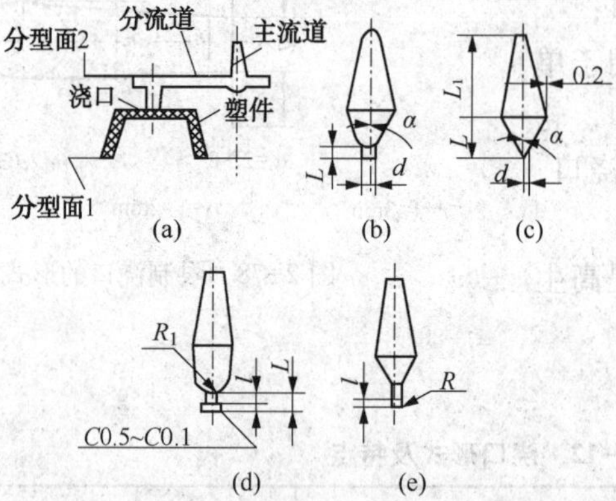l=0.5~2mm,d=0.5~1.5mm,α=6°~15°,R_1=1.5~3mm,R=0.2~0.5mm,H=1~3mm;$L\geqslant(2/3)L_1$	特点：是侧浇口的变异形式。塑料料流均匀地进入型腔，无熔接痕，塑件内应力小，翘曲变形小，排气良好，并减少了气泡及缺料等缺陷。但去除浇口加工量大，且痕迹明显。 通常应用于成型板、条之类的大面积扁平塑件，对防止聚乙烯塑件变形更为有效
潜伏式浇口	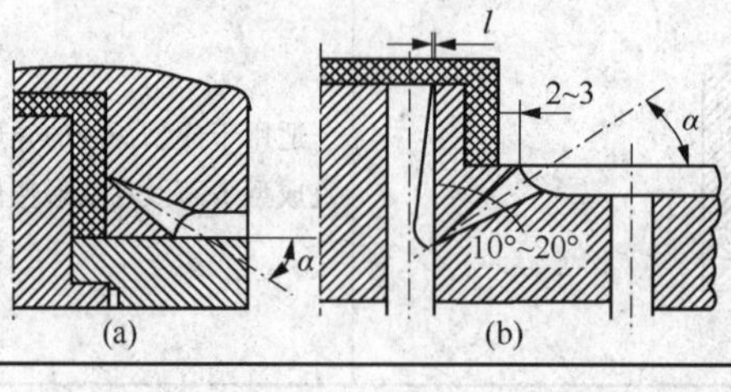	图(a)浇口位于塑件外侧。 图(b)浇口位于塑件内测底部，有二次辅助浇口。α=45°~60°，l=0.8~1.5mm

3）浇口位置的选择

浇口位置选择不当会使塑件产生变形、熔接痕、凹陷、裂纹等缺陷。一般说来，浇口位置选择要遵循以下原则：

① 浇口位置的设置应使塑料熔体填充型腔的流程最短、料流变向最少，以减少流动能量的损失(图 2-79)，图 2-79(a)浇口位置选择不合理。

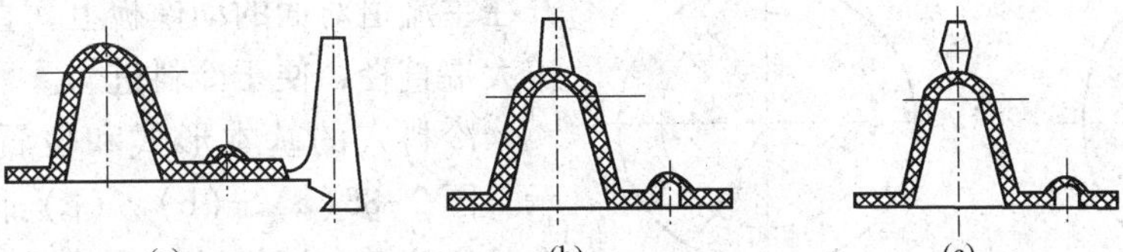

图 2-79　浇口位置对填充的影响

②浇口位置的设置应有利于排气。

③ 浇口应选择在不影响塑件外观的部位，以保证塑件外表面光洁，如图 2-80 所示。

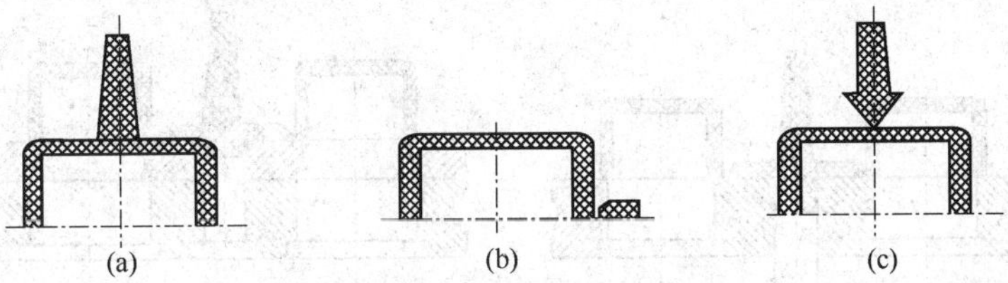

图 2-80　浇口位置对外形的影响

图 2-80(a)采用直接浇口，去除凝料比较麻烦，在塑件外表面留有明显的浇口痕迹。图 2-80(b)、图 2-80(c)分别采用侧浇口和点浇口，浇口痕迹小且容易去除，特别是图 2-80(c)的点浇口更有利于熔料的流动。

④ 浇口应不影响塑件使用性能。

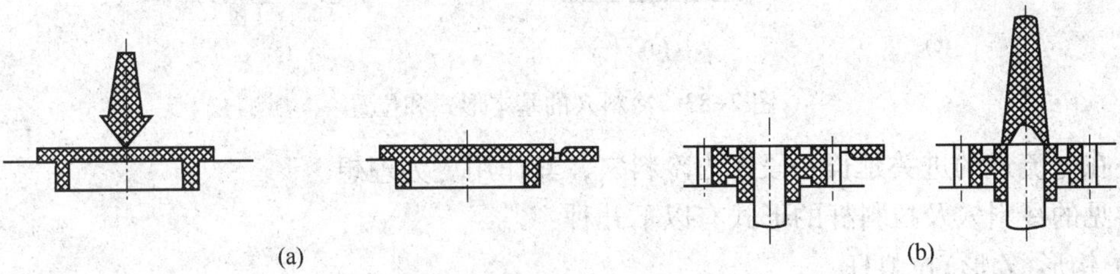

图 2-81　浇口位置对使用性能的影响

图 2-81 是透明塑件，要求平面的透明度好，其中图 2-81(a)采用点浇口浇注，在点浇口附近容易产生漩流、焦烧等不良现象，影响塑件的透明度，同时点浇口痕迹虽然很小，但影响塑件的使用性能；图 2-81(b)采用矩形侧浇口的形式就比较理想。

⑤ 浇口的选择应尽量避免产生喷射和蠕动(蛇形流)现象，可以采取加大浇口的断面尺寸、采用冲击型浇口和护耳浇口等措施。

⑥ 浇口位置的选择要防止料流将型芯或嵌件挤压变形，继而避免塑件变形。

对如图 2-82 所示的大型塑件，可采用多点进料的方式，如图 2-82(b)所示。采用图 2-82(a)单点进料方式，塑件会因内应力较大而翘曲变形，特别是平板形的塑件，这些缺陷尤

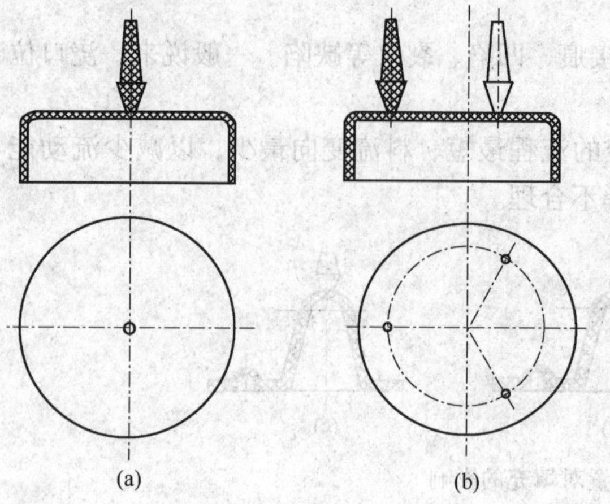

图 2-82　浇口避免塑件变形

为突出。采用多个点浇口，就可以克服翘曲变形缺陷。

4）冷料穴与拉料杆设计

冷料穴的作用是避免冷料进入型腔影响塑件质量或堵塞浇口，一般设在主流道末端，且开在主流道对面的动模板上，直径稍大于主浇道大端直径，便于冷料进入。

冷料穴的基本形式和位置如图 2-83 所示。图 2-83(a)、(b)、(c)都是将冷料穴设在与主流道末端相对的动模板上。图 2-83(d)是多点的点浇口进料形式，冷料穴也是设在主流道末端，但其位置是在型腔板上。图 2-83(d)和图 2-83(e)除了在主流道末端设冷料穴外，还在分流道的进关延长一段作为冷料穴，其作用更为理想。

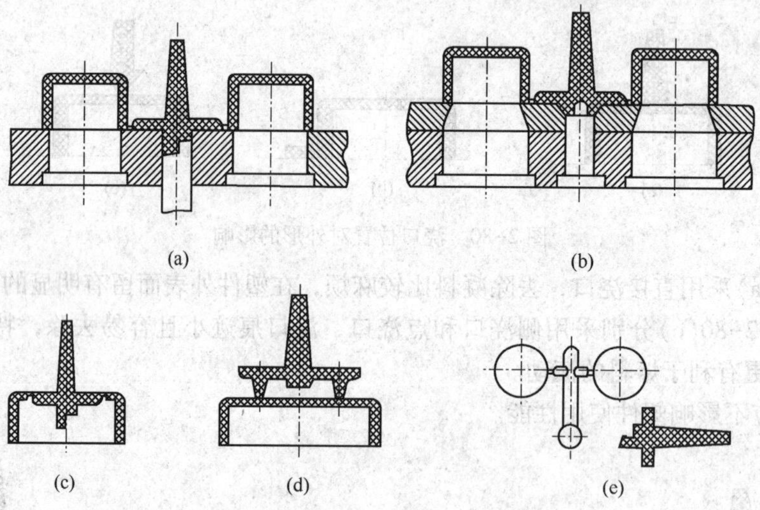

图 2-83　冷料穴的基本形式和位置

常见的冷料穴及拉料杆的形式有以下几种：

1）钩形(Z 形)拉料杆

如图 2-84(a)所示，拉料杆的头部为Z 形，伸入冷料穴中，开模时钩住主浇道凝料并将其从主流道中拉出。拉料杆的固定端装在推杆固定板上，故塑件推出时，凝料也被推出，稍作侧移即将塑件连同浇注系统凝料一起取下。

2）锥形或沟槽拉料穴

这种拉料穴[图 2-84(b)、(c)]开设在主流道末端，储藏冷料。将拉料穴做成锥形或沟槽形。

3）球形头拉料杆

如图 2-85 所示，这种拉料杆头部为球形，开模时靠冷料对球形头的包紧力，将主流道凝料从主流道中拉出。常用于弹性较好的塑件并采用推件板脱模的情况，也用于点浇口凝料自动脱落时起拉料作用。

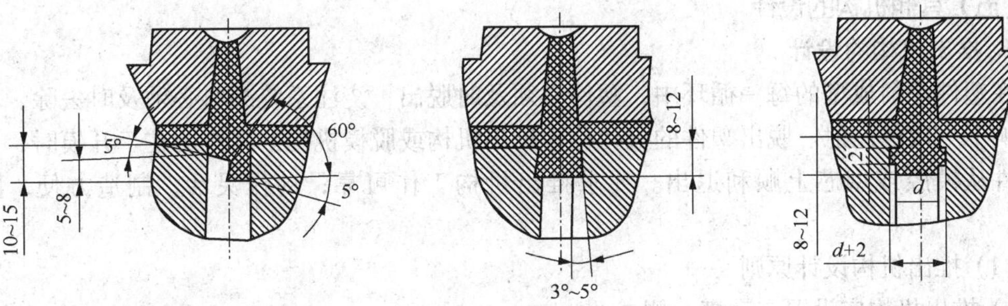

(a) Z形拉料杆　　(b) 锥形拉料杆　　(c) 沟槽拉料穴

图 2-84　冷料穴结构

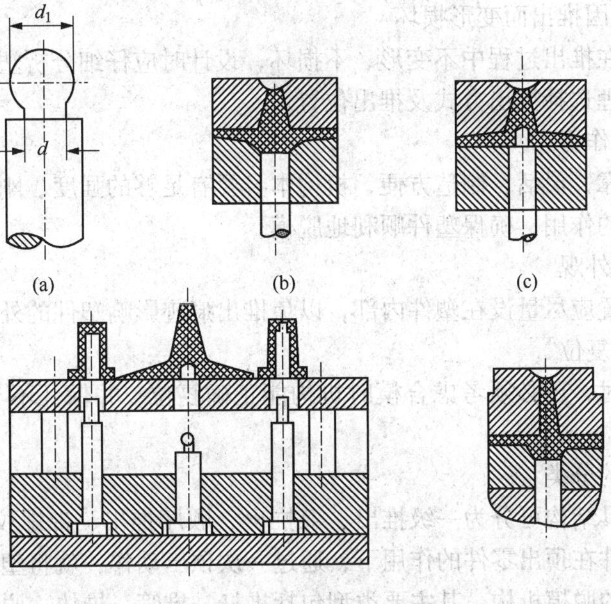

(a)　(b)　(c)　(d)　(e)

图 2-85　球形头拉料杆

4) 分流锥形拉料杆

这种拉料杆的头部做成圆锥形，如图 2-86 所示。这种拉料杆既起拉料作用，又起分流锥作用，广泛用于单型腔、中心有孔又要求较高同心度的塑件，例如在齿轮模具中应用广泛。

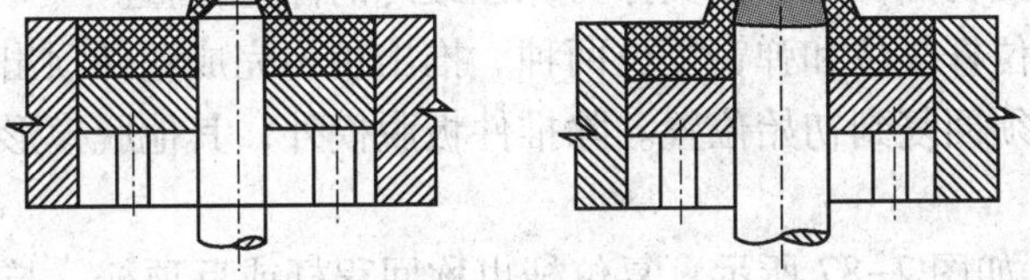

(a)　(b)

图 2-86　分流锥形拉料杆

（五）其他机构的设计

1. 推出机构的设计

在塑件注射成型的每一循环中，塑件必须及时脱出，浇注系统凝料必须及时去除，才不会影响下一次的注射。脱出塑件的机构称为推出机构或脱模机构。其作用在于开模时，使成型塑件从模腔或型芯上顺利退出。要求推出机构工作可靠，动作灵活，制造方便，配换容易。

（1）推出机构设计原则

1）推出机构应设置在动模一侧

由于推出机构的动作是通过注射机上的顶杆来驱动的，所以一般情况下，推出机构设在动模一侧。正因如此，在分型面设计时应尽量使塑件能留在动模一侧。

2）保证塑件不因推出而变形损坏

为了保证塑件在推出过程中不变形、不损坏，设计时应仔细分析塑件对模具的包紧力和黏附力的大小，合理选择推出方式及推出位置。

3）机构简单动作可靠

推出机构应可靠、灵活，制造方便，机构本身要有足够的强度、刚度和硬度，以承受推出过程中的各种力的作用，确保塑件顺利地脱模。

4）良好的塑件外观

推出塑件的位置应尽量设在塑件内部，以免推出痕迹影响塑件的外观质量。

5）合模时正确复位

设计推出机构时，还必须考虑合模时机构能正确复位，并保证不与其他模具零件互相干涉。

（2）推出机构的分类

推出机构按模具结构可分为一级推出、双推出、顺序推出、带螺纹塑件的脱模机构等。一级推出机构指塑件在顶出零件的作用下，通过一次顶出动作，就将塑件全部顶出，这是最常见、应用最广泛的脱模机构。其主要类型包括推杆、推管、推块、脱件板、拉钩推出机构以及这些机构的简单组合。

1）推杆推出机构

推杆推出机构组成如图 2-87 所示。顶杆 1、拉料杆 4、复位杆 6 安装在顶杆固定板上，然后用螺钉将顶杆固定板和顶杆垫板连接固定成整体。开模时，动模随注射机动模固定部分一起移动，到达一定距离后，顶杆将模具的顶出机构挡住，使其停止随动模的一起移动，而动模部分还在继续移动。于是塑件连同浇注系统凝料被推出机构从动模型腔中脱出。合模时，复位杆首先与定模分型面相接触，使顶出机构产生与动模相反方向的移动，模具完全闭合后，顶出机构回复到初始位置，由支撑钉保证最终的停止位置。

复位装置分为复位杆复位和弹簧复位两种。推出机构完成塑件顶出后，为进行下一个循环，要求推出机构必须回复到初始位置。除推件板脱模外，其他脱模形式一般都需要设置复位装置。

① 复位杆复位　如图 2-87 所示，复位杆也称回程杆或反顶杆，与顶杆一起固定在顶出板上。复位杆一般设 2~4 根，为了使复位杆和推出机构工作时受力均匀，复位杆最好对称均匀布置，它在模具中的位置应在型腔和浇注系统之外。复位杆应保证足够的强度和刚度，

滑动部位应耐磨(需淬火或镶嵌淬火镶块)。复位杆复位动作在模具完全闭合时才能全部完成。

② 弹簧复位 如图 2-88 所示，弹簧复位装置属于先复位机构，与复位杆的复位有所不同。弹簧装在顶出板与动模垫板之间，顶出塑件后，弹簧被压缩。合模时，只要注射机顶杆一离开模具顶出板，处于压缩状态的弹簧将推动顶出机构回复原位。

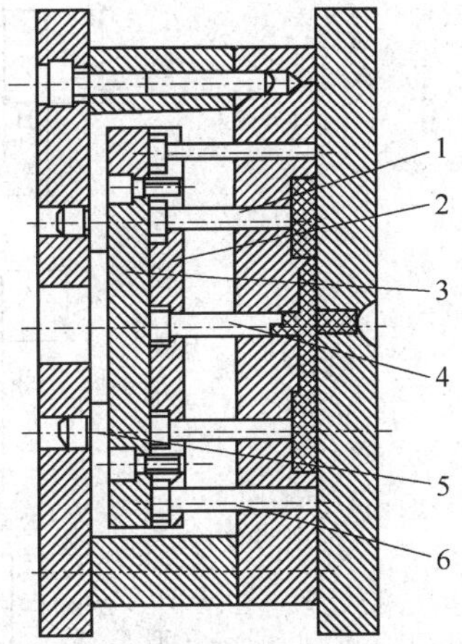

图 2-87 推杆推出机构

1—顶杆；2—顶杆固定板；3—垫板；4—拉料杆；5—支撑钉；6—复位杆

推杆推出机构导向装置一般采用导柱、导套来实现，适用于大型模具顶杆数量多、顶杆细长及顶出机构受力不均，顶出后能发生偏斜，造成顶杆弯曲或折断的情况。二者配合长度不应小于 10mm。

推杆推出机构的推杆截面形式应根据塑件的几何形状、型腔和型芯结构的不同来设定，推杆除了起推件作用外，有时还直接参与成型，这就需要将其做成与塑件某一部分相同的形状，如方形、半圆形等，常见的推杆截面形式如图 2-89

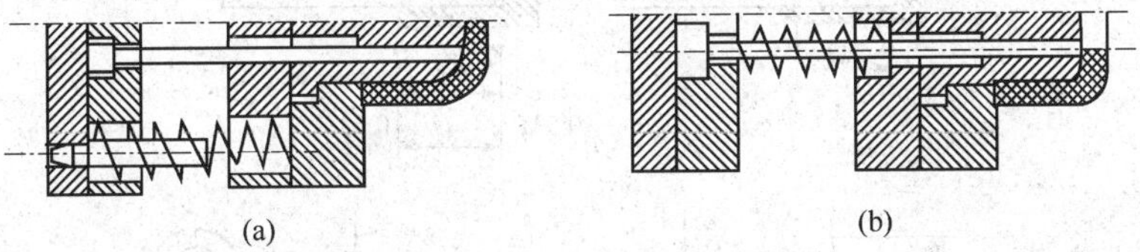

图 2-88 弹簧复位

所示：

A 型——最简单等截面圆顶杆；

B 型——阶梯形顶杆，适用于顶出部位面积较小的情况；

C 型——阶梯插入式结构，插入段与本体采用过渡配合，插入段长度 $M=(4\sim6)d$，然后焊接固定；

D 型——整体式特殊断面形状的顶杆；

E 型——插入式特殊断面形状的顶杆。

推杆在推件时，应具有足够的刚性，以克服塑件的包紧力、摩擦力，在条件允许的情况下，应选用直径较大的推杆。图 2-90 为推杆的固定形式，图 2-90(a)为最常用的推杆固定形式，适用于各种带台肩形式的推杆；图 2-90(b)是利用垫块或垫圈来代替固定板上的沉孔，可简化加工；图 2-90(c)是利用螺塞拧紧推杆，适用于固定板较厚场合；图 2-90(d)用螺钉紧固，适用于粗大的推杆。

(3) 推管推出机构

推管亦称顶管或空心推杆，对于中心有孔的薄壁圆筒形塑件，可用推管推出机构，如图 2-91 所示。推管推出塑件的运动方式与推杆推出塑件基本相同，只是推管中间固定一个长型芯。图 2-91(a)的结构使模具的闭合高度加大，但结构可靠，多用于推出距离不大的场合；图 2-91(b)的结构将型芯固定在动模座板上，型芯虽长，但结构紧凑。推管推出机构动作均匀可靠，且在塑件上不留任何推出痕迹。

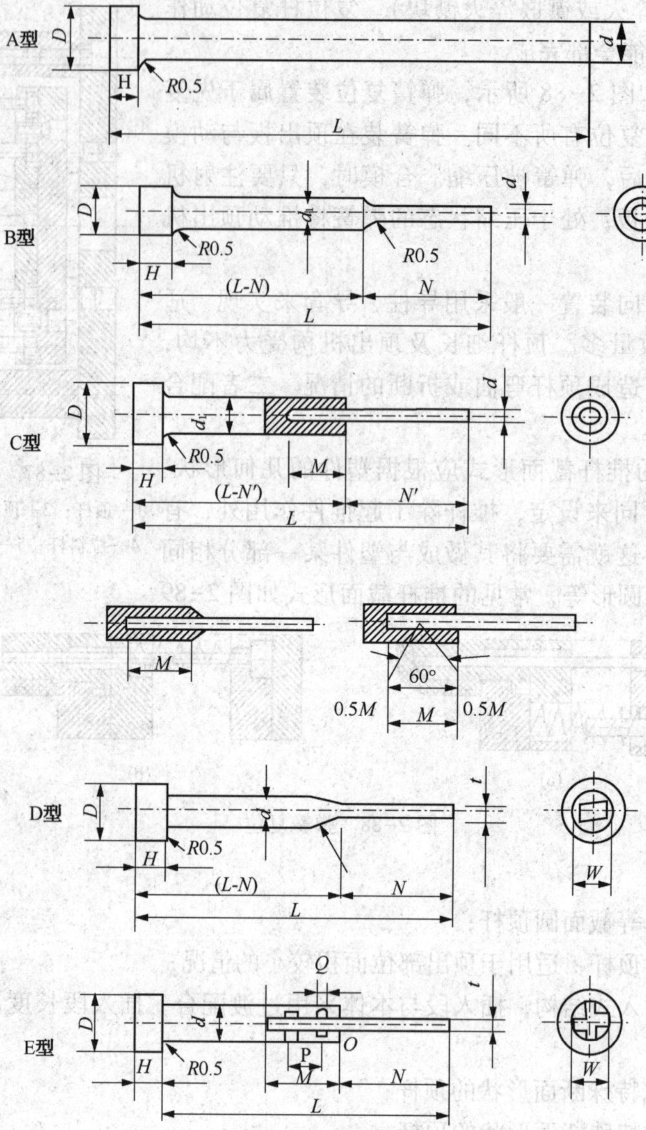

图 2-89　推杆的形式

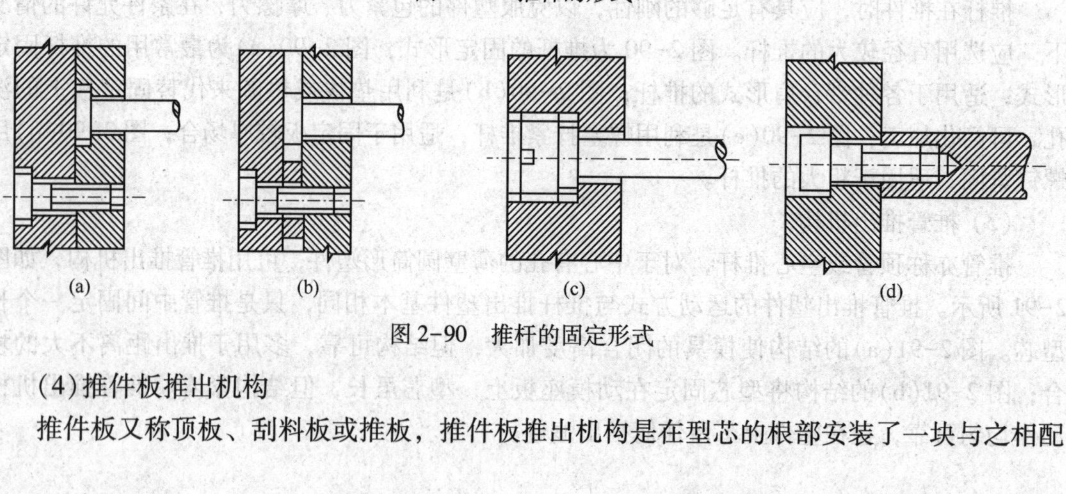

图 2-90　推杆的固定形式

(4)推件板推出机构

推件板又称顶板、刮料板或推板，推件板推出机构是在型芯的根部安装了一块与之相配

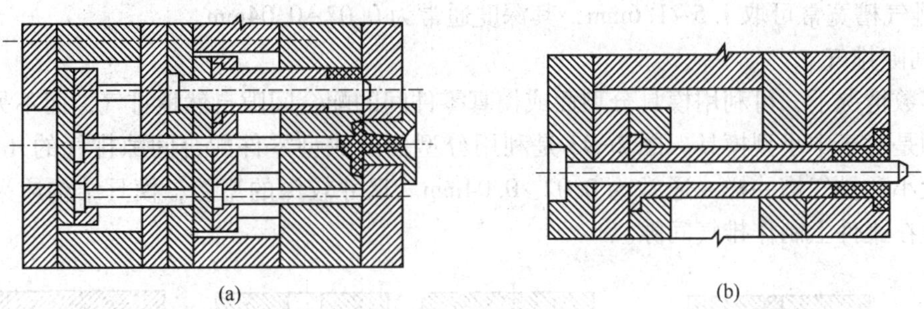

图 2-91　推管推出机构

合的推件板，在塑件的整个周边端面上进行推出，其工作过程与推杆推出机构类似。这种推出机构作用面积大，推出力大而均匀，运动平稳，并且在塑件上无推出痕迹，所以常用于推出支承面很小的塑件[图 2-92(a)]，如薄壁容器及各种罩壳类塑件；采用如图 2-92(b)所示的结构，将推杆前端做成螺杆，旋入推件板中，可确保推件板推出塑件时不脱离导柱。推件板推出机构的复位靠合模动作完成，不需设置复位杆。推件板一般需经淬火处理，以提高其耐磨性。

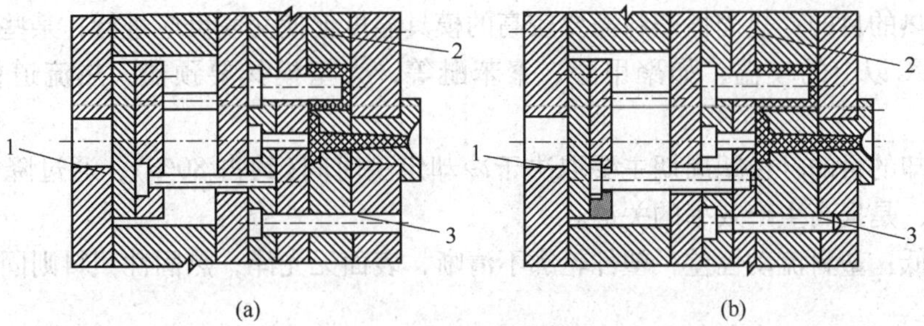

图 2-92　推件板推出机构

1—推杆；2—推件板；3—导柱

2. 排气与冷却系统的设计

（1）排气系统

型腔内原有的空气，加之因塑料受热或凝固而产生的低分子挥发气体，会成为型腔内气体的来源。塑料熔体向注射模型腔填充过程中，必须尊考虑把这些气体顺序排出。否则，会引起物料注射压力过大，熔体填充型腔困难，充不满型腔；同时，也会使气体在压力作用下渗进塑料，使塑件产生气泡，组织疏松，熔接不良。因此在模具设计时，要充分考虑排气问题。

一般对于结构复杂模具，事先较难估计发生气阻的准确位置。所以，需通过试模来确定其位置，然后再开排气槽。排气槽一般开设在型腔最后被充满的地方。排气方式有开设排气稽排气和利用模具零件配合间隙排气。

1）开设排气槽排气

① 最好开在分型面上，分型面上因排气槽产生飞边，易随塑件脱出。

② 排气口不能正对操作人员，以防熔料喷出而发生工伤事故。

③ 靠近嵌件和塑件最薄处，最易形成熔接痕，此处可开设排气槽，宜排出气体，并排出部分冷料。

④ 排气槽宽常可取 1.5~1.6mm，其深度通常为 0.02~0.04mm。

2）间隙排气

大多数情况下，可利用模具分型面或模具零件间的配合间隙自然地排气，而不另设排气槽，特别是对于中小型模具。图 2-93 是利用分型面及成型零件配合间隙排气的几种形式，间隙的大小和排气槽一样，通常为 0.02~0.04mm。尺寸较深的型腔，模具结构应采用镶拼方式，且在镶件上制作排气间隙。

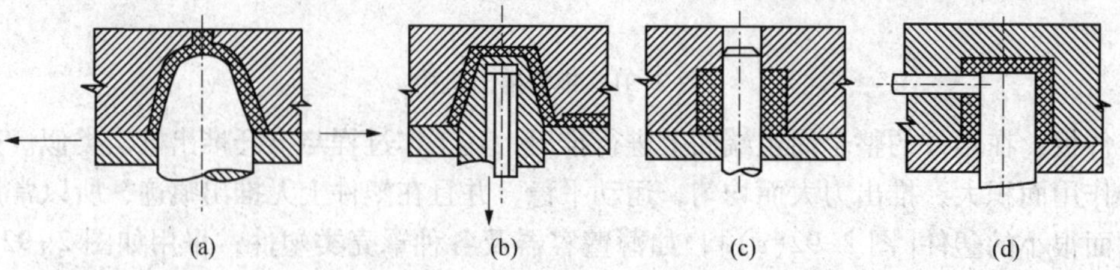

图 2-93　间隙排气的几种形式

（2）温度调节系统

1）温度调节系统作用

模具加热的目的：热固性塑料需要较高的模具温度促使交联反应进行，某些热塑性塑料也需维持 80℃以上的模温，如聚甲醛、聚苯醚等，大型模具要预热，热流道模具的广泛使用。

模具冷却的目的：模塑周期主要取决于冷却定型时间（约占 80%），通过降低模温来缩短冷却时间，是提高生产效率的关键。

模温过低：塑料流动性差，塑件轮廓不清晰，表面无光泽；热固性塑料则固化不足，性能严重下降。

模温过高：易造成溢料粘模，塑件脱模困难，变形大；热固性塑料则过熟。

模温不均：型芯型腔温差过大，内应力增大、塑件变形、尺寸不稳定。

所以，注射模的温度对塑料熔体的充模流动、固化定形、生产率及塑件的形状和尺寸精度都有重要的影响。热塑性塑料在注射成型过程中，根据其品种的不同，模温的要求也有所不同。

熔融黏度较低、流动性较好的塑料，如聚乙烯、尼龙等，需对模具进行人工冷却；而结晶型塑料冷凝时放出的热量大，应对模具充分冷却，以便塑件在模腔内很快冷凝定型，缩短成型周期，提高生产率。

熔融黏度较高、流动性差的塑料，如聚碳酸酯、聚甲醛等，要求较高模温，否则会产生熔接痕和充模不满等缺陷，因此当要求模具温度在 80℃以上时，需对模具进行加热。

2）冷却系统的设计原则

① 冷却水孔应尽量多，孔径应尽量大　如图 2-94 所示，型腔表面温度与冷却水孔的数量、孔径的大小有直接关系。图 2-94(a)比图 2-94(b)合理，图 2-94(a)冷却效果好，且模具表面温差小，塑件冷却均匀、变形小，易保证尺寸精度。

②冷却水道至型腔表面的距离应尽量相等　当塑件壁厚均匀时，冷却水道至型腔表面的距离最好相等，否则，厚处冷却水道至型腔表面的距离应近一些。一般冷却水孔的边缘至型腔表面的距离应大 10mm，常用 12~15mm。

③ 浇口处加强冷却　一般熔融塑料填充型腔时，浇口附近的温度最高，距浇口距离越远温度越低。因此浇口附近应加强冷却，在它的附近设冷却水的入口，而在温度较低的远处只需通过经热交换后的温水即可，如图2-95所示。

④ 降低入水与出水温差　若水道较长，则入水与出水温差较大，会造成模具温度分布不均匀。为了避免此现象，可通过改变冷却水道的排列方式来克服。

⑤ 冷却水道要避免接近熔接痕部位，以免熔接不牢，影响塑件的强度。

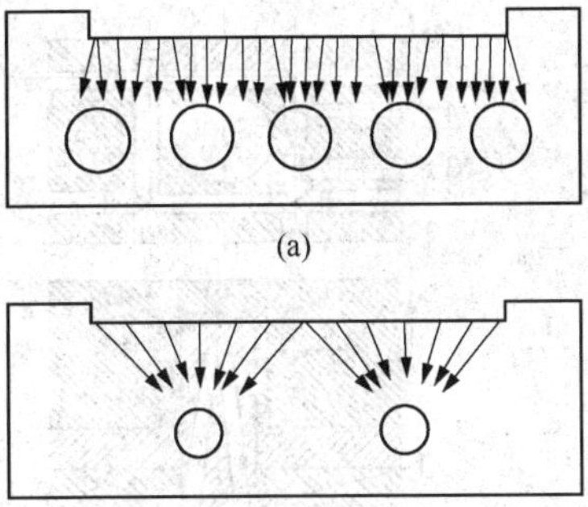

图 2-94　水孔数量及孔径

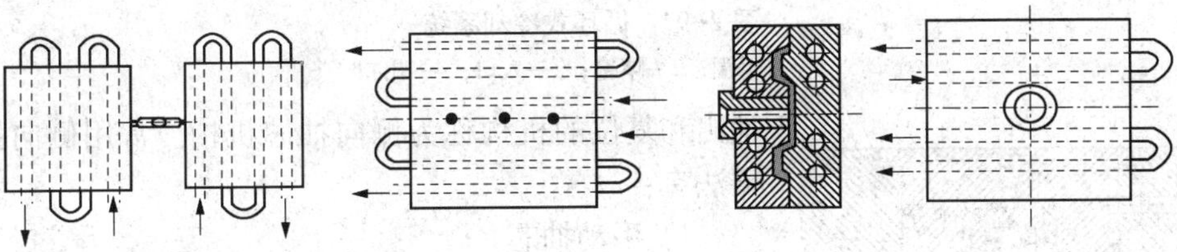

图 2-95　冷却水道的出、入口布置

⑥ 冷却水道的大小应易于加工和清理，一般孔径为8~10mm。

3）冷却系统的结构

① 直流式和直流循环式　如图 2-96 所示，结构简单，加工方便，但模具冷却不均匀，适用于成型面积较大的浅型塑件。

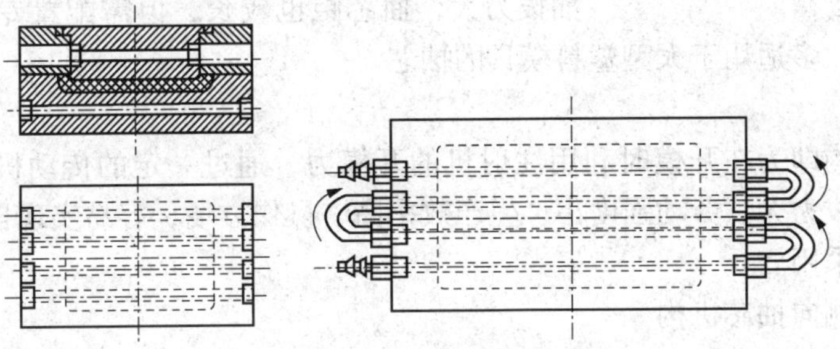

图 2-96　直流式和直流循环式冷却系统

②循环式　如图 2-97 所示，图 2-97(a)为间歇循环式，冷却效果较好，但出入口数量较多，加工费时；图 2-97(b)、图 2-97(c)为连续循环式，冷却槽加工成螺旋状，且只有一个入口和出口，其冷却效果比图 a 稍差。这种形式适用于型芯和型腔。

③喷流式　如图 2-98 所示，以水管代替型芯镶件，结构简单，成本较低，冷却效果较好。这种形式适用于大、小型芯的冷却。

3. 侧向分型与抽芯结构的设计

(1) 侧向抽芯模具的种类

当塑件侧壁带有孔、凹槽或凸台时，模具上成形该处的零件必须设计成侧向移动的活动型芯，在塑件脱模时应该先将其抽出，否则无法脱模，合模时又要将其复位，完成活动型芯

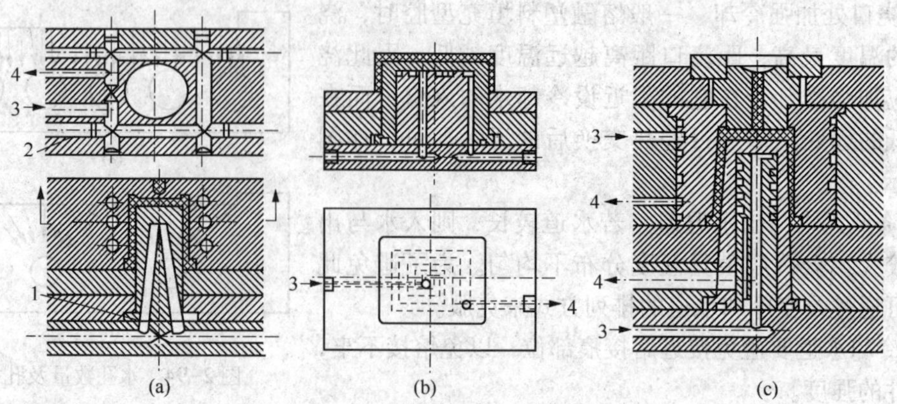

图 2-97　循环式冷却系统

1—密封圈；2—堵塞；3—入口；4—出口

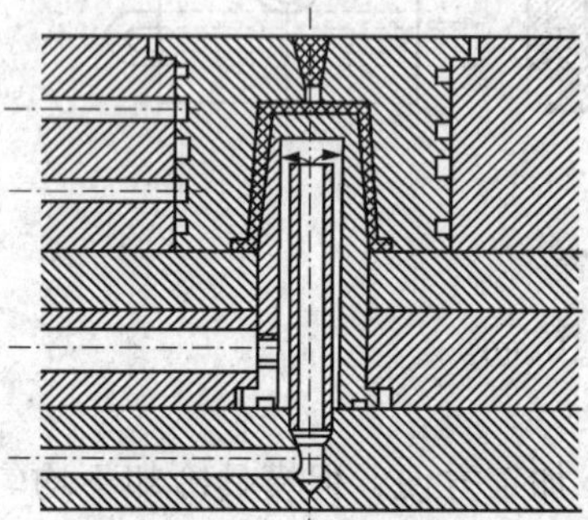

图 2-98　喷流式冷却系统

抽出和复位的机构称为侧向抽芯机构。常用侧向抽芯的方法有：

1）手动抽芯

手动抽芯机构是指用手工或手工工具抽出活动型芯。手工抽芯模具结构简单、制造方便，但生产率低、劳动强度大，只适用于小型塑件的小批量生产。

2）液压或气动抽芯

该机构以压力油或压缩空气作为抽芯动力，通过液压缸或气缸活塞的往复运动来实现抽芯。这种抽芯方式抽拔力大，抽芯距也较长，但需配置专门的液压或气动系统，费用较高，多适用于大型塑料模具的抽芯。

3）机动抽芯

机动抽芯机构即为在开模时利用注射机的开模力，通过一定的传动机构将活动型芯抽出。机动抽芯抽拔力大、劳动强度小、生产效率高、操作方便，容易实现自动化生产，所以在生产中被广泛采用。

（2）斜导柱侧向抽芯机构

斜导柱侧向抽芯机构是一种最常用的机动抽芯机构，如图 2-99 所示。其结构组成主要有侧滑块、斜导柱、锁紧块和定位装置等零件。

其工作过程为：当注射成型塑件冷却固化后，开模时开模力使斜导柱 6 和侧滑块 11 的斜孔做相对运动。由于侧滑块和动模板与导滑槽的精密滑配合，故驱动侧滑块向外侧移动。当移动抽芯距的距离后，完成侧抽芯和开模的动作。这时在弹簧限位杆 13 以及挡板 14 的作用下，侧滑块始终定位在斜导柱抽出滑块时的终止位置上，以避免在下次合模时斜导柱和斜孔的错位而发生碰撞事故。合模时，斜导柱准确地进入侧滑块的斜孔，并带动它粗复位。事实上仅靠斜导柱的精定位是很困难的，况且斜导柱的锁压很难承受注射压力的高压冲击而引起侧滑块的后退。因此需另设侧滑块的锁紧装置，即锁紧块 7，锁紧块内侧与侧滑块尾部用斜面研合接触，确保侧型芯的精确定位，并锁紧侧滑块，防止它因受侧向注射成型压力而产生位移。

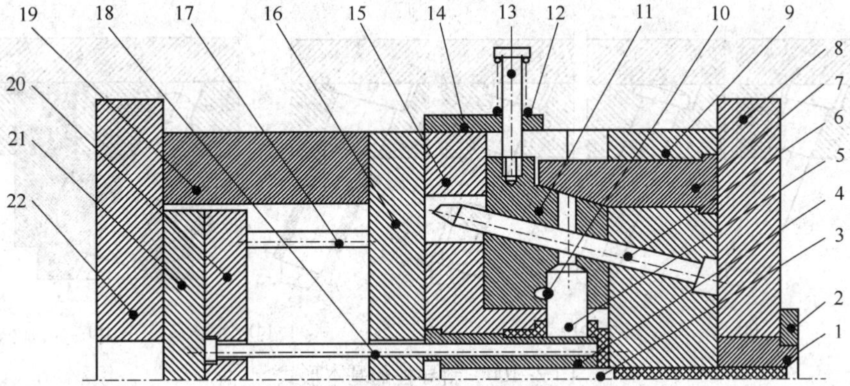

图 2-99　斜导柱抽芯机构的组合形式

1—浇口套；2—定位环；3—分流型芯；4—主型芯；5—侧型芯；6—斜导柱；7—锁紧块；8—定模座板；9—定模；10—固定销；11—侧滑块；12—弹簧；13—限位杆；14—挡板；15—定模；16—支承板；17—复位杆；18—顶杆；19—支板；20—顶杆固定板；21—顶杆垫板；22—动模座板

1）斜导柱的设计

斜导柱是斜导柱侧抽芯机构的重要零件。设计斜导柱主要包括斜导柱的结构形式及安装形式、斜导柱的工作直径、抽拔角的选择、斜导柱的长度的确定以及斜导柱的加工精度、选用材质及其热处理等。

① 斜导柱的结构形式　如图 2-100 所示，图 2-100(a)、(b)、(c)、(d)均采用台肩形式固定。

图 2-100(a)是在中小型模具中常用的一种结构形式，其台肩端部相平于模面，其角度与抽拔角一致。

小型斜导柱的台肩也可采用图 2-100(b)的形式，将台肩端部做成斜角为 a 的圆锥体，其顶部与定模平面平齐。

为了减少斜导柱与侧滑块斜孔壁的滑动摩擦，增强侧滑块移功的平稳性，将斜导柱的两侧面铣成 0.8d 的扁平面。如图 2-100(c)所示这种结构，其斜导柱的抗弯强度并没有明显的降低。

图 2-100(d)是用于侧滑块斜孔镶有导套的形式，多在抽拔力较大的模具中采用。

图 2-100(e)所示为用螺钉将斜导柱紧固在侧滑块上，其顶部做成球状，与相对应的模板上的斜孔相配。这种结构具有占用空间小、制作方便等特点。但也要注意，在开模之后侧滑块定位的准确可靠。

②斜导柱的倾斜角 α　斜导柱倾斜角是决定其抽芯工作效果的重要因素。倾斜角的大小关系到斜导柱所承受弯曲力和实际达到的抽拔力，也关系到斜导柱的有效工作长度，抽芯距和开模行程。倾斜角 α 实际上就是斜导柱与滑块之间的压力角，所以 α 应小于 25°，一般在 12°~25°内选取。

③ 斜导柱直径 d　如图 2-101 所示，根据材料力学，可推导出斜导柱直径 d 的计算公式为：

$$d=\sqrt{\frac{PH}{0.1[\sigma_w]\cos\alpha}}\,(\mathrm{cm}) \tag{2-9}$$

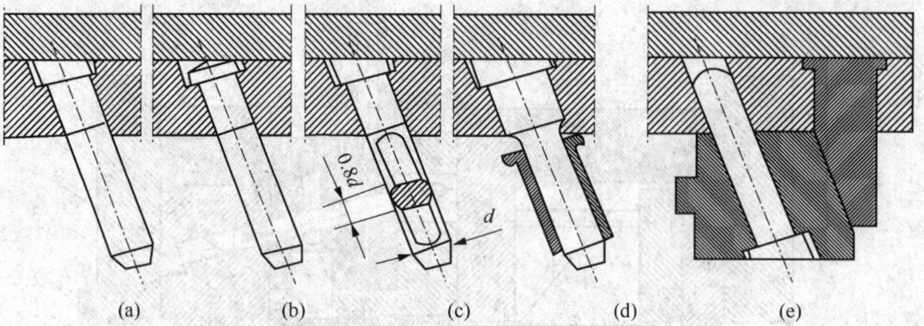

图 2-100　斜导柱的基本形式

式中　d——斜导柱直径，mm；

P——斜导柱所受最大弯曲力，kN；

H——抽芯孔中心到 A 的距离，mm；

$[\sigma_w]$——斜导柱许用弯曲应力，对于碳素钢可取 137MPa；

α——斜导柱倾斜角。

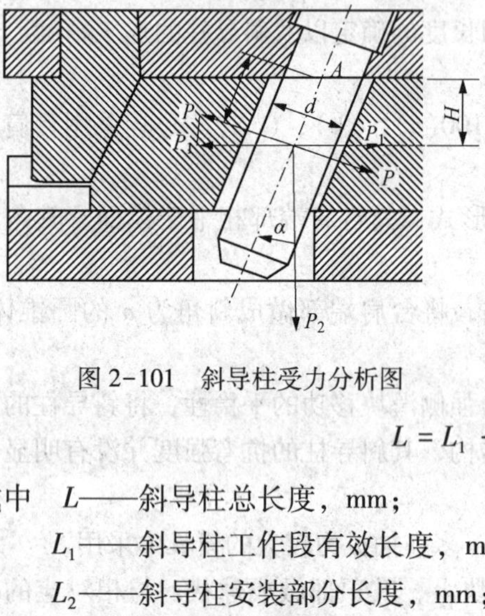

图 2-101　斜导柱受力分析图

按公式计算的斜导柱直径，是以斜导柱在正常抽芯过程中，不产生塑性变形的值，由于非正常的原因会引起斜导柱的弯曲或变形，因此，在实践中往往在可能的条件下，适当增加它的直径，即安全系数选得大一些，同时也便于加工和维修。

④ 斜导柱长度的计算　斜导柱长度根据抽芯距 S、斜导柱直径 d、固定轴肩直径 D、倾斜角 α 以及安装导柱的模板厚度 H 来确定，如图 2-102 所示。

$$L = L_1 + L_2 + (6 \sim 10)\text{mm} \tag{2-10}$$

式中　L——斜导柱总长度，mm；

L_1——斜导柱工作段有效长度，mm；

L_2——斜导柱安装部分长度，mm；

D——斜导柱台肩直径，m；

α——斜导柱抽拔角，(°)；

H——斜导柱固定板厚度，mm；

d——斜导柱工作段直径，mm；

S——抽芯距，实际距离加 2~4mm。

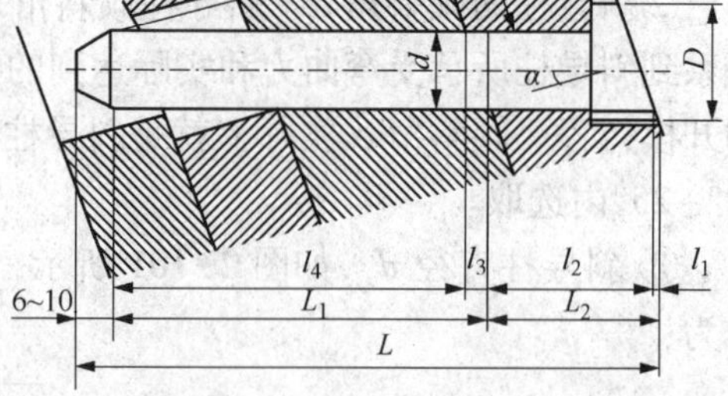

图 2-102　斜导柱长度计算

斜导柱固定端与模板之间的配合采用 H7/m6，与滑块之间的配合采用 0.5~1mm 的间隙。斜导柱的材料多为 T8、T10 等碳素工具钢，也可以采用 20 钢渗碳处理，热处理要求 HRC≥55，表面粗糙度 $R_a \leqslant 0.8\mu m$。

2）滑块的设计

① 滑块的形式　滑块分整体式和组合式两种。组合式是将型芯安装在滑块上，这样可以节省钢材，且加工方便，因而应用广泛。型芯与滑块的连接形式如图 2-103 所示，图 2-103(a)、图 2-103(b)为较小型芯的固定形式；也可采用图 2-103(c)的螺钉固定形式；图2-103(d)为燕尾槽固定形式，适用于较大型芯。

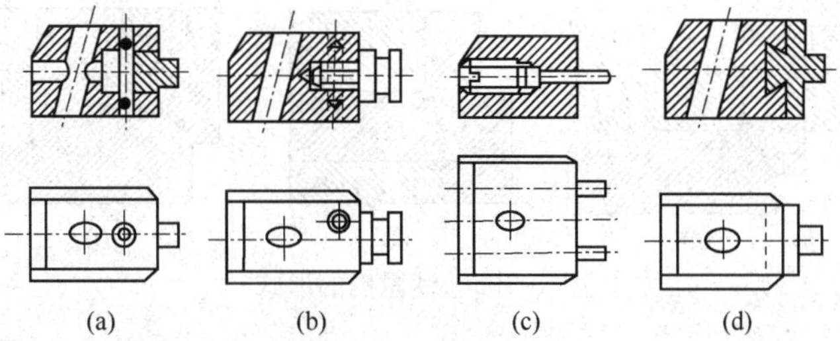

图 2-103　滑块的构成形式

② 滑块定位装置设计　滑块定位装置用于保证开模后滑块停留在刚脱离斜导柱的位置上，使合模时斜导柱能准确地进入滑块的孔内，顺利合模。

滑块定位装置的结构如图 2-104 所示，其中图 2-104(a)为滑块利用自重，停靠在限位挡块上，结构简单，适用于向下方抽芯的模具；图 2-104(b)为靠弹簧力使滑块停留在挡块上，适用于各种抽芯的定位，定位比较可靠，经常采用；图 2-104(c)、图 2-104(d)为弹簧止动销。

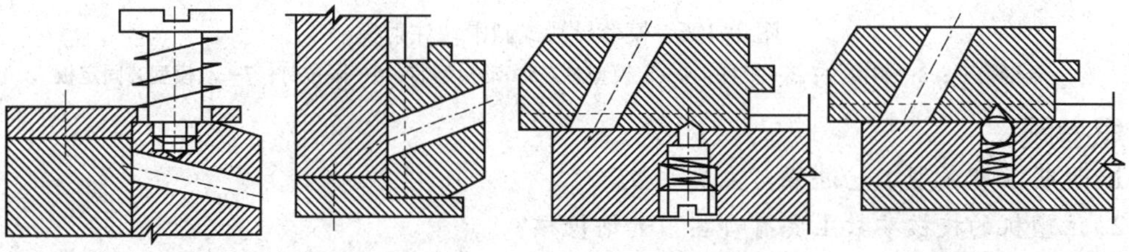

图 2-104　滑块的定位形式

③锁紧楔设计　锁紧楔又称锁紧块，防止在注射过程中活动型芯受到型腔内塑料熔体的压力作用而产生位移。常用的锁紧楔形式如图 2-105 所示。图 2-105(a)为整体式，结构牢固可靠，刚性好，但耗材多，加工不便，磨损后调整困难；图 2-105(b)形式适用于锁紧力不大的场合，制造调整都较方便；图 2-105(c)利用 T 形槽固定锁紧楔，销钉定位，能承受较大的侧向压力，但磨损后不易调整，适用于较小模具；图 2-105(d)为锁紧楔整体嵌入模板的形式，刚性较好，修配方便，适用于较大尺寸的模具；图 2-105(e)、图 2-105(f)对锁紧楔进行了加强，适用于锁紧力大的场合。

3)斜滑块侧向抽芯机构

当塑件的侧凹较浅、抽拔力较大，而抽芯距不太大时，可采用斜滑块侧向抽芯机构，如图 2-106 所示。斜滑块侧向抽芯机构的特点是利用推出机构的推力驱动斜滑块的斜向运动，在塑件被推出的同时完成侧向抽芯动作。

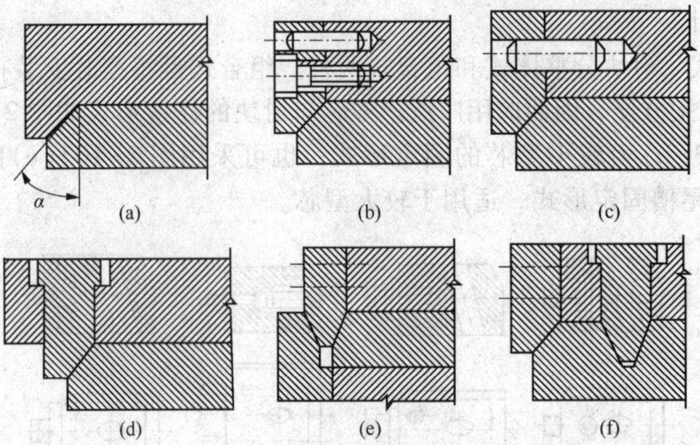

图 2-105　锁紧楔的形式

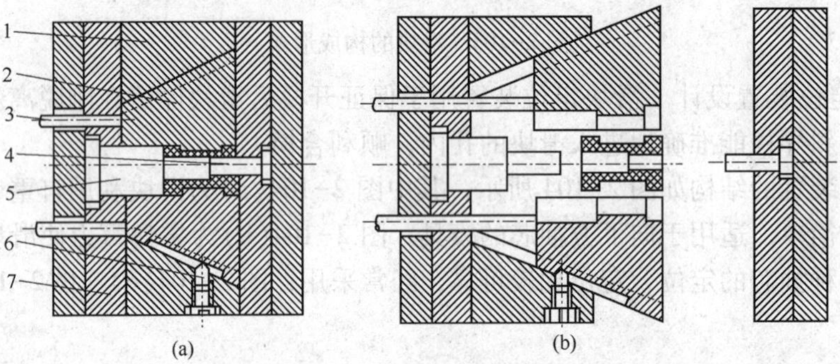

图 2-106　模套导滑式斜滑块注射模

1—锥形模套；2—斜滑块；3—推杆；4—定模型芯；5—动模型芯；6—限位钉；7—动模型芯固定板

思考题

1. 说明注塑成型工艺过程与主要参数。
2. 注塑机的校核参数主要有哪些？如何校核？
3. 注塑模由哪几部分组成？每部分的作用是什么？
4. 举例说明注塑模的常见典型结构。
5. 说明斜导柱机构的设计思路。
6. 浇注系统有几部分组成？功能是什么？

项目三　注射模设计(实践单元)

知识要点

- 注塑模设计的程序、步骤；
- 单、双分型面注塑模实例。

学习要求

- 掌握注塑模设计的主要步骤；
- 通过常见注塑模设计示例的学习，初步掌握常见注塑模设计的程序。

一、注塑模设计步骤

在实际生产中，由于塑件结构的复杂程度、尺寸大小、精度高低、生产批量以及技术要求等各不相同，因此，模具设计应根据实际生产情况，综合运用模具设计的基本原理和基本方法，设计出合理经济的成型模具。

（一）接受任务书

塑件的任务书一般塑件设计者提出，任务书的内容包括：

① 经过审签的正规塑件图样，并注明所用塑料的型号、颜色、透明度等。

② 塑件说明书或技术要求。

③ 塑件的生产批量或数量，有时需要附塑件实物。

（二）搜集、分析和消化原始资料

搜集整理有关塑件设计、成型工艺、设备、机械加工及特殊加工等技术资料以备模具设计时使用；分析任务书提出的成型方法、成型设备、材料型号、模具类型等要求是否合理，能否落实；熟悉有关参考资料及技术标准，如：常用参考资料有《塑料材料手册》、《成型设备说明书》等，常用的技术标准有《机械制图标准》等。

（三）塑件分析

设计模具时，一般地是按照塑件蓝图进行设计的，首先应对塑件蓝图进行充分的研讨、理解和消化，并对塑件的使用性能和结构要求有一个基本的了解。

1. 工艺性分析

根据塑件所用塑料的工艺性能（如流动性、收缩率等）及使用性能（如机械强度、透明性等）、塑件结构形状、尺寸及其公差、表面粗糙度、嵌件形式、模具结构及其加工工艺等，对塑件工艺性进行全面分析，深入了解塑件模塑成型工艺的可能性和经济性；必要时，应与产品设计者探讨塑件的塑料品种与结构修改的可能性，以适应成型工艺的要求；

2. 寿命分析

看塑件采用的塑料种类能否顺利的注射、冷却、脱模、成型，它的强度、刚度以及使用寿命是否满足使用要求；

3. 高精度部位特殊分析

对要求精度较高的局部，应了解它在使用时的配合状况、使用目的、装配要求及外观等，从塑料的收缩率考虑成型后能否满足要求，以及采用的一些具体措施（比如留有余量，待试模过程中逐渐修正等）；

4. 明确塑件的生产批量

大批量生产，为提高生产率，通常采用固定式多型腔模和自动化生产；小批量生产时，为缩短模具制造周期，降低成本，多采用移动式单型腔模具。

5. 计算塑件的体积和重量

为了选用成型设备，提高设备利用率，确定模具型腔数目及模具加料腔尺寸等，必须计算塑件的体积和重量。

（四）熟悉成型设备的技术规范

模具设计人员必须熟悉成型设备的有关技术规范，如液压机的标称压力（吨位）、顶出力、顶出杆的最大行程、上下压板间的最大、最小开距等。

同时，必须注意模具与注射机配套使用，一般情况下，都是根据塑件的具体情况，先选择注射机并进行模具设计。但在实际中，由于客观条件的限制，而根据现有设备情况进行模具设计的，这就要求了解其设备的技术性能与特点。

成型设备有两个重要参数，一个是理论注射容量；另一个是在与注射方向相垂直的最大投影面积。我们可以根据模腔的数量和浇道长度计算出它的总注射容量和投影面积。根据这两个参数即可选用合适的成型设备。在选用时，成型设备的两个参数应略大于这个模具所用塑料的体积以及它的投影面积，只有这样才能顺利成型。

其次还应注意以下几点：

① 测算核实模板所受注射压力应小于注射机的锁模力；

② 模具的闭合高度应在注射机的最大闭合高度和最小高度之间选定；

③ 模体外形尺寸应能从注射机的拉杆空间安装；

④ 了解注射机的定位孔直径，喷嘴孔径以及喷嘴球半径尺寸，使模具与之配套；

⑤ 模具采用的顶出方式应适应注射机的顶出方式和顶出距离。注射机的模板行程应满足在开模时能取出塑件时所需要的距离。

（五）确定模具结构

理想的模具结构必须满足塑件的工艺技术要求和生产的经济要求。前者要保证塑件的几何形状、尺寸公差及表面粗糙度；后者应使塑件的成本低，生产率高，模具使用寿命长，操作安全方便。在确定模具结构时主要解决以下问题：

① 塑件成型位置及分型面的选择；

② 型腔数目的确定，型腔的布置和流道布局以及浇口位置的设计；

③ 模具工作零件的结构设计；

④ 侧向分型与抽芯机构的设计；

⑤ 推出机构的设计；

⑥ 拉料杆形式的选择；

⑦ 排气方式的设计；

⑧ 加热或冷却方式、沟槽的形状及位置、加热元件的安装部位的确定。

（六）模具设计的有关计算

① 成型零件的工作尺寸计算；

② 加料腔的尺寸计算；

③ 型腔壁厚、底板厚度的确定；

④ 模具加热或冷却系统的有关计算；

⑤ 其他有关机构的设计计算。

（七）模具总体尺寸的确定与结构草图的绘制

在模具零部件设计的基础上，参照有关塑料模架标准和结构零件标准，初步绘出模具的完整结构草图，并校核预选的成型设备。

绘制时，模具设计应从绘制装配草图入手，根据塑件的具体情况，经过认真思考、比较，初步确定出各部分的结构情况，最大限度地满足塑件的技术要求和模具的合理工艺性，取得最大的经济效益；较为复杂的模具，绘制装配草图时，应有三个以上的视图，相互配合的结构形式都应以局部剖视在图中表现出来，以达到直观的立体效果，以便于发现问题，及时纠正。一般绘制草图要完成以下内容：

（1）确定分型面和浇口位置及结构形式

确定模具的分型面和浇口的位置是模具设计中的重要环节。由模具成型的制品必须通过分型面开启方能取出，而分型面往往是模具设计和制造的基准面。因此选择分型面应根据塑件的几何形状、尺寸精度要求、兼顾其浇口形式、脱模方式、嵌件安放以及排气条件、易清除飞边、便于加工等诸因素，通盘考虑。

浇口位置则是在保证塑件表面不受损伤的前提下，确定浇口主流道和分流道冷料穴的位置、形状、大小及排气方法等，使注射时物料流畅，易于成型，且易于清除料把。

（2）确定成型零件的结构形式及安装方法

成型结构件时注射成型的核心部位，它直接影响塑件质量，加工的难易程度。选择合理的成形位置，结构及安装形式，就是能使成型结构件在现有的设备状况下，基本满足技术上需要，易于加工，易于修改维修和更换。

（3）确定模腔数量及其排列方式

一般说来，较大型的塑件和生产批量不大的塑件往往采用单腔模具；而生产批量较大、外形尺寸较小的塑件，为了降低注射成型成本，往往采用一模多型腔的模具。这时就要从提高生产效率，物料的流动和模具结构的制造精度考虑，将模腔进行合理的排列。

（4）塑件侧壁凸凹槽结构的处置方法

根据塑件上凸凹槽的各种形式选择合适的侧抽机构，有些能够变通塑件结构而不必侧抽的或通过强制能顶出的，应避免侧抽最好。如果塑件产量不大，亦可设活动型芯，在随塑件顶出后在用人工脱芯。

（5）顶出机构的确定

在一般情况下定模、动模分型后，侧抽芯也完成了抽芯动作。塑件落在动模上，而且在开模方向上已完全清楚了结构件的障碍，这时顶出机构在注射机顶杆的驱动下将成型塑件从动模中顶出，这就要求确定顶出的形式，复位杆及其组合方式，在选择顶出位置时，充分考虑在顶出过程中不使成型塑件产生变形、破裂、卡滞现象，以及不影响其表面质量。有些特殊情况，比如需要多次分型、二次顶出系统先复位时，就应该考虑确定分型的顺序以及采用的方法等。

（6）确定主要结构件的尺寸

通过以上问题的初步确定，即可勾画出模体的轮廓，这时应确定导向机构的导柱及顶出系统的复位以及必要的先复位等的结构形式和安放位置，以及各组合部分的连接形式及所需要的支撑板，支撑块等。

（7）确定模体温度调节方式

为了降低注射成本，并均匀固化塑料，以避免产生残余应力变形，应特别注意模具特别是成型部位的温度调节。在模具设计时应必须考虑有冷却回路，通过冷却剂（通常用常温水）的往复循环，将注射时产生的热量从模体中带走，这样可以缩短塑件固化和冷却时间，以提高生产效率和保证产品质量。为了取得较好的冷却效果，对冷却回路应有良好的布局，如冷却回路的位置、布局及具体尺寸等，并预先考虑留出足够的冷却水路的安装空间。

（8）绘制总装草图

通过以上工作，就可以大致绘制出模具的整体结构即总装图的草图。为了直观效果，一般绘制总装图时应尽量采用1:1的比例。如果需要放大或缩小，则应严格按比例画出。总装图绘制顺序为：先内后外、先上后下。即：绘制时先由型腔开始，主视图与其他视图同时画出。为了更好地表达模具中成型塑件的形状、浇口位置等，在模具总装图的俯视图上，可将上模（或定模）拿掉，而只画出下模（或动模）部分的俯视图，并按合理选择的正确投影画出主视图、侧视图等，同时还应确定以下几点：

① 确定成型零件的型腔和型芯局部应设置的镶块，以及确定其固定方法，简化模具制造的难度，便于研合或更换；

② 根据成型塑件的深度，测算并确定型腔板的侧壁厚度；

③ 根据塑件的注射面积确定型芯固定板或承重底板的厚度，动模座板的厚度，以及顶出板的厚度，支块厚度以及模具安装方法等；

④ 画出模具立体的长×宽×高尺寸，再验证这些尺寸能否装入所选用的注射机内，即长宽尺寸应小于注射机的拉杆空间尺寸，而厚度应在注射机的最小闭合高度和最大闭合高度之间；

⑤ 应尽量选用标准件，如导向件、顶出件、浇口套等，应优先选用标准模架；

⑥ 按规定对各零件进行编号；

⑦ 测算模具造价是否超出预算范围，并与主管部门有关人员讨论，协商，即在可能范围内，充分吸收改进建议。

（八）绘制主要零件工程图

装配草图绘制完成后，就应开始对各主要零件设计详细的工程图。主要零件图包括各成型零件及各主要模板，如动模板，定模板等。模具总装图拆画零件图的顺序为：先内后外，先复杂后简单，先成型零件，后结构零件。

① 图形应按需要尽量按1:1的比例画出，或选择适当比例绘制，要求视图选择合理，投影正确，布置得当，图形清晰，并应符合机械制图国家标准。

② 标注尺寸要统一、集中、有序、完整，同时选用经济实用的制造公差、形位公差及表面粗糙度等。

③ 根据零件的用途，填写零件名称、图号、材料、数量、热处理、表面处理、硬度及图形比例等内容。

④ 对相互配合的各结构件，应注意有无相互矛盾、相互干扰的现象，并及时改正，在装配草图上校正过来。

⑤ 对某些结构形式，可以有几种设计方案。当你对采用的这种形式把握不大时，可在设计时留有余地，给修改提供方便，避免整体报废，或大范围地返工。

（九）绘制模具装配图

主要零件绘制完成，也是对装配草图的自我检验和审定。对出现的问题经过改正修订后，描清定稿。

在装配图上应完成：

① 对各结构件正式编号　按顺序将全部零件的序号编出，并填写零件明细表标注技术要求和使用说明。

② 标出模体的外轮廓尺寸　标注模具的必要尺寸（如外形尺寸、装配尺寸、闭合尺寸等）。

③ 塑件的种类　通常将塑件零件图绘制在模具总装图的右上方，并注明名称、材料、收缩率、制图比例等。

④ 选用注射机的型号。

⑤ 必要时应说明模具的安装方向。

⑥ 模具制造的技术要求。通常是模具装配工艺要求、使用及装拆方法、试模及检验要求等。

（十）校对、审图，最后用计算机出图

① 校对　以自我校对为主，校对的内容是：模具及其零件与塑件图样的关系，成型收缩率的选择，成型设备的选用，模具结构的确定等。

② 审图　审核模具总装图、零件图的绘制是否正确，验算成型零件的工作尺寸、装配尺寸、安装尺寸等。

③ 在所有校对、审核正确无误后，用计算机打印出图，或以磁盘或联网的方式将设计结果送达生产部门组织生产。

此外，模具设计人员还应参加模具零件的加工、组装、试模、投产的全过程才算完成任务。

（十一）编写设计说明书

设计说明书包括如下内容：

① 根据塑件要求，塑件的成型性能和流动个性能，确定浇口主流道，分流道的位置和形式；

② 模体各部分强度和刚度的计算校核，列出公式，带入数据，求出结果即可，运算过程可以省略；

③ 抽芯力和脱模力的计算；

④ 某些移动机构所需强度，刚度及稳定性校验；

⑤ 模具热平衡计算。

当一套模具制作完毕并试模成功后，应进行认真全面的总结，并填写自用的备忘录，达到总结、提高的目的。

二、注塑模设计实例

（一）单分型面注塑模具设计实例

塑料制品名称：端盖塑料件，质量为 7g；

塑料材料：ABS；

生产批量：50 万件/年（大批量生产）；

塑件图：图 2-107 所示为端盖塑料件产品图样。要求塑件表面外观光滑，质量较好。

1. 制定端盖塑件注射成型工艺

（1）认知注射成型生产

1）塑件分析

① ABS 塑料的材料特性　ABS 塑料（丙乙烯—丁二烯—苯乙烯共聚物）是在聚苯乙烯分

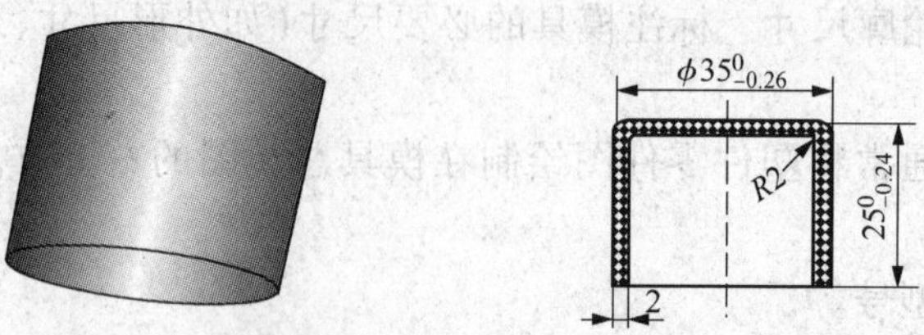

图 2-107　端盖塑料件产品图

子中导入了丙烯腈、丁二烯等异种单体后成为的改性共聚物，也可称为改性聚苯乙烯，具有比聚苯乙烯更好的使用和工艺性能。ABS 塑料为无定型料，一般不透明。ABS 无毒、无味，成型塑料的表面有较好的光泽。ABS 是一种常用的具有良好的综合力学性能的工程材料。ABS 具有良好的机械强度，特别是抗冲击强度高。ABS 还具有一定的耐磨性、耐寒性、耐水性、耐油性、化学稳定性和电性能。ABS 的缺点是耐热性不高，并且耐气候性较差，在紫外线作用下易变硬发脆。

② ABS 塑料的成型特性　使用 ABS 注射成形塑料制品时，由于其熔体黏度较高，所需的注射成形压力较高，因此塑料对型芯的包紧力较大，故塑料应采用较大的脱模斜度；ABS 塑料的溶体黏度高，制品易产生熔接痕，所以模具设计时应注意减少浇注系统对料流的阻力，流道长度短一些；ABS 塑料吸湿性强，易吸水，成型前应进行干燥处理；在正常成型条件下，ABS 塑件的尺寸稳定性好。

③ ABS 成型工艺参数的确定　ABS 成型工艺参数参考表 2-13。

表 2-13　ABS 塑料的成型工艺参数

参数	取值范围		选取数值
密度 ρ	1.02~1.16g/cm^3		1.03g/cm^3
收缩率 S	0.3%~0.8%		0.5%
温度/℃	喷嘴	180~190	180
	料筒	210~230	220
	模具	50~70	60
压力/MPa	注射	70~90	80
	保压	50~70	60
时间/s	注射	3~5	3
	保压	15~30	20
	冷却	15~30	25
	总计	40~70	48

2）塑件的结构工艺性分析

① 结构特性　该方盒塑件的结构简单，壁厚为 3mm，较均匀且不薄；塑件侧向没有孔和槽，模具不需要设计侧分型与抽芯机构；塑件尺寸不大，塑料熔体流程不太长；综上所述，该塑件适合于注射成型，为提高生产率，可采用多型腔。

② 尺寸精度分析　图上的尺寸也基本上属于非配合尺寸，质量要求不是很高，成型不困难，属于一般产品。

(2) 注塑机的选择

1) 初步选择

本任务中根据塑件的大小和实际中经常使用的注射机类型，结合前面理论知识，初步选用卧式注塑机：XS-ZY-125(上海塑机厂)，XS-ZY-125 主要参数如表 2-14 所示。

表 2-14　XS-ZY-125 主要参数

参数	参考值	参数	参考值
额定注射量	125cm^3	喷嘴圆弧半径	12mm
注射压力	120MPa	喷嘴孔直径	ϕ4mm
锁模力	900kN	模板尺寸	428mm×528mm
最大成型面积	320cm^2	拉杆空间	260mm×290mm
最大开模行程	300mm	定位孔直径	ϕ100+0.054
最大模具厚度	300mm	注射机的顶出方式	机械式顶杆顶出，两根顶杆设在两侧
最小模具厚度	200mm	模板面上螺纹孔	M16×25 共 36 个

2)注塑机的校核

① 最大注射量的校核　据手册可知，注射机的额定注射量为 125cm^3，由于本次设计采用的流道简单并且较短，因此浇注系统的凝料按塑件体积的 0.3 倍来估算。

计算塑件的体积(cm^3)：V=6.69 cm^3(过程略)

一模四腔为：6.69×4=26.76(cm^3)

流道的凝料：26.76(cm^3)×30%=8.03(cm^3)

实际注射量为：26.76(cm^3)+8.03(cm^3)=34.79(cm^3)<125×80%=100 cm^3

经过上述计算校核可知最大注射量满足要求。

② 注射压力的校核　XS-ZY-125 注射机的注射压力为 120MPa，ABS 的注射压力为70~90MPa。经过上述计算校核可知注射机的注射压力满足要求。

③ 锁模力的校核　注射机的锁模力为 900kN；

ABS 塑料的注射压力为 70~90MPa，取 80MPa；

单个塑件在分型面上的投影面积为 3.14×(3.5/2)^2=9.62cm^2

注射时模具的膨胀力=9.62cm^2×4 腔×1.3(30%为凝料面积)×80MPa

=400kN<900kN×80%=720kN。

经过上述计算校核可知锁模力满足要求。

④ 最大注射成型面积的校核　SX-ZY-125 注射机的最大成型面积为 320cm^2；

模具的注射成型面积=9.62cm^2×4 腔×1.3(30%为凝料面积)

=50.02cm^2<320cm^2

经过上述计算，可知最大注射成型面积满足要求。

经过上述校核，可以选定注塑机型号为：XS-ZY-125(上海塑机厂)

(3) 制订注射成型工艺

查相关手册或参考表得出工艺参数并完成表所示塑料成型工艺卡(内容略)，如表2-15。试模时可根据实际情况作适当调整。

表 2-15　塑料成型工艺卡

<table>
<tr><td colspan="2"></td><td colspan="3" rowspan="2">塑料成型工艺卡片</td><td>资料编号</td><td></td></tr>
<tr><td>车间</td><td></td><td>共　页</td><td>第　页</td></tr>
<tr><td>零件名称</td><td></td><td>材料牌号</td><td colspan="2"></td><td>设备型号</td><td></td></tr>
<tr><td>装配图号</td><td></td><td>材料定额</td><td colspan="2"></td><td>每模件数</td><td></td></tr>
<tr><td>零件图号</td><td></td><td>单件重量</td><td colspan="2"></td><td>工装号</td><td></td></tr>
<tr><td colspan="4" rowspan="15">零件草图</td><td rowspan="3">材料干燥</td><td>设备</td><td></td></tr>
<tr><td>温度/℃</td><td></td></tr>
<tr><td>时间/h</td><td></td></tr>
<tr><td rowspan="4">料筒温度/℃</td><td>后段/℃</td><td></td></tr>
<tr><td>中段/℃</td><td></td></tr>
<tr><td>前段/℃</td><td></td></tr>
<tr><td>喷嘴/℃</td><td></td></tr>
<tr><td colspan="2">模具温度/℃</td><td></td></tr>
<tr><td rowspan="3">时间</td><td>注射/s</td><td></td></tr>
<tr><td>保压/s</td><td></td></tr>
<tr><td>冷却/s</td><td></td></tr>
<tr><td rowspan="2">压力</td><td>注射压力/MPa</td><td></td></tr>
<tr><td>背压/MPa</td><td></td></tr>
<tr><td rowspan="2">后处理</td><td>温度</td><td colspan="2"></td><td rowspan="2">时间定额</td><td>辅助/min</td><td></td></tr>
<tr><td>时间</td><td colspan="2"></td><td>单件/min</td><td></td></tr>
<tr><td>检验</td><td colspan="6"></td></tr>
<tr><td>编制</td><td>校对</td><td>审核</td><td>组长</td><td>车间主任</td><td>检验组长</td><td>主管工程师</td></tr>
</table>

2. 型腔数目的确定

（1）型腔数目确定方法

为提高塑件生产的经济效益，在注射机容量能满足要求的前提下，应计算出较合理的型腔数。随型腔的数量增多，单个塑件的模具费用会有所降低，确定方法一般有两种：

① 根据生产效率和制件的精度要求确定型腔数目，然后确定注射机；

② 首先确定注射机型号，再根据注射机技术参数确定型腔数目。

（2）确定型腔数目时考虑的因素

① 塑件精度　根据经济性确定型腔数，即根据总成型加工费用最小的原则，并忽略准备时间和试生产原材料费用，仅考虑模具费和成型加工费。

$$n \leqslant \sqrt{\frac{NYT}{60C_1}} \qquad (2-11)$$

式中　C_1——每一型腔所需承担的与型腔数有关的模具费用；

N——制品总件数；

Y——每小时注射成型加工费，元/h；

T——成型周期，min。

② 经济性　按制品的精度要求确定型腔数成型高精度制品时，型腔数不宜过多，通常推荐不超过4腔，因为多腔难于使各腔的成型条件均匀一致。

$$n \leqslant 2500\frac{\delta}{\Delta sL} - 24 \tag{2-12}$$

式中　L——塑件基本尺寸，mm；

δ——塑件的尺寸公差，mm，为双向对称偏差标注；

Δs——单腔模注射时塑件可能产生的尺寸误差的百分比。

③ 注射机的最大注射量　按注射机的最大注射量确定型腔数量。

$$n \leqslant \frac{0.8V_g - V_j}{V_z} \tag{2-13}$$

式中　V_g——注射机量大注射量，cm^3或g；

V_j——浇注系统凝料量，cm^3或g；

V_z——单个制品的容积或质量，cm^3或g。

④ 锁(合)模力　按注射机的额定合模力确定型腔数。

$$n \leqslant \frac{F - P_m A_j}{P_m A_z} \tag{2-14}$$

式中：F——注射机的额定合模力，N；

P_m——塑料熔体对型腔的平均压力，MPa；

A_j——浇注系统在分型面上的投影面积，mm^2；

A_z——单个制品在分型面上的投影面积，mm^2。

（3）型腔数目 n 的确定

由于塑件的形状简单，重量较轻，且生产批量大，所以应使用多型腔模具。

根据注射量

$$n \leqslant \frac{0.8V_g - V_j}{V_z} = \frac{0.8 \times 125 - 8.03}{27} = 3.4$$

根据锁模力

$$n \leqslant \frac{F - P_m A_j}{P_m A_z} = \frac{900 \times 10^3 - 50 \times 10^6 \times 50 \times 10^{-4}}{50 \times 10^6 \times 9.62 \times 10^{-4}} = 13$$

式中　F——注射机的额定合模力，N，查手册为900kN；

P_m——塑料熔体对型腔的平均压力，MPa，取50 MPa；

A_j——浇注系统在分型面上的投影面积，mm^2，取$50cm^2$；

A_z——单个制品在分型面上的投影面积，mm^2，由计算得$9.62cm^2$。

考虑塑件的精度要求和经济性要求来确定型腔数，综合分析本设计采用一模四腔、平衡布置。这样模具的尺寸较小，生产率高，塑件质量可靠，成本较低。塑件布置图如图2-108所示。

3. 型腔的分布

本例中塑件的分型面选取如图 2-109 所示。这样，塑件的外表面可以在整体的定模型腔内成型，表面质量好，而且塑件脱模方便。

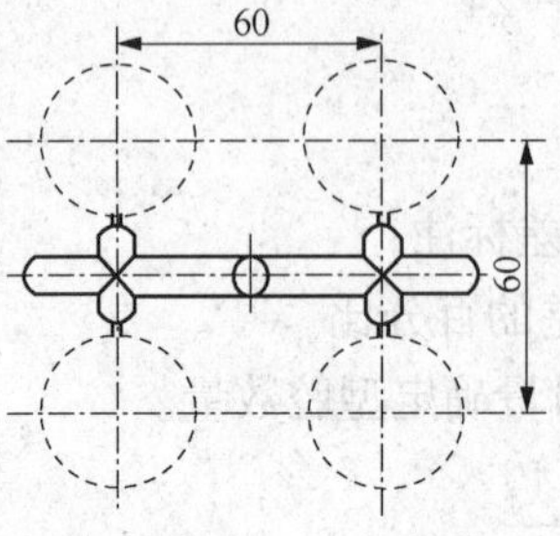

图 2-108　塑件布置图

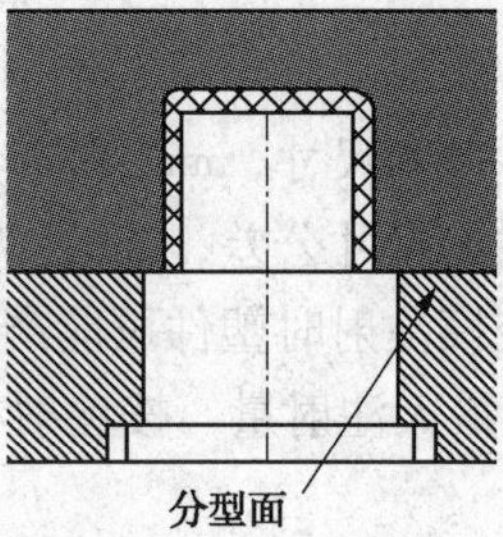

图 2-109　端盖分型面示意图

4. 浇注系统相关零件设计

与浇注系统设计有关的零件有：浇口套、定位圈、拉料杆和定模板。下面重点介绍浇口套、定位圈、拉料杆的相关设计。

（1）浇口套的设计

使用 XS-ZY-125 注射机时定位孔直径为 100mm，与浇口套下部尺寸相差较大，所以选用定位圈与浇口套分离的结构，如图 2-110 所示。

图 2-110　浇口套的结构示意图

XS-ZY-125 注射机的注射部分喷嘴球头半径为 12mm，喷嘴直径为 4mm。浇口套凹球面半径取 14mm，深度取 5mm。浇口套进料口直径取 5mm，出料口直径取 8mm。浇口套外径取 40mm。浇口套的材料选 T10A 碳素工具钢，淬火处理 HRC50-55。

（2）定位圈的设计

XS-ZY-125 注射机的固定模板上定位孔直径为 100mm，定位圈的外径取 100mm，厚度 15mm，定位圈的固定使用 M6 内六角螺钉，如图 2-111 所示。定位圈的材料选用普通碳素结构钢 A3，不需热处理。

（3）拉料杆的设计

浇口套出料口直径为 8mm，取拉料杆的直径与出料口相等 8mm。拉料杆上部选用钩头

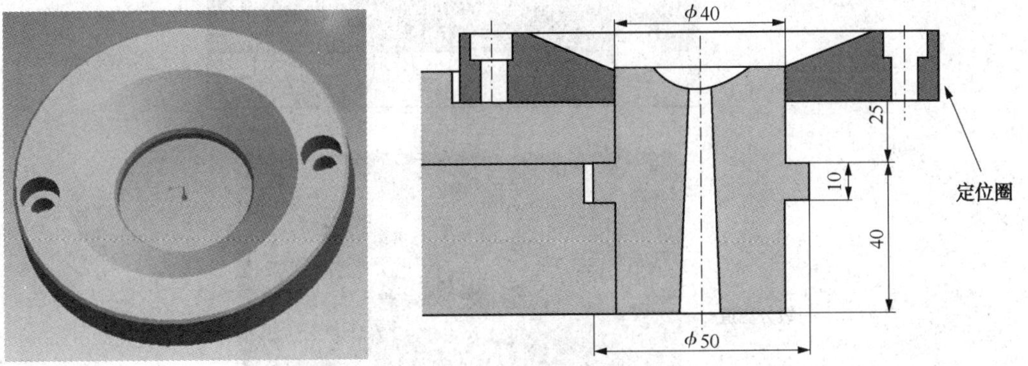

图 2-111　定位圈的结构示意图

(Z 字形)形结构。拉料杆的材料选用 45# 钢，淬火处理 HRC40~45，表面粗糙度 R_a1.6，与动模板的配合 H8/f8，外径尺寸取 8mm，其结构与配合如图 2-112、图 2-113 所示。

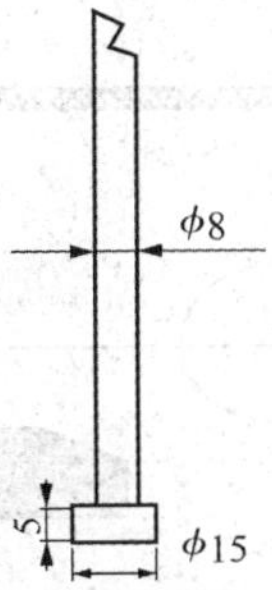

图 2-112　拉料杆的结构

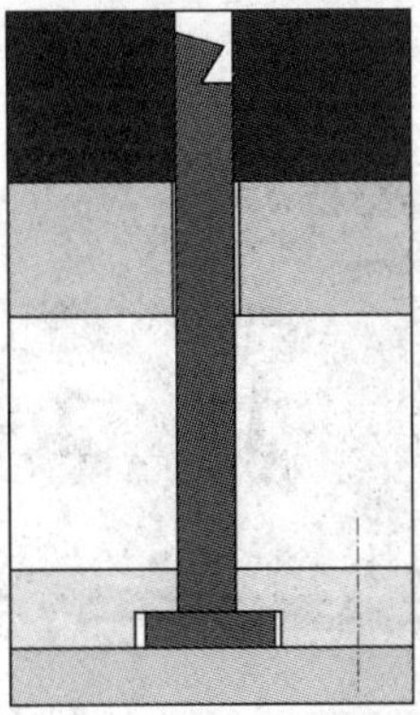

图 2-113　拉料杆与动模板配合示意图

5. 浇注系统的设计

(1) 主流道

主流道主流道为圆锥形，主流道上部直径与注射机喷嘴相配合，上端直径为 5mm，下端直径取 8mm，高度为 60mm，锥角 3°。

(2) 分流道

分流道由定模板形成，分流道的截面形状常选用梯形或 U 形，但考虑便于加工选半圆形，一级分流道半径取 4mm，二级分流道半径取 3mm。分流道是通过在定模板上铣削加工形成，如图 2-114 所示。

(3) 浇口与冷料穴

塑件采用侧浇口成型，其结构与冷料穴结构如图 2-115 所示。侧浇口宽度 $b=2$mm，深度为 $t=0.5$mm，长度 $l=1$mm。

6. 型腔和型芯的结构及计算

(1) 型腔、型芯的结构

由于塑件的结构简单，型腔加工容易，所以型腔的结构采用整体式型腔(图 2-116)，在定模板上直接加工型腔，如图 2-117 所示。型芯的结构采用组合式型芯，如图 2-118 所示。

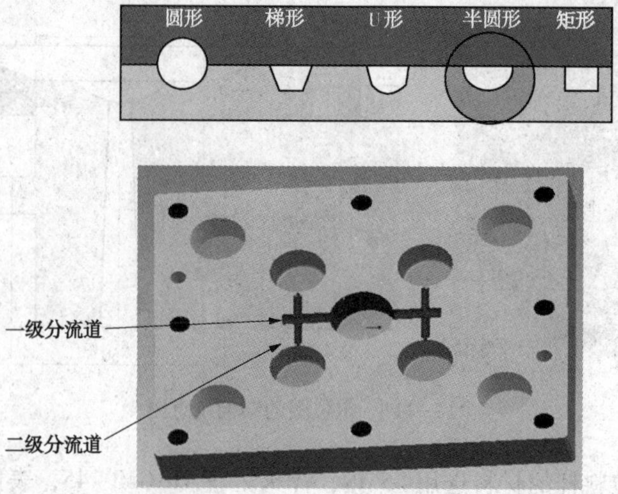

图 2-114　分流道示意图

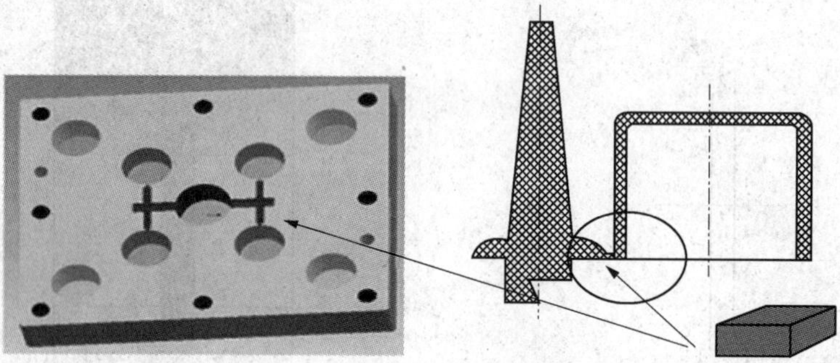

图 2-115　侧浇口结构示意图

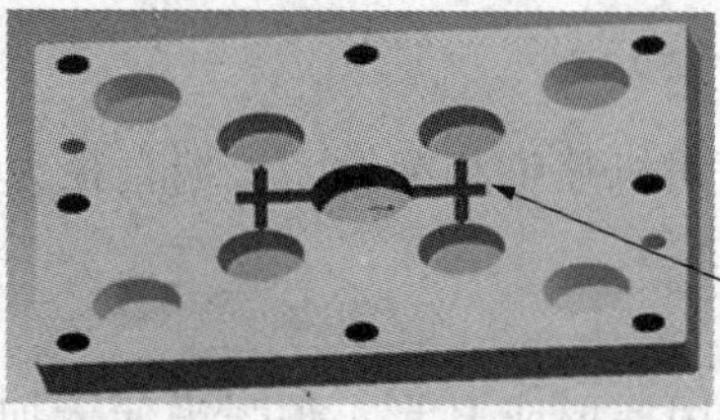

图 2-116　型腔结构示意图

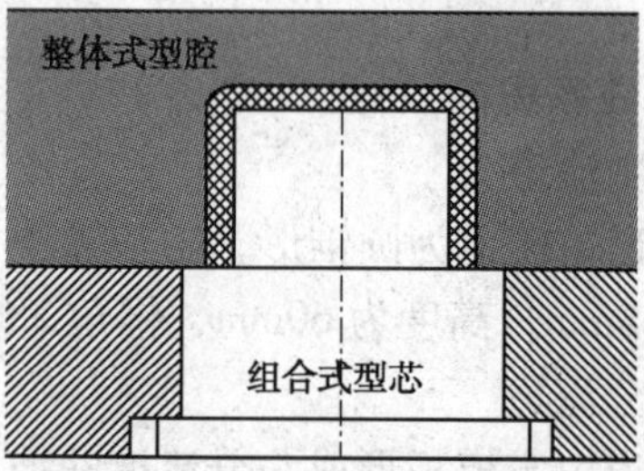

图 2-117　型腔和型芯结构

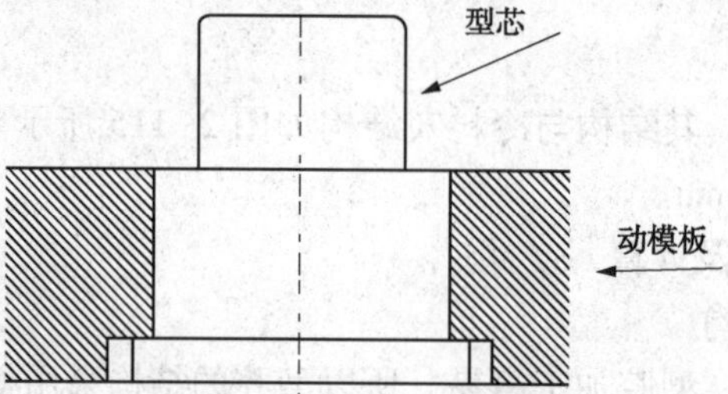

图 2-118　型芯结构示意图

(2) 型腔、型芯尺寸的计算

1) 型腔径向尺寸

模具最大磨损量取塑件公差的 1/6；模具的制造公差 $\delta_z=\Delta/3\approx0.08$mm；取 $x=0.75$，ABS 塑料的收缩率在 0.3%~0.8%，取 0.5% 。

$$
\begin{aligned}
L_{M0}^{+\delta_z} &= [(1+\bar{S})L_s - x\Delta]_{0}^{+\delta_z} \\
&= [(1+0.5\%)\times 35 - 0.75\times 0.26]_{0}^{+0.08} \\
&= 34.98_{0}^{+0.08}
\end{aligned}
$$

2) 型腔深度

塑件高度尺寸 25mm 的公差值为 0.24mm，模具最大磨损量取塑件公差的 1/6；模具的制造公差 $\delta_z=\Delta/3\approx0.08$mm；取 $x=0.5$。

$$
\begin{aligned}
H_{M0}^{+\delta_z} &= [(1+\bar{S})H_s - x\Delta]_{0}^{+\delta_z} \\
&= [(1+0.5\%)\times 25 - 0.5\times 0.24]_{0}^{+0.08} \\
&= 25.01_{0}^{+0.08}
\end{aligned}
$$

3) 型芯径向尺寸

模具最大磨损量取塑件公差的 1/6；模具的制造公差 $\delta_z=\Delta/3\approx0.08$mm；取 $x=0.75$。ABS 的收缩率为 0.3%~0.8%，取 0.5% 。

$$
\begin{aligned}
l_{M\,-\delta_z}^{0} &= [(1+\bar{S})l_s + x\Delta]_{-\delta_z}^{0} \\
&= [(1+0.5\%)\times 31 + 0.75\times 0.26]_{-0.08}^{0} \\
&= 31.35_{-0.08}^{0}
\end{aligned}
$$

4) 型芯高度

模具最大磨损量取塑件公差的 1/6；模具的制造公差 $\delta_z=\Delta/3\approx0.08$mm；取 $x=0.5$。ABS 塑料的收缩率为 0.3%~0.8%，取平均收缩率为 0.5% 。

$$
\begin{aligned}
h_{M\,-\delta_z}^{0} &= [(1+\bar{S})h_s + x\Delta]_{-\delta_z}^{0} \\
&= [(1+0.5\%)\times 23 + 0.5\times 0.24]_{-0.08}^{0} \\
&= 23.24_{-0.08}^{0}
\end{aligned}
$$

7. 推出机构设计

由于塑件形状简单为圆柱形外壳，所以采用普通推出机构中的推杆推出方式。每个制件用三根顶杆顶出，其结构简单，推出可靠，如图 2-119 所示。

图 2-119 端盖注射模的推杆推出机构

组成注射模的推杆推出机构的零件有：推杆、复位杆、推板导柱、推板导套、推板、推杆固定板、固定螺钉、支承钉

(1) 推杆

推杆的直径选 6mm，采用圆柱形结构，长度由模板厚度和塑件的推出距离决定，取 105mm。推杆

材料选用优质碳素结构钢 45#钢，淬火处理，低温回火，HRC45~50，表面粗糙度 R_a1.6，与型芯的配合为间隙配合 H8/g7。

(2) 复位杆

复位杆的直径选 8mm，采用圆柱形结构，长度由模板厚度和塑件的推出距离决定，取 105mm。

推杆材料选用优质碳素结构钢 45 号钢，淬火处理，低温回火，HRC45~50，表面粗糙度 R_a1.6，与动模板的配合为间隙配合 H8/f8。二杆尺寸如图 2-120 所示。

(3) 推板导套 、导柱

推板导套：材料选用碳素工具钢 T8A，淬火处理 HRC45~48。

推板导柱：材料选择碳素工具钢 T8A，热处理为淬火处理硬度 HRC52~55。

如图 2-121 所示。

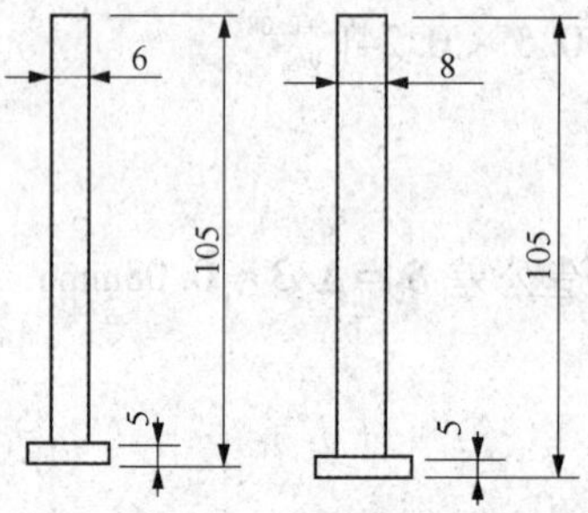

图 2-120 推杆和复位杆

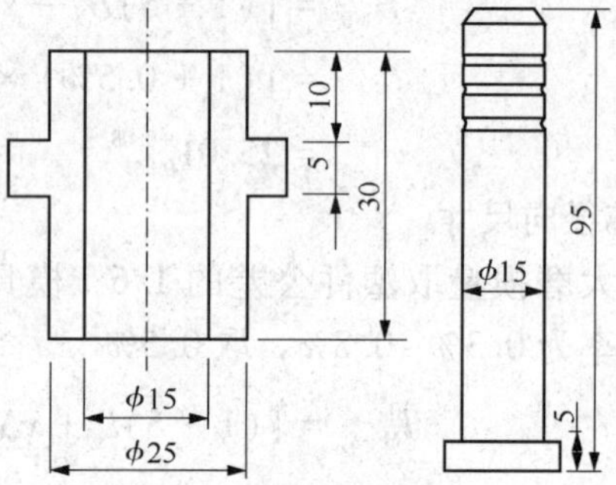

图 2-121 推杆导套、导柱

(4) 推板与推杆固定板

推板、推杆固定板的结构如图 2-122 所示，推板与推杆固定板长、宽、厚相同，分别 160、180、15mm，采用普通碳素结构钢 Q235。

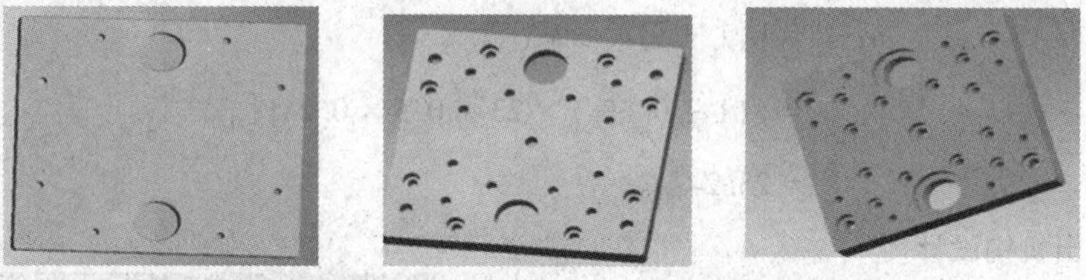

图 2-122 推板和推杆固定板

(5) 固定螺钉、支承钉

固定螺钉选用 M6 内六角螺钉，长度为 20mm；支承钉工作部分的直径为 20mm，高度为 10mm。下端直径 12mm，材料选用 45#钢，调质处理 HB270~290。

8. 模架的设计

(1) 选择标准模架型号

根据整体式型腔和组合式型芯的选择和布置，选用相近的注塑模架。先草绘型腔的布置图以决定定模板的长和宽，再选择相近的注塑模架：这里选大水口注塑模模架，即 GB/T 12556.1—2006 的 A2 型模架。

(2) 模架主要尺寸的确定

模架的长、宽取决于型腔、型芯、导柱及 推出机构的位置，以各零件不干涉为原则。确定模架的长度和宽度，应以设计动模板为基准。

1) 动模板的设计

分析动模板上安装的零件和位置，板上需要安装的零件有型芯、拉料杆、推杆、复位杆、导柱、紧固螺钉、定位销。

由图 2-123 可知，动模板长度 $L = 240$mm，宽度 $N = 200$mm。首先确定模架宽度，$N = 200$mm，即可选用标准尺寸 200，则选 200×L，然后从 L 系列标准尺寸中选择。

2)模架长度和宽度的确定

最终确定模具的长度确定为 280mm，宽度确定为 200mm。

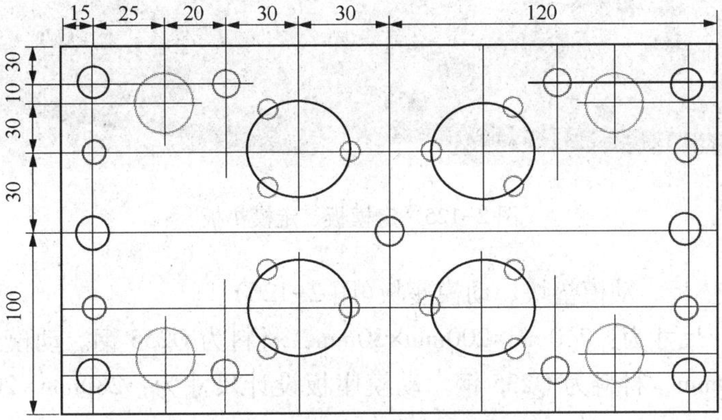

图 2-123　动模板尺寸示意图

3) 确定模架的厚度并检验

XS-ZY-125 注塑机要求：最大模具厚度 300mm，最小模具厚度 200mm。

$H_{min} < H = 220\text{mm} < H_{max}$，模具厚度满足注射机要求。最终模架厚度确定为 $H = 220$mm，如图 2-124 所示。

标准模架A2型

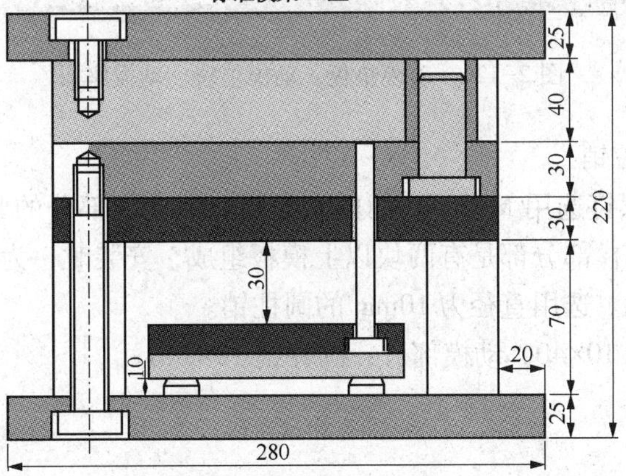

图 2-124　模架厚度示意图

检验模架与注射机关系：

模具外形尺寸 315×250<拉杆空间 260×290，适合；

最大模具厚度 300>模具厚度 212>最小模具厚度 200，合理；

开模行程＝9.5+11+10＝30.5<最大开合模行程 300，合理。

4）设计定模板、定模座板(图 2-125)

定模板的设计尺寸为：280mm×200mm×40mm. 材料为优质碳素结构钢 $45^{\#}$，淬火处理中温回火 HRC45～50。

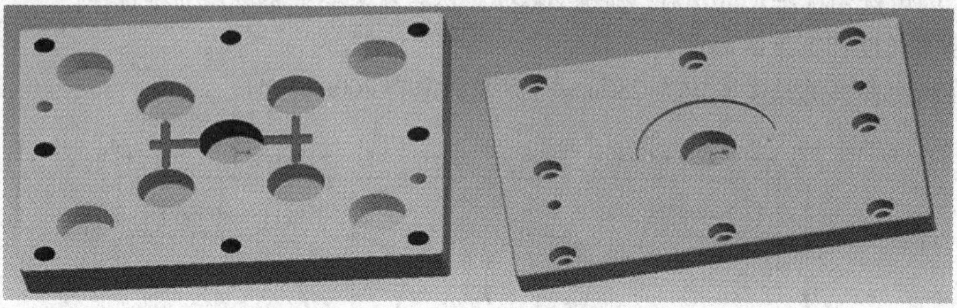

图 2-125　定模板、定模垫板

5）设计动模垫板、动模垫块、动模座板(图 2-126)

动模垫板设计尺寸为：240mm×200mm×30mm，材料为 Q235 钢。动模垫块设计尺寸为：200mm×30mm×70mm，材料为 Q235 钢。动模座板设计尺寸为：280mm×200mm×25mm，材料为 Q235 钢。

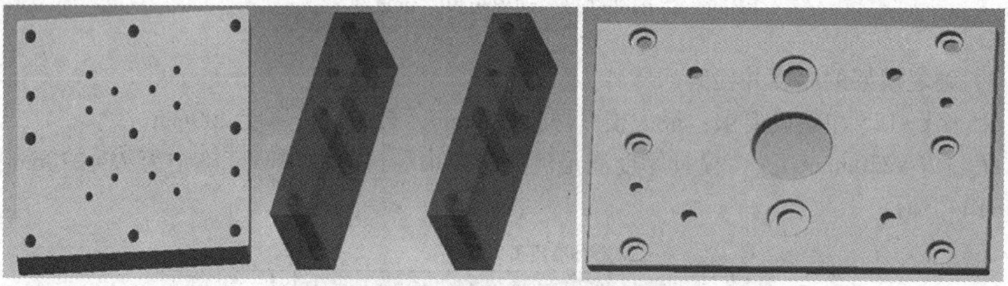

图 2-126　动模垫板、动模垫块、动模座板

6）紧固螺钉及定位销

定模部分的紧固螺钉选用 M12×40 的内六角螺钉。动模部分的紧固螺钉选用 M12×130 的内六角螺钉。动、定模部分都是有两块以上模板组成，安装时，为了保证模板间的位置正确，应使用定位销定位。选用直径为 10mm 的圆柱销。

定模部分：圆柱销 10×40，动模部分：圆柱销 10×140。

9. 合模导向机构

(1) 导柱的设计

选用阶梯型导柱，导向部分直径 25mm，高度 35mm，倒角高度 5mm。材料选用碳素工具钢 T8A，淬火处理 HRC45～48。表面粗糙度 R_a0.8。

（2）导套的设计

选用台肩型导套，导向部分直径 25mm，高度 40mm，壁厚 5mm，台肩高度 5mm。材料选用碳素工具钢 T8A，淬火处理 HRC45～48。表面粗糙度 R_a0.8。

10. 温度调节系统

冷却系统的设计通常是在定模板和动模板上设计冷却水道。设计时应首先根据 ABS 塑料的成型温度和注射量进行热平衡计算，再确定冷却水道的尺寸和位置。水道直径为 ϕ8mm，总长度为 800mm。

11. 模具总装图

各种尺寸计算核对完毕，汇总确定最终模具装配总图及零件图等。装配示意图如图 2-127 所示。

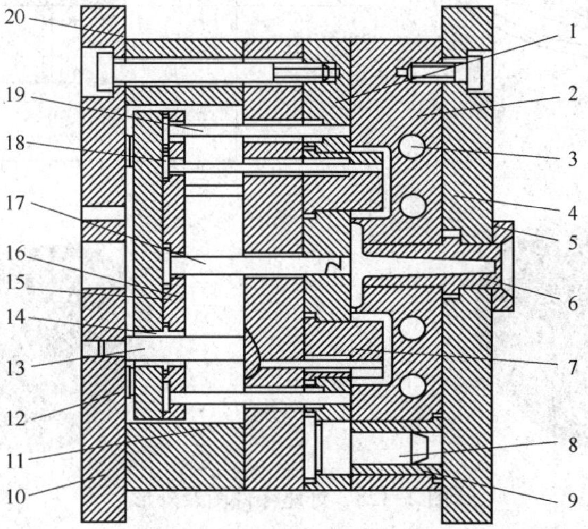

图 2-127 模具装配示意图

1—动模板；2—定模板；3—冷却水道；4—定模座板；5—定位圈；6—浇口套；7—凸模；8—导柱；9—导套；10—动模座板；11—支承板；12—支撑柱；13—推板导柱；14—推板导套；15—推板；16—推板固定板；17—拉料杆；18—推杆；19—复位杆；20—垫块

（二）双分型面注塑模设计实例

零件名称：灯座(图 2-128)；

生产批量：大批量；

材料：聚碳酸酯 PC；

未注公差取 MT5 级精度 要求设计灯座模具。

1. 确定成型方法

确定塑件的成型方法，先要进行塑件的结构工艺性分析，塑件的工艺性分析包括塑件的原材料分析、塑件的尺寸精度分析、塑件表面质量和塑件的结构工艺性分析，其具体分析如下。

（1）塑件的原材料分析

塑件的原材料分析如表 2-16 所示。

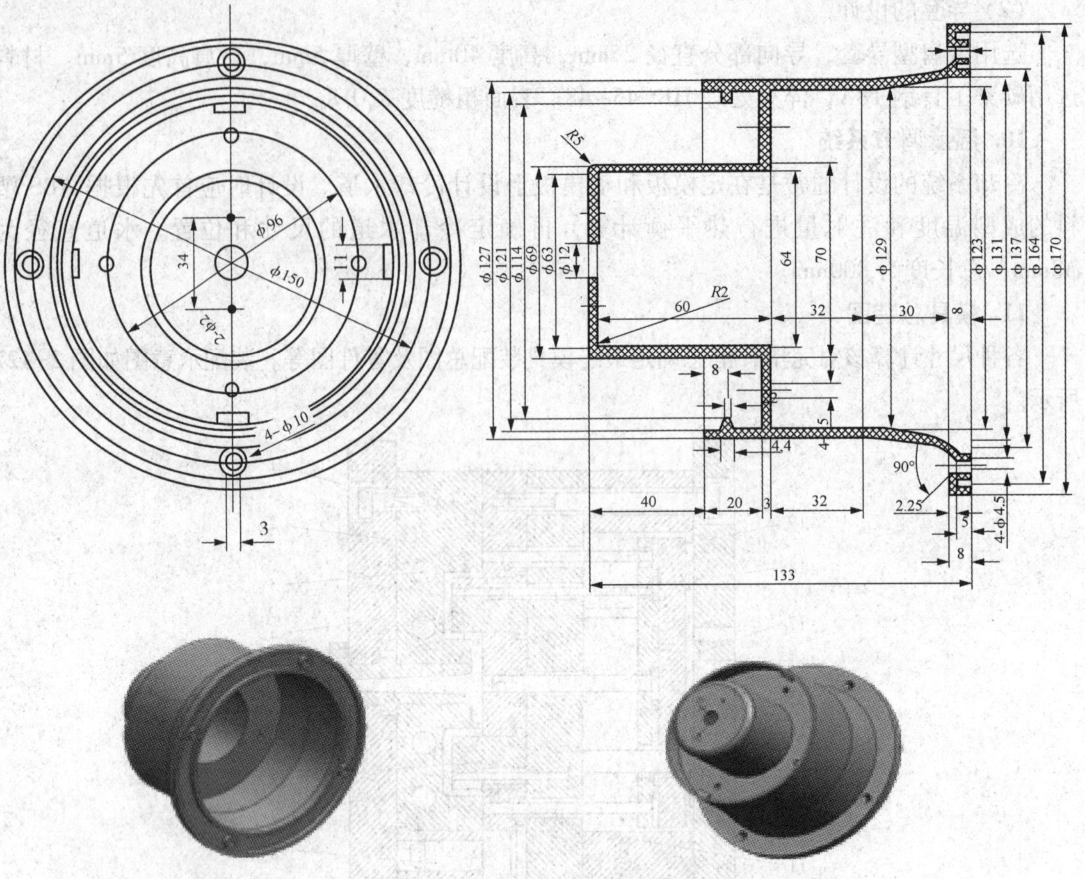

图 2-128　灯座零件图及外形

表 2-16　塑件的原材料分析

塑料品种	结构特点	使用温度	化学稳定性	性能特点	成型特点
聚碳酸酯(PC)属于热塑性塑料	线形结构非结晶型材料，透明	<130℃，耐寒性好，脆化温度为-100℃	有一定的化学温度性，不耐碱、酮、酯等	透光率较高，介电性能好，吸水性小，但水敏性强(含水量不得超过0.2%)，且吸水后降解力学性能很好，抗冲击抗蠕变性能突出，但耐磨性较差	熔融温度高(超过330℃才严重分解)，但熔体黏度大，流动性差(溢边值为0.06mm)流动性对温度变化敏感，冷却速度快，成型收缩率小，易产生应力集中
结论	①熔融温度高且熔体黏度大，对于大于200g的塑件应用螺杆式注射机成型，喷嘴宜用敞开式延伸喷嘴，严格控制模具温度，一般在70~120℃为宜，模具应采用耐磨钢，并淬火； ②水敏性强，加工前必须干燥处理，否则会出现银丝、气泡及强度下降现象； ③易产生应力集中，严格控制成型条件，塑件成型后退火处理，消除内应力；塑件壁不宜过厚，避免尖角、缺口金属嵌件造成应力集中，脱模斜度宜取2°				

(2) 塑件的尺寸精度分析

该塑件尺寸精度舞特殊要求，所有尺寸均为自由尺寸，可按 MT5 查取公差，其主要尺寸公差标注如下(单位均为 mm)：

塑件外形尺寸：$\phi69^{0}_{-0.86}$、$\phi70^{0}_{-0.86}$、$\phi127^{0}_{-1.28}$、$\phi129^{0}_{-1.28}$、$\phi170^{0}_{-1.6}$、$R5^{0}_{-0.24}$、$\phi137^{0}_{-1.28}$、

$3^{0}_{-0.2}$、$8^{0}_{-0.28}$、$133^{0}_{-1.28}$。

内形尺寸：$\phi63^{+0.74}_{0}$、$\phi64^{+0.74}_{0}$、$\phi114^{+1.14}_{0}$、$\phi121^{+1.28}_{0}$、$R2^{+0.2}_{0}$、$60^{+0.2}_{0}$、$32^{+0.56}_{0}$、$30^{+0.50}_{0}$、$8^{+0.28}_{0}$、$\phi123^{+1.28}_{0}$、$\phi131^{+1.28}_{0}$、$\phi164^{+1.6}_{0}$。

孔尺寸：$\phi10^{+0.32}_{0}$、$\phi12^{+0.32}_{0}$、$\phi137^{+1.28}_{0}$、$\phi164^{+1.6}_{0}$、$\phi4.5^{0.24}_{0}$、$\phi2^{+0.2}_{0}$、$\phi5^{+0.24}_{0}$。

孔心距尺寸：34±0.28、$\phi96$±0.50、$\phi150$±0.57。

（3）塑件表面质量分析

该塑件要求外形美观，色泽鲜艳，外表面没有斑点及熔接痕，表面粗糙度可取 R_a = 0.4m，塑件内部没有较高的表面粗糙度要求。

（4）塑件的结构工艺性分析

① 从图纸上分析，该塑件的外形为回转体。壁厚均匀且符合最小壁厚要求。

② 塑件型腔较大，有尺寸不等的孔，如：$\phi12$、4−$\phi10$、4−$\phi4.5$、4−$\phi5$，均符合最小孔径要求。

③ 在塑件内壁有 4 个高 2.2，长 11 的凸台。塑件不易取出，需考虑侧抽装置。

综上所述，该塑件可采用注射成型加工。为保证塑件表面质量，采用点浇口浇注系统形式，模具应为三板式注射模具结构。

2. 选用成型设备

（1）计算塑件体积、质量

V=200172.30mm³（过程略），根据有关手册查得 ρ=1.2kg/cm³，所以，塑件的质量为：

$$W=\rho V=200172.30\times1.2\times10^{-3}=240.20\text{g}$$

（2）确定注射成型的工艺参数

聚碳酸酯注射成型工艺参数见表 2-17，试模时，可根据实际情况作适当调整。

表 2-17　聚碳酸酯注射成型工艺参数

聚碳酸酯	预热、干燥	温度 t/℃：110~120		成型时间/s	注射时间	20~90
		时间 γ/h：8~12			保压时间	0~5
	料筒温度 t/℃	后段	210~240		冷却时间	20~90
		中段	230~280		总周期	40~190
		前段	240~285	螺杆转速 n/(r/min)		28
	喷嘴温度 t/℃	240~250		后处理	方法	红外线灯
	模具温度 t/℃	70(90)~120			温度 t/℃	鼓风烘箱 100~110
	注射压力 p/MPa	80~130			时间 r/h	8~12

（3）初选成型设备

根据塑件形状及尺寸采用一模一件的模具结构，考虑外形尺寸及注射时所需的压力情况，参考模具设计手册初选螺杆式注射机：XS-ZY-250（XS-ZY-500 待选），主要参数见表 2-18。

（4）注射机参数校核

1）最大注射量的校核

据手册可知，XS-ZY-250 注射机的额定注射量为 250cm³，浇注系统的凝料按塑件体积的 0.3 倍来估算。

实际注射量为：200. 17 cm^3×1. 3＝260. 22(cm^3)>250×80%＝200 cm^3

经过上述计算校核可知XS-ZY-250最大注射量不能满足要求。所以由表2-18另选注射机XS-ZY-500，XS-ZY-500注射机的额定注射量即可满足要最大注射量要求。

表2-18　螺杆式注射机主要参数

参数＼型号	XS-ZY-250	XS-ZY-500
额定注射量	250 cm^3	500 cm^3
注射压力	130MPa	104MPa
锁模力	1800kN	3500kN
最大注射面积	500 cm^2	1000 cm^2
最大开模行程	350mm	500mm
最大模具厚度	350mm	450mm
最小模具厚度	200mm	300mm
喷嘴圆弧半径	18mm	18mm
喷嘴孔直径	ϕ4mm	ϕ6mm
模板尺寸	598mm×520mm	700mm×850mm
拉杆空间	295mm ×373mm	540mm×440mm
定位孔直径	$\phi125_{0}^{+0.06}$	
锁模方式		液压-机械
注射方式		螺杆式

2）注射压力的校核

见表2-18，XS-ZY-500注射机的注射压力为104MPa，聚碳酸酯的注射压力为50~80MPa。经过上述计算校核可知注射机的注射压力满足要求。

3）锁模力的校核

注射机的锁模力为3500kN；

ABS塑料的注射压力为50~80MPa，取70MPa；

单个塑件在分型面上的投影面积为3. 14×(17/2)^2＝226. 87 cm^2

注射时模具的膨胀力＝226. 87×1. 3(30%为凝料面积)×70 MPa

＝2064. 47kN<3500kN×80%＝2800kN。

经过上述计算校核可知锁模力满足要求。

4）最大注射成型面积的校核

SX-ZY-125注射机的最大成型面积为1000 cm^2；

模具的注射成型面积＝226. 87×1. 3(30%为凝料面积)

＝294. 94 cm^2<1000 cm^2

经过上述计算，可知最大注射成型面积满足要求。

经过上述校核，可以选定注塑机型号为：XS-ZY-500。

3. 制定灯座模塑成型工艺卡(略)

4. 分型面的选择

该塑件为灯座，外形要求美观，无斑点和熔接痕，表面质量要求较高。在选择分型面时，根据分型面的选择原则，考虑不影响塑件的外观质量以及成型后能顺利取出塑件，有两种分型面的选择方案：

其一，选塑件小端底平面作为分型面，如图 2-129(a)所示，选择这种方案，侧面抽芯机构设在定模部分，模具机构需用瓣合式，这样在塑件表面会留有熔接痕，同时增加了模具结构的复杂程度。其二，选塑件大端底平面作为分型面，如图 2-129(b)所示，采用这种方案，侧面抽芯机构设在动模部分，模具结构也较为简单。所以，选塑件大端底平面作为分型面较为合适。

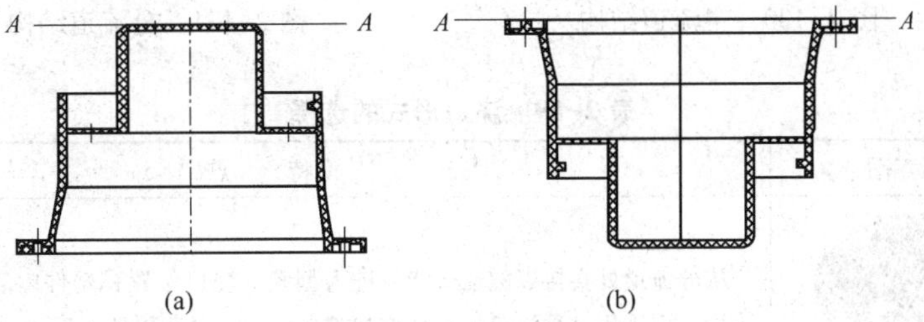

图 2-129　分型面的选择

5. 型腔数目的确定及型腔的排列

由于该塑件采用的是一模一件成型，所以，型腔布置在模具的中间，有利于浇注系统的排列和模具的平衡。

6. 浇注系统的设计

(1) 主流道设计

根据手册查得 XS-ZY-500 型注射机喷嘴的相关尺寸。

喷嘴球面半径 $R_0=18$mm，喷嘴孔直径：$d_0=\phi4$mm。根据模具主流与喷嘴的关系：$R=R_0+(1\sim2)$mm，$d=d_0+0.5$mm。

取主流道球面半径：$R=20$mm，取主流道的小端直径：$d=\phi4.5$mm。为了便于将凝料从主流道拔出，将主流道设计成圆锥形，其斜度为 1°~3°。经换算得主流道大端直径 $D=\phi12$mm。同时为了使熔料顺利进入分流道，在主流道出料端设计 $r=5$mm 的圆弧过渡。主流道结构图如图 2-130 所示。

(2) 分流道的设计

分流道的形状及尺寸与塑件的体积、壁厚、形状的复杂程度、注射速率等因素有关。该塑件的体积比较大，但形状不太复杂，且壁厚均匀，可考虑采用多点进料方式，缩短分流道长度，有利于塑件的成型和外观质量的保证。从便于加工方面考虑，采用截面形状为半圆形的分流道，查有关手册得 $R=6$mm，如图 2-131 所示。

(3) 浇口设计

由于该塑件外观质量要求较高，浇口位置和大小应以不影响塑件的质量为前提。同时，也尽量使模具结构简单。根据对该塑件结构的分析及已确定分型面的位置，可选用的浇口形式有几种方案，其分析见表 2-19。

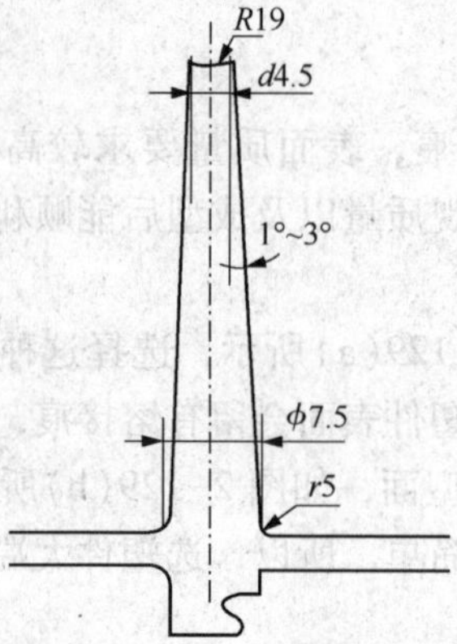

图 2-130　主流道结构

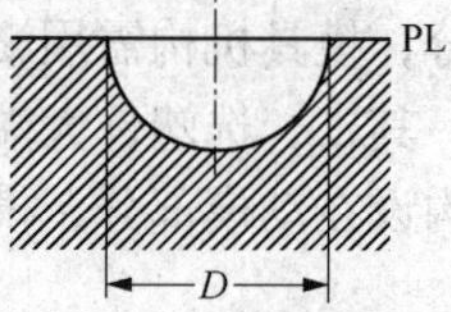

图 2-131　分流道结构

表 2-19　浇口形式的选择

形式	示意图	特　点
潜伏式		从分流道处直接以隧道式浇口进入型腔。浇口位置在塑件内表面，不影响其外观质量。但采用这种浇口形式会增加模具结构的复杂程度
轮辐式		中心浇口的一种变异形式。采用几股料进入型腔，缩短流程，去除浇口时较方便，但有浇口痕迹。模具结构较潜伏式浇口的模具结构简单
点浇口		又称针浇口或菱形浇口，可获得外观清晰、表面光泽的塑件。模具开模时，浇口凝料会自动拉断，有利于自动化操作；浇口尺寸较小，凝料去除塑件表面残留痕迹很小，基本上不影响塑件外观质量；采用四点浇口进料，流程短而进料均匀；浇口尺寸小，剪切速率增大，塑料黏度降低，提高流动性，利于充模。但是模具需用设计成双分型面，以便脱出浇注系统凝料，增加了模具结构的复杂程度，但能保证塑件成型要求

综合对塑料成型性能、浇口和模具结构的分析比较，确定成型该塑件的模具采用点浇口形式。根据塑件外观质量的要求以及型腔的安放方式，进料位置设计在塑件底部。

7. 型芯、型腔的设计

（1）型芯、型腔结构

整体式型腔是直接在型腔板上加工，有较高的强度和刚度。但零件尺寸较大时加工和热处理都较困难。整体式型芯结构牢固，成型塑件质量好，但尺寸较大，消耗贵重模具钢多，不便加工和热处理。整体式结构适用于形状简单的中小型塑件。

组合式型腔是由许多拼块镶制而成，机械加工和热处理比较容易，能满足大型塑件的成型需要。组合式型芯可节省贵重模具钢，便于机加工和热处理，修理更换方便。同时也有利于型芯冷却和排气的实施。

由于该塑件尺寸较大，最大可达 ϕ170mm，且形状复杂，有锥面过渡。若采用整体式型腔，加工和热处理都较困难。所以，采用拼块组合式，在型腔的底部大面积镶拼结构。考虑模具温度调节，型芯采用整体式结构。

（2）成型零件尺寸计算

该塑件的成型零件尺寸均按平均值法计算。查有关手册得 PC 的收缩率为 0.5%~0.7%，故平均收缩率为：$S=0.006$，根据塑件尺寸公差要求，模具的制造公差取 $Z=\Delta/4$。成型零件尺寸计算见表 2-20。

表 2-20　型腔、型芯主要工作尺寸计算

类别	模具零件名称		塑件尺寸	计算公式（略）	型腔或型芯工作尺寸
型腔的计算	导滑板（型腔 1）	小端对应的型腔	$\phi69^{0}_{-0.85}$	（略）	$\phi68.77^{+0.22}_{0}$
			$\phi70^{0}_{-0.86}$		$\phi69.78^{+0.22}_{0}$
		内凸对应的型芯	$\phi114_{0}^{-1.14}$	（略）	$\phi115.54^{0}_{-0.29}$
			$\phi121_{0}^{-1.28}$		$\phi122.68^{0}_{-0.32}$
	型腔板	大端对应的型腔	$\phi127^{0}_{-1.28}$	（略）	$\phi126.8^{+0.32}_{0}$
			$\phi129^{0}_{-1.28}$		$\phi128.8^{+0.32}_{0}$
			$\phi137^{0}_{-1.28}$		$\phi136.86^{+0.32}_{0}$
			$\phi170^{0}_{-1.6}$		$\phi169.82^{+0.4}_{0}$
			$8^{0}_{-0.28}$	（略）	$7.86^{+0.07}_{0}$
			$133^{0}_{-1.28}$		$132.94^{+0.32}_{0}$
型芯的计算	型芯	大型芯	$\phi63^{+0.74}_{0}$	（略）	$\phi63.9^{0}_{-0.18}$
			$\phi64^{+0.74}_{0}$		$\phi64.9^{0}_{-0.18}$
			$\phi123^{+1.28}_{0}$		$\phi124.69^{0}_{-0.32}$
			$\phi131^{+1.28}_{0}$		$\phi132.74^{0}_{-0.32}$
			$\phi164^{+1.6}_{0}$		$\phi166^{0}_{-0.4}$
	型芯 $\phi2$ 型芯 $\phi5$ 型芯（$\phi4.5$~10）	小型芯	$\phi2^{+0.2}_{0}$	（略）	$\phi2.16^{0}_{-0.06}$
			$\phi5^{+0.24}_{0}$		$\phi5.21^{0}_{-0.06}$
			$\phi12^{+0.28}_{0}$		$\phi12.28^{0}_{-0.07}$
			$\phi10^{+0.28}_{0}$		$\phi10.27^{0}_{-0.07}$
			$\phi4.5^{+0.24}_{0}$		$\phi4.7^{+0.24}_{0}$
			$\phi5^{+0.24}_{0}$	（略）	$5.21^{0}_{-0.06}$
			$\phi2.25^{+0.2}_{0}$		$2.39^{0}_{-0.04}$
孔距	型孔之间的中心距		34±0.28	（略）	34.20±0.35
			$\phi96$±0.050		$\phi96.58$±0.062
			$\phi150$±0.057		$\phi150.9$±0.071

8. 推件方式的选择

根据塑件的形状特点，模具型腔在动模部分。开模后，塑件留在型腔。其推出机构可采用推块推出或推杆推出。其中，推块推出机构可靠，顶出力均匀，不影响塑件的外观质量。但塑件上有圆弧过渡，推块制造困难；推杆推出机构简单，推出平稳可靠，虽然推出时会在塑件上留下顶出痕迹，但塑件顶部装配后使用时并不影响外观。从以上分析得出：该塑件采用推杆推出机构。

9. 侧抽芯机构设计

(1) 侧抽芯结构的确定

该塑件上有内凸结构，它垂直于脱模方向，阻碍成型后塑件从模具中脱出。因此，成型内凸部分的零件必须做成活动的型芯，即设置抽芯机构。根据塑件机构有两种选择方案。其一，采用滑块导滑的斜滑块分型抽芯机构，如图 2-132(a)所示。其二，采用斜杆导滑的分型抽芯机构，如图 2-132(b)所示。因塑件侧抽芯距较小，且图 2-132(a)的模具机构较图 2-132(b)的模具结构安装调整简单，故选择滑块导滑的斜滑块分型抽芯机构。

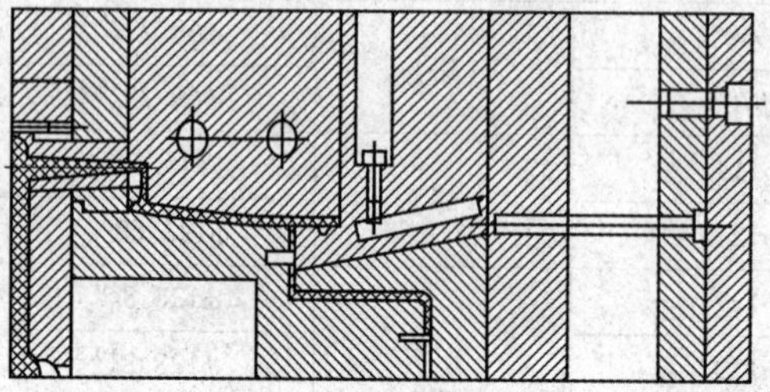

(a) 斜滑块抽芯

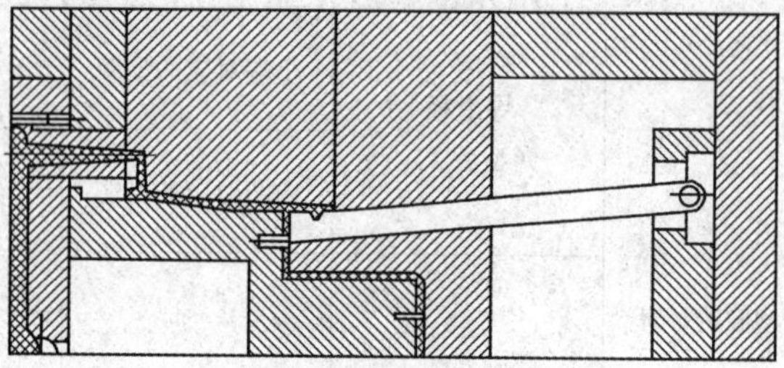

(b) 斜销抽芯

图 2-132 侧抽芯机构的选择

(2) 确定抽芯机构零件尺寸计算

1) 抽芯距的计算

$$S_{抽}=h+(2\sim3)=(121-114)/2+2.5=6\text{mm}$$

式中，h 为凸台高度，2~3mm 为抽芯安全系数。

2) 滑块倾角的确定

斜滑块倾角是抽芯机构的主要技术数据之一，它与塑件成型后能否顺利取出以及推出力、推出距离有直接的关系。此抽芯距较小，选择选择 $\alpha=10°$。

3) 确定斜滑块尺寸

斜滑块在件 25 导滑板(型腔 1)中导滑，根据塑件尺寸要求，件 25 导滑板(型腔 1)的高度设计为 85mm，斜滑块在件 25 导滑板(型腔 1)中能导滑的能行程 40mm(考虑限位螺钉的安装尺寸和推出行程)。

$$S_{实际}=\text{tg}\alpha\times40=\text{tg}10\times48=0.176\times40=7.04\text{mm}>S_{抽}$$

满足抽芯距要求，斜滑块尺寸如图 2-133 所示。

10. 标准模架的选择

本塑件采用点浇口注射成型，根据其结构形式，选择 A4 型模架。

11. 注射机与模具安装尺寸的校核

(1) 模具安装部分的校核

该模具的外形尺寸为 365mm×315mm，XS-ZY-500 型注射机模板最大安装尺寸为 700mm×850mm，故能满足模具安装要求。

(2) 模具闭合高度的确定和校核

根据标准模架各模板尺寸及模具设计的其他零件尺寸：

定模座板 $H_{定}=45\text{mm}$，压板 $H_{压}=25\text{mm}$，

型芯固定板 $H_{固}=25\text{mm}$，型腔板 $H_{型}=93\text{mm}$，

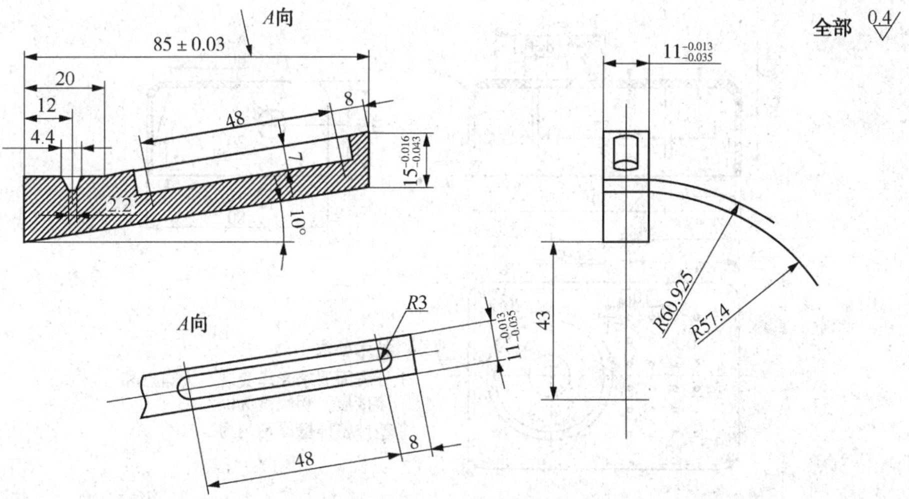

图 2-133 斜滑块尺寸

凹模镶块 $H_{凹}=65mm$，垫板 $H_{垫}=35mm$，模脚 $H_{模}=85mm$

$$\begin{aligned} H_{闭} &= H_{模}+H_{垫}+H_{凹}+H_{型}+H_{固}+H_{压}+H_{定} \\ &= 85+35+65+93+25+25+45 \\ &= 373mm \end{aligned}$$

XS-ZY-500 型注射机所允许模具的最小厚度为 $H_{min}=300mm$，最大厚度 $H_{max}=450mm$ 即模具满足 $H_{min}\leqslant H\leqslant H_{max}$ 的安装条件。

(3) 模具安装部分的校核

经查资料型注射机 XS-ZY-500 的最大开模行程 $s=500mm$，满足下式计算所需的出件要求：

$$\begin{aligned} s &\geqslant H_1+H_2+a+(5\sim10)mm \\ &= 40+133+95+7 \\ &= 275mm \end{aligned}$$

此外，由于侧分型抽芯距较短，不会过大增加开模距离，注射机的开模行程足够。经验证 XS-ZY-500 型注射机能满足使用要求，故可以采用。

(三) 侧向抽芯注塑模设计实例

塑料制品名称：矩形上壳罩塑料件；

塑料材料：ABS；

生产批量：10 万件/年(大批量生产)；

塑件图：图 2-134 所示为矩形上壳罩塑料件产品二维图样。

1. 确定成型方法

确定塑件的成型方法，先要进行塑件的结构工艺性分析

(1) 塑件的原材料的成型特性分析(略)

(2) 塑件的结构工艺性分析

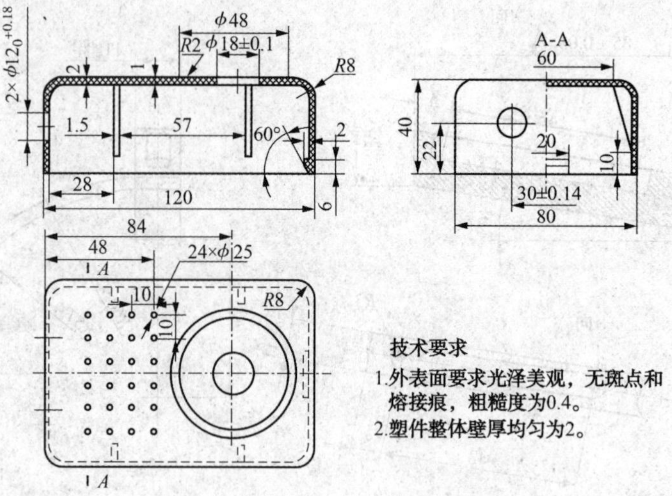

图 2-134 矩形上壳罩塑料件产品二维图

1）塑件的尺寸精度分析

该塑件标注有尺寸公差要求的有 $\phi18\pm0.1$、$2\times\phi120+0.018$、30 ± 0.14，属一般精度要求，其他尺寸均为未注公差的自由尺寸，需要进行图纸转换，经查表可按 MT5 查取公差。表 2-21 所示为塑件主要尺寸的公差要求。

表 2-21 塑件的主要尺寸及公差要求 mm

	塑件尺寸	塑件尺寸公差		塑件尺寸	塑件尺寸公差
外形	120	$120^{0}_{-1.14}$	孔尺寸	$\phi18\pm0.1$	$\phi18\pm0.1$
	80	$80^{0}_{-0.86}$		$\phi12_{0}^{+0.18}$	$\phi12_{0}^{+0.18}$
	40	$40^{0}_{-0.76}$		$\phi2.5$	$\phi2.5_{0}^{+0.2}$
	6	$6^{0}_{-0.24}$	孔间距尺寸	30 ± 0.14	30 ± 0.14
	2	$2^{0}_{-0.2}$		22	22 ± 0.22
	20	$20^{0}_{-0.44}$		10	10 ± 0.14
内形	38	$38_{0}^{+0.76}$		48	48 ± 0.32
	76	$76_{0}^{+0.86}$		84	84 ± 0.5
	116	$116_{0}^{+1.14}$			

2）塑件表面质量分析

该塑件要求外观光洁，色彩艳丽，不允许有成型斑点和熔接痕，$R_a=0.4\mu m$，而内表面无特殊要求。

3）塑件结构工艺性分析

该塑件外形为四方壳罩，圆角过渡无尖角存在，壁厚均匀，且符合最小壁厚要求；塑件型腔较大，有尺寸不等的孔，如 $\phi18$、$\phi2.5$、$\phi12$，它们均符合最小孔径要求；内部有 4 个均布的加强肋，可增强塑件的强度，减少塑件的变形。肋的侧壁应设有 1°左右的斜度，底部等处应有 R0.5 圆角过渡；

在塑件一侧有两个 $\phi12$ 的孔，另一侧内部有内凸，要考虑侧向分型抽芯装置；为使塑件顺利脱模，可在塑件内部及加强肋处增设1°~2°的拔模斜度。

综上所述，该塑件可采用注射成型加工。

（3）塑件的生产批量

塑件的生产类型对注射模结构、注射模材料使用均有重要的影响，在大批量生产中，由于注射模价格在整个生产费用中所占比例较小，提高生产率和注射模寿命问题比较突出，可以考虑使用自动化程度较高、结构复杂、精度寿命高的模具。如果是小批量生产，则应尽量采用结构简单，制造容易注射模，以降低注射模的成本。

该塑件产量达到10万件，生产类型属中等批量生产，可以适合考虑采用一模多腔、快速脱模以及成型周期不易太长的模具，同时模具造价要适当控制。

综上所述，该塑件可采用注射成型加工。

2. 选用成型设备

（1）计算塑件体积或质量

通过三维造型可获得上壳罩的体积 $V=45.9\text{cm}^3$，ABS 的密度为 $\rho=1.03\text{g/cm}^3$，塑件的质量为 $W=\rho V=1.03\times45.9=47.2\text{g}$。

（2）确定型腔数目

由于该塑件两侧面分别有侧孔和内凸，加上塑件尺寸有一般精度要求，外表面有高光洁要求，不易采用太多型腔数目，所以考虑采用一模两腔，型腔平衡布置在型腔板两侧，以方便侧抽实现、浇口排列和模具的平衡。

（3）确定注射成型的工艺参数

根据该塑件的结构特点和 ABS 的成型性能，查有关资料初步确定注射成型工艺参数如表2-22所示。

表2-22　塑件的注射成型工艺参数

工艺参数	规　格		工艺参数	规　格	
预热和干燥	温度80~90℃		成型时间/s	注射时间	3~5
	时间2h			保压时间	15~30
料筒温度/℃	后段	180~200		冷却时间	15~30
	中段	210~230		总周期	40~70
	前段	200~210	螺杆转速/(r/min)		30~60
喷嘴温度/℃	180~190		后处理	方法	红外线灯烘箱
模具温度/℃	60~80			温度	70℃
注射压力/MPa	70~90			时间	2~4 h

（4）确定模具温度及冷却方式

ABS 为非结晶塑料，流动性中等，壁厚一般，因此，在保证顺利脱模的前提下，应尽可能降低模温，以缩短冷却时间，从而提高生产效率。所以模具应考虑采用适当的循环水冷却，成型模具温度控制在60~80℃。

（5）初选成型设备

由于塑件采用注射成型加工，使用一模两腔分布，由此可计算出一次注射成型过程所用塑料量为：$W=2\times47.2+47.2\times30\%=108.56\text{g}$。

根据以上一次注射量分析，以及考虑到塑料的品种、塑件结构、生产批量及注射工艺参数、注射模具尺寸大小等因素，参考设计手册，初选 SZY-300 型螺杆式注射机。经校核：SZY-300 满足锁模力、安装尺寸与开模行程等各项要求，故最终选定 SZY-300 注射机。SZY-300 型注射机的主要技术参数如表 2-23 所示。

表 2-23　SZY-300 型注射机的主要技术参数

序号	主要技术参数项目	参数数值	序号	主要技术参数项目	参数数值
1	最大注射量/cm^3	320	6	最小模具厚度/mm	130
2	注射压力/MPa	125	7	最大开模行程/mm	340
3	锁模力/kN	1400	8	喷嘴前端球面半径/mm	12
4	动、定模模板最大安装尺寸/(mm×mm)	520×620	9	喷嘴孔直径/mm	4
5	最大模具厚度/mm	355	10	定位圈直径/mm	125

3. 制定成型工艺卡

综上分析，填写塑件成型工艺卡如表 2-24 所示。

表 2-24　塑件注射成型工艺卡

（厂名） 车间		塑料注射成型工艺卡片			资料编号	
					共　页	第　页
塑件名称	矩形上罩壳	材料牌号	ABS		设备型号	SZY-300
装配图号		材料定额			每模件数	2 件
零件图号		单件重量/g	47.2		工装号	
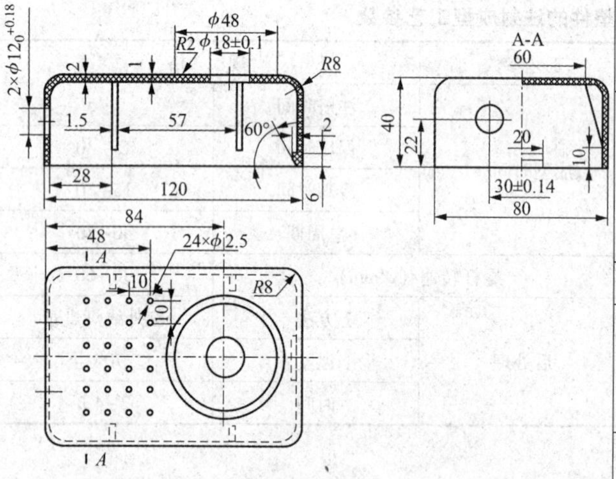				材料干燥	设备	
				材料干燥	温度/℃	80~90
				材料干燥	时间/h	2
				料筒温度/℃	后段	180~200
				料筒温度/℃	中段	210~230
				料筒温度/℃	前段	200~210
				料筒温度/℃	喷嘴	180~190
				模具温度/℃		60~80
				时间/s	注射	3~5
				时间/s	保压	15~30
				时间/s	冷却	15~30
				压力/MPa	注射压力	70~90
				压力/MPa	背压	
后处理	温度	红外线等烘箱 70℃		时间定额/min	辅助	
后处理	时间	2~4h		时间定额/min	单件	
检验						
编制	校对	审核	组长	车间主任	检验组长	主管工程师

4. 分型面的选择

模具结构很大程度上取决于分型面的选择，为保证塑件能顺利分型，主分型面应首先考虑选择在塑件外形的最大轮廓处。如图 2-135 所示，在满足该原则的三个方案中，方案 A 的塑件开模后留在定模一侧，塑件不易取出，顶出机构设计复杂；方案 B 的侧向抽芯滑块可安放在动模，实现侧抽机构简单，但会产生影响塑件外观的飞边，且飞边不易清除；方案 C 不但保证了塑件取出方便，且毛刺飞边的清除也较容易，因此选择方案 C。

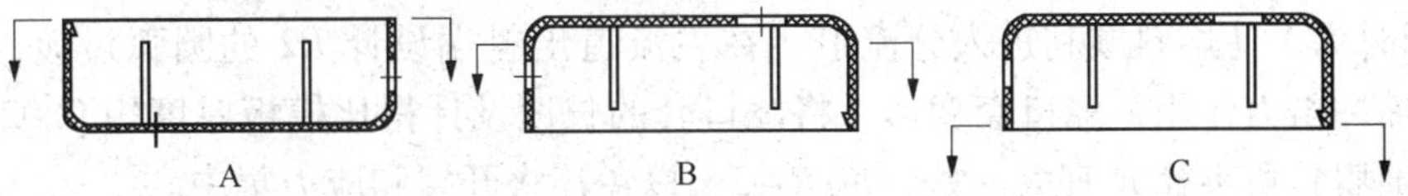

图 2-135 主分型面选择方案

5. 确定型腔数目及形式

确定型腔数目要综合考虑塑件精度、经济性、注射机的最大注射量和锁(合)模力等因素，且对于一模多件的模具型腔布置，在保证浇注系统分流道的流程短、模具结构紧凑、模具能正常工作的前提下，尽可能使模具型腔对称、均衡、取件方便。最后确定本模具采用一模两腔，型腔平衡布置在型腔板两侧。

6. 浇注系统的设计

考虑到塑件的外观要求高，外表面不允许有成型斑点和熔接痕，以及一模两腔的布置，ABS 对剪切速率较为敏感等情况，浇口采用方便加工整修、凝料去除容易且不会在塑件外壁留下痕迹的侧浇口，浇注系统的设计如图 2-136 所示。

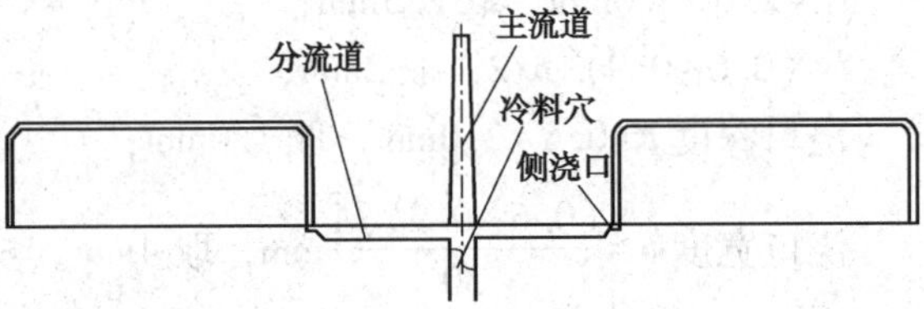

图 2-136 浇口系统的设计

(1) 主流道的设计

由于主流道与注射机的高温喷嘴反复接触碰撞，所以设计成独立可拆卸更换的浇口套，采用优质钢材制作并经热处理提高硬度；定位圈与浇口套分开设计，如图 2-137 所示。

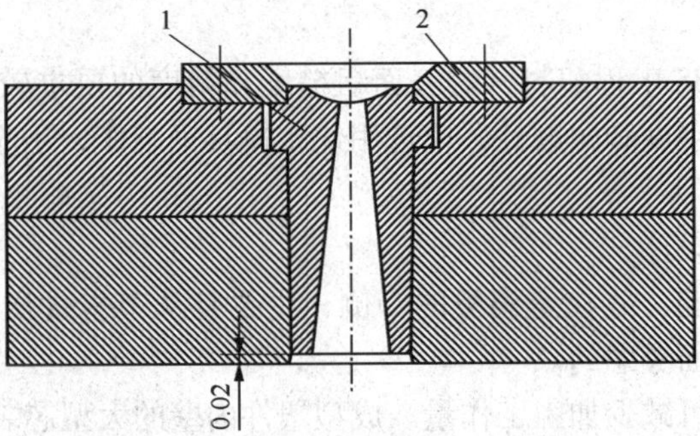

图 2-137 浇口套与定位圈的设计

1—浇口套；2—定位圈

查资料得到 SYZ-300 型注射机与喷嘴有关的尺寸：喷嘴球半径 $R_0=12$mm；喷嘴孔直径 $d_0=\phi4$mm；定位圈直径为 $\phi125$。为保证模具主流道与喷嘴的紧密接触，避免溢料，主流道与喷嘴的关系为：$S_R=R_0+(1\sim2)$ mm，$d=d_0+0.5$mm。因此取：主流道球面半径 $S_R=14$mm（取标准值）；主流道的小端直径 $d=\phi4.5$mm。

为了便于将凝料从主流道中拔出，将主流道设计出圆锥形，其斜度 2°~4°，计算其大端径约为 10mm；为避免模内的高压塑料产生过大的反压力，配合段直径 D 不宜过大，取 $D=$ 25mm；同时为了使熔料顺利进入分流道，在主流道出料端设计 $R2$ 的圆弧过渡；为补偿在注射机喷嘴冲击力作用下浇口套变形，将浇口套的长度设计得比模板厚度短 0.02mm；浇口套外圆盘轴肩转角半径 R 宜大一些，取 $R=3$，以免淬火开裂和应力集中。

定位圈的是用来安装模具时做定位用的，查资料得到 SYZ-300 型注射机的定位圈直径为 $\phi125$mm；一般定位圈高出定模座板表面 5~10mm。

由于定位圈与浇口套均属于注射模具的通用件，设计者应尽量采用推荐尺寸的浇口套和定位圈。

（2）分流道

本案例采用 U 形断面分流道，只切削加工在一块模板上，加工容易实现，且比表面积不大，热量损失和阻力损失不太大。查有关表格得，ABS 的分流道推荐直径为 4.8~9.5mm。

（3）浇口设计

根据塑件的外观要求及型腔分布情况，选用如图 2-138 所示的侧浇口，从塑件的底侧中部进料，去除凝料时不会在塑件的外壁留下浇口痕迹，不影响塑件的外观。

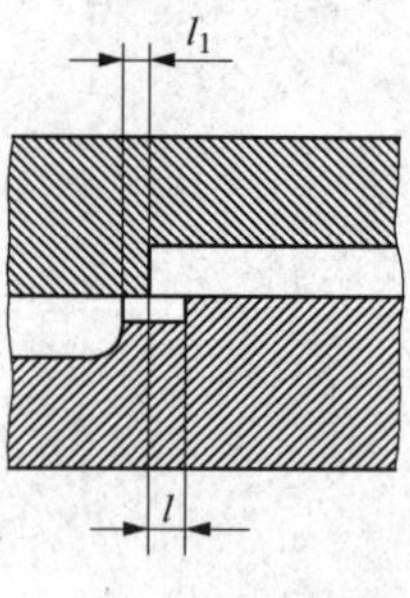

图 2-138　浇口尺寸

$l_1=2.0\sim3.0$mm，取 2.5mm；

$l=(0.6\sim0.9)+b/2$，取 2mm；

浇口深度 $t=0.5\sim2.0$mm，取 1.0mm；

浇口宽度 $b=\dfrac{(0.6\sim0.9)\sqrt{A}}{30}$mm，取 4mm。

（A—塑件外侧表面积）

（4）冷料穴设计

采用带 Z 形头拉料杆的冷料穴，设置在主流道的末端，既起到冷料穴的作用，又兼有开模分型时将凝料从主流道中拉出留在动模一侧，塑件稍作侧向移动凝料与塑件便可一起取出。

7. 成型零件的设计

该塑件的材料为 ABS 工程塑料，对表面粗糙度和精度的要求较高，因此要求成型零件有足够的强度、刚度、硬度和耐磨性，应选用优质模具钢制作，还应进行热处理以使其具备 50~55HRC 的硬度。

（1）型腔和型芯的设计

采用整体嵌入式型腔，放在定模板的一侧，主要是从节省优质模具钢材料、方便热处理，方便更换维修等方面考虑的。

采用组合式型芯，可减少加工工作量。成型塑件内壁的大型芯装在动模板上，成型 24×$\phi2.5$、$\phi12$ 孔的小型芯装在定模板上，方便型芯的制作安装、塑件的飞边去除以及塑件内部冷却水道的排布。

该塑件的成型零件尺寸均按平均值法计算，查有关手册得 ABS 的收缩率为 0.4%～0.7%，故平均收缩率为 $S=(0.4+0.7)\%/2=0.55\%$，根据塑件尺寸公差要求，模具制造公差取 $\delta_z=\Delta/3$，成型零件尺寸计算如表 2-25 所示。

表 2-25　成型零件尺寸计算

类别	模具零件名称	塑件尺寸	计算公式	工作尺寸
型腔计算	定模镶件	$120_{-1.14}^{0}$	$L_m=[(1+s)L_s-0.75\Delta]_0^{+\delta_z}$	$119.805_0^{+0.38}$
		$80_{-0.86}^{0}$		$79.795_0^{+0.287}$
		$40_{-0.76}^{0}$	$L_m=[(1+s)L_s-0.67\Delta]_0^{+\delta_z}$	$39.771_0^{+0.253}$
	内镶块	$6_{-0.24}^{0}$	$L_m=[(1+s)L_s-0.67\Delta]_0^{+\delta_z}$	$5.872_0^{+0.08}$
		$2_{-0.2}^{0}$	$L_m=[(1+s)L_s-0.75\Delta]_0^{+\delta_z}$	$1.861_0^{+0.067}$
		$20_{-0.44}^{0}$		$19.78_0^{+0.147}$
型芯计算	大型芯	$38_0^{+0.76}$	$l_m=[(1+s)l_s+0.67\Delta]_{-\delta_z}^{0}$	$38.718_{-0.253}^{0}$
		$76_0^{+0.86}$	$l_m=[(1+s)l_s+0.75\Delta]_{-\delta_z}^{0}$	$77.063_{-0.287}^{0}$
		$116_0^{+1.14}$		$117.493_{-0.38}^{0}$
	小型芯Ⅰ	$\phi 2.5_0^{+0.2}$	$l_m=[(1+s)l_s+0.75\Delta]_{-\delta_z}^{0}$	$\phi 2.664_{-0.067}^{0}$
	侧型芯	$\phi 12_0^{+0.18}$		$\phi 12.201_{-0.06}^{0}$
	小型芯Ⅱ	$\phi 18\pm 0.1$		$\phi 18.148_{-0.067}^{0}$
中心距计算		30±0.14	$C_m=(1+s)C_s\pm\delta_z/2$	30.165±0.047
		22±0.22		22.121±0.073
		10±0.14		10.055±0.047
		48±0.32		48.264±0.106
		84±0.5		84.462±0.167

（2）模具型腔壁厚的确定

塑料模具型腔在成型过程中受到熔体的高压作用，应有足够的强度和刚度，本模具的凹模采用的是整体嵌入式凹模的，因此采用整体式矩形型腔壁厚计算公式来确定型腔侧壁厚 S 和底板厚度 T，如图 2-139 所示。

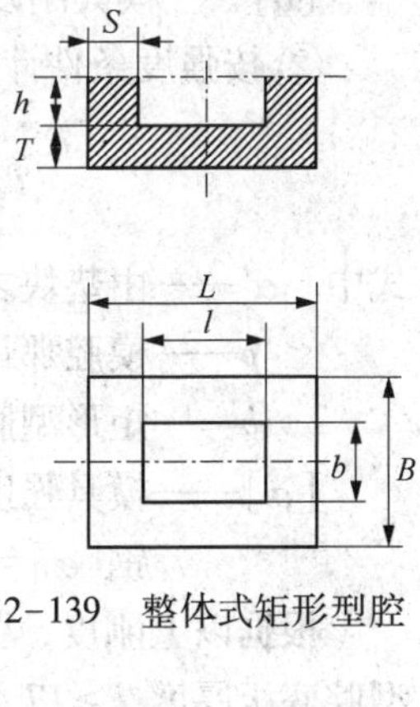

图 2-139　整体式矩形型腔

图中：l—型腔短边长度，mm；$l=120$mm；

b—矩形型腔短边长度，mm；$b=80$mm；

h—型腔深度，mm；$h=40$mm。

T—底板厚度、S—型腔壁厚、L—模板的长边厚度、B—模板的短边长度。

1）型腔壁厚 S 的计算

① 按刚度条件计算

$$S_{刚}\geqslant\sqrt[3]{\frac{cph^4}{E[\delta]}}=\sqrt[3]{\frac{0.93\times 30\times 40^4}{2.2\times 10^5\times 32.3}}=3.17\text{mm}$$

式中　c——由 h/l 决定的系数，查表得 $c=0.930$；

p——模腔那最大熔体压力，MPa，可取注射成形压力的 25%～50%，p 取 30MPa；

h——型腔深度，mm；$h=40$mm；

E——模具钢材的弹性模量，MPa，一般中碳钢 $E=2.1\times10^5$ MPa，预硬化塑料模具钢 $E=2.2\times10^5$ MPa；

$[\delta]$——模具刚度计算许用变形量，mm，查表得：

$$[\delta]=25i_2=25(0.45l^{1/5}+0.001l)$$
$$=25(0.45\times120^{1/5}+0.001\times120)=32.3$$

② 按强度条件计算：

$$S_{强}\geqslant\sqrt{\frac{3ph^2(1+w\alpha)}{[\sigma]}}=\sqrt{\frac{3\times30\times40^2\times(1+0.108\times0.66)}{300}}=22.68\text{mm}$$

式中 M_{max}——型腔侧壁的最大弯曲矩，N·mm；

p——模腔那最大熔体压力，MPa，取 $p=30$MPa；

h——型腔深度，mm，$h=40$mm；

w——抗弯截面系数，由 h/l 决定，查表得 $W=0.108$；

α——矩形成形型腔得边长比，$\alpha=b/l=80/120=0.66$；

$[\sigma]$——模具强度计算得许用应力，MPa，一般中碳钢 $[\sigma]=160$MPa，预硬化塑料模具钢 $[\sigma]=300$MPa。

2）型腔底板厚度 T 的计算

① 按刚度条件计算：

$$T_{刚}\geqslant\sqrt{\frac{c'\cdot p\cdot b^4}{E[\delta]}}=\sqrt{\frac{0.024\times30\times80^4}{2.1\times10^5\times32.3}}=2.09\text{mm}$$

式中 c'——由型腔边长比 l/b 决定的系数，查表得 $c'=0.024$；

p——模腔那最大熔体压力，MPa，可取注射成形压力的 25%~50%，p 取 30MPa；

b——矩形型腔短边长度，mm，$b=80$mm；

E——模具钢材的弹性模量 MPa，一般中碳钢 $E=2.1\times10^5$MPa，预硬化塑料模具钢 $E=2.2\times10^5$MPa；

$[\delta]$——模具刚度计算许用变形量，mm，查表得 $[\delta]=25i_2=25(0.45l^{1/5}+0.001l)$。

② 按强度条件计算：

$$T_{强}\geqslant\sqrt{\frac{\alpha'\cdot p\cdot b^2}{[\sigma]}}=\sqrt{\frac{0.4974\times30\times80^2}{300}}=17.8\text{mm}$$

式中 α'——由垫块之间距离和型腔短边长 l/b 所决定的系数，查表得 $\alpha'=0.4974$；

p——模腔那最大熔体压力，MPa，可取注射成形压力的 25%~50%，p 取 30MPa；

b——矩形型腔短边长度，mm，$b=80$mm；

$[\sigma]$——模具强度计算得许用应力，MPa，一般中碳钢 $[\sigma]=160$MPa，预硬化塑料模具钢 $[\sigma]=300$MPa。

根据以上刚度、强度的计算，得出型腔的壁厚要求为：型腔的侧壁厚度 $S\geqslant22.68$mm；型腔底板厚度 $T\geqslant17.8$mm。

8. 导向定位机构设计

由于塑件基本对称，无单向侧压力，采用直导柱导向便可以满足合模导向以及闭模后定位作用。注意导柱要比主型芯高出至少 6~8mm。

9. 推出机构设计

根据上壳罩的形状特点，其推出机构可采用推件板推出或推杆推出，其中，推件板推出结构可靠、顶出力均匀，不影响塑件的外观质量，但制造困难，成本高；推杆推出结构简单，推出平稳可靠，虽然推出时会在塑件内部型腔上留下顶出痕迹，但不影响塑件外观，最终确定采用推杆推出机构。

由于该塑件的脱模力不是太大，推杆的布置空间足够，可以根据经验选取 $d=8$ 的推杆(GB/T 4169.1—2006)《塑料注射模零件　第 1 部分：推杆》，注意保证推出距离略大于型芯的突出长度 2~3mm，即推出距离大于 40mm。

10. 抽芯机构的确定

塑件一侧有两个侧孔，采用应用最为广泛的斜导柱侧向抽芯机构，结构简单，制造方便，动作可靠。塑件另一侧的内凸，抽拔力不大，抽芯距短，采用制造安装方便的圆柱形斜推杆内侧抽芯。抽芯机构的设计计算如下：

(1) 抽芯距的计算

$$s=h+(2\sim3)=2+3=5\text{mm}$$

(2) 抽芯力的计算

计算过程(略)。抽芯力 $F_c=150.72\text{N}$。其中：C 为侧抽芯成型部分截面平均周长，$C=\pi d=3.14\times12=37.68\text{mm}$；侧型芯成型部分高度为 2mm；$p$ 为塑件对型芯单位面积上的包紧力，一般模内冷却的塑件约为 8~12MPa，取 10MPa；μ 为塑料对模具钢的摩擦系数，约为 0.1~0.3，取 0.2；α 为侧型芯的脱模斜度和倾斜角，该塑件为 0°；

(3) 确定斜导柱的倾斜角及斜导柱直径 d

该处的侧向抽芯距小，抽芯力不大，取 12°；

根据抽芯力 F_c 和斜导柱的倾斜角可查的最大的弯曲力 $F_w=1\text{kN}$；

然后根据 F_w、α 和 H_w(侧型芯滑块所受的脱模力作用线与斜导柱中心线的交点到斜导柱固定板的距离，该塑件为 22)，查表得斜导柱的直径 $d=10$。

(4) 斜导柱总长度计算

$$\begin{aligned}L_z &= L_1 + L_2 + L_3 + L_4 + L_5\\ &= d_2/2\tan\alpha + h/\cos\alpha + d/2\tan\alpha + s/\sin\alpha + (5\sim10)\\ &= \frac{14}{2}\tan12° + 50/\cos12° + \frac{10}{2}\tan12° + 5/\sin12° + (5\sim10)\\ &= 1.49 + 48.9 + 1.06 + 24.05 + (5\sim10) = 80.5\sim85.5\text{，取 }85\text{。}\end{aligned}$$

式中 L_z——斜导柱总的长度，mm；

d_2——斜导柱固定部分大端直径，mm；

h——斜导柱固定板的厚度，mm；

d——斜导柱工作部分的直径，mm；

s——抽芯距，mm。

(5) 确定楔紧块的 α'

由于滑块移动方向与合模方向垂直，取 $\alpha'=\alpha+2°\sim3°=14°\sim15°$，取 15°。

（6）确定滑块装置的定位距离

由于滑块移动方向与合模方向垂直，滑块装置的定位距离 S 应等于实际抽芯距。

$$S=L_s=(L_z-L_1-L_2-L_3-L_5)\sin 12°=6$$

式中 L_s——为斜导柱有效抽芯长度；

α——斜导柱的倾斜角，取 12°。

11. 标准模架的确定

综合考虑本塑件采用一模两腔平衡布置、侧浇口一次分型结构、型腔的壁厚要求、塑件尺寸大小、侧向抽芯机构、冷却水道的布置等多项因素，估算型腔模板的概略尺寸，查表选取标准模板的尺寸为 315×400×63，选用 A2 型标准模架，标记为：A2-315400-32-Z1 GB/T 12556—1990。

12. 冷却系统设计

采用冷却水冷却，凹模冷却水道采用环绕型腔布置的两层式冷却回路，水道开设时注意避开安装在定模上的小型芯及侧向抽芯滑块；大型芯冷却采用隔板式管道冷却，在型芯上开设两个孔，孔内插上纵向隔板，与开在动模支承板上的横向管路形成循环冷却回路，冷却通路分布情况如图 2-140 所示。

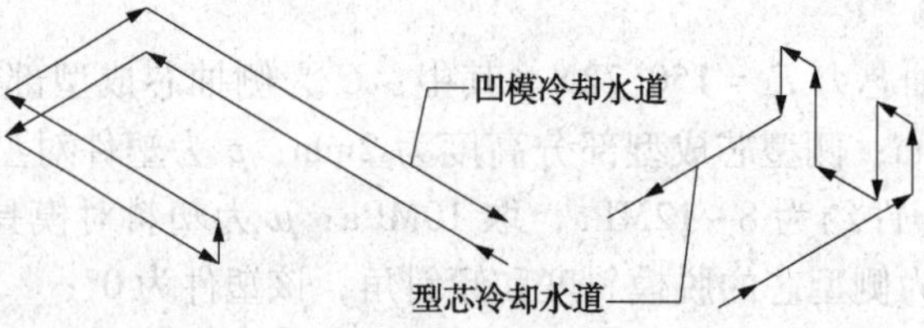

图 2-140　冷却通路设计

13. 成形设备的校核计算

（1）注射机注射压力校核（略）

（2）注射量的校核（略）

（3）锁模力的校核（略）

（4）安装尺寸的校核

本模具采用的是型号为 A2-315400-30-Z1 GB/T 12556—2006 标准模架，模具的外形尺寸为 400mm×400mm。

模具闭合高度为：$H=90+A+B+C=100+63+50+100=313$mm，查资料得 SZY-300 型注射机动、定模模板最大安装尺寸为 520mm×620mm，允许模具的最小厚度为 $H_{min}=265$mm，最大厚度 $H_{max}=355$mm，即模具的外形尺寸不超过注射机动、定模模板最大安装尺寸，模具闭合高度满足 $H_{min}\leqslant H\leqslant H_{max}$ 的安装条件，故该模具满足 SZY-300 型注射机的安装要求。

（5）推出机构的校核

各种型号注射机的推出装置的设置情况及推出距离等各不相同，设计模具时，必须了解注射机推出杆的直径，推出形式（是中心推杆还是两侧双杆推出），最大推出距离及双推中心杆距等，以确保模具推出机构与注射机的推出机构相适应。

SZY-300 型注射机的推出形式为有中心及上下两侧设有推杆（机械推出），由于该模具推力不太大，在 SZY-300 型注射机上采用中心 $\phi 50$ 顶杆推出，在动模座板预留与之匹配的

ϕ52 顶出孔；塑件实际推出距离为 55>40，满足推出距离要求。

（6）开模行程的校核

注射机的开模行程是有限的，取出制品所需的开模距离必须小于注射机的最大开模距离，本模具为单分型面注射模，SZY-300 型注射机的最大开模行程与模厚无关，校核关系式为：

$$S>H_1+H_2+(5\sim10)$$

式中 S——注射机的最大开模行程，mm，经查资料注射机 SZY-300 型的最大开模行程 $S=340$mm；

H_1——塑件脱模所需的推出距离，mm，该塑件的脱模推出距为 55mm；

H_2——塑件的高度（不包括浇注系统高度，mm），该塑件的高度为 40mm；

计算得：$H_1+H_2+(5\sim10)=55+40+10=105\text{mm}<S=340\text{mm}$。

此外由于侧抽芯距较短，无需通过增加开模距离来加大侧抽芯距，SZY-300 型注射机的开模行程足够。

以上分析证明，SZY-300 型注射机能满足要求，故可以采用，根据校核结论，将 SZY-300 填入塑件的成型工艺卡中。

14. 完善模具装配图与零件图

装配图、零件图略。标题栏与明细表如表 2-26 所示。

表 2-26 标题栏与明细表

38	导柱 ϕ32×80	4	T8A	GB/T 4169. 4—2006 外购
37	导套 ϕ32×63	4	T8A	GB/T 4169. 3—2006 外购
36	浇口套	1	42CrMo	淬火回火 50~55HRC
35	螺钉 M8×20	2	45	GB/T 70. 1—2008 外购
34	定位圈	1	T8	正火 183~235HB
33	拉料杆	1	T8A	淬火回火 50~55HRC
32	推件杆 ϕ8×250	12	T8A	GB/T 4169. 1—2006 外购
31	复位杆	4	T8A	淬火回火 50~55HRC
30	吊环螺钉 M12	1	20	GB/T 825—1988
29	弹簧 ϕ1×ϕ6×20	2	65Mn	GB/T 1358—2009 外购
28	圆头定位销	2	45	淬火回火 50~55HRC
27	螺钉 M18×20	4	45	GB/T 73—1985 外购
26	锁紧斜楔	2	T10A	淬火回火 54~58HRC
25	滑块	2	T7	正火 183~235HRC
24	侧型芯	4	CrWMn	淬火回火 50~55HRC
23	螺钉 M8×30	4	45	GB/T 70. 1—2008 外购
22	销 A8×40	4	35	GB/T 119—2000 外购
21	斜导柱	2	T10	淬火回火 50~55HRC
20	水堵 M12	12	45	外购
19	动模座板	1	Q235	正火 125~235HB

续表

18	推板	1	45	正火 125~235HB
17	推杆固定板	1	45	正火 125~235HB
16	螺钉 M10×30	4	45	GB/T 70.1—2008 外购
15	螺钉 M16×180	6	45	GB/T 70.1—2008 外购
14	垫块	2	Q235	正火 125~235HB
13	动模支承板	1	45	正火 183~235HB
12	螺钉 M16×25	6	45	GB/T 70.1—2008 外购
11	动模固定板	1	45	正火 183~235HB
10	斜推杆	2	T12	淬火回火 50~55HRC
9	内镶块	2	P20	淬火回火 50~55HRC
8	小型芯Ⅱ	2	CrWMn	淬火回火 50~55HRC
7	O 形密封圈 40×3	2	橡胶 1-4	JB/ZQ 4224—2006 外购
6	隔水板	2	45	外购
5	小型芯Ⅰ	48	CrWMn	淬火回火 50~55HRC
4	大型芯	2	P20	淬火回火 50~55HRC
3	定模镶件	2	CrWMn	淬火回火 50~55HRC
2	定模固定板	1	45	正火 183~235HB
1	定模座板	1	Q235	正火 125~235HB
序号	名　称	数量	材　料	备　注

<table>
<tr><td colspan="3" rowspan="2">矩形上壳罩注射模具</td><td>比例</td><td>1:1</td><td>共 24 张</td><td rowspan="2">01</td></tr>
<tr><td>重量</td><td>0.3t</td><td>第 1 张</td></tr>
<tr><td>制图</td><td></td><td></td><td rowspan="3" colspan="4">XXXXXXXXX</td></tr>
<tr><td>设计</td><td></td><td></td></tr>
<tr><td>审核</td><td></td><td></td></tr>
</table>

思考题

1. 说明注塑模设计程序与步骤。
2. 为什么要进行塑件分析？
3. 完成注塑模装配图、零件图要注意什么要素？
4. 注塑模的设计计算包括哪些内容？
5. 总装图的标题栏与明细表主要包括哪些内容？

模具寿命与失效控制篇

模块三　模具寿命与失效控制(理论单元)

知识要点

- 模具寿命失效的相关术语；
- 模具失效形式与机理；
- 模具工作条件与失效方式；
- 模具失效分析的方法。

学习要求

- 掌握模具失效形式与机理知识；
- 通过实例了解模具失效分析的步骤。

一、模具失效的形式和机理

（一）模具失效的相关术语

模具是为生产产品而使用的重要工艺装备，有效使用是其存在的社会价值。模具从设计到制造再到最后投入使用直到失效、报废是其生命周期的全过程。从技术经济的角度分析，使用寿命是其核心的价值所在。模具使用寿命的高低是衡量模具质量的重要指标之一。因此通过对模具的失效进行分析，找出模具失效的主要原因，采取相应的措施进行改进，可以达到提高模具使用寿命的目的。

研究模具在正常工作状况下的失效形式，规律和分析方法，是为了延长其使用寿命、降低产出成本和增加经济效益。提高模具寿命的宗旨就是延缓模具的失效。

模具作为工业部门的重要工艺装备，有其特定的含义与内容。在研究模具寿命和失效问题时，常常涉及以下一些基本概念。

1. 模具服役

模具安装调试后，正常生产合格产品的过程叫模具服役。模具的服役条件与安装模具的机床类型、吨位、精度、成型次数、生产效率、被加工件大小、尺寸、材质、变形抗力以及工件加热条件、制件成型温度、冷却润滑条件等因素都有关系，因而模具的服役条件会有很大的不同。

2. 模具损伤

模具在使用过程中，出现尺寸变化或微裂纹、腐蚀等现象，但没有立即丧失服役能力的状态称为模具损伤。模具在工作时，不同部位承受不同的作用力和不同温度变化，可能同时出现多种不同的损伤形式，各种损伤形式之间又会相互渗透、相互促进、不断积累。损伤是模具破坏的起源。损伤的积累可寻致失效。

3. 模具失效

当模具零件在服役中产生了过量的塑性变形、断裂破坏、表面损坏等现象后，丧失原有的功能，达不到预期的要求，或变得不安全可靠，以致不能正常地服役，并且不能通过修复而继续服役时这些现象统称为模具失效。

广义上讲，模具失效是指一套模具完全不能再用。实际上，不合理的生产计划也可能导致模具失效。例如：制品的产量超过了计划所预期的要求，需通过增加型腔数目或其他改善成型的方法，重新设计制造一个高效率的模具，则按生产计划制造的那一套模具就失去了使用价值而报废。

一般在生产中，模具的主要工作零件不能再用，这种失效属于正常失效。非正常失效是在模具正式工作期间，远低于设计寿命时随机发生的失效，有时甚至是突然发生的，易造成人身或设备的恶性事故及经济上的损失。对于非正常性失效在何时、以何种方式出现暂时还无法完全预料，因此应主要考虑如何尽量避免这种失效的发生。

（二）模具失效的形式和机理

1. 模具失效的分类

根据研究模具失效的目的不同，模具失效常采用按经济法观点和按失效形式及失效机理两种方法分类。前一种是为了明确失效造成损失的法律责任和经济责任，后一种是为了找出失效原因，提出防护措施，防止或推迟同一形式的失效现象重复发生。

(1) 按经济法观点对失效分类

1）正常耗损失效

模具的使用时间已到寿命终止期，属正常失效，应由模具使用者自己负责。但若模具制造者提供的使用说明书没有对模具使用寿命等做明确规定，则制造者也要承担一定责任。

2）模具缺陷失效

属于模具质量问题，应由模具制造者承担责任。

3)误用失效

属于使用不当造成的失效，应由模具使用者承担责任。但若模具制造者提供的使用说明书没有对有关操作做明确规定，则制造者也要承担责任。

4)受累性失效

属于其他原因或自然灾害等不可抗拒的因素所导致的失效。

(2) 按失效形式及失效机理分类

模具种类繁多，工作状态差别很大，损坏部位也各不相同，但失效形式归纳起来主要有三类：

1）表面损伤

主要包括表面磨损、接触疲劳、表面腐蚀等。

2）过量变形

包括过量弹性变形、塑性变形等。

3）断裂

主要包括韧性断裂、脆性断裂、疲劳断裂、蠕变断裂、应力腐蚀断裂。

2. 模具失效形式和机理

(1) 磨损失效

由于表面的相对运动，从接触表面逐渐失去物质的现象称为磨损。模具在服役时，与成型坯料接触，产生相对运动，造成磨损。当磨损使模具的尺寸发生变化或改变了模具的表面状态，使其不能继续服役时，称为磨损失效。

磨损是多种因素相互影响的复杂过程，可形成多种类型，按磨损机理可分为：磨粒磨损、粘着磨损、疲劳磨损、腐蚀磨损、气蚀和冲蚀磨损等。

1）磨粒磨损

外来硬质颗粒或工件表面的硬突出物刮擦模具表面引起的模具表面材料脱落的现象称为磨粒磨损或磨料磨损。

① 磨粒磨损的特征　采用模具成型工件时，模具的硬度要比工件高。因此磨粒首先被压入软工件内，在模具与工件相对运动时刮擦模具，从模具表面切下细小的碎片。当模具表面存在沟槽、凹坑等缺陷时，磨粒易嵌入沟槽、凹坑或粘在模具表面上随模具一起运动，磨粒将耕犁或犁皱工件。磨粒磨损的主要特征为摩擦表面上的擦伤、划痕或形成犁皱的沟痕。

观察表明，沟痕可能是磨粒对摩擦表面的微切削作用、塑性变形、疲劳破坏或微观脆性断裂而产生的，也可能是这些因素综合作用的结果。

② 影响磨粒磨损的因素：

(a) 磨粒大小与形状　磨粒的平均尺寸越大，模具的磨损量越大。但当磨粒的尺寸超过一定值后，磨损量增加的幅度明显减小。

磨粒的形状对磨损率也有较大的影响。当磨粒的棱角尖锐且凸出较高时，磨损量较大。当磨粒棱角不尖锐且凸出较小时，磨损量较小。

(b) 磨粒硬度　磨粒磨损与磨粒硬度 H_a 和模具硬度 H_m 之间相对值的大小有关，如图 3-1 所示。

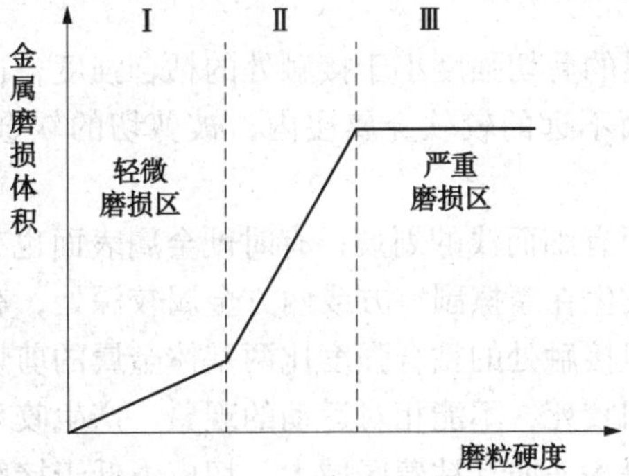

图 3-1　磨粒硬度对模具磨损量的影响

当 $H_m>1.25H_a$ 时，模具产生轻微磨损，磨损率较小，模具为低磨损状态，如图 3-1 中Ⅰ区；

当 $0.8H_a<H_m<1.25H_a$，磨损轻、重转化阶段，磨损率急剧增加，模具为磨损过渡状态，如图 3-1 中Ⅱ区；

当 $H_m<0.8H_a$，为严重磨损状态，磨损量大，磨损率小，模具为高磨损状态，如图 3-1 中Ⅲ区。

由此可见，要减小磨粒磨损量，模具的硬度 H_m 应比磨粒的硬度 H_a 高。只要满足 $H_m\approx1.3H_a$，就可达到减小磨损量的目的。

（c）模具与工件表面压力　随着模具与工件之间的表面压力增大，磨粒压入模具的深度越深，则磨损量越大。但当压力达到一定值后，磨粒棱角变钝，磨损量的增加减缓。

（d）磨粒尺寸与工件厚度的相对值　工件厚度越大，磨粒越易嵌入工件，嵌入工件的深度越深，对模具的磨损量减小。

外来硬质颗粒（沙尘、粉末）夹在工件与模具接触面之间，刮擦模具表面引起模具表面脱落的现象，以及工件表面硬质突出物刮擦模具引起的模具损伤均属于磨粒磨损。

③ 提高磨粒磨损的措施：

（a）提高模具材料的硬度　一般情况下，模具材料硬度越高，抗磨粒压入的能力越强，耐磨损性越好。

（b）进行表面耐磨处理　模具使用工况恶劣，承受一定的冲击载荷，模具的整体必须具有一定的韧性。因此，对模具表面进行耐磨处理，是在保证一定韧性的条件下，提高模具耐磨性的有效途径。

（c）采用防护措施　在模具服役过程中，及时清理模具表面与毛坯上存在的磨粒，防止磨粒的侵入，是提高耐磨性的有效方法。

2）粘着磨损

工件与模具表面相对运动时，由于表面凹凸不平，某些接触点局部应力超过了材料的屈服强度发生粘合，粘合的结点发生剪切断裂而拽开，使模具表面材料转移到工件上或脱落的现象称为粘着磨损。

① 粘着磨损的分类与特征　相对运动的接触表面发生粘着以后，根据运动产生的切向力、接触处的粘合强度、金属基体强度三者之间的不同关系而产生的不同破坏现象，可以把粘着磨损分为四种类型：

（a）涂抹　当较软金属的剪切强度小于接触处的粘合强度，也小于外加的切应力时，剪切破坏发生在离粘着结合面不远的较软金属层内，被剪切的软金属涂抹在硬金属表面上的现象。

（b）擦伤　软金属表面有细而浅的划痕；有时硬金属表面也有划伤的现象。

（c）撕脱　剪切破坏发生在摩擦副一方或两方金属较深处，有较深划痕的现象。撕脱与擦伤损坏原因基本相同，但接触处的粘合强度比两基体金属的剪切强度更高一些。

（d）咬死　摩擦副之间咬死，不能相对运动的现象。产生咬死时，接触处的粘合强度比两基体金属的剪切强度高得多，而且粘着区域大，切应力低于接触处的粘合强度。

粘着磨损的主要特征表现在模具表面有细的划痕，沿滑动方向可能形成交替的裂口、凹穴。最突出的是摩擦副之间有金属转移，表层金相组织和化学成分均有明显变化。磨损产物多为片状或小颗粒，在金属表面形成大小不等的结疤。

由粘着磨损的机理可知，其过程就是粘着点不断形成又不断被破坏并脱落的过程，它对模具的影响是很大的。

② 影响粘着磨损的因素：

（a）材料性质 根据金属的强度理论可知，塑性材料的破坏取决于切应力，脆性材料的破坏取决于正应力，而在表面接触中，最大正应力作用在表面上，最大切应力作用在离表面一定深度处，所以材料的塑性越好，粘着磨损越严重。

相同金属或互溶性大的材料组成的摩擦副，粘着效应较强，易产生粘着磨损。性质不同的金属或互溶性较小的材料组成的摩擦副，不易产生粘着磨损。

具有多相组织的金属比单相组织的金属抗粘着磨损的能力强；具有密排六方晶格的金属粘着倾向小，面心立方晶格的金属粘着倾向大于其他晶格类型的金属。

（b）材料硬度 模具材料和工件材料硬度相差越大，则磨损越小。两者硬度越接近则磨损越严重。

（c）模具与工件表面压力 相对运动速度一定时，粘着磨损量随表面接触压力增大而增加。当接触压应力超过材料硬度的1/3时，粘着磨损量急剧上升，严重时会发生咬死。

（d）滑动摩擦速度 滑动速度增加会引起温度升高，实际接触的微凸点由于摩擦会达到很高的温度。这对磨损有两方面的影响。一方面，温度升高会促进氧化膜的形成，从而使粘着倾向减少；另一方面，温度升高，金属的硬度下降，也可能加速摩擦副之间的原子扩散，这又导致粘着磨损倾向增加。两者综合作用的结果是：当滑动速度较低时，真实接触点的温度不高，相对运动速度增加导致的轻微温升有助于氧化而不会削弱表面强度，滑动速度在一定范围内，温度上升有利于抗粘着磨损；而超过这一范围，则不利于抗粘着磨损的影响占主导，使粘着磨损增加。另外随滑动速度的增加，磨损机理可能会由粘着磨损转变为氧化磨损。

③ 提高耐粘着磨损性能的措施：

（a）合理选用模具材料 选择与工件互溶性小的材料，可减小亲合力，降低黏结碳钢的可能性。

（b）合理选用润滑剂和添加剂 润滑油膜可以防止金属表面直接接触，可成倍地提高抗粘着磨损的能力。

（c）采用表面处理 采用多种表面热处理方法，改变摩擦表面的互溶性质和表层金属的组织结构，避免同类金属相互摩擦能降低粘着磨损。

3）疲劳磨损

两接触表面相互运动时，在循环应力的作用下，使表层金属疲劳脱落的现象称为疲劳磨损或麻点磨损。

① 疲劳磨损的机理 线、面接触的摩擦副在承受力和相对运动的情况下，接触表面受到多变的接触压力和切应力的作用。在这些力反复作用一定周次后，表面就会产生局部的塑性变形和加工硬化。在某些组织不均匀或应力集中处形成裂纹源，并沿着切应力方向或夹杂物走向扩展。当裂纹扩展到表面或与纵向裂纹相交时，表面产生磨损剥落。

模具疲劳磨损的外载有机械载荷和热载荷。因此可分为机械疲劳磨损和冷热疲劳磨损。

② 影响疲劳磨损的因素：

（a）材料的冶金质量 钢材中的气体含量，非金属夹杂物类型、大小、形貌和分布状态是影响疲劳磨损的重要因素，特别是钢材中的脆性和带有棱角状的非金属夹杂物的存在，破坏了基体的连续性，在循环应力的作用下，会在夹杂物的尖角处形成应力集中，并因塑性变形产生加工硬化而引起显微裂纹。

(b) 材料的硬度　当硬度增加，强度增加时，材料表面抗疲劳能力增加。但硬度高于时，疲劳裂纹扩展速度加快，引起材料抗疲劳磨损能力降低。

(c) 表面粗糙度　材料表面粗糙时，接触压力作用在很小的面积上，造成很大的接触应力，使材料抗疲劳磨损能力降低。表面粗糙度值越小，接触面积越大，使接触应力减小，越有利于提高抗疲劳磨损的能力。

③ 提高耐疲劳磨损性能的措施：

(a) 合理选择润滑剂　润滑模具与工件表面，可避免模具与工件直接接触，润滑剂的黏度越高，在接触区能较好起到均化接触应力的作用，并缓合冲击，从而相对地降低了最大接触应力。同时黏度高的润滑剂，还可充填在粗糙表面低注处，因此，固体润滑剂比液体润滑剂好，在液体润滑剂中，加入适量的极压添加剂，有利于模具提高抗疲劳磨损的能力，而黏度较低的润滑剂，易楔入裂纹中，造成高的液体压力，加速裂纹扩展，促进疲劳磨损。

(b) 进行表面强化处理　在常温状态下，通过喷丸、滚压等方式使模具工作表面金属受压缩产生塑性变形，并产生一定的宏观残余压缩应力，有利于提高抗疲劳磨损的能力。

4) 气蚀磨损和冲蚀磨损

① 气蚀磨损　由于金属表面的气泡破裂，产生瞬间的冲击和高温，使模具表面形成微小麻点和凹坑的现象称为气蚀磨损(图 3-2)。

当模具表面与液体接触作相对运动时，在液体与模具接触处的局部压力比其蒸发压力低的情况下，将形成气泡。同时溶解在液体中的气体也可能析出形成气泡。当这些气泡承受的外部压力超过气泡内部压力时，气泡便会破裂。在这种气泡的形成和破裂的反复作用下，模具浅表面将萌生疲劳裂纹，最后扩展至表面，局部金属脱离表面或气化形成泡沫海绵状空穴。

一般注塑模、压铸模易发生气蚀磨损。

② 冲蚀磨损　液体和固体微小颗粒高速落到模具表面，反复冲击到模具表面，使局部材料流失，在金属表面形成麻点和凹坑的现象称为冲蚀磨损(图 3-3)。

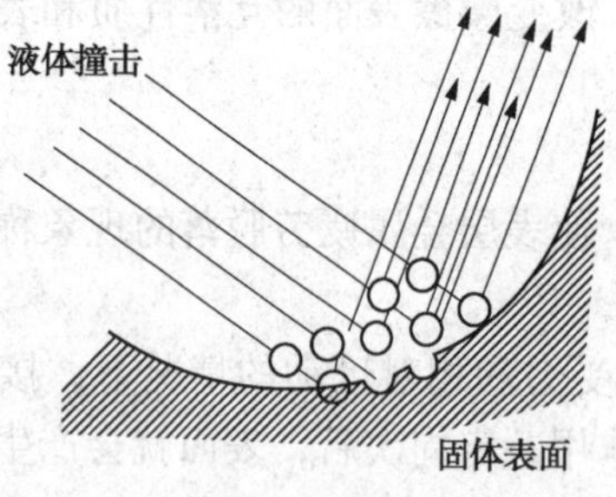

图 3-2　气蚀磨损原理

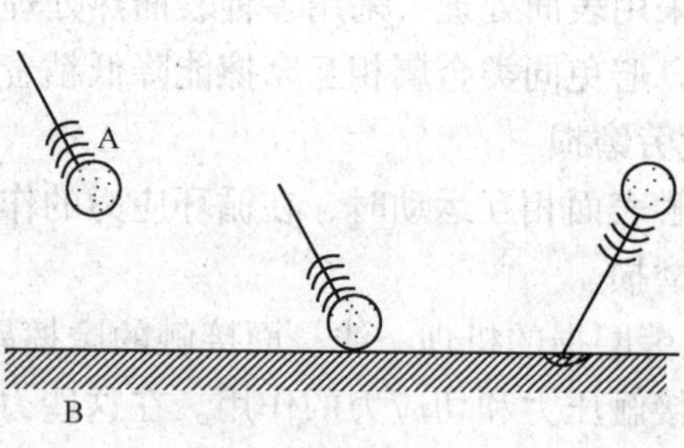

图 3-3　冲蚀磨损原理

当小滴液体以高速(100m/s)落到模具表面上，产生很高的应力，一般可以超过金属材料的屈服强度，甚至造成局部材料断裂。但速度不高的反复冲击会萌生疲劳裂纹，形成麻点和凹坑，如压铸模的热浸蚀。

③ 提高抗气蚀磨损和冲蚀磨损的措施　气蚀磨损和冲蚀磨损是疲劳磨损的一种派生形

式，一般来讲，若材料具有较好的抗疲劳性和抗腐蚀性，又有较高的强度和韧性，则抗气蚀和冲蚀磨损的性能就好。

工艺上，降低流体对模具表面的冲击速度，避免涡流，消除产生气蚀的条件，也能有效地减少气蚀和冲蚀磨损。

5）腐蚀磨损

在摩擦过程中，模具表面与周围介质发生化学或电化学反应，再加上摩擦力的机械作用，引起表层材料脱落的现象叫腐蚀磨损(图3-4)。

① 腐蚀磨损机制　当一对摩擦副在一定的环境中发生摩擦时，在摩擦面上便产生与环境介质的反应，并形成反应物，这是腐蚀磨损的第一阶段；表面反应物在其后的两摩擦副的相对运动中被磨掉。这是腐蚀磨损的第二阶段。一旦反应物被磨掉，就暴露出来了未反应表面，就又开始了腐蚀磨损的第一阶段。

腐蚀磨损形式常发生于高温或潮湿的环境中，在有酸、碱、盐等特殊条件下最易发生。模具常见的腐蚀磨损有氧化腐蚀磨损和特殊介质的腐蚀磨损。

② 氧化磨损　在摩擦过程中，由于金属表层凸峰的塑性变形，促使原有的氧化膜破裂，新的材料暴露，于是又与氧结合形成脆而硬的氧化膜。新生成的氧化膜因摩擦作用而剥落，由此造成的磨损称为氧化磨损。模具服役过程一般都会出现氧化磨损。

氧化磨损的速度与氧化膜的性质有关。若氧化物密度与原金属差不多，则氧化膜能牢固地覆盖在金属表面上，磨损小；若氧化物密度比原金属密度大，则氧化膜中易出现拉应力，使膜破裂或出现多孔疏松的膜；若氧化物的密度小于原金属的密度，则随着氧化膜的生长，膜的体积不断膨胀，在膜内形成平行于表面的压应力和垂直于表面使膜脱离表面的拉应力，膜愈厚，则内应力愈大，会使表面氧化膜形成裂纹或从表面脱落。如果氧化膜与金属基体膨胀系数不同，当表面温度发生变化时，也会因产生内应力而脱落。

③ 微动磨损　模具的嵌合部位或过盈配合处(图3-5)，在循环载荷或振动的作用下，虽然不产生宏观的相对位移，但却产生微小(2~20μm)的相对滑动，在配合面上有氧化物磨损粉末产生，而且不易向外排出。这时，该处的磨损兼有氧化磨损、磨粒磨损和粘着磨损的特征，并逐渐在嵌合部位形成磨痕蚀坑，对于钢材，蚀坑处有大量褐红色氧化物(Fe_2O_3)聚集。这种磨损称为微动磨损，又称咬蚀。咬蚀引起严重的应力集中，最后导致疲劳断裂。

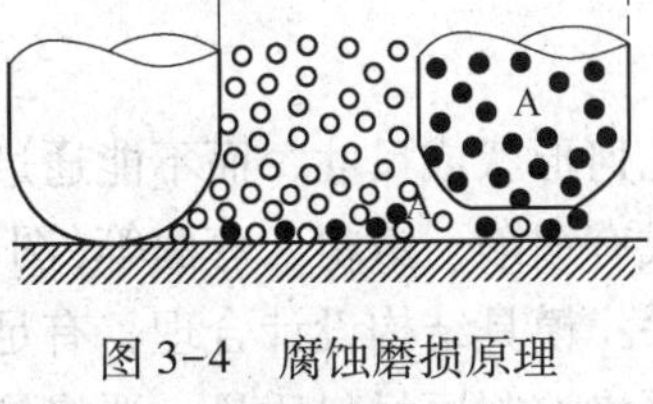

图3-4　腐蚀磨损原理

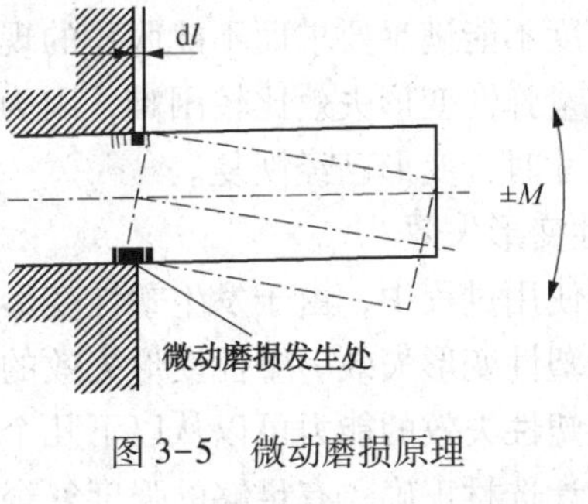

图3-5　微动磨损原理

在压制乙烯基塑料制品时，由于在较高的压制温度下，塑料会发生分解并释放出腐蚀性气体，引起模腔的腐蚀，从而导致模具腐蚀磨损。镀铬可以有效防止这种腐蚀磨损。

6）磨损的交互作用

在模具与工件(或坯料)相对运动中，摩擦磨损情况很复杂，磨损一般不只是以一种形式存在，往往是多种形式并存，并相互促进。图 3-6 表示了几种模具磨损形式之间的关系。

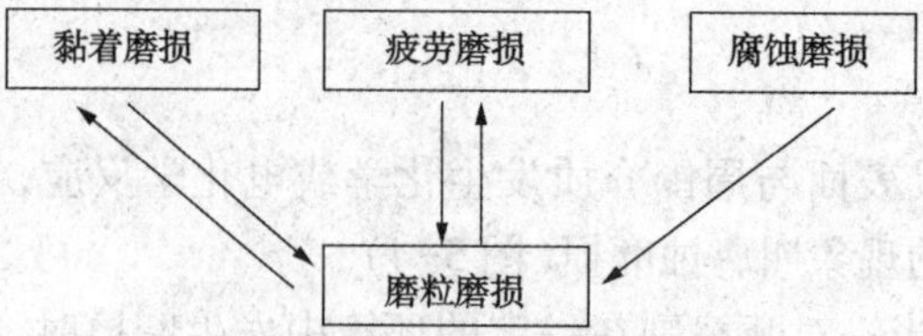

图 3-6 磨损的交互作用

模具与工件表面产生粘着磨损后，部分材料脱落形成磨粒磨损。磨粒磨损出现后，使得模具表面变得更粗糙，又进一步造成粘着磨损和疲劳磨损；模具出现疲劳磨损后，同样会出现磨损后的磨粒物质，造成磨粒磨损。磨粒磨损使得模具表面出现沟痕，粗化，这又加剧了粘着磨损和疲劳磨损；模具出现腐蚀磨损后，随之会出现磨粒磨损，进而派生出粘着磨损和疲劳磨损。

为了降低磨损的速度，最有效的方法是对模具工作表面进行各种强化处理。同时应对模具进行维护和保养，如及时清理模具工作面的附着物，对模具进行合理的润滑、冷却等。

（2）过量变形失效

材料受到力的作用就会产生变形。随着力的增加，材料的变形总是要经历弹性变形阶段、塑性变形阶段、出现裂纹到裂纹扩展直至断裂阶段的过程。

变形失效是逐步进行的，一般属于非灾难性的，因此不易被人关注。但是当变形量超过了模具的精度要求，成型的工件成为次品或废品时，也会造成模具的失效。另外，过度的变形最终也会导致断裂。

在模具工作温度较低的情况下，过量变形失效主要有过量弹性变形失效和塑性变形失效。在高温下的过量变形失效主要有蠕变失效和热松弛失效。

1）过量弹性变形失效

材料受外力作用时产生变形，去掉外力时即消失，变形消失后材料的形状和尺寸完全恢复原样，这样的变形为弹性变形。

模具在使用过程中，产生的弹性变形量超过模具匹配所允许的数值，使得成型的工件尺寸或形状精度不能满足要求而不能服役的现象，称为过量弹性变形失效。

判断过量弹性变形失效比较困难，因为在工作状态下引起的变形导致失效的模具，在剖析和测量尺寸时，变形已经恢复。

2）塑性变形失效

模具在使用过程中，由于发生塑性变形改变了几何形状或尺寸，而不能通过修复再服役的现象称为塑性变形失效。塑性变形失效的主要形式有塌陷、镦粗、弯曲等(图 3-7)。

提高抗塑性失效的能力可以从以下几个方面着手：模具结构设计合理，有足够的安全系数；模具设计选材正确，有足够的强度安全系数；严格控制原材料质量；严格控制冷加工质量，提高表面完整性；严格控制热加工质量，减少热加工缺陷，提高热处理质量；控制操作使用程序，对安全超载有自动显示与报警装置。

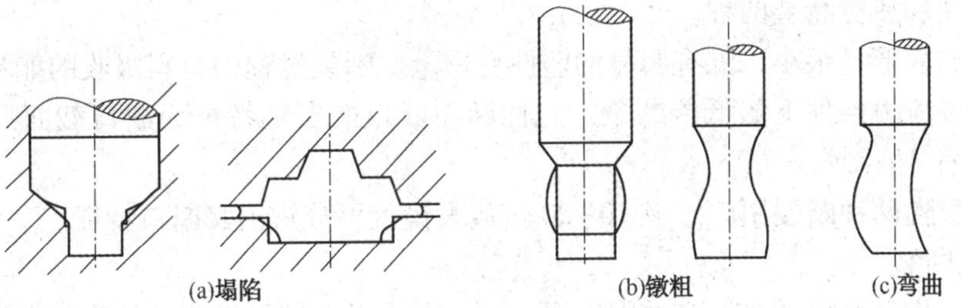

图 3-7 模具塑性变形失效形式

(3) 断裂失效

模具出现较大裂纹或分离为两部分或数部分，从而丧失服役能力的现象称为断裂失效。断裂对模具来说是最严重的失效形式，它是各种因素产生的裂纹扩展的最终结果。模具断裂通常表现为产生局部碎块或整个模具断成几个部分，图 3-8 所示为常见模具断裂实例。

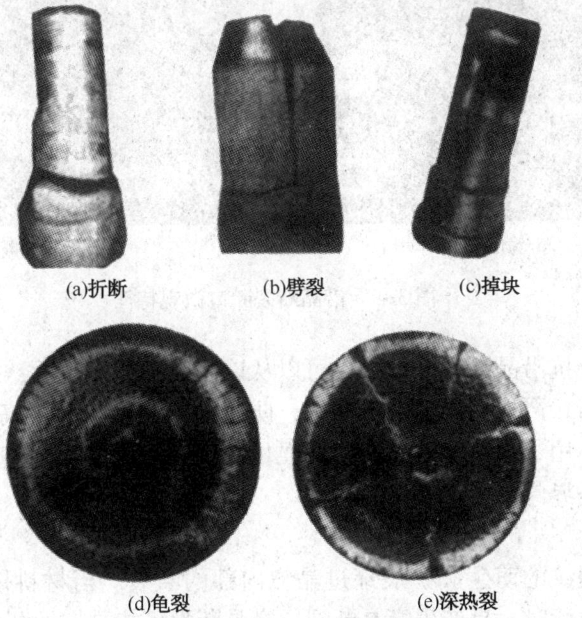

图 3-8 常见模具断裂实例

根据不同出发点，断裂失效的分类常按断裂前的塑性变形大小分为韧性断裂、脆性断裂；按断裂裂纹扩展的路径分为沿晶断裂、穿晶断裂、混晶断裂；按断裂机理分为一次性断裂、疲劳断裂；按断裂面对应力的取向分为正断、切断。

1）韧性断裂

断裂前产生明显的宏观塑性变形，断裂过程中吸收较多的能量，一般是在高于材料屈服应力条件下的高能断裂。

韧性断裂断口的宏观特征为断口截面尺寸减小，有缩颈现象。

2）脆性断裂

脆性断裂是指断裂时不发生或发生较小的宏观塑性变形（2%~5%）的断裂。脆性断裂包括一次性断裂和疲劳断裂两种。

断裂前的变形量很小，没有明显的塑性变形量。断裂过程中材料吸收的能量很小，一般是在低于允许应力条件下的低能断裂。脆性断裂断口的宏观特征为断口截面尺寸无明显变化，不产生缩颈。

韧性和脆性两种断裂用肉眼或10~20倍放大镜就可分辨出其断口特征。

3）沿晶断裂

沿晶断裂指金属材料在拉应力作用下，裂纹沿晶界面扩展而造成的脆断失效。

沿晶断裂断口的微观形貌显示出多晶体的外形，呈“冰糖块”状。金属材料在高温下的蠕变断裂往往是韧性沿晶断裂，由于晶界滑动和晶粒发生塑性变形，微观断口上有大量韧窝。图3-9(a)所示为脆性沿晶断裂断口的金相图，图3-9(b)所示为韧性沿晶断裂断口的金相图。

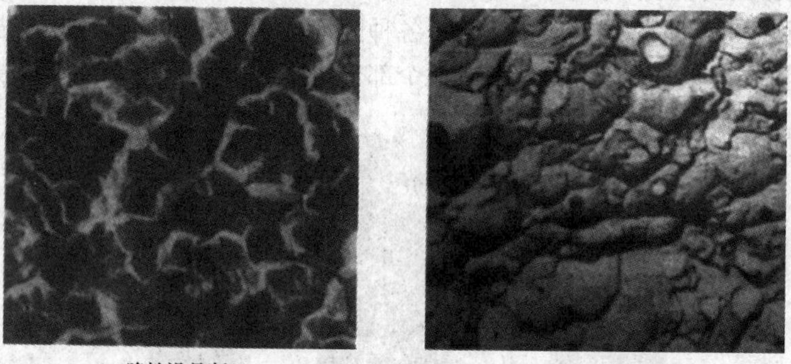

(a) 脆性沿晶断口　　(b) 韧性沿晶断口

图3-9　沿晶断裂断口微观特征

提高模具零件抵抗沿晶断裂失效能力可以从以下几个方面着手：提高材料的纯度，减少杂质元素沿晶界分布；严格控制热加工质量，防止过热与过烧；提高模具零件表面完整性，防止局部三向应力作用；模具零件表面采用强化处理，降低表面拉应力；模具零件表面可采用表面处理，减少晶界与环境相互作用。

4）穿晶断裂

穿晶断裂是指裂纹的萌生和扩展穿过晶粒内部的断裂。当材料韧性较差、存在表面缺陷、承受高的冲击载荷时，易产生穿晶断裂。穿晶断裂可能是韧性断裂也可能是脆性断裂。

韧性穿晶断裂破坏时，断口的微观形貌呈“韧窝”(图3-10)，韧窝越大、越深，则微观塑性变形量越大；脆性穿晶断裂也称为解理断裂，它是沿一定晶面(称为解理面)迅速发生晶体分离的脆性断裂，其断口的微观形貌特征是由若干解理台阶相汇合形成的“河流花样”(图3-11、图3-12)。根据河流支流合并为主流的方向，可以确定裂纹在微观区域内扩展的方向。解理穿晶断裂常在低温、冲击或三向拉伸的应力状态下，发生在体心立方或密排六方晶格的金属材料中。

穿晶断裂常指金属材料因拉应力作用而引起的解理断裂。当模具材料韧性差，存在表面缺陷(尤其是表面开口缺陷)而承受高的冲击载荷时，易发生穿晶断裂。热作模具很少出现这种断裂。

提高模具零件抗穿晶断裂失效的能力可以从以下几个方面着手：降低加载塑料；增加模具表面压应力；细化材料晶粒；提高材料纯度。

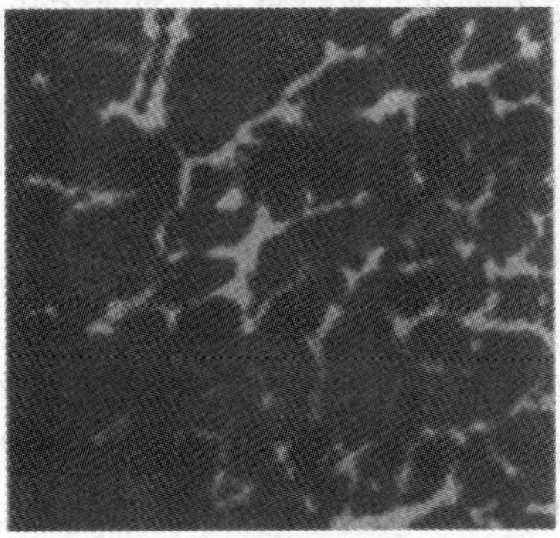

图 3-10　韧性穿晶断裂断口

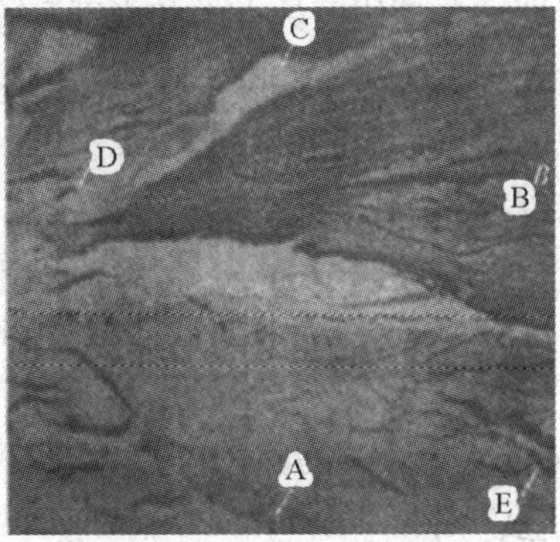

图 3-11　解理断裂微观形貌

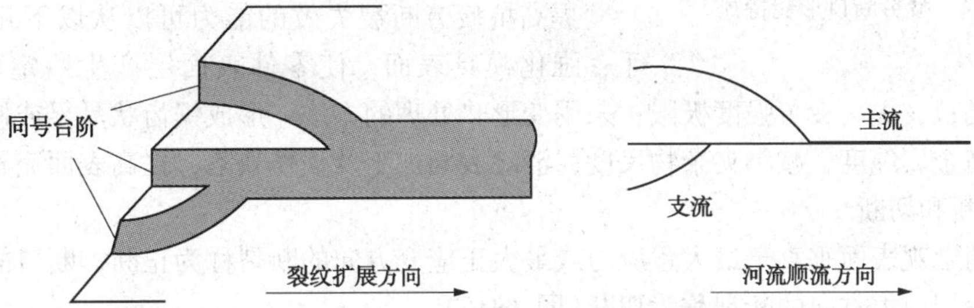

图 3-12　解理断口河流花样形成示意图

5）混晶断裂

裂纹的扩展形成既有穿晶型也有沿晶型，称为混晶断裂或准解理断裂。准解理断裂是由解理断裂和微孔聚合断裂组成的混合型断裂，其形成过程如图 3-13 所示。在准解理小平面内有向四周放射的河流花样，小平面间存在大量短而弯曲的撕裂棱。多晶体金属的断裂多数属混晶断裂。

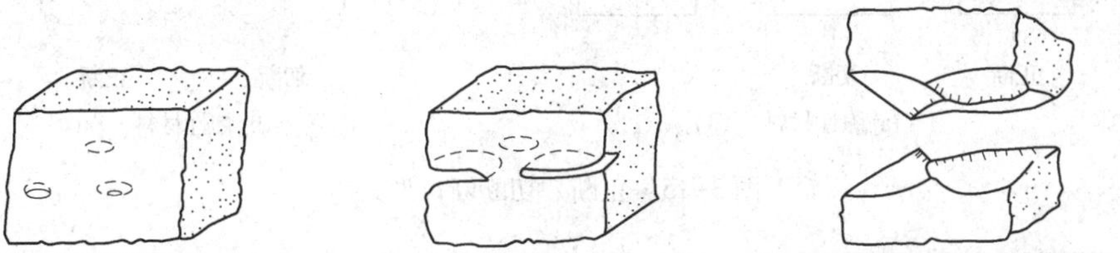

图 3-13　准解理断裂示意图

这三种断裂形式，需要借助电子显微镜来判断其断口的微观形貌特征。

6）一次性断裂

模具在承受很大变形力或在冲击载荷的作用下，裂纹产生并迅速扩展所形成的脆性断裂称为一次性断裂或快速断裂。其断口为结晶状。

7）疲劳断裂

疲劳断裂是指在较低的应力下，经多次使用，裂纹缓慢扩展后发生的断裂的现象。

疲劳裂纹总是在应力最高、强度最低的部位上形成，模具的疲劳裂纹萌生于外表面、次表面。疲劳裂纹总是从模具表面和内部某一缺陷处开始的，当模具内部受力不均时，局部范围内就会出现较大的应力集中，在载荷的反复作用下，应力集中处最先出现裂纹，裂纹的前沿形成尖锐的缺口，造成新的应力集中区，在连续使用中，该处还会继续开裂并不断扩展直到模具发生破坏。

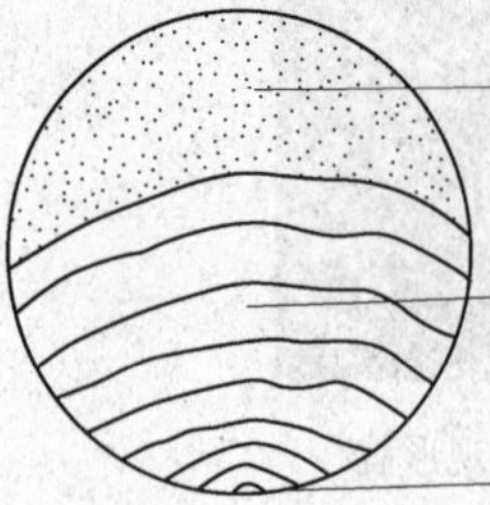

图 3-14　疲劳断口形貌特征

疲劳断口明显地分为疲劳扩展区（光亮区）和最后断裂区（粗糙区），如图 3-14 所示。疲劳扩展区是裂纹自裂纹源向纵深逐渐发展形成的，具有光亮的“贝纹”状痕迹，最后断裂区是裂纹发展到一定程度失稳快速扩展的结果。韧性材料断口具有纤维状特征，脆性材料断口具有结晶状特征。但对于铸铁和高强度钢等材料，疲劳扩展区并不呈现明显的贝纹状花样。

提高抗疲劳断裂失效的能力可以从以下几个方面着手：强化模具表面，使零件表面层产生一定的压应力；细化材料晶粒，提高疲劳强度极限；采用变形热处理的方法，形成锯齿状晶界或使晶粒定向排列；提高金属纯度，减小夹杂物尺度；清除表面加工及损伤缺陷，提高表面完整性。

8）正断和切断

断口的宏观表面垂直于最大正应力或最大正应变方向的断裂称为正断，断口的宏观表面平行于最大切应力方向的断裂称为切断（图 3-15）。

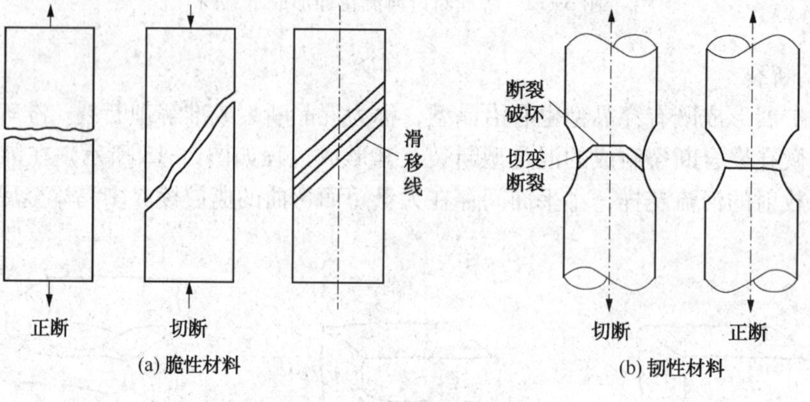

图 3-15　正断、切断断口形式

9）影响断裂失效的主要因素

模具的断裂是由裂纹萌生及裂纹扩展两个过程来实现的，能对这两个过程产生影响的因素，也就是影响断裂失效的因素。

① 模具表面形状　由于成型件结构与工艺的需要，模具零件存在截面突变凹槽、圆角半径及尖角。在这些部位，易产生应力集中，形成裂纹并导致断裂。因此，适当增大圆角半径，减小凹模深度及截面突变，能降低应力集中，减少断裂失效。

② 模具材料　模具材料的冶金质量及加工质量对断裂失效影响较大，具体反映在材料的断裂韧性上。模具材料的断裂韧性高，能有效防止裂纹的产生及降低裂纹的扩展速度，从而减少断裂失效。

(4) 多种失效形式的交互作用

模具的工作条件比较复杂，一副模具在使用过程中可能出现多种损伤形式，这些损伤又相互促进，加速模具最终以一种形式失效。

1) 磨损对断裂的促进作用

磨损沟痕可成为裂纹的发源地。当由磨损形成的裂纹在有利于其向纵深发展的应力作用下，就会造成模具的断裂失效。模具局部磨损后，会带来材料承载能力的下降以及易受偏载，从而造成一部分金属材料因承受过大的应力而产生塑性变形而失效。

2) 磨损对塑性变形的促进作用

模具局部磨损后，会带来承载能力的下降以及易受偏载，造成另一部位承受过大的应力而产生塑性变形。

3) 塑性变形对磨损和断裂的促进作用

局部塑性变形后，一方面改变了模具零件间正常的配合关系。如模具间隙不均匀、间隙变小，从而造成不均匀磨损，磨损速度加快，进而促进磨损失效；另一方面，塑性变形后，模具间隙不均匀，承力面变小，会带来附加的偏心载荷以及局部应力过大，造成应力集中，并由此产生裂纹，促进断裂失效。

二、模具的工作条件与失效形式

各类模具因使用要求和工作条件不同，其损坏的形式也各有差异。要正确分析出模具失效的原因，找出提高模具寿命的措施，首先需要认识和了解模具的工作条件和可能产生的失效形式。

(一) 冷作模具的工作条件与失效形式

冷作模具是在常温下对材料进行压力加工或其他加工所使用的模具。典型的冷作模具有：冷冲裁模、冷拉深模、冷挤压模、冷镦模等。各种冷作模具的工作都是在常温下对被加工材料施加压力，使其产生分离或变形，从而获得一定形状、尺寸和性能的零件。不同种类的冷作模具具有不同的工作条件，因此失效形式也各有不同的特点。

1. 冷冲裁模

(1) 冷冲裁模的工作条件

由前已知，冷冲裁模适用于冷冲压加工的分离工序，主要用于各种板料的冲切成型。冲裁模的凸模(冲头)和凹模刃口，在冲压力作用下，凸模引入凹模时，对板料施加压力，通过锋利的刃口使板料产生弹性变形、塑性变形，直至被剪裂。因此，模具在工作过程中刃口受到的力主要有正压力、侧压力、摩擦力和弯曲力等。

(2) 冷冲裁模的失效形式

冷冲裁模的失效形式主要为变形、磨损、凸模的折断等，故要求冲裁模刃口要强韧、耐磨。

模具刃口在压力和摩擦力的作用下，最常见的失效形式是磨损。其中凸模的受力较大，而且在一次冲裁过程中经受两次摩擦(冲入和退出各一次)，因而冲头的磨损较快。磨损使刃口变钝，棱角变圆，甚至产生表面剥落，从而使冲裁件毛刺增大，尺寸超差。这时，必须对模具刃口进行修磨才能继续使用。

由于被冲板料的厚度对模具负荷的影响较大，所以常把冲裁模分为薄板冲裁模(t<

1.5mm)和厚板冲裁模。薄板冲裁模受力较小，其失效的主要形式是磨损。厚板冲裁模受力较大，其失效形式除了磨损外，还能发生崩刃或局部断裂(图 3-16)。

(3) 模具刃口的损伤过程

模具在服役中的磨损过程可分为初期磨损、稳定磨损和急剧磨损三个阶段，如图 3-17 所示。对应于每个阶段模具刃口损伤的过程如图 3-18 所示。

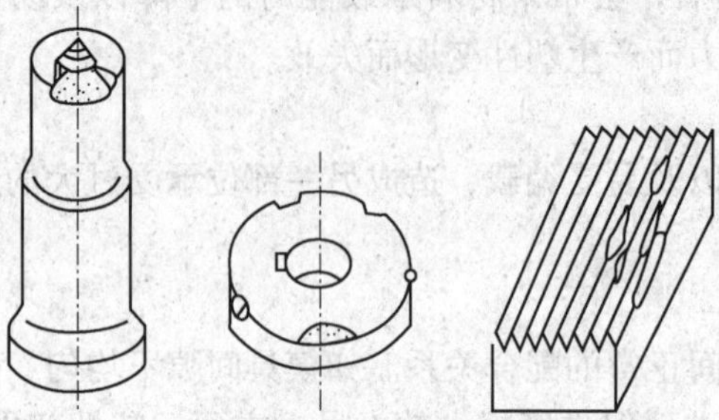

图 3-16 冲裁模崩刃、局部断裂示意图

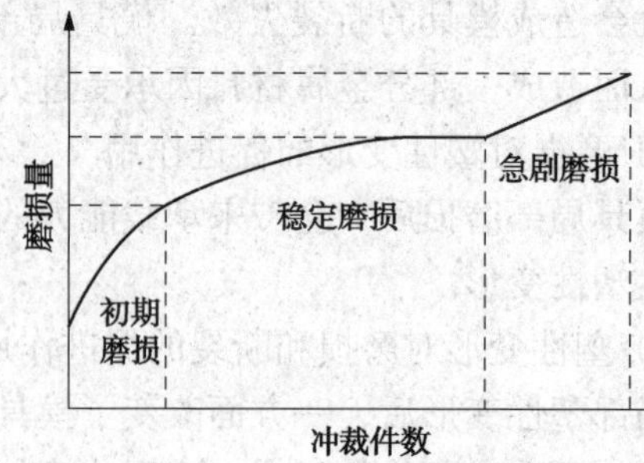

图 3-17 冲裁模磨损阶段

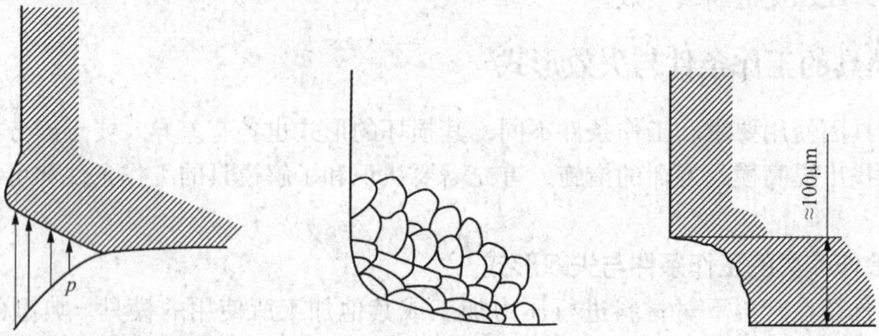

(a) 局部塑变　(b) 摩擦磨损　(c) 疲劳损坏

图 3-18 冲裁模刃口损伤示意图

1) 初期磨损阶段

在模具服役初期，刃口锋利，与板料接触面积小，单位面积压力大，易造成刃口局部塑性变形，如图 3-18(a)所示，所以初期磨损阶段的磨损速度较大。

2) 稳定磨损阶段

刃口磨损至一定程度，单位面积压力减轻，刃口表面产生塑变强化，如图 3-18(b)所示。这时刃口的磨损主要由坯料的摩擦引起，磨损速不再继续塑性变形，磨损度变缓，即进入稳定磨损阶段。

3) 急剧磨损阶段

模具服役相当长的时间后，刃口因经受多次冲裁而趋于疲劳，局部表面开始剥落，如图 3-18(c)所示，即进入急剧磨损阶段。这时，会因冲裁件不合格而导致模具失效。

2. 冷拉深模

(1) 冷拉深模的工作条件

如前所述，拉深模主要用于板材的冷拉深成型。与冲裁模不同的是拉深模刃口圆钝不锋利，凸、凹模之间的工作间隙较大。在冲压力作用下，凸模将板料引入凹模成型时，板料产生弹性变形和塑性变形。由于拉深模工作时不易产生偏载，较少出现应力集中。一般凸模主要承受压力和摩擦力，凹模主要承受径向张力和摩擦力。由于成型力只需超过板材的屈服极限，因此模具所受冲击力较小，单位面积的压力也不大，但是模具型腔表面和压边圈的工作表面受到板材变形时的剧烈摩擦。

(2) 冷拉深模的失效形式

由于拉深模在工作中受到较大的摩擦力，因而这种模具的失效形式主要是粘着磨损和磨粒磨损。

在冷拉深过程中，模具工作表面的局部薄弱部位负荷较重，承受的挤压力较大，摩擦热积累较多使温度升高。在温度和压力的共同作用下，模具型腔局部表面易与坯料发生咬合，使小块坯料黏附在模腔表面形成坚硬的“小瘤”，造成模具粘着磨损并伴随着磨粒磨损的发生，使得拉深件表面产生擦伤或划痕。

（二）塑料模具的工作条件与失效形式

如前所述，塑料模具主要用于成型塑料制品。根据成型方法的不同，可分为注射模、压缩模、压注模、挤出模和气动成型模等。应用最广的是注射模，通常用于热塑性塑料制件的成型；其次是压缩模和压注模，多用于热固性塑料制品的成型；近年来随着塑料在建材和包装行业的大量使用，挤出模和气动成型模也得以迅速发展。挤出模主要用于生产热塑性塑料的型材，气动成型模主要用于生产中空塑料容器。

1. 塑料模的工作条件

塑料模的主要工作零件是成型零件，如凸模、凹模等，它们构成塑料模的型腔，以成型塑料制件的各种表面。并直接与塑料接触，经受压力、温度、摩擦和腐蚀等作用。

塑料模型腔承受的注射压力一般为40~140MPa，闭模压力为80~300MPa或更高，受热温度为140~300℃，其具体参数与塑料的种类有关。型腔表面承受摩擦和腐蚀的剧烈程度更是取决于塑料的种类及其填充物的性质。对于需要手工操作的模具，如移动式压缩模或压注模，在装模和脱模时还经常受到手用工具的敲击和碰撞。

塑料模的工作条件和失效形式与塑料制件成型对模具的基本要求有很大关系。首先，塑料制件的外观要求很高，透明制件的要求更高，因而要求模具成型面的表面粗糙度值很小，一般在 R_a0.2~0.025μm 或更小，少量的磨损或腐蚀便可导致失效，需要重新抛光才能继续使用；其次，模具各成型零件的尺寸精度和相互配合的精度要求高，以保证接缝密合，避免溢料或使塑件表面出现接缝痕迹；另外，当塑件形状复杂时，模具型腔的结构也相应复杂，这导致型腔局部应力状态复杂，有较大的应力集中，从而影响模具的承载能力。

2. 塑料模的失效形式

塑料模在服役过程中，可产生磨损、腐蚀、塑性变形、断裂、疲劳及热疲劳等失效形式，这些失效形式都是和塑料模的工作条件及使用要求密切相关的。

(1) 型腔表面的磨损和腐蚀

塑料熔体以一定压力在模腔内流动，凝固的塑件从模具中脱出，都对模具成型表面造成摩擦，引起磨损。当塑料中含有较硬的固体填料时则磨损更为剧烈。随着模压次数增加，磨损量加大，模腔表面的粗糙度值也将变大，当表面被拉毛、产生划痕，造成塑件表面质量不合格时，模具暂时失效，经重新抛光才能继续使用。反复地磨损、抛光导致模具尺寸超差而最终失效。

模具在加工某些含有氯原子或氟原子的塑料时，由于塑料受热会产生少量的热分解，所放出的 HCl、HF 气体将会腐蚀模腔表面，从而导致失效。如果在腐蚀的同时又有磨损损伤，使型腔表面的镀层或其他防护层遭到破坏，则将促进腐蚀过程。两种损伤交叉作用，加速了腐蚀-磨损失效。

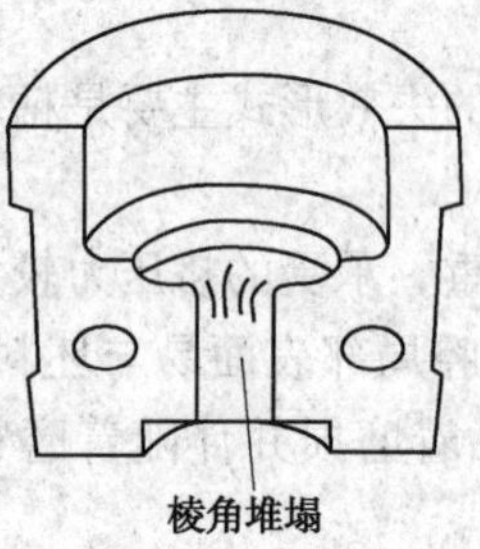

图 3-19　塑模型腔塑性变形失效示意图

（2）塑性变形

塑料模型腔表面受压、受热可引起塑性变形失效，尤其是当小模具在大吨位设备上工作时，更易产生超负荷塑性变形。塑性变形多发生在受力较大的棱角处，其表现形式为棱角堆塌（图 3-19），在型腔的其他部分可出现凹陷、麻点、表面起皱等。

（3）断裂

当塑料模型腔结构比较复杂，同时承受压力较大时，局部可能出现复杂的应力状态，再加之结构因素引起的应力集中，可能使模具产生断裂失效。

当模具热处理时，由于回火不足，组织中仍有较多的残余奥氏体，在服役温度下残余奥氏体将转变为马氏体，从而产生相变内应力，这也是引起模具开裂的因素。

（4）疲劳和热疲劳

塑料模的机械负荷是循环变化的，使型腔表面承受脉动拉应力作用，从而可能引起疲劳破坏。

塑料模的热负荷也是循环变化的，型腔表面反复受热和冷却，易导致应力集中处萌生热疲劳裂纹。再加上型腔表面上的脉动拉应力，有可能使热疲劳裂纹向纵深扩展，成为断裂或疲劳断裂的裂源。

3. 常见塑料模的失效形式

（1）注射模

注射模主要用于成型热塑性塑料制品。模具在使用时，型腔不仅受高压（有时型腔承受压力高达 100MPa）高速塑料熔体冲刷，而且还受冷热交变的应力作用；同时，还受制品脱模时的刮擦，某些含氟和氯的制品材料在成型时，析出的气体对模具型腔表面还有腐蚀作用。

失效形式主要为型腔表面的磨损、腐蚀及模具断裂、热疲劳。模具型腔表面的磨损、摩擦及腐蚀，使得模具型腔表面粗糙度恶化和拉毛。一是影响制件的外观质量；二是制品尺寸超差。模具的断裂及热疲劳，使得模具过早的失效，极大地缩短了模具的使用寿命。

（2）压缩模

压缩模主要用于热固性塑料制品成型。模具在工作时，受热和力的作用，磨损大，加之制品多含有固态填充剂，模具成型表面易受腐蚀；手工操作时还会受到脱模的冲击和碰撞。

失效形式主要为模具型腔表面的磨损（表面拉毛）、塑性变形和模具型腔表面的腐蚀。由于热固性塑料和模具表面的严重摩擦及表面腐蚀，会造成模具表面拉毛，使得型腔表面粗糙度严重恶化，影响制品表面质量。为此，需要对模具型腔表面进行定期抛光，经多次抛光后，会由于模具型腔尺寸超差而失效。另外，由于压缩模所受压力大，尤其是小型模具在大吨位压力机上超载使用时，很容易使模具表面产生凹陷、皱纹、堆塌等，特别是在模具棱角处更容易产生塑性变形，而使模具早期失效。

（3）挤出模

挤出模可以成型所有热塑性塑料和某些热固性塑料。模具在使用过程中，因物料在挤出模内截面不同的位置受到的壁压和阻力不同，会产生不均匀磨损、物料偏流、制品成型尺寸超差、壁厚不均、弯曲或翘曲度超标等质量缺陷。同时，因装卸、清理、保养不当，也会造成挤出模工作面与分解面锈蚀、粗糙度变大，流道结合部产生死角，致使挤出塑料制品外观粗糙，或发生物料滞流与糊料现象等情况。另外，制品材料析出的气体也会对模具成型表面产生腐蚀作用。

失效形式主要为模具型腔表面的不均匀磨损及腐蚀，从而导致模具的早期失效。

三、模具失效分析的方法

众所周知，引起模具失效的因素是复杂的，任何模具的失效总是从模具对服役条件最不适应的环节开始，失效模具的残骸上必然会保留有失效过程的信息。通过对模具失效残骸的研究，可查明失效的机理和过程，并对失效的原因做出判断，从而可有针对性地采取改进和预防措施，避免同类失效再次发生，达到改进模具质量、延长使用寿命、提高服役安全性和可靠性的目的。

图 3-20 所示为失效分析与模具设计和制造之间的关系。一般将判断模具失效性质、分析模具失效原因、研究预防失效的措施等一系列技术活动，称为失效分析。通过失效分析结果向模具设计、制造、使用和维修等部门反馈信息，提出改进措施用于加工生产中，是防止同类失效发生最直接、有效的方法。

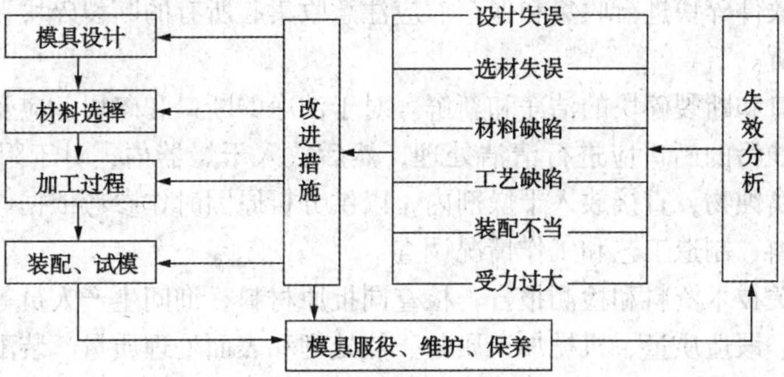

图 3-20　失效分析与模具设计和制造关系

1. 模具失效分析的主要任务

模具失效分析的主要任务是判断模具失效的性质，剖析模具失效的原因，提出防止或延缓模具失效的具体措施。要正确判断模具失效的性质，主要依据模具失效的形貌特征、失效件的应力状态、失效材料的实际性能指标值和工作环境因素等。因此模具失效分析应当从以下几个方面入手：

（1）合理选择模具材料

根据模具的工作条件和可能出现的失效形式，提出相应的评价材料性能的各项指标，并由此选用合适的模具材料、热处理工艺和表面处理工艺，以满足模具使用要求。

(2) 合理设计模具结构

模具结构的设计，应尽量使各部位均匀受载、使应力流线分布均匀并平滑过渡；尽量避免或减小应力集中；强化模具结构的薄弱环节。

(3) 保证加工和装配质量

应制定合理的模具加工与装配工艺方案，严格按技术要求和工艺规程实施，保证模具的加工精度和装配精度，以满足模具设计的技术要求。

(4) 严格控制模具材料的质量

应控制模具材料的冶金质量、锻造、冷加工和热处理质量，防止或减少模具制造中的各种内外缺陷，从而有效地防止和减少早期失效或非正常失效。

(5) 采用表面强化工艺

在对模具整体进行强韧性的同时，采取各种方法对模具表面进行强化或改性，可以提高模具表面的耐磨、耐热、耐腐蚀性，能明显提高模具的使用寿命。

(6) 合理使用、维护和保养模具

应严格按照操作规程正确安装、合理使用并加强维护保养，减少环境损伤失效和随机失效。

2. 模具失效分析的方法和步骤

由于模具的失效形式不同，因此失效分析的方法和过程也有所区别。对于模具断裂失效的分析过程主要包括以下几个步骤。

(1) 现场调查、断裂件的收集和处理

首先应对事故现场进行保护，分析人员尽早进入现场察看模具断裂失效的部位与形式，询问生产设备的使用状况、操作情况和模具失效过程并统计模具的实际使用寿命。

对断裂的失效件碎块进行收集和保存。应注意收集起所有的断裂碎块，以便确定主要断口和进行断口分析。

注意保护断口和断裂碎块的洁净和新鲜。对于洁净的断口和碎块，应及时放入干燥器内进行保护；对有油污的断口应进行清洁处理，然后放入干燥器内；对于附有腐蚀产物的断口，可暂不清除腐蚀物，直接放入干燥剂内，以供分析原因时作参考依据。

(2) 模具材料、制造工艺和工作情况调查

通过翻阅有关技术资料和检测报告、检查同批原材料、询问生产人员等方式，详细了解模具的材质状况、锻造质量、机械加工质量、热处理和表面处理质量、装配质量等情况，核实各个环节是否符合有关标准规定以及模具设计和工艺上的技术要求。

采用化学成分分析、力学性能测定、金相组织分析、无损探伤等方法，复查模具材料的化学成分和冶金质量。

查阅模具工作记录、检修与维护记录，了解生产设备的工作状况及被加工坯料的实际情况，调查有关模具的使用条件和具体使用状况，了解模具按操作规程操作时有无异常现象等。

(3) 模具的工作条件和断裂状况分析

模具的工作条件主要包括模具的受力状况和工作环境状况。

受力状况包括载荷性质如静载荷、冲击载荷或循环载荷等；载荷类型如拉、压载荷、扭转载荷、弯曲载荷等；应力分布、应力集中状况、最大应力的大小及部位以及断裂部位的应

力状态和应力大小等。

工作环境包括工作温度的高低和变化幅度及产生热应力的大小；环境介质的种类、含量和是否具有腐蚀性；成型制件材料的组织类型、组织的稳定性、组织应力的大小与分布等。

模具的断裂状况主要包括断裂处的塑性变形程度，断口的取向、位置、表面状况，以及断口和模具结构的关系等。

根据模具的这些工作条件和工作环境，再结合对断口状况及特征的宏观分析，可初步判定断裂的性质和类型。

要获得正确的判断，必须找出主断口的位置。当模具断裂为多个碎块时，应将所有碎块按照模具原来的形状拼合起来，并察看其密合程度，密合最差、断裂缝隙最大的地方就是最早断裂的主断口。根据主断口的形式通过肉眼观察或用量具测量断口处的塑性变形量，可初步确定是韧性断裂还是脆性断裂。

再根据主断口的取向，可以分析出引起模具断裂的载荷类型和实际应力状态。如脆性断口总是与最大正应力作用的方向垂直，齐平的韧性断口总是与最大切应力作用的方向平行等。而当断裂起源于模具外形结构的缺口或应力集中处时，则说明缺口效应和应力集中对断裂的影响作用很大。

另外，根据断口氧化色的不同，可大致分析出模具工作温度的高低；根据断口有无腐蚀产物，可确定模具的工作介质有无腐蚀性。

(4) 断口分析

断口分析就是对断口的宏观形貌和微观形貌进行分析。分析的结果能为进一步确定断裂的性质、类型和原因提供重要依据。

断口的宏观分析是用肉眼、放大镜或低倍立体显微镜观察和分析断口的形貌。宏观分析可以判定出断裂的性质是快速断裂、疲劳断裂还是应力腐蚀断裂；断裂的类型是快速断裂的韧断还是快速断裂的脆断；裂纹源的位置和断裂的扩展方向；若是疲劳断裂时的应力大小、应力集中程度和疲劳寿命。

断口的微观分析是用高倍扫描电子显微镜或透射电子显微镜观察和分析断口的微观形貌。微观分析是对宏观断口分析结果进一步的确认。它可以分析出微观断裂的性质为微观韧断还是微观脆断；微观断裂的机理属于微孔聚合断裂、解理断裂、沿晶断裂还是疲劳断裂等；显微组织的晶粒大小、第二相以及对断裂的影响程度等。此外，还以估算出疲劳裂纹宏观扩展速率和疲劳寿命的大小。

断口处的缺陷和显微组织。

(5) 断裂原因综合分析和判定

首先，根据对模具断裂状况和断口特征分析的结果，综合判定失效模具断裂的性质和类型，再列出所有可能引起断裂的原因。断裂的原因一般包括模具结构设计不合理，模具材料选择不适当，材料冶金质量有问题，加工和热处理过程中产生缺陷，操作使用不当和安装、维护不良等方面。

然后，根据模具的工作条件、制造工艺及服役历史、质量检验结论和现场使用状况等调查询问的结果，进行综合分析、推理和验证，在列出的断裂原因中，逐一排除不可能的因素，最终判定引起断裂失效的真正原因。

在特殊情况下，还可以进行失效重现性试验或模拟试验，以进一步确定所判定的断裂原因是否正确。

(6) 提出防护措施

根据判定的断裂原因，有针对性地提出防护措施，以避免或减少这种断裂失效现象重复发生。

模具失效的原因主要有模具的工作环境、模具质量、操作人员的水平和经验、生产管理制度等，其中最主要的是模具质量。因此，在分析模具失效原因和采取措施时，应将重点放在对模具质量影响最大的制造过程方面。制造过程方面影响模具质量的因素主要有模具材料选择不当或有冶金质量问题；模具结构设计不合理；毛坯锻造质量差、存在机械加工缺陷、热处理工艺选择不当、模具装配精度不高和维护不良等。

应该指出，同一模具可能有不同的损伤出现，而最终先导致模具失效的形式可能是其中的一种。当我们采取相应的措施防止了该种形式的失效以后，则另外一种失效形式又可能成为主要的失效形式，又需要采取另外的措施去解决。

在实际生产中，模具的工作条件和工作环境往往比较复杂，因而其失效形式以及引起模具失效的原因也是多种多样的，对每一种模具进行失效分析的具体方法和步骤也不完全相同。但只要掌握了模具失效分析的一般规律，充分利用已有的技术资料和分析手段对失效模具进行综合分析，就能准确找出其失效原因。

思考题

1. 何谓模具失效？如何控制？
2. 说明表面损伤失效的种类、原理及消除措施。
3. 何谓断裂失效？危害在哪里？如何预防？
4. 结合实例说明模具失效分析的步骤。

模块三　模具寿命与失效控制(实践单元)

知识要点

- 常见冷作模具的失效形式；
- 塑料模具失效形式与机理。

学习要求

- 掌握模具失效分析的步骤；

通过实例了解模具失效分析的方法。

一、冲裁模模具失效的实例分析

(一) 冲裁模工作特点

某冲裁模工作对象为冷轧钢板和有色金属板材，依靠冲裁模的刃口，使板料分离。

1. 冲裁过程

图 3-21 是采用弹性卸料板的冲裁示意图。板料分离过程：弹性变形、塑性变形、萌生裂纹、裂纹扩展分离四个阶段如图 3-22 所示。完成分离后，凸模上行，一次冲裁过程结束。板料分离后，断面由四部分组成(图 3-23)。

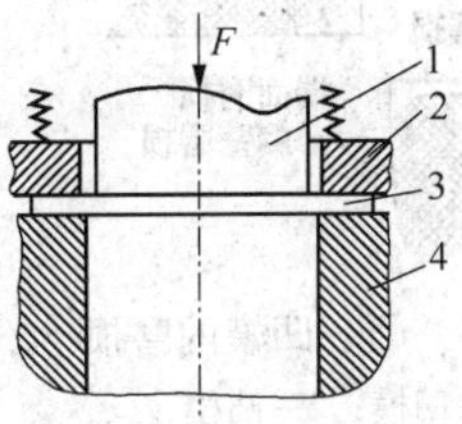

图 3-21　采用弹性卸料板的冲裁示意图

1—凸模；2—卸料板；3—板料；4—凹模

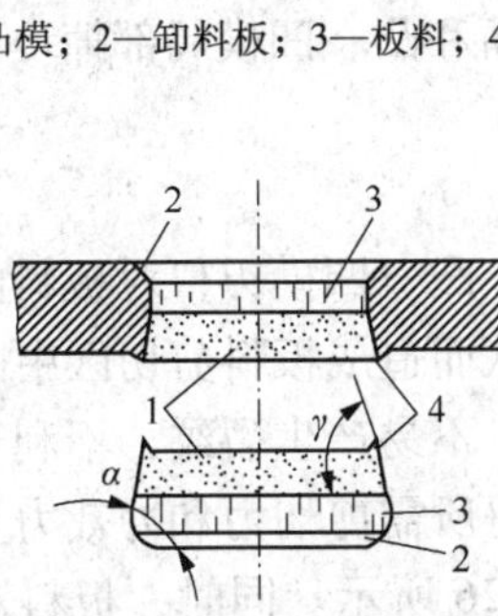

图 3-23　冲裁件断面特点

1—断裂带；2—塌角；3—光亮带；4—毛刺

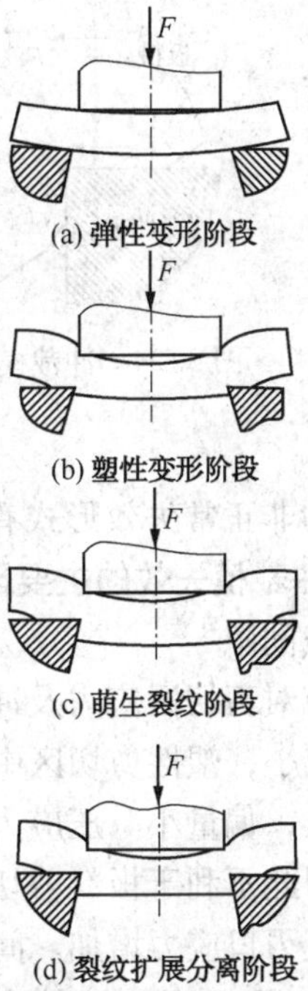

图 3-22　板料冲裁过程

2. 模具刃口受力分析

冲裁过程中，模具刃口的受力情况如图3-24所示。冲裁过程的第一阶段，凸、凹模的端面受正压力 F_1'、F_2'，从第二阶段开始，由于凸模已伸入板料中，而板料的中间部分已伸入凹模刃口内，产生了侧压力 F_1'、F_2'，同时，由于凸、凹模与板料发生相对运动，产生了摩擦力 F_1、F_2、F_3、F_4。

此外，由于凸、凹模之间存在间隙，冲裁时 F_1 和 F_2 不在同一直线上，存在距离 b，因此板料还受转矩 M 作用，M 会使板料发生穹弯和翘曲。板料穹弯和翘曲后，使得凸模刃口和凹模刃口与板料的接触面积变小，冲裁载荷更局限于凸、凹模刃口边缘，使凸、凹模刃口处受力更加强烈。

（二）冲裁模的主要失效形式及影响因素

1. 冲裁模的主要失效形式

冲裁模是在室温下分离板料，且受力主要集中于刃口附近，因此它的正常失效形式为磨损，从磨损机理上看，主要为粘着磨损，同时也伴生磨粒磨损，使用时间过长会产生疲劳磨损。从部位来看，可细分为刃口磨损、侧面磨损、端面磨损。由于凸、凹模刃口处于端面最大压应力和侧面最大压应力的交汇处，同时也处在端面最大摩擦力和侧面最大摩擦力的交汇处，因此凸、凹模的刃口工况最恶劣，磨损最严重。

通常情况下，凸模刃口的压力 F_1' 大于凹模刃口的压力 F_2'，同时，在完成一个冲裁动作时，凸模与分离体的内轮廓部分往复摩擦，而凹模与分离体的外轮廓部分单程摩擦，因此，冲裁模的凸模比凹模磨损得快一些(图3-25)。

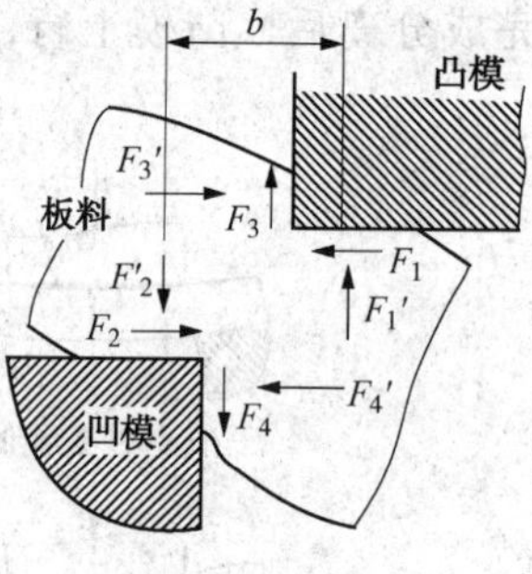

图3-24　冲裁模刃口受力情况

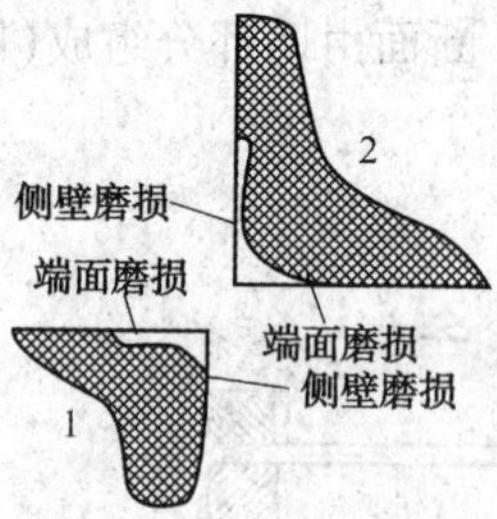

图3-25　凸、凹模的磨损

1—凹模；2—凸模

冲裁模的非正常失效形式有不均匀磨损、凸模整体折断和凸、凹模局部掉块。

2. 影响冲裁模失效的主要因素

（1）冲裁间隙

冲裁间隙对剪切区应力及冲裁力有一定影响。间隙小，凸、凹模刃口对板料的作用力合力的距离 b 减小，塑性剪切区中的拉应力小，压应力大，从而造成板料剪切区中的球量为压应力，球量大，偏量小。压应力球张量大，使板料塑性好，不易产生裂纹，不利于裂纹的形成与扩展，因此不利于板料剪切过程的进行；偏量小，使得所需剪切力和冲裁力上升，从而导致凸、凹模刃口应力增加。间隙对冲裁力的影响如图3-26所示。同时，板料对凸、凹模的侧压力 F_3'、F_4' 和侧向摩擦力 F_3、F_4(图3-24)，也随间隙减小而增大，导致凸、凹模侧壁磨损加剧。小间隙时，易造成二次剪切，而且二次剪切产生的金属碎屑也会因摩擦发热粘附在凸模(或凹模上)，刮擦凹模(或凸模)。

凸、凹模的磨损还来源于卸料板、顶件器与凸、凹模之间的滑动摩擦。采用小间隙时，会使卸料和顶件困难，也加剧了凸、凹模的的侧壁磨损。

当模具导向精度不高、板料粗糙不平时，易产生偏载，小间隙时，易出现凸、凹模刃口相切(啃模)现象，造成模具的早期失效。但是，间隙太大时，板料转矩增大，摩擦力 F_1 与 F_2 增大，刃口处所受的拉应力增大，也会增加模具刃口磨损和断裂。

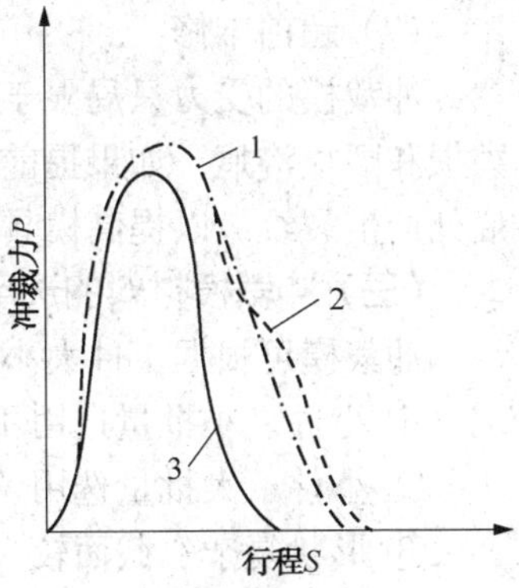

图 3-26　间隙对冲裁力的影响
1—小间隙(二次光亮带不显著)；
2—小间隙(二次光亮带显著)；
3—合理间隙

生产实践表明，采用较大间隙能提高模具寿命，一般情况下，模具寿命是小间隙的 2~3 倍，有时可达 6~7 倍。因此，在满足冲裁件断面质量的情况下，应尽量采用大间隙。

(2) 压边状态

冲裁过程中由于间隙的存在，凸、凹模刃口作用力存在一段距离，形成转矩，造成板料弯曲和翘曲以及坯料相对于凹模端面的滑动。这样冲裁时，部分材料被拉进凹模内，板料剪切区的水平拉应力减小，板料塑性增加，并使所需的冲裁力也增加。同时，冲裁件断面斜度增大。因而，落下的外轮廓件尺寸变大，由于回弹的作用，落下的外轮廓件始终紧紧地胀着凹模侧壁，在随后的卸料或顶件中，严重摩擦凹模侧壁。而不落下的内轮廓件紧紧地套住凸模，在随后的卸料过程中，强烈磨损凸模侧壁。

采用弹性卸料板，可提供一定的压边力，这样冲裁板料穹弯和翘曲以及板料与凹模端面之间的相对滑动就可减轻，从而降低冲裁力以及板材对冲头和凹模的摩擦磨损。

3. 提高冲裁模寿命的措施

(1) 尽量采用大间隙

在满足冲压件质量的前提下，尽量采用较大的间隙，从而降低冲裁力，避免啃模和不均匀磨损。

(2) 采用弹性卸料板

采用弹性卸料板卸料时，可以提供一定的压边力，能够减轻坯料滑动以及翘曲，减小对刃口的磨损。

(3) 采用导向装置

模具采用导向装置，能保证工作状态的均匀间隙，克服刃口的不均匀磨损。

(4) 增加凸模刚度

凸模工作时，类似于杆类零件受轴向载荷。若凸模刚度不足，则抗偏载能力低，并易产生弯曲及造成折断和不均匀磨损，因此，一般凸模柄部面积和头部面积分别为工作端面面积的 2 倍和 4 倍。

(5) 选取耐磨性好的模具材料

根据冲压件的批量，应选取能满足耐磨要求的模具材料。同时，由于凸模工况比凹模恶劣，凸模材料的耐磨性应选得比凹模材料的耐磨性高。

(6) 采用表面强化技术

采用表面渗氮、渗硼等表面强化工艺能有效地提高模具表面的耐磨性。

（7）超前维修

冲裁模的受力只局限于刃口附近，在使用一段时间后，刃口处会不可避免地出现不均匀磨损和磨损沟痕，如果提前修模，可避免因凸、凹模间隙不均而产生附加弯矩及防止磨损沟痕处产生裂纹，以提高模具寿命。

（三）冲裁模材料的选用

冲裁模可根据工件大小和批量选用模具材料。

① 小件、小批量选用 T10 或 T10A、T12 或 T12A。

② 小件、大批量选用 W18Cr4V 硬质合金、钢结硬质合金。

③ 形状复杂、截面较大、批量中等的工件，选用 Cr12、Cr12MoV 或硬质合金镶块。

二、拉深模模具失效的实例分析

（一）拉深模的工作特点

拉深模的工作对象为冷轧钢板和有色金属板材，在凸、凹模的作用下，坯料产生塑性变形，使板材成型为杯状或中空的形状。

1. 圆筒形工件的拉深过程

圆筒形工件的拉深过程如图 3-27 所示，放在凹模上的圆板毛坯 4 首先被压边圈 2 压住，接着凸模 1 下行，迫使凹模 3 与压边圈 2 之间的毛坯向内收缩，最后整个毛坯被拉入凹模孔内，成为所需的圆筒形工件。

2. 模具的受力分析

圆筒形工件拉深时模具受力情况如图 3-28 所示。拉深载荷通过凸模圆角部位传给工件，工件外面部分通过凹模端面和压边圈之间向内流动。成型过程中，工件给凸模圆角半径部位压力 F_4'及摩擦力 F_4，给凹模圆角半径部位压力 F_3'及摩擦力 F_3，给压边圈压力 F_1'和摩擦力 F_1，给凹模端面压力摩擦力 F_2'和摩擦力 F_2。拉深开始时，凹模圆角半径处与板料有相对运动，F_4为动摩擦力，对凸模圆角半径有磨损。随着凸模圆角半径处板材的应变硬化，在随后的拉深过程中相对运动很小，摩擦力不大。但凹模圆角半径处、凹模端面和压边圈与板料存在相对滑动，正压力及摩擦力很大。

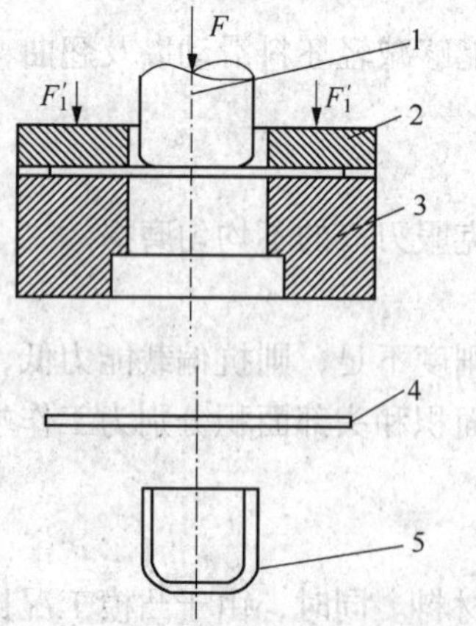

图 3-27　圆筒形工件的拉深过程

1—凸模；2—压边圈；3—凹模；4—毛坯；5—工件

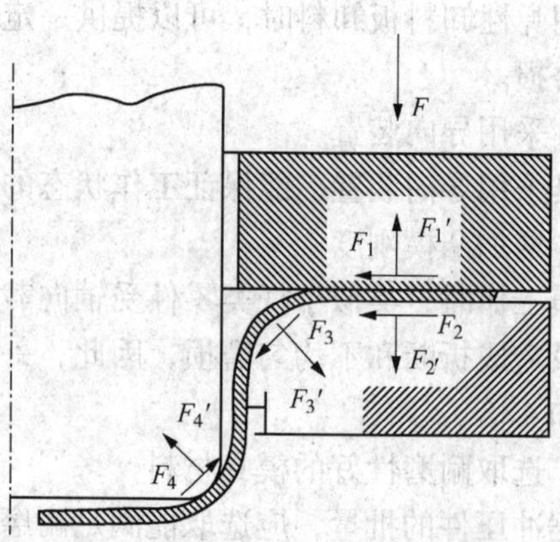

图 3-28　圆筒形工件拉深时模具受力情况

（二）拉深模的主要失效形式

拉深模凸模、凹模和压边圈工作部位没有锋利的尖角，模具零件受力不像冲裁模那样局限在很小的范围内，同时凸凹模的间隙一般都比板材厚度大，模具较少出现应力集中，工作时不易出现偏载，因此，拉深模很少出现断裂和塑性变形失效。但是拉深模工作时，板料与凹模和压边圈产生相对滑动，存在很大的摩擦，因此拉深模的主要失效形式是磨损，在磨损形式及机理上主要表现为粘着磨损。从部位上看，在凹模、压边圈端面、凸凹模圆角半径处，尤其以压边圈口部及凹模端面圆角半径以外区域粘着磨损最为严重(图 3-29)。

（三）拉深模粘结瘤

拉深过程中，板料与模具表面产生相对滑动，摩擦功要转变成热能；另一方面，毛坯材料产生塑性变形，变形功转变成热能，特别是塑性变形大的区域，这两方面的热能使温度升高，促使模具与坯料之间的表面膜以及润滑膜破裂，使得模具与坯料表面直接接触。从微观上看，板料表面及模具表面是由峰谷组成凸凹不平的粗糙面，如图 3-30 所示。因此模具的工作表面像锯齿，与板料表面之间相互锯割。只是模具表面的齿比板料密且硬度高，相对接触面大。

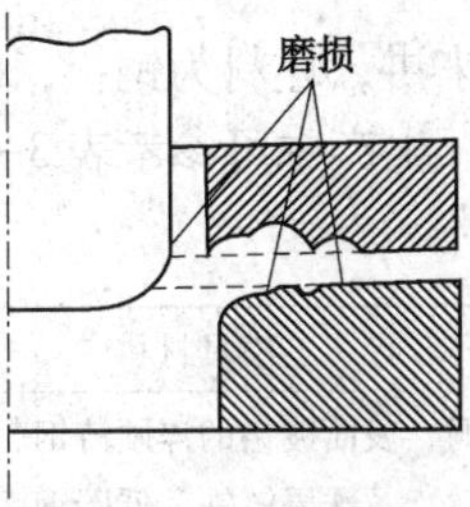

图 3-29　拉深模磨损示意图

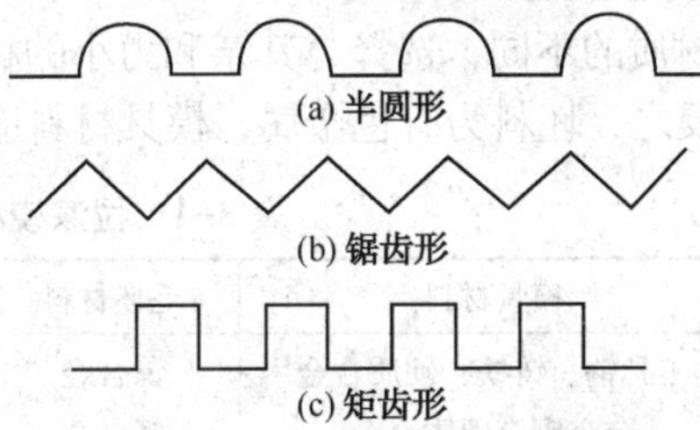

图 3-30　板料表面断面状态

板料表面微观不平，使模具与板料的接触面比名义面积小很多，载荷只由凸起部位承受，使凸起部位压力增大，容易超过材料的强度。因此板料上的凸起部位在受热、受压、受剪切的情况下，被模具的凸起部位刮下成碎片，堆积在模具凸起部位的前方。当压力很大时，这些碎片就被压入模具表面的凹坑内。由于高压时会产生脉冲高温，使模具表面凹坑中的碎片软化、熔化，并与模具表面牢固结合，形成黏结瘤，如图 3-31 所示。黏结瘤出现后，将严重损伤工件表面，加速模具的不均匀磨损。

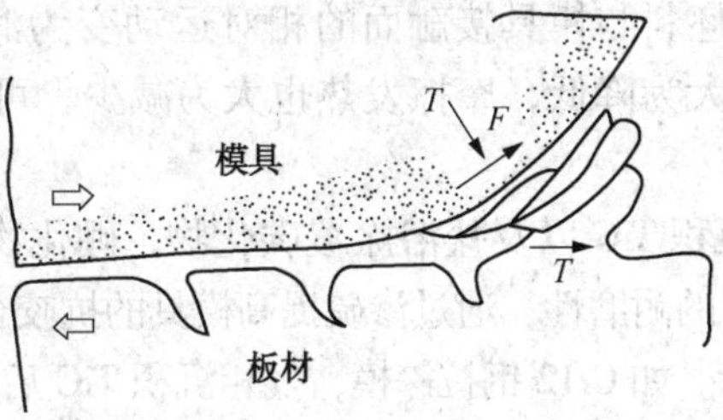

图 3-31　黏结瘤的形成

（四）影响拉深模寿命的主要因素

1. 工件材料和模具材料的亲和力

亲和力大的材料粘着倾向大。一般来讲，金属晶格类型、晶格间距、电子密度、电化学性能相近的金属相互吸引、溶解能力强，易粘着在一起，产生的摩擦系数大。在滑动摩擦时，热量多，局部点易熔化、焊接，且结合强度高。如果粘着强度高，则破坏发生在模具表面较深的地方，粘着磨损或粘结瘤严重。Fe、Cr、Ni 与 Fe 的互溶性大，因而，纯铁、Cr 不锈钢、Ni 等板材在用钢模拉深时易粘模，而 Al、Cu、Mg、Zn 与 Fe 的互溶性小，其相应的板材在用钢模拉深时，粘着磨损的倾向小。

2. 压边力

拉深中为了防止工件起皱，需要用压边装置施加压边力。压边力越大，凹模和压边圈与板料之间的摩擦力越大，粘着磨损的倾向就大。如果压边力太小，板料拉深时在切向应力的作用下，造成板料与凹模、板料与压边圈的不均匀接触，易在凹模、压边圈上出现磨损沟痕，加速不均匀磨损。

3. 模具表面粗糙度

一般来讲，模具表面越光洁，表面凸起部位越多，凸起部位压力下降，耐磨性越好。但太光的表面不利储存润滑剂，反而造成模具和板料直接接触，加重模具磨损。

（五）提高拉深模寿命的措施

1. 正确选择模具材料

根据坯料材质的不同，选择与其亲和力小的材料。一般来讲，坯料为钢板，模具材料应选用有色金属，反之，坯料为有色金属，模具材料应选用钢板。生产中可参考表 3-1 选用。

表 3-1　拉深模材料的选用

毛坯材料	模具材料	毛坯材料	模具材料
黄铜和铝	工具钢、铸铁、硬质合金	镍合金	铝青铜、表面镀铬的淬硬铸钢、硬质合金
铜	合金钢、硬质合金	锰合金	球墨铸铁、低碳钢
不锈钢	铝青铜		

此外，对于不同的产品批量，不同的工件形状、大小，应选用不同的材料，从而降低模具成本。例如：小批量的圆形件，可选 T8、T10、45 钢；中批量的中、小件，选 MnCrW、CrWV；形状不规则的中、小件，可选 Cr12MoV；大批量的小件，选硬质合金；大型拉延模、汽车覆盖件模，可选铸铁。

2. 合理润滑

在坯料与凹模之间涂抹润滑剂使坯料与模具不直接接触，模具与坯料失去粘着磨擦的条件，另外，涂抹润滑剂后，坯料与模具接触面的相对运动变为润滑剂分子之间的相对运动，使坯料与模具之间的摩擦力大为降低，摩擦发热也大为减少，可有效地防止或降低磨损。

3. 表面处理

通过渗铬、渗氮、气相沉积 TiC 以及盐浴涂覆碳化物、硼化物于模具表面，使模具表面强度、硬度增加，提高模具表面的耐磨性；通过渗硫提高模具的抗咬合能力，使模具的表面磨损降低，能有效地提高模具的寿命。如 Cr12 钢拉深模，气相沉积 TiC 后，使用寿命可提高 8~30 倍。

三、塑料压注模失效的实例分析

（一）模具的工作条件和加工工艺

以线圈架塑料压注模为例分析。塑料压注模的结构尺寸如图 3-32 所示。该模具用来压注成型含有固体填料的酚醛塑料线圈架，在 450kN 压力机上工作，成型压力>25MPa，工作温度 200℃。模具为移动式，需要手工操作。

模具用 T10A 钢制造，其加工工艺路线是：下料—锻造—球化—退火—切削加工—淬火、回火—磨削—抛光。

模具毛坯的始锻温度为 1000℃，终锻温度为 800～850℃。采用常规热处理工艺，800℃加热，160℃分级冷却淬火，180℃回火。硬度为 60～62HRC。

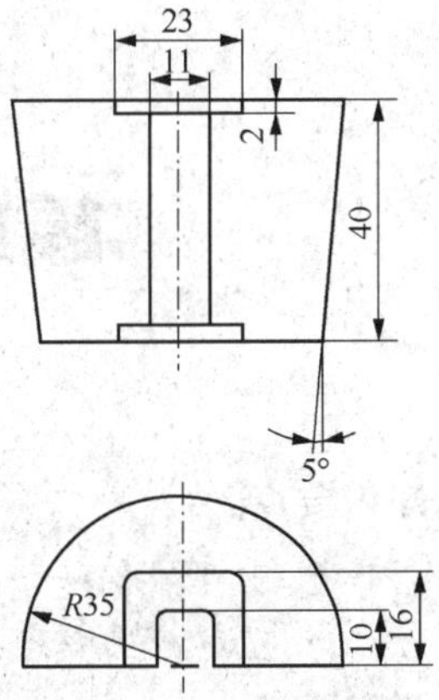

图 3-32 线圈架压注模结构

（二）模具的服役寿命及失效形式

模具的服役寿命不足 2000 件，其主要失效形式为型腔拉毛和棱边堆塌。分别如图 3-33 和图 3-34 所示。

（三）模具失效分析

模具硬度检查发现，型腔表面和棱角处的硬度为 56～58HRC，说明有一定程度的软化。金相显微组织观察，模具淬硬层的组织为回火马氏体+粒状渗碳体+少量残余奥氏体。

根据模腔表面硬度降低的现象，可推测工作温度高于模具的回火温度。原来模具回火不足，工作时受热后继续回火过程，马氏体继续分解，残余奥氏体发生转变，从而在压力作用下产生“相变超塑性”流动，引起棱边堆塌和型腔表面拉毛。

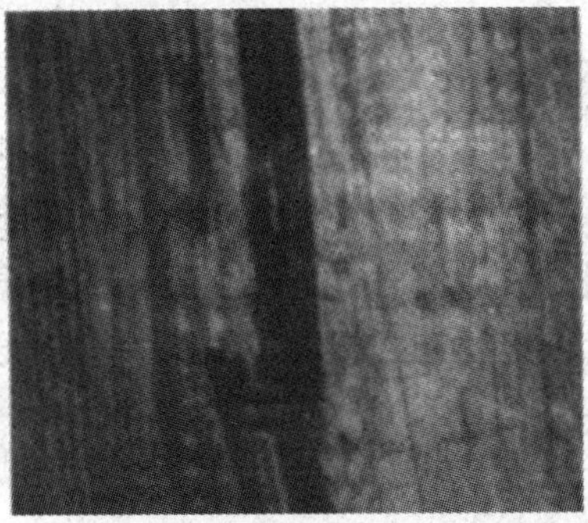

图 3-33 模具型腔拉毛

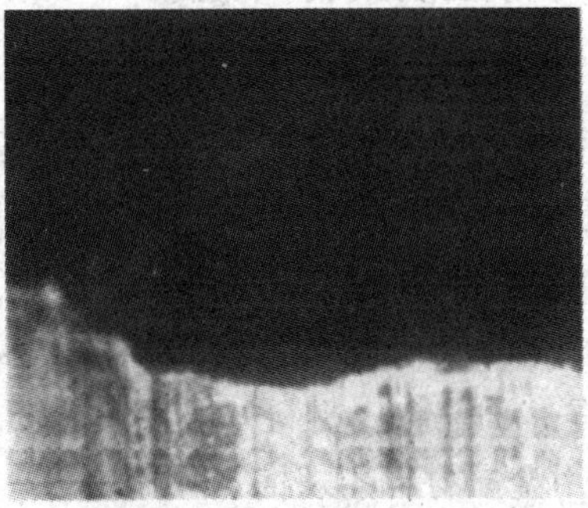

图 3-34 模具棱边堆塌

另外，移动式模具经常承受装卸模具时的冲撞作用，也隐藏着导致模具开裂、崩角的可能性。

（四）防止模具早期失效的措施及效果

① 适当提高模具回火温度，增加回火保温时间。若采用 250℃回火，即高于模具工作温度，就避免了模具在工作过程中继续回火转变，可明显减少堆塌、起皱、拉毛等现象。

② 实际采用两段回火工艺，使模具回火充分，在保持较高硬度的同时改善韧性，其工艺是 200℃×1.5h 回火 1 次，260℃×1.5h 回火 1 次，硬度为 56～58HRC。

经过改进回火工艺处理的模具，未再发生早期棱边堆塌和表面拉毛失效，模具压注线圈架 18000 件，仍能继续使用。

思考题

1. 冲裁模的失效形式是怎样的？如何控制失效？
2. 拉深模的失效形式是怎样的？如何控制失效？
3. 塑料模的失效形式是怎样的？如何控制失效？
4. 试结合生产实例进行模具失效分析并提出预防措施。

模块四　模具材料基本知识

知识要点

- 冷冲压模具材料基本知识；
- 塑料模具材料基本知识。

学习要求

- 掌握冷冲压模具、塑模材料基本要求及选用；
- 了解新型模具材料基本要求。

一、冷冲压模具材料概述

（一）冷冲压模具材料规格

如前所述，冲压工艺适用于多种金属材料及非金属材料。在金属材料中，有钢、铜、铝、各种贵重金属及各种合金。非金属材料包括各种纸板、纤维板、塑料板、皮革等。

由于冲压工艺的分离、成形工序变形原理不同，其适用材料也有所不同。不同的材料各有特性，材料特性在不同工序中的作用也不相同。一般说来，金属材料既适合成形工序也适合分离工序，而非金属材料一般仅适合于分离工序。

1. 常用金属材料的规格

常用金属冲压材料以板料和带料为主，棒材一般仅适用于挤压、切断、成形等工序。带钢的优点是具有足够长度，可以提高材料利用率，但开卷后需整平，一般适合于大批量生产的自动送料。

（1）黑色金属板料

常用的黑色金属板料主要有普通碳素钢、优质碳素钢、电工硅钢和不锈钢等。

1）技术指标

① 轧制精度　按 GB 708—2006《冷轧钢板和钢带的尺寸、外形、重量及允许偏差》规定，轧制精度分为 A、B 两级，A 级为较高精度，B 级为普通精度。

② 表面质量　按国标 GB 710—2006 规定，优质碳素结构钢薄钢板和钢带的表面质量分为Ⅰ、Ⅱ、Ⅲ、Ⅳ四组。其中：Ⅰ特别高级的精整表面；Ⅱ高级的精整表面；Ⅲ较高级的精整表面；Ⅳ普通的精整表面。

③ 拉深级别　分为 Z、S、P 三级。其中 Z 为最深拉深；S 为深拉深；P 为普通拉深。

2）钢板标记示例

按国家标准规定，可以用以下标记方式在图样和工艺文件上标记所用钢板的牌号：

$$钢板\frac{2.0\times1000\times1500\text{-GB708-88}}{20\text{-Ⅱ-S-GB710-88}}$$

上式表示：钢材牌号为 20，尺寸为 2.0mm×1000mm×1500mm，表面质量组别为Ⅱ，拉深级别为 S 级。

（2）有色金属板料或卷料

常用的有色金属板料或卷料主要有铜板（或卷料）、黄铜板和铝板（或卷料）。牌号有：T1、T2、T3、H68、H62、QSn4-4-2.5、L1、L2、L5、LY1、LY2 及 LY12 等。

（3）非金属材料

冷冲压用的非金属材料主要有纸板、橡胶板、塑料板及皮革等。

各种冲压材料的牌号、规格、力学性能，以及化学成分等性能参数可以查阅相关资料。其中影响板料冲压性能的主要因素有：化学成分、金相组织、机械性能、表面质量和拉深级别等。

2. 板料的冲压成型性能指标

板料的冲压成型性能指其对各种冲压工艺的适应能力，研究板料的冲压成性能及其意义在于：

① 用于板料的验收，作为板料的验收标准；

② 有助于分析生产中出现的与板料性能有关的质量问题，找出产生质量问题的原因和解决方法；

③ 根据冲压件的形状特点及其成型工艺对板料冲压性能的要求，正确选择板料的种类与规格型号；

④ 为冲压材料的发展提供发展方向和鉴定方法。

板料的主要冲击指标有：

（1）均匀伸长率 σ_u 与总伸长率 σ_t

σ_u 是材料拉伸试验中试样开始缩颈前的伸长率，σ_t 是试样拉断之前的伸长率。冲压成型一般都在板料的均匀变形范围内进行，σ_u 表示板料产生均匀塑性变形的能力，可以直接或间接表示伸长类变形的极限变形程度，如翻边系数、扩口系数、最小弯曲半径、胀形系数等。大多数材料的翻边系数都与其 σ_u 值成正比。

（2）屈强比

根据低碳钢受拉时的 σ-ε 曲线可了解到抗拉性能的下列特征指标：

1）屈服强度

钢材开始丧失对变形的抵抗能力，并开始产生大量塑性变形时所对应的应力。在屈服阶段，锯齿形的最高点所对应的应力称为屈服上限；锯齿形的最低点所对应的应力称为屈服下限。屈服上限与试验过程中的许多因素有关，屈服下限比较稳定，容易测试，所以规范规定以屈服下限的应力值作为钢材的屈服强度，用 σ_s 表示（图 4-1）。

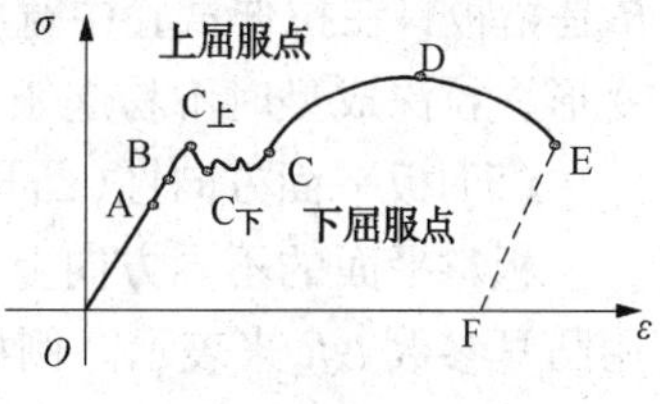

图 4-1　低碳钢拉伸曲线

一方面，当构件的实际应力超过屈服强度时，将产生不可恢复的永久变形；另一方面，当应力超过屈服强度时，受力较高部位的应力不再提高，而自动将荷载重新分配给某些应力较低部位。因此，屈服强度对钢材使用意义重大。

2）抗拉强度（极限强度）

当钢材屈服到一定程度后，由于内部晶粒重新排列，其抵抗变形的能力又重新提高，此时变形虽然发展很快，但却只能随着应力的提高而提高，直至应力达到最大值。此后钢材抵抗变形的能力明显降低，并在最薄弱处发生较大塑性变形，此处试件界面迅速缩小，出现颈缩现象，直到断裂破坏。

抗拉强度是钢材所能承受的最大拉应力，即当拉应力达到强度极限时，钢材完全丧失了对变形的抵抗能力而断裂。

抗拉强度虽然不能直接作为计算依据，但屈服强度与抗拉强度的比值，即“屈强比”（σ_s/σ_b）对工程应用有较大意义。

小的屈强比几乎对所有的冲压成型都有利。材料的 σ_s 较低时，冲压加工所需要的变形力小，可以降低冲压设备的吨位、功率以及模具结构的强度、润滑等要求，并可以提高模具的使用寿命；对于一些伸长类成形工艺，如拉弯、曲面形状制件的拉伸、胀形、校形等，板料的 σ_s 低，冲压的工艺稳定性好，不易出废品，并且容易做到在变形区的全部厚度上的拉应力都大于 σ_s，使制件在模具内受力作用下所形成的形状和尺寸得到冻结，有利于消除制件松弛等缺陷，并提高制件的尺寸精度；对于压缩类成型，如拉深等，当板料的 σ_s 低时，引起失稳起皱的压应力也小，可以简化防皱措施、提高极限变形程度和制件表面质量。

总之，屈强比愈小，反映钢材在应力超过屈服强度工作时的可靠性愈大，即延缓结构损坏过程的潜力愈大，因而结构愈安全。但屈强比过小时，钢材强度的有效利用率低，造成浪费。常用碳素钢的屈强比为 0.58~0.63，合金钢的屈强比为 0.65~0.75。

对于同一种材料，当拉伸率相近时，较小的屈强比表明其硬化指数大。所以可以用以 σ_s/σ_b 代替硬化指数 n 来表示板料在伸长类成型中的冲压性能。

（3）硬化指数

硬化指数是表示材料加工硬化程度的指标之一，n 值反映材料产生均匀变形的能力，n 值大时，在伸长类变形过程中可以使变形均匀化，具有扩展变形区、减小坯料的局部变薄和增大极限变形参数的作用，对于复杂形状的曲面形状的拉深，上述作用更为明显。n 值与杯突试验值成正比。n 值的测定参见 GB/T 5028—2008《金属材料　薄板和薄带　拉伸应变硬化指数（n 值）的测定》的有关规定。

（4）板厚方向性系数 R（又称塑性应变比）

板料的塑性会因金属结晶和板料的轧制在板料的不同方向而有所不同。板厚方向性系数 R 是指板料在拉伸试验中宽度方向应变与厚度方向应变之比。R 值越大，厚度方向上不容易变形，拉深成型时不易起皱。

（5）板平面方向性（凸耳参数 ΔR）

板料平面的不同方向上 R 值的差异会影响板料的冲压成型性能，其各向异性值的大小用凸耳参数 ΔR 来表示。例如拉深时由于板平面的方向性表现在零件的口部不齐而形成凸耳现象，如图 4-2 所示。

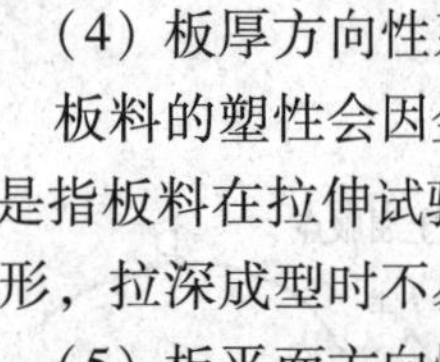

图 4-2　制件凸耳现象

板平面方向性越大，凸耳现象越明显，甚至壁厚不等从而降低制件的质量。生产中由于凸耳现象的影响，往往要采取减小制件总体的变形程度、增加工序的措施来切除凸耳。

（6）疲劳强度

受交变荷载反复作用，钢材在应力低于其屈服强度的情况下突然发生脆性断裂破坏的现象，称为疲劳破坏。

疲劳破坏首先是从局部缺陷处形成细小裂纹，由于裂纹尖端处的应力集中使其逐渐扩展，直至最后断裂。疲劳破坏是在低应力状态下突然发生的，所以危害极大，往往造成灾难性的事故。

在一定条件下，钢材疲劳破坏的应力值随应力循环次数的增加而降低。钢材在无数次交变荷载作用下而不致引起断裂的最大循环应力值，称为疲劳强度极限。钢材的疲劳强度与很多因素有关，如组织结构、表面状态、合金成分、夹杂物和应力几种情况等。

(7) 冲击韧性

冲击韧性是钢材的一种动力性能指标。它是指钢材在冲击荷载作用下断裂时吸收机械能的一种能力，是衡量钢材抵抗可能因低温、应力集中、冲击荷载作用等而致脆性断裂能力的一项机械性能。它用材料在断裂时所吸收的总能量(包括弹性和非弹性能)来量度，其值为σ-ε关系曲线与横坐标所包围的总面积，总面积愈大韧性愈高，故韧性是钢材强度和塑性的综合指标。

钢材的冲击韧性越好，即其抵抗冲击作用的能力越强，脆性破坏的危险性越小。对于重要的结构物以及承受动荷载作用的结构，特别是处于低温条件下，为了防止钢材的脆性破坏，应保证钢材具有一定的冲击韧性。

(8) 耐磨性

材料抗磨损的能力称为耐磨性，通常用磨损量表示。磨损量越小，耐磨性越高，模具使用寿命也越高。耐磨性不仅与材料的强度、韧性及硬度有关，还与钢中碳化物的数量、大小及分布有关。一般来说，强度或硬度及韧性越高，碳化物越细小、分布越均匀，材料的耐磨性越好。实际中，可根据不同的磨损形式采取一定的防护措施。

(9) 变形抗力

表征冷作模具材料变形抗力的指标主要有硬度、压缩屈服点、弯曲屈服点等。

1) 硬度

材料抗外部物体压入的能力称为硬度。模具零件硬度的高低对模具的使用寿命影响很大，因此也是模具设计的重要指标。对任一钢种而言，在一定硬度范围内，硬度与变形抗力成正比。

实践表明，同一硬度条件下，不同冷作模具材料在使用过程中所表现的变形抗力有明显的差别，因此纯用硬度指标并不能充分反映各种模具材料的变形抗力。

但并不是硬度越高，模具寿命就越高。随着硬度升高，模具钢的抗压强度、耐磨性和抗咬合能力等指标也升高，而韧性、冷热疲劳抗力及可切削性等指标下降。经验表明，模具的早期失效大多数是由于硬度过高而断裂，少数是由于硬度过低而变形、磨损。因而在一定条件下，存在着模具工作硬度最佳值。

模具的最佳工作硬度和模具材料的种类及具体的服役条件有关，一般这种条件下，其最佳硬度为51~53HRC。

2) 压缩屈服点

压缩屈服点是衡量冷作模具材料变形抗力的主要指标。这种试验方法接近于冲头的实际工作条件，因而所测得的性能数据与冲头在工作时所表现出的变形抗力本吻合。

3) 弯曲屈服点

弯曲试验的优点是测试方便，应变量的绝对值大，能灵敏地反映出不钢材之间以及在不同热处理条件下的变形抗力的差别。

(10) 断裂抗力

1) 一次性脆断抗力

能表征一次性脆断抗力的指标为一次冲击断裂功、抗压强度和抗强度。上述指标可反映冲头在过载时的断裂抗力。

2) 疲劳断裂抗力

由在一定的循环载荷下所表现的断裂循环次数或在规定的循环次数致试样断裂的载荷值来表征，可用小能量多次冲击断裂功或多次冲击断裂寿命、拉/压疲劳度或疲劳寿命、接触疲劳强度或接触疲劳寿命等指标来反映。

3) 裂纹断裂抗力

当模具中已存在微裂纹后，其断裂抗力大大减弱。因此，不能采用滑试样测试的各种断裂抗力，来评价裂纹体的断裂抗力。根据断裂力学理论，可采用断裂韧度指标来表征裂纹体的断裂抗力。

4) 咬合抗力

咬合抗力实际就是对发生“冷焊”的抵抗能力。通常在干摩擦条件下，把被试验模具钢试样，与具有咬合倾向的材料(如奥氏体钢)，进行恒速对偶摩擦运动，以一定速度逐渐增载荷，此时转矩也相应增大。当载荷加大到某一临界值时，转矩突然急剧增大，这意味着发生咬合，这一载荷称为“咬合临界载荷”。临界载荷愈高，标志着咬合抗力愈强。表 4-1 为几种模具钢及其表面强化工艺的咬合临界载荷。

表 4-1　几种模具钢及其表面强化工艺的咬合临界载荷

试样材料	W6Mo5Cr4V2 钢	Cr12MoV 钢	渗硫	离子氮化	VC 渗层	TiC 渗层	硬质合金
咬合临界载荷/N	15.7	22.6	23.5	41.2	71.6	73.6	75.5

5) 受热软化抗力

受热软化抗力反映冷作模具在承载时的温升对硬度、变形抗力及耐磨性的影响。表征冷模具钢受热软化抗力的指标主要有两项：受热软化温度(℃)和二次硬化硬度(HRC)，见表 4-2。

表 4-2　几种冷作模具钢的受热抗力

钢　　号	T10A	CrWMn	9SiCr	Cr6WV	Cr12	Cr12MoV	高速钢
受热软化温度/℃	250	280	320	280	480	520	620
二次硬化硬度/HRC	—	—	—	56	58	60	62

受热软化温度为保持硬度 58HRC 的最高回火温度，它反映钢种在常规热处理状态下，能保持模具常用的工作硬度所允许的极限温升。二次硬化硬度反映该钢种经热处理后，能否接受表面处理(如渗氮、液体氮碳共渗、离子渗氮等)。对高强韧性钢种，二次硬化硬度不应低于 60HRC；对高承载能力的钢种，二次硬化硬度不应低于 62HRC 的水平。

(11) 冷弯性能

冷弯性能是指钢材在常温下承受弯曲变形的能力，冷弯试验如图 4-3 所示。

冷弯试验的指标包括弯心直径 d 与试件厚度(直径) a 的比值 d/a 以及弯曲角度(90°或180°)，试样弯曲外表面无肉眼可见裂纹则冷弯合格。

通过冷弯试验，更有助于暴露钢材的某些内在缺陷，它能揭示钢材是否存在内部组织不均匀、内应力和夹杂物等缺陷。钢材的冷弯性能与伸长率一样，也是反映钢材在静荷载作用下的塑性，而且冷弯是在更苛刻的条件下对钢材塑性的严格检验，它能反映钢材内部组织是否均匀、是否存在内应力及夹杂物等缺陷。

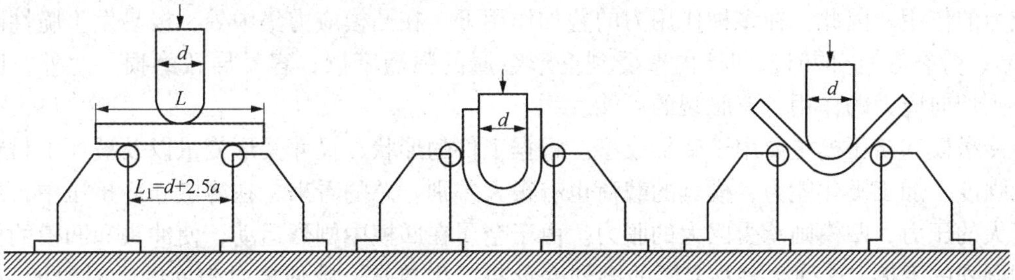

图 4-3　冷弯试验

在工程中，冷弯试验还被用作对钢材焊接质量进行严格检验的一种手段。

（二）冷冲压模具工作条件

如前所述，冷作模具主要有如下几种类型：冷冲裁模、冷挤压模、冷镦模、拉深模、弯曲模、冷成型模等冷冲压模具。冷作模具工作时要承受冲击、振动、摩擦、高压和拉伸、弯扭等负荷，甚至在较高的温度下工作(如冷挤压)，工作条件复杂，易发生磨损、疲劳、断裂、变形等现象。因此，对模具工作零件材料的要求比普通零件高。

由于各类冷作模具的工作条件、加载形式和被加工材料的性质、规格不同，因而各类模具的工作条件差别很大，故其失效形式也不尽相同。如前所述的模具工作条件汇总如下：

1. 冷冲裁模的工作条件

冷冲裁模是带有刃口、在工作时冲切、分离材料(主要时板材)而获得一定形状、尺寸的模具。主要用于各种板材的冲切及成型。模具的工作部位是凸、凹模的刃口，刃口工作时受到压力及摩擦力的作用。根据被切板料的厚度，冷冲裁模分为薄板冲裁模(板厚≤1.5mm)和厚板冲裁模(板厚>1.5mm)两种。在冲裁软质薄板时，冲头的压力并不大。在冲裁中、厚钢板时，尤其是在厚钢板上冲小孔时，冲头所承受的压力很大，对模具要求很高。

2. 冷弯曲模的工作条件

冷弯曲模主要用于各种金属零件的弯曲成型，作用于模具的力量不是很大。但对有些模的形状过于复杂而造成巨大的应力集中时，则要求具有高的断裂抗力。

3. 拉深模的工作条件

拉深模主要用于软质板材的冷拉深成型，这一工序的工作应力不大，要求模具的工作面持较低粗糙度，不发生粘着磨损和擦伤。如果被拉深的板材较薄，强度较低，塑性较高，具承受载荷较小时，属于轻载拉深；如被拉深材料强度较高或板材较厚时，则模具承受载荷较大，属于重载拉深。

4. 冷镦模的工作条件

冷镦成型工艺主要用在紧固件、滚动轴承、滚子链条、汽车零件等。零件的冷镦成型在冷镦机上进行，冷镦频率为 60~120 次/min，冲击力从 300~2500kN 。冷镦凸模承受强烈的冲击力，又由于被冷镦材料硬度不均，坯料端面不平，冷镦机精度不够等原因，还可使凸模产生弯曲应力；冷镦凸模表面还承受剧烈的冲击性摩擦，可使凸模表面磨损。冷镦凹模的型腔承受冲击性胀力，型腔表面还承受强烈的摩擦和压力。

5. 冷挤压模的工作条件

冷挤压模成型时，凸模受到巨大的压应力，当毛坯端面不平整，凸模和凹模不同心时，凸模必然会受到弯曲应力的作用。此外，脱模时由于毛坯与凸模之间的摩擦，使凸模还受到拉应力的作用。因此，在多种作用力的叠加作用下，在凸模应力集中处，极易发生脆性断裂（折断、劈裂等）。同时，凹模内壁受到变形金属的强烈摩擦，容易导致磨损。此外，凹模还受到切向应力的作用，有胀裂的可能。

冷镦模和挤压模主要用于变形成型。根据工件的形状、尺寸及形变量以及被加工材料的度、强度、加工硬化能力，模具的载荷也有很大差别。总的看来，在冷镦和冷挤压中，冲承受巨大的压力，凹模则承受巨大的胀力。由于金属在凹模中剧烈运动，使冲头和凹模的作面受到剧烈的摩擦。这种摩擦及金属的剧烈变形将产生热量，致使模具表面的瞬时温度 200~300℃。由此可见，冷镦模、冷挤压模的共同特点是：要求凹模能承受巨大的压力、摩擦力，在工作时不变形、不开裂、不易磨损、不易折断。

在上述各类模具中，以冷镦模和冷挤压模的工作条件最苛刻，要求模具具有高的变形抗力、高的耐磨性和高的断裂抗力（包括疲劳断裂抗力）。冷冲裁模的工作条件也较苛刻，要求模具具有高的耐磨性、高的韧性和高的断裂抗力（包括疲劳断裂抗力）。

（三）冷作冲压模具的失效特点

1. 冲裁模

冲裁模凸、凹模刃口承受垂直压力、侧面挤压力和刃口部分的摩擦力，因而要求凸模尤其是小凸模不被镦粗和弯曲，刃口不易变形和磨损。这就要求凸、凹模硬度高、强度高、韧性好，耐磨性好。尤其对于薄板冲裁模具的工作零件用材要求更是如此，而对厚板冲裁模除了要求具有高的耐磨性、抗压屈服点外，为防止模具断裂或崩刃，还应具有高的断裂抗力、较高的抗弯强度和韧性。

2. 弯曲模

弯曲模弯曲时，凹模圆角和洞口承受较大的摩擦力，由于弯曲成型时，凸、凹模要对零件进行校正，提高弯曲件质量，凸模和凹模受到较大的垂直压力，这就要求凸、凹模硬度高、耐磨性好、强度高、不变形。

3. 拉深模

拉深模主要是毛坯在压紧时从凹模圆角拉入凹模洞口，因而凹模圆角和洞口承受较大的摩擦力，因而要求凹模硬度高、耐磨性好、凸、凹模强度高、不变形。

4. 冷挤压模

对于冷挤压模，要求凸、凹模具有高硬度、高强度、高疲劳抗力。

（四）冷冲压模具常用材料

1. 各类冷冲压模具的材料性能要求

（1）冲裁模材料的要求

通过对冷冲裁模工作条件及失效形式的分析，对薄板冷冲裁模用钢则要求具有高的耐磨性，而对厚板冷冲裁模用钢除要求具有高的耐磨性、抗压屈服点外，为防止模具崩刃或断裂，还应具有高的强韧性。

由此可见，冷冲裁模的性能要求是刃口强韧、耐磨。对于冷冲裁厚钢板的冲头，除了要求具有高的耐磨性、抗压屈服点外，为防止模具断裂或崩刃，还应具有高的断裂抗力、较高的抗弯强度和韧性。除要求具有强韧性、耐磨性外，还要求冲头不变形、不折断。

（2）拉深模材料的要求

要求模具工作零件材料具有良好的抗黏附性(抗咬合性)、高的耐磨性和硬度、一定的强韧性以及较好的切削加工性能，在工作时不发生黏附和划伤，并要求热处理时模具变形小。

（3）冷挤压模材料的要求

要求模具工作零件有高的强度和硬度、高耐磨性，制作冷挤压模的材料必须具有高强韧性及良好的耐磨性，为避免冲击折断，还要求有一定的韧性。硬度一般要求为 61~63HRC，硬度过高，模具容易碎裂、崩块；硬度不够，模具容易磨损，也可能发生压塌及变形。由于冷挤压时，模具承受极大的挤压力，故模具抗压强度要高，为防止折断，抗弯强度也要高。此外，冷挤压是在整个模具型腔内进行，金属变形产生的热量很大，模具温度达到 300℃左右，这就要求模具具有较高的高温强度及硬度。由于模具是在冷热交变条件下工作，模具材料还应具有较高的冷热疲劳抗力。

2. 常用冲压模具材料的种类及特性

制造冲压模具的材料有钢材、硬质合金、钢结硬质合金、锌基合金、低熔点合金、铝青铜、高分子材料等等。目前制造冲压模具的材料绝大部分以钢材为主，常用的模具工作部件材料的种类有：碳素工具钢、低合金工具钢、高碳高铬或中铬工具钢、中碳合金钢、高速钢、基体钢以及硬质合金、钢结硬质合金等等。常用模具材料及热处理如表 4-3 所示。

表 4-3　常用模具材料及热处理要求

零件名称	选用材料	热处理要求
形状简单的凸模	T8A、T10A、Cr6WV、9Mn2V、Cr12MoV、Cr12	淬火 HRC56-60，尾部回火 HRC40-50 淬火 HRC58-62，尾部回火 HRC40-50
凹模模板及圆凹模	T10A、9Mn2V、Cr12、Cr6WV、Cr12MoV	淬火 HRC58-62
形状复杂的凸模、凹模及其镶块	Cr12、Cr12MoV	淬火 HRC58-62
板模的凸模、凹模	T7A	淬火 HRC45-48
上模座、下模座	HT20-40、Q235、QT40-17、ZG45	
模柄	Q235、45 钢	
凸模固定板、凹模固定板	Q235、45 钢	
卸料板	Q235、45 钢	45 钢　硬度设计自定
导料板	Q235、45 钢	45 钢　调质 HRC28-32
侧刃	T10A、Cr6WV、9Mn2V、Cr12	淬火 HRC56-60 淬火 HRC58-62
切刀	T10A	淬火 HRC56-60
导柱、导套	20 钢、GCr15	渗碳深度 0.8~1.2mm 淬火 HRC58-62 淬火 HRC62-66
挡料销	45 钢	HRC43-48
垫板	45 钢、T7A	硬度设计自定
顶板、顶杆、推杆	45 钢	淬火 HRC43-48

（1）碳素工具钢

模具钢中应用最广、价格最便宜。退火状态下硬度比合金钢低，因此加工性能好；锻造、退火、淬火容易掌握。适用制造尺寸不大、形状简单的冲模工作零件。但存在淬透性、耐磨性差，淬火变形大，承载能力较低、使用寿命低的缺点。

（2）低合金工具钢

低合金工具钢是在碳素工具钢的基础上加入了适量的合金元素。与碳素工具钢相比，减少了淬火变形和开裂倾向，提高了钢的淬透性，耐磨性亦较好。

这类钢可以油淬，淬透性好，淬火变形小。9Mn2V 比 TlOA 具有较高的硬度和耐磨性，机械加工性能好，用 9Mn2V 代替 TlOA 可以得到较好的效果；用它冲制 4mm 以下的钢板，每刃磨一次可以冲制 2~2.5 万次，比碳素工具钢的寿命提高一倍以上。CrWMn 具有较高的淬透性、硬度和耐磨性，并且淬火变形小，因此可以用来制造形状复杂的模具和线切割加工的模具零件。

（3）高碳高铬工具钢

常用的高碳高铬工具钢有 Cr12 和 Cr12MoV、Cr12Mo1V1(代号 D2)，它们具有较好的淬透性、淬硬性和耐磨性，热处理变形很小，为高耐磨微变形模具钢，承载能力仅次于高速钢。但碳化物偏析严重，必须进行反复镦拔(轴向镦、径向拔)改锻，以降低碳化物的不均匀性，提高使用性能。

（4）高碳中铬工具钢

用于模具的高碳中铬工具钢有 Cr4W2MoV、Cr6WV 、Cr5MoV 等，它们的含铬量较低，共晶碳化物少，碳化物分布均匀，热处理变形小，具有良好的淬透性和尺寸稳定性。与碳化物偏析相对较严重的高碳高铬钢相比，性能有所改善。

（5）高速钢

高速钢具有模具钢中最高的硬度、耐磨性和抗压强度，承载能力很高。W18Cr4V、W6Mo5Cr4V2 为高速钢典型钢种，具有很高的硬度、抗压强度和耐磨性，但韧性较低，工作时有可能产生崩刃或断裂，而且价格较贵。模具中常用的有 W18Cr4V(代号 8-4-1)和含钨量较少的 W6Mo5Cr4V2(代号 6-5-4-2，美国牌号为 M2)以及为提高韧性开发的降碳降钒高速钢 6W6Mo5 Cr4V(代号 6W6 或称低碳 M2)。高速钢也需要改锻，以改善其碳化物分布。

（6）基体钢

在高速钢的基本成分上添加少量的其他元素，适当增减含碳量，以改善钢的性能。这样的钢种统称基体钢。它们不仅有高速钢的特点，具有一定的耐磨性和硬度，而且抗疲劳强度和韧性均优于高速钢，为高强 韧性冷作模具钢 ，材料成本却比高速钢低。模具中常用的基体钢有 6Cr4W3Mo2VNb(代号 65Nb)、7Cr7Mo2V2Si(代号 LD)、5Cr4Mo3SiMnVAL(代号 012AL)等。

（7）硬质合金和钢结硬质合金

硬质合金的硬度和耐磨性高于其他任何种类的模具钢，但抗弯强度和韧性差。用作模具的硬质合金是钨钴类 ，对冲击性小而耐磨性要求高的模具，可选用含钴量较低的硬质合金。对冲击性大的模具，可选用含钴量较高的硬质合金。

钢结硬质合金 是以铁粉加入少量的合金元素粉末（如铬、钼 、钨、钒等）做粘合剂，以碳化钛或碳化钨为硬质相，用粉末冶金方法烧结而成。钢结硬质合金的基体是钢，克服了硬质合金韧性较差、加工困难的缺点，可以切削、焊接、锻造和热处理。钢结硬质合金含有大量的碳化物，虽然硬度和耐磨性低于硬质合金，但仍高于其他钢种，经淬火、回火后硬度可达 68~73HRC。

3. 冷冲压模具材料的选用

选用冷冲压模具材料应考虑工件生产的批量，若批量不大就没有必要选择高寿命的模具材料；还应考虑被冲工件的材质及工作条件，不同材质、不同工况适用的模具材料亦有所不同。例如：冷挤压模的耐磨性是决定模具寿命的重要因素，钢材的耐磨性取决于碳化物等硬质点相的状况和基体的硬度，两者的硬度越高，碳化物的数量越多，则耐磨性越好。常用冷挤压模具钢材按耐磨性的优劣依次为：钢结硬质合金→高速钢→高碳高铬钢→基体钢→合金工具钢→碳素工具钢。此外还必须考虑工件的厚度、形状、尺寸大小、精度要求等因素对模具材料选择的影响。下面以冷冲裁模为例说明冷冲压模材料的选用：

（1）传统模具用钢的选用

1）薄板模具用材

长期以来，国内薄板冲裁模用钢为 T10A、CrWMn、9Mn2V、Cr12 和 Cr12MoV 等。其中 T10A 为碳素工具钢，有一定强度和韧性。但耐磨性不高，淬火容易变形及开裂，淬透性差，只适用于工件形状简单、尺寸小、数量少的冲裁模具。

CrWMn、9Mn2V 是高碳低合金钢种，淬火操作简便，淬透性优于碳素工具钢，变形易控制。但耐磨性和韧性仍较低，应用于中等批量、工件形状较复杂的冲裁模具。

Cr12 和 Cr12MoV 为高碳高铬钢，耐磨性较高，淬火时变形很小，淬透性好，可用于大批量生产的模具，如硅钢片冲裁模。但该类钢种存在碳化物不均匀性，易产生碳化物偏析，冲裁时容易出现崩刃或断裂。其中 Cr12 含碳量较高，碳化物分布不均比 Cr12MoV 严重，脆性更大一些。

2）厚板模具用材

厚板冲裁模承受的冲压力高于薄板冲模，为重载冲裁模，易磨损、崩刃和断裂，所以要求模具材料应具有高的耐磨性和强韧性。传统的重载冲裁模具钢种主要有 T8A、Cr12MoV、W18Cr4V 等。

当工件的批量极大时，可以考虑选用硬度和耐磨性比各类模具钢种更高的硬质合金或钢结硬质合金。用作模具材料的硬质合金为钨钴类，随着含钴量的增加，韧性及抗弯强度提高而硬度降低。对于承受冲击力较小的模具，可以选用含钴量较低的 YG10X；承受冲击力中等或较大的模具，可以选用含钴量较高的 YG15 或 YG20。硬质合金的缺点为韧性较差、难以加工，作为模具的工作部件可以设计为镶拼结构。钢结硬质合金的性能介于硬质合金和高速钢之间，能够机械加工和热处理，可以用于制作复杂的高寿命模具。用作冲裁模的钢结硬质合金有 DT、GT35、TLMW50、GW50 等。

（2）冷作模具新钢种

国内应用较多的新型冷作模具钢种，按钢中合金化元素含量及具有的基本性能将其划分为高碳低合金钢、高速钢基体钢、高碳中铬耐磨钢以及改良型高速钢等不同特性的四类。

1）高碳低合金钢

属于此类型的有高强韧低合金冷作模具钢 GD、火焰淬火钢 CH 等，钢中含碳量在 0.65%~0.85%之间，低于同类老钢种。主要合金化元素为 Cr、Mn、Si 和 Ni，并用少量强碳化物元素 W、Mo、V 补充合金化。

这类钢一般采用淬火、低温回火，得回火马氏体基体，弥散分布少量碳化物。这种组织强度高，韧性好，有一定耐磨损性能。常用于工作刃口温度不高、要求强韧性好的冷挤、冷镦和冲裁模具。

2）高速钢基体钢

此类应用较成功的钢种有 65Nb、LM1、LM2、CG2 和 012A1 等。此类钢具有与高速钢 W6Mo5Cr4V2、W18Cr4V 淬火基体组织相似的化学成分。与高速钢组织相比，钢中共晶碳化物数量少，尺寸细小且分布均匀。这样既保持了高速钢的高抗压强度、红硬性和高耐磨性能，又提高了韧性和抗疲劳性能，实现了强韧性、红硬性和耐磨性较好地统一。这类钢主要用于强韧性和耐磨要求高的场合，如加工难变形材料的模具及大型、复杂、受冲击载荷大的模具。

3）高碳中铬耐磨钢

属于此类钢的有 LD、GM 钢等。这些钢种可视为在高碳高铬莱氏体钢的成分基础上发展起来的一类新型高耐磨钢。降低了钢中碳和铬的含量，以减少共晶碳化物。添加 W、Mo、V、Si 和 N 等合金元素，以提高钢的耐磨性。这类钢一般经淬火及高温回火后，具有较强的二次硬化效应和较高的强韧性和耐磨性。主要用于代替 Cr12、Cr12MoV 及高速钢模具的应用领域，有较好的技术经济效益。

4）改良型高速钢

属于此类钢的有 6W6、W9、M2Al 钢等。这类钢均由用作刀具材料的 W-Mo 系通用高速钢演变而来。在保证原高速钢红硬性和耐磨性的同时，通过合金化元素的调整或添加一些新的元素，以改善高速钢的韧性和塑性。M2Al 种采用 Al、Nd 等元素补充合金化，使其具有更优异的红硬性和耐磨性能，达到含 Co 高速钢的性能水平，用作生产批量大的高精度冲裁模和冷挤模具，收到很好的使用效果。

主要钢种的具体内容如下：

① Cr12Mo1V1(代号 D2)钢　为美国 ASTM 标准中 D2 钢引进的钢种，属 Cr12 型钢。由于 D2 钢中 Mo、V 含量增加，细化了晶粒，改善了碳化物的分布状况，因此 D2 钢的强韧性(冲击韧度、抗弯强度、挠度)比 Cr12MoV 钢有所提高，耐磨性和抗回火稳定性也比 Cr12MoV 更高，可用深冷处理，提高硬度并改善尺寸稳定性。用 D2 钢制作的冲裁模具寿命要高于 Cr12MoV 钢模具。D2 钢的锻造性能和热塑成形性比 Cr12MoV 钢略差，机械加工性能和热处理工艺与 Cr12 型钢相似。

② Cr6WV 钢　为高耐磨微变形高碳中铬钢，碳、铬含量均低于 Cr12 型钢，碳化物的分布状态较 Cr12MoV 均匀，具有良好的淬透性。热处理变形小，机械加工性能较好。抗弯强度、冲击韧度优于 Cr12MoV，只是耐磨性略低于 Cr12 型钢。用于承受较大冲击力的高硬度、高耐磨板料冲裁模，其效果好于 Cr12 型钢。

③ Cr4W2MoV 钢　也是高耐磨微变形高碳中铬钢，替代 Cr12 型钢而研制的钢种，碳化物均匀性好，耐磨性高于 Cr12MoV，适于制作形状复杂、尺寸精度要求高的冲压模具，可用于硅钢片冲裁模。

④ 7CrSiMnMoV(代号 CH-1)钢　为空淬微变形低合金钢、火焰淬火钢，可以利用火焰进行局部淬火，淬硬模具刃口部分，具有良好的淬透性和空冷淬硬性(可达 60HRC 以上)、变形小、使用寿命较高等特点，由于操作简便，淬火后不需要再加工，也使模具生产周期缩短，成本降低，同时，强度和韧性较高，崩刃后能补焊。适用于修边、落料、冲孔和成型等冷作模具，可代替 CrWMn、Cr12MoV 钢，制作形状复杂的冲裁模。尤其对于具有立体型面采用仿形加工的大型冲模更可显示出独特的优越性。

⑤ 6CrNiSiMnMoV(代号 GD)钢　为高韧性低合金钢，GD 钢的碳含量比一般工具钢稍低，加入 Cr、Mn 以保证钢的淬透性，同时加入两种强韧性元素 Si 和 Ni，并引入少量的细化晶粒元素 Mo 和 V，所形成的特殊碳化物可以细化晶粒，又可以提高耐磨性。因此，GD 钢经适宜的热处理后有足够的硬度和优良的强韧性。淬透性好，空淬变形小，耐磨性较高。其强韧性显著高于 CrWMn 和 Cr12MoV 钢，不易崩刃或断裂。尤其适用于细长、薄片状凸模及形状复杂、大型薄壁凸(凹模)，中厚板冲裁模及剪刀片，精密淬硬塑料模具等。

⑥ 9Cr6W3Mo2V2(代号 GM)钢　为高耐磨高强韧合金钢，各项工艺性能良好，其耐磨性、强韧性、加工性能均优于 Cr12 型钢，能够用于高速压力机冲压下的多工位级进模等精密模具，是较理想的耐磨、精密冲压模具用钢。

⑦ 6W6Mo5Cr4V(6W6)钢　为高强韧性高速钢，由于降低了碳化物的含量和分布均匀性，使其在保持硬度和耐磨性的同时，抗弯强度、冲击韧性和塑性都有显著提高，虽然耐磨性略低，仍可用低温氮碳共渗提高表面硬度和耐磨性。其热处理工艺和高速钢 W6Mo5Cr4V2 相似。

⑧ 6Cr4W3Mo2VNb(65Nb)钢　65Nb 钢取自 W6Mo5CrV2 钢正常淬火后的基本成分，碳含量比高速钢低，碳质量分数的中限为 0.65%，故名 65Nb。其成分相当于 M2 钢淬火组织中的基体，但碳含量在 0.65%左右，较一般基体钢为高，以增加一次碳化物量和提高耐磨性，钢中含 4%Cr、3%W、2%Mo 和 1%V，这些元素的作用与在高速钢中的作用相似，还加入 0.2%~0.35%Nb。少量 Nb 的加入，可形成高稳定性的碳化物 NbC，能有效阻止奥氏体晶粒长大，改善钢的力学性能和工艺性能。对提高 65Nb 钢的强、韧性，改善其工艺性能有重要作用。铌的作用主要如下：

(a) 能生成比较稳定的 NbC，可溶入 MC 和 M_2C 碳化物中，增加其稳定性，使碳化物在淬火加热时溶解缓慢，阻止晶粒长大，使晶界呈弯曲状；

(b) 使奥氏体中的贫碳区增加，淬火后可以获得较多细小的板条状马氏体；

(c) 铌还使回火过程中析出的 M_2C、MC 碳化物弥散细小，稳定性好。

因此 65Nb 钢有比较宽的淬火和回火温度范围，同时，具有较好的耐磨性和较强的高温韧性，可以代替 Cr12MoV、W18Cr4V 钢，用于重载冲裁模和冷挤压模、冷镦模、温热挤压、厚板冷冲、冷镦等模具，特别适于制作难变形材料用的大型复杂模具。

⑨ 7Cr7Mo2V2Si (LD)钢　含碳、含钴量高于 65Nb，加入一定的铬、钼、钒元素，有

利于通过“二次硬化”细化晶粒，保证较高的硬度和耐磨性。因此其抗压、抗弯强度和耐磨性均高于65Nb，由于具有良好的强韧性和耐磨性，因而适于制造各种冷墩、冷挤压模，如：钢球、滚子、螺钉套筒头等重载模具。

⑩ 5Cr4Mo3SiMnVAL（012AL）钢　012AL 钢中加入质量分数为 0.3%～0.7% 的铝，目的是为了细化晶粒，提高钢的冲击韧性和热加工塑性，加 Si 则为了强化基体。012AL 钢强韧性高，综合性能好，通用性强，是冷、热兼用型模具钢。其抗弯强度及挠度高于 W18Cr4V 高速钢，代替高速钢作模具时很少发生折断现象。可以用作中厚板料冲裁模具和各类冷、热作模具。

（五）冷冲压模具材料的热处理

在模具材料选定之后，必须配以正确的热处理，才能保证模具的使用性能和寿命。

1. 冷冲压模具的制造工艺路线

模具的成型加工和热处理工序安排对模具的质量也有很大影响，在制定与实施热处理工艺时，必须予以考虑。通常冷冲压模具的制造工艺路线有以下几种。

（1）一般成型冷冲压模具

一般成型冷作模具的制造工艺路线：锻造→球化退火→机械加工成型→淬火与回火→钳修装配。

（2）成型磨削及电加工冷作模具

成型磨削及电加工冷作模具的制造工艺路线：锻造→球化退火→机械粗加工→淬火与回火→精加工成型(凸模成型磨削，凹模电加工)→钳修装配。

（3）复杂冷冲压模具

复杂冷作模具的制造工艺路线：锻造→球化退火→机械粗加工→高温回火或调质→机械加工成型→钳工修配。

在热处理工序安排上要注意以下几点：

① 对于位置公差和尺寸公差要求严格的模具，为减少热处理变形，常在机加工之后安排高温回火或调质处理；

② 对于线切割加工模具，由于线切割加工破坏了淬硬层，增加了淬硬层脆性和变形开裂的危险性，因而，线切割加工之前的淬、回火，常采用分级淬火或多次回火和高温回火，以使淬火应力处于最低状态，避免模具线切割时变形、开裂；

③ 为使线切割模具尺寸相对稳定，并使表层组织有所改善，工件经线切割后应及时进行再回火，回火温度不高于淬火后的回火温度。

2. 冷冲压模具的热处理

模具在最终淬火、回火之前进行的正火、球化退火、调质以及低温回火等统称预备热处理，而最终热处理工序是使模具获得必要的性能，保证模具寿命的重要工序。下面介绍主要冷冲压模具最终热处理工艺及避免热处理缺陷的措施。

（1）冷冲裁模的热处理

冷冲裁模的工作条件、失效形式、性能要求不同，其热处理特点也不同。

1）薄板冷冲裁模的热处理

对于薄板冷冲裁模，应具有高的精度和耐磨性，因此在工艺上应保证模具热处理变形小、不开裂和高硬度。通常根据模具材料类型采用不同的减少变形的热处理方法。

2）厚板冷冲裁模的热处理

厚板冷冲裁模的主要失效形式是崩刃和折断，为使模具寿命延长，关键是提高模具的强韧性，即保证模具具有高的断裂抗力。为提高厚板冷冲裁模的强韧性，采用细化奥氏体晶粒处理、细化碳化物处理、等温淬火工艺、低温淬火低温回火等方法。

3）冷冲裁模的热处理

① 淬火　淬火时最容易产生的缺陷是模具的变形与开裂，因此，淬火操作的关键是既要保证模具在热处理时不开裂，又要减少热处理后模具的变形。

模具通常需缓慢加热，特别是形状复杂、厚薄不均的模具更要保证模具各部位温度均匀，以防止热膨胀引起翘曲变形。箱式电阻炉加热比盐浴炉加热缓慢，加热均匀，对形状复杂的模具一般在箱式电阻炉中加热。

箱式电阻炉加热时，为防止氧化脱碳应装箱保护，在模具四周填些保护剂。常用的保护剂有木炭、铸铁屑等。

② 回火　选择回火介质时要注意安全，热油回火温度不应超过 250℃。为防止发生火灾应备有密合的盖子和干砂，万一热油烧着，则应立即用盖子盖严并在四周撒上干砂。硝盐是强氧化剂，如遇还原性物质或发生漏盐遇明火，则会引起燃烧或爆炸。硝盐回火规定使用最高的温度是 550℃，回火时避免超过此温度。

4）冷冲裁模的表面强化处理

常规热处理后，模具硬度在 60HRC 左右，难以满足对模具耐磨性及长寿命要求，为提高冷冲裁模的耐磨性和延长其使用寿命，常进行表面强化处理，主要工艺方法有：氮碳共渗、渗硼、化学气相沉积（CVD 法）、化学镀等。

（2）冷镦模的热处理

冷镦模的失效形式主要是开裂、折断，即由韧性不足导致的失效占 90%以上，材料韧性不足极大地影响着模具寿命。因此，如何通过热处理工艺制度的改善获得高耐磨、高强韧性是延长冷镦模寿命的关键之一。

根据冷镦模的性能要求，冷镦模的热处理有如下特点：

① 对于碳素工具钢制冷镦凹模，常采用喷水淬火法。喷水淬火与整体淬火相比，模具的韧性高，硬度均匀，这样可以避免过早开裂。另外，碳素工具钢冷镦模采用片状珠光体组织预处理，模具寿命可显著延长。

② 冷镦模必须充分回火，回火保温时间应在 2h 以上，并进行多次回火，使其内应力全部释放。整体淬火的合金钢冷镦模更需如此。

③ 采用中温淬火、中温回火工艺。对于 Cr12MoV 钢制冷镦凹模，采用 1030℃加热淬火和 400℃中温回火，可获得最佳的强韧性配合，冷镦模的断裂抗力明显提高。

④ 采用快速加热工艺。快速加热可以获得细小的奥氏体晶粒，不仅能减小淬火变形，而且可以提高模具的韧性。

⑤ 采用表面处理。为了提高冷镦模的耐磨性和抗咬合性，冷镦模通常进行渗硼和氮碳共渗。通过渗硼，模具表面形成硬度高达 1100HV 以上的硼化层，模具基体也得到强化，模具寿命大幅度延长。

典型冷镦模的热处理规范见表4-4。

表4-4 典型冷镦模的热处理规范

钢号	工艺规范
T10A	① 快速加热淬火工艺：温度960~980℃，喷水淬火形成薄壳硬化状态 ② 粗加工后完全退火，840℃加热保温3h炉冷至500℃出炉空冷，最终热处理为830~850℃加热后水淬油冷，200℃回火，硬度为60~62HRC ③ 两段回火工艺：将原240℃回火2h改为200℃回火1h，再260℃回火1h，寿命延长50%~100%
60Si2Mn	等温淬火工艺：870℃加热保温后，250℃等温淬火，250℃回火，硬度为55~57HRC
Cr12MoV	① 优化回火工艺，改170℃3h回火为220℃3~4h回火，硬度59~61HRC ② 中温淬火、中温回火工艺：1020~1040℃淬火，400℃回火，硬度54~57HRC
W6Mo5Cr4V2	低温淬火工艺：1160℃淬火，300℃回火
6Cr4W3Mo2VNb	① 1120℃油淬+560℃×2h回火 ② 1120℃油淬+550℃×1h回火+580℃×1.5h回火

(3)冷挤压模的热处理特点

根据冷挤压模材料的性能要求，即具有高的硬度、耐磨性、抗压强度、高强韧性，一定的抗耐热疲劳性和足够的回火抗力。为了满足这一要求，在材料选定的情况下，必须注意其热处理特点。

① 对于易断裂或易胀裂、回火抗力和耐磨性要求不高的冷挤压模，一般采用常规工艺的下限温度淬火，再经回火就可以得到高的强韧性。

② 高碳高合金钢制冷挤压模，一般要采用较长时间的回火或多次回火，消除应力，提高韧性，稳定尺寸。

③ 对于以脆性破坏(折断、劈裂)为主、韧性不足的冷挤压模常采用等温淬火工艺，其等温温度常在M_s+(20~50℃)范围内，经等温淬火后再采用二次回火以减小内应力和脆性。

④ 应用表面强化处理　为获得高的表面硬度和表面残余压应力，冷挤压模常采用表面渗氮、氮碳共渗、镀硬铬和渗硼等工艺，如Cr12MoV冷挤压凹模经990℃盐浴渗硼后，使用寿命可延长数倍。又如：活塞销冷挤压凸模采用W6Mo5Cr4V2钢制造，经气体氮碳共渗后寿命延长2倍以上。其主要原因是采用表面强化处理后增加了模具的耐磨性，而且会增加抗咬合能力，改善了表面应力状态。

⑤ 在使用过程中进行低温去应力回火　冷挤压模在使用一段时间后常将模具的成型部位再进行回火，其主要目的是消除使用过程中产生的应力，消除由于挤压载荷交变作用引起的内应力集中和疲劳。表4-5为典型冷挤压模的热处理规范。

表4-5 典型冷挤压模的热处理规范

钢　号	工 艺 规 范
Cr12MoV	1020~1030℃加热，200~220℃硝盐分级淬火+160~180℃2h回火3次，硬度62~64HRC
W6Mo5Cr4V2	凸模：1200℃加热，300℃分级淬火+500℃×2h回火2次 凹模：1280℃加热，300℃分级淬火+500℃×2h回火2次
LD	凸模：850℃预热，1120~1150℃油淬，560℃×1h回火3次，空冷，硬度60~62HRC
65Nb	凹模：840℃预热，1100~1180℃热油淬+520~580℃×2h回火2次

(4) 拉深模的热处理特点

拉深模应具有高的硬度、良好的耐磨性和抗黏附性能。为了保证性能要求，在制定和实施热处理工艺时主要注意以下两点：

① 要避免模具表面产生氧化脱碳　氧化脱碳会造成模具淬火后硬度不足或出现软点。当表面硬度低于500HV时，模具表面就会出现拉毛现象。同时还要防止磨削引起二次回火，使表面硬度降低。

② 为了提高拉深模表面的抗磨损和抗黏附性能，常对模具进行表面处理，如渗氮、渗硼、镀硬铬、渗钒等。

典型拉深模的热处理规范见表4-6。

表4-6　典型拉深模的热处理规范

钢　号	工　艺　规　范
Cr12MoV	① 1030℃淬火+200℃硝盐分级淬火5~8min+160~180℃回火3h，硬度62~64HRC ② (1050~1080℃)×2h油淬+500℃×2h回火3次+450~480℃离子渗氮
QT500-7	600~650℃预热+(890℃±10℃入盐水中冷至550℃，入油中冷至250℃，入热油(180~220℃进行分级淬火)+180~220℃回火5~7h
7CrSiMnMoV	890℃油淬+200℃回火2h，硬度60~62HRC

二、塑料模具材料概述

塑料模具是利用其自身特定的形状和尺寸来成型塑料制品的。由于塑料制品形状复杂、表面粗糙度要求高，因而塑料模具的制造难度较大。如何正确合理地选用模具钢材，对模具的制造和使用都具有重要意义。

塑料模具按塑料品种不同，可以分为两大类，即热固性塑料压模和热塑性塑料注射模，分别用来成型热固性和热塑性两大类塑料制品。

(一) 塑料模具的失效形式与材料的性能要求

塑料模具的使用寿命与模具的工作条件及失效形式有着密切关系。不同的工作条件，不同类型的模具，其失效形式也各不相同，所以对模具性能要求也不同。

1. 塑料模具的工作条件

随着高性能塑料的发展和不断生产，塑料制品的种类日益增多，用途不断扩大，制品向密集化、大型化、复杂化发展，成型生产向高速化发展，模具的工作条件也日趋复杂。

热固性塑料压模和热塑性塑料注射模的工作条件及特点见表4-7。

表4-7　热固性塑料压模和热塑性塑料注射模的工作条件及特点

模具名称	工作条件	特　点
热固性塑料压模	温度为200~250℃、受力大、易磨损、易侵蚀	压制各种胶木粉、一般含大量固体填充剂，多以粉末直接放入压模，热压成型，受力较大，磨损较重
热塑性塑料注射模	受热、受压、受磨损，但不严重。部分品种含有氯及氟，在压制时放出腐蚀性气体，侵蚀型腔表面	通常不含固体填料，以软化状态注入型腔，当含有玻璃纤维填料时，对型腔的磨损加剧

2. 塑料模具的主要失效形式

由前所述，塑料模具的主要失效形式是表面磨损、塑性变形及断裂等，但由于对塑料制品的表面粗糙及精度要求较高，所以，因表面磨损造成的模具失效比例较大。

（1）表面磨损

1）模具型腔表面粗糙度恶化

热固性塑料对模具表面严重摩擦，会造成表面拉毛而使模具型腔表面粗糙度变大，这必定会影响到压制件的外观质量，需要及时卸下抛光。经多次抛光后，会由于型腔尺寸超差而失效。

2）模具型腔尺寸超差

当塑料中含有云母粉、石英砂、玻璃纤维等固体无机填料时，会明显加剧模具的磨损。这不仅会使型腔表面粗糙度迅速恶化，也会使模具型腔尺寸急剧变化。

3）型腔表面侵蚀

由于塑料中存在氯、氟等元素，受热分解析出 HCl、HF 等强腐蚀性气体，侵蚀模具表面，加剧其磨损失效。

（2）塑性变形

模具在持续受热、受压力作用下，发生局部塑性变形失效。以渗碳钢或碳素工具钢制造的胶木模，特别是小型模具在大吨位压力机上超载使用时，容易产生表面凹陷、麻点、棱角堆塌等，特别是在棱角处更容易产生塑性变形。产生这种失效，主要是由于模具型腔表面的硬化层过薄，变形抗力不足；或是模具在热处理时回火不足，在服役时，工作温度高于回火温度，继续发生组织转变而发生“相变超塑性”流动，使模具早期失效。为防止塑性变形，需将模具处理到足够的硬度及硬化层深度，如对碳素工具钢，硬度应达到 52~56HRC，渗碳钢的渗碳层厚度应大于 0. 8mm。

（3）断裂

断裂失效是一种危害性较大的快速失效形式。塑料制品成型模具形状复杂，存在许多棱角、薄壁等部位，在这些位置会产生应力集中而发生断裂。为此，在设计制造中除热处理时要注意充分回火外，主要应选用韧性较好的模具钢制造塑料模具，对于大、中型复杂型腔胶木模，应采用高韧性钢（渗碳钢或热作模具钢）制造。

3. 塑料模具材料的性能要求

塑料制品在工业及日常生活中得到了广泛应用。塑料模具已向精密化、大型化和多型腔化的方向发展，对塑料模具钢的性能要求越来越高，一些工业发达国家已有独立的塑料模具钢种系列。塑料模具钢的性能应根据塑料种类、制品用途、成型力法和生产批量大小而定。一般要求热处理工艺简便，热处理变形小或者不变形等。

（1）切削加工性能

对于大型、复杂和精密的挤压和注射模具，通常预硬化到 28~35HRC 之间，再进行切削和磨削加工至所要求的尺寸和精度后，直接投入使用，从而避免了热处理变形、氧化和脱碳的缺陷。加入易切削元素 S、Co 和稀土，用以改善预硬钢的切削加工性能。

（2）镜面加工性能

激光盘和塑料透镜等塑料制品的表面粗糙度要求很高，主要由模具型腔的粗糙度来保证。一般模具型腔的粗糙度要比塑料制品的高一级。模具钢的镜面加工性能与钢的纯洁度、组织、硬度和镜面加工技术有关。硬度高、显微组织细小而均匀、非金属夹杂少，均有利于提高镜面抛光性。镜面抛光性要求高的塑料模具钢常采用真空熔炼或真空除气。

(3) 图案蚀刻性能

某些塑料制品表面要求呈现清晰而丰满的图案花纹，还有皮革工业中的大型皮纹压花版，都要求模具钢有良好的图案光刻性能。图案光刻性能对材质的要求与镜面抛光性能相似，钢的纯洁度要高，组织要致密，硬度要高。

(4) 耐蚀性能

含氯和氟的树脂以及在 ABS 树脂中添加抗燃剂时，在成型过程中将释放出有腐蚀性的气体。对于这类塑料模具要选用耐蚀塑料模具钢或表面镀铬或采用镍磷非晶态表面涂层。

(5) 较高的硬度与耐磨性

塑料模具的工作硬度见表 4-8，同时保证好的耐磨性；型面硬度要求 30~60HRC，淬硬性>55HRC。并要有足够的硬化深度，心部具有足够强韧性，以免脆断、塑性变形。

表 4-8 塑料模具的工作硬度

模具类型	推荐工作硬度范围	说明
形状简单、压制加工无机填料的塑料	56~60HRC	在高压力下要求耐磨的模具
形状简单的高寿命塑料模(小型)	54~58HRC	保证较好耐磨性前提下，具有较好的强韧性
形状复杂、精度较高、要求淬火微变形的塑料模	45~50HRC	用于易折断的型芯等部件
一般软质塑料注射模	280~320HBS	无填充剂的软质塑料
压铸模、高强度热塑性塑料注射模	52~56HRC	包括尼龙、聚碳酸酯等硬性塑料及光学塑料模

(6) 一定的耐热性

模具一般在较高的温度下长期工作的，因而模具钢材必须具有相当的耐热性，且线膨胀系数要小。过大的热变形将会影响成型塑料件的质量。要求在 150~250℃ 长期工作，不氧化、不变形，尺寸稳定性好。

(7) 良好的工艺性

由于塑料模具较复杂，表面粗糙度值要求低，精度要求较高，工艺性能优良。具体要求如下：

① 热处理变形小，对精密模要求变形<0.05%，并有足够淬透性。

② 切削加工性好，要有优良的抛光、耐磨性能，镜面抛光可达 R_a 0.1 以下。抛光时不出现麻点或桔皮状缺陷，要求有好的图案花纹刻蚀性，以达到光洁、精密表面。

对切削成型塑料模，优良的切削加工性尤为重要，要求退火后 HBS≤227 为宜。基体组织细密、均匀、夹杂物少，硬化后易抛光成镜面。对大、中型复杂模具可预硬化后加工成型，表面强化。

③ 对冷压成型塑料模，要求有好的冷压成型性，退火硬度应低、塑性好，变形抗力低、冷作硬化弱，要求 HBS≤150、$\delta \geq 35\%$。当制作复杂的深型腔塑料模时，要求 HBS≤130、$\delta \geq 45\%$，便于成型加工，但淬后变形抗力要高。

④ 其他要求：焊接性能优良，锻造工艺性能良好。

(二) 塑料模具材料的种类及选用

目前我国塑料模具通用材料的选用与冷冲压模具材料类似，通常采用低碳钢及低碳合金钢、高合金渗碳钢、调质钢、碳素工具钢及合金工具钢等，此不赘述。

近年，我国引进国外通用塑料模具钢种，并自行研制了许多新型塑料模具钢，可分为预硬调质型、预硬易切削型、时效硬化型和冷挤压成型型等。以下仅介绍新型塑料模具钢。

一般塑料模具钢的选用见表 4-9。

表 4-9　塑料模具钢的选用

工 作 条 件	推 荐 钢 号
生产塑料产品批量较小、精度要求不高、尺寸不大的模具	45、55 钢或 15、20 钢渗碳
在使用过程中有较大的动载荷，生产批量较大，磨损较严重	12CrNi3A、20Cr、20GCrMnMo、20Cr2Ni4A 钢渗碳
大型、复杂、批量较大、注射成型模具或挤压成型模具	3Cr2Mo、4Cr3Mo3SiV、5CrNiMo、5CrMnMo、4Cr5MoSiV
热固性成型及要求高耐磨、高强度的塑料模具	9Mn2V、7CrMn2VMo、CrWMn、MnCrWV、GCr15、5Cr2MnWMoVS、Cr12MoV、Cr12
耐腐蚀和高精度塑料模具	4Cr13、9Cr18、Cr18MoV、Cr14Mo4V
复杂、精密、高耐磨塑料模具	25CrNi3MoAl18Ni(250)、18Ni(300)、18Ni(350)

（1）预硬调质型

属于这类钢种的有 P20、718[瑞典]和 H13 钢，718 钢可视为 P20 钢的改良型。H13 钢是典型热作模具钢。这些钢的含碳量为 0.30%~0.50%，属 Cr-Mo 系调质钢。通过添加 Ni、Mn、V 和 Si 合金元素，进一步提高钢的淬透性和回火稳定性，使在大截面上保持组织和性能的一致性。这些钢大都在钢厂进行充分锻打制成模块，经调质处理至要求的硬度 30HRC 左右，供给用户直接制模，不需要再热处理，因而完全避免了热处理变形。这类钢广泛用于制造大、中型精密注塑模。

（2）预硬易切削型

属于此类型钢的有 5NiSCa、SM1 和 8Cr2S 等。与预硬调质钢相比，其碳含量提高了，并加入了一定量易切削元素 S 或 S-Ca，改善切削性能。单一 S 系钢，在低、中速切削条件下具有良好的切削性能。由于钢中的 MnS 在热变形后会沿变形方向伸长，增加了钢的各向异性，使钢的横向塑性和韧性显著降低。采用 S-Ca 复合系和喷射冶金技术，可以改善钢中 MnS 的形态和分布，从而改善钢的等向性能。因此提高钢中含碳量和调质硬度为 36~45HRC 时，用户不需再热处理，可直接制造模具，仍能顺利进行切削加工，且降低了模具表面粗糙度，提高了耐磨性能。这类预硬易切削塑料模具钢适用于大、中型注塑模的制造。

（3）时效硬化型

属于此类钢的有 25CrN13MoAl、PMS、SM2 和 06CrN16MoVTiAl 钢等。其中 PMS 钢具有优异的镜面抛光性能。这类钢属于低碳、低镍时效硬化型。经高温奥氏体固溶处理得低碳板条马氏体，其硬度约为 50HRC。为了切削加工，需经高温回火，得回火索氏体，硬度降低为 24HRC。加工好模具型腔后，在 500~540C 时效处理过程中，析出 NiAl 合金相，从而使基体硬度回升至 40HRC。这种时效处理的变形量很小，可以控制在万分之五以下。这类钢很适于制作高精度塑料模，还可在软化处理至低硬度后，用作冷挤成型法制造复杂型腔模具。

（4）冷挤压成型型

属于此类钢的只有 LJ 和 8416 两个钢号。后者是引进瑞典的钢号。钢中含碳量很低，这类钢具有优异的冷挤压成型性和热处理工艺性能。钢中添加少量多元合金元素用以提高钢的淬透性而使固溶体强化效果较弱。经退火后，其硬度很低，一般≤130HBS，使钢具有良好的冷挤压成型制模性能。制成模具后进行高浓度渗碳，并进行淬火和回火处理，使模具表面层硬度高、耐磨损，而心部仍保持良好的强韧性能。这种方法适用于需要重复制造型腔或浅型腔的塑料模具，可以降低成本，提高生产率。

具体主要钢种简介如下：

1）P20 型

P20 型塑料模具钢是型腔模具用钢，一般用来制作塑料的注塑、压缩及吹塑等成型模具。P20 钢的供货钢材通常处于经热处理后的预硬状态，硬度范围为 28~36HRC，容易切削和刻模加工，抛光性能良好，可制成大型及复杂的模具。由于 P20 钢是预硬状态，加工成型后，无需再进行高温热处理，避免了模具变形和尺寸变化。

P20 钢主要用于机加工型腔的聚甲醛、丙烯腈-丁二烯-苯乙烯（ABS）、丙烯腈及其共聚物、醋酸丁酸纤维素、聚碳酸酯（PC）、聚酯（PEF）、聚乙烯（DPE）、聚丙烯（PP）、聚氯乙烯（PVC）等用途的热塑性塑料的注射模具，成分见表 4-10。

表 4-10 各国标准中 P20 型塑模钢的化学成分（质量分数） %

标准号	国别	钢号	C	Si	Mn	P	S	Cr	Mo
ISO 4957—80		35CrMo2	0. 30/0. 40	0. 30/0. 80	0. 50/1. 50	<0. 030	<0. 030	1. 50/2. 20	0. 40/0. 60
ASTM 681—87	美国	P20	0. 28/0. 40	0. 20/0. 80	0. 60/1. 00	<0. 030	<0. 030	1. 40/2. 00	0. 30/0. 55
GB 1299—85	中国	3Cr2Mo	0. 28/0. 40	0. 20/0. 80	0. 60/1. 00	<0. 030		1. 40/2. 00	0. 30/0. 55
DIN 17350—1980	德国	40CrMnMoS86	0. 35/0. 45	0. 20/0. 40	1. 40/1. 60	<0. 035		1. 80/2. 00	0. 15/0. 25
NFA 35—590	法国	35CMD7	0. 32/0. 38	0. 40/0. 70	0. 80/1. 20	<0. 025		1. 60/2. 00	0. 40/0. 60

P20 型塑模钢淬火热处理温度一般在 850℃左右，状态交货硬度为 300HB 左右。P20 型塑模钢的回火温度在 570~650℃之间选择，一般可以满足机加工所要求的硬度。

2）5NiSCa 钢

5NiSCa 钢的成分特点是：采用中碳加镍和少量多元合金化的基础钢，再加入 S-Ca 复合易切削元素，使其具有高的淬透性和强韧性，而且硫化物的形状及分布得到有利的改善，提高了切削加工性及等向性。5NiSCa 钢适用于制造不同尺寸的复杂、精密的注塑模，胶木模、橡胶模和印刷线路板凹模等。

5NiSCa 钢的热处理工艺：

最佳退火工艺为 770℃/2h 加热，缓冷 660℃/（6~8h）等温，炉冷到 550℃出炉空冷。退火硬度可在 241HB 以下，退火组织良好，粗加工极为顺利。

3）25CrNi3MoAl 钢

25CrNi3MoAl 钢属于低碳、低镍、低铝、无钴时效硬化钢。适于制作对变形率要求在万分之五之下，镜面要求高或表面要求光刻花纹工艺的精密塑料模具。

25CrN13MoAl 依靠在时效温度范围内析出超细结构的 NiAl 等超细相而强化。由于 NiAl 相为体心立方结构，与 α-Fe 基体共格存在，因此其强化效果显著，又由于其点阵常数与基体的点阵常数很接近，所以时效变形量小，有利于制作低变形率的高精密模具。

25CrNi3MoAl 钢的热处理工艺：

① 退火　740℃±10℃均热，保温 2~4h，降温至 700~680℃保温 2~6h 出炉空冷或水冷。

② 固溶处理(淬火)　固溶处理的作用是得到细小的板条马氏体，以提高钢的强韧性。

固溶温度和保温时间对淬火硬度的影响见表 4-11，从表中可以看出，固溶温度越高或固溶保温时间越长，则硬度越低。由于 25CrN13MoAl 钢奥氏体化后，奥氏体极为稳定，故冷速在 1~160℃/min 范围内均只发生马氏体转变，得到板条马氏体组织。一般空冷淬火即可。

表 4-11　固溶温度和保温时间与淬火硬度的关系

固溶温度/℃ 硬度/HRC 固溶保温时间/h	880	920	960	1000
0. 5	50. 0	48. 5	46. 4	45. 6
1	46. 6	47. 0	43. 0	
2	44. 5	42. 7	40. 7	

③ 回火处理(二次固溶处理)　回火的作用就是使固溶在马氏体中的碳以碳化物的形式析出，并使马氏体多边形化以降低钢的硬度，以利于机加工。通过在 650℃以上进行回火处理，可得到回火索氏体组织。

④ 时效处理　时效处理是在模具机加工完成以后进行的，因此模具最终性能是通过时效处理而得到的。时效处理在 NiAl 相脱溶温度范围内进行，通常为 500~580℃，540℃时可获得最佳强韧性配合。

4）LJ 钢

LJ 钢是一种专用冷挤压成型塑料模具钢。在成分设计上采取了微碳主加 Cr，辅加 Mo、V、Ni 及限制 Si 与 Mn 的合金化方案，使钢具有优良的退火软化性能，保证了冷挤压成型制模工艺的要求。成型后采取渗碳、淬火、回火等热处理工艺，最终使模具表面获得高硬度，高耐磨性，而心部具有良好的强韧性，满足了生产需要。主要用于要求精度高、表面粗糙度好以及具有复杂型腔的塑料模具上。

LJ 钢的热处理工艺：

① 退火工艺　加热温度 880℃，保温 2h，以 40~80℃/h 冷速冷至 600~650℃出炉空冷，硬度为 87~105HBS，冷挤压成型性好，LJ 钢的退火硬度见表 4-12。

表 4-12　LJ 钢的退火硬度

出炉温度/℃ 硬度/HB 冷速/℃·h^{-1}	600	650
40	87	93
80	103	105

② 渗碳工艺　采用925℃固定渗碳，保温5h，渗碳层深为1.6mm，表面碳含量(质量分数)约为2%。

③ 淬火、回火工艺　LJ 钢淬火加热温度取870℃，回火温度可在200~250℃范围内选取，硬度可达60~62HRC。

5）其他塑料模具材料

① 铜合金　用于塑料模材料的铜合金主要是铍青铜，如 ZCuBe2、ZCuBe2.4 等。一般采用铸造方法制模，不仅成本低，周期短，而且还可制出形状复杂的模具。铍青铜可通过固溶—时效强化，固溶后合金处于软化状态，塑性较好，便于机械加工。经时效处理后，合金的抗拉强度可达1100~1300MPa，硬度可达40~42HRC。铍青铜适用于制造吹塑模、注射模等，以及一些高导热性、高强度和高耐腐蚀性的塑料模。利用铍青铜铸造模具可以复制木纹和皮革纹，可以用样品复制人像或玩具等不规则的成型面。

② 铝合金　铝合金的密度小，熔点低，加工性能和导热性都优于钢，其中铸造铝硅合金还具有优良的铸造性能，因此在有些场合可选用铸造铝合金来制造塑料模具，以缩短制模周期，降低制模成本。常用的铸造铝合金牌号有 ZL101 等，它适于制造要求高导热率，形状复杂和制造周期短的塑料模具。形变铝合金也是用于塑料模制造的铝合金之一，由于它的强度比 ZL101 高，可制作要求强度较高且有良好导热性的塑料模。

③ 锌合金　用于制作塑料模具的锌合金大多为 Zn-4Al-3Cu 共晶型合金。

（三）塑料模具材料的热处理工艺

选用不同品种钢材制作塑料模具，其化学成分和力学性能各不相同，因此制造工艺路线不同。同样，不同类型塑料模具钢采用的热处理工艺也是不同的。本节主要介绍塑料模具的制造工艺路线和热处理工艺的特点。

1. 塑料模具的制造工艺路线

（1）低碳钢及低碳合金钢制模具

例如，20、20Cr、20CrMnTi 等钢的工艺路线为：下料→锻造模坯→退火→机械粗加工→冷挤压成型→再结晶退火→机械精加工→渗碳→淬火、回火→研磨抛光→装配。

（2）高合金渗碳钢制模具

例如，12CrNi3A、12CrNi4A 钢的工艺路线为：下料→锻造模坯→正火并高温回火→机械粗加工→高温回火→精加工→渗碳→淬火、回火→研磨抛光→装配。

（3）调质钢制模具

例如，45、40Cr 等钢的工艺路线为：下料→锻造模坯→退火→机械粗加工→调质→机械精加工→修整、抛光→装配。

（4）碳素工具钢及合金工具钢制模具

例如，T7A~T10A、CrWMn、9SiCr 等钢的工艺路线为：下料→锻成模坯→球化退火→

机械粗加工→去应力退火→机械半精加工→淬火、回火→机械精加工→研磨抛光→装配。

(5) 预硬钢制模具

例如，5NiSCa、3Cr2Mo(P20)等钢，对于直接使用棒料加工的，因供货状态已进行了预硬化处理，可直接加工成型后抛光、装配。对于要改锻成坯料后再加工成型的，其工艺路线为：下料→改锻→球化退火→刨或铣六面→预硬处理(34~42HRC)→机械粗加工→去应力退火→机械精加工→抛光→装配。

2. 主要塑料模具的热处理特点

(1) 渗碳钢塑料模的热处理特点

① 对于有高硬度、高耐磨性和高韧性要求的塑料模具，要选用渗碳钢来制造，并把渗碳、淬火和低温回火作为最终热处理。

② 对渗碳层的要求：一般渗碳层的厚度为0.8~1.5mm，当压制含硬质填料的塑料时，模具渗碳层厚度要求为1.3~1.5mm；压制软性塑料时，渗碳层厚度为0.8~1.2mm。渗碳层的含碳量为0.7%~1.0%为佳。若采用碳氮共渗，则耐磨性、耐腐蚀性、抗氧化、防黏性就更好。

③ 渗碳温度一般在900~920℃之间，复杂型腔的小型模具可取840~860℃中温碳氮共渗。渗碳保温时间为1~10 h，具体应根据对渗层厚度的要求来选择。渗碳工艺以采用分级渗碳工艺为宜，即高温阶段(900~920℃)以快速将碳渗入零件表层为主，中温阶段(820~840℃)以增加渗碳层厚度为主，这样在渗碳层内建立均匀合理的碳浓度梯度分布，便于直接淬火。

④ 渗碳后的淬火工艺按钢种不同，渗碳后可分别采用：重新加热淬火，分级渗碳后直接淬火(如合金渗碳钢)，中温碳氮共渗后直接淬火(如用工业纯铁或低碳钢冷挤压成型的小型精密模具)，渗碳后空冷淬火(如高合金渗碳钢制造的大、中型模具)。

(2) 淬硬钢塑料模的热处理特点

① 形状比较复杂的模具，在粗加工以后即进行热处理，然后进行精加工，才能保证热处理时变形最小。对于精密模具，变形应小于0.05%。

② 塑料模具型腔表面要求十分严格，因此在淬火加热过程中要确保型腔表面不氧化、不脱碳、不侵蚀、不过热等，应在保护气氛炉中或在严格脱氧后的盐浴炉中加热。若采用普通箱式电阻炉加热，应在模腔面上涂保护剂，同时要控制加热速度。冷却时应选择比较缓和的冷却介质，控制冷却速度，以避免在淬火过程中产生变形、开裂而报废。一般以热浴淬火为佳，也可采用预冷淬火的方式。

③ 淬火后应及时回火，回火温度要高于模具的工作温度，回火时间应充分，长短视模具材料和断面尺寸而定，但至少要在40~60min以上。

(3) 预硬钢塑料模的热处理特点

① 预硬钢是以预硬态供货的，一般不需热处理，但有时需进行改锻，改锻后的模坯必须进行热处理。

② 预硬钢的预先热处理通常采用球化退火，目的是消除锻造应力，获得均匀的球状珠光体组织，降低硬度，提高塑性，改善模坯的切削加工性能或冷挤压成型性能。

③ 预硬钢的预硬处理工艺简单，多数采用调质处理，调质后获得回火索氏体组织。高温回火的温度范围很大，能够满足模具的各种工作硬度要求。由于这类钢淬透性良好，淬火

时可采用油冷、空冷或硝盐分级淬火。表 4-13 为部分预硬钢的预硬处理工艺。

表 4-13 部分预硬钢的预硬处理工艺

钢号	加热温度/℃	冷却方式	回火温度/℃	预硬硬度/HRC
3Cr2Mo	830~840	油冷或 160~180℃ 硝盐分级	580~650	28~36
5NiSCa	880~930	油冷	550~680	30~45
8Cr2MnWMoVS	860~900	油冷或空冷	550~620	42~48
P4410	830~860	油冷或硝盐分级	550~650	35~41
SM1	830~850	油冷	620~660	36~42

（4）时效硬化钢塑料模的热处理特点

① 时效硬化钢的热处理工艺的基本工序分两步：首先进行固溶处理，即把钢加热到高温，使各种合金元素溶入奥氏体中，完成奥氏体后淬火获得马氏体组织；第二步进行时效处理，利用时效强化达到所要求的力学性能。

② 固溶处理加热一般在盐浴炉、箱式炉中进行，加热时间分别可取：1min/mm、2~2. 5min/mm，淬火采用油冷，淬透性好的钢种也可空冷。如果锻造模坯时能准确控制终锻温度，锻造后可直接进行固溶淬火。

③ 时效处理最好在真空炉中进行，若在箱式炉中进行，为防模腔表面氧化，炉内需通入保护气体，或者用氧化铝粉、石墨粉、铸铁屑，在装箱保护条件下进行时效。装箱保护加热要适当延长保温时间，否则难以达到时效效果。部分时效硬化型塑料模具钢的热处理规范可参照表 4-14。

表 4-14 部分时效硬化型塑料模具钢的热处理规范

钢号	固溶处理工艺	时效处理工艺	时效硬度/HRC
06Ni6CrMoVTiAl	800~850℃ 油冷	(510~530)℃×(6~8)h	43~48
PMS	800~850℃ 空冷	(510~530)℃×(3~5)h	41~43
25CrNi3MoAl	880 水淬或空冷	(520~540)℃×(6~8)h	39~42
SM2	900×2h 油冷+700℃×2h	510℃×10h	39~40
PCR	1050℃ 固溶空冷	(460~480)℃×4h	42~44

思考题

1. 说明冷冲压模具、塑料模具的工作条件。
2. 结合实际说明这两种模具的失效形式。
3. 举例说明常用的冷冲压材料及热处理。
4. 举例说明常用的塑模材料及热处理。

模具设计常用软件篇

模块五　常用模具设计软件简介

知识要点

- Proe 软件简介；
- UG 软件简介。

学习要求

- 掌握 Proe 软件基本知识；
- 了解 UG 软件概况。

一、Pro/E(Pro/ENGINEER 操作软件)简介

实现模具设计、制造信息化与智能化，是 21 世纪中国模具制造业光荣而艰巨的任务。应用信息技术将先进的设计理论、方法与制造技术加以系统的集成创新，是全面推动中国由模具制造大国向模具制造强国的重要措施。

Pro/ENGINEER 是世界上最成功的 CAD/CAM 软件之一，在中国也有很多用户直接称之为“破衣”。1985 年，PTC 公司成立于美国波士顿，开始参数化建模软件的研究；1988 年，Pro/ENGINEER 软件的第一个版本诞生了；目前已经发布了 Pro/ENGINEER WildFire6.0(中文名野火 6)等。PTC 的系列软件包括了在工业设计和机械设计等方面的多项功能，还包括对大型装配体的管理、功能仿真、制造、产品数据管理等等。Pro/ENGINEER 还提供了全面、集成紧密的产品开发环境。是一套由设计至生产的机械自动化软件，是新一代的产品造型系统，是一个参数化、基于特征的实体造型系统，并且具有单一数据库功能的综合性 MCAD 软件。其软件产品的总设计思想体现了 MDA 软件的新发展。Pro/ENGINEER 自面世后因其优异的使用性能获得了众多 CAD 用户的认可。

可以说，Pro/E 第一个提出了参数化设计的概念，并且采用了单一数据库来解决其相关性问题。另外，它采用模块化方式，可以分别进行草图绘制、零件制作、装配设计、钣金设计、加工处理等，保证用户可以按照自己的需要进行选择使用，而不必安装所有模块。Por/E的基于特征方式，能够将设计至生产全过程集成到一起，实现并行工程设计。它不但可以应用于工作站，而且也可以应用到单机上。

（一）Pro/ENGINEER 的特点和优势

众多软件中，Pro/ENGINEER 以其强大的三维处理功能和先进的设计理念吸引了众多专业设计者，并在逐步扩大占据的市场份额。与其他软件相比，Pro/ENGINEER 具有鲜明的特点（外观如图 5-1 所示），经过 20 多年不断的创新和完善，Pro/E 现在已经是三维建模软件领域的领头羊之一，它的核心设计思想与特点和优势集中体现在以下方面：

图 5-1 Pro/E5.0 软件

（1）基于特征

初次使用 Pro/Engineer 的使用者必定对特征（feature）感到亲切，Pro/Engineer 以最自然之思考方式从事设计工作。"特征"是对具有相同属性的具体事物的抽象，是 Pro/ENGINEER 中最基本的概念。在 Pro/ENGINEER 中，特征是指组成图形的一组具有特定含义的图元，是设计者在一个设计阶段完成的全部图元的总和。如钻孔（hole）、挖槽（slot）、导圆角（round）等，均视为零件的基本特征，除了充分掌握设计概念之外，还在设计过程中导入实际的制造观念；也因为以特征作为设计的单元，因此可随时对特征作合理、不违反几何顺序的调整（reorder）、插入（insert）、删除（delete）、重新定义（redefine）等修正工作。

也就是说，Pro/ENGINEER 采用用户熟悉的特征作为产品几何模型的构造要素。这些特征是一些普通的机械对象，并且可以按预先设置很容易的进行修改。即工程设计人员采用具有智能特性的基于特征的功能去生成模型，诸如腔、壳、倒角及圆角，您可以随意勾画草图，轻易改变模型。这一功能特性给工程设计者提供了在设计上从未有过的简易和灵活。

（2）3D 实体模型

3D 实体模型除了可以将使用者的设计概念以最真实的模型在电脑上呈现出来之外，也因为系统预设参数（system parameters），使用者可随时计算出产品的体积、面积、质心、重量、惯性矩等，用以了解产品的真实性，并补充传统面架构、线架构（wireframe）之不足。使用者在产品设计的过程中，可以随时掌握以上重点，设计物理参数，并减少计算时间。

（3）单一数据库

Pro/ENGINEER 是建立在统一基层上的数据库上，不象一些传统的 CAD/CAM 系统建立在多个数据库上。所谓单一数据库，就是工程中的资料全部来自一个库，使得每一个独立用户在为一件产品造型而工作，不管他是哪一个部门的。换言之，在整个设计过程的任何一处发生改动，亦可以前后反应在整个设计过程的相关环节上。采用这样的数据库有很大优势，设计者可以通过不同的渠道来获取数据库中的数据，也可以通过不同的渠道来修改数据库中的数据，系统中的数据库是唯一的。

例如，一旦工程样图有变，NC（数控）工具路径也会自动更新；组装工程图如有任何变动，也完全同样反应在整个三维模型上。这种独特的数据结构与工程设计的完美结合，使得设计更优化，成品质量更高，产品能更好地推向市场，价格也更便宜。

也可以理解成：Pro/ENGINEER 可随时由 3D 实体模型产生 2D 工程图，而且自动标识 2D 工程图尺寸，不论在 3D 或 2D 图形上作尺寸修正时，其相关的 2D 图形或 3D 实体模型均自动修改，如此可确保资料的正确性，并避免反复修改之耗时性。由于采用单一资料库，提供了所谓双向关联性的功能，此种功能正也符合了现代产业中所谓的同步工程（concurrent engineer)观念。

(4) 参数式设计(parametric design)

配合单一资料库，Pro/ENGINEER 引入参数化设计思想，创建模型以尺寸数值为设计依据，所有设计过程中所使用的尺寸(参数)皆存在资料库中。设计者可以在绘图时暂时舍弃大多数繁琐的设计限制，只需抓住图形的某些典型特征绘出图形，然后通过向图形添加适当的约束条件规范其形状，最后修改图形的尺寸数值，经过再生后即可获得理想的图形，这就是重要的“尺寸驱动”理论。

例如：只需更改 3D 零件(Part)的尺寸，则 2D 工程图(Drawing)、3D 组立件(assembly)、模具(mold)等立即依照尺寸的变更作几何形状的变化，据此达到设计变更工作的一致性。设计者也由于有参数式的设计，使用者可以运用强大的数学运算方式，建立各尺寸参数间的关系式(relation)，使得模型可自动计算出应有的外型，减少尺寸逐一修改的繁琐、费时弊病，避免发生人为改图的疏漏情形，减少改图工作时间与人力消耗，使得修改 CAD 模型及工程图不再是设计者之梦魇。

(5) 全相关性

Pro/ENGINEER 的所有模块都是全相关的。这就意味着在产品开发过程中某一处进行的修改，能够扩展到整个设计中，同时自动更新所有的工程文档，包括装配体、设计图纸，以及制造数据。全相关性鼓励在开发周期的任一点进行修改，却没有任何损失，并使并行工程成为可能，所以能够使开发后期的一些功能提前发挥其作用。

(6) 父子关系

父子关系是在建模过程中在各个特征之间自然产生的。在建立新特征时，所参照的现有特征会成为新特征的父特征，相应的新特征会成为其子特征。如果更新了父特征，子特征会随之自动更新。父子关系提供了一种强大的捕捉方式，可以为模型加入特定的约束关系和设计意图。在设计过程中，各特征之间引入父子关系是参数化设计的一个重要特点。

(7) 数据管理

加速投放市场，需要在较短的时间内开发更多的产品。为了实现这种效率，必须允许多个学科的工程师同时对同一产品进行开发。数据管理模块的开发研制，正是专门用于管理并行工程中同时进行的各项工作，由于使用了 Pro/ENGINEER 独特的全相关性功能，因而使之成为可能。

(8) 装配管理

Pro/ENGINEER 的基本结构能够使您利用一些直观的命令，例如“啮合”、“插入”、“对齐”等很容易的把零件装配起来，同时保持设计意图。高级的功能支持大型复杂装配体的构造和管理，这些装配体中零件的数量不受限制。

(9) 易于使用

菜单以直观的方式联级出现，提供了逻辑选项和预先选取的最普通选项，同时还提供了简短的菜单描述和完整的在线帮助，这种形式使得容易学习和使用。

例如：设计特征有弧、圆角、倒角等等，它们对工程人员来说是很熟悉的，因而易于使用。装配、加工、制造以及其他学科都使用这些领域独特的特征。通过给这些特征设置参数(不但包括几何尺寸，还包括非几何属性)，然后修改参数很容易的进行多次设计叠代，实现产品开发。

（二）Pro/ENGINEER 的主要模块

Pro/ENGINEER 可以满足各种模具的设计需要，而且易用、可靠、智能、高效，该软件提供了大大小小的模块大约有二、三十个，设计师可根据设计的任务与要求来选择相应的功能模块。其中主要有机械设计（CAD）、功能仿真（CAE）模块、制造（CAM）模块、工业设计（CAID）模块、数据管理（PDM）模块、数据交换（Geometry Translator）等主要模块，分别体现在：

（1）基础模块（Foundation）和组件模块（Assembly）

将模具作为普通组件进行设计，先通过这两个基本模块设计出模具元件，再将模具元件装配成模具组件。

（2）模具设计模块（Pro/Moldesign）

用来设计注塑模具型腔和吹塑模具型腔等。

（3）铸造模具模块（Pro/Casting）

用来设计合金压铸模具型腔和浇注模具型腔等。

（4）EMX（模具设计专家）

是 Pro/E 软件的外挂模块，用来为各种模具设计模架。

（5）钣金模架库模块（PDX）

是 Pro/E 软件的外挂模块，用来为冲压模具设计模架。

（6）塑料顾问（Plastic Advisor）

用来对注塑模具进行铸模填充分析。

（三）Pro/ENGINEER 的模具设计术语

在使用 Pro/E 进行模具设计时经常会碰到一些术语，熟悉这些术语，对于理解和掌握 Pro/E 模具设计具有很大的帮助。

（1）设计模型

也叫参照零件，是模具要制造的产品原型，它决定了模具的类型、型腔结构等（图 5-2）。

（2）参照模型

系统以设计模型为基础在模具模型中生成的参照几何，并用其替代设计模型参与模具设计。参照模型和设计模型往往是不相同的，因为设计模型并不总是包含成型或铸造技术要求的设计元素，如设置收缩率、添加拔模和圆角等。

（3）工件模型

也叫坯料模型，代表直接参与熔料成型的模具元件的整个体积，它应包围所有的参照模型、模穴、浇口、流道和冒口等。

以上两个模型如图 5-3 所示。

图 5-2 相机壳设计模型

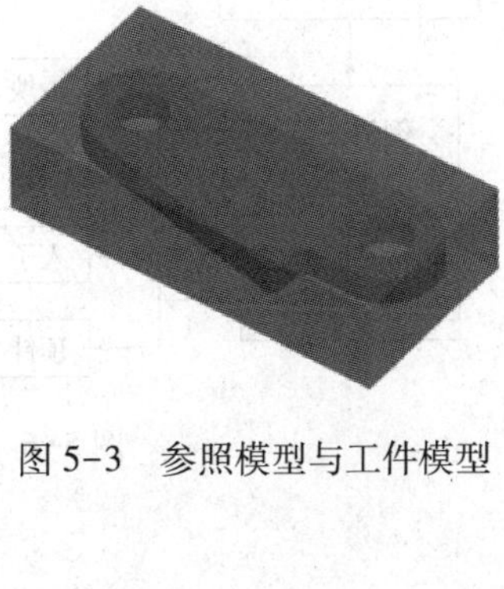

图 5-3 参照模型与工件模型

（4）模具模型

一个装配体(即组件，扩展名为 . mfg)，它包括参照模型、工件、分型面、各种型腔组件特征、模具体积块、模具元件和铸模等，它是模具模块的最高级模型。

（5）分型面

如图 5-4 所示，分型面是由一个或多个曲面组成，能够将工件或现有体积块分割开的一种曲面特征，要求其必须与要分割的工件、体积块完全相交。

（6）铸模

铸造最终的制件，通过观察铸件可以检查其是否与设计模型一致。

（7）开模

模拟模具的打开过程，即分离模具，取出制件，如图 5-5 所示，该过程可以检查模具设计是否合理。

图 5-4　分型面

图 5-5　模拟模具的打开过程(即开模仿真)

(四) Pro/ENGINEER 的模具设计流程

利用模具设计模块(Pro/MOLDESIGN)可以模拟模具的设计过程。模具设计由许多环节组成，且密不可分，其基本设计流程如图 5-6 所示。

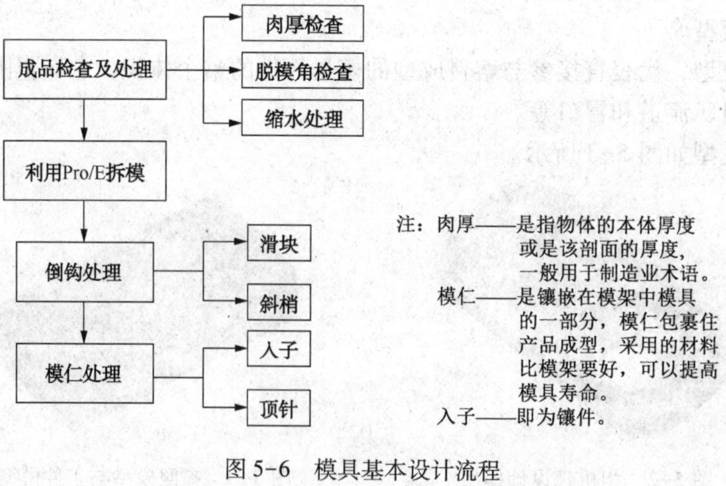

图 5-6　模具基本设计流程

在野火中文版 Pro/ENGINEER 中，模具设计拥有专用的工具，主要是 Pro/MOLDESIGN 和 Pro/CASTING，其中 Pro/MOLDESIGN 主要用来设计塑料注射模具，Pro/CASTING 主要用于浇注压铸模具的设计。这两个模块主要用来设计型腔（成型模具）。此外，野火中文版 Pro/ENGINEER 还提供了一些外挂应用程序和库来辅助模具的设计，比如塑性顾问和 MOLDBASE、EMX。

Pro/MOLDESIGN 和 Pro/CASTING 所提供的强大功能，可以有效地创建、修改模具元件。如果设计原型模型发生了变化，所有相应的模型元件都会自动更新。下面介绍利用野火中文版 Pro/ENGINEER 设计模具的一般流程。

（提示：下面所介绍的流程只是一般的设计流程，并不一定要完全遵照，而应根据具体的需要来安排流程）。

（1）创建模具模型

模具模型由参照模型和工件模型组成，前者对应的设计模型一般在零件模式下创建，然后装配到模具模式中，工件模型则通常直接在模具模式下创建。

1）原始的设计模型

首先必须有一个设计模型，也就是模具将要制造的产品原型，在零件（PART）模式中设计。此外，在建模的过程中应考虑到以它为基础建立参照模型，各个基准定位元素的相对位置应该仔细的考虑，以便于后来的装配。

设计模型是模具设计的基础，任何模具设计过程的第一步都是要进行产品原型的零件建模。设计模型决定了此后模具型腔形状，以及成型过程是否要利用砂芯、销和镶块等模具元件、浇注系统及冷却水道系统的布置。

2）建立模具模型

建立模具模型是将设计模型装配至模具模型中，使之成为模具设计的参照模型。模具模型就是用户的模具设计文件，文件后缀名为 .mfg。模具模型中可以包容一个或多个参照模型和工件。参照模型可以想像成设计模型在模具模型的代表，如果在零件设计模块中编辑更改了设计模型，那么包含在模具模型的参照模型也将发生相应的变化。然而在模具模型中对参照模型进行了编辑，修改了其特征，则可以使设计模型发生变化，也可使它不受影响，这取决于在建立参照模型时的有关选择。

参照模型以设计模型为基础，而且参照模型和设计模型可能不完全相同。设计零件并不总是包含成型或铸造要求的所有必要的设计元素。比如说，在设计模型中可能并不具备收缩，且不具备拔模角。这时可以在参照模型上应用收缩和设计拔模角。有时设计模型包含需要在成型后或铸造才进行加工的特征。在这种情况下，这些特征应在参照模型上更改。

3）建立工件

工件可以理解为模具的毛坯，在未利用分型面将其分开之前，工件完全包含着参照模型。利用分型面分割工件之后，可以得到体积块。体积块并不是真正的实体，只是一个有体积无质量的特征。模具的动模、定模以及砂芯都将从分割的体积块得来。

在野火中文版 Pro/ENGINEER 中，模具体积块的建立方法有以下两种。

① 通过分型面分割工件或者已经存在的体积块，来产生一个新的或者两个新的体积块。

② 直接创建新的体积块。这在建立滑块等组件时使用较多。工件模型还包容着浇注系统和冷却水道。工件的建立可以通过装入模具模型一个预先设计好的工件，也可以利用

Pro/MOLDESIGN 提供的工具自动在模具模型中创建，也可人工绘制草绘，并以草绘为基础来创建。

(2) 设置制件收缩率

由于制件在冷却固化后，从热模具中取出，因冷却及其他原因会引起尺寸减小或者体积收缩，为了弥补这种缺陷，需要在整个模型上按比例或按尺寸设置收缩率。设置制件的收缩率十分重要，它主要因塑料的种类以及模具条件的不同而不同，尤其对塑料制品的壁厚处影响最大。

因此，在开始处理之前，应考虑材料的收缩并相应地增加参照模型的尺寸。一般可将收缩应用到模具模式下的参照模型中，当然依据收缩应用的不同方法，也可以直接更改设计模型。此外，也可以直接在零件模式下对设计模型应用收缩。

(3) 设计拔模斜度

当制件成型冷凝后，往往会发生收缩，因而很可能紧紧地包套在模其型腔或者砂芯上，很难分开。为了便于将制件从模具中取出，设计零件原型时应在平行于脱模方向的制件表面上设置一定的角度，这就是脱模斜度或称为拔模斜度。

如果拔模斜度不设置或者设置不当，往往会造成脱模阻力加大，划伤制件的表面，脱模时使制件发生变形，从而影响制件质量。

脱模斜度与制件的几何结构、收缩率和成型材料的性质有关。拔模时，制件留在砂芯上，则制件内表面的脱模斜度应大于外表面的脱模斜度；如果制件留在型腔中，则制件内表面的脱模斜度应小于外表面的脱模斜度。制件脱模方向的长度越长，脱模斜度应越小，反之则越大。

为了保留制件有修理的余量，当制件为轴时，主要保证轴的大端尺寸，脱模斜度向尺寸小的方向取；当制件为孔时，保证孔小端尺寸，脱模斜度向孔的尺寸大的方向取。

设置制件的拔模斜度，一般有以下 3 种方法：

① 可以在设计模型上设置拔模角，从而改变参照模型；

② 只在参照模型上设置拔模角，设计模型不受影响；

③ 更改体积块的表面，使最后的铸模模型具备拔模角。

(4) 创建分型面或体积块

即创建合理的分型面，用其对工件进行分割，或者直接创建模具体积块。

如前所述，分型面是指将模具的各个部分分开以便取出制品的界面，即各个模具元件：上模、下模、滑块等的接触面。分型面位置的不同，使其与成型制件型腔的相对位置也不同。分型面的位置选择、形状设计是否合理，不仅直接关系模具的复杂程度，也关系着模具制件的质量、模具的工作状态和操作的方便程度。因此分型面的设计是模具设计中最重要的一步。

分型面位置如何选择，要根据设计模型的几何形状、浇注系统的合理安排，是否有利于顶出、是否有利于排气，以及制件的外观质量要求和外形公差等因素综合加以考虑。

分型面是一个曲面特征，因此主要应用 Pro/MOLDESIGN 提供的曲面工具来设计。也可以在零件模块中利用设计模型进行设计，两处的曲面工具是完全相同的。

(5) 分割工件

利用分型面或模具体积块将工件分割成多个单独的模具体积块。即为拆模——分割产生

模具型腔

拆模是指利用分型面分割工件或体积块而产生新的模具体积块。前面介绍工件时已提到，体积块只是一个有体积无质量的特征，是设计模具过程中从工件到最后的上模、下模等模具实体元件的一个中间环节。生成模具体积块之后，即可以体积块为基础抽取模具元件，此时模具体积块将会变成真正的实体。生成体积块的方法并不止分割一种，用户也可直接利用野火中文版 Pro/ENGINEER 提供的工具来创建体积块。

(6) 抽取模具元件

通过抽取模具体积块得到模具实体元件(如凹模、凸模等)。

(7) 创建浇注系统和冷却系统

即为为模具创建进料通道和水冷系统等。在野火中文版 Pro/ENGINEER 中，浇注系统和冷却系统都是模具模型的组件特征。

1) 设计浇注系统

如前所述，浇注系统的主要作用是将成型塑料料流顺利地、平稳地、准确地输送、充满模具型腔深处，并在填充过程中将压力充分传递到模具型腔的各个部位，以便获得外形轮廓清晰，内部组织质量优良的制件。

2) 冷却系统

Pro/MOLDESIGN 和 Pro/CASTING 提供了可以方便地生成各种截面水线的工具。

对于塑料模具，模具的温度直接影响制件的质量和生产效率。由于各种塑料的性能和成型工艺不同，所以对模具温度的要求也不同。要求模具温度较低的材料，由于熔融材料被不断地注入模具，导致模具温度升高，单靠模具本身的散热无法特模具保持在较低的温度，所以必须填加冷却系统。

模具使用水冷是最普遍的，即在模具型腔周围和型芯内开设冷却水通道，使水在其中往复循环流动，从而带走热量，维持所需的温度。冷却水通道被称为水线。水线设计原则及排列见模块二，此不赘述。

(8) 模具分析检测

模具检测主要包括拔模检测、吃水线检测、厚度检测和分型面检查等，通过检测可获知这些要素是否符合用户所设定的标准。

模具分析主要应用于塑性顾问。该外挂工具能模拟浇铸塑料零件的铸模填充动作，对在模具工作时产生的各种问题进行预测。为塑料零件和模具设计人员提供了能够实时方便地得到可靠、易理解的加工反馈和建议。

(9) 创建铸件

用坯料填充模具型腔，即在模具组件的型腔和浇注系统中填充材料，生成该模具的原始成型件，从而创建模具铸件。

(10) 开模仿真

模拟打开模具，即建立模具未闭合的爆炸视图，有利于观察模具各个元件及其开闭的过程，然后保存模具的设计文件。在开模的过程中可以检测是否发生干涉，也可以检测拔模角。

(11) 创建模架

为模具创建模架，也可直接从 EMX 中调用标准的模架零件来创建。

（五）Pro/ENGINEER 的模具设计方法

Pro/E 软件提供了许多模具设计模块和工具，用户在设计模具时，可以根据产品的具体形状、样式和复杂程度，选用不同的设计方法，主要包括组件设计法、分型面法和体积块法等。

（1）组件设计法——法兰螺帽模具

如图 5-7 所示，组件设计法是指在不进入模具设计模块（Pro/Moldesign）的情况下，直接在组件模块下设计模具，其操作方法和一般的零件建模、组件装配过程类似。该方法虽然操作比较繁琐，但容易理解，应用广泛，理论上适用于所有产品，特别是造型复杂的产品。

组件设计法是 Pro/E 模具设计的基本方法，主要借助零件建模工具、组件装配和分解工具来完成模具设计。图 5-8 为用组件法设计的法兰螺帽模具。

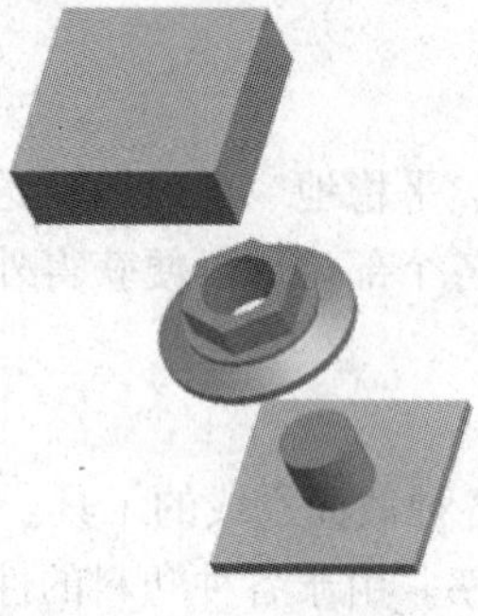

图 5-7　组合设计法

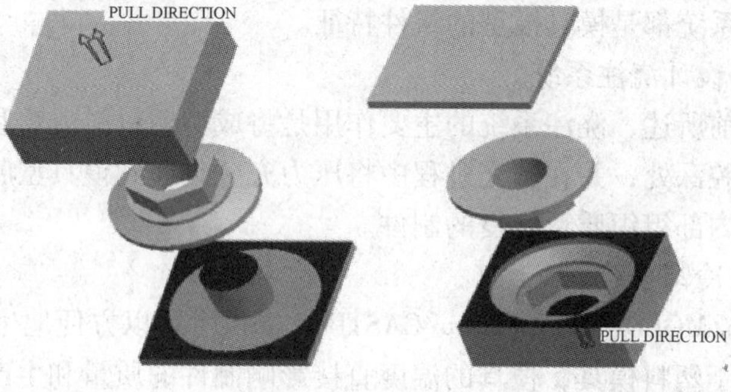

图 5-8　法兰螺帽模具

（2）分型面法——盘形螺母模具

分型面法是指在 Pro/E 的模具设计模块（Pro/MOLDESIGN）下利用各种专用工具进行模具设计，由于整个模具设计过程的重点在于分型面的创建，只要创建出分型面，其他工作（如分割工件、抽取模具元件、开模等）就会变得比较简单，因此称为分型面法。

分型面法利用专门的模具设计工具（如工件创建工具、模具元件创建工具、开模工具等）进行，可以大大提高模具设计的效率，因此在模具设计工作中使用最为频繁。

分型面法是最常用的一种模具设计方法，其难点在于构建分型面。此为采用分型面法设计的盘形螺母模具

（3）体积块法——键帽模具

体积块法是指直接创建出一系列模具体积块（即封闭的三维空间曲面），并利用这些体积块分割其他体积块，再经过抽取模具元件、铸模和开模仿真等操作完成模具产品的设计。该方法多用于分型面难以构建或其他较为复杂的情况，虽然操作过程有些繁琐，但在某些特殊情况下比较有效。

体积块法也是在模具设计模块（Pro/MOLDESIGN）下进行的，主要利用零件建模知识和一些体积块操作完成设计，如图 5-9 所示。它和分型

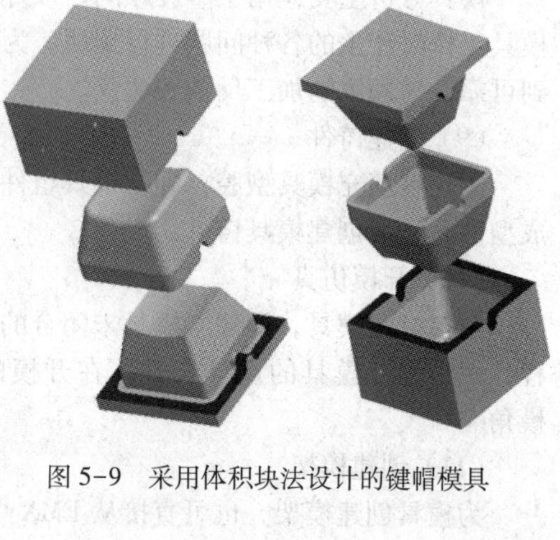

图 5-9　采用体积块法设计的键帽模具

面法统称为“模具模块法”。

（六）Pro/ENGINEER 简单模具设计实例

以下展示漏斗简例（图 5-10），探讨：

① 如何以特征的方式来构造零件的外型；

② 参数化设计的过程；

③ 3D 零件图与 2D 工程图的整合关系；

④ Pro/ENGINEER 如何表达设计理念。

（1）第一步——建立新零件，并建立默认的基准

1）更换到 Hopper 目录

File→SetWorking Directory→在训练目录中选取 Hopper 目录→OK

2）建立新的零件文件

File→New→输入零件名称：hopper，并确认 Use default template 已选中 OK。系统将自动建立基准面和基准坐标系。如图 5-11 所示。

图 5-10 漏斗简例

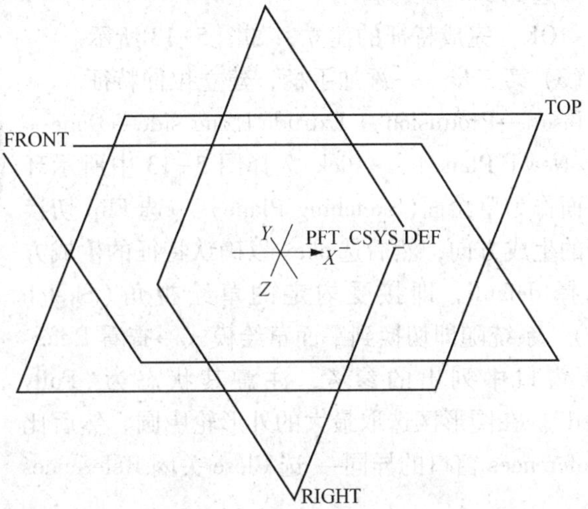

图 5-11 新的 part 挡

（2）第二步——建立旋转特征以作为漏斗的本体

Insert→Protrusion→Revolve | One Side→Done→Setup New | Plane | →Pick。

选择 FRONT 面作为草绘面（Sketching Plane）→选 Okay 以确认特征的生成方向→选择 default，即接受内定的草绘视角（Sketch View）。系统随即切换到平面草绘模式→查看 References 窗口中的 F1（RIGHT）、F2（TOP），注意 Reference status 是“Fully Placed”，系统以这两个面作为尺寸标注的参考，在图形区可以看到对应的橙色双点划线。

→选 Close 关闭 References 窗口。

→选绘制如图 5-12 中浅色线条围成的封闭区域，图形尺寸先不必一样，稍后再修改。以中键结束该指令。

→点击旁的按钮，选绘制如图 5-12 中的中心线，该中心线定义了旋转特征的旋转轴。以中键结束该指令。

→虽然系统会自动标注尺寸，但不符合设计要求，选，按图 5-12 标注尺寸。→点，然后双击标注的尺寸以修改尺寸值的大小，按图 5-12 输入尺寸值。

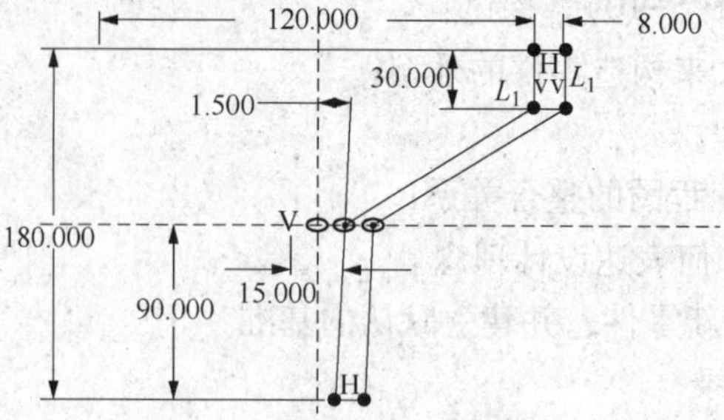

图 5-12　草绘模式下的截面图形

→选，系统退出截面草绘模式，在弹出的菜单中选 360 度→Done。

→选 Preview 预览。

→OK，完成特征的建立，如图 5-13 所示。

（3）第三步——添加手柄，建立拉伸特征

Insert→Protrusion→ Extrude | one side→Done→Setup New | Plane | → Pick 选择图 5-13 中所示环形平面作为草绘面（Sketching Plane）→选 Flip 切换特征的生成方向，然后选 okay 以确认特征的生成方向选择 default，即接受内定的草绘视角（Sketch View）。系统随即切换到平面草绘模式→查看 References 窗口中列出的参考，注意其状态为“Fully Placed”。在图形区选取最大的外形轮廓圆，然后比较 References 窗口的异同→ 选 Close 关闭 References 窗口。

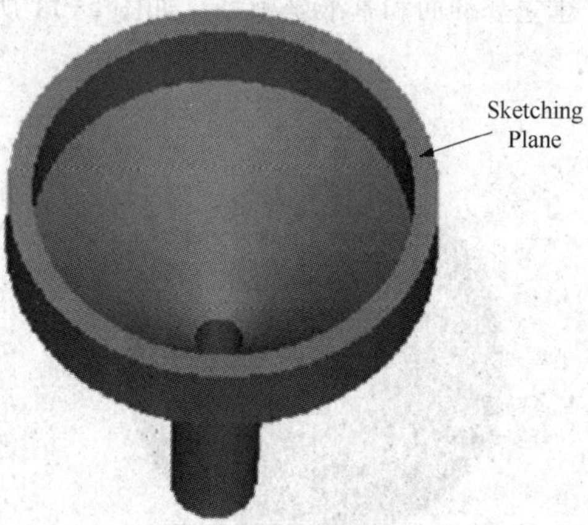

图 5-13　完成后的旋转特征

→绘制截面。绘图时点可绘直线，点可绘制圆弧。

→选标注已画好的截面图形。

→选双击尺寸值进行修改。

→选，系统退出截面草绘模式，在弹出的菜单中选 Blind→ Done→ 在信息区 Enter depth 栏中输入手柄的厚度：8，选。

→在特征建立对话框中选择 Preview→在特征建立对话框中选择 OK，完成实体特征，如图 5-14 所示。

（4）第四步——建立圆角特征以除去手柄尖角

Insert→Round→Simple | Done→Constant | Edge Chain Done | Tangnt→Chain　Pick 选手柄尖角处。

→Done→输入半径值 10。

→在特征建立对话框中选择 OK。

同上述步骤建立半径为 20 的两个圆角(图 5-15)。

(5) 第五步——给漏斗加圆角

同上述步骤，给漏斗头部倒半径为 1 的圆角(图 5-16)。

图 5-14　添加手柄

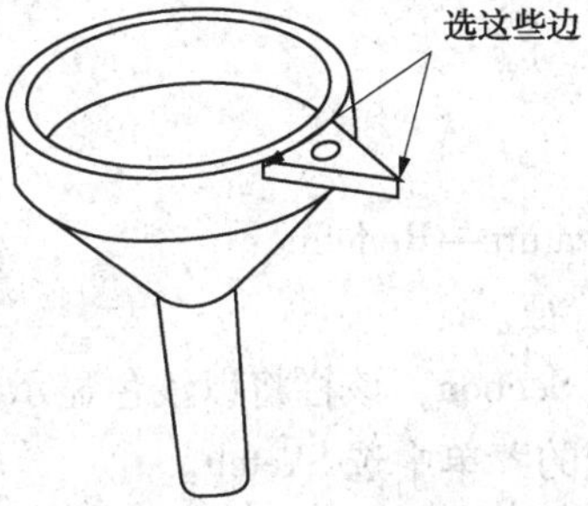

图 5-15　加入圆角特征前

图 5-16　加入圆角特征后

(6) 第六步——给漏斗加圆角后的 2D 图(图 5-17)

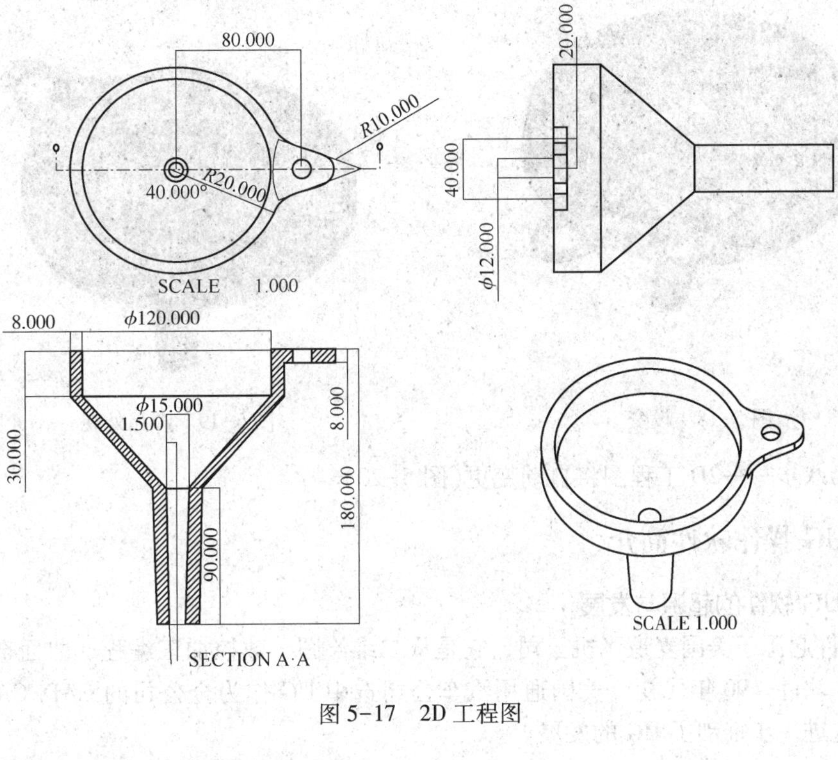

图 5-17　2D 工程图

(7) 第七步——做设计变更

1) 将成品肉厚减薄

Modify | Value | Pick 选择旋转特征和拉伸特征。

→选尺寸标注值为 8 的尺寸，在提示栏框里将厚度 8 改为 2。

→选 PART 指令菜单下的 Regenerate，模型将自动变更，见图 5-18。

2) 改变漏斗管的锥度(图略)

在 PART 指令菜单中选 Feature→Redefine。

→Select Pick 选择旋转特征。

→在特征建立对话框里选 Section，该栏将以蓝色显示。

→选 Define 按钮，在出现的菜单中选 Sketch。

→在草绘模式中系统已选中，此时可直接选取 1.5 的角度尺寸，将 1.5 度改为 2 度。

→点，然后选 OK。

3）改变手柄孔位(图略)

在 PART 指令菜单中选 Feature→Redefine

→Select | Pick 选择拉伸特征。

→在特征建立对话框里选 Section，该栏将以浅色显示。

→选 Define 按钮，在出现的菜单中选 Sketch。

→选取值为 80 尺寸，将其改为 77。

→点，然后选 OK，产品最终外观造型如图 5-19 所示。

图 5-18　设变

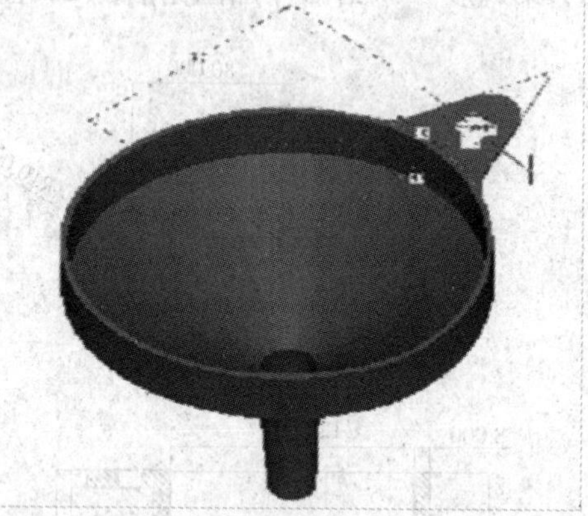

图 5-19　产品外观

(8) 第八步——2D 工程图将自动变更(图 5-20)

二、UG 操作软件简介

(一) UG 软件的起源与发展

UG 软件起源于美国麦道飞机公司，它是从二维绘图、数控加工编程、曲面造型等功能发展起来的软件。90 年代初，美国通用汽车公司选中 UG 作为全公司的 CAD/CAM/CIM 主导系统，这进一步推动了 UG 的发展。

UG 是 Unigraphics Solutions 公司的拳头产品，该公司首次突破传统 CAD/CAM 模式，为用户提供一个全面的产品建模系统。UG 于 1991 年并入美国 EDS 公司，今年推出了 UG NX 2.0 最新版本。Unigraphics NX 誉为高端 CAD 软件未来的发展方向。

Unigraphics NX 是 EDS 的一个旗舰应用软件包，它提供集成的产品工业设计，工程设计，仿真和制造解决方案。引领高端 CAD 软件的未来。

通过知识融接，后参数化直接建模技术加强应用以及改进用户界面和更多的考虑设计师

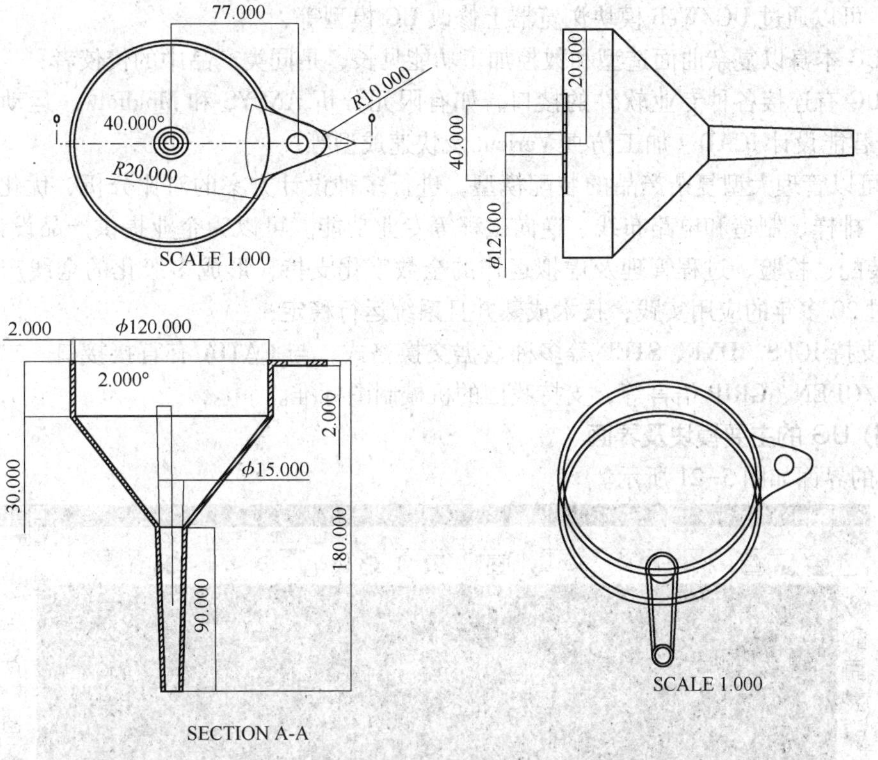

图 5-20　更正后的工程图

设计思路来安排界面，Unigraphics NX 弥补了理论和现实之间的鸿沟。

在中国模具论坛里，网友发起了“UG，PROE，CATIA 哪一个的发展前景最好?”的投票，结果，50%选择了 UG，分别有 25%、25%的人选择了 Pro/E 和 CATIA。UG 以其更专业的模块如塑料模具设计、冷冲模具设计、机械设计、机构的运动及动力分析和曲面造型赢得了更多人的青睐。

（二）UG 软件的应用领域

UG 在航空航天、汽车、通用机械、工业设备、医疗器械以及其他高科技应用领域的机械设计和模具加工自动化的市场上得到了广泛的应用。另外，UGS 公司在航空领域也有很好的的表现：在美国的航空业，安装了超过 10000 套 UG 软件；在俄罗斯航空业，UG 软件具有 90%以上的市场；在北美汽轮机市场，UG 软件占 80%。UGS 在喷气发动机行业也占有领先地位，拥有如 Pratt & Whitney 和 GE 喷气发动机公司这样的知名客户。航空业的其他客户还有：B/E 航空公司、波音公司、以色列飞机公司、英国航空公司、Northrop Grumman、伊尔飞机和 Antonov。

UGS 公司的产品同时还遍布通用机械、医疗器械、电子、高技术以及日用消费品等行业，如：3M、Will-Pemco、Biomet、Zimmer、飞利浦公司、吉列公司、Timex、Eureka 和 Arctic Cat 等。

（三）UG 的特点

UG 软件是一个功能十分强大的 CAD 系统，其主要功能特点如下：

① 整个系统采用 Parasolid 作为统一的实体建模核心，有自己开发的 IMAN 产品数据管

理系统，可以通过 UG/Web 模块浏览器上修改 UG 模型等；

② UG 本身以复杂曲面造型和数控加工功能见长，是同类产品中的佼佼者；

③ UG 有连接各种专业软件的接口，如有限元分析 ANSYS 和 Moldfolw、运动机构分析 Adams、智能设计 ICAD、加工仿真 Vericut 及快速成型等；

④ 可以管理大型复杂产品的装配模型，进行多种设计方案的对比分析、优化，有板金件设计、排样、制造和电路布线、逆向工程等专业功能。可以为企业提供产品设计、分析、加工、装配、检验、过程管理及虚拟运作的全数字化支持，形成多级化的全线产品开发能力。经过 20 多年的应用实践，技术成熟并且系统运行稳定；

⑤ 支持 IGES、DXF、STEP 等多种数据交换格式，与 CATIA 有直接接口。二次开发工具有 UG/OPEN、GRIP 语言等，支持我国的机械制图标准。

（四）UG 的主要模块及界面

UG 的界面如图 5-21 所示。

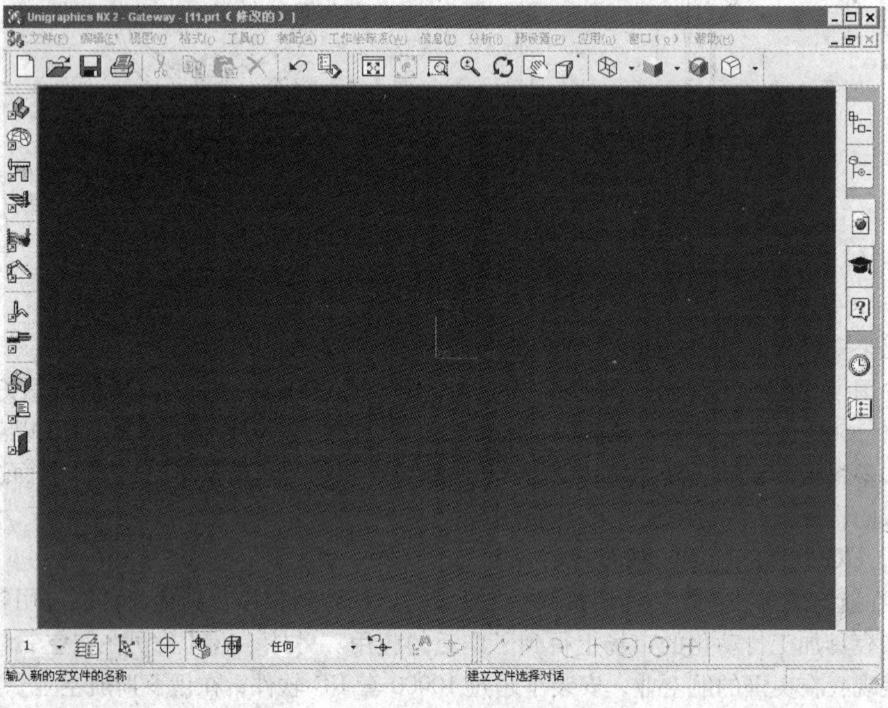

图 5-21　UG 界面

UG 的功能模块大大小小共有 60 个。设计师可根据设计的任务与要求来选择相应的功能模块。在模具设计时所涉及的功能模块主要有 MPA 模流分析模块、建模模块、装配模块、钣金模块、制图模块、NC 加工模块、注塑模向导模块及级进模向导模块等，分列如下：

① MPA 分析模块

② 建模模块

③ 装配模块

④ 钣金模块

⑤ 制图模块

⑥ NC 加工模块

⑦ 注塑模向导模块

⑧ 级进模向导模块

(五) UG 的建模方法

UG 的建模方法也是基于特征的实体建模方法，是在参数化的基础上采用了一种所谓变量化技术的设计建模方法，对参数化建模方法进行了改进。

在变量化技术中，将参数化技术中的单一的尺寸参数分成"形状约束"和"尺寸约束"。形状约束通过几何对象之间的几何位置关系来确定，不需要对模型的所有几何对象进行全约束，既可以欠约束，也可以过约束，不影响模型的尺寸。可以直接修改三维实体模型，而不一定要修改生成该三维模型的二维几何对象的尺寸。

由于不需要全约束就可以建立几何模型，在产品设计的初始阶段就可以将主要精力放在设计思想和设计方案上，而不必介意模型的准确形状和几何对象之间的严格的尺寸关系，更加符合从概念设计、总体设计到详细设计的设计流程，有利于设计的优化。

(六) UG 建模的过程

用 UG 完成产品生产的全过程：

① 用 Sketch(或 Curve)工具建立模型的二维轮廓；

② 建立三维模型；

③ 对模型进行有关分析；

④ 建立产品模型的渲染图，进行广告宣传与接受订单；

⑤ 建立相关的平面工程图；

⑥ 建立相关的刀具路径；

⑦ 修改并更新模型、图纸与刀路等自动更新；

⑧ 保存数据；

⑨ 将刀轨数据送数控机床进行加工，完成产品的生产。

(七) Mold Wizard 模块

新版 UG NX 5 软件的 Mold Wizard 模块是专为注塑模设计服务的模块，它依赖注塑模具的基本知识开发而成。在进行模具设计时，该模块将遵循前后联系的逻辑过程，即通过加载产品模型和设置顶出方向、收缩率、型腔布局、分型面、型腔和型芯、模架和标准件、浇注系统和冷却系统等操作，完成整套模具设计效果。

1. Mold Wizard 功能

Mold Wizard 优化注塑模设计过程，提供基于最佳实践的结构化工作流程，使铸模专用的设计任务实现自动化，并且还提供标准注塑模部件库。Mold Wizard 为用户提供一个分步操作过程，促进工作流程高效率的应用，同时把设计技术的复杂组件集成到自动化的顺序中，使生产力水平远远超过传统的 CAD 软件。

(1) 模具 CAD

运用 CAD 技术，Mold Wizard 能够帮助广大模具设计人员利用注塑制品的零件图迅速设计出该制品的全套模具图，从而将模具设计师从繁琐、冗长的手工制图和人工计算中解放出来，能够将精力集中于方案构思、结构优化等创造性的工作上。

利用 Mold Wizard 软件，用户可以选择软件提供的标准模架，也可以灵活方便地建立适合自己的标准模架库。然后，在选好模架的基础上，从系统提供的整体式、嵌入式、镶拼式等多种形式的动、定模结构中，依据自身需要灵活地选择并设计动、定模部件装配图，并采用参数化方式设计浇口套、拉料杆、斜滑块等通用件，接着设计推出机构和冷却系统，进而完成模具的总装图设计。最后，利用 Mold Wizard 系统提供的编辑功能，可以很方便地完成各个零件图的尺寸标注及明细表。

（2）模具 CAE

CAE 技术借助有限元法、有限差分法和边界元法等数值计算方法，分析型腔中塑料的流动、保压和冷却过程，计算制品和模具的应力分布，并由此分析制品的工艺条件和材料参数以及模具结构对制品质量的影响，以达到优化制品和模具结构、优先成型工艺参数的目的。

由于模具设计与产品模型紧密相关，因此对产品进行的设计和验证将会迅速传递到模具设计部门。Mold Wizard 提供壁厚检查、体积和二维投影面计算、底切检测、拔模角和分型线分析等多项设计验证功能。使用该软件的 CAM 技术，能够显著提高模具加工的精度及生产管理的效率，从而节省大量的设计时间，并为 CAM 系统提供完整的 3D 模型。

此外，Mold Wizard 提供模具设计所需的所有工具，包括零件设计、装配设计、数据转换、设计验证、标准零件库和用户定义特征等。这种模块能够自动完成分型和型芯/型腔分离操作，即自动实现搜索分型线、补孔、创建分型面、分离型芯/型腔等操作。这样，即使经过较大改动之后，分开的几何图形也仍然与产品模型之间保持关联。

2. Mold Wizard 操作环境

要使用 UG NX 5 软件进行注塑模设计，首先应当进入该软件的操作环境，执行模具操作。可使用新建模型文件的方法进入建模环境，或者通过打开文件的方式进入建模环境。然后选择【标准】工具栏中的【开始】→【所有应用模块】→【注塑模向导】选项，即可进入图 5-22 所示的注塑模设计环境。

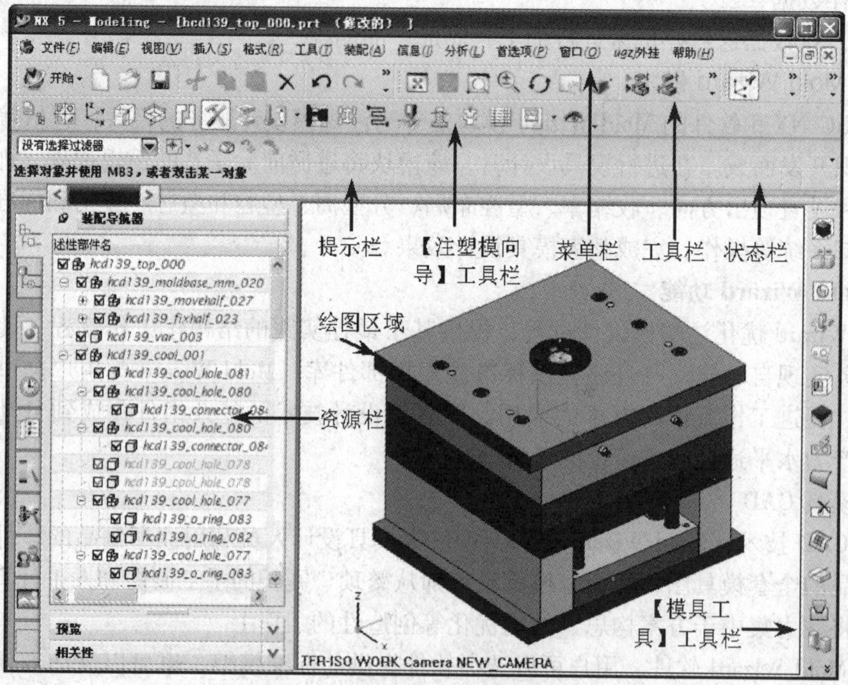

图 5-22　Mold Wizard 操作界面

Mold Wizard 工作界面还可以进行用户定制，也就是说可按个人喜好及操作习惯进行设定，如工具栏的内容和位置，而弹出的对话框可以屏幕上任意移动，分别介绍如下：

(1) 菜单栏

菜单栏包含 UG NX 5 软件的所有功能工具，系统将所有的指令或设定选项予以分类，分别放置在不同的下拉式菜单中。可根据设计需要，进入不同的菜单，选择具体的工具。

选择主菜单栏中的任何一个功能选项时，系统会将菜单下拉，并显示出该功能菜单包含的有关指令，如图 5-23 所示。

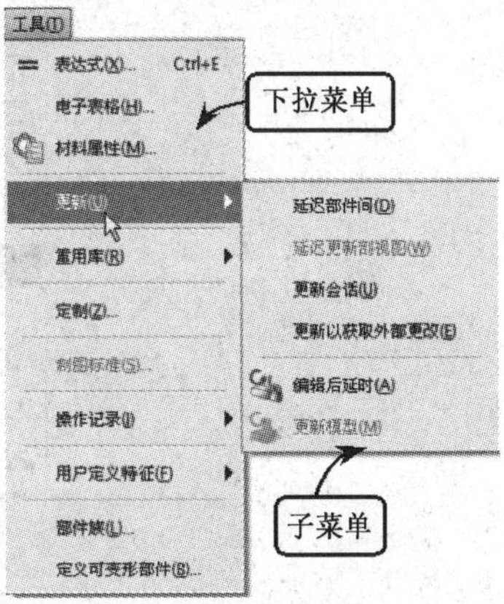

图 5-23 下拉菜单

(2) 工具栏

工具栏位于菜单栏下面，以简单直观的图标来表示每个工具的作用。UG NX 5 根据实际需要将常用工具组合为不同的工具栏，进入不同的模块就会显示相应的工具栏。在 Mold Wizard 操作环境中，主要用到【注塑模向导】和【模具工具】工具栏中的工具。

在各个工具栏中，可以自定义各按钮的显示/隐藏状态，典型的【模具工具】工具栏如图 5-24 所示。

提示：在工具栏区域右击选择指定的工具栏选项同样能指定工具栏，当需要添加快捷菜单到工具栏时，只需在相应功能的工具栏选项上单击，使其前面出现一个对钩即可。如果需要隐藏该工具栏，只需再次单击该选项，去掉前面的对钩即可。

(3) 绘图区

绘图工作区域是 Mold Wizard 的主要工作区域。该区域以窗口形式呈现，占据屏幕的大部分空间，用于显示绘图后的效果、分析结果、刀具路径结果等。UG NX 5 支持以下操作方法：

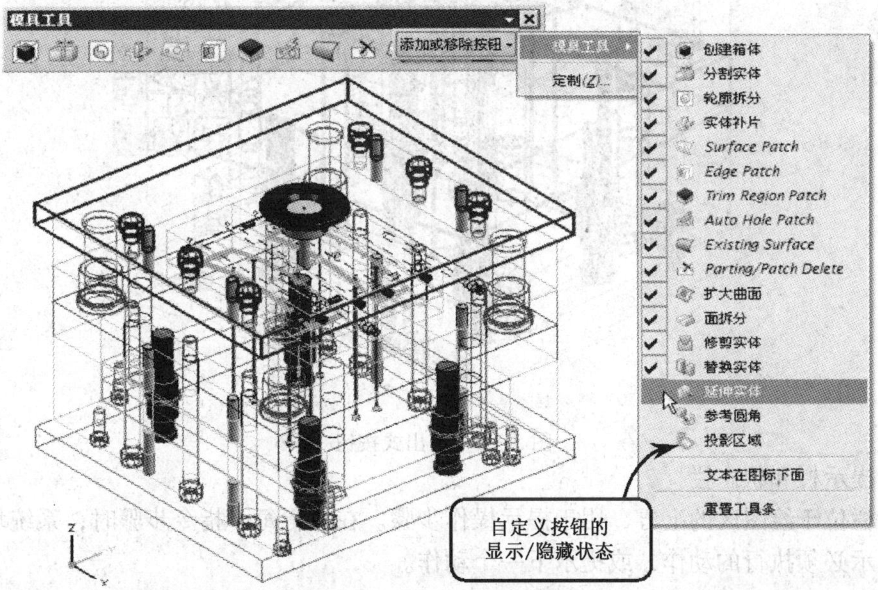

图 5-24 【模具工具】工具栏

• 快捷菜单　在绘图工作区域右击，UG NX 5 将弹出如图 5-25 所示的快捷菜单，从中可以选择视图的操作方式。

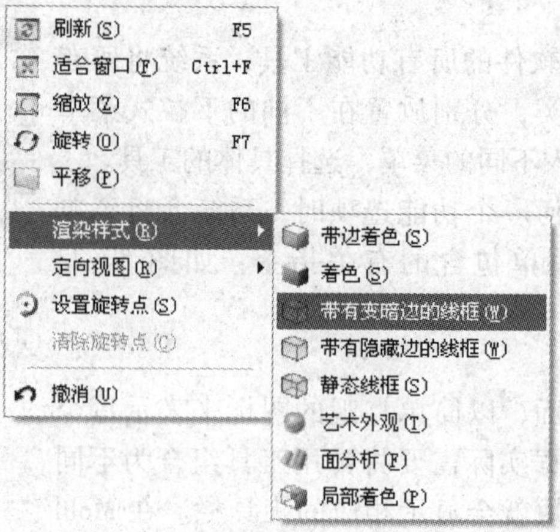

图 5-25　右击弹出的快捷菜单

• 快捷按钮　在绘图区域按住鼠标右键不放，UG NX 5 将弹出新的挤出式按钮，切换不同的视图显示方式，如图 5-26 所示。

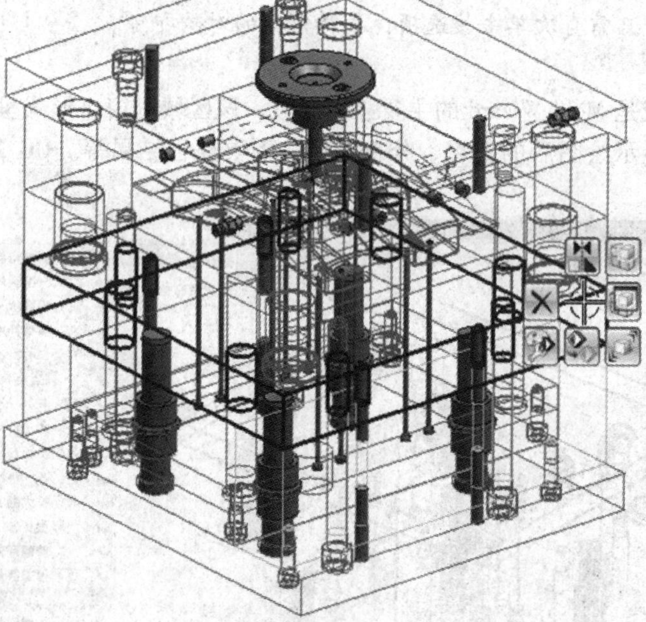

图 5-26　挤出式按钮

（4）提示栏和状态栏

提示栏位于绘图区的上方，用于提示操作步骤。在执行每个指令步骤时，系统均会在提示栏中显示必须执行的动作，或提示下一个动作。

状态栏固定于提示栏的右侧，主要用于显示系统及图素的状态。例如，在选择点时，系统会提示当前鼠标位置的点是某一特殊点，如中点、圆心等，如图 5-27 所示。

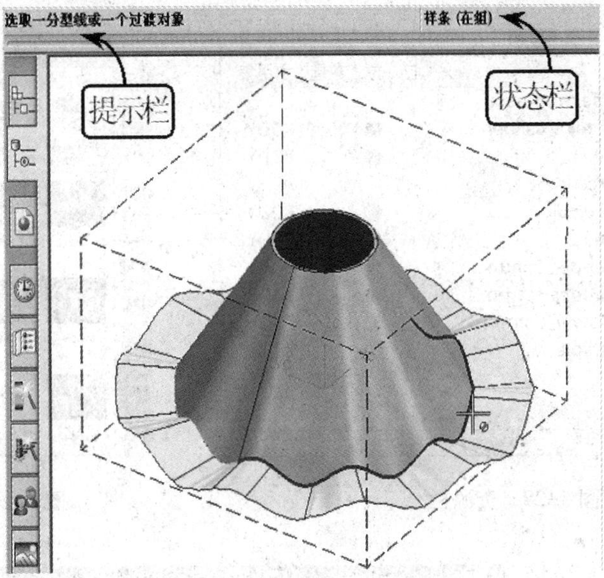

图 5-27　提示栏和状态栏

(5) 资源栏

资源栏是管理当前零件的操作及操作参数的一个树形界面，当鼠标离开操作资源栏界面时，操作导航器将自动隐藏，如图 5-28 所示。

资源栏的导航按钮位于屏幕的左侧，提供常用的导航器，如装配导航器、部件导航器等。资源栏中主要导航按钮的含义如下所述。

- 装配导航器用来显示装配特征树及其相关操作过程。该导航器在设计过程中的使用频率最多，即执行隐藏或显示组件，转为显示或工作部件和显示父特征等操作。
- 部件导航器用来显示零件特征树及其相关操作过程，可以观察零件的建模过程及其相关参数。通过特征树，可以随时对零件进行编辑和修改。
- IE 浏览器可以从 UG NX 5 切换到 IE 浏览器。
- 历史记录可以快速打开文件，单击即可打开。此外，还可以把文件拖动到工作区域，然后打开该文件，如图 5-29 所示。
- 系统材料系统材料中提供了很多常用的物质材料，如金属、玻璃和塑料等。把需要的材质拖动到设计零件上，即可达到给零件赋予材质的目的。如图 5-30 所示。

3. Mold Wizard 工具

从上节介绍可知，利用 UG NX 5 软件进行注塑模设计时，需要使用专业的工具，即【注塑模向导】工具栏，如图 5-31 所示。这个工具栏包括注塑模设计的全部工具，使用 Mold Wizard 设计模具的过程就是按照其流程来进行的，只要在设计过程中定义好相关参数，模具的很多设计工作很大程度上会自动完成，从而大大降低了模具设计的工作强度，提高了模具设计速度。熟练掌握各个工具的使用方法，能够起到事半功倍的效果。

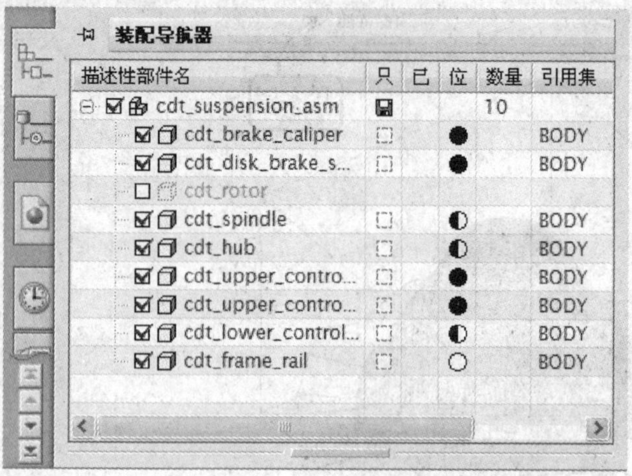

图 5-28　资源栏

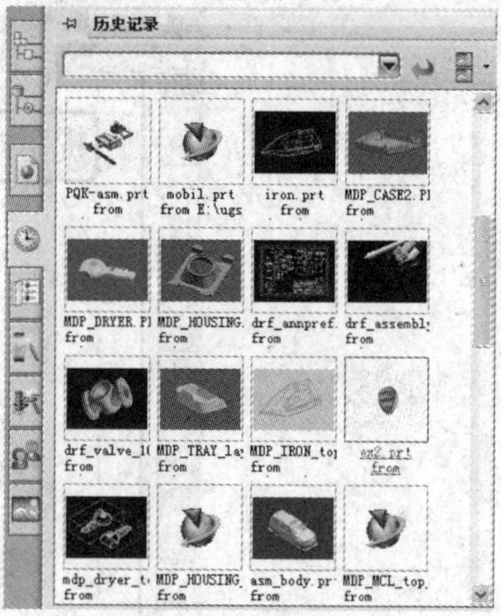

图 5-29　历史记录

图 5-30　系统材料

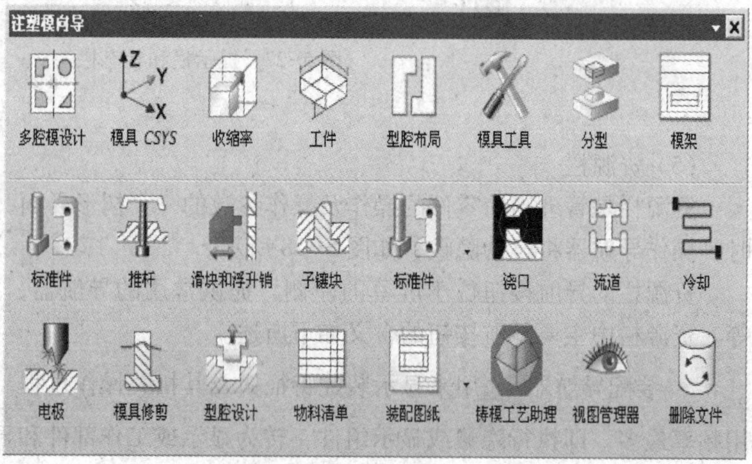

图 5-31　【注塑模向导】工具栏

该工具栏包括注塑模设计 3 个阶段的操作工具。第一个阶段为初始设置阶段，使用的工具由【项目初始化】、【收缩率】等工具组成；第二个阶段为分型阶段，使用的工具包括【模具工具】和【分型】工具；第三个阶段为辅助设计阶段，使用的工具包括【模架】、【标准件】和【推杆】等工具组件。细节如图 5-32 所示。

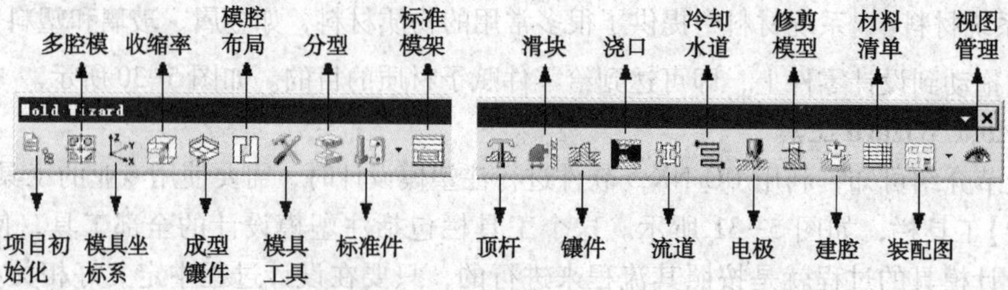

图 5-32　Mold Wizard 工具栏细节

下面对 Mold Wizard 工具栏上各个图标的功能做简要说明，方便读者理解模具设计的流程和每个图标的功能：

(项目初始化) 加载产品模型，它是模具设计的第一步。

(多腔模) 适用于要成型不同产品时的多腔模具。

(模具坐标系) 使用该图标可以方便地设置模具坐标系，因为所加载进来的产品坐标系与模具坐标系不一定相符，这样就需要调整坐标系。

(设置产品收缩率) 由于产品注塑成型后会产生一定程度的收缩，因此需要设定一定的收缩率来补偿由于产品收缩而产生的误差。

(模坯) 依据产品的形状设置合理的成型镶件，分型后成为型芯和型腔。

(模腔布局) 适用于成型同一种产品时模腔的布置。

(模具工具) 使用该工具可以方便地对模型进行修补孔等操作。单击该图标，会弹出如图 5-33 所示工具栏。

图 5-33 【模具工具】弹出框

(分型工具) 使用该工具可以进行 MPV 分析，建立与编辑分型线，创建过渡对象，创建与编辑分型面，提取区域，创建型芯、型腔等操作。

(标准件) Mold Wizard 为用户提供各种标准件库，方便用户调用，主要是通过选择类型和修改关键尺寸来完成标准件的定义。

(标准模架) Mold Wizard 为用户提供了各种常用标准模架，主要有 DME、FUTABA、HASCO、LKM 等公司的标准模架库，在模具设计时用户可以根据需要选用合适的模架。

(顶杆) 该向导主要是对加载的标准顶杆进行后处理的，即将顶杆修剪到合适的尺寸。

(滑块) 根据模具结构定义相应的滑块类型，只要将滑块的主要参数定义好，系统会自动在模具中装配滑块。

(镶件) 为了模具加工的方便，使用该功能可在型腔或型芯中拆分出成型镶件。

(浇口) Mold Wizard 为用户提供了各种常用浇口的设计，用户可以通过该向导来设计模具的浇口。

(流道) 这是 Mold Wizard 专门为用户提供的流道设计向导，只要定义好流道路径和流道截面，Mold Wizard 就会自动生成流道。

(冷却水道) 模具设计需要设计运水来冷却模具与产品，用户可以使用该向导方便地进行运水的设计。

（电极） 这是模具设计中的电极设计向导，只要指定放电区域及电极的基本参数，Mold Wizard 就会自动生成电极。

（模具修剪） 使用该工具，用户可以方便地将模具零件修剪到指定位置。

（建腔） 该工具是用来在模具部件中建立空腔。

（材料清单） 依据该向导，可以快速生成 BOM（材料清单）报表。

（装配图） 用于创建模具工程图，与一般零件的工程图类似，也可添加不同的视图和截面图等。

（视图管理） 对模具中的各部件的显示模式进行管理，方便用户查看。

4. Mold Wizard 的主要工作阶段

（1）模具设计准备阶段

① 装载产品模 加载需要进行模具设计的产品模型，并设置有关的项目单位、文件路径，以及成型材料及收缩率等；

② 设置模具坐标系 在进行模具设计时需要定义模具坐标系，模具坐标系与产品坐标系不一定一致；

③ 设置产品收缩率 注塑成型时，产品会产生一定量的收缩，为了补偿这个收缩，在模具设计时应设置产品收缩率；

④ 设定模坯尺寸 Mold Wizard 中称之为工件，就是分型之前的型芯与型腔部分；

⑤ 设置模具布局 对于多腔模或多件模，需要进行模具布局的设计。

（2）分型阶段

① 修补孔 对模具进行分型前，需先修补模型的靠破位，包括各类孔、槽等特征；

② 模型验证（MPV） 验证产品模型的可制模性，识别型腔与型芯区域，并分配未定义区域到指定侧；

③ 构建分模线 创建产品模型的分型线，为下一步的分型面创建做准备；

④ 建立分模面 根据分型线创建分型面；

⑤ 抽取区域 提取出型芯与型腔区域，为分型做准备；

⑥ 建立型芯和型腔 分型—创建出型芯与型腔。

（3）加载标准件阶段

① 加载标准模架 Mold Wizard 提供了常用的标准模架库，用户可从中选择合适的标准模架；

② 加载标准件 为模具装配加载各类标准件，包括顶杆、螺钉、销钉、弹簧等，可直接从标准件库中调用；

③ 加载滑块、斜顶等抽芯机构 适用于有侧抽芯或内抽芯的模具结构，可以通过标准件库来建立这些机构。

（4）浇注系统与冷却系统设计阶段

① 设计浇口 Mold Wizard 提供了各类浇口的设计向导，用户可通过该向导来快速完成浇口的设计；

② 设计流道 Mold Wizard 提供了各类流道的设计向导，用户可通过该向导来快速完成流道的设计；

③ 设计冷却水道　Mold Wizard 提供了冷却水道的设计向导，用户可通过该向导来快速完成冷却水道的设计。

(5)完成模具设计的其余阶段

① 对模具部件建腔　在模具部件上挖出空腔位，放置有关的模具部件；

② 设计型芯、型腔镶件　为了方便加工，将型芯和型腔上难加工的区域做成镶件形式；

③ 电极设计阶段　该阶段主要是创建电极和出电极工程图，可以使用 Mold Wizard 提供的电极设计向导来快速完成电极的设计；

④ 生成材料清单　创建模具零件的材料列表清单；

⑤ 出零件工程图　出模具零件的工程图，供零件加工时使用。

5. Mold Wizard 设计流程

在 UG NX 5 的注塑模设计模块中，通常基于参照模型创建分型、模架、推杆、滑块和抽芯等机构，然后创建冷却和浇注系统设置，完成整个模具的设计。可以看出，Mold Wizard 设计的先后次序基本上与【注塑模向导】工具栏上从左向右的安排次序相同。

(1) 初始设置

首先将执行模具设计的参照模型调入注塑模环境中，并进行必要的项目初始化设置，包括指定路径和材料等等，Mold Wizard 将自动建立项目的装配结构。然后定义模具坐标系和收缩率，并选择成型功能，应用于自动型芯或型腔的镶件实体，随后根据设计需要定义模具型腔的布局方式，如图 5-34 所示。

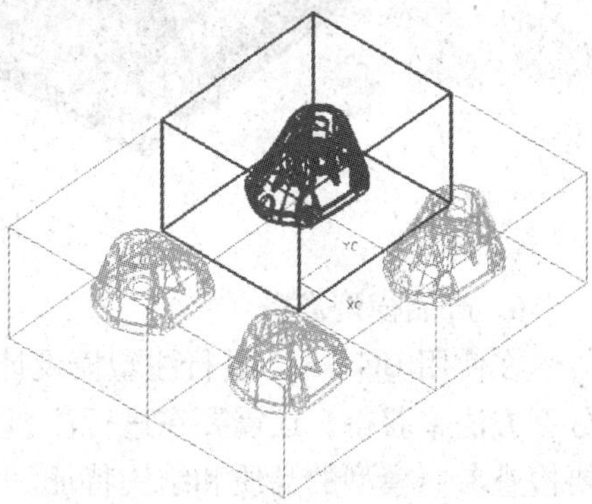

图 5-34　参照模型初始设置

(2) 分型设计

由于参照模型的类型和机构不同，执行分型操作的方法也不尽相同。通常情况下，在进行分型设计之前，首先对参照模型机构存在的破孔进行必要的修补，即使用【注塑模向导】工具栏中的模具工具进行分割或修补操作。

执行修补操作之后，方可创建分型线和分型段，从而创建模具分型片体。接着抽取模具型腔和型芯区域，即可获得型腔和型芯部件的效果，如图 5-35 所示。

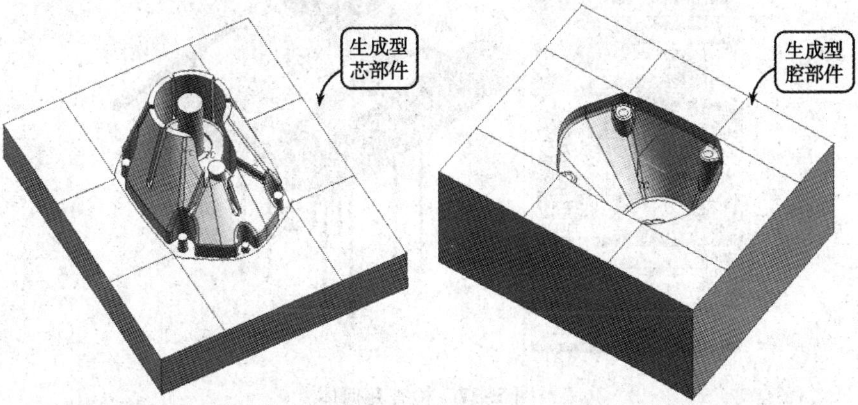

图 5-35　分型设计获得型腔和型芯部件

(3) 辅助系统设计

在进行必要的分型设计之后，为保证模具设计的完整性，可根据设计要求创建模架部件，或者创建模具型腔和型芯的浇口和分流道，其先后顺序因人而异。

如果先创建模架，随后创建浇注系统中的定位环和浇口套的话，则需要首先设计必要的推杆、滑块和浮升销部件，然后设计浇注和冷却系统，最后进行镶件、腔体和电极等的辅助设计，即可获得整个模具的设计效果，如图 5-36 所示。

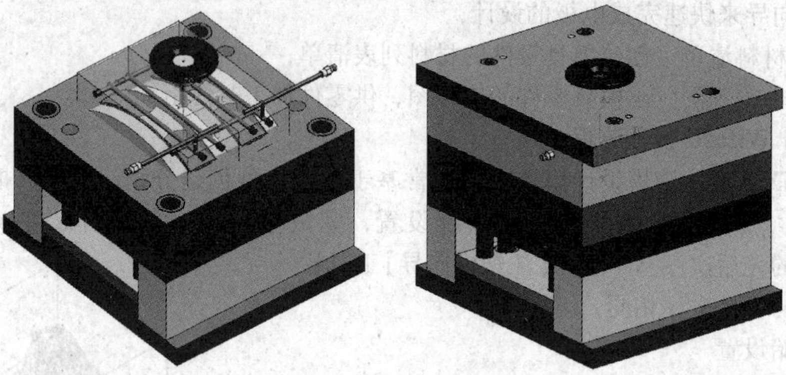

图 5-36　模具辅助设计

6. 产品模型准备

在使用 UG NX 5 进行注塑模设计过程中，由于现实生活中并非所有零件都可使用注塑分型方法来获得，还需要在进行注塑模设计之前检查参照模型是否具有可注塑性，同时还需要检查参照模型的品质和结构特征。

(1) 几何体的品质

在开始一个注塑模向导操作之前，应当仔细检测产品模型，高品质的模具设计需要高品质的产品模型。在【分析】菜单中选择【检查几何体】选项，然后在弹出的对话框中对选择的几何体进行全面检查，找出全部有问题的区域并修正，如图 5-37 所示。

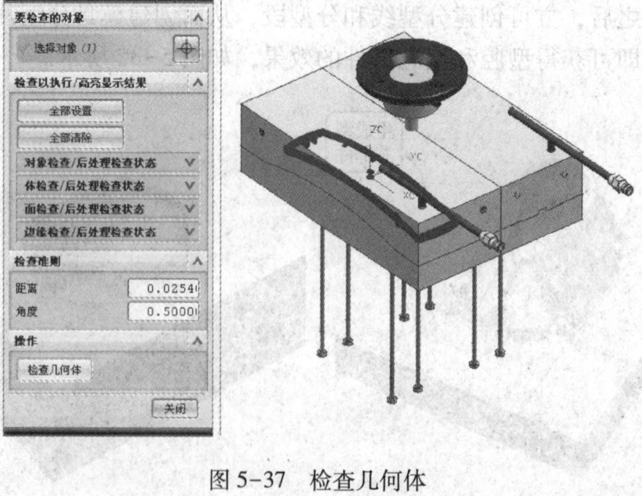

图 5-37　检查几何体

（2）实体或面模型

在注塑模向导分型过程中，可以使用实体模型或者没有形成实体的缝补曲面。通常使用实体模型，因为实体模型可以生成实体的型腔和型芯模型，并且在制图和加工中用起来比较方便。因此，在大多数情况下，最好花点时间来修正产品模型的几何体缺陷，并将它们缝成实体。

（3）可分型性

在注塑模设计过程中，经常会遇到产品模型的斜度（拔模斜度）设置不正确或可能导致模具的封口区域不合理的情况。必须修正这些产品模型，以保证完成型腔和型芯。由正确的产品模型开始设计模具，会使分型更加容易，并能提供为加工做准备的型腔和型芯。总的来说，通过修正产品，可以避免事后为型腔、型芯或电极增加斜度时产生的设计错误。

（4）模制部件验证

在 Mold Wizard 中，MPV 是一个非常有用的产品模型检查工具。使用这个工具检测模型时，首先需要打开模型，然后单击【注塑模向导】工具栏中的【设计区域】按钮，打开【MPV 初始化】对话框，如图 5-38 所示。在该对话框中选择对应选项，并在弹出的对话框中设置参数后，模型上将显示设置效果，这时即可查看模制部件的验证效果。

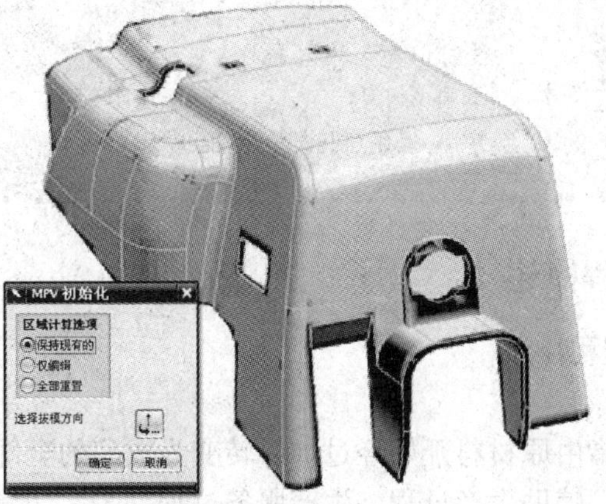

图 5-38　模制部件验证

UG 实体建模是基于特征的参数化系统，具有交互创建和编辑复杂实体模型的能力，能够帮助用户快速进行概念设计和细节结构设计。另外系统还将保留每步的设计信息，与传统基于线框和实体的 CAD 系统相比，具有特征识别的编辑功能。UG NX6 提供了特征建模模块、特征操作模块和特征编辑模块，具有强大的实体建模功能。使造型操作更简便、更直观、更实用。在建模和编辑的过程中能够获得更大的、更自由的创作空间。

思考题

1. Pro/E 软件的特点和优势有哪些？
2. Pro/E 软件的主要模块是什么？
3. 说明 Pro/E 的模具设计流程。
4. 说明 UG 的主要模块与建模方法、过程。
5. 简述 Mold Wizard 设计流程。

模具制造篇

模块六　模具制造综述

知识要点

- 模具生产过程、制造特点；
- 模具零件工艺规程编制、表面形式及加工方法；
- 模具装配知识。

学习要求

- 掌握模具生产过程、装配要素；
- 通过冲裁模实例初步掌握模具制造与装配常识。

一、模具生产过程概述

（一）模具生产过程和特点

1. 概述

模具的生产过程是指由原材料开始经过加工转变为成品的全部过程。包括：生产技术准备过程、基本生产过程、辅助生产过程、生产服务过程。

在非模具专业生产企业中(产品专业厂)，模具作为工艺装备的一部分，在基本产品生产系统中，模具属于辅助生产过程，是保证基本产品不可缺少的组成部分。在模具专业生产企业中，模具作为企业的基本产品，模具的生产过程始终贯穿于企业的全部生产过程之中。

模具的的生产过程。可以划分为五个主要阶段：即生产技术准备、材料的准备、模具零、组件的加工、装配调试和试用鉴定五个阶段，它们的关系和内容如图 6-1 所示。

2. 模具工艺过程

在模具生产过程中，直接改变制件的形状、尺寸、精度、性能和装配关系的生产过程称为工艺过程，例如：毛坯制造、机械加工、热处理、装配、调试等。在工艺过程中凡是用机械工艺方法直接改变毛坯形状、尺寸及通过某些特种工艺方法提高表面质量的那一部分工艺过程称为机械加工工艺过程。

3. 模具工艺规程及编制

（1）模具工艺规程

将规定的模具及零、部件的加工过程、操作方法等用一定格式的工艺文件表达出来称为

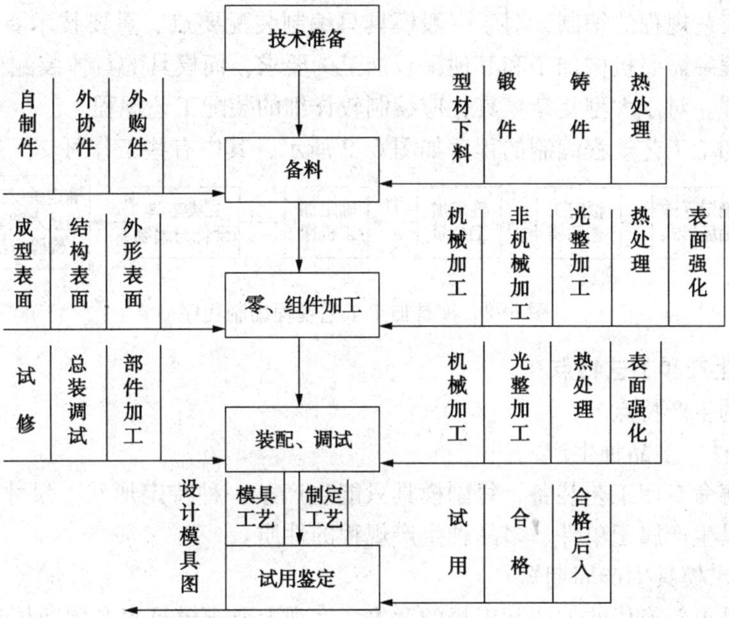

图 6-1　模具生产过程

工艺规程，一般应规定工序的加工内容、检验方法、切削用量、时间定额及所采用的机床和工艺装备等。合理的机械加工工艺规程对保证产品质量、提高劳动生产率、降低原材料及动力消耗、改善工人的劳动条件等有着十分重要的意义。

(2) 模具工艺规程的编制

模具零件加工工艺规程的常用格式如表 6-1 所示。

表 6-1　模具加工工艺规程模式

(单位)	工装工艺卡片			共　页	
				第　页	
工装图号		件号			
零件名称		数量			
材料牌号					
单件毛坯尺寸					
单件总工时					
工序号	工种	工 序 主 要 内 容	操作者	定额工时(分)	检验结果
更改记录					
超差处理记录					
编制		校对		定额员	

模具装配工艺规程的编制，对于一般模具只编制装配要点、重要技术要求的保证措施，以及在装配过程中需要机械加工和其他配合加工的要求，而模具的具体装配程序多由模具装配钳工自行掌握。对于大型复杂模具，应编制较详细的装配工艺规程。

一般模具加工工艺规程编制的程序如图 6-2 所示，其中有些工作可交叉进行。

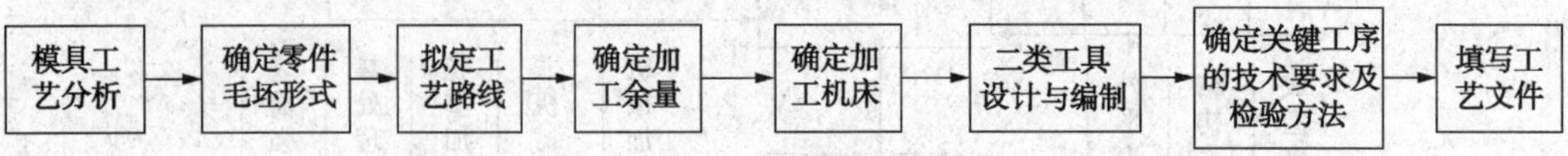

图 6-2　模具加工工艺规程编制程序

4. 模具的生产和工艺特点

（1）模具的生产特点

1）属于单件、多品种生产

模具是高寿命专用工艺装备，每副模具只能生产某一种特定形状、尺寸和精度的制件，这就决定了模具生产属于单件、多品种生产规程的性质。

2）客观要求模具生产周期短

由于新产品更新换代的加快和市场的竞争，客观上要求模具生产周期越来越短。模具的生产管理、设计和工艺工作都应该适应客观要求。

3）模具生产的成套性

某个制件需要多副模具来加工时，各副模具之间往往互相牵连、影响。只有最终制件合格，这一系列模具才算合格，因此在生产和计划安排上必须考虑其成套性。

4）试模和试修

由于模具生产的上述特点和模具设计的经验性，模具在装配后必须通过试冲或试压（有些部位还需试修），才能最后确定是否合格。

5）模具加工向机械化、精密化和自动化发展。

目前产品零件对模具精度的要求越来越高，高精度、高寿命、高效率的模具越来越多。而加工精度主要取决于加工机床精度、加工工艺条件、测量手段和方法。目前精密成型磨床、CNC 高精度平面磨床、精密数控电火花线切割机床、高精度连续轨迹坐标磨床，以及三坐标测量机的使用越来越普遍。

（2）模具的工艺特点

我国模具加工的技术手段普遍偏低，模具制造上的工艺特点主要表现如下：

① 模具加工尽量采用万能通用机床、通用刀量具和仪器；

② 模具设计和制造较多采用实配法等，使得模具零件的互换性降低；

③ 制造工序安排相对集中，以保证模具加工质量和进度，简化管理和减少工序周转时间。

（二）模具零件加工分析

模具由多个零件组成，每个零件的材料、形状、尺寸精度和表面粗糙度、热处理要求是根据产品的加工要求来确定的。模具零件表面形状不一，有平面、斜面、圆柱面、圆锥面、螺纹面和曲面等，各个表面在模具中所起的作用不同，加工工艺安排中要根据各个表面的作用、几何形状特征及各种技术要求，确定其加工方法，为合格的模具零件的最终装配奠定基础。

1. 模具表面分类

(1) 外形表面

构成模具零件基本外形特征的表面。

(2) 成型表面

模具中直接决定产品零件形状、尺寸精度的表面。例如冲裁模中的凹模、凸模工作表面等。

成型表面形状比较复杂、尺寸精度较高和表面粗糙度数值较小，而且多有热处理要求，各相关零件的成型表面的一致性和协调性都有比较严格的要求。成型表面的加工是模具工艺工作的重点和难点之一。

(3) 结构表面

结构表面是指在模具中起定位、导向、定距、限位、联接、驱动等作用的表面。图6-3所示弯曲模凸模的两个 $\phi10_{0}^{+0.015}$ 的圆柱销孔等表面。

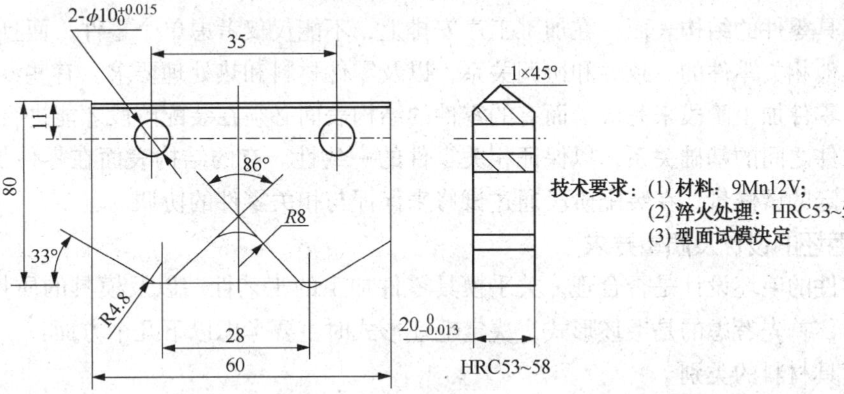

图6-3　弯曲模凸模

2. 各类表面的加工分析

(1) 外形表面的加工

各种模具零件的加工都从外形表面加工开始，并为成型表面和结构表面的后续加工奠定基础。在模具零件的毛坯设计和加工中，应使外形表面的加工余量适当，避免材料浪费和减少后续加工工作量。对于锻件和铸件毛坯，在毛坯加工阶段应进行必要的退火和时效热处理，以减少材料内应力和为后续加工做好金相组织准备。

一般平面外形表面的加工可在牛头刨床、立铣床、龙门刨床上进行刨削和铣削加工，去除毛坯上的大部分加工余量。

对于外圆柱或圆锥体的外形表面，可在车床上进行车削加工，一般通过一次装卡，在车削外圆表面的同时，车削端面，并可以在中心部位进行钻孔、铰孔、镗孔，以保证各相关表面的同轴度、垂直度等要求。

(2) 成型表面的加工

成型表面是模具零件表面中形状比较复杂，尺寸精度、型位精度、表面粗糙要求较高的表面，而且该表面多有热处理要求，这类零件加工难度较大，因此也是模具工艺中的重点之一。

模具成型表面的加工，按加工机理不同，主要分三类：

① 主要依靠机械力的切削加工方法，这是一种应用最广泛的加工法，也是模具零件加工的基本方法；

② 利用电能、热能、光能、化学能做动力的特种加工方法，这是一种新型的、有极大发展前途的加工方法，它在模具零件加工中所占的地位越来越重要；

③ 精密铸造、挤压成型、超塑性成型方法，它在某种特定的条件下显示了独特的优越性。

确定采用哪类加工方法时，要根据具体零件成型表面的特征、零件材料及热处理要求、尺寸精度和形位精度要求，和其他相关零件的关系等具体分析，区别对待，以求得最佳的质量和生产效益。

(3) 结构表面的加工

模具零件的结构表面，由于它们的作用不同，形状也都各异，但是多数为简单的几何形状。从加工方法看，采用一般的金属切削加工都能实现。

对于模具零件的结构表面，在加工工序安排上，不能仅仅考虑单个零件，而且应该考虑该零件和其他相关零件的一致性和协调关系，以及零件材料和热处理要求。有些零件的结构表面可以在零件加工阶段来完成，而有的零件的结构表面必须在装配阶段才能进行加工，要考虑不同零件之间的基础关系，以保证相关零件的一致性。有的结构表面在零件加工阶段，预先留有一定的试修量，在装配阶段通过试修来保证与相关零件的协调。

(三) 毛坯的设计及质量要求

模具零件的毛坯设计是否合理，关乎模具零件加工的工艺性、以及模具的质量和寿命。毛坯设计时，首先考虑的是毛坯形式，决定毛坯形式时主要考虑以下几个方面：

(1) 模具材料的类别

在模具设计中根据规定的模具材料类别，可以确定毛坯形式，例如精密冲裁模的上、下模座多为铸钢材料；大型覆盖件拉深模的凸模、凹模和压边圈零件为合金铸铁时，这类零件的毛坯形式必然为铸造件。又如非标准模架的上、下模座材料多为45#钢，毛坯形式应该是厚钢板的原型材。

(2) 模具零件的类别和作用

对于模具结构中的工作零件，例如精密冲裁模和重载冲压模的工作零件，多为高碳高合金工具钢，毛坯形式应为锻件。对于高寿命冲裁模的工作零件材料多为硬质合金材料，毛坯形式为粉末冶金件。对于模具中的一般结构件，多选择原型材毛坯形式。

(3) 模具零件几何形状特征和尺寸关系

当模具零件的不同外形表面尺寸相差较大时，为节省原材料和减少机械加工工作量，应选择锻件毛坯形式。模具零件的毛坯形式主要分为：原型材、锻造件、铸造件和半成品件四种。

1. 原型材

原型材是指利用冶金材料厂提供的各种截面的棒料、丝料、板料或其他形状截面的型材，经过下料以后直接进往加工车间进行表面加工的毛坯。

原型材的主要下料方式有：剪切下料、锯切下料、火焰气割下料等。选用哪种下料方式要根据具体情况而定。

2. 锻件

模具零件毛坯，对原型材料进行下料之后，然后通过锻造的方法获得合理的几何形状和尺寸的坯料，称为锻件。

(1) 锻造的目的

① 通过锻造得到合理的几何形状和机械加工余量，节省原材料和减少加工切削量，并使坯料的疏松和气泡等缺陷得到改善，提高了材料的致密度，并得到良好的机械加工性能。

② 通过锻造改善材料碳化物分布不合理的状态，使碳化物偏析小于等于 3 级，改善由于碳化物分布不均匀，造成热处理易开裂、硬度不均、脆性加大、冲击韧性降低以及碳化物堆聚或呈网状出现在模具刃口处，容易产生崩刃、折断和剥落等现象。提高了材质的热处理性能和模具的使用寿命。

③ 改善坯料的纤维方向，使纤维方向分布合理，满足不同类型的模具要求，提高了模具零件的承载能力。

(2) 锻件毛坯

由于模具生产属于单件或小批生产，模具零件的锻造方式常为自由锻造。模具零件的、锻件的几何形状多为圆柱形、圆板形、矩形，也有少数为 T 形、L 形等。

1) 锻件加工余量

锻件应保证合理的机械加工余量。如果加工余量过大，不仅浪费材料，还会造成机械加工工作量过大，增加加工工时；如果加工余量过小，使锻造过程中产生的锻造夹层、表面裂纹、氧化层、脱碳层和锻造不平现象无法消除，无法获得合格模具零件。

2) 锻件下料尺寸的确定

合理地选择圆棒料的尺寸、规格及下料方式，对于保证锻件质量和方便锻造操作有直接关系。

锻件在锻造过程中的总损耗量包括烧损量、切头损耗、芯料损耗三部分。烧损量包括坯料在加热和锻打时产生的氧化皮而形成的材料损耗，它与坯料加热次数、加热条件有关；切头损耗是指锻造时由于切除锻件两端不平和裂纹部分的损耗(较小锻件不考虑)。芯料损耗是指锻件需要冲孔而产生的损耗。为了计算方便，总损耗量可按锻件重量的 5%~10%选取。

(3) 锻压设备的选择

模具生产属于单件、小批量生产，模具锻件的锻压方式常用自由锻，使用的锻压设备为空气锤或者蒸汽—空气锤。锻锤吨位的选择是否合理，直接影响锻件质量和锻造生产率。如果锻锤吨位过小，则锻造打击能力不足，造成锻打不深不透，锻件仅仅在表层发生一定的变形，而锻件心部的质量得不到改善，甚至发生恶化。如果锻锤吨位过大，则打击过重，容易出现锻裂现象。因此为了获得优良的锻件，应该选取足够能量的锻锤，以充分的变形进行多向反复锻打，控制锻件质量。

对于高合金模具钢锻件，锻锤的吨位可以按表 6-2 选取。如果锻造低合金钢时，锻件的质量或尺寸可以按加一倍选取。

(4) 锻造方式

锻件的锻造方式主要有三种，即轴向镦拔、横向镦拔、多向镦拔。

1) 轴向镦拔

轴向镦拔又称纵向镦拔单向镦拔或不变向镦拔，它是沿着钢材的轴向，进行不变换方向的往复镦粗和拔长。每次镦拔过程如图 6-4 所示。

表 6-2　锻造高合金钢时锻锤的吨位

锻锤吨位/kg	锻造范围	
	反复镦拔时坯料质量/kg	拔长的坯料直径或边宽/mm
150	≤1	≤35
250	≤1.5	≤40
300	1~3	20~50
400	2~5	35~70
500	3~7	50~85
750	5~15	70~120
1000	10~25	85~150

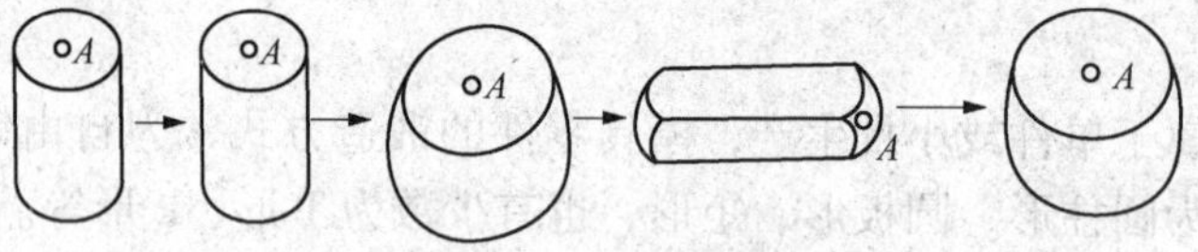

图 6-4　轴向镦拔

2）横向镦拔

横向镦拔又称径向镦拔，它是将钢料轴向镦拔之后，转 90°方向沿垂直于纤维方向的多次镦拔，最终在镦粗或者拔长状态下进行整形。

3）多向镦拔

多向镦拔又称三向镦拔，它综合了轴向及横向镦拔的特点，对原棒料从三个方向轮番进行反复镦拔。多向镦拔法是获得优质锻件的一种常用锻造方法，特点是锻造变形均匀、容易锻透，全面改善组织，细化碳化物晶粒。

3. 铸件

在模具零件中常见的铸件有冲压模具的上模座和下模座、大型塑料模的框架等，材料为灰铸铁 HT200 和 HT250；精密冲裁模的上模座和下模座，材料为铸钢 ZG270-500；大、中型冲压成型模的工作零件，材料为球墨铸铁和合金铸铁；另外吹塑模具和注射模具中的铸造铝合金如铝硅 ZL102 等。

对于铸件的质量要求主要有：

① 铸件的化学成分和力学性能应符合图样规定的材料牌号标准；

② 铸件的形状和尺寸要求应符合铸件图的规定；

③ 铸件的表面应进行清砂处理，去除砂子和其他杂物，应去除结疤，去除飞边毛刺，其残留高度应≤1~3mm。

④ 铸件内部，特别是靠近工作面处不得有气孔、砂眼、裂纹等缺陷，非工作面不得有严重的疏松和较大的缩孔。

⑤ 铸件应及时进行热处理，铸钢件依据牌号确定热处理工艺，一般以完全退火为主，退火后硬度 HB≤229。铸铁件应进行时效处理，以消除内应力和改善加工性能，铸铣件热处理后的硬度 HB≤269。

二、模具典型成型零件的加工

（一）凸模、型芯类零件加工工艺分析

各种模具的凸模、型芯零件，由于工作条件、使用要求不同，其形状、尺寸精度、材料和热处理要求也不尽相同。但它们都与模具的技术经济目标密切相关，通常应采用优质工具钢材料，亦有着较复杂的形状和较高精度。

1. 型芯零件加工工艺分析

塑料模型芯零件如图 6-5 所示。

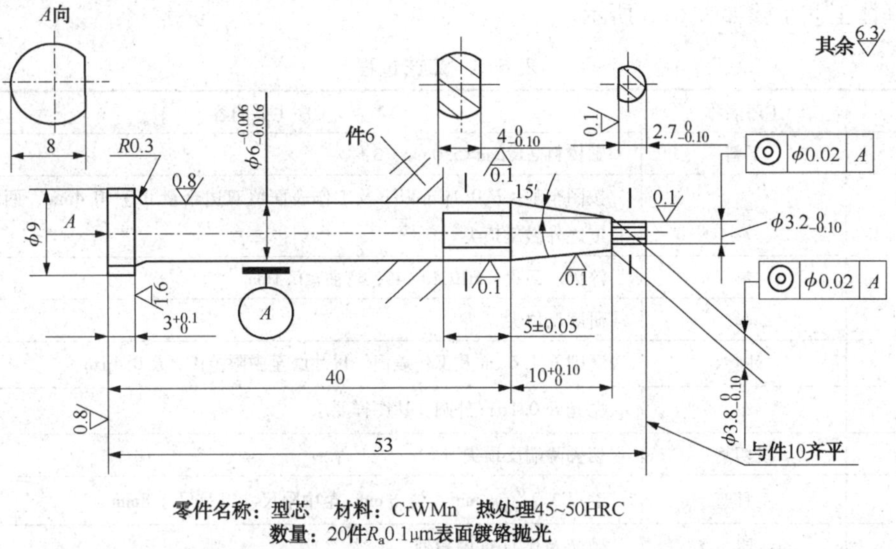

图 6-5　塑料模型芯

（1）工艺性分析

该零件是塑料模的型芯，该零件的长度与直径比例超过 5∶1，属于细长杆零件，但实际长度并不长，截面主要是圆形，在车削和磨削时应解决加工装卡问题，在粗加工车削时，毛坯应为一坯多件，既方便装夹，又节省材料。在精加工磨削外圆时，对于该类零件装卡方式有 3 种形式，如图 6-6 所示的反顶尖结构(a)、辅助顶尖孔结构(b)；(c)是加长段在大端的作法，介于(a)和(b)之间，细长比不太大的情况。

该零件是细长轴，从零件形状和尺寸精度看，零件要求进行淬火处理，加工方式主要是车削和外圆磨削，加工精度要求在外圆磨削的经济加工范围之内。零件要求有脱模斜度，也在外圆磨削时一并加工成形。另外，外圆几处磨扁处，在工具磨床上完成。

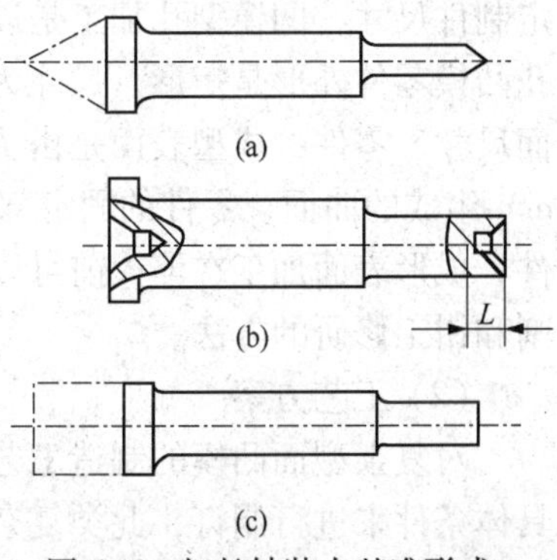

图 6-6　细长轴装卡基准形式

该零件材料是 CrWMn，热处理硬度 HRC45 ~ 50，工作时在型腔内要承受熔融状塑料的冲击，要求有一定的韧性，长期工作中不发生脆性断裂和早期塑性变形。因此要求进行淬火处理。

零件毛坯形式，采用圆棒型型材，经下料后直接进行机

械加工。

(2) 工艺方案

一般中小型凸模加工方案为：

备料—粗车(普通车床)—热处理(淬火、回火)—检验(硬度、弯曲度)—研中心孔或反顶尖(车床、台钻)—磨外圆(外圆磨床、工具磨床)—检验—切顶台或顶尖(万能工具磨床、电火花线切割机床)—研端面(钳工)—检验。

(3) 工艺过程

材料 CrWMn，零件总数量 24 件，其中备件 4 件。毛坯形式为圆棒料，8 个零件为一件毛坯。具体工艺步骤如表 6-3 所示。

表 6-3　工艺过程

序号	工序名称	工序主要内容
1	下料	圆棒料 ϕ12mm×550mm，3 件
2	车	按图车削，R_a0. 1μm 以下及工作表面留双边余量 0. 3～0. 4mm，两端在零件长度之外做反顶尖
3	热	淬火、回火：HRC40～45，弯曲≤0. 1mm
4	车	研磨反顶尖
5	外磨	磨削 R_a1. 6μm 及工作表面、尺寸磨至中限范围，R_a0. 4μm
6	车	抛光 R_a0. 1μm 外圆，达图样要求
7	线切割	切去两端反顶尖
8	工具磨	磨扁 $2.7_{-0.10}^{0}$ mm $4_{-0.10}^{0}$ mm 至中限尺寸以及尺寸 8mm
9	钳	抛光 R_a0. 1μm 两扁处
10	钳	模具装配(试压)
11	电镀	试压后 R_a0. 1μm 表面镀铬
12	钳	抛光 R_a0. 1μm 表面

2. 非圆形凸模加工工艺分析

某冲孔模的凸模如图 6-7 所示。

(1) 工艺性分析

该冲孔模凸模，制造方法采用实配法。冲孔加工时，凸模是基准件，凸模的刃口尺寸决定制件尺寸，凹模型孔加工是以凸模制造时刃口的实际尺寸为基准来配制冲裁间隙的。此冲孔凸模零件外形是矩形，尺寸为 22mm×32mm×45mm，在零件开始加工时，首先保证外形表面尺寸。零件的成型表面是由 $R6.92_{-0.02}^{0}$ mm×$29.84_{-0.04}^{0}$ mm×$13.84_{-0.02}^{0}$ mm×$R5$×$7.82_{-0.03}^{0}$ mm 组成的曲面，零件的固定部分是矩形，它和成型表面呈台阶状，该零件属于小型工作零件，成形表面加工在淬火前可以采用仿形刨削或压印法，淬火后的精密加工可以采用坐标磨削和钳工修研的方法。

(2) 工艺方案

对复杂型面凸模的制造工艺应根据凸模形状、尺寸、技术要求并结合本单位设备情况等具体条件来进行制订，此类复杂凸模的工艺方案为：

① 备料：弓形锯床；

② 锻造：锻成一个长×宽×高，每边均含有加工余量的长方体；

③ 热处理：退火(按模具材料选取退火方接受退火工艺参数)；

④ 刨(或铣)六面，单面留余量 0.2~0.25mm；

⑤ 平磨(或万能工具磨)六面至尺寸上限，基准面对角尺，保证相互平行垂直；

⑥ 钳工划线(或采用到线机划线或仿形刨划线)；

⑦ 粗铣外形(立式铣床或万能工具铣床)留单面余量 0.3~0.4mm；

⑧ 仿形刨或精铣成型表面，单面留 0.02~0.03mm 研磨量；

⑨ 用放大图在投影仪上将工件放大检查其型面(适用于中小工件)；

⑩ 钳工粗研：单面 0.01~0.015mm 研磨量(或按加工余量表选择)；

⑪ 热处理：工作部分局部淬火及回火；

⑫ 钳工精研及抛光。

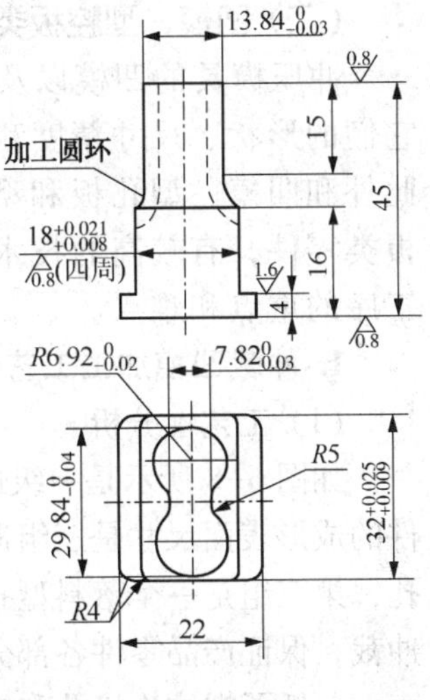

图 6-7 冲孔模凸模

此类结构凸模的工艺方案不足之处就是淬火之前机械加工必须成型，在选材时应采用热变形小的合金工具钢 CrWMn、Cr12MoV 等，采用高温盐浴炉加热、淬火后采用真空回火炉回火稳定处理，防止过烧和氧化等现象产生。

(3) 型面检验及二级工具

零件成型表面的形状和尺寸的检查，对于二维曲面的复杂成型表面的检查，在不便于采用量具进行直接检验时，在模具生产中，广泛采用型面样板法和在光学投影仪上通过放大图来检验，可以采用型面样板二级工具，利用型面检验样板的透光度检验成型表面。

(4) 工艺过程

具体工序步骤图表 6-4 所示。

表 6-4 工序步骤

序号	工序名称	工序主要内容
1	下料	锯床下料 ϕ40mm×43^{+4}mm
2	锻造	锻成 37mm×27mm×50mm
3	热处理	退火 HBS≤229
4	立铣	铣六方，32.4mm×22mm×45.4mm
5	平磨	磨六方，对 90°
6	钳	去毛刺，划线
7	工具铣	铣型面及台阶 18mm×4mm，留双边余量 0.4~0.5mm
8	仿形刨	按线找正刨型面，留双边余量 0.1~0.15mm
9	钳	修型面留余量 0.02~0.03mm，对样板，倒角 R4mm
10	热	淬火、回火：HRC58~62
11	平磨	光上下面，找正磨削尺寸 18mm×32mm
12	钳	修研型面达到图样要求，对样板

（二）凹模、型腔板类零件加工工艺分析

冲压模具的凹模以及塑料模具的动模、定模的型孔板和型腔板是模具的工作零件，它们的形状、尺寸精度和相对应的凸模、型芯、镶块等零件要求互相协调或配合一致。此外和凹模、型孔板和型腔板相关的固定板、卸料板、推板等零件也属于型孔、型腔板类零件，有较高的技术要求。这类零件除了外表面需要加工之外，内腔的加工则是工序的重点和难点。

1. 冲裁凹模加工工艺分析

（1）工艺性分析

如图 6-8 所示是一级进冲裁凹模，该零件的外形表面尺寸是 120mm×80mm×18mm，零件的成形表面尺寸是三组冲裁凹模型孔，第一组是冲定距孔和两个圆孔，第二组是冲两个长孔，第三组是一个落料型孔。这三组型孔之间有严格的孔距精度要求，它是实现正确级进和冲裁，保证产品零件各部分位置尺寸的关键。这部分尺寸和精度是该零件加工的关键。结构表面包括了螺纹连接孔和销钉定位孔。

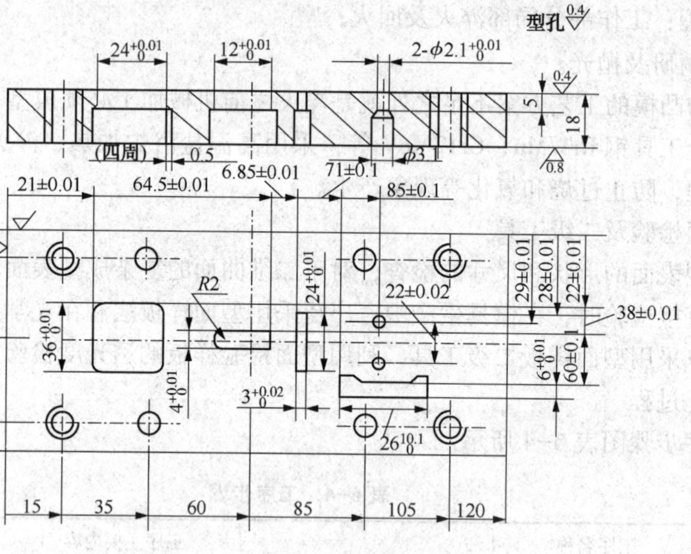

图 6-8　冲裁凹模

该零件是这副模具装配和加工的基准件，模具的卸料板、固定板、模板上的各孔都与该零件有关，以该零件型孔的实际尺寸为基准来加工相关零件各孔。

零件材料为 MnCrWV，热处理硬度 HRC 60~64。零件毛坯形式为锻件，零件各型孔的成型表面加工，在进行淬火之后，采用电火花线切割加工，最后由模具钳工进行研抛加工。

（2）工艺过程的制定

具体工序步骤如表 6-5 所示。

2. 塑料模型孔、型腔板的加工工艺分析

塑料模型孔、型腔板系指塑料模具中的型腔凹模、定模（型腔）板、中间（型腔）板、动模（型腔）板、压制瓣合模，哈夫型腔块以及带加料室压模等，图 6-9 为塑料模型孔板、型腔板的结构图。

表 6-5　工序步骤

序号	工序名称	工序主要内容
1	下料	锯床下料 ϕ56mm×105^{+4}mm
2	锻造	锻成 125mm×85mm×23mm
3	热处理	退火 HBS≤229
4	立铣	铣六方，120mm×80mm×18.6mm
5	平磨	光上、下面，磨两侧面，对 90°
6	钳	倒角去毛刺，划线，做螺纹孔及销钉孔
7	工具铣	钻各型孔线切割穿丝孔，并铣漏料孔
8	热处理	淬火、回火：HRC60~64
9	平磨	磨上、下面及基准面，对 90°
10	线切割	找正，切割各型孔留研磨量 0.01~0.02mm
11	钳	研磨各型孔

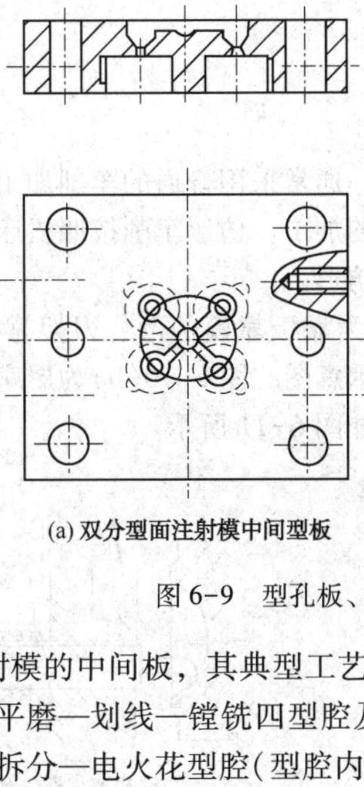
(a) 双分型面注射模中间型板

(b) 压注模中的瓣合模

图 6-9　型孔板、型腔板结构图

图 6-9(a)是注射模的中间板，其典型工艺方案可为：备料—锻造—退火—刨六面—钳钻吊装螺孔—调质—平磨—划线—镗铣四型腔及分浇口—钳预装(与定模扳、动模板)—配镗上下导柱孔—钳工拆分—电火花型腔(型腔内带不通型槽，如果没有大型电火花机床，则应在镗铣和钳工两工序中完成)—钳工研磨及抛光。

图 6-9(b)为压注模的瓣台模，其工艺比较典型，工序流程大致为：

① 下料：按外径最大尺寸加大 10~15mm 作加工余量，长度加长 20~30mm 做装夹用；

② 粗车：外形及内形单面均留 3~5mm 加工余量。并在大端留夹头 20~30mm 长，其直径大于大端成品尺寸；

③ 划线：划中心线及切分处的刃口线，刃口小于等于 5mm 宽；

④ 剖切两瓣：在平口钳内夹紧，两次装夹刮切开，采用卧式铣床(如 X62W)盘铣刀；

⑤ 调质：淬火高温回火及清洗；

⑥ 平磨：两瓣结合面；

⑦ 钳工：划线、钻两销钉孔并铰孔、配销钉及锁紧两瓣为一个整体。如果形体上不允许有锁紧螺孔，可在夹头上或顶台上(按需要留顶台)钻锁紧螺孔；

⑧ 精车：内外形，单面留 0.2~0.25mm 加工余量；

⑨ 热处理：淬火、回火、清洗；

⑩ 万能磨内外圆或内圆磨孔后配芯轴再磨外圆、靠端面、外形加工到成品尺寸，内形留 0.01~0.02mm 研磨量；

⑪ 检验；

⑫ 切掉夹头：在万能工具磨床上用片状砂轮将夹头切掉，并磨好大端面至成品尺寸；

⑬ 钳工拆分成两块；

⑭ 电火花加工内形不通型槽等；

⑮ 钳研及抛光。

型腔模在编制工艺时，为确保制造过程中型孔尺寸和截形的控制检验，因此工艺员应设计一些必须的检具(二类工具)，如槽宽样板、深度量规、R 型板等。

三、模具成型表面的机械加工

(一) 一般机械加工

1. 仿形车削

如果是形状简单的圆柱形凸模及型腔孔，通常采用普通的车削加工。仿形车削主要用于复杂回旋曲面凸模、型腔或型孔的成形表面的加工。仿形车削按照机床仿形装置的仿形控制方式不同，分为机械仿形、液压仿形和电气仿形。

机械仿形按靠模样板的安装位置不同分为靠板靠模仿形、刀架靠模仿形和尾座靠模仿形。图 6-10(a)为机械式靠板靠模仿形车削示意图，图 6-10(b)为尾座靠模仿形车削，适用于仿形车削端面。液压仿形车削加工示意图如图 6-11 所示。

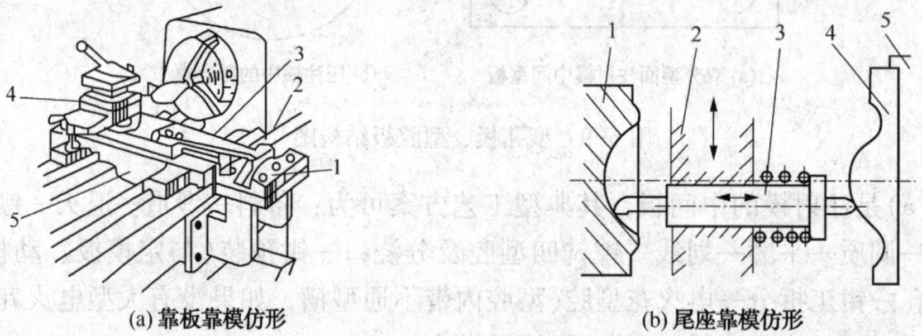

(a) 靠板靠模仿形
1—靠模；2—滚柱；3—连接板；4—刀架；5—床鞍

(b) 尾座靠模仿形
1—工件；2—板架；3—刀杆；4—靠模；5—靠模支架

图 6-10 机械式仿形车削

2. 仿形刨削

仿形刨削在仿形刨床上进行。仿形刨床又称刨模机、冲头刨床，用于加工由圆弧和直线组成的各种形状复杂的凸模。

仿形刨削前，凸模毛坯需要在车床、铣床、刨床上进行预加工，然后在凸模端面上划线，划出凸模轮廓，再在铣床上加工凸模轮廓，留有 0.2~0.3mm 的单面精加工余量，最后用仿形刨床进行精加工。

在仿形刨床上精加工凸模的仿形，是指工件与刀具间的相对运动关系是根据工件划出的图线进行调整的。加工时，凸模(毛坯)固定在工作台的卡盘1上(图6-12)。工作台可作纵向和横向送进运动，装在工作台上的分度头4可回转，使卡盘和凸模毛坯旋转并控制其旋转角度。利用刨刀的运动和凸模毛坯的纵向、横向送进和旋转，可加工出各种复杂形状的凸模。加工圆弧时，必须使凸模上的圆弧中心与卡盘中心重合。

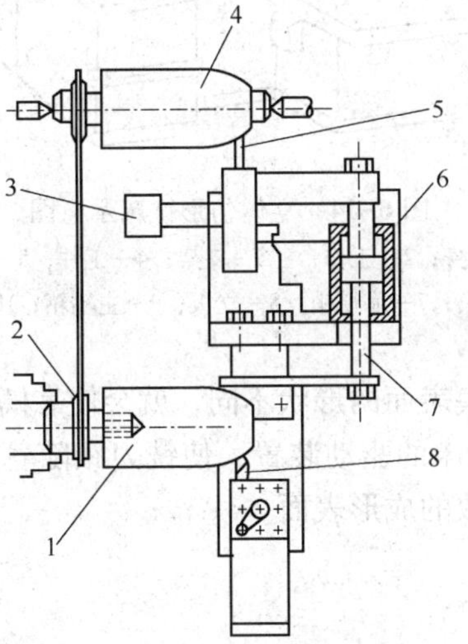

图6-11　液压仿形车削

1—工件；2—链轮；3—液压系统；4—靠模；5—仿形销；6—托板；7—活塞系统；8—车刀

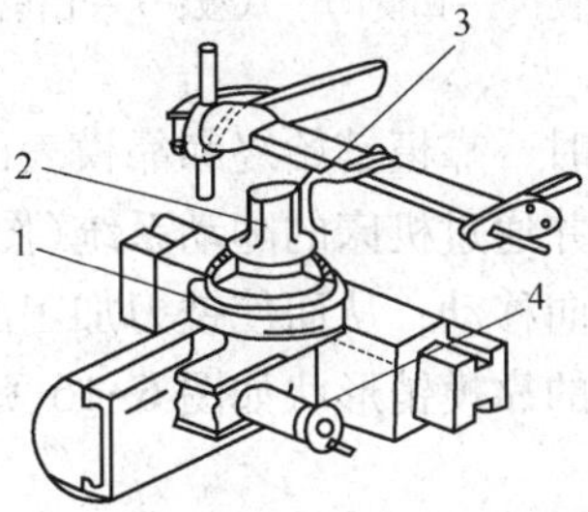

图6-12　仿形刨削示意图

1—卡盘；2—凸模毛坯；3—刨刀；4—分度头

采用仿形刨削加工时，凸模的根部应设计成圆弧形，凸模的固定部分则设计成圆形或方形，可增加凸模的刚性，也便于制造。

仿形刨削加工的凸模，经热处理后还需研磨和抛光工作型面。仿形刨削加工凸模的生产率较低，凸模的精度受热处理变形的影响。

3. 仿形铣削

仿形铣削模具零件的成形表面，可以在仿形铣床和立式铣床上进行。

(1) 在立式铣床上加工

在立式铣床上进行平面轮廓仿形铣削，需要使用简单的靠模装置。图6-13所示为仿形铣削凹模型孔。样板、垫板和凹模一起安装在铣床工作台上。在指状铣刀的刀柄上装有一个淬硬的滚轮。加工凹模型孔时，用手操纵铣床纵向和横向移动，使滚轮始终与样板接触，并沿着样板的型面做轮廓运动，这样便能加工出凹模型孔。

(2) 在仿形铣床上加工

对于形状复杂的模具型腔的加工可以在仿形铣床上进行。图6-14所示是一台立体仿形铣床。工作台上支架分别安装靠模和工件，主轴箱沿横梁的水平导轨作纵向进给运动，还可连同横梁一起沿立柱作上下垂直进给运动。主轴箱上装有铣刀和靠模销，进行横向、纵向、垂直三个方向的进给运动，便可加工出立体成型表面。

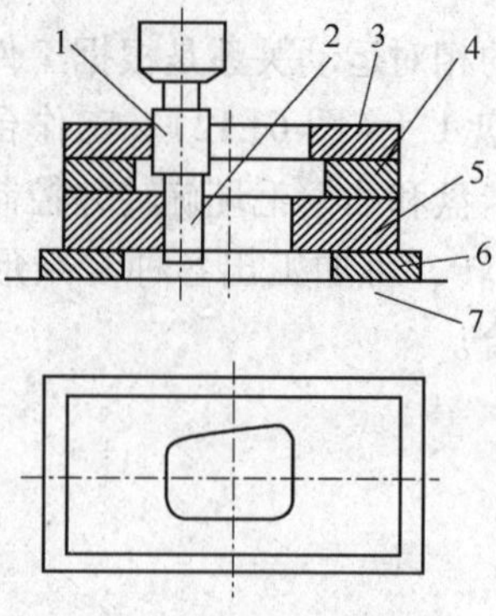

图 6-13　仿形铣削凹模型孔

1—滚轮；2—铣刀；3—样板；4—垫板；5—凹模；6—底板；7—工作台

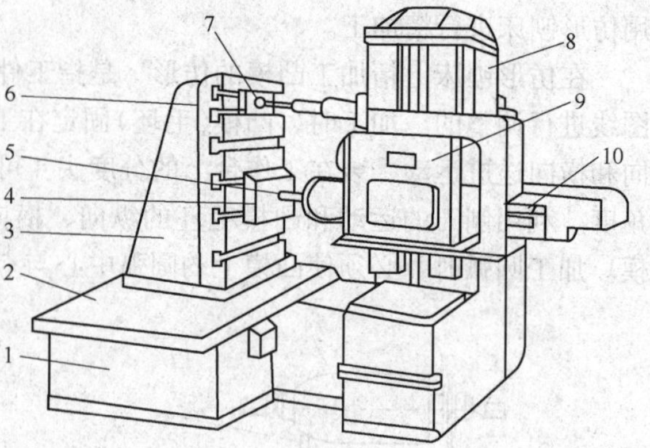

图 6-14　立体仿形铣床示意图

1—床身；2—工作台；3—支架；4—工件；5—铣刀；6—靠模；7—靠模销；8—立板；9—主轴箱；10—横梁

加工时，靠模销始终和靠模表面接融，由于靠模表面的形状不同，就会使靠模销产生轴向运动，并通过机床的随动系统(图 6-15)来控制机床的驱动装置，使铣刀跟随着靠模销作相应的轴向移动，从而使铣刀加工出和靠模表面一致的成形表面。

常用的靠模销形状如图 6-16 所示。

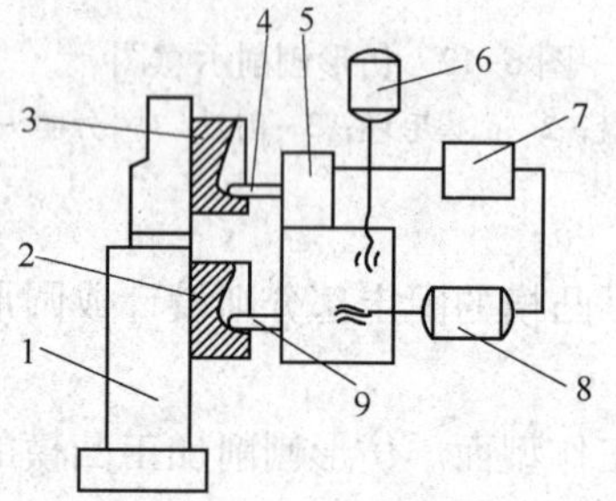

图 6-15　立体仿形铣床随动系统

1—支架；2—工件；3—靠模；4—靠模销；5—随动机构；6—始发运动电动机；7—放大器；8—随动运动电动机；9—铣刀

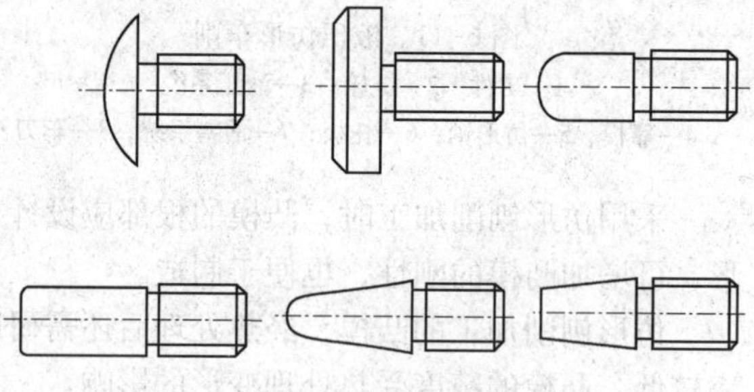

图 6-16　靠模销形状

靠模销的直径应与铣刀的直径一致，当铣刀直径每次刃磨后变小时，靠模销的直径也要相应地变小。靠模可采用石膏、木材、塑料、铸铁或钢板等制成。

仿形铣床加工生产率较高，铣削精度可达±0. 01mm，表面粗糙度 $R_a = 2.5 \sim 0.63\mu m$，虽然加工表面留有刀痕，尚需钳工修整，仿形铣床价格昂贵，对操作人员技术水平要求较高，仍是加工大、中型模具的主要方法之一。

4. 压印加工法

对非圆形成形表面的加工比较复杂，压印加工是模具钳工经常采用的方法，它适用于加工无间隙或小间隙的冲模。

(1) 压印加工凸模

这种方法是先制凹模，然后利用凹模压印锉修成形。压印前，先预加工凸模毛坯各面，并在凸模上划出成形表面的轮廓线。然后，在立式铣床上按照划线粗加工出凸模的成型表面。压印时，在压床上将凸模在充分润滑的情况下，压入已淬硬凹模的型孔口，于是在粗加工过的凸模边缘上多余的金属被凹模型孔口挤出，在凸模上留下凹模型孔口印痕。钳工根据印痕对凸模进行精加工，把挤出的多余金属锉去。锉削时，压印余量要均匀，压入深度不能过大，压入时要注意防止发生偏斜。锉去多余的金属后，再进行压印，压后再锉修。反复进行，直到凸模压印到所要求的尺寸为止。

(2) 压印加工凹模

非圆形型孔凹模的加工比较困难。通常采用矩形锻坯作为毛坯，加工六面后，再精加工上下两平面及相邻侧面，保持上下两平面的平行度和两相邻侧面的垂直度。然后进行划线，划出凹模型孔的轮廓。划好线后，先按照划出的轮廓线切除型孔中心部分的余料。

(二) 精密机械加工

1. 坐标镗削加工

坐标镗削加工是在坐标镗床上，利用坐标镗床的精密坐标测量装置，进行高精度的孔径、孔系零件加工。

坐标镗削加工是高精度加工，坐标镗床加工前应使机床和工件在温度(20±1)℃、湿度在55%左右的恒温、恒湿条件下保持12h 以上。对于ϕ20mm 以上的孔，应预先钻孔留 2. 5~3mm 的加工余量。被加工工件的硬度≤HRC40，基准面和加工面的各平行度和垂直度在100mm 长度上小于 0. 01mm，面粗糙度 $R_a \leqslant 16\mu m$。

在坐标镗床上按照直角坐标法加工孔系，应将孔系间的各孔按照基准面转化为直角坐标尺寸进行加工，如图 6-17 所示。加工时首先把工件正确安装在工作台上，使互相垂直的两个基准面分别平行于工作台的纵向和横向。然后使工件的基面对准主轴的中心，使用的工具为定位角铁和光学中心测定器，如图 6-18 所示，根据孔的纵横坐标尺寸来移动工作台到加工位置。

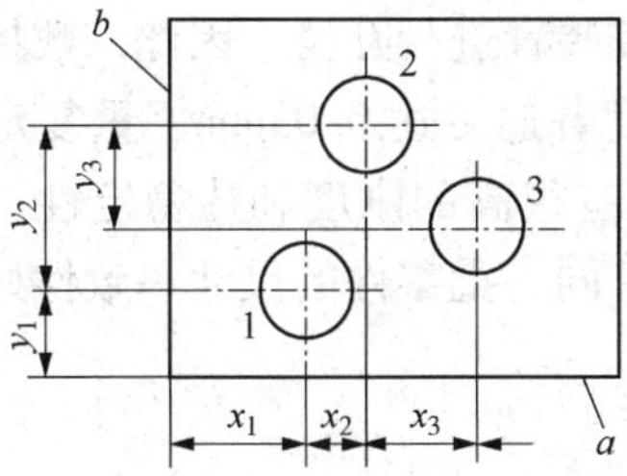

图 6-17 工件

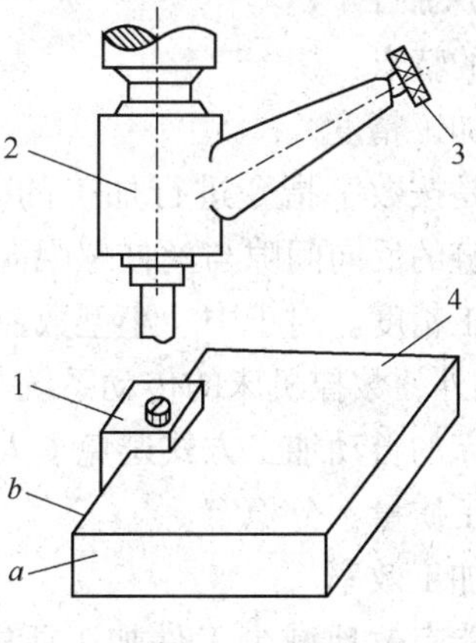

图 6-18 采用定位角铁、光学中心测定器找正

1—定位角铁；2—光学中心测定器；3—目镜；4—工件

坐标镗床常用的附件有万能回转工作台，可以加工和检验互相垂直的孔、径向分布的孔、斜孔及倾斜面上的孔。

坐标镗床上钻孔或铰孔时，使用钻头或铰刀，通过钻夹头固定钻头或铰刀，再将钻夹头固定在坐标镗床的主轴锥孔内。

坐标镗床上镗孔时，可使用镗头和镗刀做为附件，另外，还可使用光学显微镜和千分表式中心测定器，用以找正基准孔中心和确定基准面的位置。

2. 成型磨削加工

成型磨削是精加工成型表面的一种方法。它将复杂的成形表面分解成若干个平面、圆柱面等简单形状，然后分段磨削，并使其连接光滑、圆整，达到图样要求。

成型磨削具有高精度、高效率的优点，它可对热处理淬硬后的凸模、拼装凹模进行精加工，因此可以消除热处理变形对精度的影响，提高模具制造精度。同时，采用成型磨削可以减少钳工工作量，提高生产率。

成型磨削可以在平面磨床、成型磨床上进行。成型磨削的方法有以下两种：

(1) 成型砂轮磨削法

利用砂轮修整工具将砂轮修整成与工件型面完全吻合的相反型面，然后用此砂轮磨削工件，即可获得所需要的形状(图 6-19)。

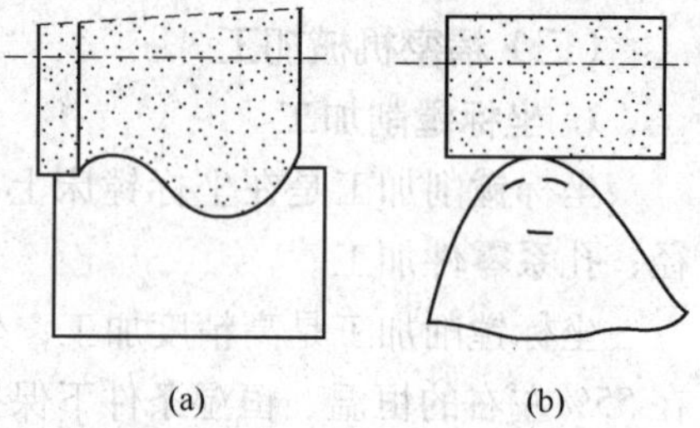

图 6-19　成型磨削方法

成型砂轮的修整有车削法和滚压法两种。车削法主要采用大颗粒天然金刚石作为修整工具，用于单件或小批量工件的磨削。滚压法是用滚压轮修整成形砂轮的方法。

(2) 夹具磨削法

将工件装夹在专用的夹具上，在加工时通过夹具调整工件的位置，移动或转动夹具进行磨削，从而获得所需要的形状。用于成型磨削的夹具有：精密平口钳、正弦磁力台、正弦分中夹具、万能夹具等。

3. 数控机床加工

数控加工的特点：

(1) 提高加工精度

数控机床是按数字指令进行加工的，目前数控机床的脉冲当量普遍达到了 0.001mm，而且进给传动链的反向间隙与丝杠螺距误差等均可由数控装置进行补偿，因此，数控机床能达到很高的加工精度。对于中、小型数控机床，定位精度普遍可达 0.03mm，重复定位精度为 0.0lmm。此外，数控机床的传动系统与机床结构都具有很高的刚度和热稳定性，制造精度高，数控机床的自动加工方式避免了人为的干扰因素，同一批零件的尺寸一致性好，产品合格率高，加工质量十分稳定。

(2) 提高加工效率

数控机床能有效地减少工件加工所需时间(包括机动时间和辅助时间)。其主轴转速、进给量的调整范围都比普通机床设备大，因此，数控机床每一道工序都可选用最有利的切削用量，从快速移动到停止采用了加速、减速措施，既提高运动速度，又保证定位精度，有效地降低机动时间；数控设备更换工件时，不需要调整机床，同一批工件加工质量稳定，无需停机检验，辅助时间大大缩短；特别是使用自动换刀装置的数控加工中心，可以在同一台机床上实现多道工序连续加工，生产效率的提高更加明显。

(3) 适应性强

数控机床上加工新工件时，只需重新编制新工件的加工程序，就能实现新工件加工。数控机床加工工件时，只需要简单的夹具，不需要制作成批的工装夹具，更不需要反复调整机床，因此，特别适合单件、小批量及试制新产品的工件加工。对于普通机床很难加工的精密复杂零件，数控机床也能实现自动化加工。

(4) 劳动强度低

数控设备的工作是按照预先编制好的加工程序自动连续完成的，操作者除输入加工程序或操作键盘、装卸工件、关键工序的中间测量及观看设备的运行之外，不需要进行繁琐、重复的手工操作，使劳动条件大为改善。

(5) 便于实现生产管理和加工的现代化

采用数控机床能准确地计算产品单个工时，合理安排生产。数控机床使用数字信息与标准代码处理、控制加工，为实现生产过程自动化创造了条件。并有效地简化了检验、工夹具和半成品之间的信息传递。

4. 成型表面的抛光与硬化技术简介

(1) 成型表面的抛光和研磨

模具型腔、型芯经切削加工后，其表面残留有切削痕迹。为了去除切削加工痕迹，就需进行抛光或研磨。抛光加工大致可分为手工抛光和机械抛光。

1) 手工抛光

手工抛光有以下几种操作方法：

① 用砂纸抛光　手持砂纸，压在加工表面作缓慢运动，以去除机械加工的切削痕迹，使表面粗糙度减少，这是一种常见的抛光方法。操作时也可用软木压在砂纸上进行。

根据不同的抛光要求可采用不同的粒度号数的氧化铝、碳化硅及金刚石砂纸。抛光过程中必须经常对抛光表面和砂纸进行清洗，并按照抛光的程序依次改变砂纸的粒度号数。

② 用油石抛光　与用砂纸抛光相似，不同的仅是使用油石作抛光工具。用油石主要是对型腔的平坦部位和槽的直线部分进行抛光。抛光前油石要选择合适的磨料、粒度、形状及硬度，同时，应根据抛光面大小、加工部位形状等用砂轮修整器对油石形状进行修整。

③ 研磨　研磨是在工件和工具(研具)之间加入研磨剂，在一定压力下由工具和工件间的相对运动，驱动大量磨粒在加工表面上滚动或滑擦，切下微细的金属层而使加工表面的粗糙度减小。同时，研磨剂中加入的硬脂酸或油酸与工件表面的氧化物薄膜产生化学作用，使被研磨表面软化，从而促进研磨效率的提高。

研磨剂由磨料、研磨液(煤油或煤油与机油的混合液)及适量辅料(硬脂酸、油酸或工业甘油)配制而成。研磨钢时，粗加工用碳化硅或白刚玉，淬火后的精加工则使用氧化铬或金刚石粉作磨料，磨料粒度可按表6-6选择。

表 6-6　磨料的粒度选择

粒度/目	能达到的表面粗糙度/μm	粒度/目	能达到的表面粗糙度/μm
100~120	0.8	W28~W14	0.2~0.10
120~320	0.8~0.2	≤W14	≤0.10

研磨工具根据不同情况可用铸铁、铜或铜合金等制作。对一些不便进行研磨的细小部位，如凹入的文字、花纹可将研磨剂涂于这些部位用铜刷反复刷擦进行加工。

2）机械抛光

手工抛光要消耗很大的加工时间，劳动消耗大，随着现代技术的发展，在抛光加工中相继出现了电动抛光、电解抛光、超声波抛光，以及机械-超声抛光等。应用这些工艺可以减轻劳动强度，提高抛光的速度和质量。

3）超声波抛光

它是利用超声振动的能量，通过机械装置振荡磨粒对型腔表面进行抛光的工艺方法。

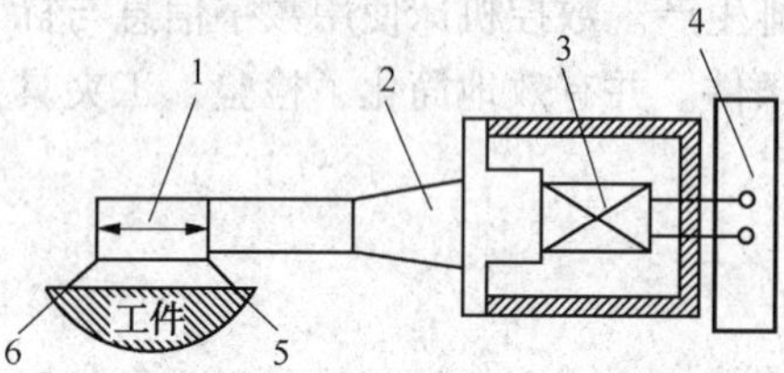

图 6-20　超声抛光原理

1—抛光工具；2—变幅杆；3—超声换能器；4—超声发生器；5—磨粒；6—工作液

图 6-20 是超声波抛光的原理。超声发生器将 50Hz 的交流电转变为具有一定功率输出的超声频电振荡。换能器将输入的超声频电振荡转换成超声机械振动，并将这种振动传递给变幅杆加以放大，最后传至固定在变幅杆端部的抛光工具，使工具产生超声频振动。在抛光工具的作用下，使工作液中悬浮的磨粒产生不同的剧烈运动，大颗粒的磨粒高速旋转，小磨粒产生上下左右的高速跳跃，均对加工表面有微细的切削作用，使加工表面微观不平度的高度减小，表面光滑平整。

（2）型腔表面的硬化处理

为提高模具的耐用度，型腔表面需要硬化处理。尤其是合理选材并进行适当热处理后，并不能获得满意的耐用度时，更应采用硬化处理。

模具表面的硬化方法，除人们熟悉的镀硬铬、氮化处理外，在 20 世纪 70 年代到 80 年代间，硬质化合物涂覆技术已被推广应用到模具上。现在，对模具进行硬质化合物涂覆处理，已成为提高模具寿命的有效方法之一。目前，适用于模具的硬质化合物涂覆方法主要有：化学气相沉积法（CVD）、物理气相沉积法（PVD）和在盐浴中向工件表面浸镀碳化物的方法（TD）等。

四、模具的装配概述

模具的装配就是按照规定的技术要求，将模具零件或部件进行配合或连接，使之成为半成品或成品的工艺过程。

模具的装配工作主要有以下两方面的内容：

① 将每个已加工好的模具零件按照图纸要求组装成组件，以及按照一定的顺序和技术要求进行模具的总装；

② 需要在加工过程中进行的一些加工工作。如凸、凹模零件的配作，定位销孔的加工等。

完成装配的模具，应按照装配图的技术要求保证各配合零（部）件间的相互配合的要求、有关零件的位置精度要求、具有相对运动的零(部)件之间的运动精度以及其他装配要求。

模具的生产一般属于单件小批量生产，适合于采取集中装配的形式，多实行钳工负责制，即在固定的地点，由一组或一个工人来完成。

(一) 冷冲模的装配

本节以冲裁模为例介绍冷冲模装配过程中有关的技术要求、零(组)件的装配程序和要点、装配过程中有关的机械加工等内容。

1. 冲裁模装配的技术要求

图 6-21 所示为一副典型结构的冲孔模。装配完成后的模具应满足以下方面的技术要求：

① 确保冲模的安装尺寸　安装尺寸如闭合高度、模柄尺寸、顶出杆和顶出杆孔的尺寸及位置精度以及压板的高度等是根据压力机和生产条件确定的，因此必须符合图纸要求，以确保模具能够顺利地安装到压力机上。

② 保证冲模的尺寸精度：

(a) 模柄装入上模座后，其轴线对上模座上平面的垂直度误差在模柄全长范围内不大于 0.05mm。

(b) 导柱、导套装配后，导柱轴心线应垂直于下模座的底平面，导套轴心线应垂直于上模座的上平面，其垂直度误差应符合表 6-7 的规定。

(c) 上模座上平面应和下模座下平面应平行，其平行度误差应符合表 6-7 的规定。

(d) 装入模架的每对导柱、导套的配合间隙或过盈量应符合表 6-8 的规定。

(e) 凸、凹模的配合间隙应符合设计要求，并且沿整个刃口轮廓应均匀一致。

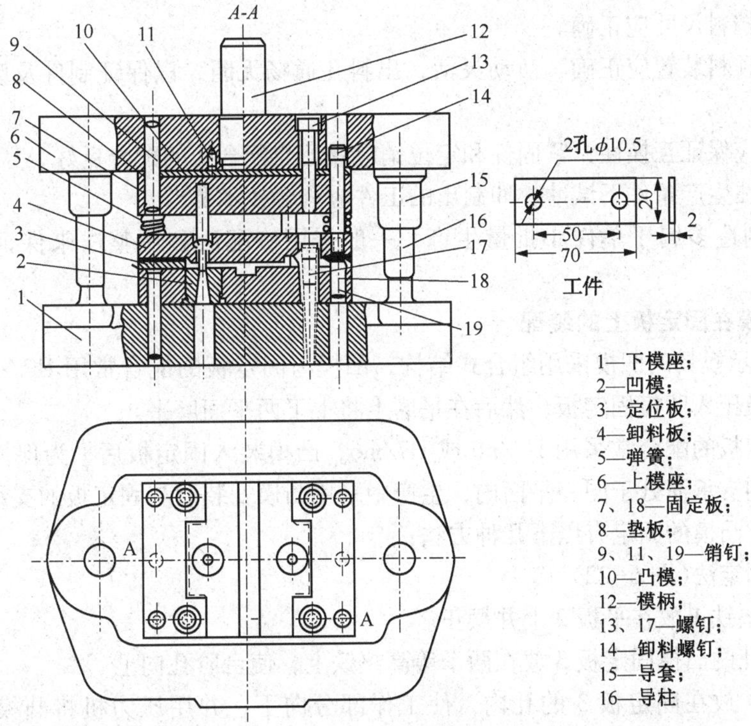

图 6-21　冲孔模

表 6-7　模架分级技术标准

序号	检查内容	被测尺寸/mm	模架精度等级	
			0Ⅰ、Ⅰ级	0Ⅱ、Ⅱ级
			公差等级	
1	上模座上平面对下模座下平面的平行度	≤400	5	6
		>400	6	7
2	导柱轴心线对下模座下平面的垂直度	≤160	4	5
		>160	5	6

表 6-8　导柱、导套配合间隙或过盈量　　mm

配合形式	导柱直径	模架精度等级		配合后的过盈量
		Ⅰ级	Ⅱ级	
		配合后的间隙值		
滑动配合	≤18	≤0.010	≤0.015	—
	>18~30	≤0.011	≤0.017	
	>30~50	≤0.014	≤0.021	
	>50~80	≤0.016	≤0.025	
滚动配合	>18~35	—	—	0.01~0.02

③ 装配后的导柱固定端面与下模座下平面应保留 1~2mm 的距离，选用 B 型导套时，装配后固定端面应低于上模座上平面 1~2mm。

④ 经装配后的模架，上模座沿导柱上下移动应平稳，无阻滞现象。

⑤ 定位及挡料尺寸应正确。

⑥ 卸料和顶料装置应正确、活动灵活，出料孔通畅无阻，以保证制件及废料不卡在冲模内。

⑦ 标准件应保证互换性，紧固件和定位销应保证与配合孔的配合良好。

⑧ 模具应在生产条件下试冲，冲制出的工件应符合技术要求。

由于模具制造多属于单件小批量生产，一般采用修配法和调整法来保证装配的精度要求。

2. 凸、凹模在固定板上的装配

图 6-21 所示模具的凹模采用组合式结构，凹模与固定板的配合常用 H7/n6 或 H7/m6。总装前先将凹模压入凹模固定板，然后在平磨上将上下两平面磨平。

凸模与固定板的配合常采用 H7/n6 或 H7/m6，凸模装入固定板后，为保证其固定端的端面和固定板的支承面处于同一平面内，生产中采用凸模安装后与固定板的支承面一同在平面磨床上磨平。凸模的固定有以下几种方法：

(1) 挤压固定法(图 6-22)

① 将等高垫铁 1 放在平板 2 上并摆正。

② 把镗好孔的凸模固定板 3 放在两个等高垫铁上，使台阶孔向上。

③ 把凸模 4 放在固定板 3 的孔内，使工作部分向下，并用压力机将凸模压入固定板孔内。

④ 检查凸模的垂直度，如图 6-23 所示。

将精密角度尺的两直角放在凸模固定板和安装好的凸模侧面上，查看角度尺与凸模的接触面有无间隙存在，注意此时角度尺的另一直角面一定要紧贴在固定板平面上。如果没有缝隙，表示凸模与固定板是互相垂直的。

⑤ 在平面磨床上将固定板的支承面与凸模的尾部（即装配端）一同磨平。

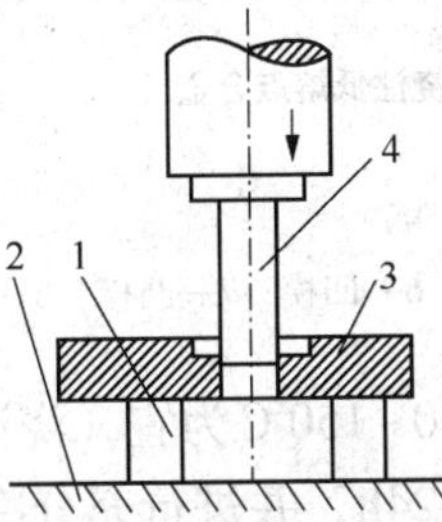

图 6-22　挤压法固定

1—等高垫铁；2—平台；3—固定板；4—凸模

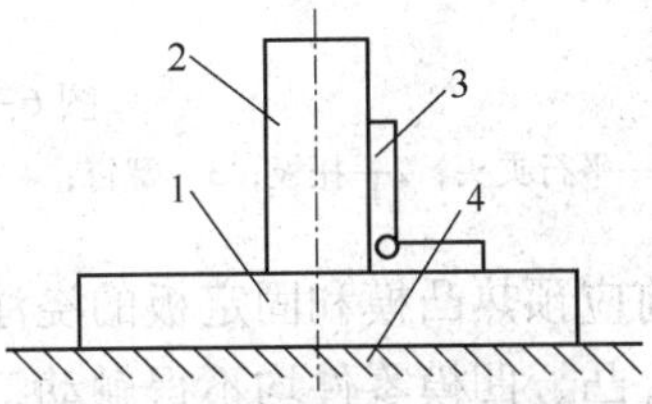

图 6-23　凸模固定垂直度检查

1—固定板；2—凸模；3—角度尺；4—平台

（2）铆翻固定法（图 6-24）：

对于较大的凸模，为了使其铆接牢固，可用螺钉将其固定牢固，如图 6-25 所示。

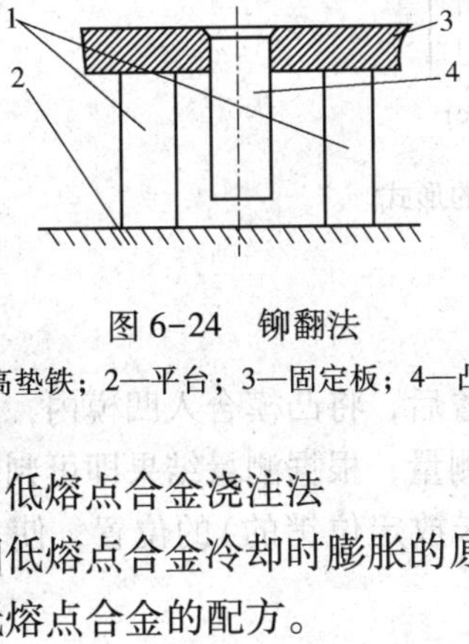

图 6-24　铆翻法

1—等高垫铁；2—平台；3—固定板；4—凸模

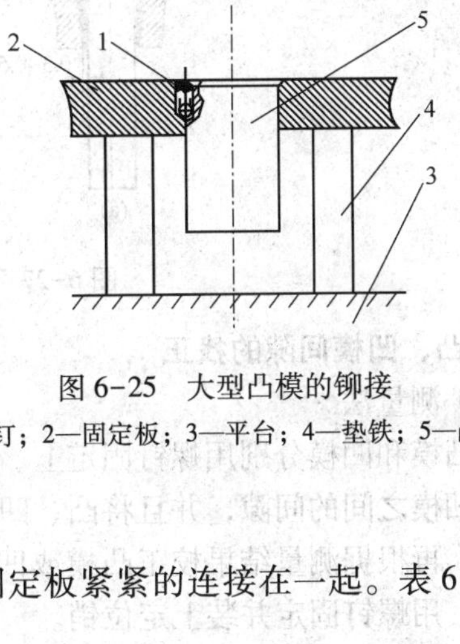

图 6-25　大型凸模的铆接

1—螺钉；2—固定板；3—平台；4—垫铁；5—凸模

（3）低熔点合金浇注法

利用低熔点合金冷却时膨胀的原理，使凸模与固定板紧紧的连接在一起。表 6-9 所示为常用低熔点合金的配方。

表 6-9　常用低熔点合金配方

	元素/%				合金熔点/℃	浇注温度/℃
	铋（Bi）	铅（Pb）	锡（Sn）	锑（Sb）		
方案 1	48	28. 5	14. 5	9	120	150~200
方案 2	48	32	15	3	100	120~150
元素熔点	271	327. 4	232	630. 5	—	—

浇注前凸模和固定板的浇注部分应进行清洗，去除油污，用凹模的型孔作定位基准安装凸模，并保证凸、凹模之间的间隙均匀，用螺钉和平行夹头将凸模、凸模固定板和托板固定，如图 6-26 所示。

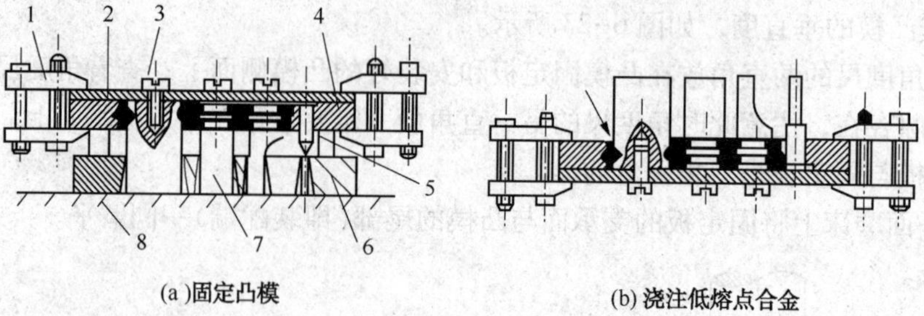

图 6-26　低熔点合金的浇注

1—平行夹头；2—托板；3—螺钉；4—凸模固定板；5—等高垫铁；6—凹模；7—凸模；8—平板

浇注前应预热凸模和固定板的浇注部位，预热温度以 100~150℃为宜，浇注过程中以及浇注以后，凸、凹模零件均不得触动，以防错位。一般放置 24h，并进行充分冷却。

（4）环氧树脂固定法

如图 6-27 所示为环氧树脂固定凸模的几种形式。其原理为：凸模和凸模固定板之间的间隙内浇入环氧树脂，环氧树脂固化后将凸模固定。

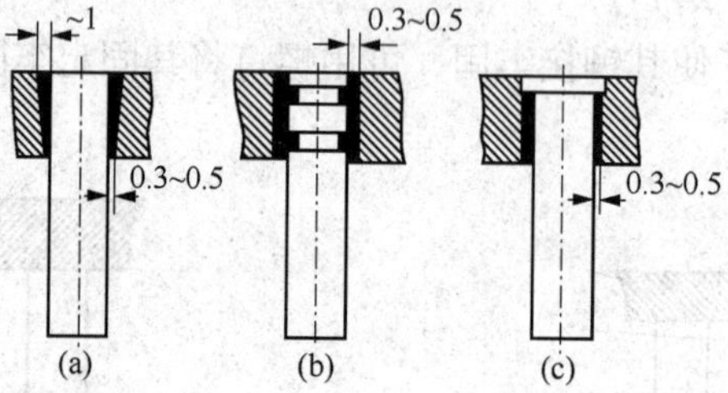

图 6-27　环氧树脂固定凸模的形式

3. 凸、凹模间隙的找正

（1）测量法

将凸模和凹模分别用螺钉固定上、下模板的适当位置后，将凸模合入凹模内，用塞尺检查凸、凹模之间的间隙，并且将凸、凹模全部轮廓进行测量，根据测量结果即可判断间隙是否均匀；再根据测量结果校正凸模或凹模(后安装的、未放定位销的)的位置，使其周围间隙均匀，用螺钉固定并装上定位销。

（2）透光法

适用于形状和尺寸不便于用塞尺来测量间隙的情况。透光法是用灯光透过凸、凹模之间的间隙，凭肉眼根据凸、凹模间隙之间透过来的光线的强弱来判断间隙的大小。

（3）垫片法

根据凸、凹模之间配合间隙的大小，在凸、凹模的配合间隙内垫上厚度均匀的纸条或金属垫片，使凸、凹模配合间隙均匀，如图 6-28 所示。

（4）利用工艺定位器

如图 6-29 所示。图中 d_1 与凸模滑配合，d_2 与凹模滑配合，d_3 与凸、凹模的孔滑配合，并且 d_1、d_2、d_3 都是在车床的一次装夹中完成，以保证三者之间的同轴度。

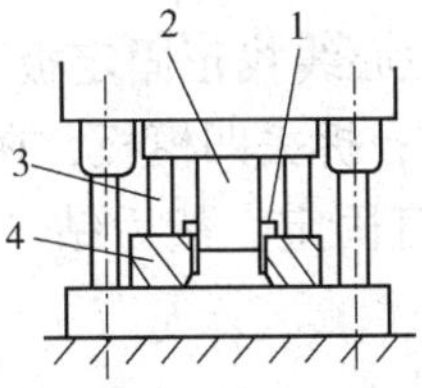

图 6-28　垫片法

1—垫片；2—凸模；3—等高垫铁；4—凸模

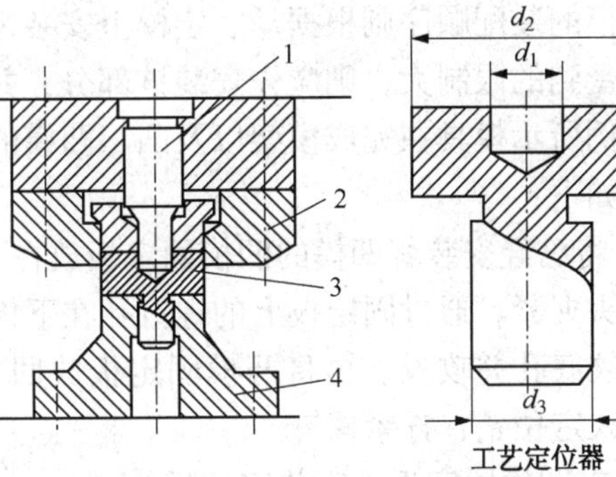

图 6-29　利用工艺定位器保证间隙

1—凸模；2—凹模；3—工艺定位器；4—凸凹模

(5) 利用工艺尺寸来调整间隙

制造凸模时，将凸模的工作部分加长 1~2mm，将加长部分的尺寸增加到正好与凹模滑配合，装配时凸、凹模就容易对中，保证二者配合间隙均匀。在装配完成后将凸模加长部分的工艺尺寸磨去。

此外，还可以采用涂层法、镀铜法、化学腐蚀法等。

4. 模架的装配

(1) 模柄的装配

图 6-21 所示的冲孔模采用的模柄为压入式模柄，模柄与上模座的配合采用过盈配合 H7/m6。在安装凸模固定板以及垫板之前，应先将模柄压入上模座内，并且用角尺检查模柄外圆柱面与上模座上平面的垂直度，误差不大于 0.05mm。模柄垂直度经检查合格后，加工骑缝销或螺纹孔，装入骑缝销或螺钉，然后将上端面在平面磨床上一同磨平。如图 6-30 所示。

(2) 导柱、导套的装配

图 6-21 所示冲孔模的导柱与下模座的配合采用 R7/r6，导套与上模座的配合采用 H7/r6，二者之间的连接均采用压入式。可利用压力机压入，亦可选配导柱导套压入。

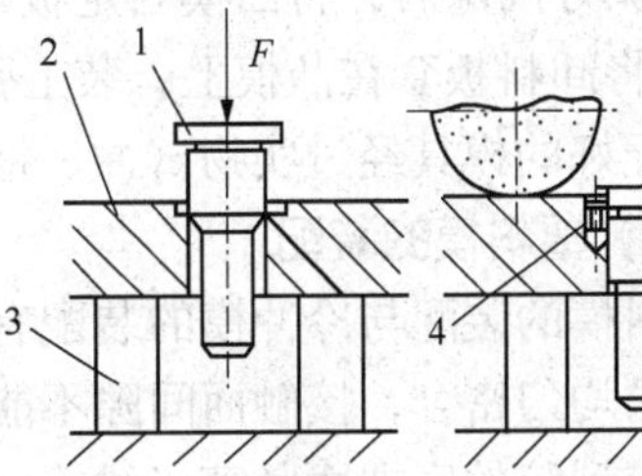

(a) 模柄装配　(b) 磨端面

图 6-30　模柄的装配

1—模柄；2—上模座；3—等高垫铁；4—骑缝销

5. 模具的总装

如图 6-21 所示，整个模具可以分为动模和定模两个部分。定模(下模)部分通过螺钉或压板被固定在压力机的工作台面上，而动模(上模)部分通过模柄定位被夹紧在压力机的滑块上，在工作过程中该部分随滑块作往复直线运动。因此动、定模部分必须保持正确的相对位置。装配模具时为了方便将动、定模部分调整到正确位置，必须正确安排动、定模的装配顺序。

对于无导柱的模具，一般凸、凹模之间的间隙是在模具安装到压力机之后才进行调整，因此动、定模的装配顺序的先后对装配过程不会产生影响。

对于有模架的模具，一般先将模架装配好，在进行模具工作零件及其他零件的装配，动、定模的装配顺序则根据动、定模上安装零件在装配和调整时所受到的限制情况来定。哪一部分受到的限制大，则应先安装该部分，并以之为基准调整另外一个部分所安装的零件。

本例所示模具在完成模架以及凸、凹模的装配后再进行总装，一般先安装定模部分，具体过程如下：

① 将已经安装好凹模的凹模固定板放在下模座上，按中心线找正固定板 18 的位置，用平行夹头夹紧，通过固定板上的螺钉孔在下模座上钻出锥窝；拆去凹模板，在下模座上按锥窝钻螺纹底孔并攻丝。再将凹模固定板放回并找正，用螺钉固定。然后钻、铰加工定位销孔，装入定位销，拧紧螺钉。

② 在凹模固定板上安装定位板。

③ 在凸模固定板上配钻卸料螺钉孔。将卸料板套在已经安装在凸模固定板上的凸模 10 上，在凸模固定板和卸料板 4 之间加上适当高度的等高垫铁，并适当调整使凸模和卸料板之间的配合间隙均匀，然后用平行夹头夹紧，按卸料板上的螺钉孔在凸模固定板上钻出窝孔，拆开后按窝孔钻凸模固定板上的卸料螺钉的通过孔。

④ 将已经安装在凸模固定板上的凸模 10 插入凹模型孔中。在固定板 7 和凹模 2 之间垫上适当高度的等高垫铁，将上模座放在凸模固定板 7 上，用平行夹头将上模座 6 和凸模固定板夹紧。通过凸模固定板在上模座上钻锥窝，拆开后按锥窝钻孔。然后放入垫板，用紧固螺钉将上模座、垫板、凸模固定板稍微拧紧。

⑤ 调整凸、凹模间隙。将装配好的上模部分套在导柱上，用手锤轻轻敲击凸模固定板的侧面，使凸模进入凹模型孔，再将模具翻转，从下模座的排料孔中观察间隙的大小以及间隙是否均匀。

⑥ 调好间隙后，将凸模固定板紧固螺钉拧紧，钻铰定位销孔，打入定位销。

⑦ 将卸料板套在凸模上，装上弹簧和卸料螺钉，检查卸料板运动是否灵活。

装配好的模具经过实物试冲、检验合格后即可使用。

（二）塑料模的装配

塑料模的装配与冷冲模的装配有很多相似之处，但有些方面要求更为严格，如分型面闭合时要求均匀密合，接触面间隙不能超过被模塑塑料的溢边值；合模时，定模部分的型芯有时需要与型腔的底端面紧密接触等。这些工作通常需要在装配过程中通过修配来完成。

塑料模的装配基准可以分为两种情况：

① 以塑料模中的主要工作零件如型芯、型腔和镶块等作为装配的基准件，模具的其他零件都依装配基准件顺序进行装配。

② 有导柱导套导向的模具，以模板相邻两侧面为基准进行修整和装配。

1. 型芯的装配

常用的型芯的固定方式如图 6-31 所示。

图 6-31(a)所示型芯的装配过程与带凸台的冷冲模的凸模情况相似，用压力机压入；同时要注意校正型芯与固定板的垂直度。端面 A 在装配后用等高垫铁支承，在平面磨床上磨平。

图 6-31(b)所示型芯的固定方式常用于热固性塑料压缩模。对于有方向性要求的型芯，当型芯固定后其实际位置与要求位置常出现误差，可通过修磨消除。

图 6-31(b)、图 6-31(c)所示的型芯固定方式中用骑缝销在型芯位置调好以后来定位，

其骑缝销孔的加工应安排在型芯淬火之前进行。

图 6-31(d)所示为大型芯的固定方式。

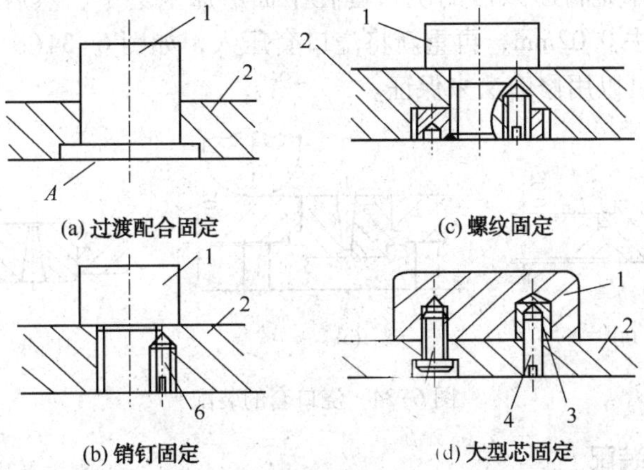

图 6-31　型芯固定方式

1—型芯；2—固定板；3—定位销套；4—定位销；5—螺钉；6—骑缝钉

2. 型腔的装配

型腔的结构一般采用镶嵌式或拼块式。如图 6-32 所示为整体式型腔结构，型腔装配后，其分型面上要求紧密贴合。因此型腔的压入端一般不允许有斜度，而是将导入部设在模板上，可以在型芯固定孔的入口处加工出 1°的斜度，但长度不超过 5mm。对于有方向要求的型腔，在型腔压入一小部分后用百分表检测型腔的直线部位；如果出现位置误差，可用管钳将其旋转到正确位置，再压入固定板，最后用定位销定位。

如图 6-33 所示为拼块式结构的型腔。该型腔的拼合面在热处理后要进行磨削处理。因此，型腔的一些工作面在热处理前不能加工到要求尺寸，只能装配后采用电火花、坐标磨等对型腔进行精修以达到设计要求。装配中，可采用在型芯和固定板台肩内加垫片或者垫块进行修配。

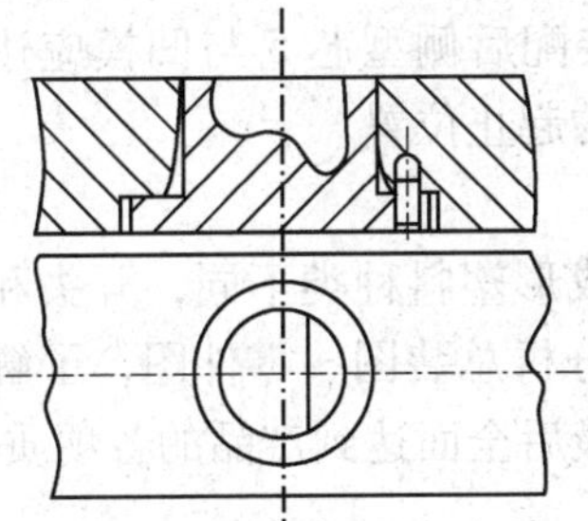

图 6-32　整体式型腔

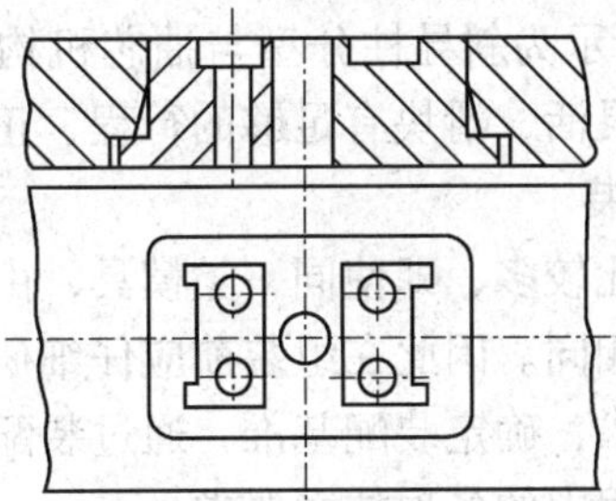

图 6-33　拼块式型腔

3. 浇口套的装配

浇口套与定模板一般采用 H7/m6 的过盈配合，压入定模板后，浇口套台肩应和定模板沉孔底面贴紧，浇口套与定模板的配合部分无间隙。因此浇口套的压入端不允许有导入斜度，而是将导入斜度开设在定模板上与浇口套配合孔的入口处；为了防止压入时浇口套将定模板配合孔壁切坏，常将浇口套的压入端倒成小圆角。同时在加工浇口套时应留有去除圆角的修磨余量 Z，压入后使圆角突出在定模板之外，如图 6-34(a)所示。

如图 6-34(b)所示是将压入后的浇口套在平面磨床上磨平，然后将修磨后的浇口套稍微退出，将定模板磨去 0.02mm，再重新将浇口套压入，如图 6-34(c)所示。台肩对定模板的高出量 0.02mm 也可以用修磨法来保证。

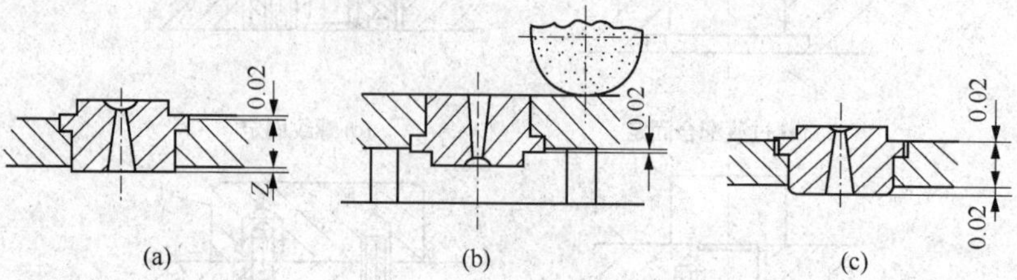

图 6-34　浇口套的装配

4. 导柱、导套的装配

导柱、导套分别采用过盈配合压入模板的导柱和导套孔内。根据导柱的长短可以采取不同的装配方法。

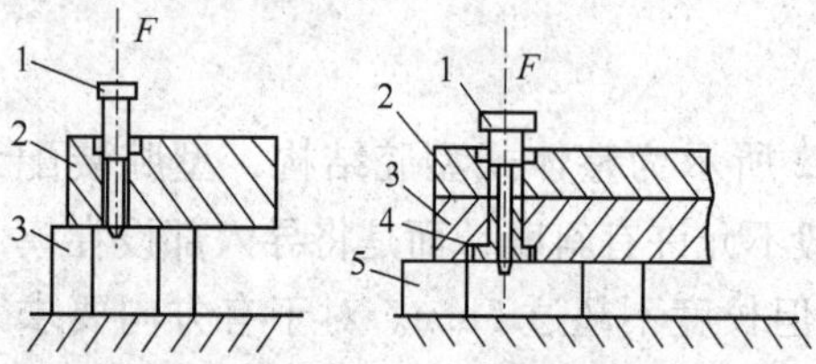

(a) 短导柱的装配
1—导柱；2—模板；
3—平行垫铁

(b) 长导柱的装配
1—导柱；2—固定板；
3—定模板；4—导套；
5—平行垫铁

图 6-35　导柱的装配

如图 6-35(a)所示为短导柱装配时的压入方法，图 6-35(b)所示为长导柱装配时的压入方法，其不同之处在于长导柱是在定模板上的导套装配完成以后，用导套来导向将长导柱压入动模板内的。

5. 推杆的装配

推杆的作用在于开模后将工件从型腔中推出。在推出过程中推杆应运动灵活，无卡滞，同时尽量避免磨损。推杆与型腔推杆孔一般采用 H8/f8 的间隙配合，防止间隙太大时溢料，推杆表面与型腔表面应平齐。

6. 斜导柱分型与抽芯机构的装配

如图 6-36 所示为斜导柱分型与抽芯机构。装配后侧型芯 5 与凹模应达到要求的间隙，滑块 8 的运动应灵活，滑块有足够的行程、正确的起止位置。

7. 塑模的总装

塑料模种类比较多，即使同一类模具，由于成形塑料种类不同，开头和精度要求不同，装配方法也不尽相同。因此在组装前应仔细研究分析总装图、零件图，了解各零件的作用、特点及其技术要求，确定装配基准，通过装配，最后全面达到产品的各项质量指标、模具动作精度和使用过程中的各项技术要求。

(1) 装配基准

装配基准可大致分为：

① 以塑料模中的主要工作零件如型芯、型腔和镶块等作为装配的基准件，模具的其他零件都有装配基准件进行配制和装配；

② 以导柱、导套或模具的模板侧基面为装配基准面进行修整和装配。

(2) 模具装配精度

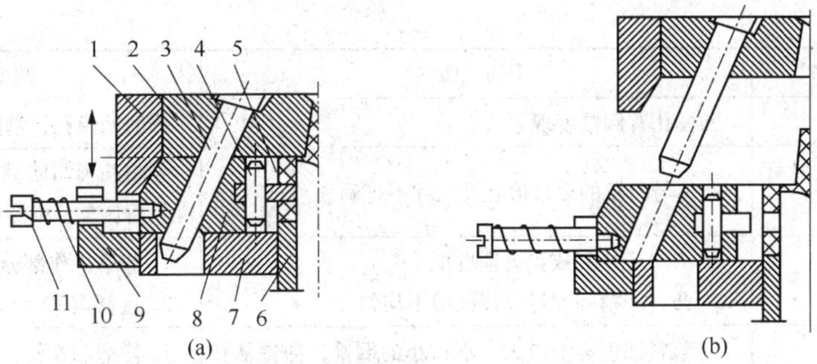

图 6-36 斜导柱分型与抽芯机构

1—楔紧块；2—定模座板；3—斜导柱；4—定位销；5—侧型芯；6—推管；
7—动模板；8—滑块；9—限位挡块；10—弹簧；11—螺钉

模具装配精度包括：

① 各零、部件的相互间精度，如距离尺寸精度、同轴度、平等度、垂直度等；

② 相对运动精度，如传动精度直线运动和回转运动精度等；

③ 配合精度和接触精度，如配合间隙、过盈量接触状况等；

④ 塑料成形件的壁厚大小。新制模具时，成形件壁厚应偏于尺寸的下限。

（三）模具的试模与修整

冷冲模装配完成后，应根据工艺计算的所需压力机的吨位选择合适的冲压设备，并将模具安装在压力机上进行试冲和调整；只有经过试冲才能发现冲模的缺陷和不足，从而进行原因分析，并进行调整和修理。

冷冲模试模应注意以下几点：

① 试模前的模具必须进行退磁；

② 尽可能按工装总图所指明的规格选定试模用冲床，如不满足，应根据设备标准检查装夹位置是否合适；

③ 将模具装上冲床，安装时应保证模具的上模座的上平面和下模座的下底面分别与冲床滑块及工作台贴平整，并码夹牢固；

④ 调整试模：将滑块行程调到适合程度，放上符合材质及尺寸规格的板料，然后试冲，并根据试冲出的制件的相关尺寸情况及毛刺情况精调模具(模具试冲时的缺陷，产生原因和调整方法见表 6-10，直至将合格的制件冲出为止。

表 6-10 冲裁模试冲时出现的缺陷产生原因及调整方法

试冲出现的缺陷	产生原因	调整方法
凸、凹模的刃口相碰	1. 上下模座、固定板、凹模、垫板等零件安装面不平行 2. 凸、凹模错位 3. 凸模、导柱等零件安装不垂直 4. 导柱与导套配合间隙太大使导向不准 5. 卸料板的孔位不正确，使冲孔凸模位移	1. 修理有关零件，重装上模或下模 2. 重新安装凸、凹模，使之对正 3. 重装凸模或导柱 4. 更换导柱或导套 5. 修理或更换卸料板
凸模折断	1. 冲裁时产生的倾向力未抵消 2. 卸料板倾斜	1. 在模具上设置靠块抵消侧向力 2. 修理卸料板或使凸模增加导向装置

续表

试冲出现的缺陷	产生原因	调整方法
凹模胀裂	凹模孔有倒锥度现象	修磨凹模孔，消除倒锥现象
冲裁件的形状和尺寸不正确	凸模与凹模的刃口形状及尺寸不正确	先将凸模与凹模的刃口形状与尺寸修准，再调整冲模间隙
冲裁件的毛刺较大	1. 刃口不锋利或淬火硬度低 2. 凸、凹模间隙过大或间隙不均匀	1. 修磨工作部分刃口 2. 重新调整凸、凹模间隙，使其均匀
冲压件不平	1. 落料凹模有上口大、下口小的倒锥，冲件从孔中通过时被压弯 2. 冲模结构不当，落料时没有压料装置	1. 修磨凹模孔，去除倒锥度现象 2. 增加压料装置
卸料不正常，退不下料	1. 由于装配不正确，卸料机构不能动作，如卸料板与凸模配合过紧或因卸料板倾斜而卡紧 2. 弹簧或橡皮的弹力不足 3. 凹模和下模座的排料孔没有对正，凹模孔有倒锥度造成堵塞，料不能排出 4. 顶出器过短或卸料板行程不够	1. 修整卸料板、顶板等零件 2. 更换弹簧或橡皮 3. 修整排料孔，修整凹模 4. 顶出器的顶出部分加长或加深卸料螺钉沉孔的深度
送料不畅或料被卡住	1. 两导料板之间的尺寸过小或有斜度 2. 凸模与卸料板之间的间隙过大，使搭边翻扭	1. 根据情况修整或重装卸料板 2. 根据情况采取措施减小凸模与卸料板之间的间隙
落料外形和冲孔位置不正，成偏位现象	1. 挡料钉位置不正 2. 落料凸模上导正钉过小 3. 导料板和凹模送料中心线不平行，使孔位偏斜 4. 侧刃定距不准	1. 修整挡料销 2. 更换导正钉 3. 修整导料板 4. 修磨或更换侧刃

思考题

1. 结合实际说明模具的生产过程。
2. 简述凸、凹模主要零件的工艺分析。
3. 说明模具的生产特点。
4. 结合现场实例说明模具的装配及试模技巧。

参 考 文 献

[1]王受之．世界现代设计史．北京：中国青年出版社，2002
[2]屈华昌．塑料成型工艺及模具设计．北京：机械工业出版社．2003
[3]邹继强．塑料制品及其成型模具设计．北京：清华大学出版社，2005
[4]杨晶．机械工程材料工艺学．北京：中国石化出版社，2008
[5]陈剑鹤，吴云飞．模具设计基础．第2版．北京：机械工业出版社，2009
[6]曾珊琪，丁毅．模具寿命与失效．第2版．北京：化学工业出版社，2013
[7]孙印杰，徐立新，甄彤．野火中文版Pro/ENGINEER模具设计，北京：电子工业出版社，2004
[8]《塑料模具技术手册》编委会．塑料模具技术手册，北京：机械工业出版社，2002
[9]机械工程手册，电机工程手册编辑委员会．机械工程手册(第二版，工程材料卷)．北京：机械工业出版社，2002
[10]张继世，刘江．金属表面工艺．北京：机械工业出版社，2004
[11]杨晶．WC-Co硬质合金增强增韧其表面残余应力研究．天津大学硕士学位论文，2005
[12]高为国．模具材料．北京：机械工业出版社，2004
[13]廖景娱．金属构件失效分析．北京：化学工业出版社，2003
[14]李慧敏．冷冲压模具设计．北京：化学工业出版社，2012
[15]宋志国，吴云飞．UG应用教程．北京：电子工业出版社，2003